中 国 科 学 院 年 鉴

（2016）

中国科学院科学传播局　编

科 学 出 版 社
北 京

内 容 简 介

《中国科学院年鉴（2016）》全面、系统反映了中国科学院2015年各方面工作，分综合情况、学部与院士工作和院直属单位情况三部分。综合情况主要记录中国科学院领导、机构变更、规划与战略、科研管理、重大科技成果、队伍建设与人才培养、基础设施与支撑条件、科技成果转移转化与对外合作、国际合作、基本建设、科学传播、2015年大事记等内容；学部与院士工作主要记录学部领导机构、院士名单、咨询评议工作、科学道德建设、学术与出版工作、科学普及与教育工作、陈嘉庚科学奖基金会工作等内容；院直属单位情况全面介绍分院机构、科研机构、学校及公共支撑单位、其他机构、院直接投资的全资及控股企业情况等。

本年鉴各种资料的截止时间为2015年12月31日。

图书在版编目(CIP)数据

中国科学院年鉴．2016／中国科学院科学传播局编．—北京：科学出版社，2016.11

ISBN 978-7-03-050464-7

Ⅰ.①中… Ⅱ.①中… Ⅲ.①中国科学院-2016-年鉴 Ⅳ.①G322.21-54

中国版本图书馆CIP数据核字（2016）第262264号

责任编辑：王海光 王 好／责任校对：张怡君
责任印制：肖 兴／封面设计：刘新新

科学出版社 出版
北京东黄城根北街16号
邮政编码：100717
http://www.sciencep.com

中国科学院印刷厂 印刷
科学出版社发行 各地新华书店经销

*

2016年11月第 一 版 开本：787×1092 1/16
2016年11月第一次印刷 印张：25 1/2
字数：660 000

定价：128.00元

（如有印装质量问题，我社负责调换）

中国科学院年鉴（2016）编辑委员会

目　　录

综合情况

学部与院士工作

院直属单位情况

综 合 情 况

中国科学院领导集体
(2015 年)

院　　长　白春礼

副 院 长　施尔畏[①]　李静海　詹文龙　丁仲礼　阴和俊[②]
张亚平　王恩哥[③]　谭铁牛[④]

党组书记　白春礼

党组副书记　方　新[⑤]

中纪委驻院纪检组组长　李志刚

党组成员　施尔畏[①]　李静海　詹文龙　阴和俊[②]　李志刚
张亚平　王恩哥[③]　谭铁牛[④]　何　岩　邓麦村

秘 书 长　邓麦村

副秘书长　何　岩　曹效业　谭铁牛[⑥]　邓　勇

---

① 施尔畏 2015 年 10 月免职
② 阴和俊 2015 年 11 月党组成员免职（副院长 12 月免职）
③ 王恩哥 2015 年 2 月任职
④ 谭铁牛 2015 年 10 月任职
⑤ 方　新 2015 年 10 月免职
⑥ 谭铁牛 2015 年 10 月任副院长、党组成员

中国科学院院设委员会

科学思想库建设委员会
教育委员会
学术委员会
发展咨询委员会

中国科学院院部机关机构

办公厅（党组办）

主　任　汪克强

副主任　吴　钰　黄从利　高春东

院安全保卫保密办公室主任　高春东（兼）

处　室：综合处、政策研究室（重点工作督查室）、秘书处（院总值班室）、文书处、安全保卫处、保密处、财务处、机关事务管理处

学部工作局

局　长　李　婷

副局长　王敬泽

处　室：综合处（陈嘉庚科学奖基金会办公室）、咨询与科普教育处、学术与文化处、数理化学办公室、生命地学办公室、技术信息办公室

前沿科学与教育局

局　长　许瑞明①　高鸿钧②

副局长　刘桂菊③　黄　敏　王　颖

处　室：综合处（香山科学会议办公室）、教育处、数理化学处、生命科学处、地球科学处、技术科学处、重点实验室处

重大科技任务局

局　长　王越超

副局长　苏荣辉　戴博伟　于英杰

处　室：综合处、综合技术处、光电空天处、信息海洋处、材料能源处、资环生物处

---

①　许瑞明 2015 年 12 月免职

②　高鸿钧 2015 年 12 月任职

③　刘桂菊 2015 年 12 月免职

科技促进发展局

局　长　严　庆

副局长　冯仁国[①]　赵千钧[②]　段子渊　陈文开

处　室：综合处、农业科技办公室、生物技术处、资源环境处、高技术处、科技合作处（科技副职办公室）、知识产权管理处

发展规划局

局　长　潘教峰

副局长　张　凤

处　室：综合处、规划管理处、评估奖励处、智库建设处、制度法规处

条件保障与财务局

局　长　吴建国

副局长　潘　锋[③]　曹　凝　聂常虹　林明炯

处　室：综合处、基建办公室、重大设施处、预算制度处、资产财务处、投资处、科技条件处、信息化工作处、后勤保障处

人事局

局　长　李和风

副局长　苗　鸿　陈　光　董伟锋

处　室：综合处、领导干部处、人才处、机构与岗位管理处、薪酬与社会保障处、继续教育与干部监督处、机关人事处（机关党委办公室）

国际合作局

局　长　谭铁牛（兼）[④]　曹京华[⑤]

---

① 冯仁国2015年12月免职

② 赵千钧2015年12月任职

③ 潘　锋2015年12月免职

④ 谭铁牛2015年12月不再兼任

⑤ 曹京华2015年12月任职

副局长 曹京华 邱华盛[①]

处 室：综合处、国际组织处（TWAS 中国中心、人与生物圈秘书处）、亚非合作处、美大合作处、欧洲合作处、港澳台办公室

科学传播局

局 长 周德进

副局长 赵 彦

处 室：综合处、新闻联络处、政务信息处、科普与出版处

京区党委

书 记 何 岩（兼）

常务副书记 马 扬

副书记 肖建春[②] 乔均录[③] 房自正[④]

处 室：见北京分院（筹）内设机构

中央纪律检查委员会驻院纪检组

组 长 李志刚

副组长 李 定

监察审计局

局 长 李 定

副局长 孙中和 袁 东

院巡视工作办公室主任 李 定（兼）

处 室：综合办公室、巡视室、纪检监察一室、纪检监察二室、审计监察室、党风建设室

离退休干部工作局

局 长 孙建国

① 邱华盛 2015 年 12 月免职

② 肖建春 2015 年 1 月免职

③ 乔均录 2015 年 1 月任职

④ 房自正 2015 年 1 月任职

副局长 李　杰　曹以玉

处　室：综合处（局值班室）、组织调研处、宣教活动处、机关离休干部处、机关退休干部处

京区纪委

书　记 马　扬[①]　乔均录[②]

副书记 肖建春[③]

机关党委

书　记 李和风（兼）

常务副书记 陈　光（兼）

机关纪委

书　记 孙中和

① 马　扬 2015 年 1 月免职

② 乔均录 2015 年 1 月任职

③ 肖建春 2015 年 1 月免职

中国科学院院属机构变更

截至 2015 年 12 月 31 日，中国科学院直属事业单位 124 个，包括：科学研究机构 104 个（含 3 个植物园）；学校及公共支撑机构 5 个（其中学校 2 个、技术支撑机构 2 个、新闻出版机构 1 个）；院与分院管理机构 12 个；其他机构 3 个。中国科学院直属事业单位的下属法人单位 25 个。中国科学院直接投资的控股企业 21 家。另外，院设非法人单元 137 个。

综　　述

2015 年是全面完成“十二五”规划的收官之年，也是谋划“十三五”规划的关键之年，更是中国科学院实施“率先行动”计划和全面深化改革的攻坚之年。一年来，全院广大干部职工在院党组的领导下，积极贯彻落实党中央、国务院决策部署，认真完成“十二五”目标任务，积极谋划“十三五”改革创新发展，各项事业均取得了新成就。

一、规划战略

（一）开展“十二五”规划验收工作

全面开展并完成研究所“十二五”任务书验收，院机关层面组织实施对研究所共 305 个重大突破和 505 个重点培育方向的专项验收和 200 项重大改革举措的评议。院层面组织院内外 100 多位专家分 9 个领域从整体上对研究所“一三五”目标完成情况进行评估，遴选出代表中国科学院研究水平的 36 项标志性重大进展。根据评议结果编制形成《研究所“十二五”任务书验收报告》并反馈各研究所。按照国家有关部门部署，形成《国家“十二五”规划〈纲要〉有关中国科学院分工任务实施情况的总结评估报告》、《关于中国科学院“十二五”总结与“十三五”发展任务的建议》（以下简称“《建议》”）等报告。

（二）推进“十三五”规划编制

根据国家“十三五”规划有关要求和“率先行动”计划总体部署，研究制定《中国科学院“十三五”发展规划编制工作方案》，起草《中国科学院“十三五”发展规划纲要》框架稿、《中国科学院四类机构建设布局规划》草案。按国家发改委要求，完成《中国科学院“十三五”规划编制进展情况汇报》，组织完成建议纳入国家规划的 17 项重大科技项目和重大工程及若干重大政策。受科技部委托，开展“十三五”战略高技术发展重点与方向咨询研究，完成总报告和 10 个领域分报告。落实国家“一带一路”战略实施，研究起草中国科学院“一带一路”行动计划。

（三）院设委员会工作有序开展

2015 年，因实际工作需要和人员变动情况，科学思想库建设委员会的主要职能、委员会及办公室组成人员有所调整。教育委员会办公室研究制定了《中国科学院关于进一步加强科教融合的若干措施和规定》，征求院教育委员会各位委员意见后，报请院长办公会议审议通过并印发；学术委员会组建了基础与交叉、物质加工、生命健康、可持续发展、信息技术、工程技术6个专门委员会，学科面覆盖广泛；发展咨询委员会委员通过实地调研、专题活动等多种方式，对中国科学院深化科技体制改革、组织重大科技任务实施、推进院内外合作、加强创新人才队伍建设和科技智库建设等重点工作进行了积极指导和大力支持。

（四）积极落实“率先行动”计划

深入实施战略性先导科技专项，形成面向世界科技前沿、国家战略需求和国民经济主战场的整体布局，产出一批有显示度的重大成果，积极建议并高质量完成国家重大科技任务。积极落实院士制度改革举措，院士制度逐步回归学术性和荣誉性，具有中国特色的院士制度已基本成型。按照“率先行动”计划工作部署，以“整体设计、分类谋划，试点先行、标杆引领，先易后难、循序渐进，政策保障、完善制度”为原则，积极推动四类机构改革各项工作。探索创新科技智库体制机制，有效集成院内优势力量，形成有决策影响力的咨询专家队伍和品牌咨询产品。整合各类人才计划，引进和支持了一大批高层次人才。全面实施国际化推进战略，中-非联合研究中心等5个海外科教中心建设，以及与国外各项重大合作计划进展顺利。

（五）稳步推进四类机构建设

按照四类机构启动程序，充分论证，严格把关，科学决策，成熟一个启动一个，高起点、高标准开展试点工作，2014年以来，陆续启动创新研究院、卓越创新中心、大科学研究中心、特色研究所等四类机构建设试点46个（其中正式筹建34个），科教融合卓越创新单元6个，涉及77个研究所。

（六）加强“一三五”规划实施管理

组织开展对6个A类先导专项和4个B类先导专项的中期检查。按照研究所“一三五”规划动态调整机制，组织完成对17个研究所的规划动态调整。

（七）高质量完成第三方评估任务

承担并组织完成国务院交办的“实施精准扶贫、精准脱贫”政策落实情况的第三方评估任务，李克强总理对评估报告给予高度评价。承担并完成中央财办部署的“十三五”规划《建议》前期4项重大课题研究任务。组织完成《生态文明体制改革总体方案》第三方评估等。

二、科研工作

（一）承担和设立重大科技任务

2015年，中国科学院承担的863计划生物和医药技术领域项目新增13项（含“青年人才”项目），国拨经费5482万元；承担科技部科技支撑计划新增5项。批准国家杰出青年基金项目198项，中国科学院获批69项，占全国的34.8%；重大项目29项，总经费31 813.81万元，中国科学院获批14项，总经费22 472.56万元；创新研究群体38项，中国科学院获批9项，总经费9450万元。继续落实中科院科技服务网络（STS）计划，重点安排部署第三批和第四批STS计划项目，第三批安排项目/项目群11个，经费总计11 180万元；第四批安排部署项目/项目群41个，经费总计28 600万元。新一代宽带无线移动通信网、转基因生物新品种培育专项等4个重大专项开展了试点工作，载人航天工程、探月工程等重大科技任务进展顺利。高能同步辐射光源验证装置、上海光源线站工程、加速器驱动嬗变研究装置、强流重离子加速器一批新设施获国家立项批复。

（二）科研工作取得重要进展

1. 前沿科学领域重要进展

（1）数理化学领域

首次实现多自由度量子隐形传态；首次发现Weyl费米子；彻底解决L^2解析延拓最优估计问题、Suita猜想与Demailly强开性猜想；建立稀疏结式系统理论；首次在室温大气环境探测到单个蛋白质分子磁共振谱；人工模拟光合作用水裂解催化中心取得突破性进展；林可霉素生物合成机制研究取得重要突破；肿瘤血管靶向阻断的癌症治疗技术取得重大突破；发现相对论性重子喷流；发表迄今最精确的反应堆中微子振荡测量结果。

（2）生命科学领域

发现介导大脑神经环路精确化的分子机制；炎症及炎症性疾病调控机制获重要突破；解析视觉系统中触发“战斗-逃跑”反应的关键神经环路；发现大熊猫的日常能量消耗与能量摄入的均衡；解析甲型肝炎病毒全颗粒晶体结构；CRISPR-Cas获得性免疫系统的作用机理研究取得新进展；结构药理学取得新进展。

（3）地球科学领域

发现东亚最早的现代人化石；发现最古老的后生动物化石“贵州始杯海绵”；提出全球变暖下海洋次表层环境变化抑制台风强度的新机制；发现沙漠下隐藏巨大碳库与碳汇；揭示真核生物DNA新修饰形式；发现全球变暖将导致东亚夏季风雨带北移。

（4）技术科学领域

植物光系统I膜蛋白超分子复合物结构研究取得重大突破；发现广泛存在的化学反应共振态；铁硒类超导体研究取得重要进展；新型二维过渡族金属碳化物晶体材料研究取得重要进展；国际最高峰值功率激光放大系统研制成功。

2. 重大任务领域重要进展

暗物质粒子探测卫星成功发射，在轨运行正常；首颗新一代北斗卫星成功发射，标志着我国北斗卫星导航系统由区域运行向全球拓展的启动实施；低阶煤清洁高效梯级利用关键技术研究取得多项新的核心技术突破；20-14纳米集成电路先导工艺关键技术取得突破，并实现向大型制造企业的专利许可，进入产业化开发阶段。

3. 科技促进发展领域重要进展

“渤海粮仓”科技示范工程进展良好；合作开展海洋生态牧场建设技术研发与示

范；构建淮北科技增粮县域技术集成与示范样板；构建西部典型县域特色高值生态农业技术集成与示范样板；“海云工程”助推低成本健康产业快速发展；氨基酸技术突破推动产业创新发展；生物基可降解材料产业关键技术突破；青藏高原农牧业发展，农牧民持续增收；修编《全国生态功能区划》；三江源生态保护和建设一期工程生态成效评估；村镇污水治理应用示范；激光显示产业化应用取得新突破；直线电机轨道交通牵引系统国产化取得突出进展；常压循环流化床煤制工业燃气技术研发与产业化取得突出进展；染料敏化太阳能电池（DSSC）推广应用取得重要进展；高效多级孔共结晶分子筛催化材料获工业应用；含高浓度分散相搅拌反应器设计与过程强化新技术在石化行业得到应用；系列润滑防护涂层材料获得工程应用；凹凸棒石高值利用技术实现工业应用；建立国际首个百吨级纤维素生物航油中试示范系统；鹰式波浪能小规模发电取得重大进展。

4. 获2015年度国家科学技术奖励情况

根据《国务院关于2015年度国家科学技术奖励的决定》（国发〔2016〕2号），中国科学院2015年度获国家科学技术奖励共20项（人）。中国科学院作为第一完成单位或第一完成人，获自然科学奖一等奖1项、二等奖9项，获技术发明奖二等奖3项，获科学技术进步奖一等奖1项（专用项目）、二等奖4项。其中，中国科学技术大学牵头完成的“多光子纠缠及干涉度量”获自然科学奖一等奖；电子学研究所牵头完成的项目（专用项目）获科学技术进步奖一等奖。

三、人力资源管理

（一）人力资源管理研究

2015年，中国科学院继续深入加强人力资源管理研究，开展了院青年创新促进会首批会员成长情况调研评估工作、“一三五”人才状况调研、科研骨干人才流动情况调研、事业编制人员身份界定问题研究、现阶段院人事管理几个历史遗留问题研究。

（二）领导班子与干部队伍建设

2015年，开展了54个院属单位班子换届（届中）考核，对22个院属单位进行了党委换届，对46个院属单位领导班子进行了个别调整。全年新提任所（局）级领导人员72人，离任38人，交流32人（其中提任交流12人）。

完成对中组部第13批、第14批（延期）和第15批博士服务团8名成员的考核，推荐7名博士作为第16批博士服务团成员赴西部挂职。推荐2名同志续任省科学院副院长职务，按程序办理1名同志到地方挂职。组织开展29个单位的“一报告两评议”，以及22个单位的“所长履行干部选拔任用工作职责离任检查”；首次对分院开展“一报告两评议”和“分院院长履行干部选拔任用工作职责离任检查”工作。

（三）科技创新人才培养与引进

2015年，全国共增选院士131名，其中，中国科学院20名科学家当选。截至2015

年底，全国共有中国科学院院士 777 名。2015 年，通过第十一批“千人计划”共引进海外高层次人才 154 人，其中，“顶尖千人”1 人，“千人计划”创新人才 14 人，“青年千人”127 人，“外专千人”6 人，“千人计划”新疆项目 6 人。2015 年，中国科学院入选中组部第二批“万人计划”青年拔尖人才 59 人，新增“百人计划”214 人，获“国家杰出青年科学基金”资助者 69 人。

2015 年，中国科学院正式启动实施率先行动“百人计划”。截至 2015 年底，首批 59 个“百人计划”学术帅才（A 类）岗位和 84 个技术英才（B 类）岗位已面向海外公开招聘，“百人计划”青年俊才（C 类）已由院属单位自行开展招聘工作。

2015 年，中国科学院首次在全院范围内启动“特聘研究员”的遴选工作，共推荐遴选特聘研究员 1359 人。

2015 年，中国科学院青年创新促进会新增会员 397 人，遴选优秀会员 95 人，累计支持经费约 6.7 亿元。遴选并表彰获 2015 年度青年科学家奖的 10 位优秀青年学者。支持“西部之光”各类人才项目 228 个，资助总金额达 2494 万元。接收中组部“西部之光”访问学者 24 人，资助经费 12 万元。获“中国科学院王宽诚教育基金”资助和奖励的学者共计 100 人。遴选并支持“创新交叉团队”20 个。遴选并支持“关键技术人才”50 人。

（四）继续教育与培训

2015 年，中国科学院共举办 2200 多期培训班，其中示范性培训项目 58 期，精品培训项目 27 期，重点培训项目 100 期，累计培训达 14.4 万人次。利用大数据、移动互联网、云计算等技术，建设以网络学习、培训管理等功能为一体的院继续教育网络平台。全院 3 个国家级继续教育基地全年共举办 100 多期专业技术人员高级研修项目，培训 1.9 万多人。

四、对外交流与合作

（一）院地合作与交流

2015 年，中国科学院通过科技成果转移转化，使地方企业当年新增销售收入 3558.23 亿元，利税 442.24 亿元。与地方科学院互派、兼职挂职干部 24 人，为地方科学院培训科技骨干 1029 人，联合培养、进修 49 人，联合承担国家项目 6 项，联合承担院支持项目 10 项，联合承担地方科技项目 114 项，获得中国科学院院外投资金额 4438 万元，开展交流活动 163 次，共建转化及研发平台 39 个。与福建省、福州市共建的中国科学院海西研究院完成共建三方联合组织的正式验收。

2015 年，中国科学院自行设立或与地方政府共建的 39 个转化型非法人单元，转化项目 752 个，实现销售收入超过 236 亿元，孵化企业 310 个，为社会培训各类人才 57 253人次。

（二）国际化推进战略

紧扣国家“一带一路”战略，加强在东南亚和南亚的战略布局，启动中斯海上丝绸之路联合科教中心、加德满都科教中心、东南亚科教中心3个新的海外科教基地建设项目。中-非联合研究中心、中亚药物研发中心、中亚生态环境研究中心、南美天文研究中心、南美空间天气实验室、CAS-TWAS卓越中心建设顺利推进，CAS-TWAS院长奖学金计划全面实施。与发达国家深化合作，共同成立了中美核聚变联合研究中心、核聚变中美联合实验室等。与重点国际组织深入合作，多边国际合作参与单位与人员数量和层次在稳步提高。

（三）港澳台工作

组织召开了中国科学院与香港中文大学合作指导委员会第二次会议及中国科学院与香港地区联合实验室主任会议，及时部署对港工作；继续实施“台湾青年访问学者计划”，与台湾工业技术研究院在台共同主办了第五届两岸产业科技交流论坛，继续推动双方开展更多实质性项目合作；配合澳门科技发展基金筹划并启动澳门科技及管理人才培训计划。

（四）院、所投资企业

2015年，全院纳入统计范围院所投资企业营业收入达3723亿元，同比增长8.0%；利润总额80亿元，同比减少40.2%；资产总额4412亿元，同比增长10.2%；院经营性国有资产权益332亿元，同比增长18.6%。其中，国科控股持股企业实现营业收入3225亿元，同比增长7%；利润总额39亿元，同比降低59%；资产总额3339亿元，同比增长6%；国科控股权益229亿元，同比增长18%。

五、学部工作

2015年11月9日，中国科学院院士增选评审暨选举会议在京召开。经第七届中国科学院学部主席团第十四次会议审议，确认379位候选人为有效候选人。经全体院士终选投票产生61名中国科学院院士、12名中国科学院外籍院士。

2015年，中国科学院组织编制《学部咨询评议项目指南》，提出选题56项，重点推荐24项。部署长江经济带重大战略问题研究、人工智能发展战略研究等10多项咨询课题，完成并向国务院报送了28份咨询报告，得到国务院领导重要批示30余份。完成国家发改委和科技部委托的战略性新兴产业发展及超大天文望远镜网络（SKA）等咨询评议研究任务。完成中国科学院科技战略咨询研究院组建工作，研究制定并向中央相关部门报送《高端智库建设试点方案》等。

2015年，中国科学院采取多种形式传播传承科学精神，组织4次“科学与中国”科学道德宣讲活动；利用学部成立60周年的契机，组织了彭桓武、黄昆、王大珩等30多位院士的学术思想研讨会或座谈会，并在科学网、《中国科学报》、《学部通讯》等媒体和杂志平台同步宣传；参与组织 2015 年度“首都高校科学道德和学风建设宣讲报告会”；根据改进完善院士制度的总体要求，研究制定了《中国科学院院士兼职情况报备办法》。

围绕国家战略需求和世界科技前沿，部署 30 余项学科发展战略研究项目；召开 8 场学术论坛，论坛报告在《中国科学》和《科学通报》上陆续刊登；持续出版“决策咨询”、“学术引领”、“科学文化”三大系列成果；持续出版 14 册研究成果；坚持在学部平台办“两刊”（《科学通报》和《中国科学》）。

2015 年，“科学与中国”院士专家巡讲团共举办报告会 243 场，会场听众 5 万余人，编发工作简报 46 期，出版发行《科学与中国：院士专家巡讲团报告集》第十一辑、“百名院士专家讲科普”多媒体视频合集。

六、科技基础设施建设

2015 年，根据国家批准中国科学院的“十二五”科教基础设施建设规划实施方案，中国科学院“十二五”科教基础设施建设项目可行性研究报告 24 个整体项目（包括 76 个子项目）全部获国家发改委批复，批复总建筑面积为 192 万平方米，总投资 95.2 亿元，其中中央预算内投资 55.2 亿元，研究所多渠道筹措资金 40 亿元。

2015 年，中国科学院低碳转化科学与工程重点实验室通过验收。截至 2015 年底，中国科学院重点实验室总数达 211 个。2015 年，国家重点实验室评估中，中国科学院参评的 34 个国家重点实验室中，30 个获评优秀或良好。中国科学院对院内生命领域 35 个院重点实验室进行评估，评出 A 类实验室 7 个、B 类实验室 23 个、C 类实验室 5 个。

2015 年 11 月，受国家发改委委托，中国科学院组织专家对山西煤炭化学研究所承担的碳纤维制备技术国家工程实验室进行了验收。目前，国家发改委已在中国科学院建设 11 个国家工程研究中心，科技部已在中国科学院建设了 20 个国家工程技术研究中心。2015 年，由中国科学院主管的机器人技术国家工程研究中心等 7 家单位顺利通过国家发改委第五次国家工程研究中心评价。

截至 2015 年底，中国科学院重大科技基础设施投入运行 16 个、在建 7 个、拟建 5 个。在建和运行的重大科技基础设施累计获 40 余项国家级奖项，其中获国家科学技术进步奖特等奖 1 项、一等奖 6 项，获国家自然科学奖一等奖 1 项、二等奖 7 项。

2015 年，中国科学院推动信息化运行支撑机构改革，进一步推进“科技云”、“管理云”、“教育云”三类云集建设；着力推进“十二五”信息化成果推广应用，编纂并发布《中国科研信息化蓝皮书 2015》。

2015 年，中国科学院战略情报、学科情报、产业情报服务能力逐步提升。出版了《国际科学技术前沿报告 2015》等重要研究报告。与汤森路透合作研制发布《2015 研究前沿》。全院 114 家研究所建成机构知识库，累计收集各类科研成果数量达 69.4 万份。完成情报分析报告、课题跟踪、专题调研报告等共 211 份。全国科学院联盟文献情报共享服务进一步拓展，编制《产业技术情报》24 期。新增联合共建黑龙江省战略情报研究中心。中国科学家在线 iAuthor 顺利投入应用，开放研究者与贡献者身份

(ORCID) 识别码获取人数 2.9 万人，覆盖全部研究所，并扩展到全国千所高校和科研机构。iSwitch 科研论文数据交换中心正式投入服务运营。

2015 年，中国科学院全面完成了“十二五”野外站观测研究网络修购专项，完成中国科学院野外观测网络“十三五”修购专项工作规划、野外站网络的重点科技基础设施建设的论证工作。遴选出东川、封丘、栾城、太湖、三江、阜康、禹城、沙坡头、普定、东湖、清原共 11 个野外站，开展野外控制实验平台、野外物理模拟实验装置等重点科技基础设施建设。完成中国科学院野外站网络科研样地建设规划（试点方案），并获准阜康、海北、太湖、安塞、忠县、常熟、怀柔、清原、三江、禹城、珠穆、内蒙古草原、环江共 13 个野外站开展试点建设和中国生态系统研究网络（CERN）土壤分中心土壤样品库建设。完成东北地区生态变化评估、新疆兵团农垦生态成效评估、中国自然保护区保护成效评估、全国水土流失防治成效评估 4 个联盟项目的论证、立项和启动。部署开展了网络层面的“规范、指标体系和技术方法研究”3 个方面的研究项目。部署了新疆农牧民增收技术模式研究与示范和三江源区生态畜牧业产业链减压增效关键技术集成与示范两个项目。

2015 年，中国科学院 13 个植物园新增植物 4889 种（次），定植成活率达 86%。园内定植乔木数量稳定在 170 万株。新建专类园 8 个，优化原有专类园 36 个。13 个植物园共发表 SCI 收录的学术论文 852 篇，出版专著 32 部。完成《中国经济植物》（上卷）、《广西植被》（第一卷）、《中国迁地栽培保护植物志名录》等专著的编研出版工作。审定、登录植物新品种 55 个，植物资源交换遍及 60 多个国家和地区。主办和承办关于资源共享利用的重要会议 46 次。

规划与战略

2015 年，中国科学院认真贯彻落实党的十八大和十八届三中、四中、五中全会精神及习近平总书记系列重要讲话精神，按照国家创新驱动发展战略的总要求，坚持“三个面向”、“四个率先”办院方针，稳步推进“率先行动”计划，全面总结、系统评估全院“十二五”工作，集思广益谋划“十三五”改革创新发展，加强“一三五”规划实施管理。

一、开展“十二五”规划验收和总结

开展并完成全院研究所“十二五”任务书验收，全面检验研究所“一三五”规划完成情况和 5 年创新绩效。验收坚持分类评价理念，突出重大产出、创新质量、目标完成情况，按照研究所层面自评、院机关层面专项验收、院层面领域评估 3 个环节开展，每个环节均明确了评估内容、标准和要求。在研究所层面自评环节，院机关负责总体协调并指导研究所开展自评。在院机关层面专项验收环节，相关局组织开展了对研究所共 305 个重大突破和 505 个重点培育方向的专项验收，以及 200 项重大改革举措的评议，遴选出院优秀“双百”（100 个“重大突破”和 100 个“重点培育方向”）和 72 项重大改革举措“亮点”；通过建立网上交流评议平台，充分利用已有各类评估结果和管理信息，最大限度地减少研究所负担。在院层面领域评估环节，中国科学院组织院内外 100 多位专家分能源资源、先进材料与制造、信息网络、现代农业和生物、人口健康、生态与环境、空间海洋、基础交叉前沿领域和特定领域共 9 个领域，从整体上对研究所“一三五”目标完成情况进行评估。中国科学院学术委员会从院优秀“双百”中遴选出代表中国科学院研究水平的 36 项标志性重大进展，在宏观层面对中国科学院各领域整体布局和“十三五”规划提出意见建议；将评议结果编制形成《研究所“十二五”任务书验收报告》白皮书并反馈各研究所，促进研究所健康发展。从验收成效看，研究所“十二五”规划验收实现了从规划制定、任务书签署、动态调整、中期诊断评估到 5 年验收的研究所“一三五”规划全过程闭环管理，实现了对全院“十二五”工作的全方位、多层次、多角度、系统性的“透视”。

在此基础上，中国科学院按照国家有关部门部署，全面总结院“十二五”规划和“率先行动”计划实施取得的成效，形成《国家“十二五”规划〈纲要〉有关中科院分工任务实施情况的总结评估报告》、《关于中科院“十二五”总结与“十三五”发展任务的建议》等报告。

二、推进“十三五”规划编制

根据国家“十三五”规划有关要求和“率先行动”计划总体部署，在前期战略研究和系统总结基础上，集思广益推进院所“十三五”规划编制。研究制定了《中国科学院“十三五”发展规划编制工作方案》，明确了由院所两级三类规划有机组成的院“十三五”发展规划体系，提出了规划编制原则、重点内容、组织方式和时间安排。在系统分析中国科学院发展态势的基础上，将“率先行动”计划的跨越发展阶段目标任务具体化为院“十三五”发展思路，形成提交院党组2015年夏季扩大会议的院“十三五”规划思路。贯彻落实十八届五中全会关于国家“十三五”规划建议的有关精神，进一步研究起草了《中国科学院“十三五”发展规划纲要》框架稿，征求院局意见、部分研究所意见和院学术委员会意见后，提交院党组冬季扩大会议审议。按照院党组要求，在四类机构调研总结的基础上，研究起草了《中国科学院四类机构建设布局规划》草案并提交院党组冬季扩大会议审议。指导研究所开展“十三五”规划编制，要求研究所结合“十二五”规划验收和研究所分类改革试点编制“十三五”规划。

积极参与国家规划编制的研究工作，加强中国科学院规划与国家规划的衔接。按照国家发改委开展规划专题调研的要求，完成《中科院“十三五”规划编制进展情况汇报》。在前期研究基础上，组织完成建议纳入国家规划的17项重大科技项目和重大工程及若干重大政策，完成对国家“十三五”科技创新规划的建议。受科技部委托，开展“十三五”战略高技术发展重点与方向咨询研究。落实国家“一带一路”战略实施，研究起草中国科学院“一带一路”行动计划。

三、院设委员会工作进展

（一）科学思想库建设委员会工作进展

2015年，因实际工作需要和人员变动情况，科学思想库建设委员会的主要职能、委员会及办公室组成人员有所调整。2015年4月24日，科学思想库建设委员会召开会议，审议通过了《中国科学院科技战略咨询研究院章程》，听取了中国科学院科技战略咨询研究院筹建工作进展情况及其研究支撑中心组建工作方案的汇报，批准首批中国科学院科技智库特聘研究员推荐人选名单。

科学思想库建设委员会负责统筹、规划、协调全院科学思想库相关研究、资源、队伍和平台建设工作，建设有效富集全国高端智力资源的研究网络，组织开展全局性、战略性、综合性的重大研究，使中国科学院在支撑宏观决策、引领未来方向、促进文明发展中发挥建设性、前瞻性、思想性的作用。作为中国科学院科技战略咨询研究院的领导决策机构，科学思想库建设委员会负责审议其发展战略和规划、章程的制定和修订、领导班子成员人选、内设机构设置及负责人选聘等重大事项。

（二）教育委员会工作进展

为落实中国科学院“率先行动”计划的总体要求，充分发挥院属科研院所、学部和教育机构“三位一体”的整体优势，完善院内优质科教资源的共享机制，教育委员会办公室研究制定了《中国科学院关于进一步加强科教融合的若干措施和规定》，并征求院教育委员会各位委员意见后，报请院长办公会议审议通过并印发。

（三）学术委员会工作进展

2015 年 8—11 月，经中国科学院领导指示和批准，在对现有学术委员会委员进行专业领域分析的基础上及学术委员会框架下，结合主要学科和重要领域的特点，学术委员会组建了基础与交叉、物质加工、生命健康、可持续发展、信息技术、工程技术 6 个专门委员会。增补相关学科领域的 5 位院士为学术委员会委员，并相应调整学术委员会秘书长和学委会办公室人员。学术委员会及专门委员会共由来自院内外的 137 位专家组成，学科面覆盖广泛，既保证了较高的学术水平，又体现了开放性和学科领域的代表性。各专门委员会已在中国科学院科技布局规划咨询、四类机构实施方案论证及各种奖励评审中发挥了积极作用。

（四）发展咨询委员会工作进展

2015 年 3 月 27 日，中国科学院院长、党组书记白春礼主持召开了发展咨询委员会第三次会议，委员和委员代表共 15 人出席会议，在京的院领导班子成员、院机关相关部门负责人列席会议。会上，白春礼报告了中国科学院推进“率先行动”计划情况、2014 年主要工作进展和 2015 年重点工作安排；与会委员围绕中国科学院工作进展、工作安排进行研讨，并从国家发展全局和战略高度出发，结合当前经济发展新常态、全面深化改革、创新驱动发展战略、“十三五”规划等重大工作部署，从不同方面进行深入分析和政策解读，对中国科学院工作提出了意见和建议。

一年来，发展咨询委员会委员还通过实地调研、专题活动等多种方式，对中国科学院深化科技体制改革、组织重大科技任务实施、推进院内外合作、加强创新人才队伍建设和科技智库建设等重点工作进行了积极指导和大力支持。

四、积极落实“率先行动”计划

（一）坚持“三个面向”，抓好重大产出

深入实施战略性先导科技专项，形成面向世界科技前沿、国家战略需求和国民经济主战场的整体布局，产出一批有显示度的重大成果。积极建议并高质量完成国家重大科技任务。全面完成研究所“一三五”规划验收，遴选出 107 项优秀“重大突破”、105 项“重点培育方向”和院层面 36 项重大科技成果及标志性进展。深入实施中科院科技服务网络（STS）计划，组织 13 个院属单位开展“科研机构知识产权管理规范试点”。制定、实施《“联动创新”纲要》，组建 6 个技术创新与产业化联盟，以及科技“双创”联盟，助推院所企业发展壮大。

（二）积极落实院士制度改革举措

加强学部主席团对院士遴选工作的领导和统筹协调，建立了根据学科发展趋势与学

科布局确定增选名额和分配的机制。改革院士候选人推荐方式，探索建立新兴交叉学科及国家安全领域特别推荐机制。完善候选人公示和投诉调查机制，加强候选人的组织审核把关。顺利完成2015年院士增选工作，新当选院士61名，平均年龄53.9岁，60岁及以下的占88.5%，新当选外籍院士12名。增选中非学术性干扰明显减少，院士队伍年龄结构和学科结构不断优化，院士制度逐步回归学术性和荣誉性，具有中国特色的院士制度已基本成型。中央督察组认为，改进完善院士制度作为国家全面深化改革首批落地的举措之一，起到了重要的示范带动作用，促进和拉动了科技体制改革。

（三）推进研究所分类改革

按照“率先行动”计划的部署，加强系统的顶层设计和统筹布局，创新体制机制，以“整体设计、分类谋划，试点先行、标杆引领，先易后难、循序渐进，政策保障、完善制度”为原则，按照四类机构启动程序，充分论证，严格把关，科学决策，成熟一个启动一个，高起点、高标准开展试点工作，逐步推进四类机构建设。

（四）探索创新科技智库体制机制

组织召开国家科技战略座谈会纪念学部成立60周年，李克强总理出席会议并发表重要讲话。开展国家高端智库首批建设试点，成立科技战略咨询研究院，有效集成院内优势力量，形成有决策影响力的咨询专家队伍和品牌咨询产品。完成中央和国务院交办的“十三五”规划4项重大课题研究和《生态文明体制改革总体方案》、“精准扶贫、精准脱贫”政策措施落实情况第三方评估。全年上报咨询研究报告24份，得到中央领导多次批示和肯定。

（五）深入实施人才培养引进系统工程

整合各类人才计划，引进和支持了一大批高层次人才。启动实施率先行动“百人计划”，支持一批学术帅才、技术英才和青年俊才的引进培养。全面实施“特聘研究员”计划，遴选出第一批1359位特聘研究员。通过青年创新促进会、创新交叉团队等，加大对优秀青年人才的支持。结合中央事业单位分类改革，积极推进用人制度、社会养老保险制度等改革。

（六）全面实施国际化推进战略

“发展中国家科教合作拓展工程”取得重要进展。扎实推进中-非联合研究中心等5个海外科教中心建设。全面实施中科院-发展中国家科学院院长奖学金计划。启动“国际伙伴计划”、“一带一路”科技支撑计划、“全球治理能力提升计划”等。与欧空局联合制定了共同研制SMILE空间天气卫星的合作计划。由中国科学院发起的“第三极环境计划”被联合国教科文组织、联合国环境署列为旗舰合作计划。中国科学院院长白春礼连任发展中国家科学院院长。

（七）深入推进科教融合

推动中国科学院大学与相关研究所成立了9个科教融合创新单元，组建了12个科教融合学院，遴选出2475位岗位教授并给予支持。支持中国科学技术大学推进教育综合改革试点工作，支持上海科技大学建设。与教育部联合实施的“科教结合协同育人行动计划”取得积极进展。启动中科院-北大“率先合作团队”计划，首批支持10个团队。一年来，全院共授予各类学位1.5万个，其中博士学位5833个、硕士学位7474个，目前在学研究生达5.5万人。

（八）以“三严三实”专题教育为主线，全面加强改进党建工作

召开全院处级以上干部大会，并对全院开展专题教育进行动员部署。全院共692名局级及以上干部、2900多名处级干部、500多名企业中层以上管理干部共计4100余人参加了专题教育工作。认真落实全面从严治党各项工作。积极履行党建工作特别是党风廉政建设主体责任，逐级签订个性化党风廉政建设责任书。认真贯彻中央八项规定精神，组织学习贯彻《党章》、《廉洁自律准则》、《纪律处分条例》等，改进完善干部选拔任用工作和日常管理。持续加强内部审计和巡视监督，结合深化中央专项巡视整改工作，坚决查处违规违纪行为，推动党风廉政建设迈上新台阶。

五、四类科研机构分类改革进展顺利

2014年以来，中国科学院陆续启动创新研究院、卓越创新中心、大科学研究中心、特色研究所四类机构建设试点46个（其中正式筹建34个），科教融合卓越创新单元6个，涉及77个研究所。通过四类科研机构分类改革试点工作，中国科学院逐步形成整体竞争优势，构建起面向重大创新领域的战略布局，多学科交叉融合、集中力量协同攻关、促进重大成果产出的效果进一步显现，发挥了改革试验田、优势汇聚地、产出发源地的重要作用。

（一）创新研究院

创新研究院建设坚持需求牵引和目标导向，选择若干战略必争领域和经济社会发展的重大需求，围绕产业链部署创新链，整合相关科研机构或科技资源，加强政产学研结合，提升顶层设计、协同攻关和系统集成能力，在牵头承担重大科技任务、突破关键共性核心技术、提供系统解决方案、解决重大科技问题上，做出关键性、引领性、系统性重大创新贡献。

一年来，创新研究院坚持“定位准、方向明、产出清、机制顺、方案实”，按照独立法人、“1家依托单位+X家参与单位+N个团队”、非法人单元3种发展模式筹建，集聚创新资源，优势力量进一步整合，科研布局进一步优化，职能机构进一步重组，制度建设进一步加强，评价体系建设进一步规范。

目前，中国科学院已试点建设微小卫星、信息工程、空间科学、药物、海洋信息技术、先进核能、机器人与智能制造、地球科学共8个创新研究院。

（二）卓越创新中心

卓越创新中心建设瞄准基础科学的前沿方向和重大问题，坚持高起点、高标准，择

优支持一批有望5—10年达到国际一流的创新团队或研究所，集学科、人才、项目、平台建设于一体，组织开展多学科协同创新，致力于实现重大科学突破、提出重大原创理论、开辟重要学科方向、建成国家创新高地。同时，与人才培养有机结合，促进科教融合。

一年来，卓越创新中心逐步建立有利于交叉融合、协同开放、促进重大产出的治理结构和运行管理机制，统筹协调项目、平台、人才等资源，队伍建设坚持优中选优，显现出集群和聚集效应，形成中国科学院前沿科学的人才高地。目前，中国科学院已试点建设量子信息与量子科技前沿、青藏高原地球科学、脑科学与智能技术、粒子物理前沿、纳米科学、分子植物科学、分子细胞科学、城市大气环境研究、超导电子学共9个卓越创新中心。同时，充分发挥基础类研究所在学科、人才等方面的资源优势，依托中国科学院大学，在数学科学、凝聚态物理、分子科学、生物大分子、生态环境科学、半导体材料与光电子器件6个领域试点建设科教融合卓越创新中心。

（三）大科学研究中心

大科学研究中心依托已建成运行、在建和规划建设的一批重大科技基础设施，建设高效率开放共享、高水平国际合作、高质量创新服务的大科学研究中心，有效集聚国内外科研院所、大学、企业，开展跨学科、跨领域、跨部门协同创新及若干下一代重大科技基础设施预研工作。

一年来，大科学研究中心明确发展定位，凝练科技目标，初步形成核心骨干队伍；实行三权分离，打破“建-管-用”壁垒，建立理事会治理结构和相应制度体系；扩大开放共享，发展高端用户，发挥设施效益。目前，中国科学院已试点建设上海、合肥、天文3个大科学研究中心。

（四）特色研究所

特色研究所建设面向部分行业、区域经济和社会发展的独特需求及特殊学科领域，做强一批学科特色鲜明、队伍规模适度的研究所，通过院内外科教融合、与地方政府和行业共建等方式，巩固和发展特色优势，增强核心竞争力，服务经济和社会发展。

一年来，特色研究所改革科技活动组织管理，启动实施重点服务项目，重视培养中青年骨干人才，注重知识产权运营和成果转移转化。目前，中国科学院已试点建设南京土壤研究所、电工研究所、长春应用化学研究所、上海硅酸盐研究所、理化技术研究所、心理研究所、寒区旱区环境与工程研究所、地理科学与资源研究所、沈阳应用生态研究所、昆明植物研究所、成都山地灾害与环境研究所、东北地理与农业生态研究所、水生生物研究所、新疆生态与地理研究所共14个特色研究所。

六、加强“一三五”规划实施管理

（一）组织开展先导专项中期检查

组织开展了面向感知中国的新一代信息技术研究、低阶煤清洁高效梯级利用关键技术与示范、分子模块设计育种创新体系、变革性纳米产业制造技术聚焦、江门中微子实验、热带西太平洋海洋系统物质能量交换及其影响6个A类先导专项和量子系统的相干控制、青藏高原多层圈相互作用及其资源环境效应、超导电子器件应用基础研究、大气灰霾追因与控制4个B类先导专项的中期检查，重点聚焦于专项（项目）科技目标完成情况、组织管理保障情况、资源配置绩效情况、人才团队建设情况、下一阶段工作方案制定情况5个方面，共邀请了194位国内外知名专家参与专项的函评和会评，完成中期检查报告。通过检查，进一步明确了相关专项目标定位的合理性和完成的可能性，为各专项下一步推进实施和“十三五”计划的组织部署提供重要决策依据。

（二）组织完成研究所规划动态调整

按照研究所“一三五”规划动态调整机制，组织完成了17个研究所的规划动态调整。其中，宁波材料技术与工程研究所和青海盐湖研究所调整了科技布局，属较大调整，经院长办公会议审议同意调整；理化技术研究所、地理科学与资源研究所、植物研究所、工程热物理研究所、光电研究院、南京土壤研究所、南京地理湖泊研究所、武汉物理数学研究所、武汉植物园、南海海洋研究所、广州地球化学研究所、昆明植物研究所、地球环境研究所、寒区旱区环境与工程研究所、计算机网络信息中心16个研究所调整了重大突破和重点培育方向，属较小调整，经秘书长办公会议审议同意调整。

七、高质量完成第三方评估任务

承担并组织完成国务院交办的“实施精准扶贫、精准脱贫”政策落实情况的第三方评估任务，李克强总理对评估报告给予高度评价。承担并完成中央财办部署的《中共中央关于制定国民经济和社会发展第十三个五年规划的建议》前期4项重大课题研究任务，组织完成《生态文明体制改革总体方案》第三方评估等。

科 研 管 理

一、国家重大科技任务

（一）国家高技术研究发展计划（863 计划）项目

2015 年，中国科学院承担国家高技术研究发展计划（863 计划）生物和医药技术领域项目新增 13 项（含“青年人才”项目）（表 1），国拨经费 5482 万元。

表 1　2015 年中国科学院承担 863 计划生物和医药技术领域新增项目

序号	课题名称	承担单位	负责人	备注
1	面向区域医疗和公共卫生的健康大数据处理分析研究及示范应用	中国科学院深圳先进技术研究院	李　烨	
2	生物质合成气的生物转化关键技术	中国科学院天津工业生物技术研究所	毕昌昊	
3	飞秒全光纤超连续谱激光源研究	中国科学院上海技术物理研究所	万　雄	
4	利用核酸酶靶向修饰，针对镰刀型贫血、地中海贫血和艾滋病的新型治疗方法研究	中国科学院动物研究所	王皓毅	
5	复杂结构组织再生的智能生物材料的实用性和前瞻性技术研究和产品开发	中国科学院上海硅酸盐研究所	吴成铁	
6	抑郁症多模态神经影像定量化关键技术研究	中国科学院自动化研究所	隋　婧	
7	自适应光学客观视力检查仪	中国科学院光电技术研究所	戴　云	
8	动态三维血管路图引导的脑动脉瘤介入栓塞治疗关键技术研究	中国科学院深圳先进技术研究院	李志成	青年人才
9	蛋白质超微晶体结构研究方法的建立及其在人类重要蛋白结构研究中的应用	中国科学院上海有机化学研究所	刘　聪	青年人才
10	靶向 EGFR T790M 耐药突变的新型抗肿瘤药物的研发	中国科学院广州生物医药与健康研究院	陆小云	青年人才

续表

序号	课题名称	承担单位	负责人	备注
11	一种新型生物连续定向进化系统的开发	中国科学院深圳先进技术研究院	刘陈立	青年人才
12	医学影像数据引导的3D打印精准成型的生物活性材料的研制及应用	中国科学院深圳先进技术研究院	赖毓霄	青年人才
13	线纹海马雌雄同步性成熟调控及高效繁育技术研发与应用	中国科学院南海海洋研究所	林　强	青年人才

（二）自然科学基金项目情况

2015 年，批准国家杰出青年基金项目 198 项，中国科学院获批 69 项，占全国项目的 34.8%；重大项目 29 项，总经费 31 813.81 万元，中国科学院获批 14 项，总经费 22 472.56万元；创新研究群体 38 项，中国科学院获批 9 项，总经费 9450 万元。

（三）国家科技支撑项目

2015 年，中国科学院承担科技部科技支撑计划新增 5 项（表 2）。

表 2　2015 年中国科学院承担科技部科技支撑计划新增项目

序号	项目名称	项目依托部门	项目第一承担单位	项目首席科学家
1	美丽乡村生产生活综合循环利用技术集成示范	中国科学院	中国科学院重庆绿色智能技术研究院	郭劲松
2	水产养殖与环境治理技术研究与示范	中国科学院	中国科学院南京地理与湖泊研究所	谷孝鸿
3	高生物量能源植物培育与生物质定向重组综合利用示范	中国科学院	中国科学院青岛生物能源与过程研究所	周功克
4	黄土丘陵区退化生态修复技术研究与示范	中国科学院	中国科学院水利部水土保持研究所	刘国彬
5	面向新型城镇建设的室内外一体化定位管理技术集成及典型示范	中国科学院	中国科学院遥感与数字地球研究所	池天河

（四）国家科技重大专项

进一步加强重大专项管理工作，一方面充分发挥各专项总体（非法人单元）的作用，统筹院内单位、发挥整体优势；另一方面加强与院外单位战略合作，实现合作共赢。各项在研任务根据专项总体要求进一步聚焦，其中新一代宽带无线移动通信网、转基因生物新品种培育、重大新药创制、艾滋病和病毒性肝炎等重大传染病防治4个重大专项开展了试点工作。中国科学院研制的首颗新一代北斗卫星发射成功，载人航天工程、探月工程、高分辨率对地观测系统专项、大型油气田及煤层气开发专项、水体污染控制与治理专项等重大科技任务进展顺利。

核心电子器件、高端通用芯片及基础软件产品 为从根本上解决我国信息系统自主可控问题，专项提出国产芯片-操作系统-整机产业联动方案，中国科学院成立了通用芯片与基础软件研究中心，与上海市合作，整合国内技术优势力量，已成功研制出2代全自主国产软硬件系统，并在上海市党政领域500余家试点用户使用。

新一代宽带无线移动通信网 面向工业无线网络协议WIA-PA的网络设备研制与应用任务，作为专项核心技术之一，已研制出符合WIA-PA标准和工业防爆要求的无线网络设备；在炼化行业建立了国内最大规模的WIA-PA标准工业无线网络示范应用，全面感知、监测生产过程，提升了企业资产管理水平。

极大规模集成电路制造装备及成套工艺 成功研发出较完整的面向22纳米技术的平面CMOS工艺和面向16-14纳米技术的体硅FinFET关键工艺及集成技术；研制的面向产业化应用的原型器件关键参数达到国际先进水平，在关键工艺模块上形成了成体系的知识产权布局，首次实现了向大型集成电路制造企业的专利许可转让；研制成功20W 4kHz ArF准分子激光光源样机，光学系统突破和验证了纳米级超高精度光学部件制造及检测等核心单元技术，全面进入系统集成阶段。

大型油气田及煤层气开发 突破了高效撬装式煤层气液化成套装置的低成本化技术，完善了MEMS敏感芯片制造工艺，建立了排烃效率制约的I/II型有机质高-过成熟阶段生烃演化模式，完善了深烃源岩成因与评价理论，厘定了塔里木盆地新元古代烃源岩层、志留系砂岩固体沥青的成因与热演化特征等。建成我国首个用于盆地热史分析的（U-Th）/He低温热年代学实验室，完善了盆地深层评价与演化分析综合实验平台。

水体污染控制与治理 研发了“预处理+纳滤”深度处理关键技术与系统、高浓度有机废水的短流程厌氧膜生物反应器技术和基于管网分区管理的漏损评估与预警技术等。研发出湖滨带污染拦截与生态构建集成技术，示范工程TN、TP去除率达60%以上，生物多样性提高50%，植被覆盖度达80%。

转基因生物新品种培育 揭示了水稻BG1蛋白的功能，过量表达该蛋白的水稻植株生长素极性运输能力显著增强，籽粒显著增大，田间试验表明，与对照相比千粒重增加25%，产量增加21%。首次利用CRISPR/Cas9系统创建植物DNA病毒防御体系，为阻止植物病毒感染及疾病进展提供了概念证明，且无需深入了解病毒基因功能、简单易行、通用性强。

重大新药创制 具有我国自主知识产权的新型抗阿尔茨海默病寡糖类候选新药971已获15个国家/地区专利授权，药效确切，作用机制独特，即将完成III期临床研究，有望成为具有世界影响力的中国原创新药。自主研发的1.1类抗菌新药盐酸安妥沙星获2015年度上海市科学技术发明奖一等奖。

艾滋病和病毒性肝炎等重大传染病防治 描绘出了相对详细的H7N9病毒起源路

径。新发现了与结核分枝杆菌耐药性相关的72个编码基因和28个基因间隔区的突变。发展了新型纳米诊断技术使临床常用免疫组化诊断从4小时缩短为1小时。成功构建HCVcc的新方法，建立了我国首例HCV的全长感染性克隆PR63cc。

（五）国家重大科研仪器设备研制专项

2015年，组织完成“超高时空分辨原位多尺度量子测量系统研制”、“金属富勒烯纳米肿瘤无创诊疗研究系统研制”两个项目实施方案编制及立项评审等工作，并获得财政部支持，项目总经费1.5亿元。继续积极组织国家自然科学基金委员会重大科研仪器研制项目推荐工作，共获得支持项目2个，经费预算1.8亿元。

加强国家重大研制项目过程管理，促进成果产出。国家重大科研装备研制项目“大型低温制冷设备研制”和“超高分辨宽能段光电子实验系统研制”顺利通过验收。其中，“大型低温制冷设备研制”项目自主研制出技术指标为10kW/20K、氦透平膨胀机绝热效率≥70%的大型低温制冷设备，标志着我国液氦温区低温制冷设备研发和制造能力迈上了新台阶。“超高分辨宽能段光电子实验系统”项目对提高我国高端光束线站的设计和建设能力、增强我国先进科学仪器的自主创新能力有重大意义，在系统试运行阶段已取得了包括在实验上发现外尔（Weyl）半金属在内的多项重大科学成果。

二、战略性先导科技专项

（一）A类先导专项

A类先导专项贯彻“目标清、可考核、用得上、有影响”的“十二字”要求，管理模式基本成型，首批专项成果显著，第二、第三批专项呈现良好发展态势，个性化药物专项获准启动，南海岛礁专项获院长办公会批准开展论证。

经A类先导专项各级任务承担单位及院机关各部门的共同努力，专项组织管理工作取得显著成效，各专项取得重要进展。

干细胞与再生医学研究 开展了世界首例临床级胚胎干细胞治疗出血性老年黄斑变性的临床移植研究，完成我国首例基于人源性细胞来源的新型生物人工肝临床试验，子宫内膜再生试验中相继诞生8名婴儿，已完成40例陈旧性完全性脊髓损伤和4例急性脊髓损伤患者的临床试验，其中两例急性患者运动功能和感觉功能得到显著改善。中科院在干细胞领域的国际机构年度发文量排名已经从2010年的第42位跃升至2015年的第3位；年度专利申请数的国际排名2015年已上升至第2位。

未来先进核裂变能（ADS） 系统突破系列关键技术并部分引领国际研发，原创提出了ADANES核能系统新概念，为实现更高效、更安全的核燃料循环体系奠定了基础。钍基熔盐堆核能系统在原型系统方案设计与系列关键技术研发上取得重大突破，为我国率先建设钍燃料核能系统实验堆奠定了重要基础。

空间科学 2015年12月17日，成功发射了空间科学先导专项首发星——暗物质粒子探测卫星“悟空”，各探测器在轨稳定运行、工作正常。该项目从科学思想提出、载荷配置方案到卫星研制，均为中国科学院主导，预期所获科学成果将有可能使我国在空间科学领域进入到世界先进行列。硬 X 射线调制望远镜（HXMT）、量子科学实验卫星、“实践十号”返回式科学实验卫星均已进入正样研制，计划 2016 年择期发射。中欧联合空间科学卫星任务（SMILE）等第二批空间科学卫星工程立项工作顺利推进。

应对气候变化的碳收支认证及相关问题 在中国能源利用碳排放方面精确测定了碳排放参数并测算了我国能源利用碳排放量，结果表明中国碳排放被国外研究机构长期高估 10%—15%；在国家尺度上准确评估了中国陆地生态系统固碳现状和潜力。2015 年 12 月，在巴黎气候大会中国角成功举办了“追踪碳足迹——中国科学家在行动”边会，在国际上展示了专项研究成果，引起广泛关注。

面向感知中国的新一代信息技术研究 “海云协同、三元融合”的新一代信息技术创新理念得到业界广泛认同，在新型处理器、深度可编程网络、海云安全体系等方面突破多项关键技术，引领信息产业自主可控和可持续发展。

低阶煤清洁高效梯级利用 煤清洁高效利用研究突破低温热解、半焦燃烧等多项核心技术，与企业合作建成系列中试平台和示范工程，带动千亿规模社会投资。

分子模块设计育种创新体系 面向育种科技前沿和种业重大需求，已解析有重要应用价值分子模块 33 个、分子模块系统 16 个，其中耐寒分子模块 COLD1、氮高效分子模块 NRT1.1B 和高产优质分子模块 GW8-GW7 为培育水稻设计新品种奠定重要基础；培育出初级模块新品系 30 个，进入区试 11 个，其中水稻 4 个。

变革性纳米产业制造技术聚焦 纳米制造技术在动力锂电池材料与工艺、纳米绿色印刷、天然气催化制乙烯等方面突破多项核心技术，工艺中试和产业示范进展顺利。

江门中微子实验 江门中微子实验研制成功国际首支 20 吋微通道板光电倍增管，突破了高性能液闪、ϕ40 米中微子探测器等核心技术，为中微子质量序测量奠定基础。

热带西太平洋海洋系统物质能量交换及影响 构建了西太平洋-中国近海潜标阵列和深海探测平台，在热带西太平洋环境变化及其对我国近海影响、深海极端环境与生命探测方面取得重大突破。

个性化药物 针对国际首个靶向 Aβ 抗阿尔茨海默病候选新药 971 开展了疗效敏感和疗效监控的生物标志物研究。分子靶向抗肿瘤候选新药 AL3810 正在欧洲和中国开展临床研究，对 *FGFR* 基因扩增和血管丰富的恶性肿瘤疗效尤为显著。

（二）B 类先导专项

2015 年，B 类先导专项按照工作计划组织实施，进展顺利，取得了一批重要的阶段性成果。

国家数学与交叉科学中心 解决了法国科学院院士 Demailly 教授提出的经典难题——关于理想乘子层的强开性猜想。

量子系统的相干控制 取得了以首次实现单光子多自由度量子隐形传态为代表的多项重要进展。

脑功能联结图谱 在自我意识、本能恐惧行为神经环路功能解析、面向视觉处理的神经网络处理器等方面取得重要进展。

青藏高原多圈层相互作用 完成了青藏高原环境变化科学评估报告。

超导电子器件应用基础研究 在SNSPD器件及其应用、SQUID物探应用、太赫兹器件及新型超导材料等方面取得重要突破。

大气灰霾追因与控制 推动大气灰霾预报业务化应用，自主研制符合中国大气环境特征的大气灰霾预报预警模式。

海斗深渊前沿科技问题研究与攻关 完成了我国首个深渊科考航次设计，在全海深载人球舱缩比件、混合式全海深无人潜水器、深渊着陆器等关键技术方面取得重要进展，深海极端环境模拟实验室初具规模。

拓扑与超导新物态调控 在拓扑和超导领域都取得了重要进展，首次发现了具有“手性”的电子态——Weyl费米子。

生物超大分子复合体的结构、功能与调控 在原核生物抵御病毒及遗传物质入侵的新机制、治疗血栓性疾病的新型药物靶点发现等方面取得重要进展。

宇宙结构起源——从银河系的精细刻画到深场宇宙的统计描述 首次从超软X射线源发现相对论性高速喷流。

页岩气勘探开发基础理论与关键技术 建立了我国页岩主要富集层位的地层划分标准，为页岩气优质层位精细评价奠定了基础，近钻头随钻地质导向仪若干核心技术取得突破。

功能pi-体系的分子工程 创新有机晶体管的器件结构，构建突破传统器件性能极限的超高灵敏度柔性压力传感器。

作物病虫害的导向性防控-生物间信息流与行为操纵 发现介导病原细菌侵染植物的效应蛋白识别和信号传导新模式，为植物相关疾病的防控提供新思路和理论依据。

动物复杂性状的进化解析与调控 建成灵长类转基因和基因编辑平台，建立了高维、异质组学大数据的分析模型，揭示了新起源基因在大脑进化中的作用。

土壤-微生物系统功能及其调控 首次证明稻田土壤存在铁-氨氧化过程，并发展了高通量分析抗生素基因技术。

典型污染物的环境暴露与健康危害机制 首次证明环境中的碘甲烷可以发生化学甲基化作用，并在高等真核生物中发现功能性DNA新修饰。

三、中国科学院部署项目

（一）前沿科学方面

2015年，新部署“磁性新物态及相关效应研究”等14个重点项目，总经费9438.2万元。

（二）重大任务方面

“十二五”期间共启动10余项院重点部署项目，包括面向战略性新兴产业关键材料研究、先进医疗仪器设备核心部件及关键技术研发项目群、规模储能关键技术研发与示范预先研究、高技术领域发展战略情报研究、空间科学战略性先导科技专项深化论证、璀璨行动计划、CE-3 探测数据科学应用研究、下一代工业机器人关键技术及系统开发、盐湖卤水若干战略性元素提取、燃机高温透平叶片研制与验证、新药研发关键技术及候选新药发现研发、先进生物制造工程菌株的构建与应用等。

（三）科技促进发展方面

2015 年，继续落实中科院科技服务网络（STS）计划，重点安排部署第三批和第四批 STS 计划项目。第三批 STS 计划项目结合特色研究所试点改革工作，重点关注农业、能源、制造业、城镇化和生态文明五大领域，安排项目/项目群 11 个，经费总计 11 180 万元；第四批 STS 计划项目，重点关注中国科学院科技促进经济社会发展“十三五”规划相关领域和特色研究所试点重点工作，安排部署项目/项目群 41 个，经费总计 28 600 万元。

重大科技成果

一、2015 年度获国家科技奖

根据《国务院关于2015年度国家科学技术奖励的决定》（国发〔2016〕2号），中国科学院共获2015年度国家科学技术奖励20项（人）。其中，中国科学院作为第一完成人或完成单位获自然科学奖一等奖1项、二等奖9项，获技术发明奖二等奖3项，获科学技术进步奖一等奖1项（专用项目）、二等奖4项。其中，中国科学技术大学牵头完成的“多光子纠缠及干涉度量”获自然科学奖一等奖；电子学研究所牵头完成的项目（专用项目）获科学技术进步奖一等奖。

（一）国家自然科学奖一等奖（1项）

项目名称：多光子纠缠及干涉度量

主要完成人：潘建伟（中国科学技术大学）
彭承志（中国科学技术大学）
陈宇翱（中国科学技术大学）
陆朝阳（中国科学技术大学）
陈增兵（中国科学技术大学）

推荐单位：安徽省、中国科学院

量子信息科学以一种变革性的方式对信息进行编码、存储和传输，在确保通信安全和提升计算速度等方面突破经典信息技术的瓶颈，已成为现代物理学最活跃的研究前沿之一。项目组长期从事量子力学基础问题实验检验，系统地发展了多光子操纵技术，创新性地应用于量子信息处理多个研究方向，做出一系列原创性工作，包括发展高亮度高纯度纠缠光源、独立光子干涉和单光子滤波等关键技术，以最强烈的方式揭示量子非定域性与爱因斯坦定域实在论之间的矛盾，率先实现五、六、八光子纠缠，并一直保持世界纪录；在此基础上首次实现大数分解算法、拓扑量子纠错、任意子量子模拟等方案；发展诱骗态编码等量子密钥分发技术，克服量子通信中光源和探测器不完美带来的两大安全隐患，使得安全的量子通信网络成为可能；从理论上提出并实验实现基于冷原子量子存储的量子中继基本单元，在原理上证明大尺度量子通信的可行性；突破光量子态穿越大气层等效厚度，克服星地通道损耗，率先实现百公里量级的纠缠分发和量子隐形传态，为未来实现基于星地量子通信的全球化量子网络奠定科学和技术基础。这些先驱性的系统工作赢得了国际学术界的高度评价，引领和推动了光量子信息处理的基础研究和应用基础研究的发展。

（二）国家自然科学奖二等奖（9项）

项目名称：真空紫外激光角分辨光电子能谱对高温超导机理相关科学问题的研究

主要完成人：周兴江（中国科学院物理研究所）
刘国东（中国科学院物理研究所）
赵　林（中国科学院物理研究所）
陈创天（中国科学院理化技术研究所）
许祖彦（中国科学院理化技术研究所）

推荐单位：中国科学院

该项目自主研制了国际首台“超高能量分辨率真空紫外激光角分辨光电子能谱系统”，主要技术指标国际领先。利用该设备超高分辨率的优势，在对铜氧化物高温超导体和铁基超导体的研究中取得了重要成果。首次在高温超导体 Bi2212 中观察到一种新的电子耦合方式，并发现其与超导电性密切相关。首次直接观察到铜氧化物高温超导体中费米口袋和费米弧共存的奇异现象。在国际上最先报道了铁基超导体的超导能隙结构，并发现对铁基超导电子配对起决定作用的能带特征。

项目名称：活体层次定量获取化学信号的新原理和新方法研究

主要完成人：毛兰群（中国科学院化学研究所）
于　萍（中国科学院化学研究所）
张美宁（中国科学院化学研究所）
严乙铭（中国科学院化学研究所）
林雨青（中国科学院化学研究所）

推荐单位：北京市

在活动物层次开展并建立生理活性分子分析的新原理和新方法，由于能够更加真实定量地反映生命活动过程中的化学信息，在分析化学和生命科学的研究中具有极其重要的意义。该项目针对活体分析化学研究中存在的关键科学问题，在原理发展、方法建立、方法的生理学应用方面展开了富有挑战性的探索和系统而深入的研究，提出了一系列原创性的研究思想和方法，并发展了具有自主知识产权的方法和技术，研究成果的原创性和系统性获得了国内外同行的高度认可，并被广泛引用和验证。部分方法已被包括北医三院、北京师范大学、中国科学技术大学等在内的多家从事生理学研究的单位使用，并取得了具有重要意义的研究成果。本项目的研究不仅会极大推动分析化学学科的发展，而且也将促进其与生命科学（尤其是脑科学）等学科的交叉和融合，催生新型交叉学科的诞生和发展，为从活体层次上揭示生命活动过程的化学本质奠定重要的基础。核心论文被他人引用 2045 次。

项目名称：分子尺度分离无机膜材料设计合成及其分离与催化性能研究

主要完成人：杨维慎（中国科学院大连化学物理研究所）
李砚硕（中国科学院大连化学物理研究所）
王海辉（中国科学院大连化学物理研究所）
熊国兴（中国科学院大连化学物理研究所）
林励吾（中国科学院大连化学物理研究所）

推荐单位：辽宁省

反应和分离是化学工业的两大基本过程，二者的集成强化是一项极具挑战的课题。该项目设计合成了具有分子尺度分离性能的无机膜（透氧膜和分子筛膜）新材料，即提出了透氧膜材料优化设计原则，解决了渗透性与稳定性相互制约的关键科学问题，引领了国际透氧膜材料研究方向；微波合成分子筛膜解决了分子筛膜无缺陷合成的科学问题，获得了具有分子尺度分离性能的分子筛膜；发展了无机膜在能源领域中应用的新过程；实现了膜分离过程和催化过程在膜反应器中的耦合，为开拓分离–反应过程耦合提供了新思路。

项目名称：生物分子识别的分析化学基础研究

主要完成人：杨秀荣（中国科学院长春应用化学研究所）
于　萍（中国科学院长春应用化学研究所）
张美宁（中国科学院长春应用化学研究所）
严乙铭（中国科学院长春应用化学研究所）
林雨青（中国科学院长春应用化学研究所）

推荐单位：中国科学院

该项目属于分析化学领域。创新性地发展了用于生物分子识别分析的材料、方法和仪器。率先利用微波热解法制备出用于荧光和电化学发光分析的碳点，发现了三联吡啶钌电化学发光新型共反应剂，提出了基因单碱基变异识别、炭疽热孢子标志物和三聚氰胺检测的纳米探针设计新策略，发展了基于多种检测手段的生物芯片技术等，解决了该领域中高灵敏度、高选择性、高通量的系列分析难题，推动了生物分子识别分析化学的发展。20 篇主要论文 SCI 他引 2236 次，8 篇代表性论文 SCI 他引 900 次，多次被国际重要学术刊物和科技网站作为研究亮点专题报道。

项目名称：电离层变化性的驱动过程

主要完成人：万卫星（中国科学院地质与地球物理研究所）
刘立波（中国科学院地质与地球物理研究所）
宁百齐（中国科学院地质与地球物理研究所）
赵必强（中国科学院地质与地球物理研究所）
丁　锋（中国科学院地质与地球物理研究所）

推荐单位：中国科学院

该项目系统揭示了大气层–电离层耦合、磁层–电离层耦合及太阳辐射光化学三类过程对电离层变化性的驱动机理。提出的电离层/热层“四波”耦合模式给出了电离层与大气层耦合的新证据；发现电离层超喷泉效应和再分层结构，揭示了电离层扰动区域特性；获得极端太阳活动条件下电离层响应新类型，给出了太阳极端宁静期电离层变化趋缓的首个观测证据。成果对认识日地系统能量传输与耦合具有重大科学意义，对提升空间环境预报能力具有重要价值。

项目名称：图像非均匀计算理论与方法

主要完成人：吴　枫（中国科学技术大学）
李厚强（中国科学技术大学）
汪　萌（中国科学技术大学）
刘　东（中国科学技术大学）
洪日昌（中国科学技术大学）

推荐单位：中国科学院

该项目属于计算机科学技术领域图像处理方向。围绕图像非均匀计算理论和方法，项目研究阐明了图像在信号、特征、语义等空间具有不同形式的非均匀性，揭示了刻画时空相关各向异性的计算关系，发现了适应感知差异性的计算机理，提出了适合非线性多模态语义相似性的计算模型，为提高图像计算能力、带动计算机图像处理学科发展，开辟了非均匀计算新途径。20 篇主要论文 SCI 他引 944 次，8 篇代表性论文 SCI 他引 620 次。研究成果得到各国院士、IEEE Fellow 等国际同行的高度评价，并转化为实际产品推进产业升级。

项目名称：不确定性系统的辨识与控制

主要完成人：张纪峰（中国科学院数学与系统科学研究院）
刘允刚（山东大学）
赵延龙（中国科学院数学与系统科学研究院）
刘淑君（东南大学）
马翠芹（曲阜师范大学）

推荐单位：中国科学院

不确定性系统的辨识与控制始终是控制科学的核心问题。该项目针对参数未知、随机干扰、集值数据等不确定性，对系统的辨识和控制问题进行了系统性研究，取得了四项重要科学发现：构建了集值系统参数辨识基本框架，建立了随机系统优化控制可行性和设计方法，提出了随机非线性系统输出反馈控制设计方法，给出了多自主体系统可趋同性充要条件。本项目的主要论文 Scopus 他引 923 次、SCI 他引 530 次，引文作者中包括 10 位各国院士、42 位 IEEE Fellow。相关成果被用于复杂疾病建模和电机参数估计等研究中，促进了相关学科研究的发展。

项目名称：视觉模式的局部建模及非线性特征获取理论与方法研究

主要完成人：陈熙霖（中国科学院计算技术研究所）
山世光（中国科学院计算技术研究所）
高　文（北京大学）
王瑞平（中国科学院计算技术研究所）
柴秀娟（哈尔滨工业大学）

推荐单位：中国科学院

该项目属于计算机信息技术科技领域。项目围绕视觉模式的建模与视觉特征获取这一基础科学问题进行了长达十余年的系统研究，取得了如下主要科学发现：①提出了借鉴人类视觉特性的局部模式建模方法，推进了“视觉表示”这一基础科学问题的进展；②提出了视觉非线性特征的提取与度量方法，引领形成了一个新的“流形表示与度量”分支研究方向；③提出了逆成像过程的分析与建模方法，为获得稳定的特征表示提供了保障。截至2014年底，主要论文SCI他引814次，Google Scholar引用3498次。项目成果在出入境管理和公共安全等方面得到了广泛的产业应用。

项目名称：工程材料表面的润湿及其调控

主要完成人：周　峰（中国科学院兰州化学物理研究所）
郭志光（中国科学院兰州化学物理研究所）
王道爱（中国科学院兰州化学物理研究所）
张招柱（中国科学院兰州化学物理研究所）
刘维民（中国科学院兰州化学物理研究所）

推荐单位：甘肃省

该项目属于材料领域的表界面科学，研究揭示了自然表面特殊润湿性的原理，通过微纳米制造技术构筑了多种结构形貌的表面，并利用表面接枝聚合等方法进行化学改性，实现了特殊润湿性及润湿行为的调控，发展了自修复界面材料技术，克服了传统方法成本高、稳定性差、难于大规模工程应用的缺陷，为特殊润湿材料的工程应用提供了理论基础和技术支持。8篇代表性论文共被他人正面引用870次。注重基础研究向应用的转化，与多家企业合作开发了减阻防腐材料、润滑防污涂层、润滑自洁涂层和自润滑防结冰涂层等。

（三）国家技术发明奖二等奖（3项）

项目名称：含高浓度分散相的搅拌反应器数值放大与混合强化的新技术

主要完成人：杨　超（中国科学院过程工程研究所）
毛在砂（中国科学院过程工程研究所）
王志侃（中国石油化工股份有限公司石家庄炼化分公司）
雍玉梅（中国科学院过程工程研究所）
程景才（中国科学院过程工程研究所）
冯　鑫（中国科学院过程工程研究所）

推荐单位：中国石油和化学工业联合会

含高浓度分散相的非均相搅拌反应器在工业中使用多、放大困难。该项目将混合分数方差引入微观混合模型，建立了非均相微观混合模型；构建各向异性的非均相湍流模型，建立了快而准的算法；发明了实用的数值放大技术、强化混合的向心流搅拌桨和旋转进料混合器，实现了高浓度搅拌反应器数值放大走向工业应用的突破。3个主要技术发明点为数值放大新技术、新型搅拌反应器、新型搅拌反应结晶器。授权发明专利12项（包括1项美国专利）、实用新型2项；获计算软件著作权11项；项目发表SCI论文53篇，英文专著1本，会议邀请报告32次；获中国石油与化学工业协会技术发明奖一等奖、国际化工奖各1项，中国石化鉴定成果2项。已在中国石化等8家企业应用，为3家企业新增利税99 790万元。

项目名称：全钒液流电池储能技术及应用
主要完成人：张华民（中国科学院大连化学物理研究所）
马相坤（大连融科储能技术发展有限公司）
李先锋（中国科学院大连化学物理研究所）
刘宗浩（大连融科储能技术发展有限公司）
高素军（大连融科储能技术发展有限公司）
陈　剑（中国科学院大连化学物理研究所）
推荐单位：中国科学院

该项目属于电化学储能技术领域。大规模储能技术是解决可再生能源发电不连续、不稳定特征的关键瓶颈技术，是国家能源战略和能源安全的重大需求。全钒液流电池储能技术因其使用寿命长、储能规模大、安全可靠、环境友好等特点，成为规模储能的首选技术之一。项目团队解决了全钒液流电池关键材料、高性能电堆和大规模储能系统集成等方面的关键科学和工程问题，取得了一系列原创性发明。完成了从实验室基础研究到产业化工程应用的发展过程，形成了完整的全钒液流电池储能技术的产业链。项目成果领军国内外液流电池标准的制定，引领全球液流电池技术的发展。

项目名称：高性能星载铷原子钟原子信号增强与稳定关键技术
主要完成人：梅刚华（中国科学院武汉物理与数学研究所）
钟　达（中国科学院武汉物理与数学研究所）
安绍锋（中国科学院武汉物理与数学研究所）
赵　峰（中国科学院武汉物理与数学研究所）
王　芳（中国科学院武汉物理与数学研究所）
祁　峰（中国科学院武汉物理与数学研究所）
推荐单位：中国科学院

星载原子钟是北斗导航卫星的核心设备。研制星载原子钟须解决精度、可靠性、寿命和卫星环境适应性等关键技术，实现高精度难度最大。该项目发明了可激励高强度原子信号的微波腔、光强稳定的光谱灯、低噪声微波链和精密泡频控制技术，解决了原子信号增强和稳定性问题，打通了制约星载铷原子钟精度的技术瓶颈。基于本技术发明，研制出性能居国际先进水平的星载铷钟，填补了国内技术空白，批量用于北斗卫星，产生了显著社会和经济效益。

（四）国家科学技术进步奖一等奖（1项，专用项目，略）

（五）国家科学技术进步奖二等奖（4项）

项目名称：推扫成像型碲镉汞红外焦平面组件关键技术及其航天应用

主要完成人：何力、丁瑞军、张勤耀、杨建荣、林春、胡晓宁、王小坤、陈路、廖清君、魏彦锋

主要完成单位：中国科学院上海技术物理研究所

推荐单位：上海市

航天红外焦平面是空间红外探测系统的核心，其性能决定了探测能力，是具有重要战略意义的核心器件。该项目突破了探测灵敏度、空间分辨率、可靠性等关键技术，建立了长线列碲镉汞焦平面技术体系，在全部大气红外窗口波段上成功完成了多项卫星应用。项目实现了国产红外焦平面的首次空间应用、高分辨率红外对地观测、12.5μm 长波焦平面应用等 3 次里程碑式的跨越，使得红外载荷的探测灵敏度提升了 2 倍、空间分辨率提高了 1 个量级，标志着我国具备了航天红外焦平面研制和卫星高分辨红外成像探测重大能力。成果已在环境保护等领域得到应用，社会效益显著。该项目形成的推扫型红外焦平面组件技术保证了装备自主可控，支撑了我国红外遥感技术向全谱段和甚高分辨率的发展。

项目名称：支持批量定制生产的数字化车间动态管控平台及装备研发与应用

主要完成人：于海斌、史海波、曲道奎、陈书宏、徐志刚、严仓锋、赵兴俭、高明山、潘福成、徐方

主要完成单位：中国科学院沈阳自动化研究所、沈阳新松机器人自动化股份有限公司、陕西法士特汽车传动集团有限责任公司、山东特种工业集团有限公司、东风朝阳朝柴动力有限公司

推荐单位：中国科学院

该项目属于先进制造领域。通过构建面向制造过程全要素的模型体系，建立了涵盖数字化车间制造装备层、生产过程监控层、制造执行层和决策分析层的高效、高可靠的动态管控平台。率先在国内按 SEMI 标准设计开发了 SECS 通信协议，开发了符合 OPC 和 SEMI 标准的设备适配器，达到国际先进水平。研发了拥有自主核心技术的中科 MES 平台，攻克了典型装配生产的核心工艺，研制了装配设备、检测设备和物流设备等 3 大类 18 种系列专机装备，主要技术指标达到国际同类先进水平。项目成果应用于汽车、电子电器、装备、数字印刷、原铝等 6 个行业，20 余家企业，不仅打破了国外在相关行业的技术垄断，取得了显著的经济和社会效益，而且带动了汽车、电子、装备制造等一批行业龙头企业的技术进步，显著提高了市场竞争能力。

项目名称：大气细颗粒物在线监测关键技术及产业化

主要完成人：刘建国、刘文清、桂华侨、陆钒、钱江、陈军、程寅、潘焕双、赵南京、张帅

主要完成单位：中国科学院合肥物质科学研究院、安徽蓝盾光电子股份有限公司

推荐单位：安徽省

准确掌握大气细颗粒物污染特征，是我国大气环境科学研究和业务监测所面临的急迫需求。该项目经过持续 10 年的科技创新，在关键技术、系统应用与产业化等方面实

现了重大技术创新：①发展了大气细颗粒物理化和消光特征的在线监测方法；②创新设计了一整套大气细颗粒物高灵敏探测技术工程化解决方案；③构建了大气细颗粒物在线监测系统，关键技术指标达到国外同类产品先进水平。近3年已在全国安装大气细颗粒物监测设备2100余套，批量应用于环保部城市空气质量自动监测网、中国气象局气象观测网，改变了我国部分业务化环境和气象监测设备长期依赖进口的局面，为国家环境和气象监测能力建设提供了重要技术支撑，促进了我国环境监测仪器产业的跨越发展。

项目名称：苏打盐碱地大规模以稻治碱改土增粮关键技术创新及应用

主要完成人：梁正伟、杨福、侯立刚、王志春、张三元、马景勇、闫喜东、李彦利、黄立华、齐春艳

主要完成单位：中国科学院东北地理与农业生态研究所、吉林省农业科学院、吉林农业大学、吉林省白城市农业科学院、通化市农业科学研究院

推荐单位：吉林省

该项目围绕东北苏打盐碱地3次大规模种稻开发过程中缺乏主导抗逆品种，以及重度盐碱障碍下有水也难以成功种稻等重大难题，创建了苏打盐碱地改土增粮关键技术，培育并推广耐盐碱性水稻新品种，破解了苏打盐碱地以稻治碱适宜品种匮乏的瓶颈，研发出配套栽培关键技术体系和高效栽培模式，成果累计推广8647万亩①，增粮78.3亿斤②，新增直接经济效益105亿元，实现了盐碱地大规模增产增收和环境友好治理双赢。项目成果达到国内外同类技术领先水平，极大地推动了我国盐碱地治理的技术进步。

二、2015年度重大科技成果

（一）前沿科学方面重大科技成果

1. 数理化学领域

首次实现多自由度量子隐形传态 中国科学技术大学潘建伟、陆朝阳等组成的研究小组在国际上首次成功实现多自由度量子体系的隐形传态。论文在*Nature*发表。这是自1997年国际上首次实现单一自由度量子隐形传态以来，科学家们经过18年努力在量子信息实验研究领域取得的又一重大突破，为发展可扩展的量子计算和量子网络技术奠定了坚实的基础。该成果入选2015年“中国科学十大进展”之首、两院院士评选的2015年“中国十大科技进展”之首、欧洲物理学会评选的“2015年度物理学重大突破”之首。

首次发现Weyl费米子 继“拓扑绝缘体”和“量子反常霍尔效应”之后，物理研究所研究团队首次发现了具有“手性”的电子态——Weyl费米子，这对“拓扑电子学”和“量子计算机”等颠覆性技术的突破具有非常重要的意义。该发现从理论预言

---

① 1亩≈666.7平方米

② 1斤=0.5千克

到实验观测的全过程，都由我国科学家独立完成，先是理论预言了 TaAs 等体系中存在 Weyl 费米子，随后制备出高质量的 TaAs 晶体，然后利用上海光源 Dreamline 完成了观测，成功发现了 Weyl 费米子。相关成果入选 2015 年“中国科学十大进展”、两院院士评选的 2015 年“中国十大科技进展”、美国物理学会评选的 2015 年国际物理学标志性进展、欧洲物理学会评选的“2015 年度物理学重大突破”。论文在 *Physical Review X*、*Nature Physics* 发表。

彻底解决 L^2解析延拓最优估计问题、Suita 猜想与 Demailly 强开性猜想 L^2解析延拓问题是多复变与复几何中的重要前沿问题，许多著名数学家，如美国国家科学院萧荫堂院士、法国科学院 Demailly 院士、瑞典皇家科学院 Berndtsson 院士、日本数学家 Ohsawa 教授等都研究过。数学与系统科学研究院领衔的研究团队彻底解决 L^2解析延拓最优估计问题与 Demailly 强开性猜想，作为应用解决了 1972 年提出的著名的 Suita 猜想。论文在 *Annals of Mathematics* 和 *Inventiones Mathematicae* 发表。

建立了稀疏结式系统理论，是数学机械化的重要突破 数学与系统科学研究院研究团队建立了稀疏微分结式理论与高效算法，将代数消去理论“基本”概念与算法拓广到微分情形，是数学机械化的重要突破。论文在 *FoCM* 2015 发表；部分结果此前获得美国计算机学会第 36 届 SIGSAM ISSAC 2011 唯一杰出论文奖。

首次在室温大气环境探测到单个蛋白质分子磁共振谱 中国科学技术大学科研人员将量子操控技术应用于单分子研究，在室温大气条件下获得了世界上首张单蛋白质分子的磁共振谱。该研究不仅将磁共振技术的研究对象推进到单个分子，并且“室温大气”的宽松实验环境为该技术未来在生命科学等领域的广泛应用提供了必要条件。论文在 *Science* 发表。*Science* 将其选为当期亮点并配发专文报道，盛赞其“实现了一个崇高目标”，“是通往活体细胞中单蛋白质分子实时成像的里程碑”。该研究成果入选 2015 年“中国科学十大进展”。

人工模拟光合作用水裂解催化中心取得突破性进展 利用太阳能裂解水被认为是解决能源和环境污染问题的一个理想途径。化学研究所科研人员成功合成了迄今为止与生物水裂解催化中心结构最为接近的模拟物，并同样具有催化水裂解的催化功能。论文在 *Science* 发表。*Science*、*Chemical & Eingineering* 等发表评论指出，该工作不仅在结构上而且在功能上对生物光合作用水裂解催化中心进行了成功的模拟，它是人工模拟光合作用的一个重要突破和里程碑。

林可霉素生物合成机制研究取得重要突破 上海有机化学研究所研究团队首次发现了两个小分子硫醇——麦角硫因和放线硫醇，在林可霉素（一种高效广谱的抗感染抗生素）的生物合成中发挥了建设性的作用，突破了长期以来对小分子硫醇体内功能的认知“禁锢”，为认识其功能的多样性和所介导的生化反应创造了条件。论文在 *Nature* 发表。该研究成果为林可霉素工业生产菌种的针对性遗传改造提供了有力的科学支撑。

肿瘤血管靶向阻断的癌症治疗技术取得重大突破 如何实现精准的肿瘤靶向治疗而不损伤正常组织一直是医学界追求的目标。化学研究所研究人员开发的基于金属富勒烯纳米颗粒的“分子手术刀”肿瘤治疗技术，在实现这一目标的道路上前进了一大步。他们利用肿瘤血管只有一单层内皮细胞、间隙较大、结构不完整这一缺陷结构特点，设计了阻断肿瘤血管进而治疗肿瘤的新技术：将金属富勒烯纳米微晶静脉注入荷瘤小鼠体内，并在其挤出肿瘤血管时利用射频“引爆”，特异性地破坏了肿瘤血管。整个治疗过程快速、高效、低毒，对于肝癌、肺癌、乳腺癌等多种实体瘤均有显著疗效，是一种广谱的肿瘤治疗技术。该技术已申请国内和国际专利，论文在 *Science China Materials* 发表。

发现相对论性重子喷流 国家天文台研究人员领导国际团队，对 M81 星系中的极亮极软天体进行了数年的观测研究，发现了相对论性重子喷流，揭示了黑洞吞噬物质过多后“喷云吐雾”的表现。这项研究极大扩展了人们对黑洞吸积和相对论性喷流的认知。相关结果入选 2015 年“中国十大科技进展”。论文在 *Nature* 发表。

大亚湾发表迄今最精确的反应堆中微子振荡测量结果 大亚湾国际合作组结合全部 8 个探测器开始运行后获取的数据，发表了中微子测量的最新结果，将中微子混合角 $\theta13$ 和中微子质量平方差的测量精度都提高了近一倍，为世界最高精度。论文在 *Physical Review Letters* 发表。此外，王贻芳领导的大亚湾中微子实验团队获得 2015 年“基础物理学突破奖”，这是中国科学家首次获得该国际奖项。

2. 生命科学领域

赢者多得：介导大脑神经环路精确化的分子机制 上海生命科学研究院神经科学研究所于翔课题组发现了树突棘修剪过程中决定树突棘命运的关键分子 cadherin/catenin 细胞黏附复合物。通过在单个树突棘的水平进行分子与光遗传操纵，专项团队发现相邻树突棘间 cadherin/catenin 复合物竞争依赖的再分布导致了其命运分化：竞争到更多 cadherin/catenin 复合物的树突棘变得稳定、成熟，而失败的一方则被修剪。基于胞内有限资源的竞争模型为树突棘修剪的特异性提供了分子层面的解释，并可能代表了生物系统发育的普遍策略。鉴于树突棘修剪的异常与孤独症、精神分裂症等发育性神经系统疾病密切相关，阐明其分子机制对解析上述疾病的致病机理有重要的理论与临床意义。论文在 Cell 发表。

炎症及炎症性疾病调控机制获重要突破 中国科学技术大学周荣斌研究组、田志刚研究组与北京蛋白质组研究中心丁琛研究组合作，利用小分子化合物文库筛选的方法发现神经递质多巴胺受体 DRD1 的激活剂可以抑制 NLRP3 炎症小体的活化。以此为基础他们发现神经递质多巴胺可以通过受体 DRD1 及其下游信号通路诱导 NLRP3 的泛素化和降解从而抑制其活化。进一步的研究表明多巴胺及其信号通路对 NLRP3 炎症小体的调控不仅能够缓解神经炎症的发生，还能改善外周炎症的发生。该项研究不仅发现了 NLRP3 炎症小体及其相关炎症性疾病的关键内源性调控机制，还提示多巴胺受体 DRD1 可能是潜在的炎症性疾病干预靶点。论文在 *Cell* 发表。

解析视觉系统中触发“战斗–逃跑”反应的关键神经环路 生物物理研究所脑与认知科学国家重点实验室曹鹏研究小组在这个方向上取得了重要进展。他们应用光遗传学等多种技术手段，在哺乳类视觉中枢上丘中鉴定出一套以小清蛋白为生物标记物的兴奋性神经环路。该环路直接检测视野中逐渐迫近的视觉目标，并把这些预警信息间接传送给恐惧中枢杏仁核。直接刺激该环路，可特异地触发强烈的“战斗–逃跑”反应。反复刺激该神经环路，动物出现 PTSD 的核心症状。这些结果为进一步深入研究 PTSD 的发病机理奠定了重要基础。论文在 *Science* 发表。

发现大熊猫的日常能量消耗与能量摄入的均衡 遗传与发育生物学研究所 Speakman 课题组与动物研究所魏辅文课题组、北京动物园合作，对野生和圈养大熊猫的能量代谢进行了测定。结果表明，大熊猫的能量代谢率异常低，几乎与树懒处于相似的水平，一只体重 90kg 的大熊猫的代谢水平还不足同样体重的人类的一半。大熊猫体内与能量代谢相关的甲状腺激素水平也非常低。研究显示，这可能与一个调控其合成通路上的基因发生突变有关。在活动状态下，大熊猫的代谢率甚至低于人类静止状态的代谢率。大熊猫的代谢率很低可能会带来一个问题，那就是它们如何维持体温？答案是皮毛。大熊猫的皮毛很厚，能够保持体内的热量不易散失。论文在 *Science* 发表。

中英科学家解析甲型肝炎病毒全颗粒晶体结构 生物物理研究所饶子和院士研究组与牛津大学 David Stuart 教授研究组、中国食品药品检定研究院王军志教授和胡忠玉教授，以及北京科兴控股生物有限公司尹卫东和高强等专家共同合作，在甲型肝炎全病毒三维结构领域取得重大突破，解析了 HAV 成熟病毒和空心病毒两种状态的全颗粒高分辨率的晶体结构。该研究对于进一步解析 HAV 灭活病毒疫苗的免疫原性和保护机理具有重要意义，对于抗肝炎病毒药物的研发提供理论指导和新方向。论文在 *Nature* 发表。

CRISPR-Cas 获得性免疫系统的作用机理研究获得新进展 生物物理研究所王艳丽课题组在 CRISPR-Cas 系统从外源入侵 DNA 中获取新的间隔序列的研究取得新的突破，首次揭示了 Cas1-Cas2 复合物选择外源 DNA 作为新间隔区前体，以及将新间隔区前体位点特异地插入到宿主的 CRISPR 位点的分子机制，为 CRISPR-Cas 系统的作用机理研究以及在多方面的应用提供了理论依据。论文在 *Cell* 发表。

结构药理学新进展挑战 GPCR 药物作用模式传统认知 上海药物研究所吴蓓丽课题组在嘌呤能受体 P2Y1R 结构生物学领域取得重大突破性进展，首次测定了该受体蛋白的高分辨率三维结构，揭示了 P2Y1R 抑制剂分子的作用机理，为研究治疗血栓性疾病的新型药物提供了重要的依据，极大地拓展了未来开展 GPCR 药物研发的方向。论文在 *Nature* 发表。

3. 地球科学领域

发现东亚最早的现代人化石 古脊椎动物与古人类研究所与湖南省相关单位合作在湖南省道县福岩洞进行的科学发掘中发现了 47 枚人类牙齿化石。这些牙齿的形态及测量特征表明 8 万—12 万年前，具有完全现代人特征的人类在该地区已出现，较西亚和欧洲提早了 3 万—7 万年。该研究填补了以往缺乏的现代类型人类在东亚地区最早出现时间和地理分布的空白，揭示晚更新世早期在华南地区生活有比华中和华北地区更为进步（或现代）的人类，对于探讨现代人类在东亚地区出现以后的扩散路线具有非常重要的意义。论文在 *Nature* 发表。

在瓮安生物群中发现最古老的后生动物化石贵州始杯海绵 分子生物学推测后生动物在 7.5 亿年前的成冰纪就可能出现，而化石记录却显示几乎所有现生动物的始祖直到 5.4 亿年前的寒武纪早期才开始大规模出现，因此寻找前寒武纪动物化石对于在后生动物起源及演化研究中取得重大突破至关重要。南京地质古生物研究所朱茂炎研究小组在我国贵州 6 亿年前因发现动物胚胎化石而闻名的瓮安生物群中发现了迄今为止最为古老的后生动物实体化石——贵州始杯海绵。在瓮安生物群中首次发现可靠的成体动物化石标本，不仅证明瓮安生物群中的确存在动物化石，而且结合演化生物学证据表明瓮安生物群在研究后生动物起源领域具有巨大潜力。论文在 *PNAS* 发表。

提出全球变暖下海洋次表层环境变化抑制台风强度的新机制 大气物理研究所利用最新的全球海气耦合模式和区域海洋动力学模式，模拟研究了未来全球变暖情形下海洋次表层环境变化对台风强度的影响。由于二氧化碳引起的辐射增温被海水从上至下的逐步吸收，海洋次表层增温率比海表要慢，二者之差要远大于之前的估计。在这种增暖情形下，台风发展过程中被强风抽吸而上的海洋次表层冷水相对于海表面温度而言会更冷，其对台风发展的抑制作用将会增强，从而减弱台风强度。研究结果强调了海洋次表层和海气耦合过程对台风强度变化的重要作用。论文在 *Nature Communications* 发表。

发现沙漠下隐藏巨大碳库与碳汇 新疆生态与地理研究所研究发现沙漠地区有碳汇，但不在土壤或植物中，而是储存于沙漠下的咸水层。盐渍化控制过程中，盐碱水溶解、携带大量 CO_2进入地下咸水层：初步估算，荒漠地下咸水碳库的全球总量高达万亿吨，是陆地上除植物、土壤之外的第三个活动碳库。以这种方式，在全球干旱区每年有约 2 亿吨碳进入地下咸水层。干旱区内陆河无入海口，而是最终消失于沙漠；沙漠地下咸水就是内陆河的海洋，从而在沙漠下形成一个类似于海洋的碳汇。这是个罕见的、人类活动无意中制造的碳汇：人类在干旱区开发利用盐碱地时，盐碱土改良与盐渍化控制过程造就了这个碳汇。这个碳汇的量约为全球“迷失碳汇”的 10%。论文在 *Geophysical Research Letters* 发表。

揭示真核生物 DNA 新修饰形式 DNA 甲基化会影响一系列的生物学过程，如细胞命运决定、发育和组织、器官的稳态维持。DNA 甲基化以多种修饰方式（5mC，6mA 和 4mC 等）广泛存在于细菌、真核生物中。生态环境研究中心首次证明了果蝇基因组中存在 6mA 修饰，并证明该修饰在胚胎发育的早期阶段受到去甲基化酶 DMAD（果蝇 Tet 同源蛋白）的精确调控。证明了 DMAD 在体内具有催化果蝇基因组 6mA 的去甲基化的功能。体外实验也表明 DMAD 具有直接催化 6mA 去甲基化酶的活性。此外，发现果蝇卵巢基因组中的 6mA 修饰经常发生于转座子区域，特别是在 DMAD 突变体中，位于转座子区域的修饰显著增加。表明 DMAD 可能通过降低转座子区域的 6mA 修饰来调控转座子的表达。该项研究揭示了真核生物 DNA 新修饰形式，在表观遗传研究领域取得了具有重要意义的原创性突破。论文在 *Cell* 发表。

黄土记录显示全球变暖导致东亚夏季风雨带北移 20 世纪 70 年代以来，东亚夏季风强度持续减弱、季风雨带逐渐南移，导致我国北干南涝，这种趋势是否会随着温室气体排放的增加而加剧？地质与地球物理研究所对黄土高原末次冰盛期以来的 20 多个黄土-古土壤剖面进行了系统研究，结果显示从末次冰盛期至全新世暖期，黄土高原 C4 植被显著增加；从西北至东南，无论冷期还是暖期 C4 植被均逐渐增加。C4 植被和温暖季节的降水密切相关，C4 植被增加指示了季风降水增加。结果表明，全球变暖导致东亚夏季风雨带向西北方向推进。据此推断，若全球增温持续下去，季风雨带目前南撤的趋势将会发生根本逆转，长时间尺度上一定会向北推进，从而使我国北方的降水显著增加。论文在 *PNAS* 发表。

4. 技术科学领域

植物光系统Ⅰ膜蛋白超分子复合物结构研究取得重大突破 光合作用光系统Ⅰ（Photosystem Ⅰ，PSI）是一个极高效率的太阳能转化系统，几乎每一个吸收的光子都能产生一个电子，其量子转化效率几乎为100%。关于PSI结构与功能的研究一直是国际研究的热点和前瞻性课题。然而国际上对于高等植物PSI原子水平的高分辨率结构一直未获得解析，高等植物PSI高效吸能、传能和转能的结构基础仍然不清楚。植物研究所匡廷云、沈建仁等人成功解析了高等植物PSI-LHCI光合膜蛋白超分子复合物2.8 Å分辨率的晶体结构，这是国际上第一个原子水平分辨率的高等植物PSI-LHCI晶体结构，这为揭示高等植物PSI高效吸能、传能和转能的机理奠定了坚实的结构基础，对于阐明光合作用机理具有重大的理论意义。论文在*Science*发表。

发现广泛存在的化学反应共振态 反应共振态是化学反应体系在过渡态区域形成的具有一定寿命的量子态。它不仅提供了一个实验直接观察化学反应过渡态行为的契机，也控制着化学反应速率和产物量子态分布，对深入认识化学反应过程具有非凡的学术意义。大连化学物理研究所杨学明、张东辉等人研究揭示了物理化学家们长期寻找的化学反应共振态的“新机理”——非谐性所导致的化学键软化，该成果揭示化学反应共振态在反应物振动激发态反应中很可能是一个普遍现象，该项研究不仅大大提高了对反应共振态的认识，为寻找更多的化学反应共振态指明了方向，还有助于认识燃烧化学等过程中普遍存在的分子激发振动态反应的动力学真面目。论文在*Science*发表。

铁硒类超导体研究取得重要进展 铁基高温超导体是目前凝聚态物理领域的研究热点，其机理还没有得到完全的理解，FeSe类超导体以其诸多独特的性质被认为是研究铁基超导机理的理想材料体系。中国科学技术大学陈仙辉、上海硅酸盐研究所黄富强、美国国家标准技术研究所黄清镇、人民大学鲍威等几个研究组合作首次利用水热反应方法成功发现了一种新的铁基超导材料［（$Li_{0.8}Fe_{0.2}$）OHFeSe］，其超导转变温度高达40 K以上，通过结合X射线衍射，中子散射和核磁共振三种技术手段精确地确定了该新材料的晶体结构。这是首次利用水热法发现铁硒类新型高温超导材料，为相关体系新超导体提供了新的研究思路，也为探索铁基高温超导的内在物理机制提供了理想的材料体系。论文在*Nature Materials*发表。

新型二维过渡族金属碳化物晶体材料研究取得重要进展 自石墨烯被发现以来，探寻其他新型二维晶体材料一直是二维材料研究领域的前沿。正如石墨烯一样，大尺寸高质量的其他二维晶体不仅对于探索二维极限下新的物理现象和性能非常重要，而且在电子、光电子等领域具有诸多新奇的应用。金属研究所任文才等人研究采用上层铜箔/底层钼箔双金属叠片作为生长基体，通过化学气相沉积（CVD）生长出高质量的超薄二维Mo_2C晶体——一种干净的二维超导体，为二维材料家族增添了新的成员，不仅为研究其本征物性以及与现有二维材料不同的新物性和新应用提供了可能，而且可用于与其他二维晶体材料一起构筑新型叠层异质结构，拓展了二维材料的物性和应用空间。论文在*Nature Materials*发表。

国际最高峰值功率激光放大系统研制成功 上海光学精密机械研究所2015年初宣布研制成功5拍瓦（1拍瓦=10^{15}瓦，5拍瓦相当于全球电网平均功率总和的2500倍）

超强超短激光放大系统，这是迄今国际最高峰值功率的激光放大系统。该系统的研制成功，标志着我国在这一国际前沿领域取得突破性领先地位。超强超短激光能在实验室内创造出前所未有的超强电磁场、超高能量密度和超快时间尺度综合性极端物理条件，在基础研究和战略高技术发展方面具有重大应用价值。欧盟、英国、法国、美国、俄罗斯、日本已提出或正在实施大型超强超短激光装置计划，展开激烈竞争。

(二) 重大任务方面重大科技成果

1. 面向世界科技前沿方面

暗物质粒子探测卫星成功发射，在轨运行正常，这是中国科学院首次牵头组织实施的航天工程，有望在暗物质探测和宇宙线物理这两大科学难题上取得突破。首次实现多自由度量子体系隐形传态，为发展可扩展的量子计算和量子网络技术奠定了坚实基础，名列英国物理学会2015年度国际物理学十大突破榜首。首次发现Weyl费米子，对拓扑电子学和量子计算机等技术突破具有重要意义，同时入选英国和美国年度物理学重大突破。王贻芳和大亚湾中微子研究团队还获得国际基础物理学突破奖。建立了自我意识与神经性疾病的非人灵长类动物模型，为探索自我意识起源的神经生物学研究开启了新领域。合成了迄今为止与生物水裂解催化中心结构最为接近的模拟物，是人工模拟光合作用的重要突破和里程碑。成功解析了高等植物光系统I极高分辨率的晶体结构，对阐明光合作用机理具有重大理论意义。

2. 面向国家重大需求方面

集成中国科学院多项关键核心技术研制的首颗新一代北斗卫星成功发射，标志着北斗卫星导航系统开启了由区域运行向全球范围的拓展。干细胞脊髓损伤修复已开展40例陈旧性完全性脊髓损伤和4例急性脊髓损伤患者的临床试验，首创了电生理介导下脊髓胶质瘢痕切除手术，清除了脊髓再生障碍。在钍基熔盐堆系统方案设计与关键技术研发上取得阶段性突破，成为目前国际上主要研发力量。建成目前国际最好指标的ADS加速器样机，并原创性提出加速器驱动先进核能系统（ADANES）方案，为实现更安全高效的核燃料循环体系奠定了重要基础。20-14纳米集成电路先导工艺关键技术取得突破，实现了向大型制造企业的专利许可，进入产业化开发阶段。国防科技领域也取得若干新的重大进展。

3. 面向国民经济主战场方面

低阶煤清洁高效梯级利用关键技术研究取得了多项新的核心技术突破，初步建成了分布多地的示范基地和中试平台。在国际上率先研制出100英寸三基色LD激光电视，目前已进入产品化开发。对西藏高原环境变化科学评估得出的相关结论，在国家相关战略制定中发挥了重要作用。建成了我国首台自主研发的医用重离子加速器，实现了世界最大型医疗器械的国产化。低成本健康“海云工程”配套设备全国中标量约占全部份额的20%，服务全国农村人口超过1500万。药物创新研究院以自主部署科研项目和促进成果转移转化为核心，全面推进研究院筹建和各项改革方案落地。围绕“出新药”目标自主部署科研项目，新药研发成果显著，2015年有5个1.1类化药新药获临床批件；在科技成果使用、处置和收益管理改革试点，促进科技成果转化上取得明显成效，全年转让15项新药研发成果，合同总额达8亿元，是过去5年的总和。

（三）科学促进发展方面重大科技成果

渤海粮仓科技示范工程进展良好 渤海粮仓科技示范工程继续开展耐盐品种、土壤调控、节水农业等关键技术研发与集成，同时结合土地流转下的规模化生产方式，探索企业与新型农业合作组织参与的示范机制，建立适度规模经营的现代农业生产技术体系与示范样板。抗逆小麦和玉米品种、玉米无隔离制种、咸淡水混合利用技术等方面取得显著进展。从2015年起将成熟配套技术在河北南皮进行整县域推广，打造县域示范样板；累计在环渤海70多个县（市、区）建立了核心示范区14.1万亩、示范区146.17万亩，增粮33.6亿斤，增加效益24.6亿元。预期4000万亩中低产田加1000万亩盐碱荒地，至2017年增加粮食生产能力60亿斤、2020年增加100亿斤。

与山东省合作开展海洋生态牧场建设技术研发与示范 与山东蓝色海洋公司合作，构建了莱州湾海洋生态牧场示范样板，并共同组建国内专门从事海洋牧场应用基础研究和技术开发的第一个研究机构——山东海洋牧场工程与技术研究院，建立了国内一流的水生生物行为生态学与生理生态学实验室；与山东省建立合作网络，成为山东省海上粮仓和现代渔业示范基地；培育了鱼虾参贝藻新品种，开发了高效养殖设备，研发了健康养殖、病害防治和多个深加工海产品，在发展模式上实现了合作多赢化、牧场生产生态化、过程管理信息化。2015年10月，汪洋副总理考察莱州湾海洋生态牧场时指出，中国科学院在海洋科学利用上走出了新方式，希望进一步完善技术体系和工作机制，在更大范围推广应用。

构建淮北科技增粮县域技术集成与示范样板 通过与安徽省合作，开展淮北现代农业提质增效的技术研发集成与示范，研发品种、植保、砂姜黑土改造、水资源利用、农业智能信息化等关键技术。已在龙亢农场建成全国物联网平台展示窗口，并初步建成了涡阳县示范样板。在粉煤灰等废弃物砂姜黑土改良、水分高效利用技术、玉米和水稻新品种、一次基肥施用和化肥减施稳产技术、环保农药控失技术、喷药机器人等智能农业装备等方面研发取得了重要进展。

构建西部典型县域特色高值生态农业技术集成与示范样板 通过与宁夏、甘肃等省区相关部门合作，在西部地区构建了葡萄、羊草、百合、枸杞等特色高值生态农业技术集成与示范样板。已开展多项富有成效的工作：在宁夏贺兰县发展高抗逆葡萄品种栽培；在宁夏盐池县开展新品种新品系羊草和甜高粱种植，结合滩羊养殖，发展草畜产业；在宁夏隆德和兰州七里河区建设百合脱毒种球繁育基地；在宁夏中宁县建立枸杞育种基地，适于机械化采摘和制汁的‘中科绿川1号’品种通过国家审定。

“海云工程”助推低成本健康产业快速发展 中国科学院院深圳先进技术研究院低成本健康“海云工程”配套设备在国家卫生计生委健康一体机项目竞标中凭借先发优势，稳占市场“第一梯队”，在总体已确认的中标结果中，约占20%的份额。经过9年的探索和努力，从无到有，催生出了一个全新的低成本健康产业链。低成本健康产业的快速发展，带动全国健康服务业产值100亿元以上，直接惠民超过5000万人。

氨基酸技术突破推动产业创新发展 中国科学院天津工业生物技术研究所、微生物研究所、上海生命科学研究院植物生理生态研究所等多家研发机构经过多年积累，研发系列专利菌种和酶转化体系，部分关键技术达到国际领先水平，大幅提升了赖氨酸、谷氨酸等大品种氨基酸转化率，显著降低生产成本，自有知识产权体系的构建，破解了专利困境，提升了企业国际竞争力，推动合作企业成长为龙头企业。同时，实现多种高值氨基酸生化合成路径的构建，国内率先突破羟脯氨酸、L-组氨酸等一批高值氨基酸品种的直接发酵生产技术瓶颈，实现多种手性药用氨基酸的合成体系构建和产业化，为我国氨基酸发酵产业突破大而不强的产业困境提供了创新动力。

生物基可降解材料产业关键技术突破 生物基可降解材料产业发展是解决白色污染实现绿色循环发展的重要基础。中国科学院天津工业生物技术研究所、长春应用化学研究所、宁波材料技术与工程研究所、理化技术研究所、微生物研究所、青岛生物能源与过程研究所等联合，针对产业发展关键接口，形成链式合作，通过下游材料应用牵动上游单体的研究。在单体合成方面取得了突破性成果，实现了发酵法制备 D-乳酸、丁二酸的产业化，技术水平国际领先。聚合材料方面，开发了多种型号、性能的聚乳酸产品，开发了聚乳酸在骨材料等多方面的应用。推动了国家和地方对生物基材料产业发展的支持，建立了生物基材料产业联盟。

青藏高原农牧业发展和农牧民持续增收 农牧民增收是西藏全面建成小康社会的迫切需要和首要任务。以“整村推进”为主要工作模式，依托西藏农区的农业村、半农半牧村、农林牧结合村等三个典型示范区，从新型农牧民经营组织培育、技术体系构建、关键技术人才培养三个方面着手，实现农户自主联合，开展产业化经营，推动农牧民持续增收，2013—2015 年连续三年实现户均现金增收 2000 元以上。上报的“促进农牧民增收的西藏农牧结合技术体系构建与示范”咨询报告，得到了全国政协主席俞正声的重要批示；建议的“西藏农区畜牧业效益倍增工程”已经纳入西藏自治区“十三五”规划。

全国生态功能区划修编 以 2014 年完成的全国生态环境十年变化（2000—2010 年）调查与评估为基础，环境保护部和中国科学院联合对《全国生态功能区划》（2008 年版）进行了修编。新修编的《全国生态功能区划》进一步强化了生态系统服务功能保护的重要性，加强了与《全国主体功能区规划》的衔接，对构建科学合理的生产空间、生活空间和生态空间，保障国家和区域生态安全具有十分重要的意义。

三江源生态保护和建设一期工程生态成效评估 针对青海三江源生态环境保护与建设，中国科学院编制完成《三江源生态保护和建设一期工程生态成效评估报告》，指出三江源生态系统退化趋势初步得到遏制，但一期工程的实施仅是起步，具有局部性、初步性的特点，尚未达到 20 世纪 70 年代的水平，生态保护与建设任务的长期性与艰巨性凸显。该报告于 2015 年 5 月由青海省人民政府和中国科学院共同批准对外正式发布。

村镇污水治理应用示范 开发集成了真空源分离卫生排水、立体氧化沟、净化槽等系列技术，初步形成了以先进装备制造为基础，覆盖城乡分散污水治理设施建设与运行管理的完整技术体系；针对乡村污水治理资金筹集困难、管理体制机制不顺、行业管理缺失的结构性难题，提出了构建国家乡村污水治理责任管理体系、行政管理体系和行业管理体系的理论，和以县（市）域为基本单元的“城乡一体化、统一管理、统一规划、统一建设、统一运行”的管理模式，在常熟市建设全国首个“县（市）域污水综合治理示范区”，相关工作得到住建部、江苏省的高度肯定。

激光显示产业化应用取得新突破 中国科学院理化技术研究所突破小型化高性能三基色LD激光模组、高效率控制驱动、高精度分时调制、颜色管理、高效能热管理、匀场照明与散斑消除等关键技术，研制出国际性能最高的三基色LD光源的全激光电视，并与杭州中科极光科技有限公司合作，建设成功具有国际先进水平的激光电视生产线，为我国自主发展下一代新型显示技术奠定了坚实的基础。

直线电机轨道交通牵引系统国产化取得突出进展 中国科学院电工研究所在突破牵引系统关键技术的基础上，联合企业研制成功了全国产化的直线电机轨道交通牵引系统，于2015年5月在北京地铁机场线上完成了正线综合试验及10万千米运营考核，通过了各项测试及专家评审。这是国内首套投入运营的全国产化的直线电机轨道交通牵引系统，将为我国城市轨道交通发展及选型提供更优异的选择方案。

常压循环流化床煤制工业燃气技术研发与产业化取得突出进展 针对化工、建材、有色金属冶炼等许多行业对高效、清洁、低成本工业燃气的迫切需求，中国科学院工程热物理研究所开发出了常压循环流化床煤制工业燃气技术并完成工程示范。采用带超高碳浓度的循环回路和高温煤气显热梯级利用等关键技术，利用价格低廉的低阶粉煤（0—10毫米）制取工业燃气，大幅度提高煤气转化率和降低气化成本，制气成本仅相当于工业用天然气价格的1/3—1/2，制气生产全过程清洁、环保、无污染，经中国石油与化学联合会组织的成果鉴定为“达到国际领先水平”。目前已有26台技术产品应用于有色金属冶炼和焦化等行业的12个项目，产值达9亿元；替代严重污染环境的传统固定床气化炉150台，每年可节煤16.5万吨，减排二氧化硫1.5万吨、酚水75万吨，且无焦油污染。

染料敏化太阳能电池（DSSC）推广应用取得重要进展 染料敏化太阳能电池作为第三代光伏电池，与目前市场上占主要地位的硅太阳能电池相比，具有原材料廉价、制作工艺相对简单、性能稳定、衰减少，且对光照条件要求不高等优点，因而具有远大的应用前景。中国科学院上海硅酸盐研究所已经形成了材料-器件-装备-系统的全过程技术链，完成了系列室内光伏产品开发。2015年建成了国际上首条MW级试制线，实现了组件在分布式发电微网系统中的应用，建成了200W离网示范系统。根据上海硅酸盐所嘉定新园区大楼外墙设计的类陶土板DSSC组件，通过了国家标准抗风压、气密性、抗撞击等形式试验（上海建科院），已部分完成光伏建筑一体化工程安装。

高效多级孔共结晶分子筛催化材料获工业应用 中国科学院大连化学物理研究所徐龙伢团队面向我国化工行业关键科技需求，开发出系列原创性共结晶分子筛材料，并针对我国吡啶碱关键中间体严重依赖进口及高品质清洁燃料紧缺的现状，发明了自主知识产权的系列高效多级孔共结晶分子筛催化剂和成套技术，打破跨国公司垄断，突破了制约行业发展的诸多关键技术瓶颈，成功应用于醛氨合成吡啶、液化气芳构化，以及低碳烃与轻芳烷基化生产高品质清洁油品等多个工业过程，实现了规模化工业应用。近3年实现产值50余亿元，利税10余亿元，经济社会效益显著。“高效多级孔共结晶分子筛催化材料创制和工业应用”团队荣获2015年度中国科学院科技促进发展奖“科技贡献奖”一等奖。

含高浓度分散相搅拌反应器设计与过程强化新技术在石化行业得到应用 搅拌反应器是化工、制药等行业必不可少的设备，现有数值计算方法用于工业普遍涉及的含高浓度分散相的多相介质，计算周期长、精度差，难以满足反应器设计放大需要。中国科学院过程工程研究所杨超团队与中国石油化工股份有限公司石家庄炼化分公司合作，建立了计算与收敛速度快、准确性高的高效数值方法，发明了强化高浓度非均相微观混合的新型旋转进料分布器和搅拌装置，开发成功“含高浓度分散相的搅拌反应器数值放大与混合强化的新技术”，并应用于中石化等 8 家企业的 26 台（套）高浓度搅拌反应器和反应结晶器工业设计放大，仅其中 3 家企业已实现新增利税 10 亿元，荣获 2015 年度国家技术发明奖二等奖。

系列润滑防护涂层材料获得工程应用 中国科学院兰州化学物理研究所周峰团队基于仿生设计理念，以国家需求为导向，在认识自然和工程材料表面仿生设计制备过程中凝练基本科学问题，揭示了自然表面特殊润湿性原理，通过微纳米制造技术构筑出多种结构形貌表面，并利用表面接枝聚合等方法进行化学改性，实现了特殊润湿性及润湿行为调控，发展了自修复界面材料技术，克服了传统方法成本高、稳定性差、难以大规模工程应用等缺陷，为特殊润湿材料工程应用提供了理论基础和技术支持。同时，注重基础研究向应用转化，与多家企业合作开发出减阻防腐材料以及润滑防污、润滑自洁和自润滑防结冰等涂层。“工程材料表面的润湿及其调控”成果荣获 2015 年度国家自然科学奖二等奖。

凹凸棒石高值利用技术实现工业应用 中国科学院兰州化学物理研究所王爱勤团队针对长期制约凹凸棒石产业发展瓶颈问题，在国家高技术研究发展计划和江苏省科技支撑计划支持下，采用对辊处理-制浆提纯-高压均质-乙醇交换一体化工艺，实现了凹凸棒石棒晶束高效解离和纳米级分散，解决了纳米棒晶在干燥过程中二次团聚问题，建立了高压均质和改性剂协同作用提高改性效率新方法，开发出了纳米无机凝胶、高效棕榈油脱色剂和纳米导电复合材料等高值化产品，形成了具有自主知识产权的技术创新链，显著提高了我国凹凸棒石自主研发水平，推动了凹凸棒石黏土产业创新发展。“凹凸棒石高值利用关键技术创新及其产业化应用”成果荣获 2015 年度江苏省科学技术奖一等奖。

建立国际首个百吨级纤维素生物航油中试示范系统 中国科学院广州能源研究所马隆龙研究员团队发展了生物质水相催化转化理论与技术，发现了生物质水热转化过程复杂多相反应的动态液膜效应，从生物质分子结构特点出发，提出了水相催化合成生物航油的新途径，该途径充分利用了生物质原料的全组分，能量转化效率达到 37%。基于规整孔道结构与催化活性位构成的“协同反应和空间束缚效应”，成功研制了具有高水热稳定性的双功能催化剂（$Ru\text{-}MoO_x/Al_2O_3$）。形成了完全拥有自有知识产权的纤维素生物航油技术，建立了国际首个百吨级中试示范系统，已入选航空碳减排国家方案。相关技术已获得美国专利授权和欧洲专利授权。

鹰式波浪能小规模发电取得重大进展 中国科学院广州能源研究所游亚戈研究员团队基于非稳态流场下的高效俘获机制，融合波浪能液压高效转换技术和半潜驳船技术，成功研发出一种具有半潜驳船特征的新型漂浮鹰式波浪能发电装置。PCT国际检索单位书面意见显示该技术具有新颖性、创造性和工业实用性，鹰式装置在中、英、澳、美四国申请发明专利，已获中国和澳大利亚发明专利授权。2011年，广州能源研究所成功研建10kW概念样机“鹰式一号”，实现了装置在实海况条件下的长期稳定运行，并在2013年第30号超强台风来袭时正常发电。2015年，广州能源研究所成功研建了100kW工程样机鹰式装置“万山号”，其日发电量和单月发电量均进入全球海浪发电最高的行列，开创了我国利用海浪小规模发电的新时代，鹰式波浪能装置已具备为海岛和海上设施稳定供电的能力。

三、中国科学院杰出科技成就奖

2015年，共评出中国科学院杰出科技成就奖9项（3项个人，6项集体），其中3项为专用项目。

1. 获奖个人：程代展（中国科学院数学与系统科学研究院）

主要科技贡献：

逻辑动态系统在自然界中大量存在，但由于此前缺少有效的数学工具，使其分析与控制研究成为发展的瓶颈。程代展以其本人提出的矩阵半张量积为工具，发展了一套逻辑动态系统的代数状态空间方法，解决了：①如何分析逻辑网络的动态行为；②如何设计逻辑网络的有效控制，这两个关键科学问题，创立了逻辑动态系统的控制理论。相关工作不仅获得国家奖和国际奖，而且引发了国内外大量后续研究，形成控制论中的一个新方向。目前，该理论已被应用于众多领域的研究，并在电力系统及混合动力汽车控制等工程项目中得到初步应用，显示了其广阔的应用前景。这是由中国科学家独立开辟的新方向，并在国际上引领了该方向的发展潮流，具有重大意义。

2. 获奖个人：安芷生（中国科学院地球环境研究所）

主要科技贡献：

安芷生从事地学研究50余年，他基于中国黄土和其他生物地质记录的野外观测和大陆环境科学钻探的研究，将野外观测、实验分析和数值模拟相结合，突破经典全球冰期-间冰期理论，提出东亚环境变化的季风控制论和亚洲季风变迁的动力学，解析了亚洲环境变化的机理，得到国际认可。他指出我国季风区和干旱区现今自然环境是亚洲季风-干旱环境系统长期耦合演化的结果，生态环境修复应遵循自然演变的规律，为我国西部，特别是黄土高原生态环境治理提供了科技支撑。上述成就开拓了第四纪地质学与全球变化研究相融合的新领域，为地球系统科学的发展和可持续发展战略的制定做出了贡献。

3. 获奖集体：深部资源探测理论技术突破与应用研究集体

研究集体主要科技贡献：

围绕深部资源探测的新方法与核心装备关键环节，开展了集“理论创新、技术研发、勘探突破”三位一体的创新性研究。揭示了“电离层-大气层-岩石层”电磁波传播特征，发展了近场点微元响应计算方法，研发了具有自主知识产权的高性能磁场传感器和地面电磁探测系统，提出了短偏移瞬变电磁勘探方法。这些成果不仅使主动源电磁探测深度从几百米拓展到几千米，而且可以在大范围内实现大深度、高精度、快速度、低成本探测。该集体打破了电磁探测装备被国外垄断的局面，推动了国家“深部资源探测核心装备研发”等重大科研项目的实施，为我国地球物理探测技术的发展做出了重要贡献。

研究集体突出贡献者及主要科技贡献：

底青云（中国科学院地质与地球物理研究所）

主要科技贡献：研究了“电离层-大气层-岩石层”电磁波传播规律，组织实施了地面电磁探测系统研发，并成功进行了勘探实践。

方广有（中国科学院电子学研究所）

主要科技贡献：研发出高性能磁场传感器产品系列，打破了我国地球物理勘探领域高端磁传感器依赖进口的被动局面。

薛国强（中国科学院地质与地球物理研究所）

主要科技贡献：发展了近场点微元响应计算方法，自主研发了短偏移瞬变电磁勘探技术。

研究集体主要完成者及工作单位：

杨长春（中国科学院地质与地球物理研究所）

张一鸣（北京工业大学）

李德亭（中国科学院地质与地球物理研究所）

殷长春（吉林大学）

王自力（中国科学院地质与地球物理研究所）

陈文轩（中国科学院地质与地球物理研究所）

安志国（中国科学院地质与地球物理研究所）

付长民（中国科学院地质与地球物理研究所）

王中兴（中国科学院地质与地球物理研究所）

朱万华（中国科学院电子学研究所）

王　若（中国科学院地质与地球物理研究所）

张文秀（中国科学院地质与地球物理研究所）

雷　达（中国科学院地质与地球物理研究所）

周楠楠（中国科学院地质与地球物理研究所）

杨永友（中国科学院地质与地球物理研究所）

孙云涛（中国科学院地质与地球物理研究所）

黄　玲（中国科学院电子学研究所）

4. 获奖集体：深海探测与研究平台体系建设研究集体

研究集体主要科技贡献：

历时10年，完成我国新一代科学考察船、深海装备体系、技术体系和人才队伍体系建设，建成国际一流水平的深海探测与研究综合平台，突破我国深海探测与研究领域技术与装备瓶颈，使我国深海探测与研究能力跨入世界先进国家行列，引领我国新一代科学考察船建设，带动我国海洋装备技术体系发展。建成三年来，“科学”号海上科考640余天、航行7.6万海里，取得大量宝贵的多学科调查数据资料；“发现”号深潜器成功下潜56次，获得高精度深海极端环境信息、地质和生物样品及系列重要科学发现，成功开展了深海原位观测和现场研究，为我国深海探测与研究跻身国际前沿并向纵深发展打下了坚实基础。

研究集体突出贡献者及主要科技贡献：

孙　松（中国科学院海洋研究所）

主要科技贡献：深海探测与研究平台体系建设的倡导者、组织者与领导者。部署一系列深海科研任务，推动深海探测与研究跨越式发展。

李铁刚（中国科学院海洋研究所）

主要科技贡献：组织项目建议、可行性研究、设计、建造和运行，探测技术指标确定和系统集成，组织开展深海探测与研究。

于建军（中国科学院海洋研究所）

主要科技贡献：指导设计新的船舶线型、现代化船舶舱室综合布局，制定总体设计规范和各种非标准件设计标准、工程质量管理和质量控制体系。

研究集体主要完成者及工作单位：

隋以勇（中国科学院海洋研究所）

孔宪才（中国科学院海洋研究所）

张绍京（中国科学院海洋研究所）

刘合义（中国科学院海洋研究所）

刘长杰（中国科学院海洋研究所）

石铭金（中国科学院海洋研究所）

孙宗强（中国科学院海洋研究所）

王　勇（中国科学院海洋研究所）

任建明（中国科学院海洋研究所）

尹　宏（中国科学院海洋研究所）

李超伦（中国科学院海洋研究所）

曾志刚（中国科学院海洋研究所）

于　非（中国科学院海洋研究所）

张　鑫（中国科学院海洋研究所）

吴　刚（中国船舶工业集团公司第七〇八研究所）

颜　芳（武昌船舶重工集团有限公司）

杨昌武（武昌船舶重工集团有限公司）

5. 获奖个人：包信和（中国科学院大连化学物理研究所）

主要科技贡献：

包信和长期从事物理化学研究，在催化基础理论研究和化石能源高效转化过程新型催化剂研制和开发等方面做出了出色的研究成果。发展出碳纳米管对金属和氧化物纳米粒子的电子调制作用的“协同限域”概念，创制了合成气高效转化催化剂，在煤经合成气制取 C2 含氧化合物和低碳烯烃过程中显示了独特的催化性能；发展出金属氧化物纳米结构与贵金属表面强相互作用的“界面限域”模型，制备出高性能的一氧化碳选择氧化催化剂，成功应用于燃料电池实际操作条件下的燃料氢气中微量 CO 的高效脱除；首创硅化物晶格限域的单中心铁催化剂的“晶格限域”催化的概念，构建了单中心铁催化剂，实现了甲烷在无氧条件下选择活化，一步高效生产乙烯，芳烃和氢气等高值化学品，在国际学术界和产业界形成了重要影响。

6. 获奖集体：新型稀土功能材料基础研究和应用研究集体

研究集体主要科技贡献：

致力于解决影响学科发展的关键科学与技术问题，将基础、应用和战略高技术研究有机结合，研制出的稀土功能材料已成功应用于照明、汽车、航天航空和国防军工等领域。提出了稀土交流 LED 原创思想，解决了交流驱动产生频闪的世界性难题，与四川新力光源合作，实现了交流 LED 产品的产业化，销售额已超 6 亿元；解决了温敏涂层全表面精确测量的关键问题，突破了国外的技术封锁，成功应用于全表面荧光风洞测温；研制出高强、高韧和轻质的稀土镁合金，为“神舟六号”飞船减重 13 千克，为国家某“重点工程”制备多用途轻型导弹壳体，该导弹已批量装备部队。该集体获授权发明专利 75 项，形成了完整的自主知识产权体系，制定了多项国家和行业标准，满足了国家重大需求。

研究集体突出贡献者及主要科技贡献：

张洪杰（中国科学院长春应用化学研究所）

主要科技贡献：作为研究集体的学术负责人，以服务国民经济建设和解决国家重大战略需求为己任，全面指导科研工作的开展。

李成宇（中国科学院长春应用化学研究所）

主要科技贡献：负责稀土交流 LED 照明器件和稀土风洞测温发光材料的研究，开发了多种系列室内、外照明产品，销往多个国家。

孟　健（中国科学院长春应用化学研究所）

主要科技贡献：负责高性能稀土镁合金的研制，突破了高强高韧、耐热、抗蠕变及大尺寸半连续铸棒稀土镁合金研发的关键技术。

研究集体主要完成者及工作单位：

唐金魁（中国科学院长春应用化学研究所）

王　成（中国科学院长春应用化学研究所）

廖伍平（中国科学院长春应用化学研究所）

尤洪鹏（中国科学院长春应用化学研究所）

宋术岩（中国科学院长春应用化学研究所）

冯　婧（中国科学院长春应用化学研究所）

周　亮（中国科学院长春应用化学研究所）

刘大鹏（中国科学院长春应用化学研究所）

庞　然（中国科学院长春应用化学研究所）

邓瑞平（中国科学院长春应用化学研究所）

王樱蕙（中国科学院长春应用化学研究所）
汪　啸（中国科学院长春应用化学研究所）

四、科技论文与著作

科技论文发表质量不断提升。利用国际三大检索工具，于2015年对2014年度科技论文进行检索，中国科学院科技人员作为第一作者被国际三大检索系统收录的论文38 119篇，比2013年增加6519篇。其中，被SCI（扩展版）收录论文21 864篇，比2013年增加3960篇；被EI收录论文13 827篇，比2013年增加1872篇；被CPCI-S收录论文2428篇，比2013年增加687篇。另外，SCI（网络版）被引论文154 853篇，被引次数达2 058 555（2004—2013年SCI收录中国科学院论文在2014年被引用情况）。

中国科学院院科技人员被2383种国内科技期刊收录论文11 332篇，比2013年增加598篇。

2015年，科研机构出版科技专著423种，达15 909万字，其中译成外文78种，达1895万字。出版大专院校教科书12种，达375万字。出版科普著作54种，达834万字。

五、重大科技专利

2015年，中国科学院进一步加强知识产权管理，提高知识产权创造质量；调整奖励政策，鼓励院属单位通过转化运用知识产权为全社会创造更多的经济、社会效益；知识产权人才队伍不断壮大，知识产权管理和运营水平不断提高。

2015年度，中国科学院专利申请13 475件，比上年下降3.3%。其中，国内发明专利申请11 551件，比上年下降4.4%；国外专利申请609件，比上年增长8.9%。

2015年度，中国科学院专利授权8527件，比上年增长19.7%。其中，国内发明专利授权6983件，比上年增长26.8%；国外专利授权214件，与上年基本持平。

2015年，中国科学院获批软件著作权1444件，较上年增长了2.8%；集成电路布图设计登记52件；授权植物新品种8件；注册商标41件。

2015年，中国科学院新签知识产权转移转化合同292项，合同金额17.91亿元，比上年翻了一番，其中转让11.29亿元，许可2.48亿元，作价入股4.14亿元；2015年知识产权转移转化到位金额4.05亿元，比上年增长39.7%，其中转让1.70亿元，许可1.21亿元，股权收益1.14亿元。

2015年，“一种高纯二氧化碲单晶及制备方法”等12项专利荣获第十七届中国专利优秀奖。

队伍建设与人才培养

一、人力资源管理研究

2015 年，中国科学院继续深入加强人力资源管理研究。为了解中国科学院青年创新促进会会员的成长情况及青促会管理运行状况，人事局联合兰州文献情报中心开展了青促会首批会员成长情况调研评估工作，形成了专题调研报告，为青促会的下一步发展提供了依据和思路；为做好“十三五”人才高地建设规划工作，开展了“一三五”人才状况调研，进一步了解中国科学院各领域、各单位优秀人才的现状和需求；开展了科研骨干人才流动情况调研，为加强人才管理和服务工作提供了决策支撑；开展事业编制人员身份界定问题研究，归纳出事业编制人员身份界定的五大要素，提出事业编制人员界定的政策建议，形成了课题报告；开展现阶段中国科学院人事管理几个历史遗留问题研究，对如何妥善解决几个历史遗留问题提出政策建议。组织开展“优秀论文”、“优秀会员”、“优秀课题”和“优秀集体”的评选活动，成功举办“中国科学院人力资源管理研究会第三届学术交流活动”暨“研究会第二届理事会第二次会议”。

二、领导班子与干部队伍建设

认真贯彻执行中央《党政领导干部选拔任用工作条例》、《事业单位领导人员管理暂行规定》，坚持德才兼备、以德为先、群众公认、注重实绩等干部选任原则，严格按照干部选任条件和工作程序，扎实做好院属单位领导班子的考核和领导人员选任工作。2015 年，开展了 54 个院属单位班子换届（届中）考核，对 22 个院属单位进行了党委换届，对 46 个院属单位领导班子进行了个别调整。全年新提任所（局）级领导人员 72 人，离任 38 人，交流 32 人（其中提任交流 12 人）。

按照中组部的要求，完成对中组部第 13 批、第 14 批（延期）和第 15 批博士服务团8 名成员的考核，推荐 7 名博士作为第 16 批博士服务团成员赴西部挂职。推荐 2 名同志续任省科学院副院长职务，按程序办理 1 名同志挂职地方副局级领导。

继续贯彻实施干部选拔任用工作“四项监督制度”，组织开展了 29 个单位的“一报告两评议”，以及 22 个单位的“所长履行干部选拔任用工作职责离任检查”；2015 年首次对分院开展了“一报告两评议”和“分院院长履行干部选拔任用工作职责离任检查”工作，实现在院属事业单位的“全覆盖”；严格执行研究所“干部选聘工作有关事项报告”制度，不断规范中层干部选拔任用工作行为。认真贯彻落实“两项法规”等制度规定，强化对干部的日常管理和监督。

三、机构编制与岗位管理

（一）事业单位法人调整

经中央编办批复同意：中国科学院空间科学与应用研究中心更名为中国科学院国家空间科学中心；中国科学院对地观测与数字地球科学中心更名为中国科学院深海科学与工程研究所。

（二）“四类机构”建设

经院长办公会议研究决定，批准成立以下“四类机构”。

中国科学院纳米科学卓越创新中心、中国科学院分子植物科学卓越创新中心、中国科学院分子细胞科学卓越创新中心、中国科学院城市大气环境研究卓越创新中心、中国科学院超导电子学卓越创新中心共5个卓越创新中心。

中国科学院数学科学科教融合卓越创新中心、中国科学院凝聚态物理科教融合卓越创新中心、中国科学院分子科学科教融合卓越创新中心、中国科学院生物大分子科教融合卓越创新中心、中国科学院生态环境科学科教融合卓越创新中心、中国科学院半导体材料与光电子器件科教融合卓越创新中心共6个科教融合卓越创新中心。

中国科学院机器人与智能制造创新研究院、中国科学院地球科学研究院共2个创新研究院。

中国科学院天文大科学研究中心。

理化技术研究所、地理科学与资源研究所、电工研究所、心理研究所、沈阳应用生态研究所、长春应用化学研究所、东北地理与农业生态研究所、上海硅酸盐研究所、南京土壤研究所、水生生物研究所、成都山地灾害与环境研究所、昆明植物研究所、寒区旱区环境与工程研究所、新疆生态与地理研究所共14个科研单位进入特色研究所。

（三）院设非法人单元

成立了中国科学院阿里巴巴量子计算实验室、中国科学院科技战略咨询研究院共2个院设非法人单元。

撤销中国科学院国家空间科学中心、中国科学院黄金技术应用研究中心、中国科学院大庆油田有限责任公司油气勘探联合研究中心、中国科学院东南资源环境综合研究中心、中国科学院吴中生物医药研发中心、中国科学院微系统技术研究发展中心、中国科学院上海生物医学工程研究中心、中国科学院金华科技园、中国科学院杭州科技园、中国科学院沈阳科技创新园、中国科学院大连科技创新园共11个院设非法人单元。

中国科学院绿色农业技术集成与发展中心和中国科学院西北生物农业中心整合为新的中国科学院西北生物农业中心；中国科学院合肥技术转移中心与中国科学院安徽产业技术创新与育成中心整合为中国科学院合肥技术创新工程院。

中国科学院地理信息产业发展中心更名为中国科学院地理信息与文化科技产业

基地。

贯彻落实《事业单位人事管理条例》，进一步完善中国科学院人员聘用制度，印发了《中国科学院人员聘用制度实施办法》。根据国家有关政策，研究出台了关于院士等杰出高级专家、女干部、女专家退休及申诉处理等一系列人事政策和管理办法。研究探索科技人才共享机制、促进科技成果转化“离岗创业”等政策。举办全院岗位与聘用主管培训班。完成“中国科学院招聘网”建设并正式上线运行。

率先探索博士后站前资助模式，与中国博士后科学基金会共同设立“支持‘率先行动’联合资助优秀博士后项目”，支持优秀博士毕业生从事博士后研究工作，首批遴选 50 人。人力资源和社会保障部、全国博士后管理委员会印发《关于给予 2015 年度博士后综合评估优秀的设站单位和博士后管理工作者通报表扬的决定》，中国科学院 23 个博士后科研流动站和 4 名博士后管理工作者获得通报表扬。中国科学院新增博士后科研工作站 1 个；入选“香江学者计划”11 人，入选“博士后国际交流计划”16 人，获得中国博士后科学基金资助 661 人。

四、薪酬与福利管理

按照机关事业单位养老保险制度改革的政策和要求，动员部署、稳步推进中国科学院事业单位养老保险制度改革工作。研究提出中国科学院养老保险制度改革若干问题的处理意见，按照属地政策，分京内和京外进行养老保险制度改革政策、经办、数据采集的培训。截至 2015 年底，上海地区研究所已完成了参保缴费。

监督检查院属单位职工工资收入发放情况，规范研究所职工工资发放过程，编报全院职工工资收入统计分析报告。完成全院被采取强制措施和行政刑事处罚人员工资处理问题的清理核查，对工资管理不规范的单位进行了整改。完善研究所法定代表人年薪及所领导兼职取薪的管理，结合研究所“一三五”评估结果，核定下达 104 个研究所法定代表人年薪。按照中国科学院“率先行动”计划的要求和院党组的决议，研究提出《中国科学院关于在特聘研究员中试行协议薪酬的指导意见》，分送人力资源和社会保障部、财政部和中组部审批，争取政策支持。

按照国家统一部署，提高了离退休人员离退休费；调整了在职人员基本工资，做好养老保险个人缴费部分预扣和其他津贴补贴扣减工作。按照属地化政策，提高了中国科学院成都、武汉、大连、新疆、山西、长春、石家庄共 7 个地区 25 个单位，近 1 万离退休人员补贴。

五、科技创新人才培养与引进

（一）两院院士增选情况

2015 年，全国共增选中国科学院院士 61 人，其中，中国科学院 18 人当选。中国科学院新当选院士的平均年龄为 53 岁。截至 2015 年 12 月底，全国共有中国科学院院士

777 人，其中，在中国科学院工作的有 302 人。

2015 年，全国共增选中国工程院院士 70 人，其中，中国科学院有 2 人当选。截至 2015 年 12 月底，全国共有中国工程院院士 852 人，其中，在中国科学院工作的有 61 人。

（二）高层次人才培养与引进工作

1. “千人计划”实施情况

2015 年，中国科学院通过第十一批“千人计划”共引进海外高层次人才 154 人。其中，“顶尖千人计划”入选者 1 人，“千人计划”创新人才入选者 14 人，“青年千人计划”入选者 127 人，“外专千人计划”入选者 6 人，“千人计划”新疆项目入选者 6 人。

截至 2015 年 12 月底，中国科学院共引进“顶尖千人计划”入选者 4 人；“千人计划”创新人才入选者 237 人，占全国总数的 10. 1%；“青年千人计划”入选者 426 人，占全国总数的 24%；“外专千人计划”入选者 24 人，占全国总数的 9. 8%；“千人计划”新疆项目入选者 29 人，占全国总数的 59. 2%。

2. “万人计划”实施情况

2015 年，中央组织部公布了第二批“万人计划”青年拔尖人才入选名单。中国科学院共有 59 人入选，其中自然科学类 57 人，占全国自然科学类总数的 20. 5%。

3. “百人计划”实施情况

（1）“百人计划”政策调整与创新

根据深入实施“中国科学院人才培养引进系统工程”的总体部署，2015 年中国科学院正式启动实施率先行动“百人计划”。截至 2015 年 12 月底，首批 59 个“百人计划”学术帅才（A 类）岗位和 84 个技术英才（B 类）岗位已面向海外公开招聘，“百人计划”青年俊才（C 类）已由院属单位自行开展招聘工作。

（2）2015 年“百人计划”实施情况

入选支持情况：2015 年，中国科学院新增“百人计划”入选者 214 人，其中，“引进国外杰出人才”入选者 201 人，国内“百人计划”入选者 12 人，自筹“百人计划”入选者 1 人。另外，26 位“国家杰出青年科学基金”获得者获得后续经费支持。

终期评估情况：2015 年对执行完毕的 222 位“百人计划”入选者进行了终期评估。47 人评估为优秀，174 人评估为良好，1 人评估为合格。

（3）“百人计划”总体实施情况

截至 2015 年 12 月底，中国科学院“百人计划”入选者共计 2480 人，其中，“引进国外杰出人才”入选者 1972 人，国内“百人计划”入选者 318 人，项目“百人计划”入选者 145 人，自筹“百人计划”入选者 45 人。另有 366 位“国家杰出青年科学基金”获得者获得后续经费支持。

（4）获“国家杰出青年科学基金”资助情况

2015 年，中国科学院共有 69 人获得“国家杰出青年科学基金”资助。截至 2015 年 12 月底，全院累计获得“国家杰出青年科学基金”的人数为 1163 人，占全国“国家杰出青年科学基金”获得者总人数的34.2%。

4.“特聘研究员”计划实施情况

为进一步凝聚和激励中国科学院高层次科技人才，加强对科技领军人才和拔尖人才群体的稳定支持和激励保障，经过在“四类机构”的先期试点，2015年首次在全院范围内启动“特聘研究员”的遴选工作，共推荐遴选特聘研究员1359人。

（三）青年人才培养与支持

1.“青年创新促进会”实施情况

2015年，中国科学院青年创新促进会新增会员397人，会员总数达2190人；遴选优秀会员95人，累计支持经费约6.7亿元。召开了2015年学术年会暨会员代表大会，通过了《中国科学院青年创新促进会章程》的修订内容，选举产生了第三届理事会。

2.“青年科学家奖”实施情况

为激励青年科技工作者奋发向上，勇攀科学高峰，在全院形成鼓励创新、激励进取的人才发展氛围，中国科学院遴选并表彰了获得2015年度青年科学家奖的10位优秀青年学者。

3.“西部之光”人才培养引进计划实施情况

2015年，中国科学院共支持“西部之光”各类人才项目228个，其中，“西部引进人才”项目6项、“西部青年学者”A类（含院外）项目72项、“西部青年学者”B类项目150项，资助总金额达2494万元。此外，还对2011年度“西部之光”重点和一般项目终期评估获得优秀的7个项目给予了后续支持。

2015年，中国科学院共接收中央组织部“西部之光”访问学者24人，资助经费12万元。

4.“王宽诚教育基金项目”实施情况

2015年，获“中国科学院王宽诚教育基金项目”资助和奖励的学者共计100人。其中，40人获得国际会议项目资助；60人获得王宽诚人才奖（10人获得西部学者突出贡献奖，50人获得卢嘉锡青年人才奖）。

5.“创新交叉团队”实施情况

2015年，中国科学院遴选并支持“创新交叉团队”20个。同时，组织专家对2012年批准组建的首批“创新交叉团队”进行了终期评估，其中7个团队评估结果为优秀，21个团队评估结果为良好。

（四）支撑人才与国际交流情况

1. 支撑人才培养与支持

2015年，中国科学院遴选并支持“关键技术人才”50人，累计支持“关键技术人才”154人。

2. 人才国际交流与培养

2015年，继续实施“创新国际团队”、“海外评审专家”、“国际杰出学者”、“国际访问学者”、“国际博士后”、“公派留学计划”等项目吸引海外优秀学者，促进国际合作和人才培养。

六、继续教育与培训

以“全员能力提升计划”为抓手，积极推进“十二五”继续教育与培训工作。“十二五”期间，共举办14 306期培训班，累计培训138.5万人次，比“十一五”培训总量（96.9万人次）增长43%；培训高层次、急需紧缺和骨干人才总量达1.7万人，超额完成总目标（1.5万人），其中国家、院公派留学人数翻一番；开发精品与特色培训项目50项，累计4000多人参训。2015年，全院共举办2200多期培训班，其中示范性培训项目58期，精品培训项目27期，重点培训项目100期，累计培训达14.4万人次。

利用大数据、移动互联网、云计算等技术，建设以网络学习、培训管理等功能为一体的院继续教育网络平台。2015年10月，升级优化的全院继续教育门户网站“中国科学院继续教育网”正式上线试运行。自主开发制作微课件，2015年，共制成50个微课件。微课件突出学习便捷性，通过“小而精”的方式满足大家对热点、难点问题的了解及学习需求。

根据《专业技术人才知识更新工程国家级继续教育基地补助经费管理办法》要求，监督指导北京分院、中国科学技术大学和新疆分院国家级继续教育基地制订2015—2017年度国家级继续教育基地经费预算方案，强化经费使用绩效管理，提高财政资金使用效益。中国科学院3个国家级继续教育基地全年共举办100多期专业技术人员高级研修项目，培训1.9万余人。

基础设施与支撑条件

一、实验室、工程中心建设与管理

（一）实验室建设与管理

1. 重点实验室建设

2015 年，上海高等研究院的“中国科学院低碳转化科学与工程重点实验室”通过验收。截至 2015 年底，中国科学院重点实验室总数达到 211 个。

2. 重点实验室评估

国家重点实验室评估 2015 年 11 月 27 日，科技部公布了 2015 年数理领域和地学领域国家重点实验室评估结果。

数理领域国家重点实验室评估结果为：16 个参评，2 个被评为优秀、11 个被评为良好、2 个整改、1 个未通过；中国科学院 9 个参评，8 个良好、1 个未通过（表 3）。

表 3 2015 年中国科学院数理领域国家重点实验室参加国家评估结果

序号	国家重点实验室名称	依托单位	评估结果
1	半导体超晶格	半导体研究所	良好
2	波谱与原子分子物理	武汉物理与数学研究所	良好
3	非线性力学	力学研究所	良好
4	高温气体动力学	力学研究所	良好
5	核探测与核电子学	高能物理研究所、中国科学技术大学	良好
6	科学与工程计算	数学与系统科学研究院	良好
7	强场激光物理	上海光学精密机械研究所	良好
8	声场声信息	声学研究所	良好
9	理论物理	理论物理研究所	未通过

地学领域国家重点实验室评估结果为：46 个参评，12 个被评为优秀、28 个被评为良好、4 个整改、2 个未通过；中国科学院 25 个参评（包括与教育部共建联合实验室），7 个优秀、15 个良好、2 个整改、1 个未通过（表 4）。

表 4 2015 年中国科学院地学领域国家重点实验室参加国家评估结果

序号	国家重点实验室名称	依托单位	评估结果
1	大气科学和地球流体力学数值模拟	大气物理研究所	优秀
2	环境化学与生态毒理学	生态环境研究中心	优秀

续表

序号	国家重点实验室名称	依托单位	评估结果
3	环境模拟与污染控制	清华大学、生态环境研究中心、北京大学、北京师范大学	优秀
4	黄土与第四纪地质	地球环境研究所	优秀
5	现代古生物学和地层学	南京地质古生物研究所	优秀
6	岩石圈演化	地质与地球物理研究所	优秀
7	资源与环境信息系统	地理科学与资源研究所	优秀
8	冰冻圈科学	寒区旱区环境与工程研究所	良好
9	城市和区域生态	生态环境研究中心	良好
10	大气边界层物理与大气化学	大气物理研究所	良好
11	冻土工程	寒区旱区环境与工程研究所	良好
12	湖泊与环境	南京地理与湖泊研究所	良好
13	环境地球化学	地球化学研究所	良好
14	黄土高原土壤侵蚀与旱地农业	中科院教育部水土保持与生态环境研究中心	良好
15	空间天气学	空间科学与应用研究中心	良好
16	矿床地球化学	地球化学研究所	良好
17	热带海洋环境	南海海洋研究所	良好
18	同位素地球化学	广州地球化学研究所	良好
19	土壤与农业可持续发展	南京土壤研究所	良好
20	遥感科学	遥感与数字地球研究所、北京师范大学	良好
21	有机地球化学	广州地球化学研究所	良好
22	植被与环境变化	植物研究所	良好
23	大地测量与地球动力学	测量与地球物理研究所	整改
24	荒漠与绿洲生态	新疆生态与地理研究所	整改
25	森林与土壤生态	沈阳应用生态研究所	未通过

院重点实验室评估　2015 年是生命领域院重点实验室的评估年。生命领域共有 35 个院重点实验室参加了本次评估，评出 A 类实验室 7 个、B 类实验室 23 个、C 类实验室 5 个（表5）。

表5 2015年生命领域院重点实验室评估结果

序号	实验室名称	依托单位	评估结果
1	病原微生物与免疫学	微生物研究所	A
2	动物进化与系统学	动物研究所	A
3	受体结构与功能	上海药物研究所	A
4	再生生物学	广州生物医药与健康院	A
5	植物分子生理学	植物研究所	A
6	实验海洋生物学	海洋研究所	A
7	东亚植物多样性与生物地理学	昆明植物研究所	A
8	退化生态系统植被恢复与管理	华南植物园	B
9	昆虫发育与进化生物学	上海生命科学研究院	B
10	营养与代谢	上海生命科学研究院	B
11	动物生态与保护生物学	动物研究所	B
12	心理健康	心理研究所	B
13	水生植物与流域生态	武汉植物园	B
14	光生物学	植物研究所	B
15	热带森林生态学	西双版纳热带植物园	B
16	干细胞生物学	上海生命科学研究院	B
17	植物资源保护与可持续利用	华南植物园	B
18	感染与免疫	生物物理研究所	B
19	系统微生物工程	天津工业生物技术研究所	B
20	动物模型与人类疾病机理	昆明动物研究所	B
21	农业水资源	遗传发育研究所	B
22	分子病毒与免疫	上海巴斯德研究所	B
23	植物种质创新与特色农业	武汉植物园	B
24	基因组科学与信息	北京基因组研究所	B
25	水生生物多样性与保护	水生生物研究所	B
26	合成生物学	上海生命科学研究院	B
27	山地生态恢复与生物资源利用	成都生物研究所	B
28	计算生物学	上海生命科学研究院	B
29	脑功能与脑疾病	中国科学技术大学	B
30	环境与应用微生物	成都生物研究所	B
31	离子束生物工程学	合肥物质科学研究院	C
32	高原生物适应与进化	西北高原生物研究所	C
33	新发和烈性传染病病原学与生物安全	武汉病毒研究所	C
34	系统生物学	上海生命科学研究院	C
35	农业与环境微生物学	武汉病毒研究所	C

（二）工程中心建设与管理

1. 国家工程实验室

2015 年 11 月，受国家发改委委托，中国科学院组织专家对山西煤炭化学研究所承担的碳纤维制备技术国家工程实验室进行了验收。

2015 年 10 月，国家发改委审核通过中国科学院与国家互联网信息办公室的变更申请，同意将互联网域名管理技术国家工程实验室项目法人单位由中国科学院计算机网络信息中心变更为中国互联网络信息中心，主管部门由中国科学院变更为国家互联网信息办公室（表 6）。

表 6　中国科学院国家工程实验室名单

工程实验室名称	项目法人单位名称	批准时间
甲醇制烯烃	大连化学物理研究所	2008 年 6 月 6 日
中药标准化技术	上海药物研究所	2008 年 6 月 13 日
工业酶	微生物研究所	2008 年 6 月 13 日
煤炭间接液化	山西煤炭化学研究所	2008 年 7 月 4 日
湿法冶金清洁生产技术	过程工程研究所	2008 年 11 月 28 日
遥感卫星应用	遥感应用研究所	2008 年 11 月 28 日
信息内容安全技术	信息工程研究所	2008 年 11 月 28 日
真空技术装备	沈阳科学仪器研制中心有限公司	2008 年 11 月 29 日
碳纤维制备技术	山西煤炭化学研究所	2009 年 2 月 26 日
土壤养分管理	南京土壤研究所	2011 年 8 月 17 日

2. 国家工程中心

目前，国家发改委已在中国科学院建设了 11 个国家工程研究中心，科技部已在中国科学院建设了 20 个国家工程技术研究中心（表 7）。

2015 年，由中国科学院主管的机器人技术国家工程研究中心、高档数控国家工程研究中心、精细石油化工中间体国家工程研究中心、工程塑料国家工程研究中心、光电子器件国家工程研究中心、高性能均质合金国家工程研究中心、膜技术国家工程研究中心 7 家单位顺利通过国家发改委第五次国家工程研究中心评价。

表 7　中国科学院国家工程中心名单

序号	工程中心名称	依托单位	批准部门
1	机器人技术国家工程研究中心	沈阳自动化研究所	国家发改委
2	高档数控国家工程研究中心	沈阳计算技术研究所	国家发改委
3	精细石油化工中间体国家工程研究中心	兰州化学物理研究所	国家发改委

续表

序号	工程中心名称	依托单位	批准部门
4	膜技术国家工程研究中心	大连化学物理研究所	国家发改委
5	工程塑料国家工程研究中心	理化技术研究所	国家发改委
6	基础软件国家工程研究中心	软件研究所	国家发改委
7	信息安全共性技术国家工程研究中心	软件研究所	国家发改委
8	光电子器件国家工程研究中心	半导体研究所	国家发改委
9	高性能均质合金国家工程研究中心	金属研究所	国家发改委
10	手性药物国家工程研究中心	成都有机化学有限公司	国家发改委
11	燃料电池及氢源技术国家工程研究中心	大连化学物理研究所	国家发改委
12	国家网络新媒体工程技术研究中心	声学研究所	科技部
13	国家生化工程技术研究中心	过程工程研究所	科技部
14	国家遥感应用工程技术研究中心	遥感应用研究所	科技部
15	国家并行机工程技术研究中心	计算技术研究所	科技部
16	国家高性能计算机工程技术研究中心	计算技术研究所	科技部
17	国家专用集成电路设计工程技术研究中心	自动化研究所	科技部
18	中国岩土工程研究中心	武汉岩土力学研究所	科技部
19	国家卫星定位系统工程技术研究中心	测量与地球物理研究所	科技部
20	国家淡水渔业工程技术研究中心	水生生物研究所	科技部
21	国家金属腐蚀控制工程技术研究中心	金属研究所	科技部
22	国家真空仪器装置工程技术研究中心	沈阳科学仪器中心	科技部
23	国家催化工程技术研究中心	大连化学物理研究所	科技部
24	国家光栅制造与应用工程技术研究中心	长春光学精密机械与物理研究所	科技部
25	国家节水灌溉工程技术研究中心	水土保持与生态环境研究中心	科技部
26	国家天然药物工程技术研究中心	成都生物研究所	科技部
27	国家光电子晶体材料工程研究中心	福建物质结构研究所	科技部
28	国家环境光学监测仪器中心	合肥物质科学研究院安徽光学精密机械研究所	科技部
29	国家荒漠–绿洲生态建设工程技术研究中心	新疆生态与地理研究所	科技部
30	国家半导体泵浦激光工程技术研究中心	北京国科世纪激光技术有限公司、光电研究院	科技部
31	国家海洋腐蚀防护工程技术研究中心	海洋研究所	科技部

二、重大科技基础设施建设与管理

中国科学院是我国重大科技基础设施建设和运行的主要力量。重大科技基础设施按用途主要分为三类：一是专用研究设施，主要用于支撑科学技术前沿领域或前沿研究方向科学研究；二是大型公共实验设施，主要为多学科多领域科学研究提供支撑；三是公益科技设施，主要用于支持公益性科学研究。截至2015年底，中国科学院在建和运行的重大科技基础设施累计获40余项国家级奖项，其中获国家科学技术进步奖特等奖1项、一等奖6项，获国家自然科学奖一等奖1项、二等奖7项。这些重大科技基础设施显著改善了科研支撑条件，大幅提高了我国在能源、生命、地球系统与环境、材料、粒子物理和核物理、空间和天文、工程技术等领域的研究水平，增强了我国的科技国际影响力。

（一）重大科技基础设施基本情况

截至2015年底，中国科学院重大科技基础设施投入运行16个、在建7个、拟建5个（表8）。

表8　中国科学院重大科技基础设施建设情况

序号	运行	在建	拟建
1	北京正负电子对撞机	500米口径球面射电望远镜	高能同步辐射光源验证装置
2	兰州重离子研究装置	稳态强磁场实验装置	上海光源线站工程
3	郭守敬望远镜	陆地观测卫星数据全国接收站网	加速器驱动嬗变研究装置
4	合肥同步辐射装置	国家生物安全实验室	强流重离子加速器
5	超导托卡马克核聚变实验装置	航空遥感系统	高海拔宇宙线观测站
6	遥感飞机	散裂中子源	
7	中国遥感卫星地面站	X射线自由电子激光试验装置	
8	长短波授时系统		
9	神光高功率激光实验装置		
10	中国西南野生生物种质资源库		
11	上海光源		
12	“实验1”科学考察船		
13	东半球空间环境地基综合监测子午链		
14	大亚湾反应堆中微子实验		
15	海洋科学综合考察船		
16	国家蛋白质科学研究（上海）设施		

（二）一批新设施获得国家立项批复

1. 高能同步辐射光源验证装置

2015 年 2 月，国家发改委批复高能同步辐射光源验证装置项目建议书。该项目主要就未来建设高能同步辐射光源涉及的高能加速器、光束线和实验站等系统的多个关键技术难点进行攻关，并开展关键设备的样机研制与工程验证，同时完成高能同步辐射光源的物理设计和工程方案。项目法人单位为高能物理研究所，建设地点为北京市，建设周期 3 年。

2. 上海光源线站工程

2015 年 3 月，国家发改委批复上海光源线站工程项目建议书。该项目将在上海光源现有基础上新建一批高水平的光束线站、实验辅助系统，并拓展光源性能，大幅提升上海光源整体实验能力和综合研究能力。项目法人单位为上海应用物理研究所，建设地点为上海市浦东新区，建设周期 6 年。

3. 加速器驱动嬗变研究装置

2015 年 12 月，国家发改委批复加速器驱动嬗变研究装置项目建议书。该项目的科学目标是深入探索核废料嬗变过程中的科学问题，突破系列核心关键技术，研究加速器-散裂靶-反应堆耦合特性及加速器驱动嬗变研究装置性能等，为未来建设加速器驱动嬗变工业示范装置奠定基础。主要建设强流质子执行加速器系统、高功率散裂靶及其与加速器和反应堆耦合系统、次临界快中子反应堆系统，并进行联调联试。项目法人单位为中国科学院广州分院，共建单位为近代物理研究所，建设地点为广东省惠州市，建设周期 6 年。

4. 强流重离子加速器

2015 年 12 月，国家发改委批复强流重离子加速器项目建议书。该项目的科学目标是研究原子核内有效相互作用，研究原子核壳层结构在非稳定核区的系统演变、奇特原子核结构和反应机制，探索核内有效相互作用的新形式；探索宇宙中从铁到铀重元素的来源，精确测量丰中子核素的质量、寿命及反应率，探索快中子俘获核合成的路径、时间标度和物理环境等。主要建设加速器系统、实验终端、建安工程及配套设施。项目法人单位为近代物理研究所，建设地点为广东省惠州市，建设周期 7 年。

5. 高海拔宇宙线观测站

2015 年 12 月，国家发改委批复高海拔宇宙线观测站项目建议书。该项目的科学目标是探索高能宇宙线起源，开展相关的宇宙演化、高能天体运动和新物理前沿研究。主要建设由地面簇射粒子阵列、水切伦夫探测器阵列、广角切伦科夫望远镜阵列等组成的探测器阵列及其相应配套设施。项目法人单位为中国科学院成都分院，建设地点为四川省甘孜州，建设周期 4 年。

（三）高水平建成一批设施

1. 托卡马克核聚变实验装置（EAST）辅助加热系统

2015 年 2 月，托卡马克核聚变实验装置辅助加热系统项目通过国家验收。验收专家委认为，项目承建单位提前一年高质量完成了 EAST 辅助加热项目全部建设任务，中性束注入加热系统性能达到国际先进水平，低杂波电流驱动系统性能达到国际领先水平。设施建设进一步提升了我国大规模自主研发聚变关键技术和系统的能力，为未来 EAST 开展高水平的科学实验奠定了坚实的基础。

2. 海洋科学综合考察船

2015 年 4 月，海洋科学综合考察船通过国家验收。验收专家委认为，海洋科学综合考察船引领了我国海洋科学综合考察船的发展，在未来 10—20 年，将是我国远洋科学综合考察的主力舰之一，其总体指标达到国际先进水平，部分指标达到国际领先水平。该船自 2013 年 1 月投入试运行以来，承担了国家海洋油气资源探测、深海极端环境与生命过程探测和全球变化与海气相互作用等多项国家重大科研任务，取得了具有深远意义的丰硕成果。

3. 蛋白质科学研究（上海）设施

2015 年 7 月，蛋白质科学研究（上海）设施通过国家验收。验收专家委认为，该设施是全球生命科学领域以各种大型科学仪器和先进技术集成为核心的首个综合性大科学装置。通过关键技术自主创新、设备自主研制、系统优化等多种综合举措，集成了具有不同空间和时间分辨率的仪器和设备，形成了蛋白质研究的先进技术体系。其总体指标达到国际先进水平，部分指标达到国际领先水平，具有强大前沿科学和技术突破能力及产业推动潜力，成为国际上有重要影响的大型综合研究创新基地。

（四）设施开放共享工作成效显著

成立了中国科学院重大科技基础设施咨询委员会和用户指导小组，进一步提高设施的利用效率和服务水平，促进跨部门、跨学科、跨领域协同创新和重大成果产出。完善设施考核评估体系，建立了设施的运行、开放、管理等评估指标，明确了考核标准，为进一步推进设施的开放共享奠定了基础。采取部署高端用户项目、专题研讨、定向邀请、国际拓展等多种方式吸引用户利用设施开展高水平研究工作，不断推动设施产出重大科技成果，增加设施国际影响力。启动建设了重大科技基础设施共享服务平台。将重大科技基础设施的对外开放共享、数据资源开放、设施成果产出等工作纳入其中，并结合科普宣传，不断提升设施公众影响力、培养潜在用户、挖掘优质用户，完善开放共享制度。

（五）依托设施产生一批重大成果和奖项

1. 基础物理学突破奖

2015 年 11 月，基于大亚湾中微子实验装置所取得的中微子研究成果，高能物理研究所王贻芳院士及大亚湾中微子实验团队与国外有关研究人员和团队共同获得 2016 年基础物理学突破奖。这是中国科学家和以中国科学家为主的实验团队首次获得该奖项。

2. 发现 Weyl 费米子

2015 年 7 月，物理研究所研究人员依托上海光源的“梦之线”光束线站，首次发现了具有左旋和右旋两种不同“手性”的电子态——Weyl 费米子，证实了这一“幽灵粒子”的存在，成为国际物理学研究的一项重要科学突破，并被英国物理学会主办的 *Physics World* 评为“2015 年十大突破”。

3. 研制出碳基高效光解水催化剂

依托高能物理研究所同步辐射装置，苏州大学科研人员设计构建出一种非金属碳纳米点-氮化碳（C3N4）纳米复合材料高效光解水催化剂。该研究结果为深入理解和设计高效光催化剂提供了新的思路，并入选“2015 年度中国科学十大进展”。

（六）大科学研究中心建设不断推进

1. 推进合肥、上海大科学研究中心筹建工作

完善合肥、上海两个中心的管理体制和运行机制，组建运行维护、技术研发和科学研究队伍，完成科研方向和技术研发布局，以增量资源带动存量资源，逐步推动各项改革的落实。

2. 批准天文大科学中心筹建试点

2015 年 7 月 2 日，中国科学院院长办公会审议通过天文大科学中心实施方案，启动天文大科学中心的筹建工作。

3. 启动生物安全大科学中心、海洋科学考察船队立项工作

2015 年 7 月 24 日，中国科学院院长办公会审议通过生物安全大科学中心立项报告。2015 年 9 月 11 日，院长办公会审议通过海洋科学考察船队立项报告。

三、科技基础设施建设与管理

（一）信息化建设

从 2015 年全院信息化评估结果看，中国科学院各单位信息化整体水平持续保持着良好的发展势头，全院信息化发展整体水平得到进一步提升。主要工作进展如下。

1. 围绕中国科学院中心工作和改革举措，实现“十二五”信息化发展规划主要目标

2015 年，中国科学院信息化工作以“率先行动”计划为指引，坚持需求导向、创新导向、改革导向，认真贯彻落实国家网络安全和信息化新举措，推动院信息化运行支撑机构改革，进一步推进“科技云”、“管理云”、“教育云”三类云集建设，持续改善信息化服务环境，做好全院信息化基础设施运行服务与公共信息化服务保障。

截至 2015 年底，“科技云”实现了基础设施之间的互联互通与协同服务，构建形成了“以科技云基础平台提供公共云服务为核心，以科技领域云提供面向学科领域的专有服务为辅”的多层面、多维度的科研信息化服务环境，通过云服务的手段面向科研工作者提供云存储、超算、灾备等基础设施服务。现已完成开通上海交换中心、广州交换中心，完成南京、成都的骨干网直联点建设，基础云服务平台注册总用户数超过 43 万，提供应用服务 241 个，实现了网络的可靠性和使用质量的提升，云软件服务初具规模和影响力。超级计算机“元”完成一期、二期建设，计算能力初步达 700 万亿次，一期计算节点全年平均利用率已达 75.8%。建成存储容量达 50PB 的分布式的海量存储环境，

面向全院提供云存储、云归档、云处理等服务，支撑全院重要数据资产的容灾备份、长期保存、共享服务与增值应用。面向学科发展和科研应用，通过20个重点数据库与20个专业数据库的建设，整合了可共享数据总量达592TB。

“管理云”完善ARP运行系统，提供ARP泛云服务和移动公文等移动互联网服务，着力增强用户体验，并结合研究所分类改革需求，推进ARP新一代系统的试点工作。建成拥有101台物理服务器，171TB存储能力的大型基础设施，为ARP、网站群、科普博览和科学网等10余类信息化系统提供了468台虚拟主机，资源使用率已超过50%。现已汇聚全院ARP系统各类数据近12.5亿余条，形成网站页面151.8万篇，图片78.36万张，微博微信等3.1万条，视频3100多部。

“教育云”完成了资源池化，提升科教资源融合共享能力，完成统一登录，聚合学习资源，面向全院开放，提供个性推荐服务。科教资源总量达到158TB，其中视频课程1300余门次，课程站点1.8万个，培训课程1200余门次，面向科技资源主题聚类1600个、面向教育资源主题聚类1900个。8个“科技领域云”云服务平台全部上线，面向微生物、高能、空间、天文、地理等科技领域发展需求提供信息化支撑，有力支撑服务中国科学院“先导专项”及“率先行动”计划。

2015年，中国科学院着力推进“十二五”信息化成果推广应用，带动全院信息化应用水平不断提升，2015年，全院信息化评估中研究所平均得分达到了72.66分。组织并评选出了“中国科学院科研信息化十大优秀案例”。首次组织召开了2015年中国科学院信息化应用交流会。联合中央网信办等七部委，共同主办“第四届中国科研信息化发展研讨会”，编纂并发布《中国科研信息化蓝皮书2015》，引领了国家科研信息化发展。

2. 发挥国家信息化思想库作用，加强科研信息化发展战略研究

2015年，积极推动我国科研信息化的发展、科学数据的共享和开发利用，充分发挥国家信息化思想库作用，为国家科研信息化发展出谋划策。完成了学部咨询评议项目“国家科研信息化发展战略研究”，理清了科研信息化的定义和内涵，阐明了科研信息化的地位意义及发展态势，剖析了我国科研信息化的主要问题，明确了我国科研信息化的发展目标，并提出了“实施一个重大工程（即金科工程），健全一套体制机制”的战略性建议。

积极推动“科学大数据”有关内容纳入国家《促进大数据发展行动纲要》。组织有关院士、专家向国家有关部门提出建议，建议我国政府从国家战略的高度重视并推动我国科研数据的共享和开发利用。2015年9月，国务院印发《促进大数据发展行动纲要》，系统部署大数据发展工作，在其“万众创新大数据工程”主要任务中列入了“发展科学大数据”有关内容，推动了中国科学院科研信息化有关内容首次纳入国家信息化发展战略。

3. 制定“十三五”信息化发展规划，谋划中国科学院信息化的创新发展

按照“把握大势、剖析问题、了解需求、整体设计”的工作思路，中国科学院经过精心组织和全院范围的调查研究，充分发挥院内外专家力量，全面分析信息化、信息技术及科研信息化的全球发展最新趋势和国家战略部署，深入剖析中国科学院面向“率

先行动”计划的新需求，充分结合中国科学院“十三五”发展规划纲要布局，制定了中国科学院“十三五”信息化发展规划，着眼三个显著提升，部署四项主要任务，实施五大建设工程，采取六项保障措施，谋划中国科学院信息化的创新发展。

（二）野外站网络

1. 野外站建设

2015 年，全面完成了“十二五”野外站观测研究网络修购专项，解决了野外站大部分观测实验仪器急需更新换代的问题，也解决了近 10 年来一直困扰中国科学院野外观测网络仪器设备更新的经费制约瓶颈，有效缓解了中国科学院野外观测网络多年来仪器老化、更新渠道不畅的困境，增强了野外站的科研竞争能力，推动了野外站作为科学试验平台、观测监测平台和人才培养平台对科技活动的支撑能力，使野外站科研装备水平有了较大的提升，为承担国家重大科研任务、促进成果产出奠定了坚实的物质基础。

根据“统一规划、分散申报、集中采购”的工作模式，完成了《中国科学院野外观测网络“十三五”修购专项工作规划》（以下简称“《规划》”），《规划》将在 2016—2020 年分年度执行。规划分为 8 个网络长期观测能力扩展及 3 个专项联网观测研究平台建设两部分，拟购置设备 607 台（套），总经费预算为 20 000 万元。

根据《规划》，针对中国科学院野外站学科单一、控制性试验设施不多、对区域性问题的解决能力不强等问题，完成了野外站网络的重点科技基础设施建设的论证工作。2015 年，通过申报、专家论证和立项过程，遴选出东川、封丘、栾城、太湖、三江、阜康、禹城、沙坡头、普定、东湖、清原共 11 个野外站，开展野外控制实验平台、野外物理模拟实验装置等重点科技基础设施建设。通过重点基础设施建设，使每一个野外站都有一个（套）符合野外站学科特点的标志性装置，使之成为科学研究的核心设施，增强野外站的科学研究能力和核心竞争能力，显著改变野外站装备水平的状况，推动装置（设施、平台）的共享，实现数据共享，扩大开放，推进国内外合作，提升野外站的科研水平和科技服务能力，推动中国科学院野外站网络的发展。

科研样地是野外站的核心设施，是完成监测、科研和试验的重要基础条件，但样地既不是基础设施也不是仪器设备，长期没有稳定的资金支持，样地的建设不系统、不规范，影响联网研究和重大科学问题的揭示。2015 年，在中国科学院条件保障与财务局的支持下，完成了《中国科学院野外站网络科研样地建设规划》（试点方案），并获准阜康、海北、太湖、安塞、忠县、常熟、怀柔、清原、三江、禹城、珠穆、内蒙古草原、环江共 13 个野外站开展试点建设和 CERN 土壤分中心土壤样品库建设。

2. 野外站联盟

野外站各联盟联合召开学术研讨会议，邀请联盟内的科学家参加，加强学术交流，积极研讨规范观测技术指标，联合进行观测技术培训，开展联盟规划研讨，信息平台建设等工作。根据《规划》，部署野外站联盟专项，联合院内外野外站，利用野外站长期监测、观测、科学研究的积累，对我国重点区域敏感地区、重点工程、全区域生态成效（变化）进行科学评估，有针对性地重点回应政府和社会关切的问题，引起重视和被采纳，推进有关工作。完成了东北地区生态变化评估、新疆兵团农垦生态成效评估、中国自然保护区保护成效评估、全国水土流失防治成效评估等 4 个联盟项目的论证、立项和启动。

3. 项目部署

2015 年，依托中国生态系统研究网络（CERN）各专业分中心/综合中心及相关 CERN 生态站，中科院科技服务网络（STS）计划也部署开展了网络层面的“规范、指标体系和技术方法研究”3 个方面的研究项目，即 CERN 大数据中心数据云构建的关键技术与应用研究，CERN 观测指标、方法及规范的研究与修订，生态系统碳氮水通量观测技术规范与综合集成分析，旨在提升野外站网络的指标体系研究和野外站的规范管理，推动数据资源共享，进而推动联网研究工作。在西藏农牧民增收示范项目取得有效进展后，针对农牧民增收技术模式研究与示范等，2015 年还部署了“新疆农牧民增收技术模式研究与示范”和“三江源区生态畜牧业产业链减压增效关键技术集成与示范”两个项目，依托策勒站、海北站和三江源站开展。

4. 综合成效

依托中国科学院野外站网络，“十二五”期间，“中国生态系统研究网络的创建及其观测研究与试验示范”获得国家科技进步奖一等奖，成为中国科学院“十二五”36 项重大科技成果及标志性进展之一；依托野外站的长期数据积累和科学研究，“十二五”期间中国科学院 15 个研究所的 11 项重大突破和 11 项重点培育方向获评优秀；野外站网络也是中国科学院实施碳收支、土壤-生物、青藏高原、灰霾等战略性科技先导专项的支撑平台，还成为中国科学院卓越中心、创新研究院、大科学中心、特色研究所等“四类机构”改革和发展的重要支撑平台。白春礼院长对中国科学院野外站网络“十二五”期间的工作给予了高度评价：“在同志们的辛勤努力下，中国科学院野外台站建设不断取得新进展和新成果，已经成为科研创新、先导专项和重大成果产出的重要支撑平台，在推进‘率先行动’计划中发挥了积极的作用。希望能够再接再厉，继续加强协同创新，在聚人才、出成果、促发展方面做出新的贡献。”

（三）植物园、标本馆建设

1. 植物园建设

2015 年，根据我国生态文明建设需求，中国科学院 13 个植物园研究部署“十三五”规划，结合植物园及各自园区和地域特色，明确植物园发展方向和责任，在科学研究、物种保育与新品种培育及植物科学知识传播等方面取得了可喜成就，主要体现如下。

植物种质资源收集、保存能力增强　年内新增植物 4889 种（次），定植成活率达 86%。园内定植乔木数量稳定在 170 万株。新建专类园 8 个，优化原有专类园 36 个，若干新园区建设初见成效，在中国植物园联盟本土植物全覆盖（试点）计划支持下，8 个试点单位在目标区域植物清单的基础上，按照统一标准开展植物保护等级专家评估，根据评估结果进行“拉网式”野外调查、研究与保育材料采集、数据获取和分析，针对特点物种制定具体的保护措施，并开展相应保护工作，使本土植物引种保育能力不断增强。

科技创新实力稳步提升 年内13个植物园共发表SCI收录的学术论文852篇，出版专著32部。完成《中国经济植物》(上卷)、《广西植被》(第一卷)、《中国迁地栽培保护植物名录》等专著的编研出版工作。依托中国科学院植物园专类园区开展的科学研究成果不断涌现，在植物遗传多样性、蛋白组学、植物生理学与生态学、遗传改良与品种培育、植物资源评价、植物多样性保育研究等方面取得进展。

资源评价与发掘利用成为热点 获授权专利82项；审定、登录植物新品种55个，培育并向社会转化了一批新品种和新种质，包括萱草属植物新品种（'烈焰'、'初夏'、'梦幻焦点'）、薰衣草新品种（'京薰3号'）、苦苣苔科新品种（'红蝴蝶'、'紫云'、'皇冠'、'彩虹'）等。

科学传播工作稳步推进 各植物园充分挖掘中国科学院的资源优势，探索科普工作的新形式和新方法，精心策划了内容形式丰富的科普活动，吸引进入植物园游览参观的人数766万。科普基础设施不断完善，科普人才队伍多元化发展，科普教育工作成效显著。成功举办第四届中国科学院植物园"名园名花"展暨2015南京中山植物园"阆苑秋韵"枫叶文化节。

国际合作与交流重点突出 与非洲、中亚、东南亚及南美等地区的合作态势逐渐展开，植物资源交换遍及60多个国家和地区。主办和承办关于资源共享利用的重大会议46次，与诸多国家的植物园、研究所、大学签订了合作协议，与欧美地区植物园间的合作与交流频繁。

专业人才队伍建设 中国植物园联盟三大精品培训班（"环境教育研究与实践"、"园林园艺与景观建设"及"植物分类与鉴定"）以西双版纳热带植物园、昆明植物园、植物研究所植物园、辰山植物园等为依托，在2015年各举办1期，共培养专业人才95名。此外，中国植物园联盟在西双版纳热带植物园举办了首期植物园管理高级研修班，来自全国12家植物园的学员参加培训，反响热烈。

2. 标本馆（博物馆）建设

2015年，中国科学院18家生物标本馆（博物馆）积极补充馆藏标本的数量，提高标本的质量，拓展标本收藏的地区和范围，取得了系列可喜进展。在继续开展国内重要地区生物资源考察的同时，继续对周边国家或地区，以及全球其他地区生物资源进行考察与收集，共组织考察采集活动近300次，采集标本近49万号。对其他国家和地区的合作考察正逐年增多和常态化。

标本数量显著提升 2015年，各生物标本馆共计整理制作标本27万余号，鉴定16万余号，使现有馆藏量达到近1877万号，其中定名标本达1068万余号。新增模式标本353种3125号，使现有模式标本达到4.5万种31万余号。标本数字化信息录入23万号，总录入数量达到近900万号。

促进学术交流活动 各生物标本馆充分发挥科研支撑作用，为国家科研项目的顺利实施贡献力量。2015年，各生物标本馆或依托各馆馆藏资源承担科研项目共计285项，出版专著39部，发表科学论文464篇，较上年有所增加。全年共向国内外各单位借阅标本近4.7万份次；交换或赠送标本8.4万份次。此外，以各生物标本馆为依托，还举办了多项与标本共享利用有关的重大会议或专业培训班；同时注重国际交流，继续与国外研究机构开展互访。

调整、补充管理和科研队伍 2015 年，中国科学院标本馆（博物馆）工作人员共计 369 人，其中正式职工 178 人，临时聘用人员 90 人，研究生 153 人。新增正式职工 12 人，退休 13 人，新招收研究生 50 人，毕业研究生 42 人，基本保持了管理、科研与服务的队伍结构的平衡优化，同时注重后备人才的培养。

加强自身能力建设 各生物标本馆积极利用馆藏标本资源和人员优势，向社会公众提供专业的鉴定、咨询与技术等服务，充分发挥了标本馆的社会服务功能。全年各标本馆接待国内外社会各界专业咨询共计 1910 人次，网站访问量 893 万人次，较 2014 年有明显增加。

开展科普活动 各生物标本馆利用各自丰富而独特的科普资源，以“全国科技周”、“中国科学院公众科学日”、“国际博物馆日” 及各地方组织的科普平台为契机，开展了丰富多彩的科普活动，全年举办专场科普活动 256 次，接待社会各界公众参观近 57 万人次。因工作突出、成绩优异，全年各生物标本馆获得多项集体或个人奖励。同时，各生物标本馆与媒体进行多种合作，如联合拍摄电视节目、联合开展科学考察活动等，使科普工作开展得有声有色，得到了新闻媒体的关注和肯定。

（四）文献情报

2015 年，中国科学院持续推动院文献情报系统向知识服务转型，推进院所协同服务机制，加强数字资源保障与服务平台建设，不断提高文献情报工作对科技创新的支撑力度。

1. 资源保障与建设取得实质性进展，持续高水平保障科研文献需求

截至 2015 年底，共完成引进数据库 171 个，可共享外文期刊 18 248 种，外文图书 105 446 卷/册，外文工具书 31 044 卷/册，外文会议录 40 757 卷/册，外文学位论文 543 086篇，外文行业报告 1 677 811 篇，中文图书 353 854 种（套）/382 461 册，中文期刊 16 918 种，中文学位论文 2 789 057 篇。全院全文数据库和二次文摘数据库的使用量分别为 5067 万余次和 1582 万次。开放科技课件采集与服务系统已采集 49 108 个开放课件，开放知识资源登记系统资源总量已达 15 万余条，开放资源元数据集成系统（OpenARE）已集成开放资源总量 20 万条。全院有 114 家研究所建成机构知识库，累计收集各类科研成果数量已达 69. 4 万份。

2. 情报服务呈现多元发展态势，战略情报、学科情报、产业情报服务能力逐步提升

出版《国际科学技术前沿报告 2015》、《科学结构地图 2015》、《技术交叉结构》、《国际科技战略与政策年度观察 2015》、《中国基础研究国际竞争力蓝皮书 2015》、《地球科学资助战略与发展态势》和《新材料前沿发展报告》等重要研究报告。与汤森路透合作研制发布《2015 研究前沿》。学科馆员深入研究所一线，完成情报分析报告、课题跟踪、专题调研报告等共计 211 份。全国科学院联盟文献情报共享服务进一步拓展，编制《产业技术情报》24 期，新增联合共建“黑龙江省战略情报研究中心”，面向地方政府或企业，开展区域战略和产业技术情报服务。

3. 文献情报基础服务扎实推进，院所协同服务机制不断完善

2015 年，文献传递服务总体传递数量 12 万篇，完成查新、引证检索、专题服务项目 8010 项。学科馆员累计开展培训 841 场次，服务用户 3.1 万余人次，提供各类咨询服务 5.9 万人次。群组知识平台建设项目（四期）共组织全院 82 个研究所参与，建设平台 184 个，资源总量超过 33.4 万。研究所情报可持续能力建设项目（四期）共组织全院 76 个研究所参与。研究所文献资源保障规划建设项目共组织全院 34 个研究所参与。面向中国科学院大学开展信息素质教育，为研究生开设 31 门课程。

4. 系列服务系统和工具投入使用，信息服务支撑能力显著提升

中国科学家在线 iAuthor 顺利投入应用，ORCID 获取人数 2.9 万人，覆盖中国科学院全部研究所，并扩展到全国千所高校和科研机构。开放获取期刊论文一站式发现平台（GoOA）论文数量增长超过 430G，访问总量超过 10 万人次。中国科学引文数据库服务效果稳步提升。科技决策知识服务平台开始提供科技态势跟踪分析、科技前沿遴选、技术可转移性分析、优秀科研人才发现、科技竞争力评估等方面的服务。网络科技自动监测服务云平台服务成果显著，支持 50 多个团体用户对 174 个领域的监测服务。全院图书馆统一自动化系统新增研究所 17 家，书目数据量已达 150 万余条、印本馆藏数据 346 万余条、读者数据 12 万人。iSwitch 科研论文数据交换中心正式投入服务运营。

四、科研装备与技术监督

（一）装备建设工作

1. 组织编制修购专项规划、积极落实项目申报

组织完成 2016—2018 年修购专项规划编制工作，共申报 78 亿元，其中用于支持四类机构额度共计 39 亿元，占全院申报额度 50%。在修购规划的指导下，经院所两级共同努力，精心组织，完成了 2016 年修缮购置专项资金的申报及争取工作，最终落实财政部仪器设备类修购专项经费 11.4 亿元。

加强修购专项执行过程管理，为进一步争取和落实专项资金提供保障。建立修购专项管理体系，完善从项目实施、设备运行到项目验收系列管理流程，为修购专项顺利实施提供保障；强化工作组作用，严格执行财政部定期进度报告制度，督促研究所按计划逐步推进专项实施，以装备项目管理办公室为依托，加强项目的验收管理。截至 2015 年底，2011 年度项目已全部完成验收、2012 年度项目完成验收 266 项、2013 年度项目完成验收 255 项、2014 年度项目完成验收 159 项。

2. 深入推进技术支撑系统建设

继续推进所级公共技术服务中心的建设工作。2015 年，按照成熟一批启动一批的原则，组织专家对 18 个所级中心进行了集中会议评审和现场考察，择优支持了 7 个所级公共技术服务中心，使中国科学院择优支持的所级中心数量达到了 80 个。依据《所级公共技术服务中心评估办法（试行）》，组织完成 2008 年首批建设的 7 个所级中心和数理、信息领域所级中心评估工作。

组织召开区域中心片区交流会、管理办公室主任会议，加强区域中心学习交流和协作，进一步促进资源统筹、开放共享；跟踪支持北京机加工服务平台、北京中科科仪仪器研制服务平台和 EDA 中心 3 个工艺服务型区域中心，为中国科学院仪器设备研制、功能开发、技术改造等提供重要支撑。

继续推进全院大型仪器共享网的建设。完成共享网 V3.0 核心业务系统研制及 V3.0 新刷卡器调试，已在生物物理所开展试点测试；完成数据迁移方案及程序编写，启动数据准备工作。截至 2015 年底，全院 90 多个研究所、总值 60 多亿元的近 4000 台（套）仪器设备实现了网上预约使用。

3. 稳步推进科研装备自主研制

加强院级科研装备研制项目的组织工作。继续鼓励跨研究所合作研制，鼓励 35 岁以下青年科研人员积极参与装备研制工作。2015 年，全院共受理院级研制项目 257 个，批准项目 68 个，涉及 49 个院属单位，院资助经费 1.7 亿元。

4. 积极参与国家科技基础条件平台建设工作

进一步加强与科技部、财政部等部门的联系，积极参与平台建设工作。院属 115 个单位参加了科技部、财政部组织的以大型科学仪器设备、生物种质资源、科学数据库建设和研究实验基地等为主要内容的国家科技基础条件资源调查工作，并按要求全部完成填报和提交工作。

（二）技术监督工作

由中国科学院承担的国际、全国专业技术标准化技术委员会（ISO/TC202，微束、声学、超导、纳米、空间、遥感、光电测量）秘书处，根据国家标准化管理委员会的工作部署，继续开展相关领域的标准化工作。

“国家计量认证中国科学院评审组”依据国家认证认可监督管理委员会（以下简称“国家认监委”）的年度计划，于 2015 年完成了对 3 个新申请资质认定实验室的首次评审，11 个实验室的资质认定复查/扩项评审和 12 个实验室的二合一（资质认定/实验室认可）复查/扩项评审。

根据国家认监委的最新文件精神，国家计量认证中国科学院评审组配合国家认监委认证认可所分别于 2015 年 6 月和 12 月举办了两期“中国科学院检验检测机构质量文件换版暨资质认定/认可内审员培训班”，通过培训，进一步推动了中国科学院检验检测实验室资质认定管理工作。

五、后勤支撑体系建设

（一）有序推进人才周转公寓建设

按照《中国科学院“3H 工程”——人才周转公寓项目试点方案》任务部署，在坚持集中统筹和资源共享的原则下，通过立项新建和后补助（即研究所先行建设并申请纳入院人才周转公寓支持补助）等方式，支持分院和研究所根据当地实际需求和可行条件建设人才周转公寓。截至2015年底，中国科学院各分院及研究所申请纳入院“3H工程”政策支持的人才周转公寓建设项目共计30个，共支持建设各类人才周转公寓近6400套。其中，已竣工投入使用近3600套（含北京分院保福寺人才公寓和上海分院嘉定人才公寓即将竣工近1800套），在施2800余套。

（二）积极做好子女入园入学服务

在入园工作方面，通过建立幼教联盟，逐步形成覆盖全院的高水平幼教体系。2015年，中国科学院幼儿园共吸收解决中国科学院京区（京外包括青岛和大连）职工近2000余名子女入园入托问题，在京区基本实现子女入园全覆盖。同时，在武汉分院、成都分院、新疆分院等基地型分院，以及光电技术研究所、长春光学精密机械与物理研究所、高能物理研究所、西双版纳热带植物园等部分研究所还通过自办、合作或委托办园等方式共有幼儿园16家，较好地解决了当地所属研究所职工子女入园入托问题。

在入学工作方面，2015年，正式挂牌共建“中国科学院附属玉泉小学”；与北大附中签订协议，北大附中为中国科学院科研骨干人才子女提供在北大附中及其所属学校初中部享受优质教育资源的有力支持；首次与西城区教委和怀柔区教委建立联系，与三里河小学、二里沟中心小学、林大附小、海淀区第四实验小学等学校首次建立了对接机制，进一步将解决科研骨干人员子女入学工作的范围覆盖到京区全部院所。2015年共保障京区科研骨干子女幼升小、小升初入学约300名。在京外，昆明分院及上海分院等通过与相关部门合作，集中解决当地研究所职工子女入学问题。

（三）探索构建职工医疗绿色通道

一是针对科研人员健康意识薄弱问题，强化健康意识，组织健康培训，加强健康管理（在京区已有200余名科研人员参与健康管理）。二是加强与当地医院进行合作，发挥中国科学院科技优势，如在成都、合肥、上海等地通过联合建设转化医学中心、医学物理中心、临床中心等形式，引入优质医疗资源服务中国科学院职工医疗服务。三是在京区正式挂牌共建“中国科学院中关村医院”，积极探索建立针对科研人员的绿色就诊通道，即聘请名医到中关村医院出诊坐堂诊疗，为院属京区单位需要转诊就医打通到三甲医院的便捷渠道，为保障京区科研人员健康提供了有力支撑。

（四）梳理搭建“3H工程”项目需求库

“十三五”时期，中国科学院各单位对“3H工程”建设需求稳中有增，基本需求以人才周转公寓为主，但多样性趋势明显。根据各单位上报的《后勤支撑体系规划实施方案》，专题梳理了中国科学院“十三五”期间“3H工程”项目需求。整体来看，中国科学院未来“3H工程”相关建设需求较大，经初步梳理具备实施基本条件、必要性和可行性较充分的项目近150项，主要集中在人才周转公寓、后勤综合服务设施等方面。“十三五”时期，“3H工程”推进实施仍将以人才周转公寓建设为核心，统筹做好政策引导支持，适当向食堂等内容拓展覆盖，成熟一批支持一批，有序分步推进。

科技成果转移转化与对外合作

一、整体情况

2015 年，中国科学院坚持“创新科技、服务国家、造福人民”的院地科技合作宗旨，坚持“地方政府满意、合作企业满意、老百姓满意”的标准，充分发挥研究所主体作用，发挥分院区域统筹协调作用，通过促进科技成果转移转化、推动与地方共建研究机构和技术转移平台的发展、实施面向地方科技需求的专项工程、加强人员交流与培养等多种形式，服务国家经济建设和社会发展。

（一）院地合作工作成效显著

中国科学院科技成果的转移转化和规模产业化坚持以需求为牵引，以市场为导向，通过加强组织领导，扎实推进工作，使科技创新活动与国家经济社会发展需求更加紧密地衔接起来，为不同领域和地域的经济发展与产业升级做出了贡献。2015 年，中国科学院通过科技成果转移转化，使地方企业当年新增销售收入 3558. 23 亿元，利税 442. 24 亿元。院地合作促进科技成果转移转化的作用越来越显著。

（二）建设创新联盟，促进协同创新

全国科学院联盟建设有效推动了中国科学院与地方科学院的联合合作，在共同承担科学任务、开展合作研究、促进科技成果转化、培养创新创业人才、探索和实践科技与经济结合、协同创新的体制机制等方面取得积极进展。2015 年，与地方科学院互派、兼职挂职干部 24 人，为地方科学院培训科技骨干 1029 人，联合培养、进修 49 人，联合承担国家项目 6 项，联合承担院支持项目 10 项，联合承担地方科技项目 114 项，获得中国科学院外投资金额 4438 万元，开展交流活动 163 次，共建转化及研发平台数 39 个。

（三）夯实工作基础，推进共建机构建设

中国科学院联合地方政府、企业、大学和其他科研机构等国家创新体系各单元，以提升服务经济社会发展能力为核心，完善科技布局、建设创新平台、承担科技任务、集聚优秀人才、创新体制机制、促进转移转化，扎实推进共建机构建设，服务经济发展的能力大幅提升。

2015 年，中国科学院与福建省、福州市共建的中国科学院海西研究院，完成共建三方联合组织的正式验收。中国科学院海西研究院高质量完成了筹建任务，在人才队伍建设、科研活动开展、科技成果转化等方面均取得了显著成绩，为地方创新能力的提升、经济社会的发展做出了积极贡献。

2015 年，中国科学院自行设立或与地方政府共建的 39 个转化型非法人单元，包括

31 个产业技术创新与育成中心、7 个技术转移中心、1 个科技园，以促进成果转移转化为核心，集聚中国科学院技术、成果、项目和人才等创新资源，不断优化体制、壮大队伍、规范管理，有效提升了服务区域经济社会发展的能力，促进了重大成果产出。2015 年度转化项目 752 个，实现销售收入超过 236 亿元，孵化企业 310 个，为社会培训各类人才 57 253 人次。

二、经营性国有资产管理

2015 年，中国科学院国有资产经营有限责任公司认真贯彻落实“率先行动”计划，启动实施《“联动创新”纲要》，积极探索、紧抓机遇，进一步整合资源，助推企业创新发展。

2015 年，全院纳入统计范围院所投资企业营业收入达到 3685 亿元，同比增长 6. 9%；利润总额 99 亿元，同比减少 40. 1%；资产总额 4319 亿元，同比增长 6. 7%；院经营性国有资产权益 324 亿元，同比增长 15. 6%。其中，国科控股持股企业实现营业收入 3229 亿元，同比增长 7%；利润总额 68 亿元，同比降低 47%；资产总额 3290 亿元，同比增长 5%；国科控股权益 191 亿元，同比增长 20%。

三、港澳台工作

认真落实党中央对港澳和对台最新工作精神和指示，组织召开了中国科学院与香港中文大学合作指导委员会第二次会议及中国科学院与香港地区联合实验室主任会议，及时部署对港工作；继续实施“台湾青年访问学者计划”，与台湾工业技术研究院在台共同主办了第五届两岸产业科技交流论坛，继续推动双方开展更多实质性项目合作；配合澳门科技发展基金筹划并启动澳门科技及管理人才培训计划。

国 际 合 作

2015 年，中国科学院国际合作工作紧密围绕“率先行动”计划战略部署，系统总结“十二五”国际合作成效，前瞻规划“十三五”国际化和国际合作发展目标，提出国际化推进战略新举措；紧密配合国家“一带一路”等战略，扎实推进拓展工程，不断深化与沿线国家的科教合作；紧跟国际发展形势，不断推进与发达国家、港澳台地区和国际组织的战略合作。

全年出访 19 769 人次，来访 14 971 人次，举办多边和双边国际学术会议 318 个。新签、续签 14 个院级国际合作协议，审批通过 71 个重点对外合作项目（表 9）。

表 9　2015 年中国科学院新签续签国际合作协议

序号	协议名称	签署时间	签署地点
1	中国科学院与泰国研究基金会谅解备忘录	2015 年 1 月 6 日	曼谷
2	中国科学院与奥地利科研促进署合作协议	2015 年 2 月 16 日	函签
3	中国科学院与沙特阿美石油公司合作备忘录	2015 年 3 月 23 日	北京
4	中国科学院与斯里兰卡城市发展和给排水部谅解备忘录	2015 年 3 月 26 日	北京
5	中国科学院和东京大学关于学术交流协议延长有效期的备忘录	2015 年 4 月 27 日	函签
6	中国科学院与美国马里兰大学谅解备忘录	2015 年 6 月 2 日	北京
7	中国科学院与比利时鲁汶天主教大学合作协议	2015 年 6 月 24 日	北京
8	中国科学院与智利科委谅解备忘录	2015 年 9 月 15 日	圣地亚哥
9	中国科学院与丹麦诺和诺德公司合作协议	2015 年 10 月 30 日	函签
10	中国科学院与意大利国家核物理研究院合作框架协议	2015 年 11 月 18 日	罗马
11	中国科学院与澳大利亚昆士兰州科学、信息技术和创新部关于开展科学技术合作的意向书	2015 年 11 月 18 日	布里斯班
12	中国科学院与澳大利亚联邦科学与工业研究组织第六届联合指导委员会会议公报	2015 年 11 月 20 日	悉尼
13	中国科学院与荷兰科研组织合作协议	2015 年 12 月 10 日	阿姆斯特丹
14	重离子复合超导环的碰撞梁合作前景展望议定书	2015 年 12 月 17 日	北京

一、完成“十三五”国际合作与国际化发展规划编制任务

研究制订了中国科学院“十三五”时期国际合作与国际化发展规划，围绕“率先行动”计划、重大科技创新需求和国际大科学发展形势提出了“国际伙伴计划”、“一带一路”科技支撑计划、“全球治理能力提升计划”等新的重大国际合作举措。

二、“发展中国家科教合作拓展工程”实施取得重要进展

进一步修订、完善境外机构管理办法。加强对境外机构管理共性问题的调研，召开境外机构管理问题研讨会，研究和推动解决境外机构人员待遇（补助）标准及经费来源、境外机构资金出境使用与账户管理、境外国有资产管理等重大共性问题。重新修订了中国科学院境外机构管理办法和人员、财务与资产管理实施细则。

紧扣国家“一带一路”战略，加强在东南亚和南亚的战略布局，启动中斯海上丝绸之路联合科教中心、加德满都科教中心、东南亚科教中心等3个新的海外科教基地建设项目。其中，中–斯联合科教中心在饮用水安全技术领域的合作被外交部和商务部遴选为“一带一路”重点项目。2015年3月26日，习近平主席和斯里兰卡新任总统在人民大会堂共同见证了合作协议的签署。目前，中国科学院科研人员开发的“斯里兰卡周边海洋气象实时监测与数值预报系统”已经以授权客户端和公共网站的方式无偿提供给斯里兰卡方面，为斯里兰卡的防灾减灾、渔业捕捞、港口航运提供决策支持，提高其灾害风险管理能力。中–非联合研究中心、中亚药物研发中心等5个已建海外科教中心取得代表性成果，尤其在人才培养方面的发挥了重要作用。

（一）中–非联合研究中心

该中心科研综合楼和植物园援建工程顺利实施。科研伙伴关系网络建设同步进行，中非双方科研人员在生物多样性保护、水资源管理与生态环境保护、现代农业技术示范等领域的合作取得了系列代表性成果。在肯尼亚、埃塞俄比亚、苏丹和乌干达开展了玉米、甜高粱、水稻、葡萄、草坪草等作物的农业技术示范。与坦桑尼亚、马达加斯加等国的科研机构建立了合作关系，有关科研工作在中心的建设中稳步推进。

（二）中亚药物研发中心

该中心作为中国科学院药物创新研究院的有机组成部分，已完成实验室建设任务，科研工作进展顺利，在药物开放上获得阶段性成果。中心成型工艺技术平台已完成全部设计工作，并通过施工审批。完成了当地法人注册，实现了资金账户管理规范。

（三）中亚生态与环境研究中心

该中心已顺利完成建设任务，将全面进入运行阶段。中心提出的“丝绸之路经济带”防灾减灾项目得到联合国发展署（UNDP）和环境署（UNEP）的支持和资助，成

为联合国未来5年优先推进的项目。

（四）南美天文研究中心

该中心与华为公司、智利三方共建的ALMA天文大数据中心已落成并投入试运行，李克强总理和智利总统于2015年5月共同见证了该项合作的签约仪式，拓展了我国与智利天文学界的合作网络，使我国天文学家获得了大型望远镜观测时间，发表科学论文11篇。

（五）南美空间天气实验室

该实验室建设工作按计划进行，制定了工作条例，建立起实验室制度体系。完成了南美数据中心基本框架建设，实现了数据汇集、传输、存储和管理功能；与长城公司和Funcate基金会达成协议，解决了科研经费入境难的问题；开展中高层大气和电离层研究，取得突破性进展，发表4篇学术论文。

（六）CAS-TWAS院长奖学金计划

全面实施CAS-TWAS院长奖学金计划，2015年共收到来自亚洲、非洲、北美和欧洲的申请893份，录取200名，CAS-TWAS院长奖学金计划已在国内外产生了积极影响，报名咨询人数逐年上升。

（七）CAS-TWAS卓越中心

推进CAS-TWAS卓越中心建设，举办5次培训班共为40多个发展中国家培训专门科技人才180多人次，资助发展中国家青年科学家合作项目共计10多项。卓越中心之间形成合力推动与发展中国家的实质性合作，针对尼泊尔地震，联合国际山地中心组织中国科学院有关研究所及CAS-TWAS卓越中心在尼泊尔设立联合专家工作组开展科技赈灾，并为尼泊尔政府提供救灾减灾科技支撑和科技咨询，成为国际上第一个震后进入尼泊尔的国际地质灾害专家工作组，有关工作得到国际组织和尼泊尔政府的肯定和感谢。

三、与发达国家（地区）的科技合作更加深入

2015年，中国科学院与欧洲的科技合作呈现机制化、多样化发展趋势，机构间合作日趋活跃。积极推动中英牛顿基金的建立，并借此机会与英国皇家学会和研究理事会形成科学创新和人员往来合作计划。与奥地利、荷兰和意大利等科研机构建立联合支持和工作机制，在纳米技术、干细胞和粒子物理等领域共同支持科研合作项目。与比利时、瑞士和英国等科研机构和大学共同推进大科学合作计划和项目。牵头与法方协商建立中法新发传染病防控合作新机制。深化与欧空局合作，共同支持SMILE联合空间科学卫星任务。组织召开中德前沿科学研讨会、中德前沿探索圆桌论坛。协调和完善与国外联合共建研究所的管理。

继续推进与美国能源部在能源科学议定书框架下在高能物理、核聚变、核物理、基础能源科学、生物与环境科学等领域的合作，召开第四届联合指导委员会，共同成立中美核聚变联合研究中心，并在X射线光学和探测器、超导材料等新领域召开了系列研讨会，择优支持了一批重点合作项目。与美国能源部围绕“钍基熔盐堆”战略先导专项开展合作，与橡树岭国家实验室、麻省理工学院签署了合作研发协议，合作取得实质性进展。与美国GA公司、美国能源部实验室建立核聚变中美联合实验室。进一步提升与哈佛大学、麻省理工学院、加州大学伯克利分校、澳大利亚国立大学、渥太华大学等在前沿科学研究及研究生培养方面的合作。与澳大利亚联邦科工组织联合召开第六届联委会会议，围绕重点领域共同遴选支持双边合作项目。组织召开中美前沿研讨会、中澳科技合作研讨会、中科院-澳大利亚联邦科工组织系列研讨会、中科院-美科院专题研讨会、中美空间科学论坛、中科院-明尼苏达大学环境与健康研讨会、中科院-NASA冰川与对地观测研讨会等双边研讨会。与美国科学院、英国皇家学会在华盛顿联合召开峰会研讨人类基因编辑有关的科技伦理问题。

维持并推进与日本科学技术振兴机构（JST）、新能源产业技术综合开发机构（NEDO）、理化学研究所（RIKEN）等日本主要科学基金会、国立科研机构、跨国大企业的学术交流和技术合作，在环境保护、ADS、智慧城市、建筑节能等双方共同关注的学科和领域内举办双边研讨会。与NEDO围绕建筑节能启动了技术示范合作项目，由日方提供价值10亿日元的新能源装置和设备，在上海高等技术研究院联合开展建筑节能技术集成示范。与以色列在高功率激光装置、声学设备、3D成像技术等方面开展合作。

四、与国际组织的合作进一步提升

2015年，多边国际合作参与单位与人员数量和层次稳步提高，中国科学院科学家在相关专业化国际组织中的任职数目保持稳定增长，在多边国际合作舞台上的发言权和影响力逐步提高。与重点国际组织的合作进一步深入。中国科学院科学家参与国家相关部委的国际活动和公约谈判日趋增多，充分发挥中国科学院科学家专家智库方面的重要作用。

继续以“种子基金”方式，在前沿交叉及战略领域支持与发达国家开展对外合作项目，努力推动并帮助协调中国科学院院属研究所与发展中国家开展实质性合作研究。全年资助对外合作重点项目71项（表10）。

表10 2015年中国科学院资助的对外合作重点项目

序号	项目名称	承担单位
1	植物冠层光合作用的系统生物学研究	上海生命科学研究院
2	中澳半干旱地区生态系统碳睡耦合与权衡及其对气候变化的响应	生态环境研究中心
3	基于纳米装置的心血管疾病的现场医学诊断平台	国家纳米科学中心

续表

序号	项目名称	承担单位
4	老年性肌肉萎缩的调控机制研究	上海生命科学研究院
5	骨替代生物材料的免反应	上海硅酸盐研究所
6	保健型异构蔗糖富集甜高粱新种质创制	植物研究所
7	亚洲地区人为排放增加对气候的影响研究	大气物理研究所
8	应用光遗传技术评估中枢对心血管功能的调控作用	深圳先进技术研究院
9	兼具强度和功能的低成本纳米多孔过渡金属材料研究	金属研究所
10	高亮度大型强子对撞机 ATLAS 实验硅微条探测器新技术研究	高能物理研究所
11	面向污染减排及安全出行的城市交通控制管理优化研究	合肥物质科学研究院
12	马普青年科学家严军小组	上海生命科学研究院
13	城市家庭能源效率-基于多种方法的研究	科技政策与管理科学研究所
14	担载生长因子的智能型生物降解纳米材料和骨再生诱导	长春应用化学研究所
15	泛素化修饰与转录调控决定干细胞命运的研究	动物研究所
16	环境 DNA 方法对气候变暖前后不同森林土壤微生物生物量和组成变化的综合评价	西双版纳热带植物园
17	基于中欧农业生产与环境恢复的交互式土壤质量评价	水土保持研究所
18	基于安全视角的锂离子电池模组热电耦合模型开发	中国科学技术大学
19	基于热固性高分子的硅/碳纳米杂化锂离子电池负极材料绿色合成	宁波材料技术与工程研究所
20	欧洲与中国农业生产力与环境恢复交互式土壤质量评价研究	南京土壤研究所
21	土地管理中评估、调查与知识库综合研究	南京土壤研究所
22	Flash 存储器辐照效应模拟研究	微电子研究所
23	导电力学与热学自感知探针的制作及其在透射电镜原位测量中的应用	物理研究所
24	纳米限域催化的高分辨与原位动态研究	大连化学物理研究所
25	高比能硫化锂基正极材料的原位表征及性能调控	苏州纳米技术与纳米仿生研究所
26	新一代锂离子电池富锂锰基正极材料的结构解析与储锂机制研究	宁波材料技术与工程研究所
27	先进高场强加速器超导磁体技术预研	高能物理研究所
28	能源清洁利用过程的介尺度科学与先进模拟计算	过程工程研究所

续表

序号	项目名称	承担单位
29	NRVS 光谱应用研究	中国科学院大学
30	复合能源热泵关键技术研究与系统集成	理化技术研究所
31	人群样本库血液质量评估体系的建立与应用	生物物理研究所
32	微生物数据全球合作计划前期培育	微生物研究所
33	新一代高层大气风场探测仪联合研制	国家空间科学中心
34	面向应用的新型稀磁半导体	物理研究所
35	30 米望远镜离轴子镜磨制技术的研究	南京天文光学技术研究所
36	活体自组装纳米技术用于细菌感染的成像与检测	国家纳米科学中心
37	柔性石墨烯神经电极阵列技术	国家纳米科学中心
38	光催化大气污染控制技术的应用基础研究	地球环境研究所
39	囊泡运输途径中关键复合体的冷冻电镜三维结构及功能研究	生物物理研究所
40	稀土元素及其在提高材料储能特性中的应用研究	长春应用化学研究所
41	非常规油气资源脱硫脱碳净化提质基础研究	过程工程研究所
42	610S-N10S10 高亚洲冰川变化空间观测方法与认知	遥感与数字地球研究所
43	amylin 促进褐色化的机制研究	广州生物医药与健康研究院
44	应激致病和适应的海马齿状回–基底外侧杏仁核环路机理研究	昆明动物研究所
45	第三极地区西风与季风相互作用下的水循环变化及其对水文环境影响研究	青藏高原研究所
46	硫化铜矿生物堆浸微生物群落功能的演替及调控基础研究	过程工程研究所
47	基于气流驱动的能量收集器用于智能燃气表	北京纳米能源与系统研究所
48	若干强流离子加速器关键技术和核物理前沿问题研究	近代物理研究所
49	面向老年人群体的智慧照护系统关键技术研究与应用	上海高等研究院
50	航空复杂构件冲击液压成形技术及装备开发	金属研究所
51	基于乌兹别克斯坦 M1001 米望远镜的天文合作研究	国家天文台
52	中国比利时全球粮食监测科学卫星计划论证	遥感与数字地球研究所
53	强子物理与核子结构研究	近代物理研究所
54	锐目猎犬的人工选择和遗传基础研究	昆明动物研究所
55	4S 基因的表达调控机制研究	遗传与发育生物学研究所
56	主要作物主要病虫害遥感监测与预警研究	遥感与数字地球研究所

续表

序号	项目名称	承担单位
57	丝绸之路经济带中哈（塔城）国际合作示范区规划研究	地理科学与资源研究所
58	一路一带野生动物疫病及外来物种监测和防控国际合作网络计划	动物研究所
59	欧亚大陆绵羊遗传资源引进与基因组学研究	动物研究所
60	纳米复合提高聚合物服役性能研究和应用	国家纳米科学中心
61	亚非农业生物质资源加工生产功能性食品配料的研究开发	天津工业生物技术研究所
62	国际空间目标与大地测量观测网	上海天文台
63	中尼公路尼泊尔段山地灾害风险分析与减灾对策合作研究	成都山地灾害与环境研究所
64	洁净能源高值化利用	大连化学物理研究所、广州能源研究所
65	聚合物激光光源在硅纳米光子器件中的集成	化学研究所
66	透明博物馆	高能物理研究所
67	视觉驱动的群体行为分析技术研发	深圳先进技术研究院
68	造血干细胞的体外扩增以及巨核普洗的发育分化	北京基因组研究所
69	利用基因打靶猪模型对受磷蛋白突变心肌病进行干细胞治疗的临床前研究	广州生物医药与健康研究院
70	建立应用于糖尿病治疗的胰腺成体干细胞体外培养体系	上海生命科学研究院
71	功能肝细胞的优化及其在肝脏移植、再生和基因治疗的应用	上海生命科学研究院

基 本 建 设

一、基本建设项目批复情况

2015 年，新批复项目建议书 7 项，总建筑面积 8. 84 万平方米，总投资 4. 56 亿元，投资全部由研究所多渠道筹措解决。

2015 年，新批建设项目可行性研究报告 18 项，总建筑面积 24. 11 万平方米，均为新建工程；总投资 16. 82 亿元，其中国拨资金 0. 11 亿元，研究所多渠道筹措资金 16. 71 亿元。

2015 年，根据财政部批复下达的修购专项年度预算，共批复修缮改造项目 114 项，修缮改造总建筑面积 20. 08 万平方米；总投资 4. 56 亿元，其中财政专项资金 3. 83 亿元，研究所多渠道筹措资金 0. 73 亿元。此外，批复由院所投资安排的维修改造项目 8 项，总建筑面积 0. 54 万平方米，其中新建面积 0. 07 万平方米，改造面积 0. 47 万平方米；总投资 0. 59 亿元。

二、落实“十二五”建设投资及财政部修购专项工作

截至 2015 年底，根据国家批准中国科学院的“十二五”科教基础设施建设规划实施方案，中国科学院“十二五”科教基础设施建设项目可行性研究报告 24 个整体项目(包括 76 个子项目) 全部获得国家发改委批复。批复总建筑面积 192 万平方米；总投资 95. 2 亿元，其中中央预算内投资 55. 2 亿元，研究所多渠道筹措资金 40 亿元。

2015 年，编报完成 2016 年修购项目的申报计划，上报的 2016 年 108 个项目全部得到了财政修购专项的支持，财政部安排的预算经费额度为 5. 23 亿元。

三、基本建设投资计划

2015 年，编制年度基本建设投资计划 3 批，涉及 64 个建设单位，建设项目 95 项。共计安排资金 33. 92 亿元。其中，国家拨款资金 17. 48 亿元（包括“十二五”科教基础设施预算内投资 15 亿元，大科学工程预算内投资 2. 48 亿元），中国科学院投资 0. 67 亿元，自筹资金 15. 77 亿元。

四、基本建设投资完成情况

2015 年，基本建设完成投资 38. 48 亿元。其中，国家拨款资金 22. 04 亿元（包括“十二五”科教基础设施预算内投资 15 亿元，2015 年修缮专项投资 4. 56 亿元，大科学工程预算内投资 2. 48 亿元），院投资 0. 67 亿元，自筹资金 15. 77 亿元。

五、工程建设及竣工情况

2015 年，新开工项目项 148 个，其中科研及辅助用房建设和改造项目 84 个，园区基础设施改造建设项目 64 个。新开工项目总建筑面积 126.57 万平方米，其中科研及辅助用房建设和改造项目的新建面积 106.48 万平方米，改造面积 20.09 万平方米。

2015 年，新竣工项目 111 个，其中科研及辅助用房建设和改造项目 49 个，园区基础设施改造建设项目 62 个。新竣工项目总建筑面积 60.03 万平方米，其中科研及辅助用房建设和改造项目的新建面积 41.74 万平方米，改造面积 18.29 万平方米。

六、工程验收情况

2015 年，完成全院 13 个分院所属建设单位 129 项基本建设项目的验收工作，其中"十五"遗留建设项目 3 项，"十一五"建设项目 7 项，"十二五"建设项目 5 项，2011—2014 年财政部修缮专项建设项目 114 项。

科 学 传 播

2015年，科学传播工作坚持围绕全院中心工作，主动谋划、积极开拓，启动中国科学院“十三五”科学传播战略规划纲要的编研工作，加强科学传播工作系统性谋划，推动科学传播“八项工作”的融合发展，完善院所两级科学传播工作渠道和平台，提高全院科学传播队伍能力和水平，为建设科学传播国家队夯实了基础。

一、新闻宣传工作

通过积极参与重大选题策划，整合统筹宣传资源，推动中宣部、国新办将中国科学院作为重要的新闻宣传典型来源和可依靠的新闻宣传力量，共同策划组织了系列专题宣传报道活动。

重大科研成果与大型活动宣传周密策划，成效显著。积极拓展与中央电视台、新华社、《科技日报》、百度等媒体和平台的深度合作，全年精心策划实施的学部成立60周年、全国“两会”、暗物质卫星征名与发射任务、500米口径球面射电望远镜（FAST）工程研制、新一代北斗导航卫星发射及后续任务、“科学号”科考船等重大科研成果和大型活动获密集报道，引起广泛社会关注；及时应对社会热点问题，策划组织重大活动、重大社会事件的报道等。

典型人物宣传取得突破性成果。着力宣传中国科学院优秀科研工作者，协助、推动中宣部开展“创新驱动发展典型（第三批）宣传”、“领航科技创新中国”科技典型人物系列报道、“科技界精神文明表率”专题宣传等，并与中央电视台联合策划制作《首席科学家》系列报道、录制《大家》、《感动中国》等中国科学院典型人物系列专题片和访谈节目。

“走进中科院·记者行”品牌活动内涵和主题日渐丰富，影响力进一步增强。全年围绕“药物创新”、“科技支疆”、“农业文化遗产”开展了3次“走进中科院·记者行”主题活动，共有50余人次参与采访报道，累计播发原创性报道80余篇，全方位、多视角展现了中国科学院各项科研成果与贡献。

二、政务信息工作

政务信息工作进一步发挥实效。服务“国家高端智库”建设，围绕学习贯彻中央重大决策部署、党和国家领导重要讲话信息、科技相关热点难点问题和中国科学院改革创新发展重要进展成果，向中办、国办报送《中国科学院专报信息》254期，共被采用77期，获党和国家领导批示38期。编发《中国科学院简报》24期，获党和国家领导批示2期，稳步提升支撑中央领导科学决策的能力。

服务全院科研及科研管理效能提升，进一步提升内部和深层次信息报送质量，编发

《要情》、《领导参阅材料》、《情况通报》，增设《“率先行动”动态》，不断加强对中国科学院“率先行动”计划深入实施过程中内部情况、深层次问题的反映和对院党组决策部署，“率先行动”计划工作安排、进展、成效传达的时效性，保障工作信息需求，支撑全院创新改革发展。

三、网络宣传工作

加强各媒体平台体制机制建设，提升内容规范性和质量，丰富、优化院官方新媒体体系，充分发挥集群效应。

积极发挥院中英文官方网站作用，加强内容建设和主动策划能力。组织中国科学院机关、分院主管网站参加全国第一次政府网站普查，并一次性通过普查。中国科学院主站中文版获中国信息化研究与促进网等颁发的“2015 年度中国政务网站优秀奖”。

“中科院之声”新媒体群关注度再创新高。中国科学院官方微博发布信息 4045 条，粉丝突破 174 万；官方微信发布信息 300 余期，累计被 8.2 万人关注；院手机报全年发布 134 期，发挥了政务传播职能；2015 年 5 月，启动“中科院之声”电子杂志、8 月开通“中科院之声”今日头条号，进一步丰富、优化院官方新媒体平台。在院属新媒体平台对涉及中国科学院的虚假新闻或虚假产品信息发布辟谣声明，维护中国科学院形象、保障公众权益。“中科院之声”微博在《人民日报》政务指数排行榜季榜、月榜、周榜、日榜均获新突破，其中 2015 年 1 月 20 日名列第 1。“中科院之声”微博获人民日报颁发的“2015 年度全国十大中央机构微博奖”，“中科院之声”新媒体传播应用获中国信息协会颁发的“2015 政府网站新技术应用优秀案例”，“中科院之声”微博微信获中国信息化研究与促进网等颁发的“2015 年度中国最具影响力政务新媒体奖”，“中科院之声”头条号获今日头条颁发的“‘头条号’特别贡献奖”。

四、信息公开与舆情应对工作

信息公开体系及舆情应对工作稳步推进。加强全院信息公开工作体系建设，印发《中国科学院信息公开工作管理办法》（科发传播字〔2015〕7 号），推动加大信息公开工作力度，全院在官方网站开设“信息公开”频道的单位达 83%，覆盖全院的信息公开工作体系基本成型。持续做好舆情系统监测、应对协作和信息收集报送工作，根据舆情应对工作新形势新要求，修订印发《中国科学院舆情监测、处理与应对管理办法》（传播字〔2015〕3 号），开展微博微信中涉中国科学院侵权及不实信息的“随手举报”456 次；系统梳理和分析中国科学院专家在“两会”期间关注的主要领域和话题、引发的社会讨论和影响，提前做好研判。

五、科普工作

2015 年，科普工作从科普基地、科普人才、科普产品、科普活动、科普平台 5 个方面开展工作，注重产出导向，规范过程管理，科普工作体系建设再上新台阶。

联合科技部出台科普政策。研究印发《中国科学院 科学技术部关于加强中国科学院科普工作的若干意见》，提出打造科普工作国家队的目标；印发院属各单位《国家科研科普基地管理办法（试行）》；制定多项政策文件，规范工作管理和过程跟踪。

提升科普作品质量。联合中央电视台制作《科学重器——走进中国科学院大科学装置》专题片；推出的9部微视频获“全国优秀科普微视频”称号；5部科普图书获“全国优秀科普作品”称号。

稳步增强科普活动实效。“全国科技周”、“全国科普日”均设立中国科学院专属展区；“科技创新年度巡展”在全国10余省（市、区）举行20余站；“第十一届公众科学日”参与单位再创新高，吸引近40万社会公众；组织多种形式的“科学营”活动，联合湖南卫视推出《求真科学营》；面向公务员开展的院士报告、心理咨询等活动取得新进展；完成“中国科学院与‘两弹一星’纪念馆”的建设工作。

着力培育科普队伍。加强科普组织建设，成立智能科学与技术科普联盟；推广“老科学家科普演讲团”发展模式，成立西安分团和南京分团；支持院属单位设立专门科普工作机构和专职科普工作人员，激励科研人员参与科普工作。

强化部委协调联动。推动实施中国科协“科普中国”移动端科普融合创作项目，发布作品136个，传播量达5.6亿人次；承担“实施科学教育与培训基础工程”任务。

六、科技期刊工作

明确科技期刊“十三五”发展目标、重点任务及保障措施，在此基础上，组织有关力量启动《中国科学院科技期刊提升计划》编研工作。

中国科学院学术期刊国际影响力水平再创新高。《光：科学与应用》最新影响因子达14.603，在我国位于Q1区（前25%）期刊中列第1位，在SCI收录的8618种国际期刊中列第95位；《细胞研究》影响因子提升至12.413，继续保持国际高水平；全院共有12种期刊进入国际同学科前25%，占全国总数的67%；《国家科学评论》、《中国病毒学》、《光子学研究》等3种期刊被SCI收录。

组织开展“中关村科学家沙龙”6期，推动以物质科学为核心的跨学科高层次学术交流；组织完成院属52种期刊对ScholarOne期刊采编系统的集团采购。承担《中国大百科全书》第三版等国家重大出版任务，取得阶段性进展。

期刊制度建设与规范管理进一步加强。研究制订并发布多项管理规章；完成2015年科技期刊择优支持排行榜发布工作。

2015年，中国科学院共有25种学术期刊入选国家新闻出版广电总局“百强报刊”；6种报刊（网络版）入选国家新闻出版广电总局首批网络版报刊试点；1个项目获财政部文化产业资金支持；3种期刊获中国科技期刊国际影响力提升计划D类支持。

中国科学院 2015 年大事记

一　月

1.8　印发《中国科学院党的建设工作规则》（科发党字〔2015〕2 号）。

1.9　2014 年度国家科学技术奖励大会在京举行，党和国家领导人习近平、李克强、刘云山、张高丽出席大会并为获奖代表颁奖。大会共授奖 318 项成果、8 位科技专家和 1 个外国组织。中国科学院共获 2014 年度国家科学技术奖励 32 项，其中，中国科学院作为第一完成人或完成单位，获自然科学奖二等奖 20 项、技术发明奖一等奖 1 项、技术发明奖二等奖 4 项、科技进步奖二等奖 7 项；大连化学物理研究所牵头完成的“甲醇制取低碳烯烃（DMTO）技术”，是中国科学院时隔 23 年以来再度获得国家技术发明奖一等奖的重要原创性技术成果。

1.16　中国科学院和国家自然科学基金委共同设立的大科学装置联合基金（三期）与天文联合基金（四期）协议续签仪式在京举行。国家自然科学基金委主任杨卫、中国科学院副院长丁仲礼出席会议并在协议书上签字。大科学装置联合基金和天文联合基金的宗旨是面向全国，按照自然科学基金的方式运作，向高等院校、科研机构等单位开放共享中国科学院承建的大科学装置（北京正负电子对撞机、兰州重离子装置、上海光源、合肥同步辐射光源、稳态强磁场等）和天文观测设备，充分发挥装置和设施的潜力，促进前沿交叉研究，加强科教协同创新。新一期的合作协议大幅增加了两个联合基金的资助经费，扩大了支持范围，执行期为 2015—2017 年。

1.26　印发《中共中国科学院党组关于中央专项巡视整改情况的报告》（科发党字〔2015〕3 号）。

1.27　全国党建研究会科研院所专委会印发《白春礼、虞云耀和何岩同志在全国党建研究会科研院所专委会 2014 年度课题成果交流暨换届会议上的讲话》（科党建研字〔2015〕1 号）、《关于表彰 2014 年度优秀课题成果的决定》（科党建研字〔2015〕2 号）、《科研院所专委会第二届领导班子成员名单》（科党建研字〔2015〕3 号）。

1.29—30　中国科学院 2015 年度工作会议以视频会议形式召开，会议设主会场及 132 个视频分会场，约 6200 余人参会。本次会议的主题是：认真学习贯彻党的十八大和十八届三中、四中全会精神，深入学习贯彻习近平总书记重要讲话和批示精神，全面实施“率先行动”计划，系统谋划“十三五”时期改革创新发展，总结 2014 年工作，部署 2015 年重点任务。中国科学院院长、党组书记白春礼作了题为《系统谋划“十三五”改革创新发展，扎实推进“率先行动”计划》的会议报告，颁发了院 2014 年度杰出科技成就奖、国际科技合作奖、中法特别国际科技合作奖、科技促进发展奖。徐星、江雷、高福获 2014 年度杰出科技成就奖个人奖；单分子尺度的量子调控研究集体、全钒液流电池储能技术研究集体、华北克拉通破坏研究集体、极大规模集成电路关键技术研究集体获 2014 年度杰出科技成就奖集体奖。美籍专家 Peter J. Stang、瑞典籍专家 Jan-Christer Janson 获 2014 年度国际科技合作奖。法籍专家 Jean-Paul Renard 获中法特别国际科技合作奖。20 支团队获 2014 年度科技促进发展奖科技贡献奖；10 支团队获 2014 年度科技促进发展奖管理贡献奖。

1. 31　中国科学院武汉国家生物安全实验室（即武汉 P4 实验室）竣工仪式在武汉市举行，全国人大常委会副委员长、农工党中央主席陈竺，国家卫计委主任李斌，中国科学院院长、党组书记白春礼，湖北省委副书记、省长王国生，法国政府与议会关系事务国务秘书让-马力·勒甘，法国梅里埃基金会主席阿兰·梅里埃出席并致辞。武汉 P4 实验室是《中法政府关于预防和控制新发传染病合作协议》框架内的重大国际科技合作项目，是填补我国生物安全体系空白、应对重大生物安全威胁的关键性大科学设施，将在增强我国应对新发、突发传染病防控能力和提升抗病毒药物及疫苗研发等科研能力方面发挥举足轻重的关键作用。

二　月

2. 11　印发《中共中国科学院党组关于确立新时期的办院方针的决定》(科发党字〔2015〕6 号)。

2. 11　国务院发布人事任免通知，任命侯建国为科技部副部长，免去其中国科学技术大学校长职务。

2. 12　中共中央政治局委员、国务院副总理刘延东先后考察中国科学院信息工程研究所、声学研究所、动物研究所、古脊椎动物与古人类研究所，了解科研创新进展情况，并看望慰问一线的科技工作者，向大家致以新春问候和良好祝愿。刘延东说，近年来，中科院聚焦战略需求，锐意改革创新，攻坚克难，勇攀高峰，稳步推进“率先行动”计划实施，取得了可喜成绩，为经济社会发展、改善民生、国防安全提供了智力支撑和人才保障。

2. 12　中国科学院第十三届“科星新闻奖”颁奖活动成功举行。评委会委员、中央主要媒体领导及获奖代表近80余人参加颁奖会。本届“科星新闻奖”共评出一等奖作品15件、二等奖作品30件、三等奖作品45件，另评出“突出贡献奖”6项、“丰产奖”10项，并顺利出版相关作品集。

2.13 印发《中国科学院关于印发白春礼院长在2015年度工作会议上的报告》（科发办字〔2015〕25号）。

2.15 中共中央总书记习近平在陕西省委书记赵正永、省长娄勤俭的陪同下到中国科学院西安光学精密机械研究所慰问、视察。习近平察看了研究所科技成果转移转化所取得的数十项技术与产品和研究所“十一五”以来圆满完成国家重大任务所取得的10多项重要成果，充分肯定了西安光机所是科技创新的生力军和骨干力量。习近平对西安光机所科技创新创业的理念和做法给予高度评价：“看了西安光机所后，我反复强调的创新驱动发展有了依据。”习近平还强调核心技术靠化缘是要不来的。

2.27 中国科学院院长白春礼作为全球研究理事会（GRC）管理委员会2014年主席主持召开电话会议，来自全球11个国家的管理委员会成员和2015年GRC全体大会主办方日本的代表，及该组织常务执行秘书等参加。会议讨论和决定了GRC 2016年全体大会主办方和主办地点，介绍了2015年GRC全体大会的筹备情况，总结了该组织自2014年召开北京大会后的主要活动、最新发展和下一步工作计划。GRC 2015年全体大会将于2015年5月26—28日在日本东京举办，GRC 2016年全体大会将在印度新德里举行。

2.27 中国科学院数学与系统科学研究院获评“第四届全国文明单位”，获得中央精神文明建设指导委员会表彰，此为中国科学院京区首次获此荣誉。

三　月

3.1 经中国科学院妇工委推荐，中国科学院植物研究所田世平获“全国三八红旗手”荣誉称号，中国科学院遗传与发育生物学研究所王秀杰创新研究组被评为“全国三八红旗集体”。

3.2 英国爱丁堡皇家学会公布了2015年度新增院士名单。中国科学院院长白春礼当选该学会荣誉院士，同期当选的还有3位外籍科学家。英国爱丁堡皇家学会成立于1783年，是代表英国最高学术水平的五大学术院之一。该学会目前有1600位院士，其中包括67位荣誉院士和66位通讯院士。

3.2　印发《中国科学院2015年党的建设工作要点》（科发党字〔2015〕10号），对2015年全院党建工作做出安排。

3.3　根据国务院《关于王恩哥任职的通知》（国人字〔2015〕35号），王恩哥任中国科学院副院长；根据中共中央组织部《王恩哥同志任职》（组任字〔2015〕50号），王恩哥任中国科学院党组成员。

3.12　中国科学院与国家知识产权局在北京签署《中国科学院-国家知识产权局第二轮合作议定书》，双方将重点在建立知识产权促进科技跨越发展有效机制、探索知识产权促进科技成果转化实现路径、构建科研机构知识产权科学管理体系和建设知识产权人才与服务体系四方面深化合作。

3.13　中国科学院联合科技部印发《中国科学院 科学技术部关于加强中国科学院科普工作的若干意见》（科发传播字〔2015〕38号）。

3.26　在国家主席习近平和斯里兰卡总统西里塞纳的见证下，中国科学院院长白春礼与斯里兰卡城市发展与供排水部部长哈奇姆在人民大会堂签署了《中国科学院与斯里兰卡供排水部合作备忘录》。根据该备忘录，未来5年内，中国科学院将与斯方围绕安全供水问题联合开展不明原因肾病病因研究，和水处理技术研发与示范项目。中国科学院生态环境研究中心、重庆绿色智能技术研究院及遥感与数字地球研究所的专家将帮助斯方提高饮用水安全。中国科学院还将向斯方提供奖学金资助斯青年人来华攻读硕士、博士学位，并为其举办短期培训班以提高其技术人员专业能力。

3.31　在北京召开的中国扶贫基金会2014捐赠人大会上，中国科学院获“2014年度扶贫爱心奖”。

四　月

4.3　印发《中共中国科学院党组关于继续深化创新文化建设的指导意见》（科发党字〔2015〕13号），加强指导全院在全面实施“率先行动”计划大环境下的创新文化建设工作。

4.3　中国科学院院长白春礼会见了以香港求是科技基金会查懋声主席为首的求是基金会代表团。查懋声提出，希望能通过支持青年科学家、扶持科研团队、促进科技成果转化等途径为国家“科技强国”战略的实施做出贡献。白春礼对基金会对中国科学院工作的长期支持表示感谢，并指出求是基金会设立的“杰出青年学者奖”等奖项使中国科学院许多科学家受益。双方就新一轮求是奖评选工作和未来合作发展方向及重点领域交换了意见。

4. 5 中国科学院院长白春礼会见了来访的泰国公主诗琳通一行。针对年初诗琳通公主提出的支持泰国本科生来中国科学院相关大学进修学习的建议，白春礼表示目前中国科学院大学正在研究设立支持泰国学生的奖学金。白春礼着重阐述了筹建中的中国科学院曼谷创新中心情况，期待该中心能够积极推进中泰之间的科教合作交流，使中国的科学技术能够近距离为泰国人民服务。诗琳通公主希望未来更多泰国的学生能够积极申请来中国科学院相关大学学习，并表示将继续支持泰国相关科研机构与中国科学院之间进一步加强合作交流。

4. 8 根据国务院《关于万立骏任职的通知》（国人字〔2015〕57 号），万立骏任中国科学技术大学校长。

4. 16—17 中国科学院与山西省人民政府科技合作交流会在太原举行。山西省委书记王儒林，省长李小鹏，省委常委、秘书长王伟中，副省长张复明，中国科学院院长、党组书记白春礼，副院长、院党组成员李静海、阴和俊，院党组成员、北京分院院长何岩等出席会议，双方签署了《中国科学院 山西省人民政府战略合作协议》。

4. 24 国家重大科技基础设施“海洋科学综合考察船”项目国家验收会议在青岛召开，验收委员会一致同意该项目通过国家验收并投入正式运行，标志着我国海洋科考能力迈上了新的台阶。中国科学院海洋研究所为该项目建设法人单位。

4. 28 中国科学院与浙江省人民政府“深化科技合作推进创新驱动发展座谈会”在中国科学院宁波材料技术与工程研究所举行。中国科学院院长、党组书记白春礼，浙江省委副书记、省长李强出席座谈会并代表双方签署了新一轮科技合作协议。会上，宁波材料技术与工程研究所的“浙江工业技术研究院”和“宁波新材料创客中心”正式挂牌成立。

4. 29 庆祝“五一”国际劳动节暨表彰全国劳动模范和先进工作者大会在人民大会堂举行。经中国科学院工会委员会推荐，中国科学院青藏高原研究所姚檀栋院士获 2015 年“全国先进工作者”称号，并代表中央国家机关获奖者上台领奖。

五　月

5. 1—7 中国科学院院长白春礼率团访问了伊朗、巴西。在伊朗，主管科技事务的副总统 Sourena Sattari 会见了代表团。白春礼还与伊朗文化革命最高委员会主席、科学研究技术部部长、伊朗科学院院长、Shariff 工业大学校长等伊朗政府科技教育界的重要人士进行了会晤。代表团还考察访问了伊朗 Pardis 科技园和 Fars 省科技园。访问巴西期间，白春礼会见了巴西科技部长、教育部长、巴西科学院院长等政府、科教界高层领导。白春礼应邀出席了巴西科学院通讯院士授予仪式，还访问了巴西空间研究院（INPE）。

5. 4　经中国科学院团委推荐，中国科学院理化技术研究所激光物理与技术研究中心主任彭钦军获第十九届“中国青年五四奖章”荣誉称号。

5. 7　中共中央政治局常委、国务院总理李克强在中国科学院和中关村考察，并祝贺中国科学院学部成立 60 周年。

5. 12　中国科学院包头稀土研发中心在包头市举办揭牌仪式，院党组成员、北京分院院长何岩，内蒙古自治区党委常委、包头市委书记王中和出席揭牌仪式并为稀土中心揭牌。

5. 15　印发《关于在全院处级以上领导干部中开展“三严三实”专题教育实施方案》（科发党字〔2015〕15 号），对全院“三严三实”专题教育做出全面部署和安排。

5. 16—17　以“科技创新 服务民生”为主题的中国科学院“第十一届公众科学日”在 106 个院属单位举行，大批国家重点实验室、天文台站、植物园、博物馆、野外台站、大科学装置等向社会免费开放，共吸引社会公众近 40 万参加活动，社会反响强烈。

5. 19　中国科学院海西研究院综合验收会议在福州召开，海西研究院通过验收。验收会后，中国科学院和福建省政府签订了第三轮科技合作的战略合作协议，双方将立足于贯彻落实好中央支持福建进一步加快经济社会发展的重大战略部署，加快建设机制活、产业优、百姓富、生态美的新福建，发挥中国科学院科技资源集聚优势，进一步提升院省合作层次，大力推进创新驱动发展。验收会议和签约仪式结束后，福建省委书记尤权会见了中国科学院院长白春礼一行。

5. 22　印发《中国科学院青年创新促进会管理办法》（科发人字〔2015〕69 号）、《中国科学院创新交叉团队管理办法》（科发人字〔2015〕70 号）、《中国科学院王宽诚率先人才计划管理办法》（科发人字〔2015〕71 号）、《中国科学院关键技术人才管理办法》（科发人字〔2015〕72 号）。

5. 26—31　应全球研究理事会（GRC）第四届全体大会主办方日本学术振兴会和南非科学研究基金会及英国爱丁堡皇家学会的邀请，中国科学院院长白春礼一行赴日本、英国访问。白春礼以 GRC 管理委员会主席身份参加 GRC 会议并在大会开幕式致辞。大会通过了 GRC 资助科学突破的原则声明。白春礼还会见了日本前文部科学大臣有马朗人、日本 RIKEN 前任理事长野依良治等。在英国爱丁堡皇家学会访问期间，白春礼与皇家学会主席乔瑟林 · 贝尔 · 伯内尔、前任主席约翰 · 阿布斯诺特、前主席卫奕信等进行了会谈。访问期间，爱丁堡皇家学会为白春礼颁发了给予外国学者最高荣誉的荣誉会员证书。白春礼与苏格兰第一部长尼古拉·斯特金举行了会谈。对方希望以英国爱丁堡皇家学会为纽带，加强苏格兰创新中心与中国科学家在技术创新领域的合作。白春礼一行还对苏格兰创新中心、圣安德鲁斯大学进行访问，并作了学术报告。

5.27 印发《中国科学院关于深入实施“中国科学院人才培养引进系统工程”的意见》（科发人字〔2015〕64号），并在北京召开“深入实施人才培养引进系统工程”新闻发布会。中国科学院院长、党组书记白春礼，副院长詹文龙、王恩哥等出席发布会，并就中国科学院有关人才工作回答记者提问。发布会由詹文龙主持。

5.28—31 由中国科学院与德国洪堡基金会共同主办的第八届中德前沿科学研讨会在德国波茨坦举行。60多位来自中德科研机构和大学的青年学者出席了研讨会，就空气污染、自然产物与新药等六大课题作了专题报告，并进行了热烈讨论。

5.29 中国政府援建的“中-非联合研究中心”项目基建奠基仪式在肯尼亚乔莫·肯雅塔农业科技大学（JKUAT）举行，标志着该援建项目的基建工作进入实质性建设阶段。该中心是中国政府在境外建设的首个综合性科研和教育机构，中心建成后将成为中国与肯尼亚及东非地区开展科教合作的重要平台。

六　月

6.1 印发《中国科学院率先行动“百人计划”管理办法》（科发人字〔2015〕74号）、《中国科学院青年科学家奖管理办法》（科发人字〔2015〕75号）、《中国科学院“千人计划”配套管理办法》（科发人字〔2015〕76号）、《中国科学院“西部之光”人才培养引进计划管理办法》（科发人字〔2015〕77号）。

6.11 2015年，马蒂亚斯奖（Bernd T. Matthias Prize）宣布获奖名单，中国科学院院士、中国科学院物理研究所研究员赵忠贤，中国科学技术大学教授陈仙辉和美国加州大学欧文分校教授Zachary Fisk获奖。这也是中国大陆科学家首次获得该奖项。

6.18 印发《中国科学院特聘研究员计划管理办法》（科发人字〔2015〕89号）。

6.19 国家自然科学基金委员会-中科院学科发展战略研究工作联合领导小组第四次会议在北京召开。本次会议原则批准了2015年度的16个战略研究项目，包括具体学科领域的战略研究和政策问题研究。

6. 23 在国家主席习近平和比利时国王菲利普的共同见证下，中国科学院遥感与数字地球研究所与比利时法兰德斯技术研究院在人民大会堂签署了《关于共同实施中比全球植被科学卫星星座计划概念报告的合作备忘录》。

6. 24 在北京进行国事访问的比利时国王菲利普访问中国科学院北京基因组研究所，中国科学院院长白春礼陪同访问并致欢迎词，菲利普国王在演讲中希望中比科技界在良好的合作基础上进一步加强合作，推动全球性问题的解决，并为促进社会发展和人类文明进步做出贡献。在菲利普国王的见证下，中国科学院、中国农业科学院、中国社会科学院和北京空间机电研究所分别与比利时相关大学和科研机构签署了7项合作协议。

6. 24 中国科学院历史声像资料库建成并通过专家验收。与会专家一致认为，历史声像资料库的建设是对中国科学院历史资料的及时抢救和梳理，第一次实现了中国科学院建院以来历史声像资料真正意义上的数字化保存。资料库中，图片方面共收集整理中国科学院建院以来相关事件1514个，录入数字化照片110 638张；视频方面共整理中国科学院建院以来相关事件2558个，录入数字化视频1200小时，累计形成视频资料12. 22T。资料库涵盖了声像中心保存的全部历史声像资料，并实现了关键词检索、远程登录查询、远程下载等功能。

6. 29 经中央机构编制委员会办公室批复（中央编办复字〔2015〕61号），中国科学院空间科学与应用研究中心更名为中国科学院国家空间科学中心；中国科学院对地观测与数字地球科学中心更名为中国科学院深海科学与工程研究所。

6. 29 根据《中央网络安全安全和信息化领导小组办公室关于对2014年国家网络安全检查工作表现突出的集体和个人表彰的决定》（中网办发文〔2015〕5号），中国科学院办公厅获“2014年国家网络安全检查工作表现突出集体”称号，王仁伟、荆涛同志获“2014年国家网络安全检查工作表现突出个人”称号。

6. 29 第十七次中国欧盟领导人峰会期间，在国家总理李克强、欧洲理事会主席图斯克、欧盟委员会主席容克的共同见证下，中国科学院遥感与数字地球研究所与欧盟联合研究中心在布鲁塞尔欧洲理事会大楼签署了《合作意向书》。

七　月

7. 3—8 中国科学院院长白春礼访问以色列和法国。在以色列，白春礼出席了中国-以色列纳米科技论坛，与以色列科学与人文科学院院长 Ruth Arnon 进行工作会谈，并访问了希伯来大学；访法期间拜会了联合国教科文组织（UNESCO）总干事 Bokova 女士，双方就涉及发展中国家科学院（TWAS）经费管理等重大事宜进行讨论；在欧洲空间局总部，与新任局长 Johann-Dietrich Woerner 进行了会谈。

7. 20—22　中国科学院党组 2015 年夏季扩大会议在北京召开。会议认真学习贯彻党和国家重大战略决策、中央领导同志重要讲话精神，总结分析了中国科学院“十二五”期间“一三五”规划完成情况，重点研讨了“十三五”学科发展战略和重点科研布局。会议邀请中央纪委驻中科院纪检组原组长王庭大作“三严三实”专题教育报告。会议听取了“一三五”规划验收与“十三五”发展战略思考，前沿科学及高等教育规划、重大科技任务和国防科技创新重点研究布局规划、科技促进发展重点研究布局规划及人才工作与重大科技基础设施建设相关专题报告。中国科学院院长、党组书记白春礼主持会议，全体院领导和院机关各部门、中国科学技术大学、国有资产经营有限责任公司主要负责人出席会议。

7. 25　“创新驱动发展，科技引领未来——中国科学院科技创新年度巡展 2015”在中国科学技术馆开幕。巡展在全国 10 余省（市、区）、20 余站举行。

7. 27　中共中央政治局常委、国务院总理李克强出席国家科技战略座谈会并作重要讲话。李克强代表党中央、国务院对中国科学院学部成立 60 周年表示热烈祝贺，向全体院士和全国广大科技工作者致以问候和敬意。

7. 28　全球生命科学领域首个综合性的大科学装置——国家蛋白质科学研究（上海）设施通过国家验收。国家验收委员会认为，中国科学院上海生命科学研究院作为项目法人单位经过长期努力，通过广泛的需求调研和关键技术自主创新、设备自主研制、系统优化等举措，建成了国际一流蛋白质科学研究支撑体系，圆满完成了国家发展和改革委员会批复的建设任务，大大提升了我国蛋白质科学研究的综合能力和水平，其总体指标达到国际先进水平，部分指标达到国际领先水平。验收委员会一致同意该项目通过国家验收，并投入正式运行。

7. 30　中国科学院与阿里巴巴集团签署共同推动量子信息技术研发及应用的战略合作协议，并联合成立“中国科学院-阿里巴巴量子计算实验室”，研制量子计算机。实验室将结合阿里云在经典计算算法、架构和云计算方面的技术优势，以及中国科学院在量子计算和模拟、量子人工智能等方面的优势，探索颠覆摩尔定律、超越经典计算机的下一代超快计算技术。中国科学院院长白春礼，中国科学技术大学校长万立骏等出席仪式。

7.31 中国科学院电工研究所研究员张国民被国际电工技术委员会（IEC）授予最高荣誉“IEC 1906奖”。IEC负责制定电气和电子领域的国际标准，是世界上三大最具权威性的国际标准化机构之一，“IEC 1906奖”用以表彰对IEC国际电工标准化做出突出贡献的各国技术专家。

八 月

8.18 印发《中共中国科学院党组关于印发白春礼院长在2015年夏季党组扩大会议精神传达会上讲话的通知》(科发党字〔2015〕22号)。

8.28 第八届中科院-新疆科技合作洽谈会在新疆维吾尔自治区昌吉市开幕，中国科学院院长白春礼出席并致辞。本届洽谈会由中国科学院、新疆维吾尔自治区、新疆生产建设兵团共同主办，中国科学院50多个研究所参加了洽谈会。中共中央政治局委员、新疆维吾尔自治区党委书记张春贤在乌鲁木齐会见了白春礼。

九 月

9.8 中国科学院电工研究所博士李子欣获2015年IEEE Richard M. Bass杰出青年电力电子工程师奖，是2015年该奖的唯一获得者，也是中国首次获得此奖的电力电子科研人员。该奖励自1997年设立以来，每年在国际范围内授予一位在电力电子领域取得杰出贡献的青年科学家。

9.12 中国科学院与“两弹一星”纪念馆建设完成。第十五届中共中央政治局常委、国务院原副总理李岚清在中国科学院院院长白春礼陪同下参观。

9.17 中国科学院院长白春礼会见了来访的美国*Science*杂志主编玛西娅·麦克纳特博士一行。白春礼指出，中国科学院正在开展针对“十二五”的评估总结分析工作，积极制定和谋划“十三五”规划，研究所改革目的是要加强优势整合与协同创新，减少科学研究工作中的重复布局和同质化碎片化现象。麦克纳特博士对中国科学院积极改革的态度与决心表示赞赏，强调了国际合作和人才培养的重要性，并指出*Science*杂志的编辑队伍与中国科学界交流逐渐深入，在生物医学和材料科学方面表现尤为突出，希望继续加强此类的互动交流，从而推进与中国科学院和中国科学界的深入合作。

9. 20—26　中国科学院院长白春礼率团访问了加拿大和美国。在加拿大，白春礼出席了中科院-渥太华大学合作10周年纪念活动，渥太华大学授予白春礼该校荣誉博士学位。访美期间，白春礼访问了麻省理工学院麦戈文脑研究所，并签署合作协议。白春礼应邀在哈佛大学作了题为“中国科技创新”的演讲。

9. 22　中国科学院遗传与发育生物学研究所陈化榜研究员团队培育的玉米新品种‘科育186’环渤海地区多点示范测产获第一名，并且在安徽淮北地区创造出夏玉米亩产800千克的好成绩；团队在玉米无去雄无隔离制种技术方面，创造性地突破了生殖隔离障碍，实现了两个互不亲和基因在同一个体的聚合。以上研究得到科技部科技支撑计划、中国科学院A类战略性先导科技专项和中科院科技服务网络（STS）计划项目的长期支持。

十　月

10. 8　根据中共中央《关于方新同志免职的通知》（中委〔2015〕475号），免去方新同志（女）中国科学院党组副书记职务。

10. 19　中共中央政治局委员、国务院副总理汪洋在山东莱州调研中国科学院海洋生态牧场科技示范工程实施情况。汪洋调研时强调，积极探索推进海洋生态牧场建设，是转变海洋渔业发展方式的重要探索，要高度重视发挥科技对海洋生态牧场建设的支撑作用，希望中国科学院发挥自身优势，加强海洋渔业的科技攻关，认真组织实施好海洋生态牧场科技示范工作。中国科学院院长白春礼、副院长张亚平，农业部部长韩长赋、科技部副部长李萌、国家食品药品监督管理总局局长毕井泉、国家海洋局副局长王飞、山东省省长郭树清等国家部委和地方有关领导陪同考察。

10. 22　中国科学院院长白春礼会见了德国弗朗霍夫协会主席Eimund Neugebauer一行，双方一致认为在核能、干细胞、环境等领域具有合作前景，将形成磋商机制，联合启动重点合作项目并寻求政府渠道支持。

10. 27　中国科学院院长白春礼会见了来访的古巴国务委员会科学顾问菲德尔·卡斯特罗·迪亚兹·巴拉特博士一行。

10. 29　根据国务院《关于谭铁牛、施尔畏职务任免的通知》（国人字〔2015〕216号），谭铁牛任中国科学院副院长，免去施尔畏中国科学院副院长职务；根据中共中央组织部《谭铁牛、施尔畏同志职务任免》（组任字〔2015〕273 号）的通知，谭铁牛同志任中国科学院党组成员，免去施尔畏同志中国科学院党组成员职务。

十一月

11.3 第十七届中国国际工业博览会在国家会展中心（上海）隆重开幕。中共中央政治局委员、国务院副总理马凯出席开幕式并宣布开幕。中共中央政治局委员、上海市委书记韩正出席开幕式并颁发特别荣誉奖。本届中国工博会以“创新、智能、绿色”为主题，中国科学院集中展示了健康直通车、信息高速路、脑智梦等 141 项最新成果，共有 7 项成果荣获本届工博会的特别荣誉奖、金奖、银奖和创新奖。其中，上海天文台参展项目“高精度 VIBI 引领嫦娥登月”获特别荣誉奖。

11.7 纪念人工全合成结晶牛胰岛素 50 周年暨加强原始创新座谈会在上海召开，中共中央政治局委员、国务院副总理刘延东出席会议并讲话。刘延东希望广大科技工作者要以老一辈科学家为榜样，立足国家发展全局，瞄准世界科技前沿，聚焦重点、攻坚克难，不断发现和创造重大科学技术成果。中共中央政治局委员、上海市委书记韩正，中国科学院院长、党组书记白春礼，科技部党组书记、副部长王志刚，国务院副秘书长江小涓，国家卫计委副主任、中医药管理局局长王国强，中国科学院副院长丁仲礼、阴和俊，上海市委常委、秘书长尹弘，上海市副市长周波等出席会议。

11.9 2015 年中国科学院院士增选评审暨选举会议在北京召开。经第七届中国科学院学部主席团第十四次会议审议，确认 379 位候选人为有效候选人。经全体院士终选投票共产生 61 名中国科学院院士、12 名中国科学院外籍院士。

11.9 2016 年科学突破奖获奖名单在美国加州硅谷美国宇航局艾姆斯研究中心揭晓。中国科学院高能物理研究所研究员王贻芳、美国伯克利国家实验室教授陆锦标及大亚湾中微子实验团队获 2016 年基础物理学突破奖。这是中国科学家和以中国科学家为主的实验团队首次获得该奖项。

11.10 印发《中共中国科学院党组关于 2015 年上半年巡视发现的部分单位共性问题的通报》（科发党字〔2015〕42 号）。

11.16 第十七届中国国际高新技术成果交易会在深圳召开，中共中央政治局委员、广东省委书记胡春华出席开幕式并宣布高交会开幕。中国科学院秘书长邓麦村出席开幕式。中国科学院展区围绕制造业、能源、城镇化、生态文明和农业 5 个领域，从院 100 个重大突破、100 个重点培育项目中重点遴选了具有代表性的 37 家单位、257 个项目集中参展。中国科学院展区被高交会组委会授予“优秀组织奖”、“优秀展示奖”，医用重离子加速器（HIMM）等 15 个项目获得了优秀展品奖。

11. 18—21　发展中国家科学院（TWAS）第 26 届院士大会在奥地利维也纳召开，TWAS 院长、中国科学院院长白春礼主持开幕式。60 多个国家和地区的 300 多名科学家，10 余个国家的科技部长及其代表、国际组织代表参加会议。会议增选了 44 名 TWAS 院士，其中 12 名为中国大陆科学家（9 名来自中国科学院）。会议颁发了本年度获奖的 11 个科学奖项，其中 5 个奖项由中国科学家获得。经 TWAS 提名委员会提名、全体参会 TWAS 院士选举通过，白春礼连任 TWAS 院长，任期为 2016—2018 年。

11. 23—27　中国科学院院长白春礼应哈萨克斯坦共和国科学院、乌兹别克斯坦共和国科学院邀请，对两国进行访问。在阿拉木图，白春礼与哈萨克斯坦科学院院长茹雷诺夫等就两院科技合作及共同推动多边科技合作等议题交换了意见。白春礼分别与哈萨克斯坦农业部部长、教育科学部秘书长举行了会谈。白春礼还应邀访问了赛福林农业技术大学。访问乌兹别克斯坦科学院时，白春礼同萨利霍夫院长举行了会谈，围绕中亚药物研发中心建设、扩大科研教育合作等议题进行了深入讨论。双方同意 2016 年将适时签署新一轮战略合作协议，并加快启动中亚药物研发中心综合楼建设工程。

11. 26　经中国科学院院长办公会议批准，依托于上海微系统研究所的中科院超导电子学卓越创新中心成立。该中心定位于面向学科前沿与发展，瞄准我国信息技术、生命科学、资源环境和国防等领域对超导电子学器件和电路的重大战略需求，聚焦重大任务，发展集“科学研究、平台建设和体制机制探索”为一体的科研产出与人才培养模式，催生重大基础研究成果和重大应用示范成果，成为引领国际前沿的超导电子学研究中心。

十二月

12. 1—3　由中国科学院与美国国家科学院、医学院和英国皇家学会联合举办的人类基因编辑国际峰会在美国华盛顿召开，来自 22 个国家和地区的 200 余人参加会议，中国科学院院士许智宏受中国科学院院长白春礼委托率中方代表团与会。会议就人类基因编辑技术的未来发展发布了国际峰会声明。

12. 2—6　中国科学院院长白春礼应邀访问香港，出席了中国科学院与香港中文大学成立的“生物社会心理学联合实验室”揭牌仪式并致辞，还出席了香港科学院成立典礼。在香港首届科技创新峰会上，白春礼发表了主旨演讲，提出了中国科学院与香港科技界进一步开展合作的建议。全国政协副主席、科技部部长万钢，香港特别行政区特首梁振英及美国科学院、英国皇家学会、欧洲研究理事会、法国科学院、中国台湾“中央研究院”等单位和部门的代表出席了香港科学院成立典礼及首届科技创新峰会。梁振英特首会见了白春礼一行。访问中，白春礼与香港工业总会负责人就开展合作进行了讨论，还会见了王宽诚基金会董事孙弘斐一行，双方就今后的合作进行了深入探讨。

12. 4　“高产 DHA 海洋微藻的菌株选育及清洁生产示范项目”被山东省人民政府授予“山东省科技进步奖二等奖”，该项目由中国科学院青岛生物能源与过程研究所研发并由青岛琅琊台集团股份有限公司实施，其产业化示范是共建研究所（由中科院与山东省和青岛市联合共建）服务地方产业和经济的一个成功案例。该示范项目创建了新型节能、低成本、清洁生产 DHA 新工艺，实现了关键生产技术突破，进一步通过技术示范，带动了全国裂壶藻 DHA 工业化产业的发展。

12. 5　中国科学院表彰 28 个团队荣获第二届中国科学院科技促进发展奖。其中，东北地理与农业生态研究所“超高产耐盐碱优质水稻品种‘东稻 4’的选育及应用”等 20 个团队荣获科技贡献奖，长春技术转移中心等 8 个团队荣获管理贡献奖。

12. 6　中共中央政治局委员、国务院副总理刘延东视察中国科学院量子信息与量子科技前沿卓越创新中心，听取实用化量子通信技术发展、“京沪干线”和量子科学实验卫星项目建设进展的工作汇报，并给予充分肯定。

12. 17　暗物质粒子探测卫星在酒泉卫星发射中心成功发射。该卫星于 9 月 29 日至 10 月 31 日启动了公开征名活动并正式命名为“悟空”。

12. 19　中国科学院在北京召开科技服务国民经济主战场座谈会。中国科学院院长白春礼、上海市市长杨雄、山东省省长郭树清、陕西省省长娄勤俭、中国石油天然气集团公司董事长王宜林等出席座谈会。会后进行了中国科学院与山东省战略合作协议、中国科学院与陕西省全面科技合作协议、中国石油与大连化学物理研究所能源化工联合研发合作协议、特变电工与科技促进发展局科技合作备忘录、浦发银行与国科控股科技金融战略合作协议、国科控股与中国科学技术大学等量子通信产业联盟协议、国科控股与欧美同学会等科技“双创”联盟战略合作协议的签字仪式。

12.21—23　中国科学院党组2015年冬季扩大会议在北京召开。会议认真学习党的十八届五中全会精神，深入学习习近平总书记系列重要讲话精神，贯彻落实党中央、国务院重大决策部署，全面总结中科院“十二五”时期取得的工作进展与创新成就，深入研究“十三五”规划及有关重点工作，明确了2016年度重点任务。会议邀请科技部党组书记王志刚作《创新发展理念与创新驱动发展战略》专题报告。中国科学院党组书记、院长白春礼作《学习贯彻十八届五中全会精神，全面深入实施“率先行动”计划》专题报告。会议听取了“十三五”规划纲要及四类机构建设、人力资源与经济资源规划思路以及“三严三实”专题教育工作专题报告，审议了《中科院“十三五”规划纲要》、《中科院2016年度工作会议主报告》讨论稿。

12.21　印发《中国科学院关于印发〈中国科学院境内举办展会活动实施细则〉的通知》（科发促字〔2015〕174号）。

12.21　根据国务院《关于阴和俊等4人职务任免的通知》（国人字〔2015〕248号），免去阴和俊的中国科学院副院长职务；根据中共中央组织部《阴和俊同志免职》（组任字〔2015〕329号）的通知，免去阴和俊同志中国科学院党组成员职务。

12.23　中国首台自主研发的医用重离子加速器——武威医用重离子加速器成功出束，实现了碳离子束的加速及非线性共振慢引出，达到了设计指标。中国科学院近代物理研究所会同其控股的兰州科近泰基新技术有限公司，将近代物理所近60年积累的技术成功转化，研制出具有自主知识产权的医用重离子加速器，标志着近代物理所成功走出了一条“重离子治疗相关基础研究-技术研发及应用研究-装置示范-产业化”的全产业链自主创新之路。

12.25　印发《中共中国科学院党组关于中央专项巡视整改情况的报告》（科发党字〔2015〕51号）。

12.25　由中国科学院、中央电视台共同发起，联合科技部等7部委共同举办的2015年度“科技盛典”在京举行颁奖典礼。本次“科技盛典——CCTV 2015年度科技创新人物”推选活动中，推选委员会共评选出7位“科技创新人物”和3个“科技创新团队”，其中中国科学院的裴端卿、刘静获选“科技创新人物”；新一代北斗导航卫星首发星研制团队、外尔（Weyl）半金属研究团队获选“科技创新团队”。

学部与院士工作

中国科学院学部领导机构

第七届中国科学院学部主席团

名誉主席　周光召　路甬祥

第七届中国科学院学部主席团

执行主席　白春礼

成　　员　(以姓氏笔画为序)

丁仲礼	马志明	王占国	叶培建	白春礼	朱作言
朱道本	许智宏	李　未	李衍达	李静海	杨　卫
何鸣元	沈文庆	陈运泰	陈宜瑜	陈　颙	林其谁
周其凤	赵忠贤	秦大河	顾秉林	程津培	詹文龙

第七届中国科学院学部主席团执行委员会

执行主席　白春礼

成　　员　(以姓氏笔画为序)

白春礼	朱道本	许智宏	李　未	李静海	沈文庆
陈宜瑜	陈　颙	周其凤	秦大河	顾秉林	詹文龙

秘 书 长　曹效业

第七届中国科学院学部主席团顾问组成名单（以姓氏笔画为序）

万　钢	马建堂	朱之鑫	李　伟	李安东	陈求发
陈宜瑜	陈奎元	周　济	袁贵仁	韩启德	谢伏瞻
谢旭人					

中国科学院学部第五届咨询评议工作委员会组成名单

主　　任　沈文庆

副 主 任　吴国雄　周孝信　潘云鹤（王玉普）

委　　员　(以姓氏笔画为序)

王恩哥	方精云	安芷生	李家春	杨学军	吴国雄
吴培亨	吴硕贤	沈文庆	沈　岩	沈保根	陈晓亚
周孝信	段　雪	侯建国	高　松	郭华东	褚君浩
潘云鹤（王玉普）					

（因工程院咨委会换届，2014 年 7 月 10 日王玉普代替潘云鹤为副主任）

中国科学院学部第五届咨询评议工作委员会顾问组成名单（以姓氏笔画为序）

王延觉　王春法　叶玉江　吕　薇　何鸣鸿　赵　路
姜静波　晋保平　谢伏瞻　谢冰玉　綦成元　蔡　润
潘云鹤（2014 年 7 月 10 日，聘请为咨委会顾问）

中国科学院学部第五届科学道德建设委员会

主　　任　许智宏
副 主 任　周　远　欧阳钟灿
委　　员　（以姓氏笔画为序）

方荣祥　冯守华　朱作言　江桂斌　许智宏　孙义燧
李启虎　李德仁　怀进鹏　陈木法　林国强　林惠民
周　远　周卫健（女）　祝世宁　翟明国　薛其坤
欧阳钟灿

中国科学院学部第三届学术与出版工作委员会

主　　任　秦大河
副 主 任　郑兰荪　饶子和
委　　员　（以姓氏笔画为序）

于起峰　王　曦　朱作言　许宁生　李　林　李树深
杨玉良　郑兰荪　郑厚植　饶子和　洪茂椿　贺福初
秦大河　梅　宏　崔向群（女）　彭实戈　程时杰
傅伯杰　焦念志

中国科学院学部第一届科学普及与教育工作委员会

主　　任　周其凤
副 主 任　石耀霖　何积丰
委　　员　（以姓氏笔画为序）

石耀霖　叶培建　戎嘉余　朱邦芬　朱　荻　刘嘉麒
李　灿　吴一戎　何积丰　张　杰　张启发　陈凯先
陈建生　周其凤　南策文　侯凡凡（女）　郭光灿
康　乐

中国科学院数学物理学部第十五届常务委员会

主　　任　詹文龙
副 主 任　李家春　陈建生　彭实戈　欧阳钟灿
委　　员　（以姓氏笔画为序）

王恩哥　文　兰　邢定钰　朱邦芬　孙昌璞　李邦河
李家春　张伟平　陈和生　陈建生　欧阳钟灿

郑晓静（女） 洪家兴 徐至展 崔向群（女）
彭实戈 詹文龙

中国科学院化学部第十五届常务委员会

主　　任　朱道本
副 主 任　江桂斌　周其凤　郑兰荪　侯建国
委　　员　(以姓氏笔画为序)
万立骏 田中群 包信和 朱道本 江桂斌 李静海
张　希 张玉奎 陈小明 周其凤 周其林 郑兰荪
赵玉芬（女） 侯建国 姚建年 柴之芳 高　松

中国科学院生命科学和医学学部第十五届常务委员会

主　　任　陈宜瑜
副 主 任　朱作言　陈晓亚　侯凡凡（女）　贺福初
委　　员　(以姓氏笔画为序)
邓子新 朱作言 许智宏 沈　岩 张启发 陈　竺
陈宜瑜 陈晓亚 武维华 孟安明 赵国屏 侯凡凡（女）
饶子和 贺福初 郭爱克 韩启德 裴　钢

中国科学院地学部第十五届常务委员会

主　　任　陈　颙
副 主 任　石耀霖　戎嘉余　吴国雄　周卫健（女）　傅伯杰
委　　员　(以姓氏笔画为序)
石耀霖 戎嘉余 刘丛强 刘嘉麒 杨元喜 吴国雄
张　经 陈　颙 周卫健（女） 郑永飞 姚檀栋
贾承造 郭华东 陶　澍 符淙斌 傅伯杰 焦念志
翟明国 穆　穆

中国科学院信息技术科学部第十五届常务委员会

主　　任　李　未
副 主 任　何积丰　李启虎　李树深　褚君浩
委　　员　(以姓氏笔画为序)
王家骐 刘国治 许宁生 李　未 李启虎 李树深
杨学军 怀进鹏 何积丰 吴一戎 徐宗本 梅　宏
黄　维 黄民强 褚君浩

中国科学院技术科学部第十五届常务委员会

主　　任　顾秉林

副 主 任　叶培建　吴硕贤　祝世宁　胡海岩　程时杰

委　　员　（以姓氏笔画为序）

于起峰　王　曦　王光谦　叶培建　朱　荻　任露泉
李　天　吴硕贤　沈保根　张　泽　胡海岩　南策文
祝世宁　顾秉林　顾逸东　程时杰　赖远明

中国科学院学部国际合作和外籍院士工作小组

组　　长　李静海

成　　员　（以姓氏笔画为序）

于　渌　戎嘉余　李　未　吴培亨　张　泽　陈运泰
欧阳钟灿　侯建国　饶子和　费维扬　曾益新　薛其坤

中国科学院学部增选工作小组

组　　长　李静海

成　　员　（以姓氏笔画为序）

朱作言　朱道本　李衍达　沈保根　陈建生
欧阳钟灿　周　远　周卫健　郑兰荪　胡海岩

2015 年中国科学院院士名单

（2015 年 12 月 31 日统计，777 人）

数学物理学部（共 148 人）

于　敏　于　渌　万哲先　马志明　王乃彦　王广厚　王　元
王世绩　王业宁（女）　王　迅　王诗宬　王恩哥　王梓坤
王绶琯　王鼎盛　文　兰　方　成　方守贤　甘子钊　艾国祥
石钟慈　龙以明　叶叔华（女）　叶朝辉　田　刚　白以龙
邝宇平　冯　端　邢定钰　曲钦岳　吕　敏　朱邦芬　向　涛
刘应明　汤定元　孙义燧　孙昌璞　孙　鑫　严加安　苏定强
苏肇冰　李大潜　李方华（女）　李邦河　李安民　李荫远
李家明　李家春　李惕碚　李德平　杨　乐　杨应昌　杨国桢
杨福家　励建书　吴文俊　吴岳良　何祚庥　邹广田　闵乃本
汪承灏　汪景琇　沈文庆　沈学础　张仁和　张伟平　张　杰
张宗烨（女）　张恭庆　张家铝　张焕乔　张淑仪（女）
张涵信　张维岩　张裕恒　张殿琳　张肇西　陈十一　陈木法
陈永川　陈式刚　陈和生　陈佳洱　陈建生　陈恕行　陈难先
陈　彪　武向平　范海福　林　群　欧阳钟灿　欧阳颀
罗　俊　周又元　周光召　周向宇　周　恒　周毓麟　郑厚植
郑晓静（女）　赵光达　赵忠贤　赵政国　郝柏林　胡仁宇
胡和生（女）　俞昌旋　姜伯驹　洪家兴　洪朝生　贺贤土
袁亚湘　夏道行　徐至展　徐叙瑢　高鸿钧　郭尚平　郭柏灵
席南华　唐孝威　陶瑞宝　龚昌德　鄂维南　崔向群（女）
章　综　彭实戈　葛墨林　程开甲　童秉纲　谢家麟　詹文龙
解思深　熊大闰　潘建伟　霍裕平　戴元本　魏宝文　王贻芳
邓小刚　朱诗尧　江　松　杜江峰　张平文　陈仙辉　罗民兴
莫毅明　景益鹏　谢心澄

化学部（共 131 人）

丁奎岭　万立骏　万惠霖　王方定　王佛松　王　夔　支志明
方维海　计亮年　卢佩章　申泮文　田中群　田　禾　田昭武
白春礼　包信和　冯小明　冯守华　朱起鹤　朱清时　朱道本
任詠华（女）　刘元方　刘有成　刘若庄　刘忠范　江　龙

江　明　江桂斌　江　雷　麦松威　严东生　严纯华　苏　锵
李永舫　李亚栋　李　灿　李洪钟　李静海　杨玉良　杨秀荣（女）
杨学明　吴云东　吴　奇　吴养洁　吴新涛　何国钟　何鸣元
佟振合　余国琮　闵恩泽　汪尔康　沙国河　沈之荃（女）
沈家骢　宋礼成　张玉奎　张礼和　张存浩　张　希　张俐娜（女）
张洪杰　张　涛　张乾二　陆熙炎　陈小明　陈庆云　陈凯先
陈俊武　陈洪渊　陈家镛　陈新滋　陈　懿　林国强　卓仁禧
周同惠　周其凤　周其林　郑兰荪　赵玉芬（女）　赵东元
赵进才　胡宏纹　胡　英　查全性　段　雪　侯建国　俞汝勤
洪茂椿　费维扬　姚守拙　姚建年　袁　权　袁承业　柴之芳
钱逸泰　倪嘉缵　徐如人　高　松　郭景坤　唐本忠　唐有祺
涂永强　黄乃正　黄本立　黄志镗　黄春辉（女）　曹　镛
麻生明　梁敬魁　彭少逸　蒋锡夔　韩布兴　程津培　程镕时
游效曾　谢毓元　谢　毅（女）　蔡启瑞　黎乐民　颜德岳
戴立信　于吉红（女）　刘云圻　安立佳　孙世刚　李玉良
张锁江　席振峰　唐　勇　谭蔚泓

生命科学和医学学部（共 143 人）

王大成　王文采　王正敏　王世真　王志珍（女）　王志新
王恩多（女）　毛江森　方荣祥　方精云　尹文英（女）
孔祥复　邓子新　石元春　卢永根　叶玉如（女）　田　波
印象初　匡廷云（女）　朱玉贤　朱兆良　朱作言　庄文颖（女）
庄巧生　刘以训　刘允怡　刘建康　刘新垣　许智宏　孙大业
孙汉董　孙曼霁　孙儒泳　苏国辉　李　林　李季伦　李振声
李家洋　李朝义　杨焕明　杨雄里　杨福愉　吴　旻　吴孟超
吴祖泽　吴常信　汪忠镐　沈允钢　沈自尹　沈　岩　沈善炯
张友尚　张永莲（女）　张亚平　张启发　张明杰　张学敏
张春霆　张树政（女）　张新时　陆士新　陈子元　陈文新（女）
陈可冀　陈　竺　陈宜张　陈宜瑜　陈晓亚　陈润生　陈　霖
武维华　林其谁　林鸿宣　尚永丰　金　力　金国章　周　俊
郑光美　郑守仪（女）　郑儒永（女）　孟安明　赵玉沛
赵尔宓　赵进东　赵国屏　赵继宗　段树民　侯凡凡（女）
饶子和　施一公　施教耐　施蕴渝（女）　洪国藩　洪德元
姚开泰　贺　林　贺福初　桂建芳　高　福　郭爱克　唐守正
唐崇惕（女）　黄路生　曹文宣　戚正武　常文瑞　康　乐
梁栋材　梁智仁　隋森芳　葛均波　蒋有绪　韩启德　韩济生
韩家淮　韩　斌　程和平　舒红兵　童坦君　曾益新　曾　毅

谢华安 谢联辉 强伯勤 赫 捷 裴 钢 翟中和 薛社普
鞠 躬 魏于全 魏江春 王福生 李 蓬（女） 宋微波
张 旭 陈义汉 陈孝平 陈国强 邵 峰 周 琪 徐国良
曹晓风（女） 阎锡蕴（女）

地学部（共 127 人）

丁仲礼 丁国瑜 万卫星 马宗晋 马 瑾（女） 王 水
王成善 王会军 王铁冠 王 颖（女） 王德滋 文圣常
丑纪范 邓起东 石广玉 石耀霖 叶大年 叶嘉安 冯士筰
戎嘉余 吕达仁 朱日祥 朱显谟 伍荣生 任纪舜 刘丛强
刘光鼎 刘昌明 刘宝珺 刘振兴 刘嘉麒 安芷生 许志琴（女）
许厚泽 孙 枢 孙鸿烈 苏纪兰 李吉均 李廷栋 李崇银
李德仁 李德生 李曙光 杨元喜 杨文采 肖序常 吴立新
吴国雄 吴新智 邱占祥 汪品先 汪集旸 沈其韩 张本仁
张国伟 张弥曼（女） 张 经 张培震 陆大道 陈 旭
陈运泰 陈俊勇 陈 骏 陈 颙 林学钰（女） 欧阳自远
金之钧 金振民 周卫健（女） 周成虎 周志炎 周秀骥
周忠和 於崇文 郑永飞 郑 度 赵其国 赵柏林 赵鹏大
胡敦欣 钟大赉 姚振兴 姚檀栋 秦大河 袁道先 莫宣学
贾承造 徐冠华 殷鸿福 高 山 高 俊 郭正堂 郭华东
涂传诒 陶 澍 黄荣辉 龚健雅 常印佛 崔 鹏 符淙斌
巢纪平 彭平安 程国栋 傅伯杰 焦念志 舒德干 童庆禧
曾庆存 曾融生 谢学锦 翟明国 翟裕生 滕吉文 薛禹群
穆 穆 戴金星 魏奉思 杨树锋 吴福元 沈树忠 张人禾
陈大可 陈发虎 陈晓非 郝 芳 夏 军 高 锐

信息技术科学部（共 90 人）

干福熹 王之江 王占国 王立军 王 圩 王守觉 王阳元
王启明 王育竹 王家骐 王 越 王 巍 尹 浩 包为民
匡定波 吕 建 朱中梁 刘永坦 刘国治 刘颂豪 刘盛纲
许宁生 李 未 李启虎 李树深 李衍达 杨芙清（女）
杨学军 吴一戎 吴宏鑫 吴培亨 吴德馨（女） 何积丰
沈绪榜 怀进鹏 宋 健 张 钹 张景中 张嗣瀛 陆元九
陆汝钤 陈国良 陈定昌 陈星旦 陈星弼 陈俊亮 陈桂林
陈翰馥 林惠民 林尊琪 金亚秋 周兴铭 周炳琨 周巢尘
郑有炓 郑建华 郑耀宗 郝 跃 保 铮 侯 洵 侯朝焕

姚建铨	秦国刚	夏建白	徐宗本	郭光灿	郭　雷	黄民强
黄宏嘉	黄　维	黄　琳	梅　宏	龚旗煌	梁思礼	彭堃墀
董韫美	雷啸霖	简水生	褚君浩	谭铁牛	薛永祺	戴汝为
王永良	刘　明（女）		陆建华	房建成	姜　杰（女）	
周志鑫	顾　瑛（女）		黄　如（女）			

技术科学部（共138人）

丁　汉	于起峰	王大中	王立鼎	王光谦	王自强	王希季
王补宣	王崇愚	王淀佐	王锡凡	王　曦	方岱宁	卢　柯
卢　强	叶恒强	叶培建	申长雨	邢球痕	过增元	成会明
朱位秋	朱　荻	朱森元	朱　静（女）		伍小平（女）	
任新民	任露泉	庄逢辰	刘广均	刘竹生	刘宝镛	刘维民
齐　康	许学彦	孙　钧	孙家栋	严陆光	李　天	李应红
李述汤	李依依（女）		李济生	杨　卫	杨叔子	杨　槱
吴良镛	吴承康	吴硕贤	邱大洪	邱　勇	何满潮	余梦伦
邹世昌	闵桂荣	汪　耕	沈志云	沈保根	宋玉泉	宋振骐
宋家树	张兴钤	张佑启	张　泽	张统一	张楚汉	陈　达
陈创天	陈学俊	陈祖煜	陈能宽	范守善	林　皋	欧阳予
金红光	金展鹏	周尧和	周　远	周孝信	周国治	郑　平
郑时龄	郑哲敏	赵淳生	胡文瑞	胡聿贤	胡海岩	南策文
柯　俊	柳百新	钟万勰	俞鸿儒	闻邦椿	姜中宏	祝世宁
姚　熹	都有为	顾秉林	顾诵芬	顾逸东	徐采栋	徐性初
徐建中	徐祖耀	高镇同	高德利	唐叔贤	陶文铨	黄克智
曹春晓	曹楚南	彭一刚	葛昌纯	韩祯祥	程时杰	程耿东
温诗铸	谢光选	赖远明	路甬祥	蔡其巩	雒建斌	翟婉明
熊有伦	潘际銮	薛其坤	魏炳波	闫楚良	何雅玲（女）	
邹志刚	汪卫华	陈云敏	陈维江	俞大鹏	宣益民	倪晋仁
常　青	韩杰才					

2015 年中国科学院外籍院士名单

（2015 年 12 月 31 日统计，81 人）

中文姓名	英文姓名	当选年份	国籍
丘成桐	Shing-Tung Yau	1994	美国
冯元桢	Y. C. Fung	1994	美国
杨振宁	Chen Ning Yang	1994	美国
李政道	Tsung-D Lee	1994	美国
丁肇中	Samuel C. C. Ting	1994	美国
雷文	Peter H. Raven	1994	美国
朱经武	C. W. Chu	1996	美国
沈元壤	Y. R. Shen	1996	美国
简悦威	Yuet Wai Kan	1996	美国
毛河光	H. K. Mao（David）	1996	美国
彼得·威利	P. J. Wyllie	1996	英国
卓以和	A. Y. Cho	1996	美国
高锟	Char les K. Kao	1996	美国
朱棣文	Chu Steven	1998	美国
黎念之	N. N. Li	1998	美国
马库斯	Rudolph A. Marcus	1998	美国
莫里茨	Helmut Moritz	1998	奥地利
伯奇费尔	B. C. Burchfiel	1998	美国
米歇尔	Hartmut Michiel	2000	德国
崔琦	Daniel Chee Tsui	2000	美国
霍克费尔特	Tomas Hokfelt	2000	瑞典
何毓琦	Y. C. Ho	2000	美国
萨支唐	Chihtang Sah	2000	美国
库什	Gurdev S. KHUSH	2002	印度
傅睿思	FRIIS，Else Marie	2002	丹麦
霍西金斯	HOSKING，Brian John	2002	英国
黄煦涛	Thomas S. Huang	2002	美国

续表

中文姓名	英文姓名	当选年份	国籍
吴耀祖	Theodore Yao-Tsu Wu	2002	美国
杰马里・莱恩	Jean-Marie Lehn	2004	法国
肖荫堂	Yum-Tong SIU	2004	美国
托斯登・威塞尔	Torsten N. Wiesel	2004	美国
姚期智	Andrew Chi-Chih Yao	2004	美国
理查德・杰尔	Richard N. Zare	2004	美国
萨姆韦尔・格里戈良	Samvel S. Grigorian	2006	俄罗斯
克劳斯・冯・克利钦	Klaus Von Klitzing	2006	德国
彼得・史唐	Peter J. Stang	2006	美国
若列斯・阿尔费罗夫	Zhores. I. Alferov	2006	俄罗斯
钱煦	Shu Chien	2006	美国
蔡南海	Nam-Hai Chua	2006	新加坡
罗伯特・迪金森	Robert E. Dickinson	2006	美国
艾伦・黑格	Alan J. Heeger	2007	美国
法捷耶夫	Ludwig D. Faddeev	2007	俄罗斯
胡正明	Chenming Hu	2007	美国
费里德・穆拉德	Ferid Murad	2007	美国
万森・库尔提欧	Vincent Courtillot	2007	法国
哈迈德・泽维尔	Ahmed H. Zewail	2007	美国
郎尼・汤姆森	Lonnie Thompson	2007	美国
菲立普・希阿雷	Philippe G. Ciarle	2009	法国
王中林	Zhong Lin Wang	2009	美国
徐立之	Lap-Chee Tsui	2009	加拿大
马佐平	Tso-Ping Ma	2009	美国
蒲慕明	Muming Poo	2011	美国
罗格欧文	D. Roger J. Owen	2011	英国
弗朗斯瓦马蒂	Francois Mathey	2011	法国
罗伯塔・鲁德尼克	Roberta L. Rudnick	2011	美国
戴维・格罗斯	David Gross	2011	美国
刘必治	Bede Liu	2011	美国
阿夫拉姆赫什科	Avram Hershko	2011	以色列

续表

中文姓名	英文姓名	当选年份	国籍
野依良治	Ryoji Noyori	2011	日本
饭岛澄男	Sumio IIJIMA	2011	日本
克里斯汀·阿芒托	Christian Amatore	2013	法国
弗莱明·贝森巴赫	FlemmingBesenbacher	2013	丹麦
阿龙·切哈诺沃	AharonCiechanover	2013	以色列
雅各布·帕里斯	Jacob Palis	2013	巴西
拉奥	C. N. R. Rao	2013	印度
苏布拉·苏雷什	Subra Suresh	2013	美国
王晓东	Xiaodong Wang	2013	美国
迈克·沃特曼	Michael S. Waterman	2013	美国
张首晟	Shou-Cheng Zhang	2013	美国
艾思本	Richard Lawrence	2015	美国
高华健	Huajian Gao	2015	美国
马丁·格勒切尔	Martin Groetschel	2015	德国
罗伯特·格拉布斯	Robert Howard Grubbs	2015	美国
马库·库马拉	Markku Tapio Kulmala	2015	芬兰
查尔斯·李波	Charles M. Lieber	2015	美国
安德森·林奎斯特	Anders Lindquist	2015	瑞典
保罗·纳斯	Paul Nurse	2015	英国
阿塔·拉曼	Atta-ur Rahman	2015	巴基斯坦
西蒙·怀特	Simon D. M. White	2015	英国
张翔	Xiang Zhang	2015	美国
庄小威（女）	Xiaowei Zhuang	2015	美国

2015年逝世的中国科学院院士名单

（共14人）

姓名	学部	去世时间
丁夏畦	数学物理学部	2015年5月11日
陆启铿	数学物理学部	2015年8月31日
陆婉珍	化学部	2015年11月17日
徐光宪	化学部	2015年4月28日
黄维垣	化学部	2015年11月17日
李小文	地学部	2015年1月10日
秦蕴珊	地学部	2015年11月22日
傅家谟	地学部	2015年6月11日
郭令智	地学部	2015年8月5日
田在艺	地学部	2015年3月3日
张效祥	信息技术科学部	2015年10月22日
林为干	信息技术科学部	2015年1月23日
张煦	信息技术科学部	2015年9月12日
钟香崇	技术科学部	2015年2月11日

2015 年逝世的中国科学院外籍院士名单

中文姓名	英文姓名	国籍	去世时间
葛守仁	Ernest S. Kuh	美国	2015 年 6 月 27 日

增选和外籍院士选举工作

2015 年 1 月初，按照《中国科学院院士章程》和《中国科学院院士增选工作实施细则》等相关规定，院士增选工作正式启动。2015 年 11 月 9 日，2015 年中国科学院院士增选评审暨选举会议在北京召开。经第七届中国科学院学部主席团第十四次会议审议，确认 379 位候选人为有效候选人。经全体院士终选投票共产生 61 名中国科学院院士，其中数学物理学部 11 人，化学部 9 人，生命科学和医学学部 12 人，地学部 10 人，信息技术科学部 8 人，技术科学部 11 人；新当选院士中，女性 9 名，男性 52 名。

2015 年 1 月初，中国科学院外籍院士选举工作正式启动。在 2015 年中国科学院院士增选评审暨选举会议上，经无记名投票，选举产生 12 名中国科学院外籍院士。入选者来自 6 个国家，其中美国 6 人，英国 2 人，德国、芬兰、瑞典、巴基斯坦 4 个国家各 1 人。

咨询评议工作

加强咨询评议工作的顶层设计和系统谋划，研究编制《学部“十三五”工作规划纲要》和咨询评议工作专项规划。在对国家战略需求加强分析研究的基础上，组织编制《学部咨询评议项目指南》，提出选题56项，重点推荐24项。进一步规范学部咨询评议工作流程和规章，制定了《学部咨询评议工作实施细则》。根据我国经济社会发展的战略需求和面临的重点问题，部署长江经济带重大战略问题研究、后AR5时代气候变化主要科学认知与巴黎气候变化谈判若干建议、“胡焕庸线”时空认知；聚焦“总理三问”、国家重大科技基础设施建设运行与国际比较研究、我国空间开发战略、新时期我国国家安全战略与科技支撑问题研究、产业结构调整并迈向中高端的若干基础性科学问题咨询研究、我国新一代能源系统战略研究、人工智能发展战略研究等10多项咨询课题，完成并向国务院报送了28份咨询报告，得到国务院领导的重要批示30余份。完成国家发改委和科技部委托的战略性新兴产业发展及SKA等咨询评议研究任务。

完成中国科学院科技战略咨询研究院组建工作，研究制定并向中央相关部门报送了《高端智库建设试点方案》等。

科学道德建设

2015年，中国科学院学部开展系列工作推动全社会科学道德和精神文明建设方面。

一是采取多种形式传播传承科学精神，彰显院士群体明德楷模作用。在北京、南昌、长沙等地组织了4次“科学与中国”科学道德宣讲活动，现场听众近3000人。利用学部成立60周年的有利契机，组织了彭桓武、黄昆、王大珩等30多位院士的学术思想研讨会或座谈会，并在科学网、《中国科学报》、《学部通讯》等媒体和杂志平台同步进行宣传。参与组织2015年度“首都高校科学道德和学风建设宣讲报告会”。

二是完善院士自律制度。根据改进完善院士制度的总体要求，研究制定了《中国科学院院士兼职情况报备办法》，落实了中央对“规范院士称号使用和院士学术兼职行为等”的要求。

三是强调增选纪律，预防社会不良风气对增选工作的影响。把握院士增选工作启动和初步候选人公布两个重要节点，向参与增选工作的各位院士和全体初步候选人发送《中国科学院学部科学道德建设委员会关于重申院士增选工作纪律的通知》和《致2015年中国科学院院士增选初步候选人的一封信》。

四是坚持科技伦理研究和研讨。组织召开以“科学研究中的伦理”为主题的科技伦理研讨会。组织院士参加在美国举办的人类基因编辑国际峰会，探讨人类基因编辑技术带来的科学、伦理和社会问题。

学术与出版工作

2015 年，中国科学院学部以持续开展学科发展战略研究为抓手，以高水平学术活动为载体，为提升学部学术工作的水平和影响力主要采取了以下举措。

一是持续开展学科发展战略研究。围绕国家战略需求和世界科技前沿，部署了“核物理与等离子体物理发展战略研究”等 30 余项学科发展战略研究项目。

二是组织召开学术论坛。共召开“新型飞行器的关键空气动力学问题”等 8 场学术论坛，论坛报告在《中国科学》和《科学通报》上陆续刊登，发挥了交流学术、激发创新、引领前沿、促进学科交叉和培养人才的作用。

三是持续出版“决策咨询”、“学术引领”、“科学文化”三大系列成果。共出版 14 册研究成果，包括《超声速/高超声速边界层的转捩机理及预测》咨询报告，《中国学科发展战略》丛书的 8 个分册：《化学生物学》、《再生医学》、《控制科学》、《地球生物学》、《海洋科学》、《免疫学》、《合成化学》、《海洋海岸科学》，2 辑《中国科学家思想录》，3 辑《科学与中国：院士专家巡讲团报告集》。

四是坚持在学部平台办“两刊”。指导“两刊”完成《“十三五”规划发展规划》的制定；支持“两刊”开展学术交流与宣传组稿活动；加强“两刊”编委会建设，提高编委工作主动性及实效性；推进《中国科学：生命科学》与“华人生物学家协会”合作出版；组织期刊主管部门领导、国内知名期刊的主编、编委、编辑部主任等开展多层次的座谈研讨，促进科技界与政府部门重视中国科技期刊发展。

科学普及与教育工作

2015 年，“科学与中国”院士专家巡讲团根据不同地方和单位的需求，结合纪念中国科学院学部成立 60 周年的契机，组织百余位院士专家开展了“生态文明建设”和“创新驱动发展”主题巡讲，积极举办科学讲坛、科学思维与决策课程讲座，开展院士与中小学生面对面、院士专家视频讲座等多项专题活动，全年共举办报告会 243 场，会场听众人数 5 万余人，编发工作简报 46 期，向社会公开出版发行了《科学与中国：院士专家巡讲团报告集》第十一辑、“百名院士专家讲科普”多媒体视频合集，并在“科学与中国”专题网站更新讲座视频 30 个。

陈嘉庚科学奖基金会工作

2015年，陈嘉庚科学奖基金会（以下简称“基金会”）办公室以评奖工作为主线，积极推进各项工作。根据基金会三届五次理事会的决定，调整评奖工作节奏；精心组织，保证推荐数量和质量，加大宣传力度，让科技界及时、准确了解陈嘉庚科学奖新的定位和标准；成功组织召开有效候选奖项评审会议；顺利完成国内外同行通信评审工作。

基金会结合中国科学院学部成立60周年和“科学与中国”院士专家巡讲团活动，共主办了3场陈嘉庚科学奖暨“科学与中国”报告会。将有效候选奖项评审会议和报告会有机结合，邀请评奖委员会委员和获奖科学家共同站上陈嘉庚科学奖报告会的讲台。继续制作获奖科学家纪录片，于2015年6月启动纪录片《郑哲敏》的拍摄工作。对基金会公益活动支出进行合理安排，积极做好年检各项准备工作。根据《基金会2014年度检查结果公告（第一批）》（民政部公告第351号），陈嘉庚科学奖基金会2014年度检查结果为合格。

院直属单位情况

分 院 机 构

北京分院（筹）

院　　长：何　岩（兼）
地　　址：北京市海淀区中关村南四街18号紫金数码园1号楼
邮政编码：100190
电　　话：010-62661266
传　　真：010-62661245
电子信箱：bjb@cashq.ac.cn
网　　址：http://www.bjb.cas.cn

中国科学院北京分院（以下简称“北京分院”）筹建于2005年3月1日成立，与中国科学院京区党委采用“同一机构、两块牌子”的形式合署办公。

北京分院是中国科学院机关的派出机构，负责联系和管理中国科学院在北京、天津、山西的42个研究机构，1个教育机构，2个公共支撑单位，1个新闻单位，1个其他单位。

截至2015年底，北京分院系统共有在职职工2.57万余人。其中专业技术人员2.17万余人，包括高级专业技术人员9104人，中国科学院院士180人，中国工程院院士23人。

一、领导班子和后备干部队伍建设

2015年，按中国科学院人事局的安排，北京分院先后完成对工程热物理研究所等9个单位的领导班子换届考核，遥感与数字地球研究所等11个单位的领导班子届中考核，并组织了对上述单位的考核反馈工作。按照中国科学院党组的要求，将2个单位的届中考核和巡视工作结合，并根据京区党委工作安排，结合届中考核对10个单位的党委进行了考评。

对24位同志进行了个别提任考核，对1位同志进行了转正考核。在动物研究所等7个单位组织后备干部推荐考察工作。受中国科学院人事局委托，完成对其部分提任人员的考核。

完成所级领导干部及中层干部个人有关事项报告的收集整理工作（所级领导干部235份，中层干部767份）。在分院系统随机抽查21人，重点核查66人，延伸核查187人次。

加强对领导干部因私出国（境）的监督，集中保管京区155位领导干部因私出境证件236件，审批63人次领导干部因私出国（境）事宜。加强对研究所中层干部选拔任用过程的监督，结合届中考核对10个单位所长履行干部选拔任用工作进行测评，对新选拔任用的61名中层干部进行测评。

组织京区17个单位的20名新任所领导参加北京分院新任所级领导干部工作交流暨集体廉政谈话会议。

二、党建工作

（一）认真贯彻全面从严治党要求，加强宣传思想建设

深入开展“三严三实”专题教育。起草制订了全院“三严三实”专题教育实施方案。印发《关于进一步做好“三严三实”专题教育工作的通知》，以召开专题报告会等形式，推动专题教育深入开展。

认真贯彻落实中央统战工作会议精神，起草制定了《中共中国科学院党组贯彻〈中国共产党统一战线工作条例（试行）〉实施细则》。

认真组织学习贯彻习近平总书记系列重要讲话精神，加强宣传教育。组织针对全院各单位党委委员、党支部书记的4次集中轮训，共4500多人参加了培训。

（二）扎实推动基层党建工作

指导京区各单位扎实开展“三严三实”专题教育。继续深入推进基层服务型党组织建设和“聚焦献力”主题实践活动。2015年7月1日，庆祝建党94周年暨“聚焦献力”主题实践活动表彰大会召开，30个先进基层党组织、60名优

秀党员和20名优秀党务工作者受到表彰。

推动京区基层组织建设工作规范化。筹划推进成立京区企业党委，推进生命科学研究院直属党总支挂靠动物研究所党委。按期完成7个单位的党委换届和考评工作、8个单位的党委届中考核。制定《京区党委2015年开展党建工作述职评议考核实施方案》，组织15个单位的党委书记向京区党委现场述职。举办全院党办主任培训班和京区党员发展对象培训示范班、科研骨干新党员培训班。制定2015年京区发展党员计划。

（三）履行党建工作领导小组办公室职能

制定《中国科学院2015年党的建设工作要点》，印发《中国科学院党的建设工作规则》、《关于在全院处级以上领导干部中开展“三严三实”专题教育实施方案》。起草制定《中国科学院关于落实全面从严治党要求实施方案》，重新修订并完善了《中国科学院基层党支部工作手册》并发放全院。

（四）履行院精神文明办公室职能

印发《中国科学院2015年精神文明建设工作要点》，部署全院单位做好全年文明创建工作。组织首次京区宣传工作研讨暨文明单位创建工作交流研讨会。

借助工委系统文明单位创建的工作平台，推报数学与系统科学研究院获评中国科学院京区首家全国文明单位，获中央文明委的表彰。推报6家单位参评首都文明单位，其中中国科学院幼儿园、软件研究所、心理研究所3单位获评，为京区首次获得该项荣誉。

（五）履行院创新文化办公室职能

印发《中共中国科学院党组关于继续深化创新文化建设的指导意见》（以下简称“《指导意见》”）。组织召开京区落实《指导意见》的交流讨论会。完成4期《科苑人》编辑。“创新文化广场”共组织和承接各类科学文化传播活动和专题展览活动220余场次，专题巡展观众达35万人次。

（六）做好全国党建研究会科研院所专委会秘书处工作

2015年1月，召开科研院所专委会二届一次全委议，讨论通过了《聘请“特邀研究员”暂行办法》、《优秀课题成果评选办法》等。承担全国党建研究会2015年重点课题《新形势下全面从严治党的特点和规律研究》的子课题《严肃党内政治生活，营造良好政治生态》，获全国党建研究会2015年优秀调研课题奖二等奖。编印2期《科研院所党建》期刊。2015年12月，召开二届二次全委会暨年度课题成果交流会，对20个新课题成果进行交流评奖。

（七）充分发挥群团组织作用

完成每5年一次的中国科学院先进集体、先进工作者和劳动模范评选表彰工作；顺利召开中国科学院青年联合会换届暨第四届全体会议。京区95%以上基层单位按期召开职代会，为广大科研人员参政议政搭建了良好平台。扎实推进“职工小家”建设，切实提高工会组织的凝聚力和创造力。继续组织科研管理骨干休养、体检、重大疾病筛查及互助保障计划、野外台站慰问和子女入学等工作。开展两年一次的中国科学院优秀共青团员、优秀共青团干部和五四红旗团委（团支部）评选；举办中国科学院第一届（京区）科普创新大赛，进一步培养广大青年创新精神和实践能力。

三、院地合作

（一）加强区域顶层设计，部署合作新格局

2015年4月17日，中国科学院院长白春礼与山西省长李小鹏签署院省战略合作协议，双方将在加强科技项目及平台建设合作等6方面开展工作。2015年5月6日，中国科学院与北京市召开科技合作工作小组会，就如何推进北京全国科技创新中心建设及“十三五”科技规划部署进行了讨论。2015年11月12日，北京分院与阿拉善盟签署新一轮合作协议，双方将围绕节能减排与循环经济等领域开展合作。

（二）响应地方战略需求，夯实平台建设

包头稀土中心主持完成了《包头市稀土产业转型升级试点城市》申报工作，累计争取工信部专项资金10亿元。与企业共建稀土磁性材料等5个研发和服务平台。完成政府规划编制工作3项。组织召开稀土永磁电机产业发展研讨会等交流活动4场。

唐山高新技术研究与转化中心推举产生了第三届理事会，推动“矿区生态修复技术”等项目实施，获批唐山地区唯一一家“河北省创新驿站基层站点”。组织企业与相关院所联合申报各级各类财政资金支持项目 7 项，合同总额 429.5 万元。

秦皇岛技术创新成果转化基地召开第六次领导小组会，对继续深化合作、加强基地办公室建设达成共识。截至 2015 年底，基地已引进遥感与数字地球研究所等 10 家科研院所的 16 个项目入驻，争取专项资金 4950 万元，累计实现销售收入 1.36 亿元。

阿拉善沙生资源植物研发中心实施了 23 个沙产业研发及产业化项目，共促成投入合作资金 1700 万元，已研发出肉苁蓉、锁阳相关产品近 20 款，并相继完成中试生产，申报 10 多项专利，申报地方标准 7 项。

合作共建河北省科学院首批启动的“漆酶的研发与产业化”等 5 个项目进展顺利，并于 2015 年 7 月全部通过验收。目前，已与过程工程研究所、北京基因组研究所、微生物研究所、烟台海岸带研究所等成立了 4 家联合实验室，并陆续启动了 20 余项新的合作。

（三）推荐服务科研项目，促成合作有序开展

在北京，紧抓重点需求，梳理并推荐了 20 个重大项目，涉及生物医药、高端装备制造等 8 个国家重点发展及战略新兴产业领域。在天津，围绕环保、机械自动化等领域落实与科技型企业合作项目 50 余项，推动工程热物理所等单位与天津合作共建“中科风电研究院”等 5 个创新平台。在河北，参加“百家院校邢台行”、“廊坊 518 经洽会”等对接活动，推动了绿色印刷项目在廊坊的合作开展。在内蒙古，组织了与过程工程研究所、植物研究所等专场对接会，并赴企业调研对接。在山西，征集了“数据采集技术”等领域技术难题 24 项并与自动化研究所等研究所进行对接，组织研究所围绕煤化工等领域与重点企业举行专题对接活动。

四、纪检、监察和审计

（一）积极推动主体责任落实

印发《党风廉政建设责任制实施细则》，并督促各单位结合自身工作实际做好实施细则的制定工作。

组织京区单位采取领导讲座、专家培训、学习文件、交流研讨等多种方式开展专题培训，落实主体责任。

在分院年度工作会上举行党风廉政建设责任书签字仪式。全年分院主要领导同京区各单位主要领导签订个性化责任书 98 份，京区各单位签订个性化责任书 4547 份。

按照《中国科学院研究所纪检监察审计工作暂行办法》（科发党字〔2011〕10 号）要求，推动研究所健全纪监审机构及人员配备，并发文通报了各单位执行 10 号文件情况。

（二）强化监督执纪问责，切实落实好监督责任

探索初核反馈说明机制，建立节假日提醒制度，认真开展信访及案件查办工作，实施诫勉谈话和提醒谈话。2015 年，分院纪检组共收到信访反映问题线索 77 件，同比年增长 15%，实施诫勉谈话 6 人，实施提醒谈话 1 人。

（三）稳步推进内部审计工作

聚焦“三重一改”，充分发挥审计监督职能。2015 年，共实施经济责任审计 19 项，完成审计公告 18 项，审计总金额 168 亿元，发现审计问题 113 个，涉及违规金额 1.17 亿，提出审计建议 108 条。发现真实性合法性问题 11 个，违规金额 488 万元，收回违规金额 213 万元；全年京区各单位在所级真实性、合法性审计工作，发现各类问题 236 个，提出管理建议 165 条，涉及违规金额 122.46 万元，收回 6.37 万元。

关注管理盲区，启动对北京分院系统院级非法人单元的专项检查工作。完成并上报对“顶尖千人”专项审计报告，组织开展对京区 50 余家院级非法人单元的专项检查，查找院级非法人单元管理运行过程中的薄弱环节和存在的突出问题，完善治理结构，健全规章制度。

（四）探索建立纪监审有效联动机制

纪监审联合研判审计报告初稿。例行审计审结后，召开由纪检组长、中介机构、审计项目负责人、纪检负责人参加的讨论会，共同研判审计中发现的问题。审计重要疑点问题启动纪检程序。对于审计发现重要疑点问题，经进一步审计核查，被审单位仍无法提供完整说明材料的，经

纪检组研究后，启动纪检核查程序。

五、综合管理

积极做好人事人才特派员工作，完成第二届“启明星”优秀人才的评选；办理京外调干报批手续26人，上报解决干部夫妻两地分居255人，办理接收留学人员进京落户手续96人，接收毕业生1212名。

推进“十三五”科研创新平台规划工作；建章立制、组织活动，顺利完成院后勤协会首届执行会长任务；落实中央巡视组整改要求，在全院开展房地产信息清理工作；组建人才公寓管理委员会，加强建设和管理力度；组织首届厨艺烹饪大赛，推动改善职工饮食水平。

（撰稿：韩　博　审稿：房自正）

沈阳分院

院　　长：韩恩厚
地　　址：辽宁省沈阳市和平区三好街24号
邮　　编：110004
电　　话：024-23983356
传　　真：024-23983343
电子信箱：syb@mail.syb.ac.cn
网　　址：http://www.syb.cas.cn

中国科学院沈阳分院（以下简称“沈阳分院”）的前身是1951年成立的中国科学院东北分院，负责管理中国科学院驻东北的工业化学研究所等8个科研单位。1954年8月，东北分院撤销，所属研究所归中国科学院直接领导。1958年12月，成立中国科学院辽宁分院，负责管理中国科学院在辽宁地区和地方的科研机构。1961年8月，辽宁分院撤销，所属科研机构划归辽宁省科委领导。1962年10月，恢复中国科学院东北分院，负责管理中国科学院在东北的科研单位。1970年8月，东北分院撤销，所属单位归地方领导。1978年5月，中央批准恢复成立中国科学院沈阳分院。

沈阳分院是中国科学院的派出机构，负责联络和协调中国科学院驻辽宁的大连化学物理研究所、金属研究所、沈阳应用生态研究所、沈阳自动化研究所，和驻山东的海洋研究所、青岛生物能源与过程研究所、烟台海岸带研究所。此外还负责联系中科院国有资产经营有限责任公司所属的沈阳计算技术研究所有限公司和沈阳科学仪器股份有限公司。

2015年，沈阳分院在推动“率先行动”计划落实上，以研究所分类改革为牵引，组织推动辽宁省政府、中国科学院分别与金属研究所和沈阳自动化研究所签署三方合作协议；正式启动机器人与智能制造创新研究院一期工程建设，省市1.5亿元资金已全部到位，国家机器人检测中心沈阳市4710万元已到位，推动大连市支持洁净能源国家实验室建设资金1亿元已到所；积极推动沈阳应用生态研究所申建特色研究所并获中国科学院批准；推动海洋研究所科教融合创新基地申报工作；推动中国科学院人才计划纳入沈阳市“盛京人才”计划序列；山东综合技术转化中心进入中国科学院首批STS区域中心建设试点。

截至2015年底，沈阳分院系统共有在职职工5001人。其中高级研究人员2238人，包括中国科学院院士17人，中国工程院院士9人。

一、领导班子和后备干部队伍建设

2015年，完成了金属研究所领导班子的中期考核、沈阳应用生态研究所领导班子的换届考核、青岛生物能源与过程研究所和烟台海岸带研究所党委的改选换届。建立了研究所考核群众意见如实反馈制度，制订了分院系统所局级领导干部年度考核办法和党风廉政建设责任制落实情况考核办法。

举办了第29期所级领导干部暑期学习班。组织2次“党委书记学习日”活动。向辽宁省委组织部推荐8名厅局级后备干部。举办中青年干部培训班（委托江西干部学院举办）。

二、党建、党群与创新文化建设

扎实推进“三严三实”专题教育工作。坚持“以上率下”、“问题导向”和“边学边查边改”，认真组织好中国科学院领导班子工作调研。

积极组织开展“基层党组织书记集中轮训”工作；开展直属单位党委年度述职考评；推荐2人增补为辽宁省第十一届政协委员，1人当选为常委；组织沈阳地区离退休职工纪念抗战胜利暨反法西斯战争胜利70周年文艺汇演；组队参加中国科学院第六届职工田径运动会。

沈阳分院机关党委开展以“四个一”工程和“对标管理、追求卓越”为主题的活动，大力推进“讲诚信、懂规矩、守纪律、勤学习、多帮忙、做实事”的分院机关创新文化建设；扎实推进分院机关风险防控工作，制订和修订制度20项，完善流程15个。

三、院地合作

（一）发挥院士专家智库作用

联合辽宁省政府，邀请中国科学院院长白春礼为省各级领导干部作题为《新科技革命和产业变革与创新驱动发展战略》的专题报告，并参加两院院士为辽宁振兴发展献策助力座谈会，18位院士及专家的建议被写入辽宁省政府文件并督办执行。

（二）完善院地合作网络体系

推动大连化学物理研究所洁净能源国家实验室建设和沈阳材料国家实验室和机器人与智能制造创新研究院建设。

新建沈阳国家技术转移中心锦州中心、山东综合技术转化中心德州中心与菏泽中心。

（三）参与辽宁和山东区域创新体系建设

承担的辽宁省“材料研发”和“装备智能化”共性技术创新平台建设，2015年获2801万元支持；“辽宁省催化产业共性技术创新平台”获批成立；积极参与辽宁省10个、山东省20个专业技术创新平台建设；丹东育成中心工作被纳入辽宁省政府工作报告，2015年新增4个项目获辽宁省1251万元支持。

（四）推进全国科学院联盟建设

依托大连化学物理研究所联合中国科学院和各省科学院与能源相关企事业单位，组建全国科学院联盟能源分会；与山东省科学院签订“十三五”全面合作协议，两院各出资30万元设立“青年科学家合作伙伴项目”专项支持资金。

（五）推动重大科技成果转化

推动金属研究所“先进钢铁加工技术”与西王特钢签约，合同金额1.6亿元；推动海洋研究所海洋牧场项目与诚源盐化公司合作，2015年汪洋副总理视察了该项目；落实“威高计划”两头放开战略；2015年共组织全院35家研究所与辽鲁两省近570家企业开展技术对接，签订技术合作协议255项，合同金额47 874万元。

四、纪检、监察和审计工作

沈阳分院班子成员带头讲党课、作廉政报告，大力推进系统各单位落实“两个责任”。推动系统各单位完成逐级签订个性化党风廉政建设责任书。探索对领导班子成员个人履职廉政情况的审计。在分院系统推动“N公N费”制度建设和执行，对2014年和2015年作风建设情况分别进行通报和检查。加强执纪监督，诫勉谈话1人，函询6人次，对6名领导干部个人申报事项漏报进行通报或作廉政谈话处理。承办信访件核查14件；深入贯彻落实《廉洁自律准则》和《纪律处分条例》，面向系统组织廉政文化讲坛报告会等活动。

五、院士联系工作

组织召开两院院士为辽宁振兴发展献策助力座谈会，中国科学院院长白春礼与辽宁省省长陈求发出席会议。组织张涛院士及王天然院士团队围绕辽宁省石化和机器人产业发展开展院士咨询。全年共组织院士专家报告会21场。沈阳分院院士联络处被评为“2015年中国科学院优秀院士联络处”。

六、公共事务管理和协调

积极协调落实沈阳应用生态研究所长白山台站专家楼经费不足问题；帮助沈阳计算技术研究所有限公司和沈阳科学仪器股份有限公司向中国科学院条件保障与财务局申请园区锅炉房供热社会化资金补助；积极与地方政府协商，推动青岛生物能源与过程研究所二期建设和海洋研究所西海岸园区拓展；积极协调沈阳市供热办出资，拆除金属研究所、沈阳应用生态研究所园区锅炉房烟囱；争取地方资金300万元，推动分院联建统管的5个老旧家属小区排污、排水管道的更新整修；积极推进分院驻沈单位“三供一业”社会化工作；发起成立了院后勤协会沈阳分会。

（撰稿：王绍辰　曲文生　审稿：徐　岩）

长春分院

院　　长：王利祥

地　　址：吉林省长春市人民大街7520号

邮　　编：130022

电　　话：0431-85380224

传　　真：0431-85384068

电子信箱：ccb@ms. ccb. ac. cn

网　　址：http://www. ccb. ac. cn

中国科学院长春分院（以下简称“长春分院”）是中国科学院的派出机构，恢复成立于1978年5月。长春分院的定位与任务是：配合院有关部门做好所在地区院属单位的领导班子建设和后备干部队伍建设，并组织指导党建和创新文化建设工作；组织开展中国科学院与吉黑两省的院地合作；配合院有关部门负责所在地区院属单位的纪检、监察、审计工作，并指导和监督财务管理工作；联系和服务所在地区的中国科学院院士；承担中国科学院赋予的其他公共事务管理和协调工作，为相关单位提供必要的公共服务。分院系统现有4个院属研究机构：长春光学精密机械与物理研究所、长春应用化学研究所、东北地理与农业生态研究所及国家天文台长春人造卫星观测站。

长春分院系统现有在职职工3405人，其中科技人员2656人；现有中国科学院院士9人，中国工程院院士1人，发展中国家科学院院士4人，设有博士点15个，硕士点23个，现有在学研究生1736人。

2015年，长春分院牢固树立服务理念，继续组织分院各单位深入学习“率先行动”计划，针对“率先行动”计划实施方案进行阶段性检查，有序推动和督促分院系统各单位实施“率先行动”计划和“一三五”规划。

一、领导班子和后备干部队伍建设

深入学习习近平总书记系列重要讲话精神，以基层党组织书记轮训和“三严三实”专题教育为载体，强化领导班子的思想建设。组织召开分院第二十三期所长书记研讨会，传达学习中国科学院党组有关会议精神，深入交流研究所开展“三严三实”专题教育和实施“率先行动”计划情况。

推进领导班子党风廉政建设，认真执行中央“八项规定”和中国科学院“12项要求”，进一步转变工作作风。积极落实党风廉政建设“两个责任”，分院与各所站党政主要领导签订个性化党风廉政建设责任书。组织开展领导干部个人事项报告和述职述廉工作。

协助完成东北地理与农业生态研究所领导班子换届考核，长春光学精密机械与物理研究所所长、党委书记、纪委书记调整，长春应用化学研究所纪委书记调整。完成东北地理与农业生态研究所党委、纪委换届分工及后备干部调整和长春光学精密机械与物理研究所、东北地理与农业生态研究所部分班子成员提任考察。

二、党建、党群与创新文化建设

组织传达学习新办院方针，组织参观“科技梦·中国梦”展，举办分院“七一”表彰暨创新创业论坛。完成基层党组织书记轮训，持续支持围绕重大科技任务开展基层服务型党组织创建活动，组织开展基层党组织述职评议考核工作。开展“三严三实”专题教育活动，制订实施方案、成立工作机构、制发专题学习研讨指导意见，召开工作推进会，完成专题党课、专题学习研讨、查摆不严不实问题和部分整改工作。

认真落实中国科学院《关于继续深化创新文化建设的指导意见》。支持群团组织开展工作，为民主党派开展活动提供支持。召开分院群团工作表彰大会。组织先进人物评选推荐。积极落实离退休人员两项待遇。组织参加中国科学院第六届职工田径运动会。

三、院地合作

加强院省合作，推动中国科学院科技促进发

展局与吉林省发改委商讨生物质产业技术合作事项。组织研究所对《吉林省生物质资源高端化利用产业发展规划（2014—2025年）》提出建议。推动中国科学院与黑龙江省联合成立“黑龙江省科技战略情报研究中心”，建设黑龙江省项目和产业发展决策新型智库平台。与黑龙江省院士办等部门联合组织项目调研及成果对接。与吉林市签订联合实施科技成果产业化项目协议。

为支撑区域技术创新积极打造平台。2015年，长春技术转移中心引进14家非长春地区中国科学院研究所，孵化科技型企业31家，获批为“吉林省众创空间”并荣获2015年度中科院科技促进发展奖管理团队奖。哈尔滨育成中心入驻企业29家，建立基础软件服务中心等7个行业功能性服务平台，设立牡丹江、大庆分中心。长春中俄科技园，新增5家企业入驻。与俄罗斯两家研究所签署合作协议，成为国家新食品资源健康产业技术创新战略联盟常务理事单位。

集聚资源，服务地方经济发展。推动微电子研究所与一汽集团合作开展关键技术攻关。承办第三届生物质产业发展长春论坛。推动青岛生物能源与过程研究所与公主岭市就秸秆制生物燃气等项目达成合作意向。引导沈阳自动化研究所与吉林省智能装备企业开展“远程在线防雷系统”等多个项目合作。吉林省华榜天和玉米研究院共审定10个品种。东北地理与农业生态研究所与企业联合选育的两个品种分别通过吉林省和辽宁省审定。

实施吉林省与中国科学院专项资金项目计划，2015年征集项目53项，立项31项，总经费1500万元。吉林市设立与中国科学院合作专项资金，征集项目12项。黑龙江省省院合作资金支持项目4个。举办吉林省东北蔬菜绿色生产技术集成高级研修班等4个培训班，共培训500余人。积极推进科普工作，组织“中科院第十一届公众科学日（长春）”科普活动。

四、纪检、监察和审计

推动落实“两个责任”，召开分院党政班子联席会，部署党风廉政建设工作。指导分院各单位制定党风廉政建设责任制实施细则，共签订个性化党风廉政责任书224份。扎实推进廉洁从业风险防控，修订和完善39项工作制度，梳理优化37项工作流程。完成对东北地理与农业生态研究所经济责任、长春光学精密机械与物理研究所科研经济业务真实性合法性、东北地理与农业生态研究所野外台站三个审计项目，审计收支经费合计27.59亿元，发现问题40个，提出整改意见15条。按程序开展信访举报核查处理工作。

五、院士联系工作

积极发挥院士的作用，在“中科院第十一届公众科学日”上，邀请院士与现场学生进行互动交流。组织联络在长院士担任长春市第六批突出贡献专家选拔的评审专家。组织相关院士担任吉林省第五批拔尖创新人才评审工作。

开展院士增选的公示抽查及汇报工作。协助研究所做好王大珩院士诞辰纪念系列媒体宣传活动。组织走访慰问在长中国科学院院士。

六、公共事务管理和协调

认真推动、督促和检查系统各单位科技创新及事业发展重点工作。及时了解研究所实施“率先行动”计划进展情况，参加东北地理与农业生态研究所特色研究所建设启动会。组织接待地方政府、企业到研究所调研。

组织制定公务接待标准。组织开展27次人事人才监督工作。开展院人力资源管理研究会东北分会两次业务交流。举办分院中层干部培训班、课题组长培训班。

完成中国科学院《科研生产安全专项管理信息化示范》项目子课题研究工作。完善分院机关财务资产管理制度，完成资产清查核查及资产清查损益鉴定。完成分院基础设施改造项目规划，获得专项修缮经费支持。成立中国科学院后勤协会长春分会。完成分院机关二期档案进馆实体预验收。组织分院保密教育活动。信息宣传及科学传播影响力不断扩大。区域信息化工作取得新进展。承办中国科学院2015年纪检监察审计工作长春片区会议等8个院机关主办的会议或培训。

（撰稿：赵 军　李佰慧　审稿：甘建国）

上海分院

院　　长：朱志远
地　　址：上海市徐汇区岳阳路 319 号
邮政编码：200031
电　　话：021-64310242
传　　真：021-64374915
电子信箱：zhousg@shb.ac.cn
网　　址：http://www.shb.ac.cn

中国科学院上海分院（以下简称“上海分院”）的前身是1950年3月经政务院批准成立的中国科学院华东办事处。1958年11月，华东办事处在接管并改造原中央研究院和北平研究院在上海、南京的研究机构的基础上，正式成立了中国科学院上海分院。1961年，上海分院改为华东分院。1970年，中国科学院撤销分院建制。1977年11月，恢复成立中国科学院上海分院。

上海分院是中国科学院机关的派出机构，负责联系和管理中国科学院驻上海、浙江、福建地区的研究院所。上海分院现有14个法人研究机构，包括上海微系统与信息技术研究所、上海硅酸盐研究所、上海光学精密机械研究所、上海应用物理研究所、上海技术物理研究所、上海有机化学研究所、上海生命科学研究院、上海天文台、上海药物研究所、上海巴斯德研究所、福建物质结构研究所、宁波材料技术与工程研究所、城市环境研究所、上海高等研究院。

2015年，上海分院以研究所分类改革为切入点，推进“率先行动”计划实施。目前，上海分院已有3个创新研究院、5.5个卓越中心、1个大科学研究中心和1个特色研究所。

2015年，中国科学院院领导围绕“率先行动”计划深入上海分院系统各单位开展调研20余次。适时组织研究所领导干部交流会、党委书记研修班，不断凝聚发展共识。组织研究所党政领导就分类改革推进过程中的热点难点问题开展专题研讨，进一步增强研究所对院重大战略部署的理解。同时，分院领导带队深入研究所调研分析，形成《上海分院着力推进研究所分类改革》的调研报告，集中反映研究所在分类改革方面的机制探索和共性问题并通过政务信息刊物渠道报送院领导，为院层面进一步推进战略部署提供依据。

截至2015年底，上海分院（含各研究所）共有在职职工11 086人。

一、领导班子和后备干部队伍建设

严格程序，选齐配强两委班子与主要领导。分院党组从严从实指导5家研究所开展两委的组建与换届工作，注重配强“班长”，强化院所党委的政治核心和监督保障作用。

统筹考虑，集中调整院所纪委书记岗位。严格贯彻执行院党组“研究所纪委书记配备四条原则”，充分考虑院所实际，形成《11家研究所纪委书记岗位调整方案》；完成5家单位纪委书记岗位的调整工作。

着眼未来，加强后备干部培养。根据各研究所的需求和特点，适时开展后备干部的选拔工作。2015年，完成2家后备干部的选拔。针对党委书记队伍的“断层”，继续推进实施党务干部“三年行动计划”，培训450余人次，进一步提升党务干部队伍的能力。

二、党建、党群与创新文化建设

从实推进“三严三实”专题教育活动。规定动作到位，自选动作有特色。上海分院党组谋划部署“三严三实”专题教育活动，在专题活动规定步骤的基础上，提出了“四个结合”的工作要求，开展了富有特色的“一场报告会”、“一堂研讨会”、“一次考察会”特色活动，成效明显。

落实党建工作制和党风廉政责任制。带头并推动研究所党委制定党风廉政建设责任制实施细则，落实好“三个责任”。开展研究所党建工作述职述廉交流和党委纪委书记研修班，强化党委书记和纪委书记是第一工作岗位的意识。推进约谈制度，分别约谈系统14家研究院所领导50人次。

开展“支部建在实验室”主题实践活动。参与该活动的党支部达33个，党员比例达到

23.4%。通过专题党课、签订党建工作责任书、开展试点支部书记培训交流、给予专项党建工作经费支持等方式，引导所党委和试点支部推进主题实践活动深入开展。

深化创新文化建设，开展“铭记历史、科技圆梦”纪念抗日战争暨世界反法西斯战争胜利70周年主题活动，开展创新文化建设案例征集评选，弘扬研究所的优秀文化和核心价值理念。以文明单位创建为抓手，上海8家研究所获评市级文明单位，其中，上海药物研究所获“全国精神文明单位”称号。

三、院地合作

上海分院持续注重研究所“一三五”规划的实施进展情况，并积极争取地方政策资源的支持，协调解决相关困难，支持系统研究院所产出重大成果。例如，支持微小卫星创新研究院建设，协调落实中心在上海浦东临港的发展用地；协助上海光学精密机械研究所激光惯性约束聚变DH工程规划用地（约84亩），目前土地已获批；推进国家蛋白质上海设施项目顺利验收；支持和推进A类先导专项“钍基熔盐堆核能系统”与地方重大科技专项相衔接；支持推进上海硅产业集团落地。

上海分院以上海建设具有全球影响力的科技创新中心为契机，主动加强与上海市的沟通，探索“率先行动”计划与上海创新驱动发展战略的深度融合。

一是抓战略研究。作为上海市委2015年一号课题研究的重要承担单位，上海分院全过程参与战略研究，尤其在发展目标、创新人才发展、国家科学中心和重大科技创新前沿布局等方面取得的研究成果，被列入上海市委发布的建设科创中心22条意见。

二是抓重大创新平台。上海分院引导研究院所结合“率先行动”计划和研究所“一三五”规划，找准在上海科创中心建设进程中的定位和功能，在建设张江综合性国家科学中心、建设一批共性技术平台等科创中心核心任务方面发挥骨干引领作用。

上海分院是张江综合性国家科学中心建设的核心成员单位，牵头完成了该中心的前期方案编制并全方位参与前期筹建工作，加快推进光源二期、超强超短激光等平台建设落地。上海微小卫星创新研究院、上海微技术工业研究院、药物创新研究院、上海生命科学研究院和上海临床研究中心和分院牵头承担的张江科技创新成果转化集聚区建设，正在成为上海科创中心平台建设的重要组成部分。

上海分院积极争取将国内首条8英寸MEMS及先进传感器研发线、原创新药和个性化精准医疗、北斗卫星同步授时、量子材料与量子通信、干细胞与再生医学、脑科学与人工智能、软X射线自由电子激光用户装置等列入上海科创中心建设的重大项目，让科技成为国家创新发展的驱动力。

同时，上海分院持续推进科技服务创新工作。落实国家创新驱动发展战略，围绕区域经济社会发展的战略目标，主动谋划，与沪浙闽签署了新一轮战略合作协议，进一步明确了未来几年院省（市）合作的任务、目标与抓手；落实中科院科技服务网络（STS）计划，以中国科学院上海国家技术转移中心为平台，以STS浙江中心、STS福建中心建设为抓手，进一步推动科技成果服务地方经济和社会发展；重视促进研究所探索科技成果转移转化机制。上海药物研究所仅2015年上半年有7个项目实现转让，总合同额超过4.2亿元，相当于过去5年成果转化合同总额的1/2；上海高等研究院2015年上半年完成或签约的转移转化成果达8项，总金额也达到8150万元；代表中国科学院参与承办中国国际工业博览会，展示中国科学院科技成果。

四、纪检、监察和审计

强化监督推进。分院纪检组坚持按照“三转”（转职能、转方式、转作风）要求，深入研究所走访、约谈，强化监督检查，强化第一责任人、主体责任和监督责任意识，指导推进研究所惩防体系建设。建立健全联合办案机制，规范工作流程，处理各类信访举报28件。

构建宣教体系。通过廉政漫画、微电影等形式，开展好专项宣传教育；开展8次共1500余人次参加精品化、系列化“送学上门”；推送《浦江清风》4期，覆盖系统关键岗位人员约4000余人次。

五、院士联系工作

通过组织参观海振华重工长兴岛基地、“资深院士座谈会”、“上海院士、专家峰会”等咨询报告活动丰富院士生活，提升院士群体的科技支持能力与咨询服务能力。

六、公共事务管理和协调

上海分院强化公共事务管理，积极推进各项工作，为研究所科技创新提供支撑保障。

做好安全保卫保密工作。签订个性化安全稳定责任书，落实安全稳定责任；协调解决沪区各研究院所实验室废弃物纳入上海市应急处置服务平台，每月达45.77吨。

推进“3H工程”建设。2015年，总面积为9.3万平方米、总计1008套的嘉定人才公寓基本建成，为中国科学院在嘉定地区的研究院所引进科技创新人才提供支撑保障。

做好战略咨询研究。围绕“自然科学与人文科学中的大数据”开展第6届中德前沿探索圆桌会议（ERTC）；举办以“超强激光光源及其前沿应用”等为主题的3期香山会议，促进学科交叉与融合。

做好财务与审计监督工作。对分院系统7家研究院所实施经济责任审计和科研业务活动真实性合法性审计，提出问题207条，提出建议72条。同时，督促并指导各研究院所开展内部审计工作，对780个科研单元或课题开展了真实性合法性审计，发现问题84项，提出审计建议77条，已落实建议57条。

做好人事人才工作。中央出台事业单位养老保险政策后，上海分院主动作为，加强与地方职能部门沟通，稳步推进上海地区各所事业单位养老保险并轨工作，完成10 000在编职工和7000多离退休人员账户调整工作。

做好信息宣传工作。组织10余家主流媒体开展科研院所行活动；聚焦“一三五”规划的三个重大突破，集中反映重大成果与亮点、科技体制改革的举措，编写各类政务信息10余篇。

推进国际合作。落实推进重大合作专项，加强与美国能源部、日本新能源·产业技术综合开发机构（NEDO）、以色列科学院等机构的合作。

七、研究生教育基地建设

增加投入改善教育基地办学条件，提高教学质量，营造研究生培养校园文化；围绕上海地区研究所与上海科技大学的合作，继续做好做实课程融合；以嘉定人才苑建设为契机，着眼解决青年科研人员子女入学需求，推进科技资源与基础教育的融合，积极筹办高质量特色品牌学校。

（撰稿：周四根　朱泰来　审稿：王建宇）

南京分院

院　　长：周健民
地　　址：南京市北京东路39号
邮政编码：210008
电　　话：025-83367159
传　　真：025-83362239
电子信箱：mmzhou@njbas.ac.cn
网　　址：http://www.njb.cas.cn

中国科学院南京分院（以下简称“南京分院”）的前身是中国科学院华东办事处。1950年，中国科学院接管原中央研究院在南京的科研单位，成立了中国科学院华东办事处。1969年，华东办事处撤销，全部业务交由江苏省科技主管部门管理。1978年11月，经国务院批准恢复成立中国科学院南京分院。

南京分院是中国科学院的派出机构，负责联络和协调中国科学院在江苏地区的研究所工作，以及江苏省和江西省的院地合作工作。分院现设办公室、人事教育组织处、科技合作处和财务审计处等4个处室。分院系统现有9个法人研究机构，包括紫金山天文台、南京地质古生物研究所、南京土壤研究所、南京地理与湖泊研究所、南京天文仪器有限公司、南京天文光学技术研究所、苏州纳米技术与纳米仿生研究所、苏州生物医学工程技术研究所和江苏省中国科学院植物研究所（双重领导）等单位。截至2015年底，南京分院共有在职职工2201人，其中科技人员1596人，包括两院院士8人，研究员及正高级工程技术人员342人，副研究员及高级工程技术人员478人。

一、领导班子和后备队伍建设

（一）组织建设

加强所级领导班子选拔、管理和监督工作。完成苏州生物医学工程技术研究所、南京地质古生物研究所、南京土壤研究所领导班子届中考核；完成南京土壤研究所竞岗副所长试用期满考察和紫金山天文台增补班子成员考核考察；完成苏州纳米技术与纳米仿生研究所和苏州生物医学工程技术研究所纪委书记提任考核考察；完成南京分院机关党委改选，南京天文光学技术研究所、苏州纳米技术与纳米仿生研究所党委纪委换届选举。

（二）作风建设

结合“三严三实”深化作风建设，以“对党忠诚、个人干净、敢于担当、做三严三实好干部”为引领，狠抓领导班子作风建设，教育和引导领导干部把“三严三实”要求化作改进作风、推动创新发展的具体行动。

（三）后备队伍建设

加强后备干部队伍建设。组织开展南京地质古生物研究所、南京土壤研究所、南京地理与湖泊研究所、苏州纳米技术与纳米仿生研究所后备干部推荐工作。通过调查摸底、民主推荐、谈话推荐等方式，进行后备干部遴选，完善干部梯队建设。

二、推进实施“率先行动”计划、“一三五”规划工作

组织院属在苏各单位开展“率先行动”计划专题交流研讨，对各单位“一三五”规划实施进行督导，起到较好的推动作用。

对院属在苏各单位“十三五”规划编制情况进行调研，同时开展交流研讨，切实掌握各所存在的问题和困难，帮助研究所厘清思路，引导研究所找准自身方向，谋划“十三五”发展。

三、院地合作

（一）加强院省合作，服务江苏省“十三五”创新发展

根据江苏省委省政府《关于建设苏南国家自主创新示范区的实施意见》，在全部60项重点任务中有19项明确由南京分院参与或牵头承担。

作为唯一非省属单位参加江苏省“十三五”创新驱动战略座谈会，提出的“十三五”期间深化院省合作、拓展创新驱动发展战略等建议。

中科院南京宽带无线移动通信研发中心和苏州国科医疗科技发展有限公司成功加盟江苏省产业技术研究院，截至2015年底共有5家院省共建的创新平台加盟。

（二）中科院科技服务网络（STS）计划江苏体系建设初见成效

率先与苏州市联合成立了STS苏州中心。首批入选STS江苏中心建设的11家平台项目进展良好。2015年，共争取科技项目186项，项目经费4.2亿元；服务企业1280家，服务收入约2亿元，帮助企业新增销售收入约126亿元；孵化企业151家；申请发明专利234项，其中授权73项；公共服务平台对外服务机时数突破90万小时；2015年，20余家所地、所企共建创新载体落户江苏。

（三）协助院属研究所争取地方科技资源

协助院属单位获江苏省级科技计划121项，项目资助金额近2亿元。其中，省重大科技成果转化项目15项，项目资助金额近1.3亿元。高能物理研究所和北京综合研究中心牵头建设的国内首家智慧环保云平台项目落户盐城环科城，项目总投资达15亿元。

（四）积极搭建多种院地交流平台

主办或组团参加各类对接会20多场，促成合作意向300余项。组织选聘中国科学院12名科技人员成为第三批江苏“企业创新岗”特聘专家。首批企业创新岗38名专家共为企业争取科技项目44项，建设研发机构35个，申请专利143项，培训人员1350名；引进46名中国科学院科技人才入选江苏省第八批科技镇长团。

（五）突出重点开展江西院省合作

启动5个项目预研工作，获江西省资助250万元；院派科技副职团队为江西省科学院争取国家自然科学基金13项；国科控股与江西省科学院签署战略合作协议；联想学院与江西省科学院共建中科院联想学院江西创新创业培训基地。

四、党建及纪监审工作

制定专题活动时间表，认真开展“三严三实”活动。先后组织院属在苏单位党务干部600多人次收看学习党课教育。

做好廉洁从业防控检查落实。牵头组建基本建设、物资采购和科技成果转移转化三个风险防控专项小组，修订完成相关管理办法。

加强贯彻党风廉政建设责任制，组织完成各单位领导班子成员签订个性化反腐倡廉建设责任书。

五、公共事务管理和协调

发挥组织协调职能，推动新园区建设工作。落实一期工程建设土地指标和工程建设方案，促成南京分院麒麟科技园项目建设市长专题办公会，明确南京市承担新园区建设全部土地指标、置换还建部分建设资金和代建主体责任。

与中国科技大学开展科教融合，合作共建专业学院、完善联合培养研究生机制，配合中国科学院大学开展本科招生工作；组织完成分院系统修缮项目验收；推动系统全民健身活动开展，组织系列群众性文体活动。

加强科学传播工作，传播“正能量”。组建中科院南京分院科学巡讲团，组织主题报告近20场；创新科普模式，开展“中科院‘天地生’科学探究活动”暨中学生“紫金”科学探究计划。

六、院士联系工作

紧密结合国家和地方战略需求，推进院士决策咨询；完成对江苏地区中国科学院院士增选有效候选人材料公示情况的检查；组织完成院士健康体检，细化院士医疗、保健和疗养“绿色通道”；全年累计走访、慰问院士达300多人次。

全年组织各种院士会议20多场，开展咨询考察活动8次，举办多场院士学术沙龙活动，接待多批企业来访。在宁院士向社会做科普报告200多场，听众约5万人次。

（撰稿：范晓松　周苗苗　审稿：杨桂山）

武汉分院

院　　长：袁志明
地　　址：湖北省武汉市武昌区小洪山
邮政编码：430071
电　　话：027-87197170
传　　真：027-87199480
电子信箱：whb@ms. whb. ac. cn
网　　址：http://www. whb. ac. cn

中国科学院武汉分院（以下简称“武汉分院”）于1956年开始筹建，1958年7月正式成立。1961年与广州分院合并成立中国科学院中南分院，武汉分院调整为中国科学院中南分院武汉办事处。1969年中南分院撤销，1970年中南分院武汉办事处撤销。1978年经国务院批准恢复中国科学院武汉分院建制。

武汉分院是中国科学院机关的派出机构，负责联络和协调中国科学院在武汉地区的武汉岩土力学研究所、武汉物理与数学研究所、武汉病毒研究所、测量与地球物理研究所、水生生物研究所、武汉植物园和武汉文献情报中心。

2015年，武汉分院突出工作主线、强化履职尽责，以“严”的作风和“实”的精神推进各项工作。

截至2015年底，武汉分院系统共有在职职工1805人。其中科技人员1422人，包括中国科学院院士8人、中国工程院院士1人。

一、领导班子和后备干部队伍建设

（一）加强领导班子建设

坚持开展党组中心组（扩大）学习、“管理创新高级研修班”等多种学习教育，提高领导干部综合素养和领导能力。贯彻落实中国科学院党组夏季扩大会议精神，推动领导班子深入谋划、制定“十三五”科技创新发展规划，集聚优势争取重大任务。近距离考察、了解、管理干部，坚持日常谈话提醒制度，抓好干部上岗、廉政、警示提醒、考核反馈等重要环节谈话。以开展领导干部述职述廉和年度工作考核、重点工作监督检查、考核结果反馈等为抓手，使严管干部常态化。近两年，对35名所局级领导进行了换届、届中考核，考核结果优良的34人，党政正职年度考核均为优秀。

(二) 加强后备干部队伍建设

完成两个单位所局级后备干部选拔推荐工作，产生后备干部11名，所长助理4名；维护好武汉分院系统所局级后备干部信息库，对分院地区青年干部进行调研分析，配合地方有关部门，为年轻干部成长成才创造更好条件。

二、党建、党群与创新文化建设

(一) 开展“三严三实”专题教育活动

强化“三个统筹”。统筹研究部署，统筹学习培训，统筹研讨交流。抓好5个“紧扣”，做到专题教育紧扣促进干部工作创新，紧扣推动干部改进作风，紧扣问题查找整改，紧扣“两个责任”落实，紧扣加强基层党组织建设，实现各项工作整体推进。高标准开好民主生活会，认真抓好学习环节，做好广泛听取意见、交心谈心等准备工作。武汉分院四位领导参加系统内各单位民主生活会，对会议质量、专项整改、立规执纪等进行督导。

(二) 加强党的基层组织建设

从党建基础工作、作用发挥、价值体现三个方面，按照强化制度建设、强调学用结合、增强创新思路、强化服务措施、强化示范带动、加强组织队伍“六强”创建标准，在每个单位选择一个工作基础好、示范带动强的党支部，先行先建。在推选一批“武汉分院红旗党支部”基础上，深入挖掘荣获“湖北省直机关工委红旗党支部”称号（全省60个）的武汉物理与数学研究所磁共振学科党支部先进事迹，凝练红旗支部工作方法和案例，在分院系统内进行推广。创建经验在全国科研院所党建专委会上交流。组织外学先进、内树旗帜，举办支部工作培训班，推动党支部严格坚持五项制度、落实五种责任，为党支部建设指明方向。

(三) 营造创新文化氛围

支持工会和体协组织开展运动会、球类比赛、渡湖比赛等群众文化活动。关注青年思想引导，开展“百生讲坛”、理想信念教育培训班、学习习近平总书记五四讲话精神、亲子科普行、健康讲座等活动。向湖北省英山县南河中心捐资3.5万元，帮助其建立爱心图书室。

三、院地合作

(一) 加强平台建设

完善与湘鄂两省发展规划相衔接的科技合作网络体系，有效推进“高效紧凑式低温节能空冷岛”、“智能视频分析技术产业化”等一批新项目落地。建立鄂湘两中心和湖北育成公司双平台运作模式，调动科研、政策、项目、金融、市场等要素资源全面服务于成果转化及产业化。

(二) 推进项目合作

2015年，新增合作项目62项，获财政支持3060万元，带动企业投入4.5亿元。水生生物研究所“中科3号”在全国25个省市推广，产生经济效益283亿元，桂建芳院士获2015年湖北省“科学技术突出贡献奖”；微电子研究所创新团队整体入驻武汉新芯公司，联合攻关的“三维NAND型闪存存储器芯片项目”填补了国内空白。

(三) 形成区域扶贫长效机制

采取“项目支撑、智力帮扶”的模式，连续10年在湖北省丹江口市、孝感市、恩施市实施科技扶贫，实施“农业生态示范园建设”等项目30余个，其中，仅水产养殖项目在丹江口市实施一年就带动农民增收6000余万元。

四、纪检、监察和审计

(一) 强化责任主体落实

修订党风廉政建设责任制实施细则，签订个性化责任书315份，层层明确主体责任，打造环环相扣的责任链条。

(二) 强化重点领域审计监督

运用武汉分院集中审计和参与研究所互助审计两种模式，完成101个课题组的科研经济业务真实性合法性审计，课题组覆盖率达到55%。

(三) 强化作风建设和内部控制

通报集中检查“八项规定”精神落实情况，通报近三年审计发现的九大类主要问题，突出以案警示；部署推进各单位风险防控工作，优化完善流程236个，查找风险点588个，修订完善制度98个。

五、院士联系工作

做好“科学思维与决策”课程组织工作，邀请3位院士专家到湖北省委党校作专题报告，共有公务员学员近800余人次聆听了报告；做好院士增选候选人公示抽查工作，实地查看12位院士增选初步候选人材料公示情况，起草抽查报告上报学部工作局；做好院士生日节日慰问、生病看望等服务工作。

六、公共事务管理和协调

（一）推动研究所创新发展

加强调研督导、组织研讨，帮助研究所诊断问题，明确目标、形成方案，推进研究所“一三五”规划实施和分类改革。加强与中国科学院领导、地方政府的沟通，促成武汉市长召开专题协调会，解决研究所发展中的难点问题。组织研究所开展跨所、跨学科的交叉融合与协同创新，举办3期“小洪山交叉学科论坛”。分院系统研究所在中国科学院组织的“一三五”评估中获4项“优秀重大突破”和3项“优秀重点培育”奖励。加强园区安全检查，全年无重大安全责任事故发生，无失、泄密事故发生。

（二）落实后勤支撑体系建设规划

根据半基地型分院的特点，进一步完善园区管理沟通、协调、咨询、决策机制，构建共建、共管、共享的“大后勤”工作格局。将八一路沿线旧城改造纳入武昌区政府计划，明确了职工食堂、地下停车场、幼儿园等配套设施建设方案。与武汉大学合建的创新基地项目纳入武汉市“两山创新科技园”建设规划，将建成4.5万平方米的科技孵化器和成果转化基地。人才公寓项目完成地下基础施工，2016年将建成投入使用。争取地方政府支持，投资330万元实施了雨污分流改造和路灯安装，园区环境得到明显改善。

（三）创新完成科学传播工作

组织对亚洲首个P4实验室、武汉物理与数学研究所“点亮肺部”等成果在中央电视台、新华社等主流媒体集中宣传报道50余次；提升科普工作成效和社会影响力，全年组织特色科普活动74场次，举办报告284场，承担项目10个，开发视频23个，受众达80余万人次，相关媒体报道42篇，获省市科普奖项36项。

（四）推动重点工作齐头并进

推进档案二期进馆工作，推动各单位档案工作提档升级，以湖北省最好成绩完成档案管理省一级达标，实现档案管理门类齐全和数字化要求。系统谋划统战工作，建立各类统战对象信息库，定期组织学习交流，将统战工作做到纳入党委重要议事日程。加强武汉分院欧美同学会·留学人员联谊会、侨联建设，推荐优秀人员进入省市的人才库、厅局级后备干部名单。目前，分院系统内所有单位有区级以上人大代表6人、政协委员10人，其中全国政协委员2人，省人大常委1人，省政协常委1人。1人提任湖北省科技厅副厅长。

七、研究生教育基地建设

（一）提高研究生管理服务能力

武汉教育基地通过统一集中举办开学典礼和毕业庆典，统一组织新生拓展和导师培训，统一开展招生宣传和就业指导，提供研究生课程教学服务、后勤保障服务、免费心理辅导等，为各培养单位提供有共性需求的管理服务，形成整体合力。

（二）活跃校园文化氛围

以学生社团组织为抓手，开展丰富多彩的学生活动，提升研究生综合素养，创建“小洪山”文化品牌，增强校园文化氛围。

（三）做好招生宣传工作

精心组织、周密策划、广泛宣传，配合中国科学院大学完成2015年在湖北省的首次本科招生任务，招生生源质量良好，录取线达到C9高校联盟的中间水平。

（撰稿：王以豪　韩　轶　审稿：陈平平）

广州分院

院　　长：秦　伟

地　　址：广东省广州市先烈中路 100 号
邮 政 编 码：510070
电　　话：020-37656336
传　　真：020-87685791
电 子 信 箱：zwxx@gzb.ac.cn
网　　址：http://www.gzb.ac.cn

中国科学院广州分院（以下简称“广州分院”）于 1958 年 12 月成立。1961 年广州分院与中国科学院武汉分院合并成立中南分院。1969 年中南分院撤销。1978 年 5 月恢复成立广州分院。

广州分院是中国科学院机关的派出机构，联系南海海洋研究所、华南植物园、广州能源研究所、广州地球化学研究所、亚热带农业生态研究所、广州生物医药与健康研究院、深圳先进技术研究院、三亚深海科学与工程研究所（筹）、广州化学有限公司、广州电子技术有限公司共 10 个单位。

广州分院定位是：开展所在地区院属单位领导班子建设；组织指导党建和创新文化建设工作；开展院地合作，推进中科院“率先行动”计划和研究所“一三五”规划实施；负责纪检、监察、审计工作；承担研究生教育基地建设。

截至 2015 年底，广州分院职工总数 4657 人，从事科技活动 3346 人，包括中国科学院院士 1 人、中国工程院院士 3 人、俄罗斯科学院外籍院士 1 人、国际欧亚科学院院士 3 人；正高专业技术职称 484 人、副高专业技术职称 1079 人。

2015 年，广州分院积极推动中国科学院、广东省主要领导会谈，就共同推进“率先行动”计划的实施达成共识。组织分院系统研究所部署推进“率先行动”计划的实施和“一三五”规划的落实，各研究所按照中国科学院总体部署和要求，进一步明确定位、凝练方向、聚焦目标，争取早日进入“四类机构”改革序列。

一、领导班子和后备干部队伍建设

（一）加强领导班子建设

完成广州能源研究所、广州地球化学研究所、广州化学有限公司领导班子换届考核和华南植物园、深圳先进技术研究院、广州化学有限公司、广州能源研究所的党委换届工作。建立 7 个单位 32 名后备干部的信息库。完成分院系统研究所领导班子 5—10 年建设规划和研究所纪委书记调整方案。

（二）强化培训和监督

组织分院系统党组织书记参加中国科学院基层党组织书记集中轮训 4 期，基层党组织书记 300 多人次参加 4 场“中科院基层党组织书记集中轮训”。开展领导干部个人有关事项报告和重点抽查核实人数 181 人。

二、党建、党群与创新文化建设

（一）扎实开展“三严三实”主题教育活动

制定专题教育实施方案和总体安排，举办 3 场专题辅导报告会，开展“共产党员先锋岗”创建活动和“学党章 守纪律 当先锋”主题教育活动。选派 26 名入党积极分子参加党校培训，发展新党员 36 人。

（二）开展创新文化建设

举办形式多样的活动纪念中国人民抗日战争暨世界反法西斯战争胜利 70 周年；参加中国科学院第六届职工田径运动会、广东省直机关工委趣味运动会；1 人获“全国先进工作者”称号，3 人获“广东省劳动模范”称号，2 人获中科院职工体育工作突出贡献奖。

三、院地合作工作

（一）务实推进院地合作工作

2015 年 6 月 28 日，广州分院协调组织召开了院省全面战略合作领导小组会议，签署了共建广东国家大科学中心等 13 项合作协议，推动广东国家大科学中心筹备建设；编写建设方案，广东国家大科学中心建设已列入广东省委省政府 2016 重点工作。加速器驱动嬗变研究装置和强流重离子加速器大科学装置项目建议书已获国家发改委的批复。

（二）加强非法人单元建设

依托广州育成中心、佛山育成中心、东莞育成中心和广州技术转移中心，探索新形势下技术转移转化方式，加强非法人单元机制建设工作。

（三）推进中科院科技服务网络（STS）计划广东中心建设

制订中科院科技服务网络广东中心建设方案，形成了“智慧城市神经网络基础平台建设及应用示范”、“数字工厂和智能制造示范项目”项目可行性研究报告。2015 年新增 STS 项目 1 项，经费 800 万元。

四、纪检、监察和审计

（一）推进党风廉政建设和审计工作

制订广州分院党风廉政建设责任制实施细则。开展风险防控，确定防控重点 23 个，查找风险点 111 个。完成广州能源研究所、广州地球化学研究所、亚热带农业生态研究所、广州生物医药与健康研究院任期经济责任审计，审计资产总额 69 亿元，涉及违规 592 万元，提出意见 45 条。完成审计抽查科研单元 52 个，课题 771 个，抽查经费额 2.03 亿元。

（二）强化落实监督

开展 2014 年度审计意见整改落实检查，11 项（类）需整改事项已整改落实事项 9 项（类），并新制定或修订制度 37 项。受理来信来访 27 件，完成调查核实 19 件。对 3 名所级领导干部进行诫勉谈话。

五、院士联络工作

与中国科学院学部工作局、中共广东省委党校联合举办“科学思维与决策”系列报告会 2 场，邀请 7 位院士作专题报告。协助广东院士联谊会举办首届广东院士高峰年会，组织院士专家就新型城镇化建设、基因技术与生物医药产业发展、创新创业人才培养模式、知识产权驱动创新价值实现等专题建言献策。

六、公共事务管理和协调

（一）承担重大重点项目

新增科研项目 1728 项，新增合同经费 16.2 亿元。承担在研国家自然科学基金项目 331 项，总经费 2.99 亿元。国家重大科研仪器研制项目 3 项，经费 9502.4 万元；中国科学院项目 151 项，总经费 2.3 亿元；主持先导专项项目 1 项（功能性细胞获取的关键技术），合同总经费 2337.1 万元；广东省科技计划项目 236 项，总经费3.02 亿元。

（二）加强科研平台建设

新获批广东省重点实验室 2 个。目前，广州分院系统研究所有国家重点实验室 4 个、国家工程实验室 1 个、中科院重点实验室 13 个、广东省重点实验室 13 个、湖南省重点实验室 1 个。

（三）科技成果取得佳绩

2015 年，分院系统各单位共取得科技成果 33 项。获 2015 年国家科技进步奖二等奖 2 项（参与）、广东省科学技术奖一等奖 4 项、湖南省科学技术奖一等奖 1 项、国家专利优秀奖 1 项、广东省专利发明人奖 1 项、广东省专利金奖 3 项。发表论文 3095 篇，其中 SCI 论文 1843 篇，在 *Nature*、*Cell* 及其子刊等发表论文 4 篇。

（四）加强创新人才引进和培育

入选中组部“千人计划”3 人、国家“万人计划”青年拔尖人才 2 人、“百千万人才”工程国家级人选 5 人、“国家创新人才推进计划”7 人、中国科学院“百人计划”10 人、首批广东特支计划 49 人、国家杰出青年科学基金（简称“杰青”）2 人、优秀青年科学基金（简称“优青”）7 人广东省杰青 8 人。

（五）加强机关能力建设

确定发展战略，形成结构合理的机关队伍。梳理管理制度，修订 73 件、新订 13 件、废止 79 件。推进广州分院“3H 工程”专项工作。做好财务、基建项目、信息化、安全、维稳、保密、人事、统战、计生、团工委、宣传、科普、档案、统计等基础性工作。

七、研究生教育基地建设

广州教育基地招收研究生 651 人（博士生 281 人、硕士生 370 人），毕业研究生 448 人，授予学位 440 人，初次就业率 93.53%；在学研究生 2373 人（与高校联合培养 286 人）；获国家奖学金 55 人，获中国科学院院长奖学金优秀奖 13 人；广州教育基地全年发表论文 1111 篇，其中，获评“中国科学院优秀博士论文”3 篇，被 SCI 收录 618 篇，被 EI 收录 109 篇。

（撰稿：苗碧芸　谢昌龙　审稿：秦　伟）

成都分院

院　　长：张雨东
地　　址：四川省成都市人民南路四段 9 号
邮政编码：610041
电　　话：028-85223696
传　　真：028-85223719
电子信箱：bgs@cdb.ac.cn
网　　址：http://www.cdb.cas.cn

中国科学院成都分院（以下简称“成都分院”）前身是 1958 年 3 月成立的中国科学院四川分院，1962 年机构调整更名为西南分院，1970 年隶属四川省管理，1978 年 1 月恢复重建后使用现名。

成都分院按照“科学化、制度化、规范化”要求，通过学习型组织建设，不断提升机关自身能力，充分发挥分院的组织协调作用，引导和推动各研究所实施“率先行动”计划和分类改革。成都分院负责组织协调的院属单位有：光电技术研究所、成都生物研究所、成都山地灾害与环境研究所、重庆绿色智能技术研究院、成都有机化学有限公司、成都信息技术有限公司、成都中科唯实仪器有限责任公司、成都文献情报中心。

2015 年，成都分院先后两轮到各单位督查推动“一三五”实施和“十三五”规划编制。成都山地灾害与环境研究所已进入特色研究所序列，光电技术研究所一室进入量子信息与量子科学前沿卓越中心，成都生物研究所天然药物团队和农业生物团队分别进入药物创新研究院和分子植物科学卓越中心，重庆院机器人团队进入机器人与智能制造创新研究院。在中国科学院“一三五”评估中，光电技术研究所一项成果获得院重大标志性成果、三项成果入选“双百”，成都山地灾害与环境研究所、重庆绿色智能技术研究院各有一项成果入选“双百”。

截至 2015 年底，成都分院系统共有在职职工 3200 余人。其中科技人员 2300 余人，包括中国科学院院士 3 人、中国工程院院士 2 人，研究员 200 余人、副研究员近 400 人。

一、领导班子和后备干部队伍建设

完成成都分院机关、成都文献情报中心领导班子换届，光电技术研究所、成都生物研究所领导班子届中考核；完成光电技术研究所、成都生物研究所、重庆绿色智能技术研究院领导班子个别调整，新提任交流干部 6 名，其中 70 后 3 名，领导班子年龄结构趋于合理；完成分院机关、成都山地灾害与环境研究所后备干部集中调整。

组织申报各单位所局级领导等个人事项 85 人次，抽查核对领导和新提任人员个人事项报告 12 人次；对各单位 607 人的相关信息在成都市公安局进行备案；对各单位领导和机关处级人员因私证件进行集中管理；人事人才特派员现场监督 35 人次。

加强新“西部之光”立项审查，对青年 A 类项目优中选优，对青年 B 类项目以科研引导为主，继续择优支持地方人才。共有 50 个团队和博士获 1295 万元经费支持。组织青年骨干赴东部调研学习，提升创新创业能力；组织青年学术论坛，邀请四川大学、重庆大学等单位青年人才进行交流，促进科教融合；以院继续教育精品项目“中青年科研管理骨干培训班”为平台，加强骨干人才培训。

二、党建、党群与创新文化建设

（一）深入开展“三严三实”专题教育

认真贯彻践行十八届三中、四中、五中全会精神，以及习近平总书记系列讲话精神，把开展“三严三实”专题教育与推进“率先行动”有机融合、相互促进。及时对各单位开展专题教育做出统一部署；建立党组成员旁听各单位党委中心组学习会制度，党组成员分别参加所联系单位党委专题民主生活会；党组成员分别在中心组学习扩大会讲专题党课。

（二）系统推进“三型”基层党组织建设

指导完成重庆绿色智能技术研究院党委、纪委组建。组织基层党支部书记参加院视频培训 550 余人次；参加分院组织讲座和各单位交流研讨共计 530 余人次。光电技术研究所六室获四川省“青年文明号”，唐卓获四川省“五四青年”

奖章，鄢小燕、蓝箭被评为省直机关优秀共产党员，刘刚君被评为省直机关优秀党务工作者。

认真落实好离退休职工两项待遇，积极推进文化养老属地化。成都分院获院2014年度离退休干部宣传工作先进单位奖一等奖，分院老科协获成都市老科技工作者协会2014年度先进集体。

三、院地合作

2015年，有60多个院属研究机构及企业的近700个项目在川渝藏落地转化，预计为企业实现新增销售收入约170亿元，为区域经济社会发展做出积极贡献。

（一）创新创业平台再添活力

德阳中科先进制造创新育成中心于6月正式挂牌，现已引进8个团队，部署19个项目，地方政府支持930万元；绵阳科技城中科创新育成中心被绵阳正式认定为“市级科技企业孵化器”。召开中国科学院四川转化医学研究医院理事会议，推动转化医学成果落地。

（二）重大项目成果初见成效

高海拔宇宙线观测站项目四川省配套经费到位1亿元，前期工作顺利开展。中科建筑集团助力德阳市成功获批“国家节能减排财政政策综合示范城市”，三年内可获得中央和地方配套资金超20亿元。

（三）科技助力地方精准扶贫

按照四川省委统一部署，组织分院系统个人和单位捐款40余万元，争取院省扶贫专项约60万元。扶持利州区龙池村贫困户发展食用菌产业，以及种植杂交构树等。在开江和武胜县示范基地种植‘1599水稻’400余亩，亩增产达13.9%。

四、纪检、监察和审计

完成光电技术研究所、成都生物研究所届中和成都文献情报中心任期经济责任审计；完成3个单位科研项目经费财务收支审计；开展分院后勤公司和教育基地经济责任审计。配合中国科学院办公厅、监察审计局对成都生物研究所、成都山地灾害与环境研究所贯彻落实中央“八项规定”精神和中国科学院党组“12项要求”执行情况进行现场监督检查。

印发《成都分院党风廉政建设责任制实施细则》，完成个性化责任书签订。对新任所级领导和机关中层干部进行廉政谈话；组织观看《国资之蠹》、《深刻的反思》等警示教育片。

五、院士联系工作

邀请50余位院士专家为地方政府、企业、学校等提供智力支持。都有为、叶恒强院士为绵阳新材料产业发展问诊把脉，提供咨询建议；陈霖、葛均波院士围绕脑和心血管疾病作报告，推动中国科学院四川转化医学研究医院发展。围绕院地合作的重大项目和关键需求互派科技副职16名，深化分院与川渝藏重点地区的科技合作和成果转化。

六、公共事务管理和协调

2015年，成都分院科学传播和信息化在12个分院中均名列第二。全年安全供水约48.5万吨，供电约550万度，完成绿化养护约4.24万平方米，道路及公共区域等保洁约6.86万平方米；华西坝园区变电站改造项目通过验收，组织完成成都山地灾害与环境研究所、光电技术研究所基建项目验收。全年无重大安全事故。

继续实施“3H工程”，为各单位职工221人次在省院门诊检查减免6.63万元，63名职工子女入幼儿园退减免11.3万元。

七、研究生教育基地建设

做好研究生服务及本科招生。一是以校园文化建设为核心，办好研究生“天地人”大讲堂，共建心理健康促进中心；二是以特色教学为载体，提升博士生公共课教学质量；三是以培养科研实践能力为抓手，为研究生搭建创新创业服务平台。组织参加第二届中国科技城“科创杯”创新创业大赛，分获一等奖、二等奖，分院被评为组织宣传先进单位。配合中国科学院大学完成2015年在川本科招生，统招平均分高出一本线121分，综合评价平均分高出一本线114分；与川属9所重点中学举办拔尖创新型人才早期培养工作研讨会，为本科招生奠定良好基础。

（撰稿：江晓波　彭　丽　审稿：王学定）

昆明分院

院　　长：李德铢
地　　址：云南省昆明市茨坝青松路19号
邮政编码：650204
电　　话：0871-65223106
传　　真：0871-65223217
电子信箱：office@mail.kmb.ac.cn
网　　址：http://www.kmb.ac.cn

中国科学院昆明分院（以下简称“昆明分院”）的前身是1957年成立的中国科学院昆明办事处，1958年扩建为中国科学院云南分院。1962年，中国科学院云南分院与四川分院、贵州分院合并，共同在成都成立中国科学院西南分院。1978年10月，经国务院批准，西南分院撤销，成立中国科学院昆明分院。

昆明分院是中国科学院机关派出机构，负责联络和协调中国科学院驻云南、贵州地区的科研机构，包括昆明植物研究所、昆明动物研究所、西双版纳热带植物园、地球化学研究所和云南天文台共5个单位。

2015年，昆明分院以“四个全面”战略布局为指导，按照“三严三实”的要求，认真履行职责，贯彻落实“创新2020”及“率先行动”计划各项部署，圆满完成了既定任务目标，各项工作取得了显著进展。

截至2015年底，昆明分院系统共有在职职工2042人，其中科技人员1380人，包括中国科学院院士5人、第三世界科学院院士2人、研究员260人、副研究员397人。

一、领导班子和后备干部队伍建设

严格按照国家关于干部工作的新要求，完成昆明植物研究所、昆明动物研究所、西双版纳热带植物园、地球化学研究所4个单位的行政班子换届和两委换届，以及云南天文台领导班子届中考核和个别调整，并完成4个单位后备干部推荐工作。

通过召开所长联席会议、报告会和座谈会等形式，组织领导干部深入学习中国科学院工作会议，院党组夏季、冬季扩大会议和分院党组书记扩大会议精神，深刻领会“率先行动”计划和全面深化改革的战略意义，着力提升领导班子战略能力，推进“四类机构”改革。

全面落实从严管理干部要求，在清理干部兼职、配偶移居国（境）外、吃空饷、因私出国（境）证件专项治理、干部人事档案专项审核、任职回避、个人有关事项报告和核查等方面，持续强化对领导干部的监督工作，从而营造风清气正的工作氛围。

二、党建、党群与创新文化建设

组织学习党的十八届四中、五中全会精神和习近平总书记系列重要讲话精神，加强理论武装。分院分党组创新方式、严格要求，扎实推进“三严三实”专题教育，组织系统所局级领导赴云南省杨善洲干部学院开展专题教育。

深入基层开展党建工作调研，找准问题，提出初步解决方案；督促和指导各单位两委换届，表彰先进基层党组织及优秀党员；深化“当先锋走前头”活动，开展组织考评和民主评议党员；成立“昆明分院科学精神研究会”，推进创新文化建设；解决“两张皮”的问题，加强实施“率先行动”计划的凝聚力、向心力和战斗力。

强化机关创新文化和能力建设。大力加强继续教育与培训，举办6次培训活动，受训500余人次。组织开展“全民健身日健步走”活动，召开分院系统民主管理与工会工作研讨会；多次走访慰问院士、离退休老同志及困难职工。

三、院地合作

（一）贯彻落实习近平总书记年初视察云南重要指示

认真学习习近平总书记“将云南建成生态文明排头兵”、“在创新能力上下功夫”、“坚决打好扶贫开发攻坚战，构建民族团结进步示范区”等指示，提交的《当好生态文明建设排头兵》的建议获云南省委书记批示；多项创新工作建议被省市党委政府采纳；坚定扎实开展澜沧拉祜族自治县“领导挂点、部门包村、干部帮户”工作。

（二）面向主战场推动重大科技创新驱动滇黔发展

处于世界先进水平的无标记蛋白质生物芯片技术产业化项目落户贵州贵阳；拟投资70亿元的新一代60万吨煤制乙二醇项目落户贵州兴仁；我国大规模物理储能领域首个国家级研发中心落户贵州毕节；填补国内外产业发展空白的液态金属产业化项目落户云南宣威；中国科学院与云南企业首家联合实验室——光电半导体实验室落户云南昆明；中国科学院贵州中心基本建设初步完成；启动中国生物多样性博物馆项目建议书编制工作。

（三）推进科教融合树立中科院国家队形象

中国科学院大学云南本科招生成绩继续列各省市第一，已在云南初步形成与北大清华三甲共赢局面，平均分数线高于清华北大。科学普及被评为“全国科普日”特色活动。组织的高校科学营获全国青少年高校科学营活动案例优秀奖，被作为典型案例被写入云南省政府向国家全民科学素质行动计划纲要办的汇报材料。

四、纪检、监察和审计

认真落实“两个责任”，签订个性化党风廉政建设责任书，传导压力，分解责任；扎实开展科研经费真实性合法性审计，审计科研单元87个，涉及1236项科研课题支出总额1亿，并全面完成整改；加强党纪党规教育，凸显警示作用；贯彻落实“八项规定”，切实改进工作作风。经检查，昆明分院系统未发现违纪违规行为。

五、院士联系工作

做好院士的服务与协调工作；做好云南省、昆明市相关领导春节期间看望慰问院士的联系协调工作；有效结合院士联络处和中国科学院大学本科招生工作，充分发挥院士作用，传播科学知识，弘扬科学精神。

六、公共事务管理和协调

注重宣传，扩宽与媒体的沟通，加大与主流媒体的对接力度。加大政务信息报送力度，分院机关及系统各单位年度综合排名均有较大幅度的提升。

督促和协调信息化建设工作，分院机关及系统各单位评估成绩整体上升，昆明分院排名分院系统的第4名，昆明植物研究所排名全院第2名，西双版纳热带植物园获中国科学院信息化工作进步奖。顺利通过首次国务院政府网站普查。

统筹协调开展后勤支撑体系建设，做好系统各单位2016—2018年财政部修购项目规划，共获批21个项目，总金额1.9亿元。积极推进“3H工程”建设，“十二五”期间共新建、改建人才周转房585套，获得中国科学院投资共4488万元。优质完成中国科学院条件保障与财务局委托的5个基建及修购项目的验收工作，协助完成其组织的7个项目验收工作。协助研究所受灾补助申报，获得中国科学院补助120万元。与云南大学签署协议，解决系统青年职工子女就读云大附小问题。充分利用云南省1号文件，在落实高级专家延时工作制度、人才待遇、医疗健康绿色通道等方面，积极为人才提供服务。

部署系统安保工作，签订《安全保卫保密责任书》；圆满完成跨区域安全检查工作，配合北京分院组织对昆明分院的安全检查；组织牵头由昆明分院、武汉分院、兰州分院共同组成的检查组对广州分院的安全检查工作；组织开展节前、危化品、剧毒品、冬季施工等各类专项安全检查，确保科研生产安全。成立预验收组协助中国科学院档案馆对系统各单位二期档案进馆及数字化试点工作的实体档案进行了验收。

（撰稿：桂　嘉　黄璐璐　审稿：甘烦远）

西安分院

院　　长：赵　卫

地　　址：陕西省西安市咸宁中路125号

邮政编码：710043

电　　话：029-83282621
传　　真：029-83282611
电子信箱：fsy@ms. xab. ac. cn
网　　址：http://www. xab. cas. cn

中国科学院西安分院（以下简称“西安分院”）成立于1954年7月，其前身是中国科学院西北分院。1978年11月，国务院批准成立中国科学院西安分院，与陕西省科学院合署办公。

西安分院是中国科学院机关在西安的派出机构，负责联络和协调中国科学院在西安地区的西安光学精密机械研究所、国家授时中心、地球环境研究所及共建单位水土保持与生态环境研究中心、秦岭国家植物园。

2015年，西安分院以习近平总书记视察西安光学精密机械研究所为契机，认真贯彻落实总书记视察期间的讲话精神，凝练“一三五”目标，聚焦“十三五”发展战略，引导各单位将“十三五”规划与实施“率先行动”计划、研究所分类改革有机结合起来，做好“十三五”规划的制定，扎实推进“率先行动”计划实施。

截至2015年底，中科院西安分院共有在职人员1641人。

一、领导班子和后备干部队伍建设

完成地球环境研究所党委及纪委成立选举工作，国家授时中心、水土保持与生态环境研究中心领导班子换届考核，地球环境研究所轮值所长制首轮第四任执行所长考核及换届工作，地球环境研究所领导班子届中考核及副所长增补工作。

充分利用分院党组中心组学习和辅导讲座等形式，积极组织举办领导班子建设系列研讨班。严格执行干部选任程序，完善管理考核制度。加强与完善干部选任过程的信息公开，细化和完善工作流程，保证四项监督制度有效落实。实行干部选拔任用全程记实制度，作为干部选任工作责任追究的主要依据。

贯彻执行《中国科学院中层干部培养选拔聘用与管理指导意见》，加大对中层干部的培训和管理力度，建立中层及以下管理干部挂职、交流、轮岗的管理培养机制。

二、党建、党群与创新文化建设

召开“三严三实”专题教育动员大会；加强理论培训，提高专题党课质量；分院分党组带头，开好专题研讨会和专题民主生活会；认真组织基层党支部书记参加中国科学院党建工作领导小组办公室组织的集中轮训，组织机关处室干部参加陕西省直机关工委组织的“学习习近平总书记来陕西视察重要讲话全面推进法治陕西建设”研讨班。

组织各研究所党委书记和党办主任认真学习研讨《中国科学院党的建设工作规则》，统一认识，对照检查，对西安地区各单位贯彻落实的情况进行检查，督促没有落实到位的单位按期完成。

加强创新文化建设，强化社会主义核心价值观的学习教育。加强对中国科学院新时期办院方针和“率先行动”计划实施进展的宣传，加大对先进基层党组织和优秀共产党员、道德模范等先进人物的宣传力度。

三、院地合作

积极参与陕西区域经济发展重大问题研讨，针对陕西“十三五”规划及陕西区域经济、社会生态发展重大问题建言献策，多项建议被采纳或写入地方政府工作报告，西安光学精密机械研究所产业发展先进经验在全省得到推广。2015年，建议采纳方面，省政府3项、地市1项；咨询报告和建议获有关领导批示方面，省级2项、地市2项。

结合陕西/宁夏自身发展的特点，与地方共建“中科院银川育成中心”和“中科院西北生物农业中心（宁夏）”，形成调研报告12份。拥有科技副职5人，主要围绕陕/宁地方需求，与地方政府和企业密切合作，牵头举办各项对接、宣传活动，引入中国科学院先进科技成果；组织撰写相关调研报告，搭建产业合作平台，发挥科技副职的纽带与桥梁作用；在科技成果方面获省级奖励3项。

中国科学院西北生物农业中心通过调研，聚焦陕西盐碱地治理，提出建议方案；启动实施了渭北地区盐碱土壤的治理与修复相关工作。

分院充分发挥院士专家的战略咨询作用，为再造宁夏回族自治区枸杞新优势，组织王志珍、陈凯先、苏国辉和陈润生院士为主的专家共同提出了《“枸杞药用的物质基础、作用机理、质量标准研究”战略咨询报告》，为枸杞产业发展提供战略咨询；组织地球环境研究所专家团队调研银川大气 PM2.5 污染状况，完成并提交了《银川大气 PM2.5 污染调查初步分析报告》，并将与银川市乃至宁夏回族自治区在空气质量改善等方面开展合作与协同创新。

2015 年，西安分院与陕西省、宁夏回族自治区开展的科技合作项目共 182 项，分院系统研究所为陕西和宁夏企业实现新增销售收入约 97.5 亿元，新增利税约 20.4 亿元，分别较上年提高 20.7% 和 10.9%，新增社会效益 21.1 亿元。其中，为陕西新增销售收入约 77.8 亿元、利税约 18.6 亿元、社会效益约 1.7 亿元；为宁夏新增销售收入 19.7 亿元、利税约 1.9 亿元、社会效益约 19.4 亿元。

四、纪检、监察和审计

2015 年，初制定纪监审 7 大任务、14 项分类、40 余条具体工作，年底对分院系统各单位进行系统调研和检查。完成西安分院《党风廉政建设责任制实施细则》的修订，推进所级领导与部门负责人签订党风廉政建设（反腐倡廉）个性化责任书。着眼于“八项规定”精神和中国科学院“12 项要求”检查提出的问题，对系统各单位作风建设整改情况进行检查，年末系统各单位“三公经费”使用情况进行抽查。

2015 年，完成领导干部任期经济责任审计 6 项，完成了国家授时中心领导任期经济责任审计，西安光学精密机械研究所届中审计，提出审计意见建议 10 余条，促进研究所规范化管理，加强内控建设。

做好信访举报件的核查工作，严格信访举报请示报告制度，全年收到各种渠道、各种形式的信访举报 40 余件，以协作查办、集体研判等机制，完成 70% 信访举报件的核查；按照一事一卷原则，规范档案管理。

五、院士联系工作

召开院士联络工作座谈会，邀请陕西省委人才办、宁夏回族自治区人社厅等有关部门负责人，以及在陕工作的院士单位负责人、院士秘书等参加会议，为加快科技成果转化建言献策，提出了未来了院士联络工作发展规划建议。

走访慰问在陕中国科学院院士，加强与院士的交流、了解。与陕西省委组织部、共青团陕西省委等一起主办“院士报告进校园”等科学文化传播活动。

六、公共事务管理和协调

加强对来信来访的接待与处理工作，妥善处置、化解矛盾，全年未产生不和谐因素。贯彻落实中央“八项规定”精神，规范公务接待工作。

做好信息化建设各项工作。宣传西安光学精密机械研究所成就特别是科技成果的转移转化模式和机制作法，在中央电视台《新闻联播》等栏目播出 7 次，在陕西电视台播出 10 多次。积极探索和运用新媒体相关技术，开通微信公众号配合 2015 年中国科学院大学招生工作和第二十二届农高会上对中国科学院展团进行相关报道和有关科普知识的推广。组织相关培训、加强业务交流，调动地区研究所整体积极性，促进区域整体信息化水平的提升。

积极发挥与陕西省科学院“两院一体”的优势，加大全民科普宣传和教育。以科普展览、博士讲堂、专家讲座、科普进校园等形式，开展丰富多彩的科学体验、知识普及、农技培训、新技术推广等活动。举办各类主题科普展览 20 余场次，累计参观人数超过 5 万人。成立中国科学院老科学家科普团西安分团，积极推动“大手牵小手，科学家进校园”活动，累计组织专题演讲 10 余场，听众超过 1 万余人。依托系统内各研究所的重点实验室、标本馆、野外科考台站等平台，积极开展科普游园、开放实验室等活动，引导青少年开展科学探究活动，累计参与人数达 500 余人。

积极组织开展离退休干部各项活动，加强离退休党支部建设和思想政治建设，坚持继续做好重大节日的走访、慰问、住院探望工作和日常服务管理工作。

组织召开安全工作会议，做好反恐防暴和内部稳定工作，加强安全教育以提高安全防范意识，加大督查力度防止重大事故发生。2015 年全年，分院机关及系统内各研究所未发生重大安全责任事故。

（撰稿：孙 凯 刘 铮 审稿：杨星科）

兰州分院

院　　长：王 涛

地　　址：甘肃省兰州市城关区天水中路 6 号

邮政编码：730000

电　　话：0931-2198855

传　　真：0931-8279855

电子信箱：lzb@lzb.ac.cn

网　　址：http://www.lzb.cas.cn

中国科学院兰州分院（以下简称“兰州分院”）的前身是 1954 年经政务院批准成立的中国科学院西北分院筹委会，1958 年经中国科学院决定撤销，成立中国科学院兰州分院。1962 年，中共中央西北局与中国科学院议定撤销陕、甘、宁、青四省（区）分院，成立中国科学院西北分院。1970 年，中国科学院西北分院撤销。1978 年恢复成立中国科学院兰州分院。

兰州分院作为中国科学院机关派出机构，负责联络和协调中国科学院所属驻甘肃、青海两省的 7 个研究机构，包括：近代物理研究所、兰州化学物理研究所、寒区旱区环境与工程研究所、青海盐湖研究所、西北高原生物研究所、兰州油气资源研究中心和兰州文献情报中心。主要职能是，配合做好上述 7 个单位的领导班子和后备干部队伍建设；组织指导开展党建和创新文化建设工作；组织开展院地合作，汇集全院力量为区域经济社会发展服务；负责协调指导上述单位的纪检、监察、审计工作，并指导和监督财务管理；联系和服务中国科学院院士在甘青两省开展工作；承担中国科学院赋予的其他公共事务管理和协调工作，为所在地区院属单位提供必要的公共服务；承担研究生教育基地建设和研究生管理等 8 项职能。

2015 年，兰州分院积极发挥协调沟通作用，组织跨研究所交流研讨等共商解决共性问题之策，深入研究所参与战略研讨与发展规划，督导研究所深入实施“率先行动”计划，落实“一三五”规划和“十三五”规划的研究制订。

截至 2015 年底，兰州分院系统共有在职职工 2847 人，包括中国科学院院士 7 人，中国工程院院士 2 人。

一、领导班子和后备干部队伍建设

协助完成 4 个研究所班子届中考核和兰州文献情报中心班子换届。分院增补副院长一名。通过听取意见、谈心谈话、提醒规劝、专题培训等多种形式开展干部监督、管理。后备干部选拔培养注重德才兼备、群众公认、人岗相适和规范管理。

推选 9 位专家入选甘肃省领军人才第一、第二层次人选，推荐肖国青、段毅获“甘肃省先进工作者”荣誉，推荐赖远明院士作为劳模代表参加纪念抗战胜利 70 周年北京阅兵观礼活动等。

二、开展“三严三实”专题教育

分院党组每位成员带头讲专题党课；开展务实专题研讨；严格“五个环节”，开好民主生活会。

把严实教育与落实“两个责任”有机结合，与基层组织书记集中轮训有机衔接，推动落实整改，通过“三查比”推动全系统持续深入务实贯彻严实要求。

三、院地合作

（一）坚持与甘肃、青海两省的长效会商机制和联席会议制度

从院属 11 个单位挑选 19 名科技副职到甘肃、青海两省挂职，接纳 6 名地方干部到分院系统挂职工作。

（二）支撑服务“生态文明”建设

根据甘肃省领导指示，组织寒区旱区环境与工程研究所专家对祁连山东大河上游水源涵养地生态环境污染状况进行实地考察并形成调研报告，获国家相关部门高度重视，习近平总书记在新华社《动态清样》上就此作出重要批示，全国人大常委会办公厅专题督办《关于尽快制止在祁连山自然保护区采矿、探矿活动，遏制生态环境恶化》的代表闭会建议。金昌市委市政府联名致感谢函高度评价此项工作。

（三）为“一带一路”、“甘肃黄金段”建设发挥科技支撑作用

组织专家积极参与甘肃省“十三五”规划的建议和咨询活动。参与科技部和甘肃省《兰白科技创新改革试验区建设总体方案》的编制工作，为探索西部欠发达地区创新驱动发展战略的新机制、新途径、新模式发挥智库作用。

（四）全力打造“科技惠民工程”

并行推进甘肃省战略性新兴产业重大项目、科技惠民工程“重离子治疗肿瘤专用示范装置（HIMM）”产业化项目武威、兰州两个示范基地的建设工作，合同总金额11亿元。我国首台具有自主知识产权的医用重离子加速器在武威建成出束，预计2016年下半年投入使用；兰州基地正在进行设备安装。

（五）着力推进“科技精准扶贫”项目

近代物理研究所采用重离子诱变技术选育甜高粱，已引种和推广种植超过10万亩，甘、青、新、宁、陕5省区均开始种植，开发生物产品10余种，获甘肃省委书记和武威等市州主要领导的高度重视和支持。

根据省委部署要求，参加“联村联户，为民富民”精准扶贫、精准脱贫行动，突出科技扶贫与智力扶贫，相关工作得到了充分认可。

（六）加强“两院”合作

作为全国科学院联盟建设单位之一，加强与甘肃省科学院的实质性合作。

四、纪检、监察和审计

开展“责任落实年”主题活动。制定《党风廉政建设责任制实施细则》、签订《责任书》、审计“双覆盖”年度计划数量与质量“双落实”、廉洁从业风险防控等规定动作及时、规范、优质；单位党政“一把手”联袂讲廉政党课、开展入职入学廉洁从业第一课品牌活动、规范纪监审档案管理与探索实行纪监审干部工作移交清单制度等自选动作特色、务实。

五、院士服务工作

支撑调研并建议的“青海三江源国家生态保护综合试验区”获国家批准建设；积极为华夏文明传承创新区和兰州新区建设把脉支招；承担地方科技、产业等战略发展规划任务，为区域创新驱动发展提供决策咨询和参考；支持甘肃省决策咨询专家库建设，推荐3个省级重点智库；举办“科学与中国”科学道德和学风建设宣讲教育活动。

六、公共事务管理和协调

（一）“3H工程”重点项目进展顺利

组织研究所参与、实施棚户区改造一期工程（约6.6万平方米、350套住房）主体工程局部封顶，房源已分配到各研究所。分院中、小学校于2015年7月31日稳妥地移交兰州市政府，解决了办学体制不顺和经费困难等问题。

（二）着力提高分院职工履职能力

7人次竞聘到上一级岗位。调整机关职工岗位津贴和绩效奖励办法，加强岗位评价激励。做好继续教育培训，提倡以干代培，以培促干。

（三）积极开展科学传播工作

开通了政务信息公开专栏；开通官方微信、微博；门户网站平稳运行，英文网站在2015年11个分院评估中获得第一名；编纂了《媒体眼中的中国科学院兰州分院（1980—2015）》、《西部之光——辉耀甘青蒙》系列图书资料；承办了女科学家进校园暨女科学家西部行科学传播活动。

（四）统筹协调事务管理

开展财务督导和培训取得实效，预算执行整体位居前列。通过集体活动和节假日慰问，加强对离退休同志的关爱。通过“虚拟养老院”方式进一步提升“四就近”服务水平。区域信息化应用水平得到继续提升，2015年分院机关信息化评估中，兰州分院再获第一名。档案进馆与

数字化工作按计划进行。安全保卫保密工作通过自查互查，工作合力得以加强。

七、研究生教育基地建设

确保研究生教育基地所有资源用于教育和服务于研究所，加强公共课和研究生管理，协同研究所招生和毕业就业，积极逐步改善食宿条件，不断营造校园文化氛围。

（撰稿：宋华龙　王　晶　审稿：谢　铭）

新疆分院

院　　长：张小雷

地　　址：新疆维吾尔自治区乌鲁木齐市新市区北京南路科学一街341号

邮政编码：830011

联系电话：0991-3835430

传　　真：0991-3835229

电子信箱：zhangxl@ms. xjb. ac. cn

网　　址：http://www. xjb. cas. cn

中国科学院新疆分院（以下简称“新疆分院”）成立于1957年7月30日，设水土生物土壤资源综合所、物理所、化学所、地质地理所、民族历史研究所。“文化大革命”期间下放地方，后与自治区科委、科协合署办公。1977年11月27日，经党中央、国务院批准恢复中国科学院新疆分院。

新疆分院是中国科学院在新疆的派出机构，系统包括4个独立法人单位，即新疆分院机关、新疆生态与地理研究所、新疆理化技术研究所、新疆天文台。分院主要职能有：承办中国科学院交办的有关事务，协助中国科学院进行所在地区研究所领导班子的建设；在授权范围内代表中国科学院与地方开展合作；为所在地区研究所提供服务。

新疆分院现有国家级重点实验室2个（含培育），中国科学院重点实验室4个，自治区重点实验室8个，国家工程研究中心1个，国家工程技术研究中心1个，自治区工程技术研究中心6个，国家级野外台站3个，中国科学院级野外台站7个，国家级科普教育基地2个，海外研究基地4个、野外站12个。

新疆分院系统所台研究领域和方向主要为绿洲生态与荒漠环境、矿产资源与生物资源、水土开发与环境修复、区域发展与区域合作、植物资源化学、多语种信息技术、功能材料与器件、射电天文技术、光学天文、应用天文。

2015年，新疆分院发挥分院功能定位和作用，贯彻实施“率先行动”计划，促进研究所分类改革，新疆生态与地理研究所进入特色研究所，新疆理化技术研究所部分进入药物创新研究院，新疆天文台整体进入大科学天文研究中心。分院及系统各单位荣获自治区2015年度科技进步奖特等奖1项、一等奖3项。

截至2015年底，新疆分院系统共有在职职工943人。

一、领导班子和干部队伍建设

协助中国科学院党组完成新疆理化技术研究所领导班子换届选举工作。

举办10场“三严三实”专题党课讲座，组织3次专项调研，召开2次推进会，开展2次大范围征求意见建议活动，修订完善24项制度规定。成功召开了专题教育民主生活会，坦诚开展批评与自我批评，拟定了整改的目标、重点和措施。按期召开分院民主生活会。组织分院党组中心组学习和分院机关党委中心组学习。组织相关的职工再教育培训学习活动。

二、党建与创新文化建设

积极开展形式多样的文体活动，举办了新疆分院职工运动会、研究生运动会和离退休职工趣味运动会。在自治区教育工会直属单位教科职工羽毛球团体赛、新疆第二届“信合杯”全疆乒乓球精英挑战赛、中国科学院第六届暨京区第十四届职工田径运动会上、科学大院篮球赛等活动中取得佳绩。同自治区科技厅共同举办自治区60周年庆文艺演出。积极组织离退休职工活动，大力发展老年大学。

三、贯彻“率先行动”计划，加强和深化院地合作

（一）成功承办第八届“中科院–新疆科技合作洽谈会”

承办第八届“中科院–新疆科技合作洽谈会”，中国科学院12个分院的61个研究机构组团参会，展位、成果数量等居各展区之首，也是历届之最，成果特装展区实际折算展位为125个，征集科技成果386项，征集展品119个（包括援疆项目展品15个），达成合作协议19项，协议金额达15.58亿元。期间，中国科学院还举办了5场高层次专题报告会，覆盖面广、针对性强。

（二）积极发挥桥梁纽带作用

积极组织中国科学院相关研究所与自治区及兵团企业进行交流与合作，通过科技创新助力转型升级。对实施的“科技支新工程”、“战略性新兴产业”、“科技扶贫”等类别项目分别进行现场勘验和结题验收。作为全国科学院联盟理事单位，进一步加强与新疆农垦科学院等单位的交流合作。加强与科研机构、高等院校的交流与合作。

（三）助力西部地区人才培养与经济发展

落实“西部之光”人才培养计划，圆满完成立项评审、中期评估和结题评估等工作。2015年，中国科学院通过为新疆选派援疆干部、科技副职、博士服务团等共派出高层次科技人才7人。深入推进少数民族高层次骨干人才计划新疆博士班项目。完成对“科技支新工程”34个项目的结题验收，并申报了新一批“科技支新工程”项目，30个项目获立项支持，资助达1320万元。

积极响应自治区号召，先后组织56名党员干部参与驻村工作，充分发挥科技人才优势，在南疆住村工作中累计实施科技项目20多个，涉及各类资金及投入2000余万元，在促进农民增收致富、村集体经济发展、干部队伍培养、中小学生教育、对冲宗教极端思想、维护社会稳定等方面做出了一系列特色工作。

2015年，新疆分院组织了“科技活动周”活动，不仅提高了广大群众的科学素质，还增强了社会公众的科学意识。

四、纪检、监察和审计

召开分院系统党风廉政建设工作会议，落实党风廉政建设工作责任。签订个性化责任书。结合自身实际，研究制定《党风廉政建设责任制实施细则》等规章制度。以多种形式开展宣传教育活动，增强党员干部廉洁从政意识和自律意识。认真落实领导干部的“一岗双责”、个人重大事项报告、述职述廉等制度。

落实党风廉政建设监督责任，强化监督执纪问责，推进廉洁从业风险防控，加强内部审计监督工作，做好信访案件工作，开展执纪监督工作，贯彻执行中央“八项规定”精神和中国科学院“12项要求”。

五、公共事务管理和协调

积极开展职工继续教育培训，举办了科研项目和资金管理、知识产权培训班、分院系统人事人才工作培训班，参加中国科学院监察审计局和自治区纪委举办的各类培训班等。

分院机关服务中心制订了《绩效考核奖惩办法（暂行）》等规章制度。建立新疆分院系统公共维修基金，累计投资150多万对园区基础、消防设施进行修建。强化安全保卫工作，制订工作计划，签订《责任书》，深入开展安全检查，在中国科学院的大力支持下两年将投入1000余万元完善安防体系建设，构建以人防为主的人防、物防、技防体系。

幼教事业取得新发展，为广大科技人员职工解除了后顾之忧。

（撰稿：红　霞　金华亮　审稿：张小雷）

科 研 机 构

数学与系统科学研究院

执行院长：王跃飞
地　　址：北京市海淀区中关村东路 55 号
邮政编码：100190
电　　话：010-82541777
传　　真：010-82541972
电子信箱：contact@amss.ac.cn
网　　址：http://www.amss.cas.cn

中国科学院数学与系统科学研究院（以下简称“数学院”）成立于 1998 年 12 月 28 日，由中国科学院所属的数学研究所、应用数学研究所、系统科学研究所、计算数学与科学工程计算研究所整合而成。

数学院是综合性国立学术研究机构，覆盖了数学与系统科学的主要研究方向。数学院的办院方针是：在数学与系统科学领域，面向国际发展前沿，面向国家战略需求，做出原创性、突破性和关键性的重大理论成果与应用成果，造就具有国际重要影响的学术带头人和一批杰出人才。数学院的发展目标是：在数学与系统科学领域内，成为国际上有重要影响的研究中心、培养和造就高级研究人才的著名中心、国民经济和国防建设有关问题研究和咨询的重要中心。

数学院的优势研究领域有：分析数学与数学物理，数论、代数、几何与拓扑，运筹与管理科学，系统与控制科学，概率统计，科学计算，计算机数学。新兴交叉学科有：金融数学、生物信息学、复杂系统科学、不确定性决策、复杂网络理论、计算材料科学、知识科学理论等。应用研究领域有：工程技术、经济金融、生命科学、生态与环境等。

数学院共有 4 个研究所。

数学研究所　成立于 1952 年 7 月，著名数学家华罗庚为首任所长。数学研究所以基础数学研究为主，兼顾应用数学、计算数学和数学物理的基础理论及理论计算机科学等方面的研究。

应用数学研究所　成立于 1979 年 10 月，著名数学家华罗庚为首任所长。应用数学研究所以具有实际背景的应用数学基础理论研究为主，发展和创造在自然科学、高新技术、经济金融和管理决策等领域中有普遍意义的数学分支和方法，为国民经济建设服务。

系统科学研究所　成立于 1979 年 10 月，著名数学家、控制学家关肇直为首任所长。该所是以多学科交叉为特点的基础型研究所，为实际生产、控制和管理问题提供理论和方法的支撑。

计算数学与科学工程计算研究所　成立于 1995 年 3 月，其前身是冯康院士于 1978 年创立的中国科学院计算中心。该所的主要任务和发展定位是面向科学与工程中的重大应用问题，着眼于代表国际水准的基础性和关键性计算方法的理论创新和技术创新；伴随计算机技术的进步，进行反映国际科学计算最新研究成果的高性能计算程序和软件的研究与开发；同时培养和造就大批适应当代需求的科学与工程计算的高素质人才。

此外，中国科学院数学科学科教融合卓越创新中心、中国科学院国家数学与交叉科学中心、晨兴数学中心、预测科学研究中心以数学院为依托单位。数学院还设有科学与工程计算国家重点实验室、国科学院管理决策与信息系统重点实验室、系统控制重点实验室、数学机械化重点实验室、华罗庚数学重点实验室、随机复杂结构与数据科学重点实验室。数学院拥有全国馆藏最为丰富的数学专业图书馆，订有大量国外期刊，藏书逾 21 万册。数学院有先进的计算机及网络系统，包括 24 万亿次机群和多个超级计算服务器，并拥有多种大型数学软件包。

2015 年，数学院深入贯彻落实“率先行动”计划，在机制体制、科研创新、开放交流、人才培养等方面采取了系列有效措施，成效显著。科学科教融合卓越创新中心顺利进入实施阶段；被评为“全国文明单位”，成为中国科学院京区首家“全国文明单位”。

截至2015年底，数学院共有在职职工331人。其中科技人员245人、科技管理支撑人员79人，包括中国科学院院士15人、中国工程院院士1人、发展中国家科学院院士7人、研究员及正高级工程技术人员119人、副研究员及高级工程技术人员58人；进入创新岗位287人。共有“千人计划”入选者3人、“青年千人计划”入选者3人、中国科学院“百人计划”入选者21人。

数学院是1981年国务院学位委员会批准的首批具有博士学位授予权的单位之一。现设有数学、系统科学、统计学、计算机科学与技术、管理科学与工程5个一级学科博士研究生培养点，基础数学、计算数学、概率论与数理统计、应用数学、运筹学与控制论、系统理论、统计学、计算机软件与理论、计算机应用技术、管理科学与工程、管理运筹学、企业管理、数量经济学、应用统计、经济计算与模拟15个二级学科博士或硕士研究生培养点。并设有数学、系统科学、管理科学与工程、计算机科学与技术、统计学5个一级学科博士后流动站，共有在学研究生579人（其中硕士生251人、博士生328人）、在站博士后82人。

2015年，数学院主持973计划项目4项，承担课题11项，参加课题7项，承担863计划课题3项，参加国家科技支撑计划课题1项。主持和参加国家基金委项目224项，其中主持重大项目1项，主持重大项目课题2项，创新研究群体2项，重点项目11项，重大研究计划重点支持项目4项，杰青项目8项，优秀青年科学基金8项，海外及港澳学者合作研究基金项目1项，面上项目85项（含青年-面上连续资助项目2项），青年科学基金41项；主持中国科学院战略性先导科技专项1项，课题1项；院地合作项目20项。

2015年，数学院取得了一批原创性、突破性和关键性重大理论与应用成果。例如，Langlands纲领迹公式研究；圆填充、Teichmuller空间理论等方面研究；L-函数特殊值研究；网络博弈的均衡效率研究；时间序列模型中新的统计推断方法；多个体系统自组织行为分析；局部修复码的最优极小距离；Maxwell-Schrodinger非线性耦合系统均匀化和多尺度方法；特征值问题的高效数值算法。

2015年，数学院科研人员共发表期刊论文800余篇，其中690余篇发表在国际重要学术刊物上，出版专著18本，专利申请8项，获得计算机软件著作权登记1项，累计获得各类重要科研成果奖励20余项，其中，张纪峰和赵延龙等获得2015年度国家自然科学奖二等奖，程代展获得2015年度中国科学院杰出科技成就奖，林群获得第十二届华罗庚数学奖，陈志明获得第十五届陈省身数学奖，杨晓光获得2015年度复旦管理学杰出贡献奖，吕金虎获得2015年何梁何利科学与技术奖进步奖，等陆汝钤获得2014年度中国计算机学会终身成就奖，吕金虎等获得2015年度北京市科学技术奖二等奖，李启寨、刘志新获得中国工业与应用数学学会青年学者奖，娄有成获得2015年香江学者计划等。此外，多人获得其他重要荣誉，如袁亚湘当选发展中国家科学院院士，林群当选2015年工业与应用数学会会士，刘劲松获得ISAAC青年科学家奖，李洪波和黄雷等获得AGACSE首届David Hestenes论文奖，黄雷获得AGACSE首届青年学者奖等。

2015年，数学院参与的多项国际合作项目研究工作进展顺利；获中国科学院国际人才交流计划资助项目2项。共主办了15个国际会议。出国（境）项目192项共236人次，来访项目280项共368人次。与法国国家科学研究中心及5所大学签署协议，成立中法基础数学联合实验室。

2015年，数学院约120人次在国际重要学术会议和组织担任领导职务，包括国际知识与系统科学学会理事长、国际工业与应用数学世界大会主席和程序委员会主席、国际运筹学联合会副主席、国际自动控制联合会青年作者奖评审委员会主席、国际自动控制联合会执委、国际投入产出协会副理事长、亚太工业工程与工程管理协会理事、亚太应急管理协会执行理事、世界银行顾问、亚洲开发银行顾问、国际符号和代数计算ISSAC指导委员会委员等。

2015 年，数学院继续以中国科学院国家数学与交叉科学中心为平台，围绕信息技术中的先进通讯与控制方法、生物/医学中的建模与分析、经济金融系统分析预测与仿真、先进制造设计中的数学方法、材料环境中的科学计算问题、数学与物理/工程交叉的若干重大问题开展研究，并根据不同交叉领域设立 6 个研究部。通过体制机制创新，有效组织我国数学及相关学科力量，联合国内外有关单位协同攻关，促进数学及交叉应用发展，为我国战略性新兴产业发展方式转变、提升我国科学技术水平做出基础性、战略性、前瞻性贡献。此外，中国科学院预测科学研究中心继续与国家发改委、中国人民银行、商务部、国家外汇管理局等政府决策部门建立长期战略合作关系，为中央和相关部门提供政策建议和评估报告。2015 年，在全国粮食产量预测、经济预测预警、全球价值链与国际贸易利益等研究方向上，中心向中央各部门提交了 30 余篇政策报告，部分报告获得国家领导人的重要批示。

中国数学会（CMS）、中国运筹学会（ORSC）和中国系统工程学会（SESC）三个国家一级学会挂靠在数学院。数学院主办的学术刊物有《数学学报》（中、英文版）、《应用数学学报》（中、英文版）、《系统科学与数学》、《系统科学与复杂性学报》（英）、《计算数学》（中、英文版）、《数学译林》、《代数集刊》（英）、《数学的实践与认识》、《数值计算与计算机应用》、《系统工程理论与实践》、《系统科学与信息学报》、《应用泛函分析学报》、《控制理论与应用》、《控制理论与技术》（英）、《系统与控制纵横》等 18 种，其中 5 种英文刊物被 SCI 收录。

（撰稿：王　玲　审稿：汪寿阳）

物理研究所

所　　长： 王玉鹏

地　　址： 北京市海淀区中关村南三街 8 号

邮政编码： 100190

电　　话： 010-82649004

传　　真： 010-82649533

电子信箱： zhc@iphy. ac. cn

网　　址： http://www. iop. cas. cn

中国科学院物理研究所（以下简称“物理所”）成立于 1950 年 8 月 15 日，其前身是成立于 1928 年的国立中央研究院物理研究所和成立于 1929 年的北平研究院物理研究所，1950 年在两所合并的基础上成立了中国科学院应用物理研究所，1958 年 10 月 8 日启用现名。

物理所是以物理学基础研究与应用基础研究为主的多学科、综合性研究机构，研究方向以凝聚态物理为主，包括凝聚态物理、光学物理、原子分子物理、等离子体物理、软物质物理、凝聚态理论和计算物理等，战略定位是“面向国家战略需求，面向世界科技前沿”，发展目标为“建成国际一流物质科学研究基地”。

物理所是北京凝聚态物理国家实验室（筹）的依托单位，北京物质科学与纳米技术大型仪器区域中心筹建的牵头单位。现有超导、磁学、表面物理 3 个国家重点实验室，光学物理、先进材料与结构分析、纳米物理与器件、极端条件物理、软物质物理、清洁能源前沿研究、凝聚态理论与计算 7 个院重点实验室，固态量子信息与计算、微加工实验室 2 个所级实验室，它们与国际量子结构中心、量子模拟科学中心、北京散裂中子源靶站谱仪工程中心、清洁能源中心、超导技术应用中心、功能晶体研究与应用中心 6 个研究中心共同构成物理所的研究体系；技术部及各实验室、各研究组的公共技术岗位共同构成全所的技术支撑体系。

截至 2015 年底，物理所所共有在职职工 464 人。其中科技人员 249 人、科技支撑人员 115 人，包括中国科学院院士 15 人、中国工程院院士 1 人、发展中国家科学院院士 7 人、研究员及正高级工程技术人员 135 人、副研究员及高级工程技术人员 198 人，全所进入创新岗位 401 人；共有“千人计划”入选者 6 人，“青年千人计划”入选者 10 人（新增 1 人），中国科学院“百人计划”入选者 57 人（新增 2 人），杰青基金获得者 34 人。

物理所是 1998 年国务院学位委员会批准的首批物理学博士、硕士学位授予单位之一，现设有物理学、材料科学与工程2个专业一级学科博士研究生培养点，材料工程、光学工程2个专业一级（或二级）学科硕士研究生培养点，并设有物理学1个专业一级学科博士后流动站，共有在学研究生865人（其中硕士生304人、博士生546人、留学生15人）。在站博士后45人。

2015年，物理所共有在研项目507项（包括新增项目87项）。其中，主持973计划和国家重大科学研究计划项目13项、承担课题40项，承担863计划课题2项；主持国家自然科学基金重点项目15项（新增4项）、杰青基金项目7项、国家自然科学基金重大研究计划16项（新增2项）；主持中国科学院战略性先导科技A类专项项目1项、B类专项1项，主持院重点部署项目6项（新增1项）、重大仪器研制项目（科技部、国家自然科学基金委、财政部和中国科学院）14项；承担重点国际合作项目9项（新增3项），创新国际团队2个。

2015年，物理所顺利通过中国科学院组织的研究所“十二五”验收评估，“拓扑绝缘体和量子反常霍尔效应研究”和“40K以上铁基高温超导体的发现及若干基本物理性质研究”入选中国科学院“十二五”时期25项代表性重大科技成果，研究所“一三五”规划目标圆满完成。物理所继续推进中国科学院凝聚态物理科教融合研究卓越中心筹建工作。

2015年，物理所在大科学装置建设方面取得重要进展。作为国家重大科技基础设施“十二五”重点建设内容的综合极端条件实验装置项目，初步明确了项目建设规模和建设内容，并落实了北京市配套资金。上海光源超高分辨宽能段光电子实验系统（Dreamline）于2015年6月顺利通过项目总验收，建成的系统具有多项国际领先的设备指标和独特的设计，是目前世界上性能最好的光电子实验系统之一。

2015年，物理所取得了多项被国际同行广泛认可的重要进展。首次发现了具有“手性”的电子态——Weyl费米子，该项成果分别入选了英国*Physics World*公布的“2015年十大突破”和美国物理学会（APS）2015年“标志性进展”。成功展示了量子纠缠对量子相位估计精度的提高作用，首次在室温固态系统实现了量子计量学超越标准量子极限的演示实验；深入研究了氧化物超导体$LiTi_2O_4$（LTO），进一步支持50 K以下轨道相关序的存在；提出并实验验证了一个和近藤过程类似的新型热电输运机理，在物理机制和材料设计方面提出了全新的思路；提出高温超导体的电子结构基因，预言Co/Ni基新材料中可能存在高温超导体；开展有机小分子晶体薄膜光生载流子形成机理研究，证明了有机共轭小分子晶体薄膜中存在半导体本征光生自由载流子等。

“真空紫外激光角分辨光电子能谱对高温超导机理相关科学问题的研究”项目（周兴江、刘国东、赵林、陈创天、许祖彦）荣获2015年度国家自然科学奖二等奖。“功能纳米量子结构的组装与物性调控”项目（高鸿钧、杜世萱、申承民、王业亮、林晓、高利、程志海、杨天中、胡亦斌、季威、张余洋、刘奇、刘飞、时东霞、郭海明）荣获北京市科学技术奖二等奖。“低维纳米材料与器件的加工及新奇特性研究”项目（顾长志、李俊杰、龙云泽、孙连峰、杨海方、陈兆甲、李云龙）荣获北京市科学技术奖二等奖。赵忠贤院士获得Bernd T. Matthias Prize。周兴江研究员获得第三世界科学院物理奖。汪卫华研究员当选中国科学院院士。

根据中国科学技术信息研究所关于中国科技论文统计结果，2014年度，物理所发表第一署名单位的SCI收录论文数472篇，名列全国科研机构第5位。物理所近10年来（2005—2014）的国际论文在当年被引用篇数5149篇，被引用次数83 844次，名列全国科研机构第四位。2015年度共获得授权专利75项，提交专利申请166项。

在应用基础研究与高技术研究领域方面，苏州星恒2015年进一步优化超级锰酸锂电池性能，单体电池循环寿命达到2000周以上，完全实现电池回收及修复技术，修复利用合格率可达85%以上，实现真正意义上的锂电池二次利用。

物理所现有控股、参股公司8个，其中以知识产权入股的5个。技术转移与成果辐射的省（市、区）有北京、新疆、江苏、浙江等。

2015年，物理所在研重点国际合作项目9项，创新合作团队2个。来访人数约为307人次，其中约231人次来物理所进行合作研究，占总来访人数的75%；出访人数达到578人次，其中参加国际会议281人次，占出访量的66%；共255人次做了大会或分会报告。2015年主持召开国际学术会议5次，举办崔琦讲座2期。

物理所是中国物理学会的挂靠单位；承办的科技期刊有《物理学报》、*Chinese Physics Letters*、*Chinese Physics B*和《物理》。

（撰稿：魏红祥　王　玉　审稿：孙　牧）

理论物理研究所

副 所 长：邹冰松（主持工作）
地　　址：北京市海淀区中关村东路55号
邮政编码：100190
电　　话：010-62554447
传　　真：010-62562587
电子信箱：office@itp.ac.cn
网　　址：http://www.itp.ac.cn

中国科学院理论物理研究所（以下简称"理论物理所"）成立于1978年6月9日，是在理论物理学领域各主要方向上从事基础研究的专业研究所。1985年，理论物理所成为中国科学院向国内外首批开放的研究所，1993年被第三世界科学院选为首批参加协联计划的优秀中心，1998年8月被列为中国科学院"知识创新"工程首批试点单位之一，2002年2月成立中国科学院交叉学科理论研究中心，2004年12月被批准为中国科学院与第三世界科学院奖学金学者培训基地，2006年成立中国科学院卡弗里理论物理研究所，2008年成立中国科学院理论物理前沿院重点实验室，2011—2015年筹建并运行。

理论物理所面向国家战略需求、面向世界科技前沿，以在探索自然界物质结构及基本运动规律方面做出具有国际影响的重大创新成果为目标，联合国内理论物理学工作者，结合在粒子物理、场论和弦理论、引力和宇宙学、凝聚态物理、生物物理、统计物理、量子信息、核物理、冷原子物理等方面所具备的良好研究基础和一流研究队伍，集中研究粒子物理和粒子天体物理及核物理、引力理论和宇宙学，统计物理与理论生物物理，凝聚态物理与量子物理4个领域，致力于将理论物理所办成从事理论物理基本核心问题研究，不断为国家输送优秀人才、注重交叉学科理论发展的"基础研究中心、人才培养基地、学术交流平台"，努力将自身打造为全国的理论物理研究所和国际一流水平的国家理论物理中心，在我国理论物理学界发挥引领作用，并做出真正原创性工作。

2015年，理论物理所根据中国科学院"创新2020"的工作部署，全面推进实施研究所制定的"一三五"发展规划，并制定了"十三五"学科发展目标，在理论物理核心领域，在目前具有国际竞争力的基础上，进入国际同类研究所的前列，争取某些方向在相关领域起到引领作用；进一步强化学科交叉，发展若干新兴交叉学科。

截至2015年底，理论物理所共有在职职工63人。其中科研人员37人、科技支撑人员11人，包括中国科学院院士6人、第三世界科学院院士3人；研究员27人、副研究员及高级工程技术人员10人。共有"青年千人计划"入选者5人，中国科学院"百人计划"入选者18人，杰青基金获得者10人。

理论物理所是国务院学位委员会批准的首批博士学位授予单位之一，现有理论物理专业硕士、博士研究生培养点，并设有理论物理专业博士后流动站；共有在学研究生121人（其中硕士生44人、博士生77人）、在站博士后17人。2015年，理论物理所被评为全国博士后综合评估优秀设站单位。

2015年，理论物理所共主持承担了包括国家973计划、国家自然科学基金委创新群体项目和重点基金项目、中国科学院"百人计划"等国家级与省部委级重大、重点等项目或课题65项。其中，主持（参与）973计划课题4项；主持国家自然科学基金创新群体项目1项；主持国家自然科学基金重大国际合作与交流项目1项；主持（参与）国家自然科学基金重点项目4项；面上项目22项；杰青基金项目1项；主持国家自然科学基金优秀青年科学基金1项；主持（参与）其他基金项目8项；主持中国科学院重点部署项目1项；参与战略性先导科技专项A类项目1项、B类项目1项；主持修缮购置专项1项；中国科学院重要方向性项目1项；“百人计划”或“青年千人计划”项目6项；中国科学院其他项目11项；承担其他项目1项。

2015年，理论物理所在粒子物理与粒子天体物理及核物理，弦论、引力理论与宇宙学，统计物理与理论生物物理，凝聚态物理与量子物理等方面均取得了系列高水平的研究成果和进展，受到了国际同行的广泛关注。共发表SCI论文337篇（数据来源：中国科学院文献情报中心），影响因子4以上的185篇，国际国内邀请报告共74人次。

2015年，中国科学院卡弗里理论物理研究所作为理论物理所开放所的进一步拓展和重要组成部分，运行了6个各具特色的国际交流合作项目，在提升理论物理所国际化方面发挥了积极作用。

2015年，理论物理所1名研究生获得中国科学院院长特别奖，其导师获得中国科学院优秀导师奖；1名研究生的博士学位论文获评中国科学院优秀博士学位论文，其导师获中国科学院优秀研究生指导教师奖；1人当选日本应用物理学会国际会士，这是国内首位科学家获此殊荣；1人获得卢嘉锡青年人才奖；2人入选2015全球高引用科学家。

2015年，在财政部修购专项支持下，科学计算与信息平台注重发挥高性能计算平台的作用，为所内外科学家提供了计算服务和支持。2015年，完成修购专项“基于云存储的科研应用云平台”的执行。

由理论物理所主办和承办的英文版学术期刊*Communications in Theoretical Physics*（《理论物理通讯》）继续保持较好的国际影响力。2015年，继续获得了中国科协等部委联合发布的“中国科技期刊国际影响力提升计划”的B类支持项目、中国科学院择优出版基金支持，并继续获得“2015中国最具国际影响力学术期刊”称号。

（撰稿：安慧敏　审稿：邹冰松）

高能物理研究所

所　　长：王贻芳
地　　址：北京市石景山区玉泉路19号乙院
邮政编码：100049
电　　话：010-88233092
传　　真：010-88233105
电子信箱：ihep@ihep. ac. cn
网　　址：http://www. ihep. cas. cn

高能物理研究所（以下简称“高能所”）成立于1973年，前身是1950年成立的中国科学院近代物理研究所，1953年改称物理所，1958年改称原子能研究所。1973年2月，根据周恩来总理的指示，在原子能研究所一部基础上组建了高能所。

高能所是以基础研究和应用基础研究为主的多学科综合性研究所，主要学科方向为粒子物理及粒子天体物理研究、加速器物理及技术研究、射线技术及应用研究等。

高能所建有北京正负电子对撞机国家实验室、核探测与核电子学国家重点实验室（与中国科学技术大学共建），1个中国科学院卓越创新中心，3个中科院重点实验室，2个北京市重点实验室，1个非法人研究单位，1个国家级国际联合研究中心，1个北京市国际科技合作基地。高能所下设7个研究单位，并在广东东莞设有分部；拥有北京正负电子对撞机、北京谱仪、北京同步辐射装置、西藏羊八井国际宇宙线观测站、中国散裂中子源（在建）、大亚湾中微子实验装置、硬X射线调制望远镜卫星（在建）、江门中微子实验装置（在建）、高海拔宇宙线观测站（在建）等大型科研装置。

截至2015年底，高能所共有在职职工1413人。其中专业技术人员1211人，包括中国科学院院士7人、中国工程院院士2人、正高级专业技术人员183人、副高级专业技术人员502人。共有“万人计划”入选者2人，“千人计划”入选者6人（新增2人），“青年千人计划”入选者4人，中国科学院“百人计划”入选者51人（新增5人），杰青基金获得者18人。

高能所是1981年国务院学位委员会批准的首批博士、硕士学位授予权单位之一，现设有理论物理、粒子物理与原子核物理、凝聚态物理、光学、无机化学、生物无机化学6个理学博士、硕士培养点，设有核技术及应用、计算机应用技术2个工学博士、硕士培养点，设有材料工程、动力工程、机械工程、电子与通信工程、核能与核技术工程、计算机技术、化学工程7个全日制工程硕士培养点，并设有物理学、核科学与技术2个博士后流动站，共有在学研究生515人［其中博士生293人、硕士生222人（其中外籍6人)］、在站博士后79人（其中外籍13人)。

2015年，高能所共有在研项目（课题）603项（包括新增项目176项)。其中承担国家重大科技专项课题1项；主持（或承担）973计划和国家重大科学研究计划项目3项（新增1项)；承担（或参加）课题28项（新增4项)；主持（或承担）863计划课题1项；主持（或承担）国家自然科学基金重大项目4项；主持（或承担）国家自然科学基金重点项目14项（新增2项)；面上项目252项（新增82项)；杰青基金项目4项（新增2项)；国家自然科学基金联合基金9项（新增3项)；承担（或参加）课题35项；主持（或承担）中国科学院战略性先导科技专项课题36项；主持（或承担）院重点部署项目1项（新增1项)；重大仪器研制项目（科技部、国家自然科学基金委、财政部和院）2项；承担（或参加）课题13项。

2015年，高能所粒子物理研究成果显著，重要物理成果包括发现Zc的中性伴随态、首次发表Lambda c衰变的测量结果等。大科学装置运行和建设工作进展顺利：北京正负电子对撞机完成运行任务，实现高效率物理取数与同步辐射供光运行；北京同步辐射装置继续投入对外开放运行；大亚湾中微子实验运行稳定，发表了迄今最精确的反应堆中微子振荡测量结果；江门中微子实验启动建设，光电倍增管研制取得重大突破，关键技术达到国际先进水平；散裂中子源设备安装取得阶段性进展，土建施工已基本完成；ADS强流质子加速器注入器I质子束达到10mA@6MeV，标志着我国在ADS系统关键研究领域，以及强流质子超导直线加速器技术的创新研发及系统集成能力达到国际领先水平；硅阵列探测器作为核心载荷之一搭载暗物质粒子探测卫星顺利升空；高海拔宇宙线观测站项目建议书获批准，进入实质性推进阶段；环形正负电子对撞机项目完成初步概念设计；高能同步辐射光源验证装置建议书获批准；射线源及核技术的应用研究、放射化学与核相关的材料研究、肿瘤低毒化疗纳米药物临床前研究等多学科交叉研究取得重要进展；纳米抗肿瘤材料富勒醇理论研究获得突破；硬X射线调制望远镜卫星即将发射，大型空间项目空间高能宇宙辐射探测设施、X射线时变与偏振探测卫星的预研在进行中。

2015年，高能所在各类学术期刊及会议文集发表论文1204篇（作为第一机构发文456篇，占比37.9%)，被SCI收录908篇、EI收录402篇、ISTP收录19篇、MEDLINE收录21篇。根据基本科学指标数据库（ESI）统计，高能所进入全球论文影响力排名前1%的论文59篇，其中前1‰的论文13篇。

2015年，高能所申请中国专利51件，其中发明44件、实用新型7件；获得中国专利授权63件，其中发明53件、实用新型10件，获得计算机软件著作权12件，发布国家标准2项。2015年，高能所有3人获中国科学院知识产权专员执业资格，全所专员人数达9人。2015年，高能所获批成为北京市专利试点单位。《中国物理C》荣获2015“中国最具国际影响力学术期刊”。

2015年，大亚湾中微子实验团队获基础物理学突破奖，“高分辨正电子时间测量技术的研究应用”获北京市科学技术奖一等奖，“粒子激发X射线谱仪在嫦娥三号巡视探测任务中的应用”、“大亚湾中微子实验掺钆液体闪烁体的研制”获北京市科学技术奖二等奖，“交直流四极磁铁磁场测量系统研制”获广东省科技进步奖三等奖，“重夸克偶素与夸克物质”获教育部自然科学奖二等奖。

2015年，高能所积极推进科技成果转移转化工作，研制的国内首台具有完全自主知识产权的乳腺诊断正电子发射断层成像系统（乳腺

PET）获得国家三类《医疗器械注册证》，获准进入市场销售及临床应用。在核检测设备产业化方面，个人手持式剂量仪、伽马辐射成像仪完成了企业标准备案，取得剂量仪的中国计量认证（CMA 认证），伽马射线成像仪（型号 HENT33）获得北京市新技术新产品（服务）证书；在辐照工艺方面，与山西锦地集团建立山西辐照工艺研究基地，将建成集工艺研究与辐照加工一体的基地。

2015 年，高能所共签署 10 项科技合作协议，包括与蒙古科学院物理技术研究所的年度合作谅解备忘录，与中芯国际集成电路制造有限公司、法国国家科学研究中心协议，与意大利国家核物理研究院联合培养博士后奖学金项目的协议及补充协议（一），与日本东京大学宇宙线研究所关于科学合作谅解备忘录，与巴基斯坦旁遮普大学合作谅解备忘录，与美国芝加哥大学合作谅解备忘录，与英国科学与技术设施委员会签署的中子散射协议，2015—2016 年中美高能物理学合作协议等。承办高能物理领域国际研讨会 30 次。接待国外（境外）来访学者约 600 人次，组织所内科研人员出国（境）学术交流 900 余人次。参加欧洲核子研究中心的大型强子对撞机 LHC 上的 ATLAS 和 CMS 实验、丁肇中教授领导的 AMS 实验、国际直线对撞机（ILC）、BELLE & BELLE Ⅱ、PANDA 等国际合作项目。

高能所是中国物理学会高能物理分会、粒子加速器分会，同步辐射专业委员会，核电子学与核探测技术学会，中国毒理学会纳米毒理学专业委员会，中国物理学会中子散射专业委员会的挂靠单位。主办刊物有《中国物理 C》、《现代物理知识》。

（撰稿：蒙　巍　贾英华　审稿：王贻芳）

力学研究所

所　　长：樊　菁
地　　址：北京市海淀区北四环西路 15 号
邮政编码：100190
电　　话：010-62560914
传　　真：010-62561284
电子信箱：imech@imech.ac.cn
网　　址：http://www.imech.cas.cn

中国科学院力学研究所（以下简称“力学所”）成立于 1956 年，是以工程科学思想建所的综合性国家级力学研究基地，在国际力学界享有盛誉。钱学森、钱伟长为第一任正、副所长；郭永怀副所长曾长期主持工作；继任所长为郑哲敏、薛明伦、洪友士，现任所长樊菁。

力学所加强空天、海洋、环境、能源与交通等重要领域的科学创新和高新技术集成，以微尺度力学与跨尺度关联，高温气体动力学与跨大气层飞行，微重力科学与应用，海洋与环境、能源与交通中的重大力学问题，先进制造工艺力学，生物力学与生物工程等为主攻方向。

力学所现设有 5 个实验室：非线性力学国家重点实验室、高温气体动力学国家重点实验室、中国科学院微重力重点实验室、中国科学院流固耦合系统力学重点实验室、先进制造工艺力学重点实验室。

中国科学院依托力学所成立了中国科学院高超声速科技中心、中国科学院先进轨道交通力学研究中心、中国科学院海洋工程中心等非法人单元，以充分发挥力学学科在相关领域的总体和牵头作用。此外，为加强研究所与地方和产业部门的合作与发展，力学所建立了工程化构建与力学生物学北京市重点实验室，与企业联合成立了冲击动力学工程研究中心、发动机科学与工程联合实验室等。2010 年 9 月，国际理论与应用力学联盟（IUTAM）正式批准设立在力学所的北京国际力学中心为其关联所属组织，是该组织在亚太地区唯一的“国际力学中心”。力学所还建设了高超声速高温气体动力学实验技术系统、微/跨尺度力学公共实验研究系统、微重力科技实验技术系统、海洋工程与环境力学综合实验技术系统以及计算力学平台等，建成所级信息与网络共享平台，构建了较为完备后的技术支撑体系。

2015 年，力学所根据国家战略需求和世界科学前沿，结合《国家中长期科学和技术发展纲要》、中国科学院“创新 2020”规划、中国科学院《“率先行动”计划暨全面深化改革纲要》，进一步凝练科技目标，理清发展思路，积极推进研究所“一三五”科研规划的顺利实施。同时，不断提高战略思维能力，不断提升把握全局能力，适时、自主地调整科技布局，促进力学相关基础研究的发展，力争在国家重大战略任务中发挥关键性的科学支撑作用。

截至2015年底，力学所共有在职职工456人。其中专业技术人员389人，职员30人，工人37人，包括中国科学院院士7人、中国工程院院士1人、研究员及正高级工程技术人员69人、副研究员及高级工程技术人员143人；全所进入事业编制岗位412人。国家杰出青年科学家基金获得者11人，“千人计划”入选者1人，“百人计划”入选者19人，优秀青年基金获得者3人。

力学所是国务院学位委员会批准的博士、硕士学位授予权单位之一，现设有力学一级学科博士研究生培养点，力学一级学科、材料学二级学科硕士研究生培养点，并设有力学一级学科博士后流动站。2015年，力学所招收硕士生45人、博士生47人、进站博士后5人；在学研究生337人（其中博士生213人、硕士生124人），在站博士后19人。

2015年，力学所在研项目共488项，包括国家重大科学研究计划项目1项、973计划项目2项、973计划课题1项、国家重大科学仪器设备开发专项项目1项、国际合作重点项目1项、国际合作项目1项、参与的其他科技部课题近30项、国家杰出青年科学家基金项目2项、优秀青年科学基金项目3项、重点项目11项、面上项目95项、青年科学基金54项、基金其他项目15项、中国科学院重大项目1项、中国科学院重点部署项目1项、国际合作团队项目1项、院修购专项项目8项以及院方向性项目、装备研制项目等12项；参与“干细胞与再生医学研究”与“空间科学”等2个战略性先导专项A类项目，承担课题及子课题30项；参与先导专项B类项目子题2项；参与中国科协、国土资源部等科研项目近40项；一般军工项目近50项；民口横向项目133项。2015年，力学所新增项目共203项，主要包括国家自然科学基金优秀青年科学基金1项、重点项目3项、面上项目21项、青年科学基金9项、重大研究计划项目3项、联合基金2项；中国科学院重点部署项目1项、修购专项项目2项、装备研制项目1项；横向项目130余项；一般军工项目30余项等。

2015年，力学所参与的“京沪高速铁路工程”荣获国家科技进步奖特等奖1项。

2015年，力学所作为第一作者单位，全年共发表论文249篇，其中被SCIE收录154篇、EI收录140篇、CPCI-S收录14篇。出版专（编、译）著1本。提交科技报告89篇。

2015年，力学所共申请专利86项，授权专利63项，全部为发明专利，其中国外专利1项；软件登记共12项。

2015年，力学所共有103人次出访进行各种形式的交流与合作（包括国际会议95人次，合作研究5人次，中国科学院公派出国留学3人）；共有60多个境外组团来力学所进行学术访问；举办国际会议1个；在研国际合作项目有2项（国家自然科学基金委1项，科技部1项）；有40多位科学家在70多个国际学术组织及学术期刊编委会任职。

力学所是中国力学学会办公室的挂靠单位。主办或联合主办的学术期刊有《力学学报》、*Acta Mechanica Sinica*（SCI收录）、《力学进展》、《力学与实践》和 *Theoretical & Applied Mechanics Letters*.

（撰稿：王宇星　武佳丽　审稿：樊　菁　刘桂菊）

声学研究所

所　　长：王小民
地　　址：北京市海淀区北四环西路21号
邮政编码：100190
电　　话：010-82547850
传　　真：010-82547890
电子信箱：lwh@mail.ioa.ac.cn
网　　址：http://www.ioa.ac.cn

中国科学院声学研究所（以下简称“声学所”）成立于1964年，其前身是中国科学院电子学研究所的水声学研究室、空气声学研究室、超声学研究室和位于海南、上海、青岛的3个研究站。声学所是从事声学和信息处理技术研究的综合性研究所，总部位于北京市海淀区中关村。

声学所主要致力于声学和信息处理技术学科的应用基础和高技术发展研究，围绕未来5—10年我国在海洋、安全、能源、生命健康和信息网络等领域的战略急需，着力破解与声学和信息处理技术相关的前瞻性重大科技难题与系统集成瓶颈，着力提升自主创新与竞争能力，取得创新性重大成果，引领学科发展方向，保持特色鲜明和不可替代研究所的地位，把声学所打造成声学和信息处理技术领域国内外一流的国立专业研究机构。

目前，声学所在北京设有声场声信息国家重点实验室、国家网络新媒体工程技术研究中心、中国科学院噪声与振动重点实验室、中国科学院水声环境特性重点实验室、中国科学院语言声学与内容理解重点实验室、中国科学院水下航行器信息技术重点实验室等研究单元；在青岛建有北海研究站，在上海建有东海研究站，在海南建有南海研究站，在嘉兴与地方政府共建了声学技术转移中心。声学所特色研究方向包括水声物理与水声探测技术、环境声学与噪声控制技术、超声学与声学微机电技术、通信声学和语言语音信息处理技术、声学与数字系统集成技术、高性能网络与网络新媒体技术。声学所拥有包括4位中国科学院院士在内的优秀科技和管理人才队伍，其中多人在国际组织和国家级专家委员会任职。

2015年，依据中国科学院党组《关于印发〈中国科学院分院纪检监察审计工作暂行办法〉、〈中国科学院研究所纪检监察审计工作暂行办法〉的通知》（科发党字〔2011〕10号）的要求，声学所成立了纪检监察审计办公室。

截至2015年底，声学所共有在职职工785人。其中专业技术人员717人，包括中国科学院院士4人、研究员及正高级工程技术人员106人、副研究员及副高级工程技术人员238人；共有2人入选“万人计划”，16人入选中国科学院“百人计划”。

声学所是国务院学位委员会批准的首批博士、硕士学位授予单位。声学所现设有物理学（声学）、信息与通信工程（信号与信息处理）2个一级学科博士、硕士学位授权点，地质资源与地质工程（地球探测与信息技术）硕士学位授权点，电子与通信工程、地质工程2个工程领域硕士学位授权点。共有在学研究生438人（其中硕士生227人、博士生211人）、在站博士后24人，并设有物理学、信息与通信工程2个一级学科博士后流动站。

2015年，声学所共有在研项目826项（包括新增项目266项）。其中，承担（或参加）国家重大科技专项课题16项、主持（或承担）973计划项目2项、承担（或参加）课题13项（新增1项）、主持（或承担）863计划项目2项、承担（或参加）课题23项（新增8项）；主持（或承担）国家自然科学基金重大项目3项（新增3项）、重点项目3项（新增1项）、面上项目50项（新增8项）、国家杰出青年科学家基金项目1项；主持（或承担）中国科学院战略性先导科技专项课题15项（新增2项），主持（或承担）院重点部署项目8项（新增2项）、重大仪器研制项目（科技部、国家自然科学基金委、财政部）11项；承担国际合作项目23项（新增12项）；承担院地合作项目13项（新增3项）。

2015年，为推动水文监测声学仪器的国产化进程，声学所与水利部水文局、长江委水文局、上海水文总站、江西省水文局、广东省水文局等单位共同开展了国产声学多普勒流速剖面仪流量测验实验。声学所研制的河流型声学多普勒流速剖面仪与目前水文系统用于流量测验的主要设备性能相当，比测数据结果均能满足行业规范对流量测验精度的要求。下一步，声学所将进行技术成果鉴定和产品鉴定，推动技术成果的转移转化。

2015年，声学所共获省部级科技奖励3项；共发表科技论文473篇，其中被SCI收录67篇、EI收录175篇、CPCI收录23篇；出版专著4部，译著2部；共申请专利231项，其中发明专利203项，通过PCT申请国际发明专利26项；专利授权132项，其中发明专利114项，国外发明专利4项；软件著作权登记38项，集成电路布图设计20项。在2015年10月于广州召开的第五届中国科学院超级计算应用大会（SCA2015）上，声学所的“深部资源探测大规模软件研究项目”获最佳应用奖。

2015年，中国科学院水下航行器信息技术重点实验室获批，北京市海洋声学装备工程技术研究中心获北京市科委认定。

2015年，声学所积极加强与地方政府及国家大型企业的联合与合作，通过共建工程中心、联合实验室、组建新企业、技术联盟等多种形式，以及参加各类展会和成果对接会等方式，加快技术转移和科技成果转化，与国内大型企业建立新的合作关系，完成知识产权转移转化合同3件，许可使用专利技术6项，转移转化到位经费585.25万元。

2015年，声学所与斯里兰卡文化部郑和沉船水下考古合作项目得到中国科学院重点国际合作项目支持。此合作项目作为中国科学院中斯中心的重要任务，将在海底探测、海洋考古等学科进行多学科交叉研究。

2015年，声学所印度外籍特聘研究员计划项目获批，接待来访的特聘国际人才有以色列海法大学的 Boris Grogoryevich Katsnelson 教授和波兰科学院海洋研究所的 Zygmunt Klusek 教授。2015年，声学所签署签订了2项重要国际合作协议：与波兰的合作项目协议和与以色列海法大学的合作协议。

2015年，声学所组织召开了2个小型国际会议：中日韩A3研讨会和2015年第六届全国储层声学与测井技术前沿研讨会。组团赴国外参加2015西太平洋声学国际会议、UDT、IEEE国际传感器年会、美国全球信号与信息处理 Global SIP2015年会、第44届国际噪声控制工程会议、Oceans 2015国际会议、第23届欧洲信号处理国际会议（EUSIPCO2015）、水声与测量国际会议等。全年出访215人次，来访62人次。

截至2015年，声学所共有公司12家，其中研究所直接投资公司6家，声学所管理公司投资6家。

声学所是中国声学学会、全国声学标准化技术委员会、中国科学院声学计量测试站、中国环境科学学会环境物理分会等学术机构或组织的挂靠单位。主办的专业学术期刊有《声学学报》（中、英文版）、《应用声学》、《网络新媒体技术》、《声学技术》、《中国医学影像技术》和《中国介入影像与治疗学》等。

（撰稿：刘卫华　张　涵　审稿：李浩然）

理化技术研究所

所　　长：张丽萍
地　　址：北京市海淀区中关村东路29号
邮政编码：100190
电　　话：010-82543770
传　　真：010-62554670
电子信箱：zhc@mail.ipc.ac.cn
网　　址：http://www.ipc.cas.cn

中国科学院理化技术研究所（以下简称“理化所”）组建于1999年6月，是以原中国科学院感光化学研究所、低温技术实验中心为主体，联合北京人工晶体研究发展中心和工程塑料国家工程研究中心整合而成。

理化所是以物理、化学和工程技术为学科背景，以高科技创新和成果转移转化研究为职责使命的研究机构，重点开展光化学转换和光电功能材料应用基础研究及成果转移转化，致力于为我国新一代信息技术、新能源及新材料等战略性新兴产业发展持续提供源头创新，突破非线性光学晶体和全固态激光器件核心关键技术，保持和扩大非线性光学晶体及其应用的国际领先地位，推动全固态激光技术的发展，持续提供保证国家需求的战略性手段；致力于推进低温工程与技术的发展和应用，提升我国在制冷领域的核心竞争力，为我国大科学工程等重要领域的跨越性发展提供战略性支撑；致力于将理化所建设成在国际上有重要影响的高水平研究机构。

理化所主要研究领域为光化学/功能材料与技术、功能晶体与激光技术、低温科学（工程）与技术、国家安全相关技术、生物基材料与医用技术装备。

理化所现有工程塑料国家工程研究中心，航天低温推进剂国家重点实验室（联合），以及光化学转换与功能材料、功能晶体与激光技术、低温工程学、固体激光4个院级重点实验室，低温生物医学工程学、热力过程节能技术2个北京市重点实验室，空间功热转换技术、仿生智能界面科学2个所级重点实验室。技术支撑机构有国家级的低温计量站和抗菌检测中心、院级的机加工中心、所级的公共技术服务中心和信息中心等。

截至2015年底，理化所共有在职职工512人。其中科技人员458人，包括中国科学院院士5人、中国工程院院士2人、发展中国家科学院院士2人、研究员及正高级工程技术人员81人、副研究员及高级工程技术人员146人。共有中国科学院“百人计划”入选者21人，国家杰出青年科学家基金获得者6人，优秀青年科学基金获得者5人（新增2人）。

理化所现设有物理学、化学、动力工程及工程热物理3个一级学科博士、硕士研究生培养点，化学工程与技术一级学科硕士研究生培养点，材料学二级学科博士、硕士研究生培养点，动力工程、化学工程、光学工程、材料工程4个专业学位硕士研究生培养点，化学、物理学、动力工程及工程热物理3个一级学科博士后流动站；共有在学研究生482人（其中硕士生248人、博士生234人），在站博士后58人。

2015年，理化所共有在研项目519项（包括新增项目440项）。其中，财政部国家重大科研装备研制专项2项，修购专项3项；科技部重大科技专项3项（新增1项），重大仪器设备开发专项1项，973计划项目11项（新增6项），863计划项目7项，科技支撑计划5项，ITER项目2项（新增2项），国际合作专项3项；国家自然科学基金重大项目6项（新增2项）、重点项目4项（新增1项），面上项目57项（新增19项），优秀青年科学基金4项（新增2项），青年基金31项（新增19项），国家重大科研仪器设备研制项目4项。承担中国科学院战略性先导科技专项课题4项（新增4项），院重点部署项目11项（新增4项）；北京市科委项目14项（新增8项）；承担院地合作项目87项。

2015年，理化所参加中国科学院组织的特色研究所评定，成为中国科学院制造业领域首批特色研究所试点单位。全所围绕“创新2020”任务和“一三五”规划目标，扎实开展工作，取得了系列重要成果。突破一先进激光技术的创新与应用：围绕国家重大战略需求开展系统攻关任务，原创技术路线并通过验证，实现高功率高光束质量激光输出，相关成果入选中国科学院“十二五”重大科技成果标志性进展。突破两大型氢氦低温制冷技术与系统应用：完成国家重大科研装备研制项目，自主研发出首台万瓦级液氢温区大型低温设备，入选中国科学院“十二五”百优突破。突破三深紫外晶体器件、激光光源及应用：在我国独有的KBBF晶体及器件的基础上，以前沿装备创新为方向，打造“晶体-光源-装备-科研-产业化”自主创新链，相关成果入选中国科学院“十二五”重大科技成果标志性进展。

2015年，理化所全年共发表科技论文577篇，其中被SCI核心刊物收录397篇，EI收录26篇。新申请专利276项，其中发明专利243项（包括PCT 2项，美国3项、日本2项、欧盟2项、韩国1项），实用新型专利32项，外观设计1项；获授权专利185项，其中发明专利168项（包括美国2项、日本1项），实用新型17项。

2015年，“真空紫外激光角分辨光电子能谱对高温超导机理相关科学问题的研究”项目获国家自然科学奖二等奖（第二单位），“首个自驱动可变形液态金属机器问世”项目被两院院士评选为2015年中国十大科技进展新闻。理化所激光物理与技术研究团队被评为中国科学院先进集体，“全生物降解塑料聚丁二酸丁二醇酯（PBS）类聚酯研制产业化及应用”获中国科学院科技促进发展奖。江雷院士获联合国教科文组织纳米科技发展贡献奖，并当选美国工程院院士（现共有中国籍院士11人）。刘静研究员获评2015年度CCTV十大科技创新人物。“系列规格撬装式天然气液化装置技术”获中国制冷学会技术发明奖特等奖。“天文成像用双峰谱型匹配微秒脉冲钠信标激光技术研发及应用”获北京市科学技术奖二等奖。“基于分散气源的撬装式天然气液化回收技术”获中国产学研合作奖一等奖。

2015年，理化所科技成果转化和产业化工作取得新进展，若干重大项目产业化取得突破。组建激光显示产业化公司，完成三个规格100英寸激光显示家庭影院商品化样机开发，通过DCI

认证，形成可直接生产技术标准体系；启动激光家庭影院生产示范线建设，为产品进入市场奠定基础；与北京市就大型低温装备产业化落地明确合作意向，启动L40工程化样机开发和用户试用产业化合作协议，为后期L40系列液化器的产品化、开拓氦资源开发业务奠定基础；2015年7月，理化所与杭州下沙开发区签署共建杭州分所协议，全面启动杭州分所建设工作，打造区域创新和成果转化战略平台；加强经营性资产管理，截至2015年底，所投资公司共计22家（其中上市公司两家），所有者权益1亿元。

2015年，理化所积极推进国际合作与交流，争取科技部国际合作专项3项，院国际合作重点项目1项，俄乌白专项2项，国际人才计划3项。邀请诺贝尔奖获得者中村修二来所访问并洽谈合作事宜，先后接待奥地利使馆科技处、以色列使馆文化处、美国康宁公司代表团等来所访问。组织2015年材料化学亚太国际会议。TMT低温系统概念设计通过国际评审，被国际专家评价为“Excellent Work”。“液态金属电子电路”入围素有美国科技界“奥斯卡”之称的R&D 100 Award最终名单（本年度中国大陆唯一入围产品）。全年学术交流出访154人次，接待来访27人次。

理化所是中国感光学会、中国化学会光化学委员会、中国制冷学会低温专业委员会和中国感光学会光催化专业委员会的挂靠单位，负责编辑出版《影像科学与光化学》学术期刊。

（撰稿：刘世雄　朱世慧　审稿：张丽萍）

化学研究所

所　　长： 张德清

地　　址： 北京市海淀区中关村北一街2号

邮政编码： 100190

电　　话： 010-62554626

传　　真： 010-62569564

电子信箱： huaxs@iccas.ac.cn

网　　址： http://www.ic.cas.cn

中国科学院化学研究所（以下简称“化学所”）始建于1956年。多年来，中国科学院以化学所一些学科方向为主先后组建了青海盐湖研究所（1958年）、感光化学研究所（1975年）和生态环境研究中心（1975年）；成都有机化学研究所成立时吸纳了化学所的十几位业务骨干；化学所有机氟工作于1963年并入上海有机化学研究所；1999年，工程塑料国家工程中心并入新成立的理化技术研究所。1994年，化学所成为科技部和中国科学院基础性研究改革试点单位；1998年，首批进入中国科学院“知识创新”工程试点；1999年，成立中国科学院分子科学中心；2003年，科技部批准化学所与北京大学共同筹建北京分子科学国家实验室。

化学所是以基础研究为主，有重点地开展国家急需的、有重大战略目标的高新技术创新研究，并与高新技术应用和转化工作相协调发展的多学科、综合性研究所，主要学科方向为高分子科学、物理化学、有机化学、分析化学、无机化学。化学所坚持科学技术的原始创新，不断加强高技术创新和集成，重视化学与生命、材料、环境、能源等领域的交叉，在分子与纳米科学前沿、有机/高分子材料、能源与绿色化学领域以及化学与生命科学交叉领域取得系列创新成果，建设和逐步完善面向国家重大战略需求的先进高分子材料基地。

化学所现有分子反应动力学国家重点实验室、分子动态与稳态结构国家重点实验室、高分子物理与化学3个国家重点实验室；有机固体院重点实验室，光化学院重点实验室，分子纳米结构与纳米技术院重点实验室，胶体、界面与化学热力学院重点实验室，工程塑料重点实验室，分子识别与功能院重点实验室，活体分析化学院重点实验室，绿色印刷院重点实验室8个院重点实验室；高技术材料实验室（中科院先进高分子材料国防科技创新工程中心）1个所级实验室（院工程中心）；1个分析测试中心，与北京大学共同筹建北京分子科学国家实验室。此外，化学所拥有系列先进的质谱仪、核磁共振仪、X射线单晶面探仪、X射线粉末衍射仪、高分辨透射电镜、场发射扫描电镜、600兆/500兆核磁共振谱仪和400兆固体核磁共振波谱仪、X射线光电子能谱仪、傅立叶变换离子回旋共振质谱等高性能大型仪器。

2015 年，化学所贯彻落实“率先行动”计划，进一步深入实施“一三五”规划，积极落实中国科学院分子科学科教融合卓越中心建设实施方案，与北京大学共同努力推动国家实验室建设，进一步加强人才队伍建设，大力推进分子科学前沿交叉研究平台等建设项目及旧楼和园区基础设施修购项目的实施。

2015 年，化学所继续实施“卓越人才”战略。截至 2015 年底，化学所共有在职职工 617 人。其中科技人员 465 人、科技支撑人员 86 人，包括中国科学院院士 12 人（新增 2 人）、发展中国家科学院院士 5 人、研究员 106 人、副研究员及高级工程技术人员 223 人；全所进入创新岗位 537 人。共有国家自然科学基金委创新群体 10 个（新增 1 个）、国家杰出青年科学家基金获得者 64 人（新增 2 人），“千人计划”入选者 1 人、“青年千人计划”入选者 8 人（新增 4 人），中国科学院“百人计划”入选者 54 人（新增 1 人）、“西部之光”访问学者 25 人。

化学所是科技部创新人才培养示范基地，现有“国家特支计划”科技创新领军人才计划入选者 5 人（新增 1 人）、重点领域创新团队 2 个、科技创新创业人才 1 人、“国家特支计划”青年拔尖人才计划入选者 4 人（新增 2 人）。

化学所是 1996 年国务院学位委员会批准的博士、硕士学位授予权单位之一，现设有化学一级学科硕士、博士研究生培养点，材料学二级学科硕士、博士研究生培养点，并设有化学一级学科博士后科研流动站，共有在学研究生 966 人（其中博士生 661 人、硕士生 305 人），有在站博士后 79 人。

2015 年，化学所共承担各类科研项目、课题 700 余项（包括新增项目 203 项）。其中，承担 973 计划和重大科学研究计划项目 6 项、课题 18 项（新增 2 项）；承担国家重大科技专项课题/子课题 2 项；主持 863 计划项目/课题 6 项；承担科技支撑计划项目课题 3 项；主持国家自然科学基金 406 项：重大项目 7 项（新增 1 项）、重点项目 22 项（新增 5 项）、面上项目 187 项（新增 43 项）、国家自然科学基金重大研究计划重点项目 8 项（新增 1 项）、国家杰出青年科学基金项目 10 项（新增 2 项）、创新研究群体 5 项（新增 1 项，滚动支持 1 项）；主持中国科学院 B 类战略先导科技专项 1 项，参加 A 类战略先导科技专项 1 项、中国科学院-北京大学率先团队合作项目 1 项，主持院重点部署项目 3 项、中国科学院“百人计划”项目 4 项（新增 1 项）；主持“青年千人计划”项目 7 项（新增 4 项）；主持科技部、国家自然科学基金委、财政部和中科院重大仪器研制项目 13 项（新增 1 项）；承担科技部、国家自然科学基金委、科学院重大国际合作项目 9 项（新增 2 项）；承担院地合作项目 200 余项（新增 87 项）。

根据科技部科技信息中心发布的全国科研机构发表科技论文情况统计：化学所 2005—2014 年发表的 SCI 收录论文累计被引用 6715 篇，被引用 170 204 次，居全国研究机构第 1 名。2015 年，化学所以第一单位所发表论文中，被 SCI 收录 709 篇，以非第一单位所发表论文中，被 SCI 收录论文 380 篇。其中，在有重要影响的学术期刊上发表论文 115 篇，在化学的各个分支学科如高分子科学、物理化学、有机化学、分析化学和无机化学领域的高水平杂志（影响因子大于 3.0）上发表论文 825 篇（包括合作发表 297 篇）。

2015 年，化学所“活体层次定量获取化学信号的新原理和新方法研究”项目获得国家自然科学奖二等奖，“响应性功能分子的设计合成与性质研究”项目获得北京市科学技术奖一等奖，“基于谱学技术和组学原理的中药物质基础研究的技术体系构建及应用”项目获北京市科学技术奖二等奖，“口腔硬组织修复高分子基生物医用材料及临床应用”项目获中国石油和化学工业科学技术奖二等奖；姚建年院士获得何梁何利基金科技与技术进步奖。

2015 年，化学所申请专利 226 项，获专利授权 210 项。“纳米绿色打印制版技术”项目获中国科学院科技促进发展奖优秀成果奖二等奖，纳米药物研究团队获 2015 年度中国科学院科技成果在北京转化先进团队科技成果转化二等奖，科技成果转化管理团队获得 2015 年度中国科学院科技成果在北京转化先进团队技术转移工作组织奖二等奖。

2015年，化学所办理外事出访322人次，接待来访337人次。推荐化学所名誉教授Peter J. Stang教授（美国犹他大学）获得中国政府友谊奖及中华人民共和国国际科学技术合作奖；新增中国科学院国际访问学者5人，国际博士后5人，国际访问学者延续项目2项，国际博士后延续项目1项；新争取重大国际合作项目2项，其中中国科学院-香港大学合作项目1项、中国科学院-奥地利技术研究所合作项目1项；举办分子科学论坛讲座报告13次，分子科学前沿讲座9次；主办国际会议5个；与国际研究院所签署合作协议2项。这些交流合作，进一步提升了化学所在国际学术界的影响力。

2015年，化学所天津武清基地建设项目顺利通过竣工验收。

化学所是中国化学会的依托单位，并与中国化学会共同主办《化学通报》、《高分子学报》、《高分子通报》、*Chinese Journal of Polymer Science*等学术期刊。

（撰稿：李　丹　石永军　审稿：张德清）

国家纳米科学中心

主　　任：刘鸣华
地　　址：北京市海淀区中关村北一条11号
邮政编码：100190
电　　话：010-82545605
传　　真：010-62656765
电子信箱：webmaster@nanoctr.cn
网　　址：http://www.nanoctr.cn

国家纳米科学中心（以下简称“纳米中心”）是中国科学院与教育部共同建设，于2003年12月正式成立的具有独立事业法人资格的全额拨款直属事业单位。纳米中心实行理事会领导下的主任负责制，理事会由国家发改委、教育部、科技部、财政部、卫生部、中国科学院、中国工程院、国家自然科学基金委员会和北京市人民政府等单位选派代表组成。

纳米中心定位于纳米科学的基础和应用基础研究，目标是要建成具有国际先进水平的研究基地、面向国内外开放的纳米科学研究公共技术平台、中国纳米科技领域国际交流的窗口和人才培养基地。在努力为中国纳米科技发展提供支撑的同时，纳米中心还致力于促进国家纳米科技产业的标准化和规范化发展，以期为中国纳米科技的健康、有序发展做出贡献。

纳米中心现有3个中国科学院重点实验室，分别是中国科学院纳米生物效应与安全性重点实验室、中国科学院纳米标准与检测重点实验室和中国科学院纳米系统与多级次制造重点实验室。此外，纳米中心与北京大学、清华大学、中国科学院福建物质结构研究所等单位共建协作实验室19个。

纳米生物效应与安全性院重点实验室　主要研究纳米结构和生物体之间相互作用、揭示纳米材料的生物效应并对其安全性进行评价。

纳米标准与表征院重点实验室　包括纳米标准和纳米表征两个方向。纳米标准研究主要从事纳米技术标准化研究，如纳米检测技术标准化、纳米标准物质研制等工作；纳米表征研究主要发展对纳米尺度结构和性能的表征方法和研究设备，开发纳米表征新技术。

纳米系统与多级次制造院重点实验室　包括3个研究室：纳米器件研究室主要从事功能纳米结构的制备和集成技术；纳米材料研究室主要从事新型纳米材料的制备和组装，以及纳米材料在环境科学和新能源应用的相关研究；纳米制造与应用基础研究室主要开展集纳米材料和结构的宏量制备及体现“纳米效应”的产品和系统的应用基础研究。

3个重点实验室里设有纳米器件、纳米材料、纳米生物效应与安全性、纳米表征、纳米标准、纳米制造与应用基础等6个研究室，设有纳米技术发展部，包括纳米检测、纳米加工和纳米生物检测3个技术室。纳米技术发展部致力于公共开放平台建设，为纳米科技研究提供支撑。纳米检测室主要从事纳米检测技术服务，开展相关培训和研发工作；纳米加工技术实验室主要从事纳米结构加工、器件制备及系统技术研究；纳米生物检测室利用先进的设备检测纳米材料与生物体的相互作用。

2015 年，纳米中心圆满完成了“十二五”规划和“一三五”任务，积极参与“率先行动”计划实施，成立了中国科学院纳米科学卓越创新中心，筹建了纳米技术应用实验室。

截至 2015 年底，纳米中心共有在职职工 242 人。其中科技人员 178 人、支撑人员 29 人，包括研究员及正高级工程技术人员 45 人、副研究员及高级工程技术人员 61 人；“青年千人计划”入选者 2 人（新增 1 人），中国科学院“百人计划”入选者 26 人（新增 7 人），国家杰出青年科学家基金获得者 12 人。全所进入创新岗位 242 人。

纳米中心是 2005 年国务院学位委员会批准的博士、硕士学位授予权单位之一，现设有凝聚态物理、物理化学、材料学和纳米科学与技术 4 个专业学科博士研究生培养点，凝聚态物理、物理化学、材料学、生物物理学、纳米科学与技术、生物工程、材料工程 7 个专业学科硕士研究生培养点，并设有博士后流动站。共有在学研究生 307 人（其中硕士生 141 人、博士生 166 人），在站博士后 52 人。

2015 年，纳米中心共承担科研项目 183 项（包括新增项目 61 项）。其中，主持中国科学院战略性先导科技专项课题 1 项，承担课题 6 项；主持国家重大科学研究计划项目 3 项、承担课题 14 项（新增 1 项）；承担 863 计划课题 1 项；主持国家自然科学基金重点项目 1 项、面上项目 56 项（新增 17 项）、国家杰出青年科学家基金项目 7 项、国家自然科学基金重大研究计划项目 1 项；承担中国科学院重点部署项目 4 项、重大仪器研制项目 4 项，承担北京市科委项目 26 项（新增 8 项），国际合作项目 31 项（新增 13 项），院地合作项目 29 项（新增 22 项）。

2015 年，在 *Nature* 出版社自然指数（Nature Index）最新排名中，纳米中心进入全院前 10 名。纳米中心科研人员合成的单层氢氧化镍–超细铂线纳米杂体系表现了优越的碱性电解水制氢的催化性能，为构筑新型二维 – 一维纳米杂化材料提供了新思路；纳米中心与哈佛大学合作发展的可注射植入的超柔性神经电路，实现了对神经信号的长期稳定记录。该成果被美国化学会（ACS）评为 2015 年化学领域最受瞩目的研究成果之一；纳米生物室研究利用碳纳米物质“狙击”癌症干细胞，为肿瘤的诊断和治疗提供了崭新的思路；拓扑晶态绝缘体 Pb1-xSnxTe 纳米线表面态输运调控获得新进展，为开发新奇的物理学现象和新的应用带来契机。纳米技术标准方面完成多项国家标准发布和国际标准立项。此外，纳米中心还成立了纳米技术应用实验室，加强与企业合作，积极促进纳米科技成果的转移转化。

2015 年，纳米中心共发表论文 457 篇，比 2014 年增长 8.7%，其中被 SCI 收录 435 篇，第一单位论文 277 篇；主编专著 3 部，参编 11 部；申请专利 136 项，授权专利 83 项，有多个 PCT 专利进入国家阶段，另有 2 项专利实现转移转化。2015 年度颁布国家标准 3 项，获国家级标准物质 5 项。

2015 年，纳米中心作为第一完成单位荣获北京市科学技术奖两项，分别是唐智勇研究员的“自主装纳米材料的构建及功能化”项目（二等奖）、刘前研究员的“系列纳米台阶高度标准物质研制”项目（三等奖）。陈春英研究员获第十一届中国青年女科学家奖。张忠研究员、陈春英研究员入选国家“百千万人才”工程，并被授予“有突出贡献中青年专家”荣誉称号。

2015 年，纳米中心在国际交流与合作方面取得了重要进展。全年接待国外来访团组 32 个，共计 49 人；办理中心人员出访团组 93 个，共计 112 人。与南非大学签署合作协议，组织第六届中国国际纳米科学技术会议、全球纳米主任论坛等多个国际会议，在国内外取得广泛的影响。

纳米中心是全国纳米技术标准化技术委员会（SAC/TC279）、中国合格评定国家认可委员会（CNAS）实验室技术委员会纳米专业委员会、中国微米纳米技术学会纳米科学技术分会的挂靠单位。纳米中心与英国皇家化学会联合主办的英文期刊 *Nanoscale* 受到国内外学界的广泛关注。

（撰稿：吴树仙　刘卫卫　审稿：刘鸣华）

生态环境研究中心

主　　任：江桂斌
地　　址：北京市海淀区双清路 18 号
邮政编码：100085
电　　话：010-62923549
传　　真：010-62923549
电子信箱：zhb@rcees. ac. cn
网　　址：http://www. rcees. ac. cn

中国科学院生态环境研究中心（以下简称“生态中心”）始建于 1975 年，时为经国务院批准成立的中国科学院环境化学研究所，1986 年与中国科学院生态学研究中心（筹）合并，改为现名。

生态中心以“国家生态环境安全与可持续发展”为战略主题，充分发挥环境科学、环境工程和生态学三大学科的综合优势，将国际环境科学与生态学研究前沿与国家环境保护与生态建设的重大需求紧密结合，不断突破关系到国家生态安全、环境健康和可持续发展的重大科学理论和关键技术，为我国生态文明建设、实现人与自然的协调发展做出基础性、战略性、前瞻性科技创新贡献，将生态中心建设成为我国生态环境科学应用基础研究和技术创新基地、高级专门人才培养基地，成为国内一流、国际上有重要影响的生态环境科学与技术综合性研究机构。

生态中心共有 11 个实验室，包括环境化学与生态毒理学国家重点实验室、环境水质学国家重点实验室（环境模拟与污染控制国家重点联合实验室）、城市与区域生态国家重点实验室 3 个国家重点实验室；中国科学院环境生物技术重点实验室和中国科学院饮用水科学与技术重点实验室 2 个中科院重点实验室；大气环境科学实验室、水污染控制实验室、土壤环境科学实验室、环境纳米材料实验室、固体废弃物处理与资源化实验室和大气污染控制中心 6 个实验室。设有文献信息中心、大型分析仪器实验室、二恶英实验室、水质分析实验室、环境评价部和北京城市生态系统研究站。组建有“持久性有毒污染物形态、环境过程与毒理效应”、“环境微界面过程与污染控制”、“土地利用与生态过程”、“持久性有毒污染物的环境过程与毒理效应”4 个国家基金委创新研究群体和“持久性有毒化学污染物”、“生态系统过程与服务”、“饮用水安全”3 个中国科学院创新研究团队。二恶英实验室通过了国家实验室认可和计量认证、水质分析实验室通过计量认证；联合国环境规划署持久性有机污染物分析示范实验室落户生态中心、住房和城乡建设部农村污水处理技术北方研究中心依托生态中心。生态中心与南澳大利亚水务公司共建国际水科学技术中心、与挪威共建中-挪环境综合研究中心、与横滨国立大学联合共建亚洲国际生态环境安全管理中国联合研究中心、与中国节能投资公司共建中环水务-生态中心联合研发基地。生态中心是农业部批准的农药登记残留试验认证单位之一。

2015 年，生态中心高质量完成了“十二五”主要目标任务，在中国科学院组织的“十二五”验收评估中，获得生态环境组第一；生态中心部署的“环境污染的健康效应与调控”、“饮用水复合污染过程与控制”、全国生态系统评估与国家生态安全屏障”三个重大突破均获评优秀，其中，“环境污染的健康效应”入选中国科学院“十二五”重大科技成果及标志性进展。

截至 2015 年底，生态中心共有在职职工 455 人。其中科技人员 436 人（含科技支撑人员 77 人），包括中国科学院院士 2 人、中国工程院院士 3 人、发展中国家科学院院士 3 人、研究员及正高级人员 98 人、副研究员及高工 120 人。共有中国科学院“百人计划”入选者 31 人、国家杰出青年科学家基金获得者 21 人，入选“百千万人才工程”6 人，入选“万人计划”青年拔尖人才 2 人。

生态中心是国务院学位委员会批准的硕士学位（1980 年）、博士学位（1986 年）授予权单位之一，是中国科学院博士生重点培养基地，具有环境科学、环境工程、生态学、分析化学、有机化学、环境经济与环境管理 6 个专业博士学位点，环境科学、环境工程、生态学、分析化学、有机化学、环境经济与环境管理 6 个硕士学位点，环境工程、生物工程等工程硕士学位点。设有环境科学与工程、生物学、生态学博士后流动站，“环境科学与工程”流动站为全国优秀博士后流动站。截至2015年底，生态中心共有在学研究生697人（其中硕士生272人、博士生425人），在站博士后149人。

2015年，生态中心共有在研项目（课题）502项（新增153项），主持973项目计划3项（新增2项），承担课题11项（新增3项），承担863计划项目（课题）20项（新增3项），国家重大科技专项课题23项（新增1项），国家科技支撑计划项目（课题）22项，行业公益性专项课题14项（新增3项）；承担国家自然科学基金重大项目2项（新增1项）、课题9项、重点项目18项（新增5项）、杰出青年基金项目19项（新增2项）、创新研究群体4项、优秀青年科学基金项目14项（新增3项）、面上项目146项（新增45项）；承担中国科学院战略性先导科技B类专项2项，中科院科技服务网络（STS）计划项目4项（新增1项），院重点部署项目1项；承担国际合作项目2项，院地合作项目1项，与地方政府合作项目3项。

2015年，生态中心获批建设“中科院生态环境科学科教融合卓越中心”；与微生物研究所、中国科学院大学资环学院共同建立“环境微生物技术联合实验室”，与中国科学院大学资环学院共建“大气环境化学与健康”联合实验室，为未来科教融合卓越中心的发展奠定了良好的基础。在2015年度国家重点实验室评估中，生态中心获得2个优秀、1个良好的成绩。

2015年，生态中心“一种多元复合金属氧化物除砷沉降剂及其应用方法”项目获第十七届中国专利奖优秀奖；“基于污染物特征的工业废水处理与资源化技术”项目获2015年中国科学院科技促进发展奖二等奖；“高灵敏DNA甲基化与去甲基化修饰分析新方法”项目获中国分析测试（CAIA）特等奖；“中国二恶英类排放清单支撑技术”项目获2015年环境保护科学技术奖三等奖；“抗生素与抗性基因的环境污染特征、转移转化机制和控制原理”项目获2015年北京市科学技术奖三等奖；刘思金获2015年度中国科学院青年科学家奖。

2015年，生态中心主持的一批重大项目取得重要进展。生态中心继续保持在环境分析化学方面的总体优势，重视环境化学过程、污染现状与污染机制研究，在高等生物DNA修饰合作研究、纳米银的环境健康研究方面取得重要进展，并在国际上首次明确提出研究环境污染物“干细胞毒理学”；在新型污水处理模式及评估方面，推动焦化废水处理新技术工程化应用取得重要进展，在水生态系统厌氧氨氧化氮循环方面、二氧化碳升高对土壤微生物的影响研究上取得进展；在粮食安全与环境可持续能力方面，在*Nature*上发文提出可持续发展目标的5项优先工作；在黄土高原生态水文研究方面取得重要进展，揭示了黄河泥沙减少的归因；在全国生态系统变化评估、生态系统服务多尺度评估及应用、城市空气污染对周边区域的影响和植物功能多样性与土壤侵蚀方面都取得重要进展。

2015年，生态中心（第一作者）在国内外期刊发表论文540篇，其中被SCI收录407篇，中文核心期刊论文133篇。申请专利104件，其中发明专利95件；获专利授权79件，其中发明专利64件；获软件著作权6件，形成国家或行业标准数2项。

2015年，生态中心的对外科技合作与学术交流进一步活跃，累计派出科研骨干出国（境）参加国际会议、开展短期合作研究及讲学培训334人次，接待外国专家学者官员学术访问及开展合作研究累计222人次。先后主办、承办第六届国际水协会亚太水大会暨展览会、第43届国际液相分离及相关技术学术会议等重大国际会议，第五期发展中国家水卫生技术培训班（长期、短期）、第十届海峡两岸水质安全控制技术与管理研讨会暨2015供水高峰论坛等自主品牌系列会议（培训）及各类专题研讨会18场。

2015年，生态中心与澳门大学签署了关于筹建中国科学院生态环境研究中心-澳门大学“澳门环境检测与评估联合实验室”的合作备忘录。2015年，生态中心在大力推进与发展中国家，特别是“一带一路”沿线国家，在水与环境方面的合作中取得了重要进展，创建了“人才培养-科教援助-企业跟进”三位一体的科教援助新模式。2015年，傅伯杰研究员当选为英国爱丁堡皇家学会通讯院士（外籍院士），吕永龙受聘担任 *Science* 姐妹刊 *Science Advances* 副主编；生态中心创刊 *Ecosystem Health and Sustainability* 正式上线。

2015 年，生态中心继续加强与国家部委、各级政府、企业实体、高校及科研机构的合作，尤其是与大型国企的合作，通过强强联手、优势互补，共同推进国家的生态环境保护建设。针对国家在生态规划与建设、水质安全保障、大气污染治理、土壤污染修复、固体废弃物处理与资源化、农残检测及环境影响评价等方面的技术需求及问题，通过开展联合攻关和提供技术支撑和服务，解决重大环境污染问题的同时，为企业的创新发展提供全面支撑，从而促进科技成果的转移转化。

生态中心是中国生态学学会、国际环境问题科学委员会中国委员会的挂靠单位。负责编辑出版 *Journal of Environmental Sciences*（SCI 和 EI 收录）、《生态学报》、《环境科学》、《环境科学学报》、《环境工程学报》、《环境化学》和《生态毒理学报》7 种自然科学学术期刊，国际刊物 *Environmental Science & Technology* Asian office、国际水协会 IWA Beijing office、国际环境问题科学委员会 SCOPE Beijing office 设在生态中心。生态中心科学家分别担任国际景观生态学会副主席、国际科联科学计划和评估委员会、全球气候变化适应网络亚太区域科学委员会委员等重要学术组织职务；担任 *Environmental Science & Technology*，*Science* 姐妹刊 *Science Advances* 副主编等。

（撰稿：陈劲憬　杨克武　审稿：欧阳志云）

过程工程研究所

所　　长：张锁江
地　　址：北京市海淀区中关村北二街 1 号
邮政编码：100190
联系电话：010-62554241
图文传真：010-62561822
电子信箱：office@ipe.ac.cn
网　　址：http://www.ipe.cas.cn

中国科学院过程工程研究所（以下简称"过程工程所"）前身是 1958 年成立的中国科学院化工冶金研究所。50 多年来，研究范围逐步扩展到能源化工、生化工程、材料化工、资源/环境工程等领域，学科方向由"化工冶金"发展为"过程工程"。2001 年更为现名。

在国家"十二五"时期和中国科学院"创新 2020"实施过程中，过程工程所进一步明确"引领过程工程科学前沿，支撑过程工业技术创新"的发展目标，瞄准国家战略需求和世界科技前沿，针对当前制约过程工程跨越发展的突出问题，制定并实施"一三五"战略规划和科技布局："一个定位"，即大规模资源转化利用及替代的绿色过程在过程工业变革中发挥主导和支撑作用；"三项突破"，即多尺度放大调控及其重大应用、矿产资源高效清洁转化利用技术、生物过程关键技术与装备；"五大方向"，即绿色介质与过程节能、功能材料化工及工程应用、生物质全利用过程工程、绿色反应与分离工程、煤转化及油气综合利用。过程工程所围绕重大突破和产出，探索适应过程工程跨越发展的体制机制，提出了创新科研组织模式和完善成果转化链两项重大改革举措，形成符合过程工程学科发展规律的科研创新体系。

过程工程所现有生化工程国家重点实验室和国家生化工程技术研究中心（北京）、多相复杂系统国家重点实验室、湿法冶金清洁生产技术国家工程实验室、中国科学院绿色过程与工程重点实验室、离子液体清洁过程北京市重点实验室，以及北京市纳米材料工程技术研究中心、过程污染控制环境工程研究中心、过程工程研发中心、生物质研究中心、循环经济技术研究中心、过程工程中关村开放实验室等科研机构。

截至 2015 年底，过程工程所共有在职职工 864 人。其中科技人员 817 人，包括中国科学院院士 4 人、中国工程院院士 1 人、研究员及正高级工程技术人员 73 人、副研究员及高级工程技术人员 251 人。共有"千人计划"入选者 1 人，"青年千人"5 人；中国科学院"百人计划"入选者 29 人（新增 4 人），所级"百人计划"入选者 13 人；国家杰出青年科学家基金获得者 12 人，优秀青年科学基金获得者 6 人（新增 2 人）；

引进杰出技术人才2人。

过程工程所现设有化学工程与技术、环境科学与工程、材料科学与工程3个一级学科博士/硕士研究生培养点，并设有2个一级学科博士后流动站。共有在学研究生462人（其中硕士生260人、博士生202人），外国留学生29人，在站博士后61人。

2015年，过程工程所主持973计划项目3项（新增1项），主持课题14项（新增3项），参加课题36项（新增3项）；主持863计划重点项目1项、课题13项（新增1项），参加课题36项（新增4项）；主持国家科技支撑计划课题7项，参加课题11项；承担国家科技重大专项课题2项，参加8项（新增2项）；承担或参加其他部委项目9项（新增3项）；参与中国科学院战略性先导科技专项4项，主持中科院科技服务网络（STS）计划项目3项，主持院重点部署项目1项、参与5项，院装备类项日8项（新增2项），修购专项4项（新增2项）；2015年，过程工程所主持面上项目83项（新增24项）、青年基金99项（新增41项）、重点项目2项、国家杰出青年科学家基金6项（新增2项）、优秀青年科学基金4项（新增2项）、国家重大科研仪器研制项目1项、仪器专项1项、国际合作重点项目3项（新增2项）、重大研究计划重点项目2项、重大研究计划培育项目12项（新增8项）、联合基金重点支持项目1项、联合基金培育项目7项（新增6项）；主持北京市自然基金重点项目2项、面上项目8项（新增1项），青年项目3项（新增2项），预探索项目1项。

2015年，过程工程所扎实推进重点区域院地合作策略，新增四技合同226份，总金额1.62亿元，到款1.08亿元。与全国200余个地级市建立联系，其中与103个地级市、21个育成中心建立长效联络机制，与23个城市形成了从项目、平台、人才和产业上的全面合作。组织企业考察75次，接待企业来访145次。新增与区域共建各类创新平台7个，加入产业技术创新联盟5个，以科技资源与区域经济的深度融合，推动区域产业结构转型升级。科技开发处全体员工也因此荣获中国科学院科技促进发展奖管理贡献奖、中国科学院在京技术转移工作组织奖一等奖。过程工程所致力于科学技术与“双创”相结合，成立“过程工程创客吧”；积极探索科技金融，与中国建设银行北京中关村分行、北京银行中关村分行签署了战略合作协议，围绕研究所成果孵化和科技成果转化，2家银行均提供10亿元的银行授信，过程工程所成为在京第一家与银行建立全面科技金融合作的研究所。

2015年，过程工程所知识产权工作在培训体系建设、人才队伍培养、保护质量提升、经营实现价值等方面多管齐下，着力实现项目的知识产权全过程管理，带动科技成果产业化效率提升。全年申请专利310项，其中国际专利申请33项（含PCT国际阶段）；授权专利230项，其中国际专利授权9项；软件著作权登记12项；中国发明专利授权量位列中国科学院第五名。知识产权人才队伍不断发展壮大，2015年新增国家专利代理人2名（总计6名），北京市知识产权法院专家型人民陪审员9名，北京市知识产权司法鉴定人7名（总计40余名），为过程工程所的创新发展提供有力的知识产权人才支撑。“国家专利审查员北京实践基地”落户过程工程所，助力知识产权创造与运用能力提升。

2015年，过程工程所国际合作交流工作持续稳步推进：①频繁举办各类国际学术交流活动，全年先后派出109个团组179人次分别赴不同国家参加国际学术会议或开展合作研究；约300人次来自国际知名高校和科研机构及跨国企业的代表来所进行学术交流或开展合作研究工作；②加强国际学术交流平台建设，举办了包括国际膜工程会议、第五届高分子乳液聚合和功能高分子微球研讨会、能源转换与存储国际学术研讨会、CAS-TWAS绿色技术国际研讨会4次大型国际会议；③借助中国科学院各类人才计划，大量引进国际杰出优秀人才，2015年总共获得8项国际人才计划资助，其中包括国际杰出访问学者计划1项、国际访问学者计划5项、国际博士后2项；④积极争取国际科技合作项目资源，2015年争取院国际科技合作重点项目2项，中科院-美国能源部双边合作项目和中科院-澳大利亚CSIRO双边合作项目各1项。⑤积极推动与各国际高校间及跨国企业间的合作，在落实与澳大利亚阿德莱德大学、丹麦科技大学签署的合作协议的同时，推动与澳大利亚格里菲斯大学签订《共建能源、材料与环境联合实验室谅解备忘录》，促成与蒙纳士大学双方高层互访，推动共建离子液体联合研究中心；推动与联合利华双方高层互访和在研国际合作项目的实施过程管理；⑥依托 CAS-TWAS 绿色技术优秀中心，加强与发展中国家合作，举办绿色技术研讨会及培训班，推动落实与沙特、刚果金、泰国及缅甸的科技合作，推动共建联合研究中心；⑦注重合作积累，推荐本所国际合作专家、瑞典乌普萨拉大学 Jan-Christer Janson 教授申报并获得 2015 年中华人民共和国国际科技合作奖和中华人民共和国政府友谊奖。

中国颗粒学会及中国化工学会离子液体专业委员会挂靠过程工程所。过程工程所主办 4 个学术期刊，分别为 *PARTICUOLOGY*（《颗粒学报》）、*Green Energy & Environment*（《绿色能源与环境》）、《过程工程学报》和《计算机与应用化学》。

（撰稿：李欣涛　窦红光　审稿：陈运法）

地理科学与资源研究所

所　　长：葛全胜
地　　址：北京市朝阳区大屯路甲 11 号
邮政编码：100101
电　　话：010-64854841，010-64889276
传　　真：010-64854230
电子信箱：office@igsnrr. ac. cn
网　　址：http://www. igsnrr. ac. cn

中国科学院地理科学与资源研究所（以下简称“地理资源所”）于 1999 年 9 月经中国科学院批准，由中国科学院地理研究所（前身是 1940 年成立的中国地理研究所）和中国科学院自然资源综合考察委员会（1956 年成立）整合而成。

地理资源所的定位是：以解决关系国家全局和制约长远发展的资源环境领域的重大公益性科技问题为着力点，以持续提升研究所自主创新能力和可持续发展能力为主线，建设成为服务、引领和支撑我国区域可持续发展的资源环境研究战略科技力量。

地理资源所的发展目标是：成为我国陆地表层过程、区域可持续发展、资源环境安全、生态系统及地理信息系统核心科学与技术研究中起引领作用的综合研究机构，成为国家区域发展、资源利用、环境整治和生态文明建设重要的思想库、人才库，通过实施国际化战略，开展亚洲、非洲和美洲等地区生态环境国际合作研究，提升国际竞争力，建设成为国际地理科学、资源科学和生态建设领域的著名综合性研究机构。

地理资源所科研系统由 7 个实验室（中心）、30 个研究室（中心）组成，形成了以重点实验室为纽带的“一三五”科研组织模式。7 个实验室（中心）是资源与环境信息系统国家重点实验室、陆地表层格局与模拟院重点实验室、区域可持续发展分析与模拟院重点实验室、生态系统网络观测与模拟院重点实验室、陆地水循环及地表过程院重点实验室、资源利用与环境修复所重点实验室、农业政策研究中心。

地理资源所拥有 1 个国家重点实验室、4 个中国科学院重点实验室，与其他单位共建国土资源部、北京市 2 个省部级重点实验室，设有理化分析中心和 5 个专业实验室构成的所级公共技术服务中心，拥有禹城综合实验站、拉萨高原生态试验站 2 个国家野外科学观测研究站，禹城站、拉萨站、千烟洲红壤丘陵综合开发试验站 3 个中国科学院生态系统研究网络（CERN）野外站。地理资源所建成了中国物候观测网、中国陆地生态系统通量观测研究网络（ChinaFLUX）和同位素观测网 3 个全国性观测研究网络，共同构成了研究所野外观测研究平台；建成了完整的数据共享平台，国家地球系统科学数据共享平台、973 计划资源环境领域数据汇交中心、中国生态系统研究网络综合中心、中国科学院资源环境科学数据中心、国家电子政务工程资源环境科学数据分中心设在该所。此外，地理资源所还设有地理科学与资源科学专业图书馆。

地理资源所是国务院学位委员会批准的首批博士、硕士学位授予单位之一。现设有 3 个一级学科博士研究生培养点：地理学（含自然地理学、人文地理学、地图学与地理信息系统、自然资源学4个二级学科）、生态学、农林经济管理；设有环境科学1个二级学科博士研究生培养点；设有自然地理学、人文地理学、地图学与地理信息系统、自然资源学、气象学、生态学、环境科学、农业经济管理8个二级学科硕士研究生培养点；农村与区域发展（农业推广）、农业信息化（农业推广）、环境工程（专业学位）硕士培养点；设有地理学、生态学、生物学3个一级学科博士后科研流动站。共有在学研究生787人（其中硕士生276人、博士生492人、香港地区博士生1人、外国留学生18人），在站博士后272人。

2015年，地理资源所首批进入特色研究所分类改革试点，在资源环境领域率先实施研究所分类改革。全所围绕“三个面向”、“四个率先”的新时期办院方针，推进落实“一三五”规划，主动作为、奋发努力、抢抓机遇、深化改革，“十二五”验收取得了优秀成绩，顺利通过了“一三五”国际诊断评估（思想库建设部分），各项事业稳步发展，实现了“十二五”的良好收官。

截至2015年底，地理资源所共有在职职工603人。其中科研人员432人、科技支撑人员100人，包括中国科学院院士5人、中国工程院院士3人、发展中国家科学院院士2人、研究员及正高级工程技术人员144人、副研究员及高级工程技术人员208人。共有国家杰出青年科学家基金获得者18人（新增2人），中国科学院“百人计划”入选者30人（新增2人），“青年千人计划”入选者1人，“外专千人计划”入选者1人，“百千万人才工程”国家级人选6人，国家“万人计划”百千万工程领军人才1人，国家“万人计划”青年拔尖人才1人（新增1人）。

2015年，地理资源所共有在研项目/课题1320项（包括新增项目/课题553项）。其中，主持973计划项目1项、承担课题15项（新增3项），主持863计划重大项目1项、课题5项、主持国家科技支撑计划项目2项、课题15项，国家科技基础性工作专项项目7项、课题13项（新增2项），国家科技重大专项课题6项（新增1项）、国家科技基础条件平台项目2项；承担国家自然科学基金重大项目2项（新增1项），重大研究计划集成项目1项，重点项目23项（新增7项），创新研究群体科学基金1项，国家重大科研仪器研制项目1项，面上项目（含面上-青年连续资助项目）217项（新增52项），优秀青年科学基金项目96项（新增19项），国家杰出青年科学基金项目7项（新增2项），优秀青年科学基金项目3项；承担中国科学院战略性先导科技专项项目2项、课题10项，院重点部署项目5项（新增1项），中科院科技服务网络（STS）计划项目15项（新增2项）；科技部国际合作项目2项，国家自然科学基金委员会对外交流国际合作项目12项（新增7项），国家社会科学基金重大项目2项；承担经费在100万以上国家部委委托项目15项（新增6项）、与地方政府合作项目47项（新增29项）。

2015年，地理资源所获得国家科技进步奖二等奖1项、省部级科技奖16项。其中，作为第二完成单位的成果“中国生态交错带生态价值评估与恢复治理关键技术”获国家科技进步奖二等奖；第一完成单位成果“城市生态环境监测及管控关键技术研发与示范”获环境保护科学技术奖二等奖，“土地利用变化的多尺度预测与未来情景制图的关键技术及应用”获中国测绘地理信息学会奖一等奖，“城市交通诱导与导航出行关键技术研究与应用服务”获北京市科学技术奖一等奖，“陆地表面温度热红外遥感反演机理与方法研究”获北京市自然科学奖三等奖。

2015年，地理资源所共发表论文1604篇，其中被SCI和SSCI收录836篇，被国内刊物收录710篇，被EI、ISTP及其他国外刊物收录58篇。出版学术著作（地图集）81部，获得授权专利36项，获得计算机软件著作权89项，完成区域（全国）发展规划23项。20份咨询报告得到党和国家领导人批示或被中办、国办刊物采用。

2015年，欧阳竹被人社部、中国科学院评为“中国科学院先进工作者”，汤秋鸿入选国家“万人计划”青年拔尖人才，兰恒星、裴韬获国家杰出青年科学基金，孙福宝、孙志刚获得中科院“百人计划”择优支持，郭大立、汤秋鸿、张扬建获得中科院“百人计划”终期评估优秀，杨丽虎入选中科院关键技术人才项目，张扬建获中科院王宽诚西部学者突出贡献奖，高扬获中科院卢嘉锡青年人才奖，廖晓勇入选科技北京百名领军人才培养工程。黄季焜荣获国际农业经济学家协会（IAAE）终身荣誉会员奖，诸云强当选为科学研究数据全球联盟数据组构组共同主席。

地理资源所是中国地理学会、中国自然资源学会和中国青藏高原研究会的挂靠单位，全国科学院联盟地理资源分会理事长单位。国际地圈生物圈计划中国全国委员会秘书处、国际全球环境变化人文因素计划中国国家委员会秘书处、全球碳计划亚洲区域办公室和全球土地计划北京节点办公室、国际生态系统管理伙伴计划等 13 个国际组织或科学计划的相关分支机构设在地理资源所。主办的刊物有《地理学报》（中、英文版）、《地理研究》、《地理科学进展》、《自然资源学报》、《资源科学》、《地球信息科学》、《资源与生态学报》（英文版）、《中国国家地理》、《中国生态旅游》等。

（撰稿：刘红辉　袁肖蕾　审稿：葛全胜）

国家天文台

台　　长：严　俊
地　　址：北京市朝阳区大屯路甲 20 号
邮政编码：100012
电　　话：010-64888708
传　　真：010-64888708
电子信箱：goffice@nao.cas.cn
网　　址：http://www.nao.cas.cn

中国科学院国家天文台（以下简称“国家天文台”）成立于 2001 年 4 月，系由中国科学院天文领域原四台三站一中心撤并整合而成，包括总部及 4 个直属单位，总部设在北京，直属单位分别是云南天文台、南京天文光学技术研究所、新疆天文台和长春人造卫星观测站。紫金山天文台、上海天文台继续保留院直属事业单位的法人资格，为国家天文台的组成单位。

国家天文台主要从事天文观测与理论及天文高技术研究，并统筹我国天文学科发展布局、大中型观测设备运行和承担国家大科学工程建设项目，负责科研工作的宏观协调、资源优化和人才配置。国家天文台的主要研究领域为星系宇宙学、恒星和致密天体、太阳磁活动和日地空间环境、应用天文、空间科学和深空探测、天文新技术和新方法。国家天文台总体发展战略目标是：在面向国家战略需求方面，成为国家空天安全等领域不可替代的重要“方面军”；在面向世界科技前沿方面，形成宇宙大尺度结构、银河系结构和演化历史、恒星和致密天体、系外行星搜寻、太阳物理等若干国际著名的学术集团。将国家天文台建设成为世界一流水平的天文学前沿研究、天文技术与方法创新及应用、重大观测装置建造与运行、国家月球与深空探测科学应用中心四位一体的综合性国立天文研究机构。

国家天文台建有光学天文、太阳活动、月球与深空探测、空间天文与技术、计算天体物理、天文光学技术、天体结构与演化 7 个院重点实验室，并与 20 余所大学、科研机构或高新技术企业建立了战略合作关系，成立联合研究中心或实验室。在河北兴隆，北京密云、怀柔，天津武青，昆明凤凰山，丽江高美谷，澄江抚仙湖，新疆南山、奇台、喀什、乌拉斯台，西藏阿里、羊八井，内蒙古明安图，吉林净月潭，贵州大窝凼等地建有观测台站。国家航天局空间碎片监测与应用中心、中国科学院南美天文研究中心、中国科学院天文大科学研究中心、中国科学院月球与深空探测总体部依托在国家天文台。

国家天文台负责运行国家大科学装置“郭守敬望远镜”（大天区面积多目标光纤光谱望远镜，LAMOST），并负责在贵州大窝凼组织实施国家重大科技基础设施“500 米口径球面射电望远镜”（FAST）的建设工作。国家天文台拥有 2.16 米光学望远镜、2.4 米光学望远镜、50 米射电望远镜、40 米射电望远镜、25 米射电望远镜、1 米太阳塔等一批天文观测设备。

截至 2015 年底，国家天文台共有在职职工 1286 人。其中科技人员 1146 人、科技支撑人员

530人，包括中国科学院院士7人、发展中国家科学院院士2人、研究员及正高级工程技术人员186人、副研究员及高级工程技术人员330人。共有“千人计划”入选者2人，“青年千人计划”入选者6人（新增1人）；中国科学院“百人计划”入选者37人（新增4人）；国家杰出青年科学家基金获得者15人（新增1人）。

国家天文台现为天文学专业一级学科博士、硕士研究生培养点和光学工程、精密仪器及机械2个专业学硕士培养点，设有天文学专业一级学科博士后流动站。共有在学研究生534人（其中硕士生276人、博士生258人），在站博士后63人。

2015年，国家天文台共有在研项目1185项（包括新增项目342项）。其中，承担国家重大科技专项课题13项（新增项目0项），主持（或承担）973计划和国家重大科学研究计划项目4项（新增0项）、承担（或参加）课题18项（新增1项），主持（或承担）863计划项目（含军口）25项（新增14项），主持（或承担）国家科技基础性工作专项1项（新增1项），主持科技部国际合作项目2项（新增1项）；主持（或承担）国家自然科学基金重大项目1项（新增0项），主持（参加）重大项目课题5项（新增1项）、重点项目15项（新增3项）、国家杰出青年科学基金项目5项（新增1项）、创新群体研究项目2项（新增1项）、面上项目139项（新增31项）；主持中国科学院战略性先导科技B类专项1项（新增0项，其中主持项目2项、课题12项），主持（或承担）中国科学院战略性先导科技专项A类课题14项（新增0项），主持（或承担）院重点部署项目19项（新增5项）、重大仪器研制项目（科技部、国家自然科学基金委、财政部和中国科学院）4项（新增1项）；承担院级国际合作项目5项（新增1项）；承担院地合作项目41项（新增5项）。

2014年10月至2015年3月，在“一三五”国际专家诊断评估中，国家天文台“星系宇宙学”、“太阳物理”、“天文技术与方法”3个研究领域被评估处于“国际领导地位、国际第一梯队”。2015年5月至7月，在中国科学院统一组织的研究所“十二五”任务书验收中，国家天文台“依托LAMOST等光学望远镜研究银河系结构和化学-动力学演化历史”被评为“优秀重大突破”；“宇宙大尺度结构的形成和演化”被评为“优秀重点培育方向”；对国际合作新模式的探索被遴选为“保障措施与重大改革举措亮点”。

2015年6月，国家天文台承办“中国科学院大学天文与空间科学学院”；2015年9月，牵头筹建面向国内外开放的“中国科学院天文大科学研究中心”；2014年10月，参与组建科研任务与国家战略紧密结合的“中国科学院空间科学研究院”。

2015年，国家天文台系统重大科研项目取得突破性进展。

FAST工程各项工作开展有序：主动反射面系统完成了地锚、促动器、索网的建造与安装，反射面板拼装率达到52.4%；馈源支撑系统首次成功吊升6索驱动馈源代舱；测控系统完成了望远镜总控、综合布线的安装与调试，完成了主动反射面测量、馈源位姿控制的软硬件设计和开发；接收机与终端系统完成7套接收机系统低噪音前端详细设计，数据处理终端具备进场条件；台址与观测基地10月开始观测基地的建设。

LAMOST项目2015年3月对全世界发布DR1数据集，12月对国内天文学家发布DR3数据集，已获得的高质量光谱数超过国际上其他巡天项目发布的光谱数之和，截至12月底，利用LAMOST数据共发表SCI论文153篇。

探月工程三期地面应用系统完成了6个分系统软硬件功能分解，制定了分系统研制任务书；明确了运行管理、数据预处理、数据管理和样品存储制备与处理4个分系统共12个研制项目的任务要求；确定了35米天线的建设方案，完成了任务书的评审；完成了月球样品实验室改造；顺利通过了由工程大总体组织的初样转正样的转阶段评审。空间站光学舱多功能光学设施多色成像与无缝光谱巡天模块项目正式立项，成立了科学工作组，确立了巡天模块首席科学家。

转发式卫星导航系统（CAPS）完成了测定轨副站场地建设和北京试验场地建设，完成了导航通信融合分系统第一阶段任务验收工作。6月8日，国家航天局空间碎片监测与应用中心在国家天文台挂牌成立，成为我国空间碎片监测、预警、应对突发事件及国际合作的实体依托单位。

中国SONG项目一米望远镜成功实现初光并获取首批时序恒星光谱，12月通过现场验收，SONG项目开始科学观测并正式进入网络运行阶段。

国家天文台刘继峰研究员及其团队通过观测证实M81中的X射线超软极亮源存在相对论重子物质（氢核）喷流，这是人类首次在银河系外遥远的星系中观测到重子喷流现象，为进一步研究黑洞吸积过程构建标准吸积模型奠定了基石。该成果发表于*Nature*杂志，被认为是2015年度本领域内最重要的五大发现之一。国家天文台陆由俊研究员领导的团队发现Mrk 231中心存在一短周期超大质量双黑洞系统。该项研究为通过类星体的光学或紫外辐射缺失来系统搜寻这些超大质量双黑洞提供了样板。国家天文台李毅超博士、陈学雷研究员参与国际合作，利用GBT进行中性氢巡天，发现了快速射电暴FRB110523可能处于星系中心或超新星遗迹等有较强磁场的环境中，这为了解其来源提供了重要的观测证据。这一结果发表于*Nature*杂志。北京大学教授吴学兵、云南天文台助理研究员易卫敏参加的国际合作团队使用云南天文台丽江2.4米光学望远镜发现遥远宇宙中迄今为止光度最大的类星体，这一结果发表于*Nature*杂志上。欧洲南方天文台S. Geier小组与云南天文台韩占文小组组成的国际合作团队使用位于夏威夷的10米级Keck II望远镜及Pan-STARRS1巡天望远镜，发现一颗银河系最高速度的恒星（一颗超高速星）。这颗超高速星的速度为1200千米/秒，远超过银河系的逃逸速度，该团队证实这颗超高速星来自于Ia型超新星爆炸后的残留伴星这一结果发表在*Science*杂志上。新疆天文台1.2米量子通信试验望远镜通过验收。望远镜具备量子通信卫星科学实验的观测能力，并可开展高精度测光和中低色散光谱研究。

2015年，国家天文台全年共发表学术论文732篇（含会议论文）、出版著作5部，全年新增专利受理94件，专利授权60件。

2015年，国家天文台作为第六完成单位参与的“嫦娥三号工程”获得2015年度国防科学技术进步奖特等奖，国家天文台“嫦娥三号工程遥科学探测系统”获得2015年度国防科学技术进步奖三等奖。国家天文台提名的华裔天文学家林潮院士荣获2015年度凯瑟琳·沃尔夫·布鲁斯金奖。

2015年，国家天文台与北京亚洲卫星通信技术有限公司就“一种波片相位延迟的精密测量系统及其实现方法”专利签订了协议进行增资入股，出资719.96万元作为注册资本，这是我台第二例转移转化的成果。

2015年，国家天文台30米巨型光学/红外天文望远镜（TMT）国际合作在高层互访、国际会议、科学合作、技术交流等方面均取得可观进展；积极参与平方公里射电望远镜阵（SKA）科学目标研究，牵头完成四脊喇叭馈源仿真及样机加工；我国与南非天文代表团互访，签署合作备忘录；中国科学院南美天文研究中心（暨中智中心）成功建设中智天文大数据中心，李克强总理见证协议签署仪式；国家天文台作为东亚天文台（EAO）轮值主席单位，组织续签东亚核心天文台联盟（EACOA）合作协议至2020年；中阿CART项目四方合作协议正式签署；中法两国航天局在北京组织召开中法合作SVOM卫星工程B阶段系统需求评审；亚太地基空间物体光学观测系统APOSOS数据与运行管理中心在国家天文台建成。

云南省天文学会、新疆维吾尔自治区天文学会分别挂靠云南天文台和新疆天文台。国家天文台创办了拥有自主知识产权的国际核心英文学术期刊*Research in Astronomy and Astrophysics*（*RAA*），还办有中文核心期刊《国家天文台台刊》、《天文研究与技术》和现代科普刊物《中国国家天文》。

（撰稿：陆 烨 黄京一 审稿：郑晓年）

遥感与数字地球研究所

副 所 长：顾行发（主持工作）
地 址：北京市海淀区邓庄南路9号
邮政编码：100094

电　　话：010-82178146
传　　真：010-82178009
电子信箱：office@radi. ac. cn
网　　址：http://www. radi. cas. cn

中国科学院遥感与数字地球研究所（以下简称“遥感地球所”）在原中国科学院遥感应用研究所、中国科学院对地观测与数字地球科学中心基础上整合组建，于2012年9月7日成立，为中国科学院直属综合性科研机构。遥感地球所的成立，进一步加强了中国科学院在遥感与数字地球科技领域的综合优势，从而更好的服务国家战略目标，更高水平地开展科学前沿研究。

遥感地球所旨在研究遥感信息机理、对地观测与空间地球信息前沿理论，建设运行国家航天航空对地观测重大科技基础设施与天空地一体化技术体系，构建形成数字地球科学平台和全球环境与资源空间信息保障能力，为满足国家战略需求和促进学科发展做出创新性贡献。遥感地球所以建立天空地立体协同对地观测系统、建立全球环境资源空间信息系统、建立新型对地观测模拟系统为三项重大突破目标，以空间数据密集型科学与大数据技术、航天航空智能对地观测机理与方法、地球系统过程的空间信息模拟、行星与地球全球变化比较研究、“胡焕庸线”的空间观测与科学认知为5个重点培育方向。

遥感地球所目前拥有我国唯一从事遥感科学基础研究的国家重点实验室——遥感科学国家重点实验室，从事数字地球科学与全球空间信息应用技术研究的专业实验室——中国科学院数字地球重点实验室，从事应用技术研究的对地观测应用技术中心和国家遥感应用工程技术研究中心，国家级对地观测重大科技基础设施——中国遥感卫星地面站和航空遥感飞机；拥有联合国教科文组织、科技部、国家发改委等机构设立的国家级空间技术中心、国家工程实验室、工程技术中心、陆地卫星数据中心，与海南省共建的海南省地球观测重点实验室及喀什、三亚区域研究中心等科研基地，内容涵盖遥感科学、应用技术、全球信息等各主要领域。

截至2015年底，遥感地球所共有在职职工714人。其中科技人员571人、科技支撑人员40人，包括中国科学院院士3人、发展中国家科学院院士1人、研究员及正高级工程技术人员106人、副研究员及高级工程技术人员196人；全所进入创新岗位534人。共有“千人计划”入选者4人（新增1人），中国科学院“百人计划”入选者19人（新增2人），“西部之光”人才入选者5人（新增1人）；国家杰出青年科学家基金获得者1人，优秀青年科学基金3人（新增1人），“百千万人才”获得者3人。

遥感地球所现设有地理学一级学科博士研究生培养点，地图学与地理信息系统、信号与信息处理2个专业二级学科博士研究生培养点，地图学与地理信息系统、信号与信息处理、电子与通信工程、测绘工程、农业资源利用、农业信息化6个专业二级学科硕士研究生培养点，并设有“地理学”一级学科博士后流动站。共有在学研究生498人（其中硕士生254人、博士生244人），在站博士后45人。

2015年，遥感地球所共有在研项目1371项（包括新增项目321项）。其中，主持（或承担）国家高分辨率对地观测重大专项课题35项（新增7项），主持973计划和国家重大科学研究计划项目2项，主持863计划课题27项，主持国家科技支撑计划1项（新增1项），主持国家自然科学基金重点项目6项（新增1项）、面上项目143项（新增21项）、重大研究计划重点项目4项（新增1项）；主持中国科学院战略性先导科技专项课题12项，主持重大仪器研制项目（科技部、国家自然科学基金委、财政部和院）7项。

2015年，遥感地球所深入推进“一三五”规划，在中国科学院组织的院属研究所“十二五”任务书验收工作中，“重大突破二：全球环境资源空间信息系统”、“重点培育方向二：航天航空智能对地观测机理与方法”均被评估为“院优秀”，“国际合作”被评为“亮点工作”，对遥感地球所的综合评价为“是国内外空间对地观测和资源环境空间信息领域具有重要影响力的研究机构”。

2015年，遥感地球所以第一署名单位发表科技论文602篇，其中SCI检索刊物论文321篇；出版著作15部；申请发明专利53项，获得授权发明专利28项，获得计算机软件著作权登记95项。获得国家科技进步奖一等奖1项，省部级科学技术奖10项，全国优秀测绘工程奖银奖1项。

2015年，遥感地球所加强产学研结合，加入由中国科学院北京分院与北京市科委共建的首都科技条件平台中科院研发实验服务基地；为地方及企业委托的技术服务、咨询、转让合同近120个；对外投资控股、参股企业9家。

2015年，依托遥感地球所建立或主办的国际自然与文化遗产空间技术中心（HIST）、国际数字地球学会（ISDE）与《国际数字地球学报》（*IJDE*）、国科联灾害风险综合研究计划（IRDR）项目办公室、CAS-TWAS空间减灾卓越中心（SDIM）四大国际科技平台运行平稳。HIST举办第六届东亚生物圈保护区培训班，“吴哥遗产地环境遥感”成果引国际社会关注；ISDE召开第9届国际会议，IJDE影响因子达3.291；IRDR完成财政部中期绩效评估，在全球范围建成包括9个国家委员会和6个卓越中心在内的国际网络；SDIM在联合国第三届世界减灾大会上联合举办“对地观测与高科技减灾”专题分会，与10余国际机构共同发布“全球空间减灾国家战略白皮书”，并举办联合国旗舰出版物《全球减灾报告》发布会。

2015年，遥感地球所深度参与地球观测组织（GEO）工作，包括参与GEO未来10年规划，提出亚大区域综合地球观测系统框架；与NASA地学部共同承办两届“CAS-NASA喜马拉雅地区全球变化空间观测研究双边研讨会”，组建联合工作组，促进长效合作机制的建立；推动与俄罗斯、芬兰共同发起的泛欧亚科学实验计划（PEEX）在中国及相邻亚洲地区的实施；面向“一带一路”周边国家开展多领域空间合作研究，发起区域性品牌国际会议。

2015年，遥感地球所累计出访340人次，来访100余人次，国际组织任职40余人，其中1人新任重要国际组织领导职位；1人获重要国际奖章，14名外籍人员受聘在所工作，26位外籍专家任国际专家委员会委员；新招收10余名留学生；与20余国外机构新签合作协议，并在国家领导人见证下签署与欧方合作协议；新申请国际合作项目10余项，组织召开“海上丝绸之路空间认知国际会议”等具有较大国际影响力的会议和培训班近10个。

遥感地球所拥有中国遥感委员会、中国地理学会环境遥感分会、国际数字地球学会中委会、中国环境科学学会环境信息系统与遥感专业委员会等挂靠的学会，并组织和协调亚洲遥感会议、中国遥感大会、环境遥感学术年会、中国青年遥感辩论会等多层次品牌学术活动。遥感地球所主办的中文学术期刊《遥感学报》、《中国图象图形学报》均入选“中国精品科技期刊”和“中国国际影响力优秀期刊”，覆盖全国各大科学文献数据库。两学报网站荣获“2014年新闻出版业百强网站”。《遥感学报》连续10年获“百杰期刊”，并连续获得中国科协精品期刊工程项目资助，目前被EI等8大国际科学数据库库收录。

（撰稿：陆　鸣　王小梅　审稿：张　兵）

地质与地球物理研究所

所　　长：朱日祥

地　　址：北京市朝阳区北土城西路19号

邮政编码：100029

电　　话：010-82998001

传　　真：010-62010846

电子信箱：suoban@mail.iggcas.ac.cn

网　　址：http://www.igg.cas.cn

中国科学院地质与地球物理研究所（以下简称“地质地球所”）于1999年6月由原中国科学院地质研究所和原中国科学院地球物理研究所整合而成，整合前的两个研究所都有长达60余年的历史积淀和丰硕的科研成果。2004年中国科学院兰州地质所并入地质地球所，更名为“兰州油气资源研究中心”。同年，中国科学院武汉物理与数学研究所电离层研究室整体调整到地质地球所。

地质地球所是目前国内最重要和最知名的地球科学综合研究机构之一，研究所战略定位是：

面向科学前沿，以固体地球和空间科学为主攻方向，建设具有研发能力、可持续发展的基础研究与技术创新相结合的国际化研究中心。

地质地球所（北京本部，下同）设有特提斯研究中心和地球深部结构与过程、岩石圈演化、油气资源、固体矿产资源、工程地质与水资源、新生代地质与环境、地磁与空间物理7个研究室；建有岩石圈演化国家重点实验室、北京空间环境国家野外科学观测研究站；地球与行星物理、油气资源研究、矿产资源研究、页岩气与地质工程、新生代地质与环境5个中国科学院重点实验室。

根据地球科学发展趋势，地质地球所秉承全球视野坚持开拓原创性技术方法、树立前瞻性科研理论、自主研发大型仪器装备、培育创新进取型人才，引领学科跨越发展，服务经济社会发展需求和国家战略目标。目前，地质地球所已建成地球物质成分与性质分析、地质年代学测定、地球内部结构探测、空间环境观测野外台站、古环境数据分析、数据计算处理与数值模拟、深部资源勘探装备研发七大实验观测系统，由纳米探针、离子探针、电子探针组成的高精度微区微量原位分析系统，分析能力位居国际前沿，为地球科学测试、观测和实验提供了必要条件。地质地球所布设的漠河、北京、武汉、三亚4个观测站及南极中山站的地磁观测站，是中国科学院“日地空间环境观测研究网络”和国家子午工程的骨干台站。地质地球所建有博物馆，现收藏地质标本和文物11 000余件，其中岩石标本2000余件，矿物藏品8000多件，计900多个矿物种。

地质地球所是1981年国务院学位委员会批准的博士、硕士学位授予权单位和博士后流动站单位之一，现设有地质学、地球物理学、地质资源与地质工程3个专业一级学科博士研究生培养点和海洋地质学二级学科博士研究生培养点，并设有地质学、地球物理学、地质资源与地质工程3个专业一级学科博士后流动站。共有在学研究生655人（其中硕士生207人、博士生448人），在站博士后168人。

截至2015年底，地质地球所共有在职职工662人。其中科技人员371人、科技支撑人员225人，包括中国科学院院士15人、中国工程院院士1人、发展中国家科学院院士5人、研究员及正高级工程技术人员141人、副研究员及高级工程技术人员153人。共有“千人计划”入选者8人，“青年千人计划”入选者3人，科技部“创新人才推进计划”中青年科技领军人才4人，国家青年拔尖人才2人（新增1人），国家杰出青年科学家基金获得者36人（新增2人），优秀青年科学基金获得者12人（新增3人），国家自然科学基金委创新研究群体6个，科技部重点领域创新团队1个；中国科学院“百人计划”入选者19人（新增1人）。

2015年，地质地球所共有在研项目779项（含新增项目198项）。其中，承担国家重大科技专项“油气专项”项目1个、课题5个，国家973计划项目2项、课题15个，国家863计划课题4个，国家科技基础性工作专项2项，基金重点项目23项（新增1项），国家重大科研装备研制项目1项、子项目4项，国家重大科学仪器设备开发专项1项、课题2个，国家自然科学基金委资助的国家重大科研仪器研制项目2项；中国科学院战略性先导科技专项1项、项目8项、课题23个，院重点部署课题4个。

2015年，地质地球所在特提斯造山带演化、油气勘探先导技术和气候系统古增温与深部碳循环等研究领域和学科方向取得突破。筹建中国科学院地球科学研究院，围绕“三个面向”，聚焦国家资源探测重大需求，形成“理论创新+技术研发+成果转化+科教融合”四位一体的创新链条，建设能承担国家核心科技攻关任务及高端人才培养的一流平台。地质地球所部分科研骨干还参与建设了中国科学院青藏高原地球科学卓越创新中心。

2015年，地质地球所以第一署名单位发表科技论文563篇，其中SCI论文383篇（国际SCI论文296篇，国内SCI论文87篇）；出版专著4部；获得授权发明专利42项（其中国外专利授权3项）；新申请79项。

2015年，地质地球所“电离层变化性的驱动过程”项目获国家自然科学奖二等奖；作为参与单位获国家科学技术进步奖二等奖2项（“山区高速公路运营保障关键技术及装备”和“中国海大陆架划界关键技术研究及应用”）。

“深部资源探测理论技术突破与应用研究集体”获2015年度中国科学院杰出科技成就奖。“电性源瞬变电磁法全场区探测方法”（专利号：ZL201110181015.9）荣获第17届中国专利优秀奖。翟明国院士荣获2015年度何梁何利基金科技进步奖（地球科学奖）。

2015年，地质地球所参加47个国家或地区举办的国际会议、合作研究和交流培训活动共433人次；邀请45个国家共194人次外国专家来华合作交流；共承担7个在研国际合作项目；举办国际学术研讨会2项。获批6项中国科学院“国际人才计划”。郭正堂院士当选为第四纪研究联合会（INQUA）副主席；林杨挺当选为“陨石学会提名委员会”（NSMS）委员；刘洪当选为美国勘探地球物理学会（SEG）理事；秦克章当选为经济地质学家学会亚洲区域副主席。地质地球所与美国、韩国及伊朗等国家的地学相关机构签署合作协议；建有中-法生物矿化与纳米结构联合实验室和中-法季风、海洋与气候国际联合实验室。

地质地球所图书馆目前藏书约35 000余册，中外文学术期刊现刊350余种，全文和文摘数据库20余个，电子期刊及其他网络资源数十种，与国际著名大学和研究机构保持长期的文献交流。

地质地球所是中国地球物理学会、中国岩石力学与工程学会与中国第四纪研究会3个国家一级学会的挂靠支持单位。地质地球所主办的国家一级学术刊物有《地球物理学报》（SCI、EI收录）、《岩石学报》（SCI、EI收录）、《第四纪研究》、《地质科学》、《工程地质学报》、《地球物理学进展》、《沉积学报》。

（撰稿：徐志方　陈竟志　审稿：欧龙新）

青藏高原研究所

所　　长：姚檀栋
地　　址：北京市朝阳区林萃路16号院3号楼
邮政编码：100101
电　　话：010-84097100；010-84097101
传　　真：010-84097079
电子信箱：itpcas@itpcas.ac.cn
网　　址：http://www.itpcas.cas.cn

中国科学院青藏高原研究所（以下简称“青藏高原所”）成立于2003年，是中国科学院党组根据国家经济社会发展重大战略需求和国际科学前沿发展趋势，在“知识创新”工程科技布局和组织结构调整中成立的研究所之一。青藏高原所始终围绕中国科学院党组提出的“出成果、出人才、出思想”目标，全面推动“高水平、国际化、重服务”研究所建设。

青藏高原所实行“一所三部”的特殊运行方式，三个部分别设在北京、拉萨和昆明。北京部的主要功能定位是科学实验基地、学术交流基地、国际交流基地和综合协调基地；拉萨部的主要功能定位是科学观测研究的野外基地、国际合作研究的野外基地、西藏高水平科学实验基地、西藏社会经济发展的服务基地和西藏科学普及和爱国主义教育基地；昆明部的主要功能定位是青藏高原种质资源保存基地和极端环境下生物的生态适应性及遗传资源研究基地。

青藏高原所新时期的发展定位是：站在国家青藏高原研究的高度，协调组织全国青藏高原优势研究力量，推动国际青藏高原科学研究发展，以提升我国青藏高原研究原始创新能力为主线，以解决关系国家和区域长远发展的关键科学问题为着力点，发挥青藏高原所的组织引领作用。在科学研究方面，围绕青藏高原隆升过程及其对亚洲和北半球气候环境影响这一核心科学问题，研究青藏高原地球动力、地表过程与环境变化以及极端环境下生物的生态适应性等国际前沿科学问题，做出独创性的、有重大国际影响的新成果，为东亚、中亚、南亚地区人类生存环境服务；在支撑平台方面，建设开放的、国际一流水平的野外观测研究平台和有特色、高水平的实验室，建设国内外共享的数据平台；在协调发展方面，站在国家青藏高原研究的高度，调动国内外积极因素，充分利用现有资源，提升我国青藏高原科学研究的整体水平。同时，青藏高原所在原来“高水平、国际化”的基础上，增加了“重服务”目标，即重视为西藏经济社会发展服务。

青藏高原所现有中国科学院重点实验室3个，分别为青藏高原环境变化与地表过程重点实验室、大陆碰撞与高原隆升重点实验室、高寒生态学与生物多样性重点实验室；现有院重点野外台站5个，分别为纳木错多圈层综合观测研究站、珠穆朗玛大气与环境综合观测研究站、藏东南高山环境综合观测研究站、阿里荒漠环境综合观测研究站和慕士塔格西风带环境综合观测研究站。在现有5个院级站基础上，青藏高原所启动了墨脱地球景观与地球系统综合观测研究站建设并取得重要进展。

截至2015年底，青藏高原所全体在职职工238人，包括中国科学院院士1人、中国科学院外籍院士1人（美籍学术副所长）、研究员40人、副研究员39人。共有“青年千人计划”入选者2人，“百人计划”入选者18人（藏族1人），“万人计划”入选者1人；国家级“百千万工程”5人，国家杰出青年科学家基金获得者11人，优秀青年科学基金获得者4人。

青藏高原所现有自然地理学、构造地质学、大气物理学与大气环境3个二级学科博士研究生培养点，自然地理学、构造地质学、大气物理学与大气科学、固体地球物理学和生态学5个专业二级学科硕士研究生培养点，并设有地理学和地质学等2个一级学科博士后流动站。共有在学研究生206人（其中硕士生70人、博士生100人、外籍留学博士生36人），在站博士后44人。

2015年，青藏高原所组织实施了“一三五”国家项目集群，在研项目主要包括：主持战略性先导科技专项（B类）1项，即“青藏高原多圈层相互作用及其资源环境效应”，由姚檀栋院士担任首席科学家，专项经费2.5亿元；科技部全球变化研究专项1项，经费2600万元；国家科技基础性专项1项，经费1400万元；国家973计划课题10项，经费4780万元；国家自然科学基金委重大项目2项，经费4000万元；重点基金5项，经费1556万元；国家自然科学基金委创新群体1项，经费600万元；杰出青年基金5项，经费1590万元；优秀青年科学基金4项，经费430万元；国家自然科学基金项目170余项。

2015年，青藏高原所全面优化“一三五”科技布局，聚焦“一三五”重大科学问题，引领国际青藏高原研究。累计发表SCI论文1621篇（2015年新增246篇），总被引频次达22 213次，发表8篇Top 1%高被引论文，获得国家自然科学奖二等奖1项。2015年，青藏高原所共有9名青藏卓越中心科学家入选爱思唯尔（Elsevier）2014年中国高被引学者榜单。

2015年，在中国科学院“一三五”评估验收中，青藏高原所1项“重大突破”和1项“重点培育方向”被评为优秀，达到国际领先、国内领跑水平。

2015年，青藏高原所联合青藏高原所主持B类先导专项的优势研究力量，推动产出印度大陆与欧亚大陆碰撞时间与碰撞模式、高原隆升古高度、西风和季风分布三模态等重大创新成果。在国际化评估中，同行专家一致认为，专项总体意义重大，已取得重要阶段性成果，应继续并加强对于该专项的支持。

2015年，青藏高原所认真推动服务于“一带一路”国家战略的“第三极环境”（TPE）国际计划。TPE国际计划为“科技走出去”国家战略做出实质贡献，推动了中国科学院加德满都科教中心的建设，为第三极周边国家培养了一批本土高水平科技人才。

2015年，青藏高原所重点开展以西藏高原环境变化科学评估为主的西藏生态文明服务，评估工作服务于国家生态安全屏障建设重大战略，获得习近平总书记、李克强总理等国家领导的高度肯定；充分发挥院士政府顾问和院士咨询的作用，服务西藏经济社会发展的工作获得西藏自治区党委书记陈全国书记、西藏区政府洛桑江村主席等地方领导的一致认可。

2015年，青藏高原所成功完成有史以来规模最大、参加人员最多、极高海拔作业时间最长、钻取冰芯最多的古里雅多国联合冰川综合科学考察，为更加全面的恢复与重建过去的气温、降水、大气环境及人类活动信息，重建过去数十万年的气候变化打下了坚实基础。

青藏高原所是国家一级学会中国青藏高原研究会的挂靠单位之一。

（撰稿：安宝晟　田新苗　审稿：姚檀栋）

古脊椎动物与古人类研究所

所　　长：周忠和
地　　址：北京市西城区西直门外大街 142 号
邮政编码：100044
电　　话：010-68351363
传　　真：010-68337001
电子信箱：bgs@ivpp. ac. cn
网　　址：http://www. ivpp. ac. cn

中国科学院古脊椎动物与古人类研究所（以下简称“古脊椎所”）的前身是创建于 1929 年的原中国农商部地质调查所新生代研究室。1951 年并入位于南京的中国科学院古生物研究所，改称新生代及古脊椎动物研究组。1953 年从古生物研究所分出，在北京成立了中国科学院古脊椎动物研究室。1957 年改名古脊椎动物研究所，1960 年更名为中国科学院古脊椎动物与古人类研究所至今。

古脊椎所致力于将自身打造为国家古脊椎动物与古人类学基础研究领域的“四个中心”，即科研和学术思想中心、科技人才培养中心、化石标本和现代骨骼标本收藏中心以及科学普及中心，力争成为中国地球科学和生命科学在国际学术界享有盛誉的科研机构之一。

古脊椎所设有 4 个研究室，分别为古低等脊椎动物研究室、古哺乳动物研究室、古人类研究室、环境演化研究室；1 个中国科学家院重点实验室，即中国科学院脊椎动物演化与人类起源重点实验室；1 个研究中心，即周口店国际古人类研究中心。

古脊椎所拥有大型仪器设备 30 多台（套），包括环境扫描电镜、连续微距切片仪、高精度 CT、古 DNA 分析设备等；建有亚洲规模最大的标本馆，馆藏标本达 21 万余件；拥有一个对公众开放的中国古动物馆，每年接待国内外观众 20 余万人；拥有一个小型开架式专业图书馆，馆藏书刊近 10 万册。

截至 2015 年底，古脊椎所共有在职职工 158 人。其中科技人员 67 人，科技支撑人员 65 人，包括中国科学院院士 4 人、美国国家科学院外籍院士 1 人、瑞典皇家科学院外籍院士 1 人、发展中国家科学院院士 1 人，巴西科学院通讯院士 2 人；正高级专业技术人员 41 人（含研究员 37 人）、副高级专业技术人员 53 人（含副研究员 24 人）。共有“千人计划”入选者 1 人，杰青基金获得者 5 人，国家“百千万人才”工程入选者 15 人（新增 1 人）；中国科学院“百人计划”入选者 11 人（新增 1 人），中国科学院特聘研究员 7 人，“西部之光”人才入选者 1 人。

古脊椎所现设有古生物学与地层学、地球生物学、科学技术史专业的博士、硕士研究生培养点和博士后科研流动站。共有在学研究生 83 人（其中硕士生 43 人、博士生 40 人），在站博士后 3 人。

2015 年，古脊椎所共有在研项目 157 项（包括新增项目 61 项）。其中，主持（或承担）973 计划和国家重大科学研究计划项目 1 项、承担（或参加）课题 4 项（新增 1 项），主持（或承担）国家科技基础性工作专项 2 项；主持（或承担）国家自然科学基金重点项目 2 项（新增 1 项）、面上项目 36 项（新增 11 项）、国家杰出青年科学基金项目 1 项、国家自然科学基金重大研究计划重点项目 1 项（新增 1 项），重大国际合作项目 1 项；主持（或承担）中国科学院战略性先导科技专项课题 12 项，主持（或承担）院重点部署项目 2 项、重大突破专项 1 项，“百人计划”项目 4 项，化石发掘和修理专项经费项目 1 项，院长基金 1 项，修购专项项目 1 项；承担重点国际合作项目 1 项；承担院地合作项目 12 项（新增 6 项）。

2015 年，古脊椎所在鸟类起源研究方向取得重要成果：一是研究团队报道了一种生活于约 1.6 亿年前的具有类似蝙蝠翅膀的小型恐龙，对于了解恐龙形态差异性和鸟类飞行起源研究具有重要意义（*Nature*，2015）展；二是报道了世界上迄今发现的最古老的今鸟型类化石（*Nature*

Communications，2015）。在现代人起源研究方向去的重大突破：研究团队报道47枚具有完全现代人特征的人类牙齿化石（*Nature*，2015），是目前已知最早的具有完全现代形态的人类，对于深入探讨现代人在东亚大陆的出现和扩散具有非常重要的意义。研究团队在安徽发现出土完整的直立人头骨化石，还包括丰富的伴生动物群及古人类生存活动证据，是近年来中国古人类学研究取得的重大突破性进展。

2015年，古脊椎所共发表文章206篇，其中SCI/SSCI论文139篇，在*Nature*上发表论文5篇，在*Nature Communications*上发表论文1篇，在*Current Biology*上发表论文1篇，在*Scientific Reports*上发表论文2篇，在*Journal of Human Evolution*上发表论文2篇。“发现东亚最早的现代人化石”研究成果入选2015年度中国科学十大进展，“首次发现具有皮膜翅膀的小型恐龙”研究成果入选2015年度十大地质科技进展，发现并命名的“半甲齿龟”入选地球上新发现的100个最神奇的物种之一（《地球新物种百杰》）。

2015年，古脊椎所通过出版科普图书、举办专业培训班、开放科普场馆及特别展览等活动开展科技成果转移转化工作，产生了良好的社会效益。《征程：从鱼到人的生命之旅》中英双语图书获*Nature*推荐；《探秘远古人类》入选“中国科学院优秀科普图书”；以中国古动物馆为科普阵地，开展了达尔文大讲堂、博物馆奇妙夜和小达尔文试验站等大型科普活动。

2015年，古脊椎所承担的国家自然科学基金委员会国际合作重点项目“中生代中晚期亚洲和北美恐龙动物群对比研究”和中科院国际合作项目“中国与西班牙古人类化石对比及欧亚地区人类起源与演化”项目均按计划执行。获国家自然科学基金委中美合作交流项目1项；获科技部中南非政府间协议交流项目1项、执行1项；获中国科学院国际人才计划5项（杰出学者1项，访问学者4项），执行院级协议交流2项。与德国马普进化人类研究所签署合作协议，确定成立“中科院古脊椎所与德国马普进化人类研究所分子古生物学联合实验室”。科研人员出境参加国际学术会议、合作研究等学术交流活动75人次，接待院级合作协议、特聘研究员、参加合作交流等来访外宾200余人次，成功举办“陆相古新世生物群和古生物地理学国际研讨会”。科研人员在国际学术组织任职17人，其中周忠和院士担任国际古生物学会主席。

2015年，古脊椎所正式出版发行《中国古脊椎动物志》8册，面向全国各省、直辖市、自治区各级博物馆、高校、研究院（所）等相关专业机构组织中国古脊椎动物与古人类学专业培训班。

古脊椎所是古脊椎动物学分会、中国第四纪科学研究会古人类-旧石器专业委员会及中国第四纪科学研究会地层专业委员会的挂靠单位。负责主办《中国古生物志》（丙种、丁种）、《古脊椎动物学报》、《人类学学报》、《中国科学院古脊椎动物与古人类研究所集刊》等专业杂志和《化石》、《恐龙》等科普杂志。

（撰稿：党丽媛　魏涌澎　审稿：邓　涛）

大气物理研究所

所　　长：朱　江
地　　址：北京市朝阳区德胜门外祁家豁子华严里40号楼
邮政编码：100029
电　　话：010-82995275
传　　真：010-62028604
电子信箱：iap@mail.iap.ac.cn
网　　址：http://www.iap.cas.cn

中国科学院大气物理研究所（以下简称“大气所”）的前身是1928年成立的原国立中央研究院气象研究所。1950年1月，中国科学院将气象、地磁和地震等部分科研机构合并组建成立中国科学院地球物理研究所。1966年1月，根据我国气象事业发展的需要，中国科学院决定将气象研究室从地球物理研究所分出，正式成立中国科学院大气物理研究所。大气所是中国现代史上第一个研究气象科学的最高学术机构，目前已发展成为涵盖大气科学领域各分支学科的大气科学综合研究机构。

大气所致力于研究和探索地球大气中和大气与周边环境相互作用中的物理、化学、生物、人文过程的新规律；提供天气、气候和环境监测、预测和调控的先进理论、方法和技术；造就本领域的一流人才；服务于经济和社会的可持续发展和国家安全。

大气所现设有2个国家重点实验室，分别为大气科学和地球流体力学数值模拟国家重点实验室、大气边界层物理与大气化学国家重点实验室；3个中国科学院重点实验室，分别为中国科学院东亚区域气候-环境重点实验室（全球变化东亚区域研究中心）、中国科学院中层大气和全球环境探测重点实验室、中国科学院云降水物理与强风暴重点实验室；4个所级实验室和研究中心，分别为国际气候与环境科学中心、竺可桢-南森国际研究中心、季风系统研究中心、中国生态系统研究网络大气分中心。另外，大气所还设有所公共技术服务中心和低层大气探测部，在河北香河、兴隆，安徽淮南，吉林通榆设有野外综合观测站。公共技术服务中心是面向全所进行仪器维护和技术服务的支撑部门。此外，中国科学院气候变化研究中心和中国科学院减灾中心挂靠在大气所。

目前，大气所形成了以地球气候系统数值模拟平台、野外台站综合观测平台、专业大气探测实验技术平台为主体的科技支撑体系，代表性的仪器设备包括SGI F4200、曙光、惠普、浪潮等4套高性能计算集群，MST雷达、325米气象观测铁塔、风廓线雷达、高分辨飞行时间气溶胶质谱仪等。

截至2015年底，大气所共有在职职工528人。其中专业技术人员486人、科技支撑人员42人，包括中国科学院院士7人、发展中国家科学院院士1人、正高级专业技术人员107人，副高级专业技术人员180人。共有“千人计划”入选者4人（新增1人），“青年千人计划”入选者4人（新增2人），“万人计划”入选者4人，国家青年基金获得者18人（新增1人）；中国科学院“百人计划”入选者21人，特聘研究员18人。

大气所是国务院学位委员会批准的首批博士、硕士学位授予单位之一，现设有一级学科大气科学硕士、博士学位培养点、海洋科学、环境科学与工程硕士培养点，拥有大气科学和海洋科学2个博士后科研流动站。现共有在学研究生432人（其中硕士生173人、博士生259人），在站博士后47人。

2015年，大气所在研科研项目及课题共计490项（包括作为承担单位，新增107项）。其中，主持国家973计划和全球变化研究重大科学研究计划项目5项（含1项青年科学家项目），承担其他973计划课题和全球变化研究重大科学研究计划课题19项（新增2项）；主持国家863计划项目1项，承担其他课题1项；承担科技支撑课题3项（新增1项）；承担国家自然科学基金项目261项（新增71项），其中重大科研仪器设备研制专项2项、创新研究群体项目2项、重点项目6项、重大研究计划集成项目1项、重大研究计划重点支持项目7项、重点国际合作项目4项、杰出青年基金4项、优秀青年基金3项、海外及港澳学者合作研究项目3项，面上、青年及其他项目229项；主持公益行业气象专项项目15项（新增1项）；主持环保部行业专项项目1项；主持中国科学院战略先导科技专项项目6项；承担其他军工、部委及地方委托等课题32项。

2015年，在中国科学院组织的院属研究所“十二五”验收工作中，大气所重大突破方向“亚澳印太‘泛亚澳季风区’气候系统动力学研究”，以及重点培育方向“气候异常预测新理论和新方法”和“典型陆地生态系统的地气碳氮交换和模型研究”被评为优秀，在国际上处于领跑地位。保障措施与重大举措中“国际合作”被评为亮点工作。在科技部组织的数理和地学领域国家重点实验室评估中，大气科学和地球流体力学数值模拟国家重点实验室（LASG）再次荣获优秀，大气边界层物理与大气化学国家重点实验室（LAPC）以名列前茅的成绩获得良好的成绩。

2015年，大气所在国内外期刊发表科技论文共计805篇，其中被SCI/SCIE收录532篇，被CSCD收录344篇；出版专著5部；共申请发明专利4项，获发明专利授权4项；登记国家版权局软件著作权 21 项。

2015 年，大气所作为第二完成单位参与的“MST 大气探测雷达”项目获 2014 年江苏省科学技术奖二等奖，“热带海洋温度变化的相互联系及其气候效应”项目获云南省自然科学奖三等奖，“河南省人工防雹预测与应用技术研究”项目获河南省气象局科学研究与技术开发一等奖。

2015 年，大气所与气象、环保、海洋等领域业务部门开展科技合作，在环境监测、预测预警、天气预报、气候预测、防灾减灾等方面提供科技支撑，为“纪念反法西斯战争胜利 70 周年”阅兵、世界田径锦标赛等国家重大活动提供了空气质量保障和气象保障的科技服务，荣获“服务保障工作先进集体”和“最佳支持单位”荣誉称号。

2015 年，大气所与地方政府、企业密切合作促进科研成果转移转化。与曙光信息产业股份有限公司共同成立中科三清环保科技（北京）有限公司，开发和推广我国大气质量立体监测、预报预警、优化控制等相关软件；利用环境监测科技专利与中信国安科技控股有限公司合资成立中科信蓝科技有限公司，服务于环境保护事业；发明专利“红外云天仪”和“大气臭氧探空仪”应用于地方企业的云自动化观测和大气臭氧探测的仪器开发。

2015 年，大气所与相关高校、科研机构等单位共同承担全球变化国家重大科学研究计划、中国科学院战略性先导科技专项等国家重大科技任务，签订战略合作协议，实施“联合创新青年学者计划”，资源共享，协同创新，推进大气科学学科建设和人才队伍建设。

2015 年，大气所成功举办 8 个国际会议、2 个海峡两岸会议，如中国及亚太地区城镇化协同设计国际研讨会、第二届中英伙伴计划（CSSP）科学研讨会。与国外机构签署合作协议 2 个，执行国际合作项目 31 项，成功举办了一系列国际研讨会、发布了相关课题的研究成果。全年共执行 185 项出访任务，362 人次出访参加国际会议及合作研究访问；外宾来访 230 人次。共有 65 个国际组织任职，59 个国际期刊任职。吴国雄院士当选国际大地测量与地球物理学联合会（IUGG）会士、当选美国地球物理联合会（AGU）会士；周天军研究员当选国际 Belmont Forum 和 JPI 联合气候研究基金国际评审专家组（PoE）成员。

大气所是中国科学探险协会、太平洋科学协会中国委员会、中国气象学会动力气象学委员会、大气环境学委员会、统计气象学委员会的挂靠单位。主办刊物有《大气科学》（中文版）、《大气科学进展》（英文版）（SCI 收录）、《气候与环境研究》（中文版）、《大气和海洋科学快报》（英文版）。

（撰稿：周　权　任　丽　审稿：王生林）

植物研究所

所　　长：方精云
地　　址：北京市海淀区香山南辛村 20 号
邮政编码：100093
电　　话：010-62836220
传　　真：010-62590835
电子信箱：suoban@ibcas. ac. cn
网　　址：http://www. ibcas. ac. cn

中国科学院植物研究所（以下简称“植物所”）是我国建立最早的植物基础科学综合性研究机构，前身为 1928 年创建的静生生物调查所和 1929 年成立的国立北平研究院植物研究所，1950 年合并为中国科学院植物分类研究所，1953 年改为现名。

“十二五”期间，植物所以“国际一流研究所”为发展目标，以“整合植物学”为学科定位，紧紧围绕植物学科发展的需要和国家对植物资源可持续利用的战略需求，开展植物生物学领域重大基础理论和关键技术问题的创新研究，力争在重要资源植物研发和产业化示范、全球变化下的生物多样性及生态系统碳汇功能、光合作用与分子生理 3 个方面实现重大突破；重点培育植物系统进化、生态环境、分子生理与发育、光合作用和资源植物可持续利用 5 个重点学科领域，引领和推动我国整合植物学的发展。

目前，植物所拥有7个研究和支撑部门，分别为系统与进化植物学国家重点实验室、植被与环境变化国家重点实验室、中科院植物分子生理学重点实验室、中科院光生物学重点实验室、中科院北方资源植物重点实验室、北京植物园（含华西亚高山植物园）、文献与信息管理中心；10个野外台站，分别为内蒙古锡林郭勒草原生态系统国家野外科学观测研究站、内蒙古鄂尔多斯草地生态系统国家野外科学观测研究站、湖北神农架森林生态系统国家野外科学观测研究站、中科院北京森林生态系统定位研究站、植物所多伦恢复生态学试验示范研究站、植物所浑善达克沙地生态研究站、植物所东乌珠穆沁草原生态系统管理研究站、植物所北方林生态系统定位研究站、植物所古田山森林生物多样性与气候变化研究站、植物所内蒙古农牧业科学院乌兰察布草地生态研究站；1个植物标本馆；1个公共技术服务中心和中国生态系统研究网络（CERN）生物分中心；1个中科院非法人研究单元，即中科院内蒙古草业研究中心。

截至2015年底，植物所共有在职职工620人。其中科技人员331人、科技支撑人员201人，包括中国科学院院士5人、第三世界科学院院士2人、欧亚科学院院士1人、研究员及正高级工程技术人员91人、副研究员及高级工程技术人员139人。共有“千人计划”入选者2人，“青年千人计划”入选者6人（新增1人），杰青基金获得者15人（新增1人），优秀青年基金获得者6人，国家“百千万人才工程”入选者4人（新增2人）；中国科学院“百人计划”入选者34人（执行中6人）。

植物所是首批国务院学位委员会批准的博士、硕士学位授予权单位之一，现设有植物学、发育生物学、生态学、细胞生物学等4个专业一级（或二级）学科博士研究生培养点，植物学、发育生物学、细胞生物学、生态学等4个专业一级（或二级）学科硕士研究生培养点，设有生物工程专业硕士研究生培养点，并设有生物学、生态学2个专业一级学科博士后流动站。共有在学研究生673人（其中硕士生312人、博士生361人），在站博士后56人，留学生12人。

2015年，植物所共有在研项目377项（包括新增项目213项）。其中，承担973计划和国家重大J科学研究计划项目3项、课题18项，863计划课题1项，国家科技基础性工作专项3项（新增1项），科技支撑课题2项（新增1项），科技基础条件平台项目1项；承担国家自然科学基金重点项目11项（新增4项）、面上项目218项（新增39项）、青年项目85项（新增15项）、杰青基金项目5项（新增1项）、优秀青年基金6项（新增1项）、特殊学科点建设项目1项、重大研究计划重点项目3项、重点国际合作研究项目3项、海外及港澳学者合作研究1项；承担其他部委项目10项（新增3项）；承担中国科学院战略性先导科技专项项目1项，院重点部署项目3项，主持中科院科技服务网络（STS）计划项目2项（新增1项），承担中国科学院重点国际合作项目5项、其他国际合作项目18项，横向项目183项（新增156项）。2015年，植物所到位经费2.91亿元，实际留所经费2.57亿元。

截至2015年底，植物所拥有单价10万元以上仪器设备511台（套），其中50万元以上大型仪器设备88台（套）。2015年，修购专项购置10万元以上仪器设备18台（套），包括植物多广谱成像观测室、激光3D表型仪、自动核酸纯化系统、森林三维激光扫描系统、植物光合二氧化碳固定及环境监测系统以及多通道连续监测荧光仪等。

2015年，植物所在植物系统进化、植被与环境变化、植物分子生理、光合作用和资源植物等领域取得重要进展。2015年，植物所发表论文556篇，其中被SCI收录395篇，有295篇发表在领域前30%的SCI收录期刊上，作为第一作者单位发表影响因子8.0以上的25篇，5.0—8.0的80篇，3.0以上的189篇；出版专著14部；申请专利41项，授权专利22项。

2015年，植物所成果转移转化工作成绩显著，所地合作合同经费3400余万元。与呼伦贝尔农垦集团达成共建“生态草牧业试验区”协议，正式启动建设工作；与福建三安集团共建的“福建省中科生物股份有限公司”完成注册；参加的“杂交构树”项目被列入2015年我国十项精准扶贫工程之一；参加的“酿酒葡萄品种培育”项目被列入宁夏回族自治区优质特色农业育种专项。

2015 年，植物所获批国际合作项目 12 项；全年人员出访 103 批 151 人，来访 79 批 190 人；举办国际学术会议 3 次、国际培训班 2 次；51 人在国际组织和期刊任职 98 项。

截至 2015 年底，植物标本馆收藏标本 269 万余份，数字植物标本馆收录标本信息 600 余万份，植物图像库收录图片 230 万幅。

植物所是中国植物学会、北京生态学会、中国植物学会植物园分会、中国花卉协会蕨类植物分会和 *Journal of Plant Physiology* 中国编辑部的挂靠单位。主办刊物有 *Journal of Integrative Plant Biology*（SCI 收录）、*Journal of Systematics and Evolution*（SCI 收录）、*Journal of Plant Ecology*（SCI 收录）、《植物生态学报》、《生物多样性》、《植物学报》、《生命世界》。

（撰稿：周凌娟　李东方　审稿：曹爱民）

动物研究所

所　　长：康　乐
地　　址：北京市朝阳区北辰西路 1 号院 5 号
邮政编码：100101
联系电话：010-64807098
传　　真：010-64807099
电子信箱：ioz@ioz.ac.cn
网　　址：http://www.ioz.ac.cn

中国科学院动物研究所（以下简称“动物所”）的前身是 1928 年成立的静生生物调查所、1929 年成立的北平研究院动物研究所和 1930 年成立的中央研究院动物研究所。新中国成立后，中国科学院接收上述 3 个研究所和原徐家汇博物馆（创建于 1860 年，1930 年后改称震旦大学博物院）的部分资料、标本和设备，于 1950 年成立了中国科学院昆虫研究室和动物标本整理委员会，两者分别发展为昆虫研究所和动物研究所，1962 年两所合并并使用现名。

动物所是以动物科学基础研究为主的社会公益型国家级科研机构，以野生动物和模式动物为研究对象，开展现代动物学研究，服务于人口健康、农业和生物多样性保护等国家重大需求，致力于在细胞编程与重编程的机制、生殖与发育调控、生物灾害爆发机制与控制、物种濒危机制与保护等领域发挥引领作用；在动物分类与进化、农业虫鼠害防控和濒危动物保护中发挥不可替代的作用，综合创新能力达到国际先进水平。

动物所现有 3 个国家重点实验室，分别为农业虫害鼠害综合治理研究国家重点实验室、干细胞与生殖生物学国家重点实验室、膜生物学国家重点实验室；2 个中国科学院重点实验室，分别为动物生态与保护生物学院重点实验室、动物进化与系统学院重点实验室；1 个国家动物博物馆。

动物所拥有亚洲最大的动物标本馆，馆藏各类动物标本 720 多万号；拥有总建筑面积 7300 平方米的国家动物博物馆，含 10 个展厅和 4D 动感电影院；拥有总藏书量 25 万余册及图书资料较为齐全的专业图书馆，形成了科学研究、科学传播与技术支持相结合的完整体系。

截至 2015 年底，动物所所级中心共有 6 个仪器设备平台，拥有流式细胞仪、激光（双光子）共聚焦显微镜、紫外显微切割系统、高性能集群计算等大中型仪器设备共计 50 余台（件）。其中，120 万元以上的共享仪器设备共计 30 余台（件）。

截至 2015 年底，动物所共有在编职工 417 人。其中科技人员 240 人、科技支撑人员 122 人，包括中国科学院院士 3 人（新增 1 人）、发展中国家科学院院士 1 人、研究员及正高级专业技术人员 86 人、副研究员及高级工程技术人员 113 人。共有“千人计划”入选者 1 人（新增 0 人），“青年千人计划”入选者 7 人（新增 0 人），杰青基金获得者 28 人（新增 2 人）；中国科学院“百人计划”入选者 48 人（新增 1 人）。

动物所是 1998 年国务院学位委员会批准的博士、硕士学位授予权单位之一，现设有生物学、生态学 2 个一级学科博士、硕士研究生培养点。2011 年，动物学、细胞生物学、发育生物学、生态学首次列入中国科学院重点学科。2010 年，增列生物工程专业型硕士培养点；2011 年，增列生物医学工程、免疫学、病理学与病理生理学 3 个学术型硕士培养点；2013 年增列基因组学博士培养点。动物所还设有生物学、生态学等 2 个专业一级学科博士后流动站（该流动站 2015 年获“中国科学院优秀博士后科研流动站”称号）。现共有在学研究生 566 人（其中硕士生 221 人、博士生 345 人），在站博士后 共 101 人。

2015 年，动物所共争取项目经费 19 204 万元，其中包括新增国家自然科学基金项目 74 项，其中面上项目 37 项、青年项目 13 项、重点项目 7 项、杰出青年基金 2 项、优秀青年基金 1 项、国际合作与交流项目 7 项、重大研究计划项目 5 项、重大项目 1 项、应急项目 1 项，总经费 9709. 5 万元，达到历史新高；新增 863 计划项目 1 项，基础性工作专项 1 项，总经费 2127 万元；新增国际合作项目 22 项，其中国家部委 8 项，经费 1100 万元，中国科学院 14 项，经费 658. 8 万元，总经费 1758. 8 万元；新增横向课题 46 项，总经费 1669. 8 万元。

2015 年，动物所在三个重大突破领域取得的重要研究进展。

重大突破一：细胞编程与重编程的机制 周琪研究组创造出一种新型干细胞——异种杂合二倍体胚胎干细胞，这是首例人工创建的、能以稳定二倍体形式存在的异种杂合胚胎干细胞，包含大鼠和小鼠基因组各一套。它能够分化形成各种类型的杂种体细胞和早期生殖细胞，兼具两个物种特点的独特基因表达模式和性状以及独特的 X 染色体失活方式，为从天然存在生殖隔离的物种制备包含稳定二倍体基因组的杂交干细胞提供了新方法（*Cell*）。

重大突破二：有害动物调控机制 康乐研究组证实了在蝗虫中 MicroRNA-276 通过上调 *brm* 促进了卵孵化同步。发育一致性是群体生活动物聚集、迁移及性成熟的基础，是它们适应周围环境变化的策略。然而，对于群体生物发育一致性分子机制的研究目前还很少。研究发现，群居型飞蝗卵发育速率比散居型更为整齐，并且这种整齐度差异是由一个 miRNA miR-276 与其靶标基因 *brahma*（*brm*）介导，miR-276 通过识别 brm 的 RNA 中的一个茎环结构激活 brm 表达。研究成果揭示出了群散飞蝗差异的一种新表型以及调控这一表型的新机制。该研究不仅为蝗虫种群增长预测提供启示，而且为生物节律、生物一致性研究提供了新线索，也揭示了 miRNA 上调靶基因的新机制（*PNAS*）。

重大突破三：动物进化与保护 魏辅文研究组揭示了大熊猫维持异常低能量代谢的机制 。研究发现大熊猫每日能量消耗异常的低，并进一步从形态、行为、生理、遗传和基因组等方面系统揭示了大熊猫维持异常低能量代谢的机制。通过维持异常低的能量代谢，大熊猫可采食高纤维低营养及低能量的竹子而得以生存繁衍，这可能是在长期演化中大熊猫对其食性特化（专食竹子）的一种适应（*Science*）。

截至 2015 年底，动物所以第一单位发表 SCI 论文 246 篇，其中，IF 5>9 的论文 21 篇，TOP 15% 的论文 106 篇，论文平均影响因子为 4. 1。2015 年 12 月 17 日，*Nature* 发布了 *Nature Index* 2015 *China*，分析了 2012—2014 年中国三年的研究成果，并根据 WFC（Weighted Fractional Count）评分评选出了中国排名前 50 的生命科学研究机构（Top 50 Institutions in Life Sciences）。动物所在其中排名第 14 位，并在中国科学院生命科学领域研究所中排名第 3 位。中国科学技术信息研究所 2015 年 10 月 21 日发布的最新中国科技论文统计结果表明，动物所 2014 年度国际论文被引用篇数 2223 篇（被引用 22 342 次），排名第 19 位；年度“表现不俗论文”数量 149 篇排名第 20 名；SCIE 数据库收录论文数量排名第 25 位。

2015 年，动物所获授权发明专利 8 项，实用新型 1 项；协助完成发明专利申请 6 项，其中发明 4 项，PCT 专利 1 项，实用新型 1 项。

继动物所参股公司河南济源白云实业有限公司 2014 年经营业绩取得销售额 4000 万元的历史性突破之后，双方继续共同努力，在 2015 年国际市场萎缩的情况下，通过提高生产工艺自动化程度，提升了生产效率，降低了生产成本，取得了收益与 2014 年基本持平的销售业绩。2015 年 10 月，农业虫害鼠害综合治理研究国家重点实验科云生物农药技术研发中心在河南济源揭牌，该研发中心的成立将为公司的发展提供更多的技术支持。目前，公司的工作重心已逐渐从产品生产转向市场和销售，公司总部也将于2016年迁至北京。

2015年，动物所临时因公出国112人次，来访合作研究及学术交流140余人次。完成中国科学院“一带一路”专项、院对外合作重点项目、“国际组织人才团队及中国委员会支持计划”、中国科学院与日本学术振兴会合作研究项目、“东南亚生物多样性研究中心区域性国际合作基金项目”等相关国际合作项目的申报及管理工作。2015年获批中国科学院项目经费460余万元，有效促进了中外科学家的国际合作与学术交流。2015年，动物所获批外籍人才项目7项，人才项目金额110余万元。其中，获批中国科学院“国际杰出学者”1项，“国际访问学者”5项，“国际博士后”1项。申报获得2016年度外籍人才项目10项，项目金额198.8万元。包括“国际访问学者”4项，“国际博士后”6项。动物所有71人次在国际组织任职包括国际昆虫学会、国际动物学会、国际干细胞组织、国际生物科学联合会、亚太昆虫学会等。有95人次在国际学术期刊担任主编、副主编、编委等职务。2015年，动物所通过外籍人才项目与国际合作项目的配合，建立“项目-人才-基地”国际科技合作协同发展新模式。通过引进国外优秀人才来所长期工作，不断促进实质性国际合作的开展，加强国内外科学家在相关领域的国际合作和学术交流。

动物所是中国昆虫学会、中国动物学会、国际动物学会、中国动物志编辑委员会和中华人民共和国濒危物种科学委员会的挂靠单位。动物所与学会共同主办 *Insect Science*（SCI 源期刊，英文版）、*Integrative Zoology*（SCI 源期刊，英文版）、*Current Zoology*（SCI 源期刊，英文版）、《昆虫学报》、《动物分类学报》、《动物学杂志》、《昆虫知识》7种学术刊物。

（撰稿：吴敬文　白彦霞　审稿：苗　鸿）

心理研究所

所　　长：傅小兰
地　　址：北京市朝阳区林萃路16号院
邮政编码：100101
电　　话：010-64879520
传　　真：010-64872070
电子信箱：webmaster@psych.ac.cn
网　　址：http://www.psych.ac.cn

中国科学院心理研究所（以下简称“心理所”）成立于1951年，前身是1929年成立的中央研究院心理研究所。

心理所的战略定位是：探索人类心智本质，揭示心理和行为的生物学基础与环境影响机制，为促进国民心理健康和推动社会和谐发展提供重要知识基础和科技支撑，成为引领我国心理科学发展并有重要影响力的国际著名研究机构、服务国家科技创新与城镇化发展的心理学科技智库。

心理所有中国科学院心理健康重点实验室和行为科学重点实验室；设有健康与遗传心理学、认知与发展心理学和社会与工程心理学3个研究室；与香港中文大学合作成立了生物社会心理学联合实验室；建设“生物心理学研究系统”，配备了PCR仪、微透析系统、蛋白转膜分析系统、快速纯化系统、双色红外激光成像系统等10台（套）关键设备。

心理所信息中心下设图书馆和网络办公室，为满足心理所科研人员文献情报信息需求，管理心理所知识产品，全面发展科研和管理信息化提供支撑服务。

截至2015年底，心理所共有在职职工209人。其中科技人员148人、科技支撑人员36人，包括发展中国家科学院院士2人、中共“十八大”代表1人、第十二届全国政协委员1人、研究员及正高级工程技术人员39人、副研究员及高级工程技术人员65人。“千人计划”入选者3人（新增1人），“青年千人计划”入选者2人，“千人计划”短期项目入选者1人，“万人计划”青年拔尖人才入选者2人，国家杰出青年科学基金获得者2人，“新世纪百千万人才工程”国家级人选2人；中国科学院“百人计划”入选者15人、“百人计划”候选者1人。

心理所是1981年国务院学位委员会批准的博士、硕士学位授予权单位之一，现设有心理学一级学科博士研究生培养点，心理学一级学科硕士研究生培养点，并设有心理学一级学科博士后流动站。共有在学研究生304人（其中硕士生165人、博士生139人），在站博士后40人。

2015年，心理所在研项目247项（包括新增项目76项）。其中，承担国家科技支撑计划课题1项、973计划课题4项（新增1项），主持国家自然科学基金重点项目1项（新增1项）、国际合作交流项目1项、重大研究计划培育项目1项、优秀青年科学基金项目2项（新增2项）、面上项目48项（新增12项）、青年基金项目35项（新增13项）、国家社科基金重大项目1项（新增1项）；承担中国科学院战略性先导科技专项课题2项（新增1项），主持中国科学院重点部署项目3项，承担院地合作项目37项（新增9项）。

2015年，心理所圆满完成“十二五”时期“一二三”规划中两个重大突破领域和三个重点培育方向的科研任务，顺利通过中国科学院“十二五”任务书验收评估。其中，重大突破领域“社会预警与决策”入选全院“优秀重大突破”，“科技布局与组织模式”改革举措入选全院“亮点”工作。心理所成为首批进入中国科学院“率先行动”计划四类机构分类改革的特色研究所系列的单位之一。

2015年，心理所围绕“一二三”战略目标，取得一系列重要科研进展。其中，“心理疾患的早期识别与干预”领域基于研发的客观指标，形成面向我国社区老年群体的多模态身心健康综合干预系统，构建了人类全基因组变异位点，区域调控功能注释数据库（rVarbase），丰富了心理疾患遗传学数据库；“社会预警与决策”领域发现了心理台风眼效应的卷入变式，完善了人类决策行为基本理论，参与了中宣部全国社会心态调查并提供分析报告。三个重点培育方向也进展顺利，开展了从分子到行为水平的心理创伤干预机制研究，揭示创伤后应激障碍的临床症状结构；组建全国心理援助联盟，引领我国灾后心理援助专业研究和服务；研发区域社会态度预测分析系统并实现可视化展示，成果在青岛市应用；研发流动和留守儿童心理发展关键指标及干预方案，成果在青岛、石家庄、合肥等地应用。

2015年，心理所共发表文章421篇，其中，以第一作者发表论文288篇，被SCI/SSCI收录276篇（Q1类论文占61%），CSCD收录104篇；主持或参与写作或翻译书稿8部。获批专利4项。上报政策建议10份，2份被中办采用。

2015年，心理所成立知识产权委员会。2015年10月，心理所成为中国科学院院属单位知识产权管理贯标试点研究所之一。知识产权申报及确权数量较往年有所增长，商标注册突破空白。签订的知识产权收入合同平均标的额比2014年提升86%。依托中央国家机关职工心理健康咨询中心、组织与员工促进中心，在心理健康服务、心理测评产品研发、心理科学普及、灾后心理援助等方面开展工作，产生了积极影响。

2015年，心理所获批中国科学院“国际人才计划项目”国际访问学者项目1项、国际访问学者延续项目1项、中国科学院国际组织任职出访参会资助项目4项。主办或联合主办国际会议3次，其中第三届认知科学北京国际研讨会暨第二届国际人脑发育会议引起广泛关注。全年共接待国际来访46人次，组织因公出访109人次。

2015年，心理所主办的《心理科学进展》与共建单位中国心理学会联合主办的《心理学报》均入选“2015中国最具国际影响力学术期刊”；心理所主办、与Wiley出版社联合出版的我国第一本国际发行、全英文的心理学专业期刊*PsyCh Journal*被Medline、Scopus（Elsevier）等数据库收录。

（撰稿：黄　端　赵明旭　审稿：陈雪峰）

微生物研究所

所　　长：刘双江
地　　址：北京市朝阳区北辰西路1号院3号
邮政编码：100101
电　　话：010-64807462
传　　真：010-64807468
电子信箱：office@im.ac.cn
网　　址：http://www.im.cas.cn

中国科学院微生物研究所（以下简称“微生物所”）成立于1958年12月3日，其前身是中国科学院应用真菌研究所和中国科学院北京微生物研究室，目前已发展成为一个具有雄厚基础、强大实力和广泛影响的综合性微生物学研究机构。

微生物所坚持“微生物、高科技、大产业”的战略定位，面向工业升级、农业发展、人口健康和环境保护等国家重大需求，瞄准微生物学科的发展前沿，以微生物资源、微生物技术、病原微生物与免疫为主要研究领域，在研究微生物生物多样性、基本生命过程和生态功能的基础上，努力创建从微生物资源开发、功能改造和利用、生物技术创新到成果转化的自主研发体系，创建世界一流的微生物学研究中心和微生物生物技术研发基地。

微生物所设有微生物资源前期开发国家重点实验室、真菌学国家重点实验室、中国科学院微生物生理与代谢工程重点实验室、农业微生物与生物技术研究室（与中国科学院遗传与发育生物学研究所共建的植物基因组学国家重点实验室）、中国科学院病原微生物与免疫学重点实验室5个实验室，以及微生物资源中心和技术转移转化中心，并正在启动建设“微生物资源与大数据中心”，同时建有依托微生物所的非法人创新单元——中国科学院流感研究与预警中心。微生物所拥有亚洲最大的、近50万号标本的菌物标本馆和国内最大的、保藏了近5.4万株菌的中国普通微生物菌种保藏管理中心，建有网络信息中心、大型仪器中心和生物安全三级实验室、SPF实验动物房等技术支撑平台，拥有一个藏书（刊）5万余册的专业性图书馆。

截至2015年底，微生物所共有在职职工528人。其中科技人员353人、科技支撑人员113人，包括中国科学院院士7人、发展中国家科学院院士2人、研究员及正高级工程技术人员79人、副研究员及副高级专业技术人员113人。共有“青年千人计划”入选者5人，杰青基金获得者11人，优秀青年基金获得者5人（新增2人），2014年“万人计划”青年拔尖人才入选者1个；中国科学院“百人计划”入选者27人，“西部之光”人才入选者1人（新增1人）。

微生物所是1981年国务院学位委员会批准的博士学位授予权单位之一，现设有生物学一级学科，包括微生物学、遗传学、生物化学与分子生物学3个二级学科专业博士、硕士学位研究生培养点；设有免疫学、病原生物学（一级学科为基础医学）2个二级学科专业硕士学位研究生培养点；设有生物工程领域专业硕士学位研究生培养点；同时设有生物学一级学科下微生物学、遗传学、生物化学与分子生物学3个二级学科专业博士后流动站。共有在学研究生470人（其中硕士生210人、博士生260人、外国来华留学生25人），在站博士后61人。

2015年，微生物所共承担研究项目492项（包括新增项目135项）。其中，主持国家重大科技专项课题5项（新增1项），参加国家重大科技专项课题17项，主持973计划和国家重大科学研究计划项目5项（新增2项）、承担课题25项（新增4项），参加课题36项（新增3项），主持863计划项目2项、参加课题23项（新增2项），主持、参加国家科技基础性工作专项9项（新增1项），主持国家自然科学基金重点项目9项（新增3项）、面上项目99项（新增30项）、杰青基金项目1项、国家自然科学基金重大项目3项（新增1项）；主持、参加中国科学院战略性先导科技专项课题15项（新增2项），主持院重点部署项目3项，参加院重点部署项目11项，承担重点国际合作项目4项。

2015年，微生物所以深度挖掘微生物资源、以制造业转型升级和农业发展方式转变为主线，申报建设的“特色研究所”计划获准进入培育阶段。微生物所稳步推进“一三五”规划的各项工作，三个重大突破和五个重点培育方向均取得显著成效，顺利通过中国科学院组织的院属研究所“十二五”验收工作。其中，流感病毒的研究成绩尤为突出，承担的重大突破“动物源性流感病毒跨种感染人的分子机制”获中国科学院“双百优秀”（百个优秀重大突破和百个优秀重点培育方向）。

2015 年，微生物所参与完成的“揭示埃博拉病毒演化及遗传多样性特征”入选 2015 年度中国科学十大进展，该成果系统阐述了对埃博拉病毒进化速率，消除了国际社会对于埃博拉快速变异的担忧，为埃博拉病毒疫苗和治疗方案的研发奠定了理论基础。

2015 年，微生物所共发表 SCI 论文 433 篇，其中以第一完成单位发表论文 234 篇，17 篇发表在影响因子大于 10 的杂志上，50 篇发表在 TOP 10% 期刊上，143 篇发表在 TOP 25% 杂志上。2010—2015 年研究所以第一单位发表的论文篇均引用次数达 7.18。

2015 年，微生物所获专利授权 45 项，申请专利 110 项（含 PCT 专利 6 项），获得软件著作权登记 11 项；出版《转化糖科学：未来的风向标》和《中国菌物学 100 年》专著 2 部。

2015 年，微生物所高福院士获得 2014 年中国科学院杰出科技成就奖和第十六届吴阶平-保罗杨森医学药学奖。

2015 年，微生物所签订各项技术合同 113 项。在乙肝治疗性疫苗、生物法生产普鲁兰多糖、唾液酸、海藻糖、酶法转化生产海藻糖、长链二元酸生产等领域与企业开展了广泛合作。与地方企事业单位新建联合研发单元 6 个。目前，微生物所参股三家公司，包括武汉惠华三农种业有限公司、北京中科隆泰生物科技有限公司和中科耐迪（唐山）生物技术股份有限公司。

2015 年，微生物所与南非、泰国、日本和韩国 4 个国家签署了合作谅解备忘录，启动了“一带一路”微生物资源利用技术合作网络，为进一步加强国际合作研究奠定了良好的基础。微生物所全年接待国际来访 125 人次，执行国际出访 129 人次；共主办 3 个国际或双边会议和 1 个发展中国家科技培训班计划；获 8 项国际人才引进与交流计划项目，其中，“国际访问学者” 5 项、“国际博士后” 2 项、台湾青年计划 1 项。微生物所有 18 人在 78 个国际组织和国际期刊中任职。

微生物所是中国微生物学会、中国菌物学会、中国生物工程学会 3 个国家级学会的挂靠单位；与相关学会共同主持编辑出版的学术刊物有《微生物学报》、《微生物学通报》、《菌物学报》、《生物工程学报》及英文刊物 *MYCOLOGY*。

（撰稿：刘黎琼　喻亚静　审稿：李俊雄）

生物物理研究所

所　　长：徐　涛
地　　址：北京市朝阳区大屯路 15 号
邮政编码：100101
电　　话：010-64889872
传　　真：010-64871293
电子信箱：office@ibp.ac.cn
网　　址：http://www.ibp.cas.cn

中国科学院生物物理研究所（以下简称“生物物理所”）是国家生命科学基础研究所，创建于 1958 年，其前身是 1957 年建立的北京实验生物学研究所，由著名生物学家贝时璋院士任第一任所长，现任所长为徐涛研究员。建所以来，在贝时璋、邹承鲁、梁栋材和杨福愉等老一辈科学家的带领下，历经几代科技工作者的辛勤努力，生物物理所在高水平研究成果、授权专利和成果转化等方面一直位居全国生物学研究机构前列。

生物物理所现拥有生物大分子、脑与认知科学两个国家重点实验室，感染与免疫、核酸生物学两个中国科学院重点实验室，以及蛋白质与多肽药物、交叉科学两个所重点实验室。其中，核酸生物学、蛋白质与多肽药物和交叉科学重点实验室已分别获批挂牌成立非编码核酸北京市重点实验室、北京市生物大分子药物转化工程技术中心和北京市生物医学分子检测工程技术研究中心。生物物理所与国内外科研机构和高校合作共建了中日结构病毒学与免疫学联合实验室、中澳表型组学研究中心、中澳神经与认知科学联合实验室、IBP-MIT 人脑直接成像研究中心、马普蛋白质与膜转运合作研究小组、生物物理研究所-通用集团生命科学示范实验室、生物物理研究所-佐治亚大学结构蛋白质组学联合研究中心等联合研究单元。

截至 2015 年底，生物物理所共有在职职工 592 人。其中科技人员 428 人、科技支撑人员 63 人，包括中国科学院院士 11 人、发展中国家科学院院士 5 人、研究员及正高级工程技术人员 100 人、副研究员及高级工程技术人员 163 人。共有“千人计划”入选者 9 人，“青年千人计划”入选者 11 人（新增 2 人），国家杰出青年科学基金获得者 21 人（新增 1 人）；中国科学院“百人计划”入选者 37 人。

生物物理所现设有生物物理学、生物化学与分子生物学、细胞生物学、神经生物学、认知神经科学、生物信息学 6 个专业二级学科硕士、博士研究生培养点，生物工程、免疫学 2 个硕士研究生培养点，并设有生物学 1 个专业一级学科博士后流动站。共有在学研究生 608 人（其中硕士生 306 人、博士生 302 人），在站博士后 50 人。

2015 年，生物物理所共有在研项目 556 项（包括新增项目 76 项）。其中，承担国家重大科技专项课题 26 项，主持（或承担）973 计划和国家重大科学研究计划项目 48 项，主持（或承担）863 计划项目 5 项，主持（或承担）国家重大仪器研制项目 1 项，主持（或承担）国家自然科学基金重点项目 13 项（新增 5 项）、面上项目 123 项（新增 27 项）、杰青基金项目 11 项（新增 1 项）、优秀青年基金项目 10 项（新增 3 项）、创新研究群体科学基金 2 项（新增 1 项）、海外及港澳学者合作研究基金 5 项（新增 3 项），联合基金重点支持项目 3 项（新增 1 项），国家自然科学基金委重大仪器研制项目 2 项（新增 1 项）；主持（或承担）中国科学院战略性先导科技专项课题 27 项（新增 2 项）、院重点部署项目 11 项（新增 3 项）、院重大仪器研制项目 3 项（新增 1 项），承担重点国际合作项目 5 项（新增 2 项）。

2015 年，生物物理所高水平研究工作包括：细胞核膜蛋白 SUN2 自调控的分子机制；发现丙型肝炎病毒逃逸免疫反应的新机制；SLIT/ROBO 信号通路抑制肺癌转移中的功能研究；帕金森氏病致病机理研究；长非编码 RNA ADINR 调控脂肪生成研究；CRISPR 获取新间隔序列的分子机制；纳米酶应用研究；核糖体的再循环机制；定义“什么是数字”：拓扑学定义的数字认知基本单元；内质网同源膜融合机制；研究 G 蛋白耦联受体磷酸化编码介导的信号转导机制；FUS 蛋白异常导致神经退行性疾病的致病机理；果蝇生殖发育关键蛋白质与 RNA 相互作用研究；金属酶设计；肿瘤靶向抗体免疫治疗领域；活细胞超分辨率成像领域；肠道菌与宿主共生领域；机械力敏感通道的机械耦合机制；解析植物光保护蛋白 PsbS 的晶体结构；抗生素耐药性研究；发现 HIV-1 利用宿主细胞蛋白调控自身病毒产生的新机制；压力应激障碍领域；揭示去乙酰化酶 SIRT1 与激动剂白藜芦醇及底物复合物的晶体结构；淀粉样纤维的生物纳米材料性质及应用研究；致瘤疱疹病毒转录调控及病毒复制机理研究；基因密码子扩展模拟光合作用；自噬基因 Wdr45/Wipi4 参与学习记忆功能的调节；肝癌干细胞自我更新机制研究；感觉神经元树突发育机制研究；氧化酶设计与功能研究；人类干细胞衰老机理；光合作用状态转换机制研究；金属蛋白功能机理研究；肝癌干细胞自我更新机制的合作研究；RNA 定点特异标记；致瘤疱疹病毒形态学发生；白细胞抗细菌机制研究；发展新型荧光蛋白用于超高分辨显微成像；揭示血管生成调节的新机制；揭示表观遗传修饰建立新机制；揭示 A 型流感病毒 RNA 聚合酶复合体的三维冷冻电镜结构。

2015 年，生物物理所共发表 SCI 论文 386 篇，篇均影响因子 5.94，其中以第一单位或通讯单位发表 SCI 论文 167 篇，篇均影响因子 6.11；影响因子在 *PNAS* 以上的 SCI 论文 67 篇，其中第一单位或通讯单位论文 37 篇。全年共申请专利 38 项，其中国际发明专利 3 项，中国发明专利 32 项，实用新型 3 项；授权专利 27 项，其中国外发明专利 3 项，中国发明专利 19 项，实用新型专利 5 项。

2015年，生物物理所新增横向研发项目41项，合同额2255.42万元；横向项目经费到账总额1735.69万元。佛山分所的“RNA科学”重大产业创新平台项目通过佛山市政府论证，并完成公司注册、团队组建等工作，正式入驻并启动运行。生物物理所与北京世纪劲得生物技术有限公司、开瑞康（北京）药业有限公司分别签署协议共建研发中心平台，与佛山市科学技术学院共建佛山中科协同创新研究院。

2015年，生物物理所共有持股公司6家，其中从事科技开发的人员为50余人，持股企业累计销售收入达3.2亿元，净利润2000万元，上缴税金4300万元。

2015年，生物物理所先后举办了第九届亚洲生物物理大会、第十四次中国暨国际生物物理大会、国际成体神经干细胞与神经退行性疾病研讨会，以及2015（首届）博鳌生物医学论坛等一系列国际学术交流会议。全年接待国际来访170人次，国际出访201人次。目前，生物物理所科研人员在36个国际组织中担任43个职位，在72个国际期刊中担任96个职位。

生物物理所是中国生物物理学会、中国认知科学学会的挂靠单位，主要出版物包括《生物物理学报》、《生物化学与生物物理进展》（SCI收录）、*Protein & Cell*（SCI收录）。

（撰稿：栾贵波　江欢欢　审稿：汪洪岩）

遗传与发育生物学研究所

所　　长：杨维才
地　　址：北京市朝阳区北辰西路1号院2号
邮政编码：100101
电　　话：010-64806501
传　　真：010-64806503
电子信箱：office@genetics.ac.cn
网　　址：http://www.genetics.cas.cn

中国科学院遗传与发育生物学研究所（以下简称“遗传发育所”）成立于2001年，由原中国科学院遗传研究所（成立于1959年）和中国科学院发育生物学研究所（成立于1980年）合并建成。2002年，中国科学院石家庄农业现代化研究所（成立于1978年）并入遗传发育所。2003年，原基因组研究中心整体分离组建为中国科学院北京基因组研究所。

遗传发育所面向我国农业和人口健康的重大战略需求和生命科学前沿，解决遗传与发育生物学领域重大科学和关键技术问题，力争在国家现代农业和人口健康科技创新体系中发挥骨干和引领作用，成为遗传与发育生物学原始创新研究基地、生物高新技术研发基地、优秀人才培养基地和国内外具有重要影响力与核心竞争力的著名研究所。2011年研究所制定了“一三五”发展规划，进一步明确了研究所的定位，着力培育基因组结构与调控规律、重大疾病分子机理、品种分子设计、农业生态可持续发展、前沿交叉5个重点方向，开展原始创新和集成创新研究，力争在具有重大应用价值功能基因发掘、具有重大应用前景的组织工程产品开发、优良作物新品种培育三个方面实现重大突破。

遗传发育所下设5个研究中心，分别为基因组生物学研究中心、分子农业生物学研究中心、发育生物学研究中心、分子系统生物学研究中心和农业资源研究中心；拥有现代化植物温室、实验动物中心、昌平生物技术育种基地，以及河北栾城农田生态系统国家野外观测试验站、南皮生态试验站、太行山试验站等网络台站支撑系统；拥有植物基因组学国家重点实验室、植物细胞与染色体工程国家重点实验室、分子发育生物学国家重点实验室、中国科学院农业水资源重点实验室、河北省节水农业重点实验室和遗传发育所遗传网络生物学所级重点实验室；是国家植物基因研究中心（北京）的依托单位。此外，遗传发育所联合上海生命科学研究院植物生理生态研究所与英国约翰英纳斯中心共同成立了中国科学院-英国约翰英纳斯中心植物和微生物科学研究中心。

截至2015年底，遗传发育所共有在职职工542人。其中科技人员300人、科技支撑人员153人，包括中国科学院院士3人、发展中国家科学院院士1人、研究员及正高级工程技术人员

82 人、副研究员及高级工程技术人员 134 人。共有“千人计划”入选者 3 人，“青年千人计划”入选者 5 人（新增 2 人），杰青基金获得者 31 人（新增 2 人）；中国科学院“百人计划”入选者 42 人（新增 4 人）。

遗传发育所是 1986 年国务院学位委员会批准的博士学位授权单位之一，现有 1 个一级学科生物学博士学位授权点、2 个一级学科农业资源与环境和作物学硕士学位授权点和 1 个专业学位硕士授权点，并设有一级学科生物学博士后流动站。共有在学研究生 662 人（其中硕士生 180 人、博士生 482 人），在站博士后 121 人。

2015 年，遗传发育所共有在研项目 336 项（新增项目 58 项）。其中，承担国家重大科技专项课题 13 项（新增 3 项），主持（或承担）973 计划和国家重大科学研究计划项目 9 项，承担（或参加）课题 121 项，主持（或承担）863 计划项目 1 项，主持（或承担）国家自然科学基金重点项目 22 项（新增 4 项）、面上项目 136 项（新增 40 项）、杰青基金项目 5 项（新增 2 项）、优秀青年基金项目 4 项、国家自然科学基金重大研究计划重点项目 9 项（新增 6 项）、国家自然科学基金创新研究群体 1 项（新增 1 项）；主持（或承担）中国科学院战略性先导科技专项课题 10 项，主持（或承担）院重点部署项目 8 项。

2015 年 7 月，遗传发育所牵头组建的种子创新研究院获中国科学院党组审议批准立项。

2015 年，遗传发育所的各项科研工作进展显著：在国际上首次实现脊髓损伤病人移植结合间充质干细胞的神经再生胶原支架；渤海粮仓项目实施三年来在河北、山东、辽宁和天津三省一市 70 多个县（市、区）建立了核心示范区 14.1 万亩、示范区 146.17 万亩，技术辐射推广面积达 1596.6 万亩，总增粮 168 万吨（33.6 亿斤），增加效益 24.63 亿元；分子模块设计育种先导专项（A）解析分子模块 26 个、模块系统 18 个，24 个新品系进入区试，引导国家种业工程重大专项等规划制定；通过图位克隆技术从籼稻中克隆出高氮利用效率基因 *NRT1.1B*，揭示了水稻亚种间氮利用效率差异的分子机制（Hu *et al.*, *Nature Genetics*, 2015）；成功分离并克隆了一个控制水稻粒形和提升稻米品质的重要基因 *GW7*，为水稻高产优质分子模块设计育种提供了具有重要应用价值的新基因（Wang *et al.*, *Nature Genetics*, 2015），从水稻大粒材料 RW11 中克隆了一个控制水稻粒长的显性关键因子 GL2/GS2，发现了油菜素内酯信号途径下游的一条调控籽粒大小的特异性分支途径（Che *et al.*, *Nature Plants*, 2015），揭示了 OsmiR396-GS2/OsGRF4-OsGIFs 途径调控水稻籽粒大小的新机制（Duan *et al.*, *Nature Plants*, 2015）。

2015 年，遗传发育所共发表 SCI 论文 263 篇，总影响因子 1557，篇均影响因子 5.92；获得专利授权 31 项，省审品种 5 项，省部级奖 4 项；曹晓风研究员当选为中国科学院院士，李家洋院士当选英国皇家学会外籍会员，陈受宜研究员入选 2015 全球高引用科学家。

2015 年，遗传发育所积极寻求与地方企事业单位合作，共同提升农业生物技术科研水平、支撑地方农业经济发展。中国科学院遗传资源研发中心（南方）奠基仪式在常州高新区举行。遗传发育所与中国种子集团有限公司在京签署了战略合作协议，与杜邦先锋公司签署了农业生物技术和作物遗传学领域合作研究协议修订协议，以延长双方合作的研究项目。中国科学院北方粳稻分子育种联合研究中心（黑龙江基地）和海南陵水育种基地得到进一步的发展。多项具有重大社会效益和经济价值的专利和农作物品种得到转化和推广。实现具有有益特性的枯草芽孢杆菌、活性骨材料、骨材料活化技术等重大科技成果的转移转化。2015 年，遗传发育所转化专利/品种 12 项，其中国际专利权 2 项。

2015 年，遗传发育所共接待美国、英国、德国等国家来访外宾 268 人次，先后派出科研人员 149 人次到境外参加国际会议、进行合作研究和考察访问；继续选派了 10 名研究生赴日本参加了日本奈良先端科学技术大学国际学生交流会。2015 年，遗传发育所成功主办了第三届亚太地区果蝇研究大会、植物染色体工程与功能基因育种国际会议、第十三届中国水论坛、中德“大脑功能的发育与维持——基本机制与疾病”双边研讨会；资助建立的中国科学院-英国约翰·英纳斯中心植物和微生物科学联合研究中心召开了第一次双边学术研讨会。

遗传发育所是中国遗传学会和河北省农业系统工程学会的挂靠单位，负责编辑出版 *Journal of Genetics and Genomics*、《遗传》和《中国生态农业学报》。

（撰稿：张颖娇　刘春光　审稿：杨维才）

北京基因组研究所

所　　长：薛勇彪
地　　址：北京市朝阳区北辰西路 1 号院 104 号楼
邮政编码：100101
电　　话：010-84097710
传　　真：010-84097720
电子信箱：office@big.ac.cn
网　　址：http://www.big.cas.cn

中国科学院北京基因组研究所（以下简称“北京基因组所”）于 2003 年 11 月 28 日正式成立。

面对新的发展形势和要求，在中国科学院新时期办院方针和“率先行动”计划的总体指导下，北京基因组所以基因组科学核心发展轨迹和未来发展方向为基础，明确研究定位，凝练科学目标，形成新时期发展定位，即“面向我国人口健康和社会可持续发展的重大战略需求与生命科学前沿，重点研究基因组结构、变异、功能及其演化规律，加强基因组学与其他学科的交叉融合，发展基因组学的新理论、新方法和新技术，成为基因组学原始创新研究基地、创新人才培养基地和卓越科学中心，为保障人类社会的健康发展做出重大贡献”。

北京基因组所不断优化学科布局与运行机制，根据学科发展前沿和国家重大需求组建了“基因组科学与信息”和“精准基因组医学”两个中国科学院重点实验室，建立了生命与健康大数据中心（BIGD）和基因组测序与分析平台。其中，基因组科学与信息重点实验室立足基因组科学前沿，整合各类组学的研究优势，发展基因组科学新理论、新技术、新方法；精准基因组医学重点实验室针对人口健康和普惠健康体系建设的重大科研方向，立足中国人群肿瘤基因组等重大疾病的基因组学和精准医学研究；BIGD 围绕国家精准医学和重要战略生物资源的组学数据，发展组学大数据系统构建、挖掘与分析的新技术、新方法，建设组学大数据汇交、应用与共享平台。

截至 2015 年底，北京基因组所共有在职职工 227 人。其中科技人员 116 人、科技支撑人员 80 人，研究员及正高级工程技术人员 24 人、副研究员及高级工程技术人员 32 人；全所进入创新岗位 154 人。共有“千人计划”入选者 1 人，“青年千人计划”入选者 1 人（新增 1 人），杰青基金获得者 3 人；中国科学院“百人计划”入选者 16 人（新增 2 人）。

北京基因组所现设有遗传学、基因组学、生物信息学、生物化学及分子生物学 4 个专业二级学科博士研究生培养点，遗传学、基因组学、生物信息学、生物化学及分子生物学 4 个专业二级学科学术型硕士研究生培养点，生物工程、计算机技术 2 个专业学位硕士研究生培养点，并设有 1 个生物学一级学科博士后流动站。共有在学研究生 251 人（其中硕士生 130 人、博士生 113 人、留学生 8 人），在站博士后 15 人。

2015 年，北京基因组所共有在研项目 156 项（包括新增项目 27 项），主持 973 计划项目 1 项、承担课题 10 项、参加课题 17 项，承担 863 计划课题 2 项、参加课题 15 项（新增 3 项），承担国家科技支撑子课题 2 项，科技基础专项子课题 3 项，参加重大专项课题 2 项；新增国家自然科学基金重大研究计划集成项目 3 项、在研国家杰出青年科学基金 2 项、承担国家自然科学基金重点项目 2 项、重大研究计划重点项目 2 项、重大国际合作项目 1 项、面上项目 35 项、培育 5 项；承担中国科学院战略性先导科技专项 A 类子课题 3 项、B 类先导专项课题 5 项，主持院重点部署项目 3 项（新增 1 项）、院重大仪器研制项目 1 项。

2015 年，北京基因组所着力推动重大任务部署，抓住精准医学发展的机遇，率先提出中国科学院“中国人群精准医学研究计划”，并经院长办公会批准率先实施。该计划面向我国复杂疾病精准医疗的重大需求，将集全所之力，通过团队协作完成拟定的各项任务和目标，为建立中国精准医学研究体系及研究所未来发展奠定基础。

2015 年，北京基因组所面对组学数据爆发和我国基因组数据研究和应用落后的被动局面，谋划“北京基因组研究所组学数据中心”建设，并于 2015 年末已顺利启动。该中心将建设组学数据管理、存储与共享体系，国家重要战略生物资源的组学资源库，以及中国人群高标准遗传变异库和精准医学信息平台。

2015 年度，北京基因组所在科研工作方面取得进展，产生了一批重要的科研成果。在肿瘤微进化方面，基因组所科研团队通过对肝癌样本高覆盖度的基因测序和细致的数据分析，揭示了肿瘤细胞中遗传多样性水平远远大于预期，该研究是迄今为止对肿瘤内部多样性程度最深入和彻底地分析，这个发现被“战略前沿技术”评为 2015 年生物科研界的 8 件大事之一；合作研究发现了 RNA m6A 甲基化位点选择性机制及调控细胞重编程重要功能，在 *Cell Stem Cell* 封面特写报道发表，为中国科学院“十二五”时期 25 项重大突破的重要组成部分；开发建立了水稻多组学数据整合和信息共享数据库 IC4R，完成了水稻海量多组学大数据整合及水稻分子模块辞海的一期建设工作；发展了群体遗传学新算法（TNSFS）等。

2015 年，北京基因组所承担的国家、中国科学院重大项目也取得了重要进展：承担的国家自然科学基金委重大研究计划“微进化过程中的多基因作用机制”获系列重大突破，在基金委中期评审中获得优秀成绩，研究成果分别发表于 *PNAS*、*Cancer Cell*、*Nature Genetics* 等刊物；承担的国家重大科学研究计划“小型猪和小鼠等医学实验哺乳动物模型建立与基础数据集成“项目于 2015 年 11 月通过结题验收。

2015 年，北京基因组所共发表 SCI 论文 109 篇、影响因子总计约 611；申请专利 17 项、获得授权 6 项。

在科技促进发展方面，为实现精准医学基础研究、产业转化和临床应用的紧密结合，北京基因组所与合肥市政府、北京北大未名生物工程集团有限公司和合肥巢湖开发区三方合作共建“未名-BIG 联合基因研究院”；为推进基因组新技术在法医物证实战中的应用，北京基因组所公安部物证鉴定中心正式签署共建“法医基因组协同创新中心”协议，希望通过双方密切合作，提升法医基因组学技术水平。

2015 年，北京基因组所围绕基因组学科前沿和精准医学研究方向，以多种形式积极开展国际合作与交流：与美国合作，发现 RNA 修饰在肾癌发生中可能的驱动作用及其修饰位点可作为潜在预后标记物（相关研究成果在《细胞研究》发表）；与美国、荷兰合作，发现 DNA 链免受核酸酶降解影响的 DNA 复制保护新机制；与美国合作，第一次将 *XPD* 基因定位于线粒体内，并且证明其参与线粒体基因组氧化性损伤修复过程（上述两项合作研究成果在核酸研究领域前沿期刊《核酸研究》发表）；与英国伦敦大学学院、荷兰格罗宁大学签署科研项目合作协议，并获国际基金项目的支持。

2015 年，北京基因组所主办了基因组学前沿研讨会和 2015 年国际基因组学大会两次大型国际会议，全年接待国际来访团组 15 个，出访总人数 31 人次。此外，北京基因组所科研人员在国际生物科学联合会、国际生物审编学会等国际组织担任执委会委员，入选 TWAS Young Fellowship，为推动国际合作发挥了重要作用。

《基因组蛋白质组与生物信息学报》（*Genomics*，*Proteomics* & *Bioinformatics*，以下简称 GPB，ISSN 1672-0229，CN 11-4926/Q）是由中国科学院主管、北京基因组所和中国遗传学会共同主办的英文版双月刊，由国际著名出版集团 Elsevier 与科学出版社合作出版，现为 CSCD 核心期刊，被 PubMed / MEDLINE、PubMed Central、Chemical Abstract、Scopus、BIOSIS Preview、WPRIM、中国期刊全文数据库（CJFD）等国内外收录系统收录全文或摘要。2013 年起，GPB 以金色开放获取（Gold Open Access）模式刊行。2015 年度，GPB 入选开放存取学术资源目录（Directory of Open Access scholarly Resources，ROAD），连续三年获“中国最具国际影响力学术期刊”称号，且 2015 年在排名上较上两年有大幅提高，在备选的 3500 种科技类期刊中排名第59位。

（撰稿：潘立颖　周梦菱　审稿：王丽萍）

计算技术研究所

所　　长：孙凝晖
地　　址：北京市海淀区科学院南路6号
邮　　编：100190
电　　话：010-62601166
传　　真：010-62562786
电子信箱：zongheban@ict.ac.cn
网　　址：http://www.ict.ac.cn

中国科学院计算技术研究所（以下简称“计算所”）创建于1956年，是中国第一个专门从事计算机科学技术综合性研究的学术机构。计算所研制成功了我国第一台通用数字电子计算机，并形成了我国高性能计算机的研发基地。我国首枚通用CPU芯片也诞生在这里。

计算所的定位为：在未来10年成为我国发展信息产业的价值链上不可或缺和不可替代的一个环节，成为社会公认的信息技术创新源头。

计算所本部从学科方向上布局计算机系统研究部、网络研究部和智能技术研究部3个跨领域的研究部。科研机构设有计算机体系结构国家重点实验室、智能信息处理重点实验室、网络数据科学与工程重点实验室、前瞻研究实验室，以及高性能计算机研究中心、微处理器研究中心、先进计算机系统研究中心、数据存储技术研究中心、计算机应用研究中心、网络技术研究中心、无线通信技术研究中心、专项技术研究中心、普适计算研究中心，共13个研究实体。计算所还拥有计算机体系结构国家重点实验室、中国科学院智能信息处理重点实验室、中国科学院网络数据科学与技术重点实验室、北京市移动计算与新型终端重点实验室，以及国家高性能计算机工程技术研究中心、国家并行计算机工程技术研究中心、计算所科研支撑中心等平台。

此外，计算所从2002年开始，先后与地方政府合作，目前已在在苏州、上海、肇庆、宁波、台州、东莞、秦皇岛、顺德、临沂、烟台、德清、杭州、太仓、济宁、福州、洛阳建立了16个分部/分所。

科学计算共享平台是服务计算所科研工作的大型计算平台。目前该平台具有计算节点166余台，总核数5500核，系统峰值浮点运算速度达到33万亿次每秒，节点之间有40Gbps、56Gbps Infiniband高速网络，提供216TB高性能存储和1166TB的统一存储空间。

截至2015年底，计算所共有在职职工651人（在岗员工591人）。其中科技人员530人、科技支撑人员64人，管理人员57人；包括中国工程院院士2人、正高级专业技术人员76人、副高级专业技术人员210人。共有“千人计划”入选者4人，“青年千人计划”入选者1人，“万人计划”入选者5人（新增1人），杰青基金获得者6人（新增1人），国家优秀中青年人才专项基金获得者7人（新增3人），“百千万人才工程”国家级入选者7人（新增2人）；中国科学院“百人计划”入选者13人。

计算所是1981年国务院学位委员会批准的首批博士、硕士学位授予权单位之一，现设有计算机科学与技术和软件工程2个一级学科硕士、博士研究生培养点，以及电子与信息一个工程博士培养点、计算机技术和软件工程2个工程硕士培养点；并设有计算机科学与技术一级学科博士后流动站。共有在学研究生968人（其中硕士生547人、博士生421人），在站博士后44人。

2015年，计算所共有在研项目781项（包括新增项目214项）。其中，主持或参与国家重大科技专项课题34项（新增2项）；首席科学家主持牵头973计划项目3项，参与课题22项（新增2项）；主持或参与863计划课题44项（新增14项），主持或参与国家科技支撑课题17项（新增3项），主持或参与国家自然科学基金重点项目23项（新增5项）、面上项目81项（新增16项）、杰青基金项目3项（新增1项）、优秀青年基金项目7项（新增3项）、青年基金96项（新增18项），主持或参与国家自然科学基金委和科技部的国际合作项目3项（新增2项），承担横向项目278项（新增69项）；主持或参与中国科学院战略性先导科技专项课题A

类1项、B类3项（新增），中科院科技服务网络（STS）计划项目3项（新增1项）。

2015年，计算所作为第一完成单位获国家自然科学奖二等奖1项、北京市科学技术奖二等奖2项；计算所作为参与单位荣获国家科技进步奖二等奖3项、上海市科学技术奖一等奖1项。

2015年，在中国科学院组织的院属单位“十二五”验收工作中，计算所重大突破之一“曙光高性能计算机”被评为优秀突破，重点培育“云计算服务器”被评为优秀培育，“科技布局与组织模式”被评为亮点工作，并获“定位准确合理，布局合理，高质量完成目标任务，取得了有重大影响的成果，保障措施与重大改革举措合理”的积极评价。计算所作为科教融合单元承办中国科学院计算机与控制学院，一年来，工作已步入正轨；计算所申请的创新研究院获得批准立项，进入方案论证阶段。

2015年，计算所在相关领域取得了一系列的成果。基础前沿研究和“深度神经网络处理器——寒武纪”在细分领域走在世界最前列；面向5G的超级基站研究成果连续10个月在领域顶刊*IEEE Wireless Communications Letters*月下载量排名TOP 10；“人体运动虚拟仿真”成果发表在*ACM SIGGRAPH 2015*，同时全文被*ACM Transaction On Graphics*期刊收录（中国科学院一区）；“高通量冷冻电镜数据处理”成果发表在*Journal of Structural Biology*上，相关软件Markerauto在中国科学院生物物理研究所、清华大学、UCSD、NCMIR等国内外20余家单位安装应用；面向NVM主存的数据管理研究发表在*VLDB*；“社会媒体大数据传播分析”成果发表在*Science*、*PNAS*、*SIGIR*、*WWW*、*AAAI*上；人脸识别方向获阿里大规模图像搜索竞赛第1名、ICCV 2015举办的社会事件分类竞赛第1名和表观年龄估计竞赛第2名、FG 2015举办的视频人脸识别竞赛第1名；数据挖掘方向获得IJCAI数据挖掘竞赛第1名。

2015年，EDA中心在计算所环保园园区1号楼建设了专业实验室，实验室提供国内领先的千级洁净度、GJB级防静电实验环境，具备协同验证、仿真加速、高速信号分析、片内定量分析等关键科研试验能力，目前拥有31台（套）大型专业设备，提供全流程EDA设计技术服务、封装及板卡设计。同时，计算所EDA公共设计平台已经成为具备千核计算、并行存储、全流程软件的超大规模芯片设计平台，在国内EDA平台规模和应用模式上处于领先地位。

计算所技术转移主要通过共性技术辐射（分所）、技术转让与孵化（NPO）、企业孵化（算源）三条途径实现。2015年，计算所转移成功项目收入10 673万元，现有29家控股、参股公司/单位，16个分部/分所，从事科技开发工作的人员超1400名。下属中科晶上公司2015年再融资4000万，累计融资额已超1亿；天玑公司2015年融资1.5亿。2015年，计算所获“中国科学院首批专利价值分析试点单位”和“首批知识产权管理规范试点单位”的称号，同时牵头承担了中科院科技服务网络（STS）计划项目。专利“一种四路服务器主板”（ZL200410046393.6）荣获第十七届中国专利奖优秀奖。同时，计算所抓住新的《促进科技成果转化法》颁布实施的契机，成果转让9件专利，获得专利收入180万。

2015年，计算所共发表论文337篇，其中中国计算机学会推荐A类国际学术会议和期刊论文78篇；出版专著2部、译著1部。全年出访196人次，其中员工出访为123人次，占出访总人数的63%；学生出访为70人次，占出访总人数的35%；赴台3人次，占2%。2015年，计算所引进了比利时的MATHY Laurent教授，被纳入中国科学院“国际人才项目访问学者计划”。

计算所是中国计算机学会的挂靠单位，承办的科技期刊有《计算机研究与发展》、《计算机学报》、*Journal of Computer Science and Technology*、《计算机辅助设计与图形学学报》。

（撰稿：王　凡　祁　威　审稿：孙凝晖）

软件研究所

所　　长：赵　琛
地　　址：北京市海淀区中关村南四街4号
邮政编码：100190
电　　话：010-62661012

传　　真：010-62562533
电子信箱：office@iscas.ac.cn
网　　址：http://www.iscas.ac.cn

中国科学院软件研究所（以下简称“软件所”）成立于1985年3月，前身是中国科学院计算技术研究所的软件研究室。1995年中国科学院原计算中心计算机应用部分并入软件所。2003年1月，中国科学院软件园区综合管理服务中心整建制划归软件所管理。2011—2012年，软件所信息安全国家重点实验室、信息安全共性技术国家工程中心整建制划转信息工程研究所。

软件所是致力于计算机科学理论与软件高新技术研究与发展的综合性基地型研究所，1999年即成为中国科学院知识创新工程首批试点单位之一。

按照软件基础前沿研究、战略高技术研究和国防战略高技术研究3大科研创新体系，软件所设有总体部、软件基础研究部、软件高技术研究部、软件应用研究部以及软件发展研究部。三大科研创新体系都以国家级研究机构为龙头，设若干研究中心、实验室或创新小组，主要包括计算机科学国家重点实验室、基础软件国家工程研究中心、天基综合信息系统国家级重点实验室、卫星导航应用国家工程研究中心分中心等。

截至2015年底，软件所共有在职职工576人。其中科技人员468人、科技支撑人员51人，包括中国科学院院士3人、第三世界科学院院士1名，正高级专业技术人员66人、副高级专业技术人员103人，杰青基金获得者3人；中国科学院“百人计划”入选者7人。

软件所是国务院学位委员会批准的博士、硕士学位授予权单位之一，现设有计算机科学与技术、软件工程2个一级学科博士研究生培养点，计算机技术、软件工程2个领域工程硕士培养点，并设有计算机科学与技术、软件工程2个一级学科博士后科研工作流动站。共有在学研究生460人（其中硕士生263人、博士生197人），在站博士后13人。

2015年，软件所共有在研项目449项（包括新增项目204项）。其中，承担国家重大科技专项课题1项，争取国家重大科技专项课题分任务合同63项（新增40项），主持（或承担）973计划和国家重大科学研究计划项目1项、承担（或参加）课题14项（新增1项），主持（或承担）863计划项目课题15项（新增7项），主持（或承担）国家科技支撑计划课题9项（新增5项），主持（或承担）高技术产业化示范工程项目6项（新增3项），主持（或承担）国家自然科学基金重点项目3项（新增2项）、面上项目39项（新增10项）、青年基金项目31项（新增12项）、优秀青年科学基金项目1项（新增1项）、中德合作研究小组项目1项（新增1项）、国家自然科学基金重大研究计划重点项目3项（新增2项）；主持（或承担）中国科学院战略性先导科技专项课题1项、院重点部署项目4项（新增1项），承担院创新国际团队项目1项、院地合作项目56项（新增16项）、国际合作项目3项。

2015年，软件所确定了“十三五”发展规划，定位致力于计算机科学理论和软件高新技术的研究与发展，为国家信息安全保障、软件产业发展、核心基础设施建设提供理论与关键技术支撑；攻克新型计算环境下计算及软件科学问题，为软件技术创新提供理论指导与可持续发展支撑；突破基础软件、高可信软件理论和方法、天基综合信息系统技术等核心关键技术，支撑我国软件技术与产业发展、服务国家重大战略需求。进一步完善学科布局，形成计算机科学基础理论、软件工程、基础软件、自然人机交互、互联网信息处理和综合信息系统6个学科方向；凝练了“十三五”的“一三五”目标，确定了基础软件、高可信软件理论和设计方法、天基综合信息系统技术三个重大突破战略核心方向和自然人机交互、网络化软件系统工程、互联网中文信息处理、智能协同网络和高性能科学计算五个重点培育前瞻性方向。

2015年，软件所获国家科学技术进步奖（专项）特等奖1项（排名第11）、国家科学技术进步奖二等奖1项（排名第5）、国家技术发明奖二等奖1项（排名第4）、北京市科学技术奖一等奖1项（排名第1）。

2015年，软件所成立协同创新中心，促进研究所各部门、各学科协同创新，促进学科交叉融合、交叉人才培养，培育新的学科方向；调整软件发展研究部，加强“一三五”成果的集成、示范和转化。

2015年，软件所申请专利60件，获得专利授权43件；软件著作权受理31件，登记32件；发表论文466篇。

2015年，软件所继续加强国际交流与合作。全年出访153人次，来访218人次，其中软件所设立的“国际交流学者计划”共资助了14名学者来访，资助金额15.4万元。软件所邀请来所工作的2名外籍学者获得中国科学院“国际人才计划-访问学者项目”的资助；已在软件所工作的2名外籍学者获得该计划的延续资助；邀请来所工作的1名台湾学者获得中国科学院“台湾青年访问学者计划”资助。2015年，软件所还举办了“经验软件工程国际会议周”和“第17届国际信息与通信安全会议”。

结合区域经济与社会发展需要，软件所持续开展了“网络型研究所”的探索与实践，陆续成立了软件所无锡分部、重庆分部、哈尔滨分部、广州分部、青岛分部、贵阳分部6个分支机构。2015年，软件所继续以多种方式开展院地合作工作，与地方科研院所、企业开展了广泛的合作；作为全国科学院联盟软件分会的组织单位，联合分会成员推动与地方科学院的合作项目，完成“十二五”期间部署的各项院地合作项目的验收工作。

为推动成果转化工作，软件所整合社会资源陆续组建了中科软科技股份有限公司、中科方德软件有限公司等10家高技术企业。2015年所投资企业营业收入36.78亿元，从业人数近万人。

软件所是中国中文信息学会、中国软件行业协会数学软件分会、中国密码学会密码技术专业委员会办事机构的挂靠单位，主办《软件学报》、*International Journal of Software and Informatics*、《中文信息学报》和《计算机系统应用》等期刊。软件所图书馆藏书2万余册，期刊400余种、4万余册。

（撰稿：谢京红　周　婧　审稿：赵　琛）

半导体研究所

所　　长：李树深
地　　址：北京市海淀区清华东路甲35号（林业大学北路中段）
邮政编码：100083
电　　话：010-82304210
传　　真：010-82305052
电子信箱：semi@semi.ac.cn
网　　址：http://www.semi.ac.cn

中国科学院半导体研究所（以下简称“半导体所”）是1956年按照国家《1956—1967年全国科学技术发展远景规划》中“四项紧急措施”开始筹建的研究所，直接服务于当时的国家重大目标，是集半导体物理、材料、器件研究及其系统集成应用于一体的国家级半导体科学技术综合性研究所，正式成立于1960年9月。

半导体所主要研究领域包括：光电子及其集成技术，体、薄膜、微结构半导体材料科学技术，低维量子体系和量子工程、量子器件的基础研究，半导体人工神经网络和特种微电子技术等。

半导体所设有2个国家级研究中心，分别为国家光电子工艺中心、光电子器件国家工程研究中心；3个国家重点实验室，分别为半导体超晶格国家重点实验室、集成光电子学国家重点联合实验室、表面物理国家重点实验室（半导体所区）；1个国际研发基地，即半导体照明国际研发基地；3个院级实验室（中心），分别为中国科学院半导体材料科学重点实验室、中国科学院半导体照明研发中心和固态光电信息技术实验室。此外，半导体所还有半导体集成技术工程研究中心、光电子研究发展中心、高速电路与神经网络实验室、纳米光电子实验室、光电系统实验室、全固态光源实验室、半导体元器件检测中心和半导体能源研究发展中心等。

截至2015年底，半导体所共有在职职工680人（含项目聘用）。其中科技人员465人、科技支撑人员179人，包括中国科学院院士7人、中国工程院院士2人、发展中国家科学院院士1人、研究员及正高级工程技术人员134人、副研究员及高级工程技术人员142人。共有“千人计划”入选者4人，“青年千人计划”入选者9人，杰青基金获得者18人；中国科学院“百人计划”入选者23人。

半导体所是首批国务院学位委员会批准的博士、硕士学位授予权单位之一，现设有物理学、电子科学与技术、材料科学与工程3个一级学科博士研究生培养点；材料工程、电子与通信工程、集成电路工程3个工程硕士专业学位培养点；设有物理学、电子科学与技术、材料科学与工程3个一级学科博士后流动站。现在学研究生637人（其中硕士生317人、博士生320人），在站博士后34人。

2015年，半导体所共有在研项目386项（包括新增98项）。其中申请自然基金199项，57项获资助，直接经费4478万元；新增北京市科委项目9项，总经费1000余万元；新承担中国科学院仪器研制、修购专项等总经费近2000万元；高技术项目取得较大突破，新上项目28项，留所总经费9397万元。2015年，半导体所共交付各类配套产品3700多套（只），涵盖了元器件与子系统，总产值2000余万元，未出现重大质量问题。

2015年，半导体所取得了丰硕的科研成果。利用表面极化电荷在传统常见半导体材料GaAs/Ge中实现拓扑绝缘体相；在二维GaS超薄半导体的基础研究中取得新进展；成功获得了高质量的半导体量子阱材料，达到国际先进水平；提出了一种新型的基于双面二氧化钛纳米管阵列组装的光电容集成概念；设计成功了集有机物PCBM和无机Cd_3P_2纳米线的柔性有机无机杂化全光谱光电探测器；创新性地提出了将忆阻器与超级电容器集成，成功地实现了具有稳压特性的超级电容器系统；首次发现二维WS2场效应管具有超高的光敏和气敏特性；首次发现人工合成新型二维半导体异质结；在Si：P系统量子比特的退相干研究方面取得了重要的理论发现；在转角多层石墨烯的呼吸层间耦合研究获得新进展；实现了全柔性自供电光电探测系统；在h-BN二维原子晶体研究方面取得进展；在有机自组装分子单层对磁性半导体（Ga，Mn）As薄膜磁性调控研究方面取得重要进展；在隧穿场效应晶体管机理的研究中取得重要进展；在国际上首次提出了采用光纤边带调制和相移光栅的系统方案；研制成功了一款无源/半无源双模无线温湿度传感器；研制出高可靠硅基单片低功耗温度传感器；研制成功新一代免滤波器数字功率放大器芯片并实现批量生产。

截至2015年底，半导体所固定资产总额104 932万元，拥有全套先进的半导体物理、材料、器件及电路研究、分析测试和制备设备。

在科教融合卓越中心建设方面，半导体所建立了相对完善的中心组织机构，成立了研究所科教融合领导小组，建立了中心学术委员会和教育委员会。2015年，半导体所共收到中国科学院支持中心建设的增量资金4000万元。

2015年，半导体所共发表SCI收录文章496篇，EI收录文章580篇，CPCI-S收录文章17篇；出版著作1册；申请专利276项，获专利授权157项。半导体所联合申请并获得国家科学技术进步奖二等奖1项，省部级奖励2项，其中北京市科学技术奖二等奖1项、中国人民解放军科技进步奖二等奖1项。

2015年，半导体所采取政策激励、成果宣传、平台辐射技术等方式促进科技成果转移转化，主要措施有：修订研究所绩效考核管理办法，完善奖励机制，鼓励科研人员争取横向项目，产出重大科研成果。收集整理研究所成果汇编并挂网宣传，参加产学研推进会，接待来访的地方政府及企业人员，推广研究所科技成果。加强与地方政府及企业的产学研合作，成立研发平台。2015年，半导体所与北京、上海、河北、河南、广东、云南、福建等地方政府和企业成立了15个联合实验室，有效推动了研究所技术向多个地区进行辐射。通过系列措施，半导体所全年横向合同额超过1.3亿元，与2014年相比增长了44%；技术开发合同、专利许可转让合同、院地合作项目及技术服务合同等数量超过470项；获中国科学院北京分院和中关村科技园区管理委员会颁发的技术转移工作组织奖二等奖。

2015 年，半导体所共有 124 人次出国参加国际学术会议及长、短期合作研究和访问考察等，共有 66 人次外籍专家学者来所进行访问考察、学术交流、洽谈合作及合作研究；组织了 31 位国际知名专家在“黄昆半导体科学技术论坛”上作报告；通过院国际人才计划、台湾青年访问学者计划和发展中国家访问学者计划积极引进 8 名境外专家来所工作。此外，半导体所与俄罗斯科学院的无机化学所和半导体物理所签署了合作协议共同开展优势互补的合作研究；申请到各部委的各类国际合作与交流项目 10 项，获得 293 万元经费支持。

半导体所是中国电子学会半导体与集成技术分会、中国物理学会半导体物理专业委员会的挂靠单位。半导体所主办有英文刊物 *Journal of Semiconductors*，主编为李树深院士，该刊 2015 年获得国家自然科学基金委员会主任基金资助；图书馆藏书 8 万余册（其中中文 3 万余册，外文 5 万余册），期刊 1208 种（其中中文 751 种，外文 457 种），可使用的网络数据库达 158 个，电子期刊超过 15 000 种。

（撰稿：慕　东　高　艳　审稿：张春先）

微电子研究所

所　　长：叶甜春

地　　址：北京市朝阳区北土城西路 3 号

邮政编码：100029

电　　话：010-82995501

传　　真：010-62021601

电子信箱：imecas@ime.ac.cn

网　　址：http://www.ime.cas.cn

中国科学院微电子研究所（以下简称“微电子所”）的前身——原中国科学院 109 厂成立于 1958 年。1986 年，109 厂与中国科学院半导体研究所、计算技术研究所有关研制大规模集成电路部分合并为中国科学院微电子中心。2003 年 9 月，正式更为现名。

微电子所致力于成为中国微电子技术创新的引领者和产业发展的推动者。微电子所是国内微电子领域学科方向布局最完整的综合研究与开发机构，是中国科学院 EDA 中心、中国科学院物联网研究发展中心的依托单位，是国家科技重大专项集成电路装备及工艺前瞻性研发牵头组织单位。

微电子所设有 4 个行业服务类研发中心，分别为中国科学院 EDA 中心、集成电路先导工艺研发中心、系统封装与集成研发中心、中科新芯三维存储器研发中心；4 个行业应用类研发中心，分别为通信与信息工程研发中心、新能源汽车电子研发中心、健康电子研发中心、智能感知研发中心；3 个核心产品类研发中心，分别为硅器件与集成研发中心、高频高压器件与集成研发中心、微电子仪器设备研发中心；2 个基础研究类院重点实验室，分别为微电子器件与集成技术重点实验室、硅器件技术重点实验室。

截至 2015 年底，微电子所共有在职职工 1149 人。其中科技人员 731 人、科技支撑人员 296 人，包括中国科学院院士 2 人、研究员及正高级工程师 77 人、副研究员及高级工程技术人员 249 人。共有“千人计划”入选者 11 人，“万人计划”入选者 1 人，杰青基金获得者 2 人；中国科学院“百人计划”入选者 21 人。

微电子所是国务院学位委员会批准的博士（1996 年 5 月获批）、硕士学位（1990 年 11 月获批）授予权单位之一，现设有电子科学与技术一级学科，下设微电子学与固体电子学二级学科（2011 年获批中国科学院重点学科），设有硕士、博士研究生培养点和电子科学与技术一级学科博士后流动站。截至 2015 年底，共有在学研究生 425 名（其中博士生 140 人、硕士生 285 人），在站博士后 7 人。

2015 年，微电子所共有在研项目 325 项（新增项目 158 项）。其中，国家科技重大专项课题 64 项（新增 2 项），973 计划首席项目 2 项、课题 8 项，863 计划课题 15 项（新增 4 项）；国家自然科学基金创新群体 1 项、重大项目 1 项、重点项目 14 项、重大科研仪器项目 3 项、面上项目 33 项；中国科学院战略性先导科技专项项目 2 项、院重点部署项目 2 项、院修购项目 6 项（新增 3 项）、院装备项目 6 项（新增 2 项）。

2015 年，微电子所科研布局调整与组织机构重置工作顺利完成。在中国科学院对院属单位开展的“十二五”验收工作中，微电子所“物联网核心技术与示范工程”等 2 个研究方向被评为“院百优重大突破”，“高端通用芯片与设计新技术”研究方向被评为“院百优重点培育方向”。由微电子所主承办的中国科学院大学微电子学院入选教育部首批示范性微电子学院（全国共 9 家），并成为教育部组织发起的“国家示范性微电子学院产学研融合发展联盟”理事会常务理事单位和联盟秘书处挂靠单位。

2015 年，微电子所取得的主要成果如下。

行业服务方面 ①在集成电路设计技术方向，开发完成 40-28 纳米尺度的可制造性设计、快速电磁仿真和计算、混合电路设计自动化、存储器编译器、软硬件协同验证等 EDA 技术和工具，弥补了集成电路产业链技术鸿沟，为国内集成电路制造代工企业和大型集成电路设计企业开发 PDK、标准单元等基础 IP；②在集成电路制造工艺方向，实现了 22-14 纳米关键工艺、新型闪存器件、先进封装和新原理装备等技术突破，研究水平迈入世界前列；形成了较为系统的知识产权布局并首次实现了向大型制造企业的许可转让。在高密度三维存储器件方面，与武汉新芯组织联合团队，完成 39 层 3D-NAND 闪存关键工艺及原型器件结构开发，得到企业的高度认可。在下一代存储器方面，“阻变存储器机理与性能调控”获评 2015 年中国电子学会科学技术奖自然科学类一等奖；③在集成电路装备方向，针对 32 纳米以下技术代的微电子新结构器件、工艺技术的发展和新材料应用，完成 8 台新原理设备样机的研制。等离子体浸没黑硅表面处理设备荣获第十届中国半导体创新产品和技术奖。牵头承担国家自然基金委国家重大科研仪器研制项目，成为国内集成电路仪器设备创新的领军单位；④在集成电路封装测试方向，以 TSV 为核心的 12 吋硅基转接板制造和封装集成技术研发取得突破，部分关键指标的 TSV 技术达到国际先进水平，将有力推动功能更多、尺寸更小、速度更快的先进封装技术发展。

核心产品方面 高频高压器件技术与应用领域，研制出以 5GHz 8bit ADC 为代表系列超高速电路，实现从兆赫兹到吉赫兹的突破，是目前国内示波器厂商和数据采集厂商迫切需要的一款主流芯片，代表了该领域的最高水平。

行业应用方面 ①新能源汽车电子领域，国内首家推出具有自主知识产权的电池组管理保护系列芯片，实现了电池组智能化管理核心芯片的技术突破，为普及电动车关键核心芯片国产化、产业化奠定基础。芯片已得到相关企业小批量试用。荣获第十七届中国国际高新技术成果交易会“优秀产品奖”；②健康医疗电子和智能感知领域，研制的新型多参数移动医疗终端系统为健康管理和老年监护市场提供特色硬件产品和集成解决方案；开发的非接触式生命体征监测仪原型机，准确率达到 95% 以上，已与解放军总医院、海军总医院等机构签署合作协议，并与全国老龄办共建中国老龄智能科技研究院，开启健康电子技术的应用推广。

2015 年，微电子所共申请专利 289 项，其中国内发明专利 248 项，PCT 与国外专利 32 项，实用新型 9 项；授权专利共 452 项，其中国外专利 44 项，国内专利 408 项。发表论文共 240 篇，其中被 SCI 收录 127 篇、EI 收录 65 篇，影响因子总量为 336.4249。微电子所被认定为国家知识产权局“科研机构知识产权管理贯标试点单位”（首批）和“中科院专利价值分析试点单位”。

截至 2015 年底，微电子所对外投资成立企业 46 家。按产业链分类，涵盖了芯片设计/设计服务、设备、封装、测试、材料等环节；按应用分类，业务领域覆盖计算机、通讯设备、智能手机、平板电脑、消费类电子、汽车电子、工业控制等方面。微电子所共建各类联合实验室 35 个，分所 1 个，分部 2 个，院级平台 1 个。

2015 年，微电子所共接待来访、顺访和台胞来访 20 批 49 人次；因公出访 83 批 151 人次；聘任国外名誉和客座研究员 2 人。

2015 年，作为中国科学院集成电路方面的“资源共享与技术服务并举的创新平台”，中国科学院 EDA 中心以微电子所为依托单位，继续加强科研支撑服务：平台工具累计为院内 15 家会员单位的课题组提供软件 License 服务，软件种类达 160 多种，年服务达 550 万小时；推广完善自主开发的高性能 IC 设计平台——“芯云”

集群计算平台；完成高性能、小批量、快速加工服务75个流片班次、98个封装批次，服务芯片项目242个，交付芯片近7万颗，量产芯片良率高于95%；整合6家代工厂、2家标准单元库厂商、9家封装合作制造企业资源，服务用户累计超200个，已成为国内最大的流片加工服务机构；在培训/技术交流方面，累计为院内20多家用户单位提供各类工具培训、学术交流336场，学员达到6000多人次；连续四年成功承办亚美尼亚国际微电子奥林匹亚中国区竞赛，推动国际性微电子人才的培养；在SoC/IP共性技术服务方面，发布国内首个强制IP核标准，建立基于该标准的IP打包评测平台；为展讯、中兴微等单位提供芯片设计和基于65/40/28纳米参考设计流程服务；与Synopsys、宏力、华大等企业开展合作，协助其项目研发；集成电路设计科技服务网络化平台（IC-STS-N）为珠三角地区集成电路行业发展建造一流的芯片设计共性技术支撑平台。

中国科学院物联网研究发展中心自2014年10月完成评估验收后，不断探索转型发展之路，在科研成果、产业培育、公共服务等领域做了大量工作，取得相应进展。2015年，该中心整合现有业务，结合国家和地方产业发展规划，进一步凝练、梳理重点物联网业务方向，调整组织结构，以企业化运营为主，逐步实现产业落地，由纵向项目主导型逐步转化成为横向项目主导型。2015年，新增纵向项目7项，合同经费188万元，新增横向项目167项。该中心正式获批科技部的“国家技术转移中心”，成功申请国家火炬计划“江苏物联网技术移动中心条件建设”项目。2015年，该中心申请专利82项，授权专利50项。该中心共建企业北京思比科、中科天安均成功挂牌新三板。应用示范方面，面向电力行业变电站的巡检机器人系统中标浙江省电网公司，该中心“无锡国家农资物联网应用平台”与“智慧养老管理服务云平台”两个项目入选“无锡国家传感网创新示范区十大应用案例”。该中心积极举办各种行业论坛、展会、沙龙，为政府、企业、科研院所等搭建产业交流、合作的平台，累积服务10 000人次以上，促成合作意向超过100项。2015年，该中心连续第四年获评“无锡市优秀物联网科研机构”。

微电子所是全国半导体设备与材料标准化技术委员会微光刻分技术委员会秘书处、全国纳米技术标准化技术委员会微纳加工技术工作组秘书处、北京电子学会半导体专业技术委员会制版（光掩模制造）分技术委员会秘书处的挂靠单位。

（撰稿：马　强　王　芳　审稿：叶甜春）

电子学研究所

所　　长：吴一戎
地　　址：北京市海淀区北四环西路19号
邮政编码：100190
电　　话：010-58887003
传　　真：010-58887555
电子信箱：iecas@mail.ie.ac.cn
网　　址：http://www.ie.cas.cn

中国科学院电子学研究所（以下简称“电子所”）创建于1956年，是我国第一个综合型电子与信息科学研究所。

电子所主要从事电子与信息科学技术领域的应用基础研究和高技术创新研究，目前已形成了三大支柱领域和五个重点领域。三大支柱领域分别是微波成像技术、微波真空电子技术和地理空间信息技术，五个重点领域分别是微波成像基础研究、电磁探测技术、先进激光与探测技术、传感器与微系统技术和可编程芯片技术。电子所下设14个研究部门，包括微波成像技术国家重点实验室、传感技术国家重点实验室（北方基地）、高功率微波源与技术院重点实验室、电磁辐射与探测技术院重点实验室、空间信息与应用系统技术院重点实验室（地理与赛博空间信息技术实验室、信息处理与图像分析实验室）、空间行波管研究发展中心、高功率气体激光技术部、航天微波遥感系统部、航空微波遥感系统部、可编程芯片与系统研究室、微波微系统研发部、地理空间信息系统研究室和空间信息智能处理系统研究室。

中国科学院依托电子所建立了院非法人单位——中科院高分重大专项管理办公室，在国家高分辨率对地观测系统重大专项中代表中国科学院开展各项工作，并履行管理职责。

截至2015年底，电子所共有在职职工990余人，离退休人员近800人。在职职工中，专业技术人员810人，国防杰出人才、杰青基金获得者、“百千万人才”工程入选者、中国青年科技奖获得者、中国青年五四奖获得者等国家级人才20余人，国家973计划、863计划项目专家20余人，国家重大专项的正副总指挥、总设计师近20人。

电子所是国务院学位委员会批准的首批博士、硕士学位授予单位，现有信息与通信工程、电子科学与技术2个一级学科硕士、博士研究生培养点及其博士后科研流动站。2015年共有在学研究生553人（其中硕士生292人、博士生261人），在站博士后17人。

2015年，电子所在研项目729项，包括国家重大专项、国家工程型号任务、预研项目、自然科学基金、973计划项目、863计划项目及科学院支持项目，新签合同231项。

2015年，电子所在中国科学院“率先行动”计划指导下，以“一三五”规划为牵引，各项工作按计划稳步推进，科研生产工作总体态势良好，各研究领域都有新进展。电子所怀柔园区正式启用，苏州园区进入实质运行阶段。在四个重大突破方面，高分辨率星载SAR领域在研多个重点型号任务进展顺利，按照总体的要求完成研制目标；空间行波管领域交付航天产品正样30套，高波段空间行波管获得国家经费支持；地理空间信息技术领域两大平台在用户的大力支持下，向多个用户部门拓展应用，取得了良好的发展态势；航空遥感系统开展了飞机平台的改装工作和机库选址工作，微波载荷通过试飞验证，指标达到国际先进水平。6个重点培育方向在微波成像技术、微波电真空技术、电磁探测技术、传感器与微系统技术、先进激光与探测技术和可编程芯片技术等方面都取得了重大进展，完成了一批国家重大任务，交付了一批质量可靠的产品，突破了多项关键技术，获得了多项国家重大任务的支持。

2015年，电子所共发表论文303篇，其中被SCI收录155篇、EI收录184篇，在*Science*上发表论文1篇；受理国家专利150项，获得授权121项。以第一完成单位获国家科技进步奖一等奖1项，北京市科技奖一等奖1项。

2015年，电子所与*Nature*联办的刊物*Microsystems & Nanoengineering*（《微系统与纳米工程（英文）》）正式上线出版。电子所主办的《电子与信息学报》获2014年“百种中国杰出学术期刊”称号，《雷达学报》首次被收录为“中国科技核心期刊”（中国科技论文统计源期刊）。

（撰稿：袁胜华　审稿：陈　伟）

自动化研究所

所　　长：徐　波
地　　址：北京市海淀区中关村东路95号
邮政编码：100190
电　　话：010-82544664
传　　真：010-82544664
电子信箱：casia@ia. ac. cn
网　　址：http://www. ia. cas. cn

中国科学院自动化研究所（简称“自动化所”）成立于1956年10月，是我国最早成立的国立自动化研究机构。1968年，为加速我国空间技术的发展，自动化所整建制划入空间技术研究院，更名为空间控制技术研究所，番号中国人民解放军第五〇二研究所。1970年，根据自动化学科技术发展的需要，中国科学院重建自动化研究所。1999年，作为首批试点单位之一，自动化所进入中国科学院“知识创新”工程。

自动化所现设科研开发部门12个，包括模式识别国家重点实验室、复杂系统管理与控制国家重点实验室、国家专用集成电路设计工程技术研究中心、中国科学院分子影像重点实验室、高技术创新中心、综合信息系统研究中心、数字内容技术与服务研究中心、精密感知与控制研究中心、空天信息研究中心、脑网络组研究中心、智能感知与计算研究中心、类脑智能研究中心。此外，自动化所还有若干与国际和社会其他创新单元共建的各类联合实验室和工程中心。

截至 2015 年底，自动化所共有在职职工 810 人。其中科技人员 774 人、科技支撑人员 36 人，包括中国科学院院士 2 人、发展中国家科学院院士 1 人、研究员及正高级工程技术人员 85 人、副研究员及高级工程技术人员 220 人；全所进入创新岗位 481 人。共有国家 973 计划项目首席科学家 4 人，IEEE Fellow 8 人（新增 1 人），“青年千人计划”入选者 1 人，杰青基金获得者 13 人（新增 1 人），优秀青年基金获得者 3 人，“百千万人才”工程入选者 8 人（新增 1 人）；中国科学院“百人计划”入选者 21 人，“西部之光”人才入选者 2 人（新增 1 人）。

自动化所是 1981 年国务院学位委员会批准的首批博士、硕士学位授予权单位之一，现有控制理论与控制工程、模式识别与智能系统、计算机应用技术和社会计算 4 个专业二级学科博士、硕士研究生培养点，并设有控制科学与工程 1 个专业一级学科博士后流动站。共有在学研究生 655 人（其中硕士生 270 人、博士生 385 人），在站博士后 49 人。

2015 年，自动化所共有在研项目 707 项（包括新增项目 289 项），其中，承担 973 计划项目 13 项（新增 2 项），承担 863 计划项目 25 项（新增 13 项），承担科技部支撑计划及重大专项 13 项（新增 4 项），承担国家自然科学基金项目 242 项（新增 74 项，其中创新研究群体项目 1 项、重大科研仪器研制项目 1 项、杰青基金项目 1 项、优秀青年基金项目 1 项）；承担中国科学院项目 78 项（新增 28 项，其中战略性先导科技专项 1 项、院国防科技创新重点部署项目 2 项、院科技装备研制项目 1 项）；承担军工项目 28 项（新增 12 项），承担其他纵向项目 46 项（新增 19 项）；承担国际合作项目 8 项（新增 4 项）；承担横向委托项目 254 项（新增 133 项）。

2015 年，自动化所进一步优化科研布局，凝练学科特色，聚焦类脑智能，明确了以脑科学与智能交叉融合为前沿，以类脑智能机器人与类脑智能信息处理为应用载体的研究领域和学科定位。自动化所成立类脑智能研究中心，经中国科学院院长办公会批准，将自动化所类脑模型与智能信息处理、类脑器件与系统研究方向纳入中国科学院“脑科学及智能技术卓越创新中心”。

2015 年，自动化所科研工作取得新进展。自动化所作为第二完成单位的“基于大数据的互联网机器翻译核心技术及产业化”项目荣获 2015 年度国家科技进步奖二等奖。“工业机器人高精度装配关键技术研究及应用”一项成果获 2015 年度北京市科学技术奖二等奖；“基于显微视觉的精密检测关键技术及应用”、“基于数据的非线性系统自学习最优控制理论与方法”两项成果获 2015 年度北京市科学技术奖三等奖；“基于媒体大数据的传播效果评估体系及实现系统”项目荣获第七届王选新闻科学技术奖一等奖；“基于 ACP 方法的平行交通”一期工程荣获 2015 年度 IEEE 国际智能交通系统杰出应用奖。中国科学院分子影像重点实验室成功研发新型光学——核素多模融合分子影像成像技术，相关研究成果发表于 *Nature Communications* 上。自动化所面向国家大数据的系列情报分析平台，在实战中发挥重要作用；与《中国日报》社合作构建“全球媒体云”全球媒体感知与传播评估平台，在多处实战运用中发挥重要作用。

2015 年，自动化所共发表科技论文 849 篇，其中被 SCI 核心期刊收录论文 375 篇、EI 收录 738 篇；新申请发明专利 260 件，国际 PCT 专利 28 件，授权发明专利 185 件，国际专利授权（美国专利）8 件，计算机软件著作权登记 85 件。

2015 年，自动化所与北京首都科技发展集团有限公司及社会投资资金联合筹划发起成立创投基金，规模 3.5 亿，主要投资自动化所孵化项目，提供创新成果及项目产业化发展的资金，为研究所科研人员创新创业提供有力支持。与南昌市人民政府、江西省科技厅共建“移动医疗暨分子影像应用创新研究院”；与常熟市人民政府、西安交通大学等共建“中国智能车综合技术研发与测试中心”。2015 年，自动化所知识产权转移转化收入突破 2000 万元。“影视数字制作相关技术”以 760 万元转让给北京中科视觉数据科技有限公司；“一种模块化的仿生机器海豚推进机构”、“一种快速、精确的仿生机器鱼‘C’形起动的运动控制方法”、“一种多关节机器海豚的翻滚运动控制方法”三项发明专利作价300万元，成立中科融盛海洋科技有限公司；“涡旋式空调压缩机的轴承-曲柄轴智能压装方法及系统”、“利用低精度机器人实现高精度轴孔装配的方法”两项发明专利作价1000万元，成立惠州先进制造产业技术研究中心有限公司。

截至2015年底，自动化所共有汉王科技股份有限公司、中滦科技有限公司、北京三博中自科技有限公司、北京中科虹霸科技有限公司等高科技公司22家。企业注册资本总额为57 839万元，其中所属出资5653万元。投资企业的资产总额为147 612万元，所有者权益为总额110 877万元，研究所占有企业所有者权益为13 804万元。

2015年，自动化所与瑞士洛桑联邦理工大学（EPFL）共建中瑞数据密集型神经科学联合实验室，与德国Juelich研究中心、英国Essex大学签署合作备忘录，共同推进在脑科学、大数据研究方面的合作交流。与戴尔（中国）有限公司合作成立“人工智能与先进计算联合实验室”，在人工智能领域开展平台建设与项目合作。

自动化所是中国自动化学会和中国图像图形学学会的挂靠单位；重要出版物有《自动化学报》、《自动化学报》（英文版）、《国际自动化与计算杂志》。

（撰稿：陈 昭 宋 琪 审稿：战 超）

电工研究所

所　　长：肖立业
地　　址：北京市海淀区中关村北二条6号
邮政编码：100190
电　　话：010-82547001
传　　真：010-82547000
电子信箱：office@mail.iee.ac.cn
网　　址：http://www.iee.ac.cn

中国科学院电工研究所（以下简称“电工所”）于1958年在中国科学院原长春机械电机研究所部分研究室的基础上筹建，1963年在北京正式成立。

电工所是中国科学院唯一以电气工程学科为主要研究方向的专业研究所，也是中国科学院能源领域核心研究所之一，在我国能源与电气科学领域具有独特地位。目前，电工所主要从事可再生能源发电技术、新型电力技术及电气科学前沿交叉的研究。

电工所定位于电能领域战略高新技术和电气科学前沿交叉研究，并将学科前沿交叉研究与可再生能源发展需求有机结合起来，重点推动太阳能与风力发电、多能互补可再生能源微网及并网、电力电子与高效电能变换、超导与新材料在可再生能源和电力新技术中的应用等研究，服务于国家可再生能源和智能电网重大科技需求，在促进我国能源体系转型中起到不可替代的骨干作用，促进国民经济发展，使电工所成为我国相关领域创新的战略性中坚力量和国际同行中有重要影响的研究机构。

目前，电工所设有6个实验室，分别为可再生能源发电技术实验室、电力设备新技术实验室、电力电子与电能变换技术实验室、直流电网科学技术实验室、超导与新材料应用研究实验室和生物电磁学与电磁探测技术实验室；建设有2个国家能源研究中心，分别为国家能源超导电力技术研发中心、国家能源电力电子技术研发中心；3个中国科学院重点实验室，分别为应用超导重点实验室、太阳能热利用及光伏系统重点实验室和电力电子与电气驱动重点实验室；2个北京市重点实验室，分别为太阳能发电技术重点实验室、生物电磁学重点实验室；1个北京市工程实验室，即电驱动系统大功率电力电子器件封装技术北京市工程实验室；1个北京市工程技术中心，即北京市太阳能热发电工程技术研究中心；3个检测中心（站）包括中国科学院太阳光伏发电系统和风力发电系统质量检测中心、中国科学院电工所避雷装置安全检测站和中国科学院电工所高频场控功率器件及装置产品质量检验中心。此外，电工所与地方政府合作共建了中国科学院电工所无锡分所等4个研究机构；与企业合作共建了8个联合研究机构；与国际研究机构共同成立了5个国际联合实验室（机构）。

截至2015年底，电工所共有在职职工443人。其中科技人员325人、科技支撑人员

56 人，包括中国科学院院士 1 人、中国工程院院士 1 人、研究员及正高级工程技术人员 56 人、副研究员及高级工程技术人员 99 人。共有“青年千人计划”入选者 1 人，“百千万人才工程”国家级入选 7 人，杰青基金获得者 3 人；中国科学院“百人计划”入选者 9 人，卢嘉锡青年人才奖 5 人，院青年创新促进会 13 人，院特聘研究员“计划入选者”10 人。

电工所是 1981 年国务院学位委员会批准的首批博士、硕士学位授予权单位之一，设有电气工程一级学科博士（硕士）研究生培养点，设有电机与电器、电力系统及其自动化、高电压与绝缘技术、电力电子与电力传动、电工理论与新技术、生物电工、能源与电工的新材料及器件 7 个专业；设有生物医学工程学术型硕士培养点和生物工程全日制专业学位工程硕士培养点；设有电气工程一级学科博士后流动站。共有在学研究生 300 人（其中硕士生 158 人、博士生 142 人、联合培养 14 人），在站博士后 21 人。

2015 年电工所共有在研项目 546 项（包括新增项目 118 项）。其中主持（或承担）973 计划和国家重大科学研究计划课题 10 项（新增 1 项），主持（或承担）863 计划项目 43 项（新增 9 项），主持（或承担）国家科技支撑计划项目 22 项（新增 4 项）；主持（或承担）国家自然科学基金 139 项（新增 30 项），其中，主持国家重大科研仪器研制项目 1 项、重点项目 2 项；主持（或承担）中国科学院项目 72 项，承担重点国际合作项目 10 项（新增 4 项），承担院地合作项目 40 项（新增 13 项）。

2015 年 5 月，电工所顺利通过了中国科学院“率先行动”计划特色研究所试点建设评估，成为“率先行动”计划特色研究所试点建设单位。2015 年 6 月，电工所顺利通过了中国科学院组织的对院属单位“十二五”领域的验收评估。其中“大型蒸发冷却水轮发电机”和“大型电力电子变流系统”两项重大突破以及“超导与电工新材料及应用”重大培育方向被评为院优秀，“大型蒸发冷却水轮发电机”重大突破入选中中国科学院“十二五”重大科技成果及标志性进展。

2015 年，电工所成功研制世界第一根 10 米量级铁基超导长线，实现了铁基超导线带材领域的新突破，被誉为铁基超导材料实用化进程中的里程碑；率先研制的 200kW，±10kV 光伏高压直流并网变流器实验样机，技术指标达到国际领先水平；研制的具有我国自主知识产权 3MW 双馈式变速恒频风电机组变流器，实现了批量产业化，性能指标达到国外同类产品的先进水平；研制成功的 15kW 潜液式 LNG 泵用低温电机，电机效率可达 94%，性能指标达到国际领先水平；研制成功了我国第一台 10kW 磁流体波浪能发电海试样机，在珠海万山岛海域一次投放成功；研制成功的国内第一套 300kg 直线加速系统，彻底解决了双边长初级直线电机分段供电控制，双边型、长初级、短次级直线异步电机亚秒级短时程驱动和可靠制动等难题。采用自主研发的高温磁体技术，研制出内插高温超导线圈，包含该内插线圈的磁体的磁场达到 19. 4T。研制成功的微焦斑 X 射线源，其分辨率优于 4 微米，技术指标处于国内领先地位。

2015 年，电工所发表论文 390 篇，其中被 EI 收录 152 篇、SCI 收录 95 篇；申请专利 133 项，其中发明专利 126 项，实用新型 7 项；获得授权专利 131 项（含 2 项 PCT），其中发明专利授权 105 项，实用新型授权 5 项；软件著作权 39 项；主持撰写著作 3 部。

2015 年，电工所院地合作工作在往年工作的基础上，继续推进各种新项目合作。全年新签各类横向合同 135 份，新签合同总金额为 8900 万元。

2015 年，电工所正在开展的国际合作项目 10 项；新申请国际合作项目 4 项；新立项人才项目 3 项；全年出访 103 人次，接待来访 100 余人次；主办或承办了 3 次国际学术会议，包括亚洲应用超导与低温工程大会、中国-加拿大新能源研究与发展合作联盟研讨会及第一届中德大气压气体放电与等离子体应用双边研讨会。目前，电工所共有 18 人次在国际科技机构任职。

电工所主要控股和参股公司有北京中科电气高技术有限公司、北京科诺伟业科技有限公司及中科高斯科技有限公司。

电工所是中国可再生能源学会（一级学会）、中国可再生能源学会光伏专业委员会（二级专委会）、中国电工技术学会机电一体化专业委员会（二级专委会）、中国电机工程学会超导与磁流体发电专业委员会（二级专委会）、中国农村能源行业协会分布式电源专业委员会（二级专委会）、中国电工技术学会超导应用专业委员会（二级专委会）的挂靠单位，主办有专业学术期刊《电工电能新技术》。

（撰稿：刘素珍　张和平　审稿：肖立业）

工程热物理研究所

所　　长：朱俊强
地　　址：北京市海淀区北四环西路 11 号
邮政编码：100190
电　　话：010-62554126
传　　真：010-82543019
电子信箱：iet@iet. cn
网　　址：http://www. iet. cas. cn

中国科学院工程热物理研究所（以下简称“工程热物理所”）其前身是 1956 年 3 月 1 日成立的中国科学院动力研究室（1961 年合并至中国科学院力学研究所），1980 年正式独立建制，启用现名。

工程热物理所是基础与应用发展研究有机结合的战略高技术型研究所，主要研究领域为能源、动力及环境领域，内容涉及工程热力学、内流气动热力学、燃烧学、传热传质学等学科。在国家“深化科技体制改革、加快创新体系建设”以及中国科学院启动“率先行动”计划的新形势下，工程热物理所深化科研体制改革，认真组织“一三五”规划的实施，持续开展创新文化建设。

工程热物理所现设有 8 个研究机构，分别为国家能源风电叶片研发（实验）中心、能源动力研究中心、轻型动力实验室、循环流化床实验室、分布式供能与可再生能源实验室、储能研发中心、传热传质研究中心、工业燃气轮机实验室；另有 10 余个与地方、企业共建的研发机构与工程中心。

截至 2015 年底，工程热物理所共有职工 474 人。其中科技人员 435 人，包括中国科学院院士 2 人、研究员及正高级工程技术人员 43 人、副研究员及副高级工程技术人员 113 人。共有“千人计划”、“青年千人计划”入选者 5 人（新增 1 人），杰青基金获得者 1 人，“万人计划”入选者 2 人；中国科学院“百人计划”入选者 9 人。

工程热物理所是 2003 年国务院学位委员会批准的博士、硕士学位授予权单位之一，现设有动力工程及工程热物理一级学科博士、硕士研究生培养点，环境工程专业二级学科硕士研究生培养点及动力工程专业全日制工程硕士培养点，并设有动力工程及工程热物理一级学科博士后流动站。共有在学研究生 246 人（其中硕士生 140 人、博士生 106 人），在站博士后 21 人。

2015 年，工程热物理所共有在研项目187 项（包括新增项目 100 项）。其中，主持 973 计划项目 2 项、承担课题 6 项，承担 863 计划课题和子课题 6 项，国家科技支撑计划课题和子课题 4 项，科技部国际合作项目 5 项；主持国家自然科学基金重点项目 2 项，国际合作与交流项目（相当于重点项目）1 项，优秀青年基金 2 项，承担重大项目子课题 1 项，承担面上和青年基金项目 56 项（新增 17 项）；承担中国科学院先导项目课题和子课题 8 项，承担“知识创新”工程重要方向项目和重点部署项目课题 13 项（新增 3 项），承担院对外合作重点项目 1 项，承担重大仪器研制项目 6 项（新增 2 项），“百人计划”项目 3 项，“青年千人”项目 5 项（新增 1 项）；承担院地合作项目 45 项（新增 30 项），研究所所长基金项目 21 项（新增 4 项）。

2015 年，在中国科学院组织的院属单位“十二五”领域验收评估工作中，工程热物理所“一三五”规划中重大突破方向“先进轻型动力技术”和重点培育方向“多能源互补的分布式供能技术”、“新型燃气轮机关键技术”获评院优秀。

2015 年，工程热物理所科研工作进展顺利：轻型动力方面，利用自主研制的 80 千克推力涡喷发动机，和兄弟单位联袂完成了 X 代机模飞机在复杂环境下自主起降的模飞试验，青岛轻型动力研发基地和巢湖微小型燃气轮机研发与产业化基地按计划稳步推进；煤炭高效清洁利用方面，“25 000Nm^3/h 循环流化床煤制工业燃气技术”、“40 000Nm^3/h 常压循环流化床煤气化制清洁工业燃气技术”通过省部级鉴定；分布式供能与储能方面，牵头编写的我国首部分布式能源系列国家标准“分布式能源系统节能率”通过标准审定会审定，国家能源大规模物理储能研发中心落户贵州毕节，10MW 级超临界压缩空气储能系统研发进展顺利；新能源及可再生能源研究方面，“适合中国风资源特点的风电叶片设计技术”团队荣获 2015 年度中国科学院科技促进发展奖科技贡献奖二等奖；传热传质技术研究方面，建成国内首座高温高压液态铅铋合金–氦气流动换热综合实验测试平台并投入运行；研发的多 COB 集成光源 300W LED 诱鱼灯目前已进入批量生产和销售阶段；工业燃气轮机研究方面，完成具有完全自主知识产权的 H 级参数指标的重型燃气轮机初步设计方案，为争取两机专项相关任务奠定了基础。

2015 年，工程热物理所共申报国家发明专利 94 项、实用新型专利 44 项，PCT 国际阶段专利 3 项，PCT 国家阶段专利 6 项，申请软件著作权 5 项；授权发明专利 61 项，实用新型专利 48 项，软件著作权登记 6 项，国际专利 2 项。全年共发表论文 454 篇，其中被 SCI 收录 138 篇、EI 收录 297 篇。本年度工程热物理所共有 46 项各类课题通过验收结题。

2015 年，工程热物理所科技促进发展成果丰硕：全年与企业新签横向合同 45 项，签约额 32 647 万元，实现到所经费 8450 余万元。研究所将持有的 24.275% 中科合肥微小型燃气轮机研究院有限责任公司的股权进行对外转让，实现研究所股权增值和科技成果转化以及运营收益最大化，为研究所今后科技成果转化提供更多的资金支持。

2015 年，研究所廊坊研发中心环境–能源与动力综合研发平台”正式开工建设；连云港 IGCC/联产研发基地完成加压输运床气化工程化研究设施系统调试，建成重型燃气轮机多燃料全温高压全尺寸燃烧室试验台；青岛分所正式启动海边综合办公楼建设；合肥微小型燃气轮机研究院完成试验厂房及动力中心附属设备设施安装，兆瓦级燃气轮机整机试验台调试成功；毕节国家能源大规模物理储能中心完成办公楼和实验厂房基本建设。

2015 年，工程热物理所国际合作步上新台阶：4 项院“国际人才计划”项目获资助，5 项国家国际科技合作专项项目进展顺利。工程热物理所所长率代表团参加第 12 届 ISAIF 会议，并在大会开幕式上致辞，在国际舞台上展示了研究所的形象。2015 年，工程热物理所共接待国际来访 20 批 25 人次，包括朝鲜国家科学院、英国阿尔斯特大学、芬兰阿尔托大学等来访，先后有 43 批 109 人次派赴俄罗斯、美国、英国等 17 个国家进行合作研究与学术交流。

工程热物理所是中国工程热物理学会和北京工程热物理学会的挂靠单位，主办有学术刊物《工程热物理学报》、《热科学学报》（英文版）。

（撰稿：张华良　朱灿欢　审稿：赵汐潮）

国家空间科学中心

主　　任：吴　季
地　　址：北京市海淀区中关村南二条 1 号
邮政编码：100190
电　　话：010–62582756
传　　真：010–62576921
电子信箱：kjzx@nssc.ac.cn
网　　址：http://www.nssc.cas.cn

中国科学院国家空间科学中心（以下简称“空间中心”）成立于 2011 年，2015 年前与成立于 1987 年的中国科学院空间科学与应用研究中心“一个机构两块牌子”，前身可追溯至 1958 年成立的中国科学院 581 组办公室。2015 年，中国科学院空间科学与应用研究中心经中编办批复，正式更名为中国科学院国家空间科学中心。

空间中心是我国空间科学及其卫星工程项目的总体性研究机构，是面向全国的空间科学创新平台，负责组织开展国家空间科学发展规划研究，具体负责中国科学院空间科学先导专项的组织与实施，开展空间科学及相关应用领域的创新性科学与技术研究工作，为空间科学先导专项及未来发展提供科学与技术支撑，引领空间科学发展，带动空间技术创新。

空间中心已建立起发展我国空间科学及其系列卫星工程所需的核心科学与技术支撑体系，有效支撑了空间科学先导专项的实施。建有空间天气学国家重点实验室、微波遥感技术院重点实验室、复杂航天系统电子信息技术院重点实验室、天基空间环境探测北京市重点实验室，以及海南探空部/海南空间天气国家野外站、广州宇宙线观测站、廊坊临近空间环境野外站及北京延庆空间物理观测站和科研设施基地，是中国科学院空间环境研究预报中心的挂靠单位。2014 年，空间中心作为依托单位，牵头建设“率先行动”计划首批试点的中国科学院空间科学研究院，与中国科学院空间应用工程与技术中心、国家天文台协同创新空间科学发展的体制机制，组织实施或承担重大空间科学任务。

截至 2015 年底，空间中心共有在职职工 682 人。其中科技人员 508 人、科技支撑人员 120 人，包括中国科学院院士 2 人、中国工程院院士 1 人、国际宇航科学院（IAA）院士 2 人、通讯院士 1 人、美国电气与电子工程师学会（IEEE）会士 1 人，研究员及正高级工程技术人员 60 人、副研究员及高级工程技术人员 335 人。共有“千人计划”入选者 1 人、“青年千人计划”入选者 1 人，杰青基金获得者 4 人；中国科学院“百人计划”7 人，以及中国科学院空间科学先导专项预先研究海外创新团队。

空间中心是 1981 年国务院学位委员会批准的博士、硕士学位授予权单位之一，设有空间物理学、地球与空间探测技术、电磁场与微波技术、计算机应用技术 4 个专业二级学科博士研究生培养点，飞行器设计等 5 个专业二级学科硕士研究生培养点，空间物理学二级学科博士后流动站。共有在读研究生 353 人（其中硕士生 202 人、博士生 151 人），在站博士后 13 人。

2015 年，空间中心共有在研项目 420 项，（包括新增项目 163 项）。其中，主持空间科学先导专项 1 项，主持（或承担）973 计划项目 1 项，主持（或承担）863 计划项目 3 项，承担（或参加）课题 54 项（新增 30 项）；主持（或承担）国家自然科学基金项目 76 项（新增 21 项），其中重点项目 4 项、面上项目 37 项（新增 8 项）、青年科学基金 29 项（新增10 项）、杰青基金项目 1 项，国际合作与交流项目 2 项（新增 2 项）、海外及港澳学者合作项目 1 项、专项基金项目 2 项（新增 1 项）。

2015 年，空间中心扎实推进“一三五”发展目标，取得阶段性成果：空间科学先导专项被评为中国科学院“十二五”25 项标志性重大进展之一。在中国科学院组织的院属单位“十二五”领域验收评估中，空间中心“空间天气和空间气候与全球变化的关系”、“分离载荷与无线组网技术”被评为“十二五”优秀重点培育方向。空间中心认真谋划“十三五”发展规划，将空间天气和空间气候与全球变化的关系、极端天气与全球变化卫星遥感观测研究、新型探测技术在太阳系探测和空间态势感知中的应用、基于 GNSS 的科学问题及新应用拓展研究、分布式空间系统及其信息关联技术五个项目列为中心“十三五”重点培养方向。

2015 年，空间中心圆满完成各项重大科研任务，完成了暗物质卫星发射及在轨测试、“天宫一号”在轨运行等空间环境预报保障任务；承担了“天宫二号”4 个分系统研制；由中心抓总的“嫦娥五号”有效载荷分系统总计 39 台（套）星上产品均顺利转入正样研制阶段；“风云二号”、“风云三号”、“风云四号”3 个系列 4 颗卫星总计 40 余台（套）设备研制与试验任务进展顺利，各项研制工作均按节点有力推进中；“海洋二号”A 雷达高度计和校正辐射计在轨运行超过 4 年，仪器运行良好，数据精度和质量均达到国际先进水平，继续为国内各应用领域及欧洲气象卫星组织、法国国家空间中心和澳大利亚气象局等国外业务系统提供数据产品；空间环境垂直探测试验任务（第二发）进入研制冲刺阶段，箭头姿态控制系统和科学探测试验载荷（朗缪尔探针、双臂式电场仪、主动膨胀落球）均按照工程关键计划节点紧张推进中，预计于 2016 年中择机发射。此外，实践十号卫星、量子卫星、HXMT 卫星均交付卫星总体，地面支撑系统研制顺利，保障有力，为 2016 年空间科学先导专项3颗卫星任务奠定基础。为“十三五”做准备的背景型号项目完成了对三个重点支持项目的遴选工作，空间中心确定将 MIT（磁层-电离层-热层耦合小卫星星座探测计划）、WCOM（全球水循环观测卫星）和 EP（爱因斯坦探针），3个课题作为重点支持项目。

2015年，空间中心天地一体化的空间环境综合监测网与研究服务平台建设稳步推进。子午工程一年来运行稳定、高效，全年开展了3次以科学目标和国家重大任务需求为牵引的专题探测，在美国地球物理学会（AGU）学术期刊《地球物理期刊》（*JGR*）上发表的论文超过10篇；出色完成了中国科学院空间环境监测网、空间环境监测预报中心的运行和维护。

2015年，在毫米波/太赫兹被动遥感和分辨率成像机理及核心技术方面，空间中心地球静止轨道大气微波探测成像仪（GIMS）与欧空局的合作取得重要进展，通过了中欧联合组织的详细设计评审，将于2016年完成全尺寸双模样机的研制；太赫兹天线与射频技术研究取得重要突破，首次利用国内工艺条件自主研制了450GHz相干接收机，并在国内首次实现450GHz干涉成像；毫米波相控阵雷达原理样机研制完成，首次实现了飞行目标微动多普勒探测。

2015年，空间环境监测预警系统（一期）获军队科技进步奖一等奖，兼容北斗和GPS的掩星探测仪获两项省部级二等奖。“空间天气研究与建模团队”入选科技部重点领域创新团队，10人入选中国科学院“率先行动”特聘研究员计划，1人入选“万人计划”青年拔尖人才，1人入选“百人计划”，1人被授予美国电气与电子工程学会会士（IEEE Fellow），1人获“赵九章优秀中青年科学奖”。全年发表科技论文290余篇，其中被SCI收录112篇、EI收录68篇；发明专利申请83篇，获授权51项；软件著作权登记44项。

2015年，空间中心国际交流和合作再上新台阶：由空间天气学国家重点实验室和英国伦敦大学学院共同提出的SMILE（太阳风-磁层相互作用全景成像卫星）入选中欧联合空间科学卫星任务，成为继2003年“双星计划”后，双方又一大型空间探测国际合作项目，SMILE预计于2021年发射。2015年，空间中心全年出访团组131批次，来访科学家93批次，主办了第一届中俄空间科学双边研讨会、第三次中美空间科学青年领军人物论坛。ISSI-BJ运行全面进入正轨，继续为国际空间科学领域顶尖机构和科学家提供探讨空间科学领域学科前沿的平台。中巴空间天气联合实验室（中国科学院南美空间天气实验室）正式运行的第一年，各项建设任务均按计划开展，机构管理体系初步建立，总体进展顺利。IGARSS 2016将于2016年7月在北京召开，各项组织筹备工作有序推进。

空间中心是中国空间科学学会、国家空间科学专家委员会办公室、COSPAR中国委员会、国家空间天气科学中心（筹）、全国宇航技术及其应用标准化技术委员会空间环境分委会等10余个全国性重要空间科学学术组织和机构的挂靠单位，主办期刊《空间科学学报》。

（撰稿：周　谊　李橙媛　审稿：吴　季）

光电研究院

院　　长：王　宇
地　　址：北京市海淀区邓庄南路9号
邮政编码：100190
电　　话：010-82178800
传　　真：010-82178600
电子信箱：office@aoe.ac.cn
网　　址：http://www.aoe.cas.cn

光电研究院（以下简称“光电院”）组建于2003年11月，作为中国科学院“知识创新”工程中体制机制创新的重大改革举措之一，是兼具总体管理与技术总体职能的总体性研究单位。中国科学院卫星导航总体部、中国科学院浮空器系统研究发展中心、02专项研发管理办公室设在光电院。

光电院的科技布局围绕光电工程领域、航天航空领域和应用科技领域等三个领域展开。依托光电院建立的总体性机构包括：中国科学院卫星导航总体部、中国科学院02专项光刻机关键部件研发任务管理办公室、中国科学院浮空器系统研究发展中心。依托光电院的部委级平台包括：全国光电测量技术标准化技术委员会、全国遥感技术标准化技术委员会、中国卫星导航学会、国家遥感中心系统总体部、中国空间技术减灾应用研究中心、中国卫星导航系统管理办公室学术交流中心。

光电院拥有2个中国科学院重点实验室，分别为中国科学院计算光学成像技术重点实验室、中国科学院定量遥感信息技术重点实验室。光电院下设科研机构有光电系统工程研究部、气球飞行器研究中心、对地观测技术应用研究部、空间系统工程研究部。所级对外合作平台包括：青岛市光电工程技术研究院、北京市准分子激光工程技术研究中心、全固态泵浦激光技术研发与制造基地（天津）、光电研究院-澳大利亚悉尼科技大学“地理时空数据分析和产业化应用联合实验室”、光电研究院-芬兰大地测量研究所“光电载荷信息获取与质量控制联合实验室”。

光电院现有固定资产总额3.60亿，拥有各种主要设计、加工、试验设备70余台（套），如系留气球锚泊设施、飞艇地面固定设备、氙灯老化试验机、三轴飞行仿真转台、遥测遥控地面系统、动静态万能材料试验机、自动裁剪设备、GNSS射频信号源、激光干涉仪、单色积分球、可调谐激光器、短波红外照相机、极紫外光源、PMI干涉仪、快响成像光谱系统性能检测平台、大口径太阳辐照模拟器等。

截至2015年底，光电院共有在职职工355人。其中科技人员281人、科技支撑人员30人，包括研究员及正高级工程技术人员40人、副研究员及高级工程技术人员75人。共有杰青基金获得者1人（新增0人），享受国务院政府特殊津贴11人（新增1人），“百千万人才”工程入选者4人（新增0人），科技部创新人才推进计划重点领域创新团队1个；中国科学院“百人计划”入选者4人（新增0人），院创新国际团队1个，院创新交叉团队1个。

光电院是2005年国务院学位委员会批准的博士、硕士学位授予权单位之一，现设有光学工程1个专业一级学科博士研究生培养点，信号与信息处理、计算机应用技术2个专业二级学科博士研究生培养点，飞行器设计1个专业二级学科硕士研究生培养点，并设有光学工程、信息与通信工程2个专业一级学科博士后流动站。共有在学研究生128人（其中硕士生83人、博士生45人），在站博士后4人。

2015年，光电研究院共有在研项目455项（包括新增项目177项）。其中，承担国家重大科技专项课题49项（新增11项），主持（或承担）863计划项目44项（新增20项）；国家自然科学基金项目39项（新增9项），主持（或承担）国家自然科学基金重点项目2项、面上项目13项（新增3项）、杰青基金项目1项；主持（或承担）院重点部署项目5项、重大仪器研制项目（科技部、国家自然科学基金委、财政部和院）6项；中国科学院其他项目36项（新增18项），院引进人才项目27项（新增18项），院创新项目5项，承担重点国际合作项目11项（新增5项），承担院地合作项目2项，承担委托任务133项（新增45项）。

2015年，光电院积极参与中国科学院“四类机构”分类改革中的特色研究所申报工作，目前已进入特色研究所培育阶段。

2015年，光电院“高分辨遥感综合定标技术系统及其应用”项目获中国科学院科技促进发展奖二等奖；“共孔径光学立体实时成像技术”项目获光学工程学会科技创新奖三等奖；“具有微流道结构的放电腔及气体激光器”项目获中国专利奖优秀奖。2015年，光电院1人获国家科技进步奖特等奖。

2015年，光电院共发表SCI论文32篇、EI论文87篇、CPCI-S论文26篇、CSCD论文55篇；共申请专利149项，获授权65项。

2015年10月，经光电院院务会研究决定设立成果转化与知识产权管理处，负责光电院成果转化与知识产权的归口管理，专职人员3人具体负责策划、管理、执行此方面的工作。为规范、管理、指导和推进光电院科研成果转化相关工作，成立了由主管院领导、技术领域骨干，以及外聘请的成果转化专家、投融资专家和知识产权专家组成的光电院科研成果转化咨询委员会，作为光电院科研成果转化活动的评议及咨询机构；为加强对光电院经营性资产的管理，成立了光电院经营性资产管理委员会，代表光电院对国科光电等院属经营性资产行使股东的权利和职责。

2015 年，光电院成立了北京科益虹源光电技术有限公司、天津全固态激光技术研发平台和产业化基地、筹建了“国家激光器件质量监督检验中心”，加入了首都科技条件平台——中国科学院研发试验服务基地。

国科光电科技有限责任公司是光电院全资控股的集资产管理、投融资、成果转化及孵化一体的平台企业，是光电院成果转化的重要支撑企业之一，协助推进光电院科研成果的转移转化，总资产 5 552.29 万元。目前，共有 7 家持股子公司，分别为北京国科世纪激光技术有限公司、北京国科东方光电技术有限公司、北京国科华智技术服务有限公司、北京国科虹谱光电技术有限公司、北京国科虹源光电技术有限公司、青岛国科光电科技有限公司、青岛国科虹成光电技术有限公司。

2015 年，作为国家遥感中心系统总体部的依托单位，光电院持续发挥光电工程、航空航天及对地观测应用科技的总体技术优势，以中国科学院定量遥感信息技术重点实验室、光电载荷信息获取与质量控制中芬联合实验室、地理时空数据分析技术与产业化中澳联合实验室为平台，进一步加强国内外的交流与合作，努力营造良好而开放的学术氛围。全年除了继续深入参与 CEOS 工作，为国家遥感中心提供技术支持外，还通过光电载荷信息获取与质量控制中芬联合实验室、地理时空数据分析技术与产业化中澳联合实验室、创新团队、国际合作项目等多种途径加强交流，并通过参与 RadCalNet、“龙计划”等工作，不断拓展学术视野，提高科研水平，推动创新成果的产出。全面累计共参加或参与国际学术交流活动 30 余次。

2015 年，光电院办理出访手续 46 批 119 人次、来顺访接待审批手续 17 批 23 人次。参加了在澳大利亚举办的 2015 年全球卫星导航系统研讨会；在美国举办的 2015 年美国导航学术年会、建模与仿真技术会议；在意大利举办的参加第 35 届 IEEE 国际地球科学与遥感大会；在日本举办的第 29 届国际卫星对地观测委员会全会及卫星对地观测数据应用研讨会等；在华举办了第六届中国卫星导航学术年会、中日韩超快激光技术研讨会等国际会议。

全国光电测量标准化、全国遥感技术标准化两个技术委员会挂靠光电院开展日常工作。

（撰稿：邵雪天　高　隽　审稿：王　宇）

自然科学史研究所

所　　长：张柏春

地　　址：北京市海淀区中关村东路 55 号

邮政编码：100190

电　　话：010-57552529

传　　真：010-57552567

电子信箱：zhangpei@ihns. ac. cn

网　　址：http://www. ihns. cas. cn

中国科学院自然科学史研究所（以下简称“自然史所”）是中国科学院所属的少数兼具自然科学与人文社会科学功能的研究实体之一，也是中国唯一的国家级多学科和综合性的科技史专门研究机构。其前身中国科学院自然科学史研究室是在郭沫若、竺可桢等老一辈院领导的关怀下于 1957 年 1 月 1 日成立的，1975 年升为所级建制。

自然史所定位于研究科技的历史、本质和发展规律，认知科技与社会、政治、经济、文化等的复杂关系；探索科技史研究的新方向与新方法；研究和传播科学思想，认识科技发展大势，为建设国家思想库与智库做出独特贡献。自然史所致力于增强中国科技史等方向的核心竞争力，开拓西方科技史研究，成为有重要国际影响、有特色、高水平的科技史综合机构。

自然史所的主要学科是科学技术史（理学一级学科）、科学技术哲学（二级学科）、科技考古（二级学科），主要研究方向有中国古代科技史、中国近现代科技史、西方科技史、文化遗产科技认知、中外科技发展比较、科技与社会、科学思想史与科技哲学。

自然史所现有 3 个研究室，分别为中国古代科技史研究室、中国近现代科技史研究室、西方科技史研究室。另有4个跨机构的研究中心性质的单元，分别为中国科学院文化遗产科技认知研究中心、中外科技发展比较研究中心、科技与社会研究中心、科学传播研究中心。其中，文化遗产科技认知研究中心是中国科学院非法人研究机构。

截至2015年底，自然史所共有在职职工83人。其中科技人员50人，科技支撑人员15人，正高级专业技术人员15人（其中研究员14人）、副高级专业技术人员24人（其中副研究员20人）。共有中国科学院“百人计划”入选者1人。

自然史所是1997年国务院学位委员会批准的博士、硕士学位授予权单位之一，现设有科学技术史一级学科硕士、博士研究生培养点，科学史、技术史和科学技术哲学二级学科硕士和博士研究生培养点，科学技术史一级学科博士后流动站。共有在读研究生38人（其中硕士生16人、博士生22人），在站博士后12人。

2015年，自然史所共有在研项目132项，包括新增科研项目55项。其中，新增国家自然科学基金面上项目1项，承担青年项目3项；承担国家社科基金面上项目1项，新增青年项目1项；新增教育部留学回国基金项目1项，新增老科学家学术采集工程项目1项，新参与国家软科学计划1项；参与国家指南针计划1项；新增省级博物馆委托项目3项；主持并承担中国科学院“一三五”重大突破项目3项，重点培育方向课题24个，承担中国科学院重点部署项目2项、青年研教项目23项，青年创新促进会项目4项（新增1项）。

2015年，自然史所顺利通过中国科学院组织的院属单位“十二五”领域验收评估，重大突破项目“科技发展与国家现代化的关系研究”和重点培育方向“传统工艺与文物科技的认知研究”被评为院优秀，获得300万元的经费奖励。此外，因在2013年“一三五”国际诊断评估中高度评价，自然史所获得800万元奖励。

2015年6月，根据中国科学院的统一部署，自然史所组织研讨“十三五”规划，汇集意见和建议，形成“十三五”期间的“一二五”发展规划。

2015年，除“十二五”规划项目之外，中国科学院科技战略研究院的科学思想史预研究、《中华大典·数学典》编纂、聚智（中国科学的回顾与前瞻）、地质学在中国的本土化、中国科学院农业史编撰与研究、宋代的药品生产与政府管理研究、《中国科技典籍选刊》等项目继续推进。全面启动了《中国大百科全书》（第三版）科技史卷的编研工作。文昌塔汉墓群出土金属文物检测分析研究、枣阳曹门湾出土物修复研究、格鲁派三大寺康村组织的研究、河湟及其毗邻地区新石器晚期–青铜时代动物食谱和稳定同位素基准研究、中国古代坩埚炼铅技术初步研究、明代天文算表研究、大众科学技术史丛书编撰等工作进展顺利。康熙时期西方数学传播与影响新探、俞鸿儒院士学术成长资料采集等工作已正式启动。

2015年，自然史所科研产出保持良好水平。其中，在职职工共发表论文和专著章节75篇，包括外文发表的论文17篇；出版专著和其他书籍7部，参与研究报告2部。离退休专家出版学术专著4部，科普著作1部，论文14篇。研究生发表论文6篇。何堂坤先生撰著的《中国古代手工业工程技术史》（上册、下册，山西教育出版社，2012年8月出版）获第五届中华优秀出版物奖。

2015年，自然史所积极邀请国内外知名专家来所开展交流和讲学。科研人员和研究生积极参与组织多个重要学术会议。其中，研究所与法国远东学院共同组织“中法系列”学术讲座7场，由青年学者担任主持人、报告人的青年学术研讨会举办11期；轻松活泼、不拘一格的“格致下午茶”举办了11期。

2015年，自然史所积极探索科学传播工作新途径：由中国科协等部委共同主办，自然史所与中国科学技术史学会、北京市科协承办的“科技梦·中国梦——中国现代科学家主题展”继续在石家庄、太原等15个城市开展全国巡展，为扩大科学史学科和研究所的社会影响作出了贡献。

2015年，自然史所积极开展国际合作，注重实效。全年出访项目38个（含2次赴台项目，1次港澳项目），共计49人次（出访港澳台地区4人次），其中出访超过三个月以上的有5人次，出访国家涉及法国、英国、美国、俄罗斯、德国、比利时、意大利、新加坡等。来访人数累计

41人（含港澳及台湾地区学者3人），分别来自德国、英国、美国、瑞典、丹麦、意大利、法国、俄罗斯、日本、中国台湾等国家和地区，其中来访超过3个月以上的有2人。派出访问学者1名。2015年度自然自然史所共举办国际研讨会共3次。截至2015年底，累计签订国际合作协议18项，新签署合作协议1项；国际组织职务任职人数累计达15人次。

自然史所是中国科学技术史学会的挂靠单位，设有《自然科学史研究》、《中国科技史杂志》、《科学文化评论》等学术刊物编辑部。

（撰稿：纪 巧 张 佩 审稿：张柏春）

科技政策与管理科学研究所

所 长：王 毅
地 址：北京市海淀区中关村北一条15号
邮政编码：100190
电 话：010-59358613
传 真：010-59358608
电子信箱：ysc@casipm.ac.cn
网 址：http://www.casipm.ac.cn

科技政策与管理科学研究所（以下简称“政策与管理所”）成立于1985年6月。其前身为中国科学院政策研究室、中国科学院管理学组、《自然辩证法通讯》杂志社，1987年，中国科学院应用数学研究所优选法与管理科学研究室整建制划入政策与管理所。

政策与管理所主要开展国家发展战略、政策和管理问题研究，为国家宏观管理决策和中国科学院改革发展实践提供重要支撑。2015年，研究所聚焦高水平科技智库建设目标，积极谋划、制定“十三五”规划，中国科学院科技战略咨询研究院正式挂牌，政策与管理所作为主承办单位之一的中国科学院大学公共政策与管理学院成立，政策与管理所事业发展迎来“三位一体”新局面。

政策与管理所下设4个研究部和12个研究室，即科技发展政策研究部、创新发展政策研究部、可持续发展政策研究部、公共安全与管理科学研究部，以及科技战略与规划、科学技术与社会、科技管理与评估、知识产权与科技法、创新与发展政策、创新与创业政策、可持续发展战略、能源环境经济、统筹与管理、政策模拟、城市发展与区域管理、自然与社会交叉科学研究室。政策与管理所还建有5个院级研究中心，即中国科学院战略研究中心、中国科学院创新发展研究中心、中国科学院自然与社会交叉科学研究中心、中国科学院管理创新与评估研究中心、中国科学院知识产权研究与培训中心；与合作伙伴共建6个研究中心，即能源与环境政策研究中心、北京科技政策研究中心、北京城市运行与发展研究中心、中德联合创新研究中心、青海创新发展研究院、创新发展与公共治理协同创新中心；另有6个研究所级研究中心，即政策模拟研究中心、国际问题研究中心、统筹与安全管理研究中心、中国高新区研究中心、环境政策研究中心及社会治理与风险研究中心。

截至2015年底，政策与管理所共有在职职工158人，在站博士后35人，离退休职工51人。在职职工中科研岗位125人，其中研究员25人、副研究员38人。1人获“卢嘉锡青年人才奖”，1人获“启明星”优秀人才奖，1人入选中国科学院青年创新促进会。

政策与管理所设有管理科学与工程一级学科硕士、博士学位培养点，工商管理一级学科硕士学位培养点，人口、资源与环境经济学和科学技术哲学2个二级学科硕士学位培养点，管理科学与工程学科博士后科研流动站，以及北京市管理科学与工程重点学科，并具有管理科学与工程在职硕士学位授予资格。共有在学研究生156人（其中硕士生66人、博士生90人），毕业博士生18人、硕士生12人。

2015年，政策与管理所围绕国家战略需求、地方政府和企业发展需要，积极争取承担重大科技项目。现有在研课题279项（新增167项），其中国家自然科学基金项目40项（2015年新增面上项目4项、青年基金4项、应急项目6项、重大研究计划1项），中国科学院项目54项（2015年新增44项）。国家其他部委项目120项（2015年新增50项），国际合作项目3项（2015年新增2项），企业委托6项（2015年新增3项），地方政府及其他科研机构项目 56 项（2015 年新增 53 项）。

2015 年，政策与管理所顺利通过中国科学院开展的院属单位“十二五”任务书验收领域评估工作，并取得两项“优秀”。在三个重大突破方面，形成了“创新发展基本理论”、“创新型国家测度方法”、“中国绿色低碳发展情景与配套政策组合”、“政府科技资源配置理论方法与体制机制”等重要成果，为“十三五”时期国家自主创新能力建设和国家科学技术发展规划研究起草及配套政策制定、中国应对气候变化与绿色低碳发展以及科技体制动态调整等全局性问题提供了重要支撑。在五个重点培育方向上，形成了科技政策系统、可持续发展战略评估、能源安全战略、气候变化经济学和计算管理科学等重要理论方法，为研究所学科深度交叉融合奠定了良好基础。

2015 年，政策与管理所知识产权研究与培训中心完成了 19 次知识产权培训工作，培训 1381 人次；组织中国科学院知识产权专员资格考试，56 个院属单位 96 名考生参加考试，46 人获得知识产权专员资格。

2015 年，政策与管理所研究人员公开发表论文 200 余篇（含国际一流期刊 20 篇），出版专著 21 部，获得 9 项软件著作权，参与编写风险管理国家标准 5 项，形成社区管理相关国家标准 3 项，ARP 系统研究成果应用于中国科学院科研管理工作，并在科技评估、科技伦理研究等多方面支撑中国科学院学部咨询工作。承担的国家自然科学基金面上项目“相关性下商业银行风险集成度量方法研究”、青年科学基金项目“海外油气投资区位选择中资源国国家风险动态演化特征研究”在管理学部组织的结题项目评估会上分别被评为“特优”和“优”。主持编纂的《2015 高技术发展报告》、《2015 中国可持续发展报告》公开发布。相关研究成果服务于国家重要改革文件，多篇咨询报告上报中央和国家有关部门，获得党和国家领导人批示，并被国家、地方有关决策机构采纳和应用。

2015 年，政策与管理所进一步推进国际合作战略，广泛参与国际交流。出访 100 余人次，参加了《联合国气候变化框架公约》第 21 次缔约方大会、政府科学顾问国际网络（INGSA）会议、中宣部“中国智库美国行”、“第二次中欧高层创新合作对话”等高端智库交流。接待了《第三次工业革命》作者、美国著名学者杰里米·里夫金教授（Jeremy Rifkin），英国苏塞克斯大学科学政策研究中心（SPRU）主任 Johan Schot 教授，澳大利亚知识产权局局长 Patricia Kelly 女士等专家学者来访；与荷兰特温特大学行为管理与社会科学学院、渥太华大学科学社会与政策研究所签署双方合作协议，签订合作协议的国际著名同类科研机构和大学已达到 21 个。先后举办或参与主办了中日“绿色城镇化”国际研讨会、中德“科技和创新的国际化”研讨会等国际会议及第十八届中国北京国际科技产业博览会科技创新与城市管理论坛等国内学术论坛。

2015 年，政策与管理所挂靠管理的《科研管理》、《科学学研究》、《中国管理科学》被评为“中国最具国际影响力学术期刊”，《科研管理》、《中国管理科学》同时入选“中国科协精品科技期刊工程项目”（2015—2017）。《科学学研究》获评中国知网“中国最具国际影响力学术期刊”。挂靠管理的中国优选法统筹法与经济数学研究会、科学学与科技政策研究会、中国高技术产业发展促进会先后组织召开了“华罗庚《统筹平话》发表 50 周年纪念大会”、“国家科技体制改革 30 周年纪念座谈会”、“第三届中国创新发展高峰论坛”等，进一步提高了学术影响力。

（撰稿：邹　丽　杨少春　审稿：王　毅）

信息工程研究所

所　　长：孟　丹①

地　　址：北京市海淀区闵庄路甲 89 号

邮政编码：100093

① 2015 年 7 月 2 日，《中国科学院关于孟丹等职务任免的通知》（科发人任字〔2015〕33 号），任命孟丹为信息工程研究所所长；免去田静的信息工程研究所所长职务

电　　话：010-82546891
传　　真：010-82546890
电子信箱：general@iie. ac. cn
网　　址：http://www. iie. ac. cn

中国科学院信息工程研究所（以下简称“信工所”）是2011年4月批准成立的中国科学院直属科研机构。

2014年10月，中国科学院审议同意以信工所为主体，进一步整合院内优势力量，启动建设信息工程创新研究院。信工所按照“软硬兼修，矛盾兼容，开合有法，张弛有度”的办所方针，秉承“打造一流平台，集聚一流人才，支撑国家需求，引领学科发展，努力成为国家在信息工程领域的战略科技力量”的组织目标，面向国家战略需求，开展基础理论与前沿技术研究，开发应用性技术与系统，为国家信息化进程提供核心关键技术支撑与系统解决方案。

信工所的研究方向主要包括密码学与信息对抗、信息智能处理、数据安全与网络空间信任技术、电磁与移动通信安全、网络与系统安全、网络空间安全评测等。拥有信息安全国家重点实验室、信息内容安全技术国家工程实验室、信息安全共性技术国家工程研究中心和中国科学院数据与通信保护研究教育中心、物联网信息安全北京市重点实验室等一批国家级和省部级的科研创新平台。

截至2015年底，信工所共有在职职工612人，其中正高级专业技术人员50人、副高级专业技术人员112人；另有客座及劳务派遣人员246人。共有“国家百千万人才工程”中“有突出贡献中青年专家”入选者2人，“万人计划青年拔尖人才”支持计划入选者1人；中国科学院“百人计划”入选者8人，获“中国科学院先进集体”荣誉称号1个。

信工所现有计算机科学与技术和信息与通信工程2个一级学科的博士、硕士研究生培养点，以及计算机技术与软件工程2个工程硕士培养点。2015年，信工所牵头联合院内相关单位，代表中国科学院大学向教育部申请建设网络空间安全一级学科，获得全票通过。设有“计算机科学与技术”一级学科博士后科研流动站。截至2015年底，信工所共有在册研究生768人（其中硕士生450人、博士生318人），客座学生358人，有在站博士后19人。

2015年，信工所承担了“核心电子器件、高端通用芯片及基础软件产品”国家科技重大专项，中央网信办、科技部、发改委、工信部、公安部等国家有关部门项目，中国科学院战略性先导科技专项项目共计506项，含2015年新增项目233项。其中，主持（或参与）973计划课题3项，主持（或参与）863计划12项，国家科技支撑计划项目、国家重大科技专项课题、国家发改委专项等项目15项，主持（或承担）国家自然科学基金项目82（新增28项）；主持（或承担）中国科学院战略性先导科技专项与重点项目课题10项，国家其他部门科研专项270项（新增112项）及其他横向项目114余项（新增53项）。

2015年6月，信工所通过中国科学院组织的院属单位“十二五”任务书验收，其中1项成果入选中国科学院36项重大科技成果及标志性进展，2项成果分别被评委中国科学院优秀三个重大突破和五个重点培育；“矩阵式管理、网络化协同”入选保障与重大改革措施亮点工作。

2015年，以信工所为署名单位发表论文560篇，其中会议论文379篇，期刊论文181篇；信工所科研人员主持编写出版专著4本，译著3本。信工所作为第一专利权人申请中国发明专利214件，PCT专利3件，作为第一专利权人授权中国发明专利27件。登记软件著作权79件。获省部级一等奖2项，省部级三等奖1项。

2015年，信工所国际交流人数总数达209人次，其中因公出访122人次，来访87人次。成功举办第十一届信息安全与密码学国际会议（Inscrypt 2015）国际会议和信息安全网络与系统安全国际研讨会。

2015年，信工所主办的《信息安全学报》刊号通过国家新闻出版广电总局审批，并将于2016年正式出版发行。

（撰稿：周　强　闫　杰　审稿：孟　丹）

空间应用工程与技术中心

主　　任：高　铭
地　　址：北京市海淀区邓庄南路 9 号
邮政编码：100094
电　　话：010-82178817
传　　真：010-82178816
电子信箱：office@csu.ac.cn
网　　址：http://www.csu.cas.cn

中国科学院空间应用工程与技术中心（以下简称“空间应用中心”）前身是 1993 年成立的中科院空间科学与应用总体部（以下简称“总体部”）。1994 年，总体部与中国科学院空间科学与应用研究中心合并。2003 年，总体部划归中国科学院光电研究院，挂靠中国科学院光电研究院运行。2010 年 11 月，中国科学院党组决定在总体部的基础上筹建中科院空间应用工程与技术中心。2012 年 8 月，中央机构编制委员会批复同意成立中心。2013 年 1 月正式独立运行。

空间应用中心是目前中国科学院唯一以组织完成国家重大科技专项任务而建立的研究机构，代表中国科学院牵头负责载人航天等重大工程空间应用系统方面的总体管理和技术集成，具体包括战略研究、任务组织实施、总体技术支持支撑、科学成果产出及推广等工作，同时对中国科学院承担的载人航天工程各大系统协助配套任务进行协助管理。空间应用中心致力于将自身建设成国内一流、国际著名的空间总体机构。

空间应用中心初步凝练了系统设计、测试验证、专业技术、地面支持 4 个方面、13 个重点学科领域方向。其中系统设计方面包括复杂任务规划与效能评估技术、复杂系统协同设计与仿真验证技术、空间任务全寿命综合保障技术；测试验证方面包括柔性智能测试技术、高可信软件测试评估技术、一体化机、电、热设计集成技术；专业技术方面包括空间高性能电子信息技术、轨道优化设计与自主控制技术、太空智能制造技术；地面支持方面包括有效载荷智能运控与健康管理技术、遥科学实验技术、航天地面数据系统技术、空间科学大数据技术等。

在中国科学院“率先行动”计划安排部署中，空间应用中心全员进入首批试点的 5 个创新研究院之一——空间科学研究院，已完成机构机制建立、进入试运行阶段。空间应用中心牵头建设的公共保障部、系统与技术部两大核心部门互通互联等各项工作进展顺利。

空间应用中心拥有中国科学院太空应用重点实验室、复杂系统先进综合保障技术联合实验室、元器件质量保证联合实验室、元器件质量保证卓越联合实验室、太空智能制造技术创新中心。此外，空间应用中心还与欧洲著名高可靠技术服务集团公司、欧空局元器件主要服务方——ALTER TUV NORD 签署了共建联合实验室的战略合作协议，双方将致力于技术标准规范、元器件认证、可靠性工程、COTS 元器件空间应用、元器件供应链等相关技术服务领域的合作。

为满足工程任务预研攻关、研制建设和集智创新的需要，同时为任务提供了共性或通用化技术支持支撑，空间应用中心设立了系统工程部、专业技术部、战略发展部、可靠性保障中心 4 个科研及任务支撑部门。其中系统工程部下设系统设计研究室（并行设计与仿真实验室）、系统测试研究室（空间软件评测中心）、有效载荷运控中心；专业技术部下设电子信息技术研究室、集成技术中心、综合保障技术研究室；战略发展部下设战略规划研究室、空间探索研究室、数据利用中心。

截至 2015 年底，空间应用中心共有在职职工 265 人，包括中国科学院院士 1 人、研究员及正高级工程技术人员 28 人、副研究员及高级工程技术人员 86 人。

空间应用中心是国务院学位委员会批准的博士、硕士学位授予权单位之一，现设有计算机科学与技术 1 个专业一级学科博士研究生培养点，信息与通信工程、计算机科学与技术、航空宇航科学与技术 3 个一级学科硕士研究生培养点，设有计算机技术、电子与通信工程 2 个工程硕士专业学位培养点，共有在学研究生 84 人（其中硕士生 60 人、博士生 24 人）。

2015 年，空间应用中心不断开拓新渠道，项目数量较快增长，落实包括国家自然科学基金项目、装备预研基金项目、军口863计划项目、中国科学院国防科技创新项目、院重点部署项目10余项。

2015年，空间应用中心科研工作取得系统重要进展："天宫一号"在轨运行良好，设备工作正常，地面运行管理系统、数据接收处理系统运行正常，有效保证了在轨各项应用实验的顺利开展。不断优化运控策略，探索使用模式，在国土资源勘探、海洋应用、城市环境监测、应急灾害监测等方面取得大量应用成果，用户不断拓展，应用效益逐步显现；"天宫二号"完成正样产品研制，地面系统完成改造，飞行试验各项准备工作进展顺利；"货运一号"完成初样产品研制，系统间测试试验，通过初样研制总结暨转阶段评审，顺利转入正样研制阶段；空间站各舱段应用设施开展了方案设计和关键技术攻关，在轨信息系统研制正常推进，地面任务规划运营支持系统和载荷研制支持系统研制顺利开展；空间站运营阶段项目论证和载人月球探测论证工作持续开展。

在基础设施建设方面，2015年，空间应用中心环模与专业试验楼、空间应用科学与技术实验平台建设完成前期手续办理，于2015年12月31日破土动工，计划2016年下半年结构封顶，2017年中正式投入使用。

2015年，空间应用中心积极推进成果产业化工作，与浙江、江苏等地达成合作意向，中心控股公司IPO取得突破性进展，新成立的参股公司发展势头良好，成长迅速。

2015年，空间应用中心利用中国科学院的平台优势及载人航天的社会效应，积极拓展国际合作平台，取得实质性进展，合作网络覆盖IFA、IAA、COSPAR、ASGSR、KMS等国际组织，和NASA、ESA、DLR、RSA、KARI等国外空间机构，扩大和加强了自身在国际相关领域的影响。同时，空间应用中心在国际相关机构中任职增加，担任了空间站中欧合作、中德合作、中俄合作工作组组长单位，聘请了国际学者和专家，大大开阔了空间应用中心进行空间应用战略研究和任务规划的国际视野，为中心的国际化进程打下良好基础。

（撰稿：孔　健　杨　吉　审稿：刘树军）

北京综合研究中心

主　　任：姜晓明
地　　址：北京市怀柔区雁栖南四街26号
邮政编码：101407
电　　话：010-82648619
传　　真：010-82648689
电子信箱：sunxiaoping@basic.cas.cn
网　　址：http://www.basic.cas.cn；
http://inno-park.cas.cn

中国科学院北京综合研究中心（以下简称"北京综合中心"）成立于2012年7月，是经中央机构编制委员会正式批准设立的院直属事业单位。

北京综合中心的定位是以大科学装置集群为核心，以跨学科交叉研究平台为依托，面向世界科技前沿、面向国家重大需求、面向区域经济发展的国际一流综合性国立研究机构。

北京综合中心现有职能部门9个，分别为办公室、科研规划处、大科学装置建设处、园区协调管理处、科技服务与产业化处、财务处、人事教育处、监察审计处、汞工程技术中心。

截至2015年底，北京综合中心共有在职职工49人。其中科技岗位7人，研究员及正高级工程技术人员2人、副研究员及高级工程技术人员1人。

2015年，北京综合中心共有在研项目4项（包括新增项目3项）。

2015年，北京综合中心继续修改完善了中长期发展规划，并经中心专家委员会审议，正式定稿并在内部印发。同时，中心积极推进所级"一三五"规划编制工作，经过集思广益，凝练出了中心重大突破和培育方向。

2015年，北京综合中心健全协调联络机制，推动院市合作取得新进展：与怀柔区政府、北京市科委、市发改委等保持良性互动，院市合作机制更加畅通；参与发起关于加强大科学装置建设的提案；参加市科委和北京分院联合举办的院市科技合作工作小组会；邀请市发改委领导参加大科学装置建设高层专家研讨会；梳理完成一揽子政策需求；推动入怀科研和产业化项目建设；围绕园区建设目标，深入项目建设单位走访座谈，扎实推动入怀项目尽快落地建设，通过努力，中科佰能、中科睿凌、纳米能源所等一批重点项目取得了预期进展。

2015 年，为厘清自身对院、市、区的政策需求，做好争取资源的准备工作，北京综合中心对中心整体、大科学装置建设、多学科交叉研究平台建设、园区协调管理、科技服务与产业化等方面的一揽子政策进行了梳理，完成政策需求调研报告的起草。

2015 年，北京综合中心扎实做好前期准备，推进大科学装置建设取得重大进展。中心积极与项目承建单位探索和建立合作机制，协助项目单位开展大科学装置立项工作。组织力量估算了配套工程建设内容和规模，配合项目单位明确地方配套支持方式。与项目单位共同设计了大科学装置集群通用型工程和技术人员的专业和规模。积极推进院市高层专题协商，积极落实有关会议共识，启动了拟新选址土地（核心区）规划工作。组织职能部门不断提高业务能力，为未来更好地服务支撑大科学装置的立项建设做好准备。大科学装置立项工作取得进展，高能同步辐射光源验证装置项目顺利获得国家发改委批复，可行性研究报告已上报院主管部门；综合极端条件实验装置项目建议书已由中咨公司组织专家进行了评审；地球系统数值模拟装置项目与清华大学洽谈取得了重大进展。

2015 年，北京综合中心积极部署科研工作，推动建设多学科交叉研究平台建设：成功引入了汞工程技术科研团队，成立了中心第一个科研团队，多学科交叉研究平台实现了零的突破；支持汞工程技术中心与江苏盐城进行科技合作，与盐城环保科技城管委会签署了《江苏省盐城市智慧环保项目共建合作协议》，联合成立中科京投公司。此外，北京综合中心加强与国内顶尖科研团队的合作力度，安排部署了 5 个自主研究课题，支持和配合科研团队完成了科研设备采购工作，提升了科研团队的“硬实力”；编制了“十三五”科研创新平台建设议书，并组织专家对5个交叉研究平台建设的可行性进行了科学论证，多学科交叉研究平台建设思路更加清晰，目标更为明确。

2015 年，北京综合中心不断深化科技服务，努力服务社会经济转型发展。中科雁栖湖企业创新服务平台筹建工作进展顺利，联合怀柔区雁栖经济开发区发起成立中科雁栖湖创新科技服务公司，与中国医疗器械协会，环巢湖治理办公室等单位，以及廊坊、德州、慈溪等地建立了密切联系，签署了战略合作协议，为创新服务平台拓展了市场，积累了客户资源。在第一次怀柔科技服务对接会的基础上，北京综合中心积极为怀柔区企业寻找院内资源，提供科技服务，满足科技需求，组织雁栖开发区管委会与怀柔 9 家企业代表赴天津工业生物技术研究所调研，为企业打造与专家面对面的沟通平台，提供有针对性的科技服务。北京综合中心与怀柔雁栖开发区管委会合作，先后赴红林、大北农等多家怀柔企业调研，制作《怀柔企业知识产权培训主题征集表》、《怀柔企业知识产权服务需求征集表》，了解企业需求，寻求合作着力点。北京综合中心与新华社建立合作关系，发挥各方优势，联合发行《科研成果参考》，搭建了推进科技成果转化的媒体平台。

2015 年，北京综合中心切实加强反腐倡廉建设，积极开展富有特色的创新文化活动，形成了良好的干事创业环境，汇集了向心力、增强了凝聚力、提升了战斗力。

（撰稿：孙小平　冯凯悦　审稿：冯　稷）

天津工业生物技术研究所

所　　长： 马延和

地　　址： 天津市空港经济区西七道 32 号

邮政编码： 300308

电　　话： 022-84861997

传　　真： 022-84861926

电子信箱： tib_zh@tib.cas.cn

网　　址： http://www.tib.cas.cn

中国科学院天津工业生物技术研究所（以下简称“天津工生所”）是由中国科学院和天津市人民政府共建的、从事生物技术创新推动工业领域生态发展的科研机构，2012 年 11 月 29 日通过验收，正式成为中国科学院序列研究所。

天津工生所围绕以新生物学为基础，以生物体的计算与设计为核心，解决生物产业链中生物体功能利用的关键问题，发展工业生物技术创新体系，促进工业生物技术的创新与成果转化，服务于经济社会可持续发展的战略定位，开展工业蛋白质科学与生物催化工程、合成生物学与微生物制造工程、生物系统与生物工艺工程三个领域的基础研究和应用基础研究，发展新生物学指导下的工业蛋白质科学、工业系统生物学、工业合成生物学、工业发酵科学等学科体系，实行“研究组–总体研究部–平台实验室”三维科研组织模式。

天津工生所建有工业酶国家工程实验室、中国科学院系统微生物工程重点实验室、天津市工业生物系统与过程工程重点实验室和天津市生物催化技术工程中心，其中，天津市生物催化技术工程中心于 2015 年通过验收并获得优秀项目资助。建有高通量筛选、系统生物技术、发酵过程优化与中试、蛋白（酶）研究与大型公共仪器技术支撑平台，与企业、科研院所及地方政府共建 13 个联合单元。2015 年获批天津市工业生物产业技术研究院，定位于建设“研发孵化转化一体化”的创新平台。

截至 2015 年底，天津工生所共有在职职工 305 人，其中科技人员 244 人、科技支撑人员 25 人，包括研究员及正高级工程技术人员43 人、副研究员及高级工程技术人员 20 人。共有“千人计划”入选者 1 人（新增 1 人）、“中青年科技创新领军人才”1 人、高端外国专家项目入选者 1 人（新增 1 人）；中国科学院“百人计划”入选者 16 人（新增 3 人）、引进杰出技术人才 1 人、特聘研究员 3 人（新增 3 人）；天津市“千人计划”入选者 15 人（新增 4 人）、“创新人才推进计划”入选者 3 人、人才发展特殊支持计划 1 人、“131”创新型人才培养工程第一层次人员 3 人（新增 1 人）。

天津工生所现设有生物学、化学工程与技术 2 个专业一级学科博士研究生培养点（新增），生物学、化学工程与技术 2 个专业一级学科硕士研究生培养点，生物工程、化学工程 2 个全日制专业学位硕士研究生培养点。在微生物学、生物化学与分子生物学、生物化工 3 个二级学科招收博士、硕士研究生，在应用化学二级学科招收博士研究生，在生物工程、化学工程专业招收全日制专业学位硕士研究生，并设有博士后工作站。共有在学研究生 200 人（其中硕士生 165 人、博士生 35 人），在站博士后 6 人。

2015 年，天津工生所共有在研项目 270 项（新增 62 项）。其中，承担（或参加）973 计划课题 23 项（新增 2 项），主持（或承担）863 计划项目 3 项、承担（或参加）863 计划课题 30 项，主持国家国际科技合作专项项目 3 项（新增 2 项）；承担国家自然科学基金面上项目 18 项（新增 6 项）、青年科学基金 37 项（新增 11 项）、优秀青年科学基金项目 1 项（新增 1 项）；承担国家青年千人计划项目 1 项（新增 1 项）、高端外国专家项目 1 项（新增1 项）；承担（或参加）中国科学院重点部署项目 6 项、中科院科技服务网络（STS）计划项目 11 项（新增 4 项）、“知识创新”工程重要方向项目 8 项、科研装备研制项目1 项、人才项目 39 项（新增 13 项）、院地合作项目 4 项、其他项目 9 项（新增 2 项）；承担天津市科技支撑计划项目 38 项（新增 2 项）、自然科学基金项目 12 项（新增 3 项）、人才计划 13 项（新增6 项）、其他项目 12 项（新增 8 项）。

2015 年，围绕“一三五”规划目标任务，天津工生所取得系列重要科研进展。获得丁二酸第二代高产菌株，技术指标超过全球四大集团公司，取得对石化路线竞争优势，该突破在中国科学院组织的院属单位“十二五”领域验收评估中获评优秀。基于组学分析、代谢进化技术获得新一代 D- 乳酸细胞工厂，技术指标国际领先。构建获得了以纤维素为碳源的高光学纯 L- 苹果酸高效细胞工厂。设计构建了新一代赖氨酸、苏氨酸、5- 氨基乙酰丙酸等生产菌种，进一步降低生产成本。实现了珍稀天然化合物红景天苷、天麻素等的微生物高效合成，已具备规模化生产潜力。实现了麦角硫因低成本生物合成。设计合成了甲醛缩合酶，打通了甲醇到羟基丙酮的合成途径，为 CO_2 高效生物转化奠定了基础。

2015 年，天津工生所共获得中国产学研合作创新与促进创新成果奖优秀奖 1 项，中国轻工业联合会技术进步奖一等奖 1 项。共发表论文 104 篇，其中被 SCI 收录 86 篇；申请专利 62 项，通过 PCT 或巴黎公约途径申请国际专利 3 项，并有 7 项国际专利进入国家阶段；授权专利 15 件。

2015 年，天津工生所与 20 余家企业以委托开发、合作开发、专利许可等多种模式签署合作协议 23 项，合同金额总计 9945.5 万元。天津工生所在 2015 年评选的“2014 年度中科院促进知识产权转化运用奖励”中全院排名第九。天津工生所与四川安益生物科技有限公司共建产业化试验基地，打通“实验室小试成果-中试放大-产业化试验”的技术全流程创新链；与山东兰典生物有限公司合作的丁二酸发酵技术正在建设全球最大的年产 5 万吨丁二酸生产线；与山东寿光巨能金玉米开发有限公司合作的 D-乳酸生物制造技术已建成国内首条年产 1 万吨高光学纯 D-乳酸生产线；与烟台阳光澳洲环境科技有限公司共建公司，建设年产 5000 吨生物基材料及制品的生产线。通过丁二酸、D-乳酸等技术支撑山东潍坊、河南濮阳生物基材料产业集群建设，已初步形成以 PBS、PLA、生物基纤维等多条有代表性的生物基材料产业链，在京津冀、长春、武汉、深圳等地实现生物基可降解塑料制品替代使用量逾 1 万吨。依托天津工生所建设的中国科学院天津产业技术创新与育成中心已引进高科技创业公司 12 家（新增 1 家），在孵企业市值达 5.26 亿元。

2015 年，天津工生所在国际合作与交流方面稳步发展，获批“中科院-诺和诺德”专项、中国科学院“一带一路”科技合作行动专项各 1 项，获批天津市国际联合研究中心；接待加拿大国家研究理事会项目负责人、德国 CLIB 代表团、国际科学院科技外交官等重要来访外宾及代表团 26 人次，邀请国（境）外来宾作学术报告 22 场，科研人员出国学术交流 57 人次，新增 2 人次在国际重要学术期刊担任重要职务；承办 2015 年国际生物经济大会绿色生物制造分会与第八届中国工业生物技术发展高峰论坛。

（撰稿：刘　文　冯毅飞　审稿：马延和）

山西煤炭化学研究所

所　　长：王建国
地　　址：山西省太原市桃园南路 27 号
邮政编码：030001
电　　话：0351-4041627
传　　真：0351-4041153
电子信箱：dangzb@sxicc.ac.cn
网　　址：http://www.sxicc.cas.cn

中国科学院山西煤炭化学研究所（以下简称“山西煤化所”）成立于 1954 年 10 月 15 日，其前身是中国科学院煤炭研究室。1961 年，煤炭研究室扩建为中国科学院煤炭化学研究所并迁往太原。1978 年 9 月更名为中国科学院山西煤炭化学研究所并沿用至今。

山西煤化所的发展战略是：以满足国家能源战略安全、社会经济可持续发展及国防安全的战略性重大科技需求为使命，以协调解决煤炭利用效率与生态环境问题和重点突破制约国家战略性新兴产业发展的材料瓶颈为目标，围绕煤炭清洁高效利用和新型炭材料制备与应用开展定向基础研究、关键核心技术和重大系统集成创新，建设在国际相关领域具有重要影响力的现代化专业研究所。

山西煤化所主要学科方向为：煤化学和化工、催化化学与工程、新型炭材料和化学反应工程。主要研究煤基合成液体燃料、煤气化过程的集成优化、燃煤污染控制、能源环境新材料、高性能炭材料、煤深加工及下游产品、精细化工、超临界化工及萃取、特种气体制备及净化等。

“十二五”期间，山西煤化所着重抓好中国科学院战略性先导科技专项落实，继续围绕科技自主创新和高新技术产业化两条主线，稳步推进能源、材料及化工等领域技术研发及产业化进程，继续为我国含碳资源高效洁净利用提供核心技术和解决方案，不断为国家能源安全和可持续发展做出贡献。

山西煤化所拥有太原桃南园区、小店中试基

地、扬州碳纤维工程技术中心3个研发区域（中心）；拥有包括煤转化国家重点实验室、煤炭间接液化国家工程实验室、碳纤维制备技术国家工程实验室和山西煤化工技术国际研发中心在内的4个国家级研发单元；中国科学院（山西省）炭材料重点实验室、粉煤气化工程研究中心、山西省碳纤维及复合材料工程技术研究中心、山西省生物炼制工程技术研究中心等5个院、省级研发单元和应用催化与绿色化工实验室所级研发单元；煤转化国家重点实验室与壳牌合作设立了ICC-Shell煤化学联合实验室。所内有战略研究与工程咨询、化工过程设计、环境影响评价、所级公共技术服务及文献网络中心等5大支撑系统。现有图书期刊26余万册，大型仪器设备42台（套）。

截至2015年底，山西煤化所共有在职职工559人。其中科技人员449人、科技支撑人员56人，包括中国科学院院士1人、研究员及正高级工程技术人员62人、副研究员及高级工程技术人员125人。现有“千人计划”入选者2人，杰青基金获得者1人；“百千万人才”工程国家级人选2人，科技部“创新人才推进计划”入选者2人；中国科学院“百人计划”入选者13人（新增2人）；山西省学术技术带头人3人。

山西煤化所是1981年国务院学位委员会批准的首批博士、硕士学位授予单位之一，现有博士生导师41人，硕士生导师95人，设有化学、化学工程与技术、材料科学与工程3个一级学科博士、硕士研究生培养点；物理化学、无机化学、有机化学、化学工程、化学工艺、生物化工、应用化学、工业催化、材料物理与化学、材料学、材料加工工程11个二级博士、硕士研究生培养点；环境工程、化学工程、材料工程3个全日制专业硕士授权点，并设有1个化学专业一级学科博士后流动站。共有在学研究生334人（其中硕士生199人、博士生135人），在站博士后8人。

2015年，中国科学院山西煤炭化学研究所共有在研项目292项（新增项目71项）。其中，主持973计划项目1项、承担课题5项，承担863计划项目课题2项、子课题3项；主持国家自然科学基金面上项目31项（新增7项）、青年基金项目43项（新增13项）、重大研究计划培育项目3项（新增3项）、联合基金项目重点支持项目4项（新增3项）、联合基金项目培育项目5项（新增1项）、专项基金1项；主持中国科学院战略性先导科技专项课题19项，主持院重大仪器研制项目1项，承担院地合作项目2项。

2015年，山西煤化所在能源、材料和化工等多个领域取得了系列重大进展。铁基浆态床费托合成油品技术向产业化稳步推进，山西潞安100万吨/年合成油装置已建成，神华宁煤400万吨/年装置正在建设；低压灰熔聚煤气化技术产业化推广稳步实施，与陕煤集团合作开展工业园区集中供燃气项目；高性能碳纤维制备技术实现产业化，百吨级高性能碳纤维生产线已具备批量供货能力；钴基固定床合成化学品技术向工业示范迈进，山西潞安6万吨/年工业示范装置实现稳定运转；钍基熔盐堆大尺寸核石墨制备技术取得突破，制备出材料样品；千吨级煤基合成气制低碳醇工业侧线试验装置完成1000小时高负荷稳定性运转验证；合成气甲烷化技术完成工业侧线试验；烟气一体化脱硫脱硝技术2.5万Nm^3/h工业示范装置建成。此外，在甲醇转化机理研究、甲醇制芳烃、合成气制异丁醇、合成气制烯烃、二氧化碳捕集及利用、乏风气催化燃烧、废水处理、原子层沉积、碳化硅制备、高性能活性炭制备、石墨烯制备、高导热石墨材料、聚氨酯材料、生物质基多孔炭材料、光催化及绿色合成等方面均取得进展。

2015年，山西煤化所与煤炭科学研究总院联合制订的国家标准《煤灰黏度测定方法》正式颁布并实施；参与起草的国家标准《煤基费托合成液体蜡》和《煤化工术语》正式颁布；牵头制订的行业标准《化学滴定法定量分析石墨烯表面含氧官能团含量》正式发布。

2015年，山西煤化所共签订合作协议7份，争取横向项目25个，到位经费3.94亿元；发表论文285篇；授权专利57项。

2015年，山西煤化所国际交流合作出访37人次，来访30人次，通过中国科学院“百人计划”引进富山大学杨国辉博士和佐治亚理工学院刘耀东博士；与澳大利亚科廷大学、日本东京工业大学及荷兰壳牌公司在煤的灰化学基础研究、煤基甲醇催化转化机理研究等方面开展合作；与SABIC公司签署1项国际合作项目，承担山西省科技厅国际合作项目1项，与澳大利亚联邦科学与研究组织能源分部签订深入科学合作意向书，与德国弗赖堡工业大学能源过程及化工研究所能源过程与热废物处理中心签订谅解备忘录；承办“第13届中日煤科学与碳一化学学术研讨会”和“中意双边研讨会”两个国际会议。

山西煤化所主办有《新型炭材料》和《燃料化学学报》两种学术期刊。

（撰稿：熊志建　王　军　审稿：李晶平）

大连化学物理研究所

所　　长： 张　涛
地　　址： 辽宁省大连市中山路457号
邮政编码： 116023
电　　话： 0411-84379135
传　　真： 0411-84691570
电子信箱： bgs@dicp.ac.cn
网　　址： http://www.dicp.cas.cn

大连化学物理研究所（以下简称“大连化物所”）创建于1949年3月，当时定名为大连大学科学研究所。1950年，更名为东北科学研究所大连分所。1952年转属中国科学院，更名为中国科学院工业化学研究所。1961年，更名为中国科学院化学物理研究所，1970年正式命名为中国科学院大连化学物理研究所。

大连化物所是一个基础研究与应用研究并重、应用研究和技术转化相结合，以任务带学科为主要特色的综合性研究所，重点学科领域为催化化学、工程化学、化学激光、分子反应动力学、近代分析化学和生物技术。

大连化物所设有洁净能源国家实验室（筹），共设置化石能源与应用催化、低碳催化与工程、节能与环境、燃料电池、储能技术、氢能与先进材料、生物能源、太阳能、海洋能、能源基础和战略、能源研究技术平台11个研究部；设有催化基础和分子反应动力学2个国家重点实验室；设有化学激光、分离分析化学、燃料电池及复合电能源3个中国科学院重点实验室；设有甲醇制烯烃国家工程实验室、国家催化工程技术研究中心、膜技术国家工程研究中心、燃料电池及氢源技术国家工程中心、国家能源低碳催化与工程研发中心等多个国家级科技创新平台；设有航天催化与新材料研究室、仪器分析化学研究室、精细化工研究室和生物技术研究部等多个研究室。另外，大连化物所还与国外著名大学、公司和研究机构联合设立了中法催化联合实验室、中法可持续能源联合实验室、中德催化纳米技术伙伴小组、中韩燃料电池联合实验室和DICP-SABIC先进化学品生产研究中心等十几个国际合作研究机构。

截至2015年底，大连化物所共有在职职工1023人。其中科技人员736人、管理及支撑人员274人，包括中国科学院院士10人、中国工程院院士3人、发展中国家科学院院士3人、研究员及正高级工程技术人员193人、副研究员及副高级工程技术人员396人。共有国家“千人计划”入选者6人（新增1人），“青年千人计划”入选者11人（新增5人），杰青基金获得者21人（新增3人）；中国科学院“百人计划”入选者41人（新增7人）。

大连化物所是1981年国务院学位委员会批准的博士、硕士学位授予权单位之一，现设有化学、化学工程与技术、环境科学与工程、物理学、材料科学与工程5个一级学科博士研究生和硕士研究生培养点，并设有化学、化学工程与技术2个专业一级学科博士后流动站。共有在学研究生835人（其中硕士生291人、博士生544人），在站博士后135人。

2015年，大连化物所共有在研项目702项（包括新增项目269项）。其中，承担国家重大科技专项课题1项，主持（或承担）973计划和国家重大科学研究计划项目6项、承担（或参加）课题10项，主持（或承担）863计划项目8项，主持（或承担）国家自然科学基金重点项目8项（新增4项）、面上项目129项（新增42项）、杰青基金项目8项（新增3项）、国家自然科学基金重大研究计划重点项目3项（新增2项）；主持（或承担）中国科学院战略性先导科技专项课题20项，主持（或承担）院重点部署项目10项（新增2项）、重大仪器研制项目（科技部、国家自然科学基金委、财政部和院）1项；承担重点国际合作项目26项（新增3项）；承担院地合作项目482项（新增213项）。

2015年，大连化物所继续深入推进“一三五”规划和“率先行动”计划，逐步明确研究所分类改革发展思路，全面完成了“十二五”科技任务目标，甲醇制烯烃和液流储能技术获评中国科学院“十二五”重大科技成果和标志性进展，3个重大突破和4个重点培育共7个方向在中国科学院“一三五”评估中获评优秀。

2015年，大连化物所在分子反应动力学领域取得重要进展，相关成果刊登在*Science*上；纳米催化、光催化及太阳能电池、燃料电池及氢能、无机膜材料等领域重要进展被德国应用化学（*Angew*）和美国化学会志（*JACS*）等刊物接收。应用研究方面，180万吨/年甲醇制烯烃二代技术开车成功，进一步确保了该技术在煤化工领域的国际领先地位；15万吨/年合成气制燃料项目顺利开车；3万吨/年乙醇胺临氢氨化制乙撑胺装置顺利投产；化学激光研究室在中国科学院重点实验室评估中获评优秀。全所申请专利994件，授权322件；正式公开发表论文835篇，SCI第一产权论文576篇；出版著作1部。2015年，大连化物所作为第一完成单位共获得省部级以上奖励9项，其中，“分子尺度分离无机膜材料设计合成及其分离与催化性能研究”获得国家自然科学奖二等奖，“全钒液流电池储能技术及应用”获得国家技术发明奖二等奖。此外，还获得中国科学院杰出科技成就奖1项，辽宁省级奖励4项，中国科学院科技促进发展奖2项。

2015年，大连化物所深化与中石油、延长石油等大型企业集团间的战略合作，共同推进能源化工、节能减排等领域的项目合作及产业化应用，并着重加强在环渤海、长三角、东南沿海及新疆等重点区域的科技成果推广和对接活动，深入探索“本部+转化中心”的发展模式。截至2015年底，大连化物所在册持股企业共23家，其中控股8家，对外投资总额为2.7亿元，共有科技开发人员260余人。2015年度，大连化物所持股企业营业收入总额6.64亿元，净利润总额8245万元。

2015年，大连化物所积极响应国家“一带一路”战略，与沙特阿拉伯、科威特、印度等国家建立高水平、宽领域、深层次的合作交流，与中石油和沙特SABIC公司共同签署《甲烷无氧制烯烃和芳烃项目合作备忘录》；成功举办了中德2015年大连相干光源前沿研讨会等重要国际会议和论坛；全年，共有来自27个国家和地区的200余位国（境）外科学家来所进行学术交流，共派出171批229人次分别前往美国、英国、德国和日本等32个国家和地区进行访问和合作交流。

大连化物所是中国化学会的会员单位，负责编辑出版《催化学报》、《能源化学》（*Journal of Energy Chemistry*）和《色谱》三种学术期刊。其中，《能源化学》和《催化学报》的SCI影响因子分别位居SCI收录的中国化学类期刊的第一名和第二名；《色谱》的中信所影响因子在中国化学类核心期刊中排名第一。

（撰稿：杨　宏　孙　洋　审稿：王　华）

金属研究所

所　　长：杨　锐
地　　址：辽宁省沈阳市沈河区文化路72号
邮政编码：110016
电　　话：024-23843605
传　　真：024-23891320
电子信箱：imr@imr.ac.cn
网　　址：http://www.imr.cas.cn

中国科学院金属研究所（以下简称“金属所”）成立于1953年，是新中国成立后中国科学院新创建的首批研究所之一，首任所长是我国著名的物理冶金学家李薰先生。1999年5月，根据中国科学院“知识创新”工程试点工作的统一部署，在“东北高性能材料研究发展基地”建设中，研究所与中国科学院金属腐蚀与防护研究所整合成立现金属所。

金属所是涵盖材料基础研究、应用研究和工程化研究的综合型研究所，1999 年成为中国科学院“知识创新”工程试点单位之一，确立以“创新材料技术，攀登科技高峰，培育杰出人才，服务经济国防”为研究所使命。

金属所拥有我国第一个研究类国家实验室——沈阳材料科学国家（联合）实验室；还有2个院级重点实验室，分别为中国科学院核用材料与安全评价重点实验室和中国科学院高温结构材料重点实验室；拥有4个研究中心，分别为沈阳先进材料研究发展中心、材料环境腐蚀研究中心、高性能均质合金国家工程研究中心和国家金属腐蚀控制工程技术研究中心。

截至2015 年底，金属所共有在职职工 907 人。其中科技人员 608 人、科技支撑人员 207 人，包括中国科学院院士5人、中国工程院院士2人、发展中国家科学院院士3人、研究员及正高级工程技术人员147人、副研究员及高级工程技术人员342人；全所进入创新岗位897人。金属所目前有“千人计划”入选者3人（新增0人），“青年千人计划”入选者2人（新增1人），杰青基金获得者20人（新增1人）；中国科学院“百人计划”入选者41人（新增0人），“西部之光”人才入选者2人（新增0人）。

金属所是国务院学位委员会批准的首批博士、硕士学位授予单位之一，现有材料科学与工程1个一级学科博士研究生培养点、材料科学与工程1个一级学科硕士研究生培养点，包含材料物理与化学、材料学、材料加工工程、腐蚀科学与防护4个二级学科博士、硕士研究生培养点，并设有材料科学与工程1个一级学科博士后流动站。2015年，金属所携手中国科学技术大学共建中国科学技术大学材料科学与工程学院。截至2015年9月底，金属所共有在学研究生 791 名（其中硕士生298名、博士生493名），在站博士后46名。

2015 年，金属研究所共有在研项目 542 项（包括新增项目149项）。其中，承担国家重大科技专项课题3项（新增1项），主持（或承担）973计划和国家重大科学研究计划项目6项（新增0项），承担（或参加）课题25项（新增0项），主持（或承担）863计划项目4项（新增2项），主持（或承担）国家科技基础性工作专项3项（新增2项），主持（或承担）国家自然科学基金重点项目21项（新增2项）、面上项目101项（新增20项）、青年基金70项（新增27）、国家杰出青年科学基金项目3项（新增0项）、国家自然科学基金重大研究计划重点项目3项（新增0项）；主持（或承担）中国科学院战略性先导科技专项课题9项（新增1项），主持（或承担）院重点部署项目7项（新增2项）、重大仪器研制项目（科技部、国家自然科学基金委、财政部和院）3项，承担重点国际合作项目3项（新增1项），承担院地合作项目1项（新增0项）；在研国家专用项目56项（新增19项）；在研委托项目184项（新增51项）。

2015 年，金属所顺利通过中国科学院组织的“一三五”国际评估，专家组认为金属所的总体科研水平国际领先，参评的高性能工程结构材料、金属腐蚀与防护、纳米及新型功能材料三个领域均被评为世界一档；在中国科学院组织的院属单位“十二五”领域验收评估中，金属所的“先进动力系统用高温结构材料”和“工程金属材料的结构纳米化科学与技术”入选中国科学院“十二五”重大科技成果与标志性进展工作；重点培育方向“核电材料及其安全性评估”评为院优秀；研究所的科研工作分类评价办法被评为“亮点工作”。

2015 年3月，金属所积极争取建设的“沈阳材料创新研究院”通过中国科学院院长办公会立项申请。

2015 年，金属所科技任务进展顺利。在基础研究方面，铁电材料中发现通量全闭合畴结构、大面积高质量均一单层二硫化钨制备研究、非贵金属催化材料、材料低周疲劳损伤模型与寿命预测、锰氧化物纳米复合薄膜及其低场磁电阻效应、纳米孪晶金属形变机制的定量电子显微学研究、多组元半导体纳米材料的生长设计与光电性能调控、拓扑特性半金属材料计算、磁性形状记忆合金成分敏感性、二维过渡族金属碳化物晶体制备等原创性研究成果不断涌现。“石墨烯材料的控制制备与应用探索”项目成果获辽宁省自然科学奖一等奖。2015 年金属所承担的配套任务顺利完成，一批重大工程用关键材料技术取得突破性进展，“多品种、小批量”基地项目获得批复。在应用研究方面，深潜器载人钛合金球壳、核电材料技术及其安全性评估、核能先导专项材料、高铁用铝合金的环境敏感断裂相关技术、SEBF/SLF重腐蚀防护技术、纳米复合系列涂料、商用发动机材料技术、高强TiAl铸造合金、燃气轮机高温合金单晶叶片、封严涂层、大尺寸金属构件制备与优质特殊钢研究、抗菌不锈钢、生物材料与医用材料、铜管高效短流程技术装备研发及产业化取得重要进展。在新材料、新技术、新工艺探索方面，取得了3D打印、可溶铝合金、碳包覆电极材料、形状记忆合金制备相变传热器件等一些成果。金属所失效分析工作继续保持传统优势。

2015年，金属所发表SCI论文579篇；专利申请257件，专利授权174件；发表专著3部，软件著作权登记2件，颁布4项国家标准。

2015年，金属所积极推动与相关企业的合作，强化创新成果同企业对接。金属所与空中客车在增材制造粉/丝精益工艺与镁合金防护方面开展合作，向凌源钢铁集团有限责任公司整体转让SEBF/SLF重腐蚀防护技术，与中航工业东安公司合资成立哈尔滨东安机电公司，与宜安科技组建合资公司，与北方重工沈阳铸锻工业公司签署共建工程技术中心协议，与企业共同完成的“铜管高效短流程技术装备研发及产业化”获得国家科技进步奖二等奖。

2015年，金属所国际交流活跃，年度派出269人次，来访300人次，高层次访问增多。作为中方骨干单位参加的地平线2020中欧航空科技合作项目“使用增材制造、快速成型和精密铸造的航空航天部件的高效生产”获得双方政府部门批准。与空客等公司及研究机构签订合作协议项7项，举办“第一届材料计算设计与模拟国际会议”等国际会议4次。金属所共有15位科研人员在26个国际组织任职，26位科研人员在51个国际期刊任职。

金属所受中国金属学会、中国材料研究学会、国际材料物理中心、国家自然科学基金委员会、中国腐蚀与防护学会等委托，编辑出版《金属学报》（中、英文版）、《材料科学与技术》（英文版）、《材料研究学报》（中文版）、《中国腐蚀与防护学报》、《腐蚀科学与防护技术》等6种学术刊物。

（撰稿：刘　言　审稿：黄　粮）

沈阳应用生态研究所

所　　长：韩兴国①
　　　　　姬兰柱
地　　址：辽宁省沈阳市沈河区文化路72号
邮政编码：110016
电　　话：024-83970200
传　　真：024-83970300
电子信箱：syiae@iae.ac.cn
网　　址：http://www.iae.cas.cn

中国科学院沈阳应用生态研究所（以下简称“沈阳生态所”）成立于1954年，其前身为中国科学院林业土壤研究所，1987年更为现名。

沈阳生态所是以林业、土壤、植物、微生物与环境科学为基础的综合性应用生态学研究机构。2001年被正式批准为国家“知识创新”工程试点单位。

沈阳生态所围绕国家“生态文明建设”主题，针对现代农林业可持续发展、生态与环境建设中亟须解决的国家重大科技问题，面向国民经济主战场，瞄准国际应用生态学发展前沿，在森林生态与林业生态工程、土壤生态与农业生态工程、污染生态与环境生态工程领域开展基础性、战略性和前瞻性研究，完善和创新应用生态学研究理论、方法和技术体系；聚焦东北生态文明建设中典型生态系统功能提升、污染环境治理与改善、粮食安全与生态安全等问题，为国家和区域生态安全、粮食安全提供决策依据和技术支撑。

沈阳生态所现有5个研究中心，分别为森林

① 根据科发人字〔2015〕30号，自2015年6月5日起，免去韩兴国的沈阳应用生态研究所所长职务，任命姬兰柱为沈阳应用生态研究所所长。

生态与林业生态工程研究中心、土壤生态与农业生态工程研究中心、污染生态与环境生态工程研究中心、景观生态与区域规划研究中心和生物资源与生物技术研究中心；拥有3个院级实验室，分别为土壤养分管理国家工程实验室（与中国科学院南京土壤研究所联合共建），中国科学院污染生态与环境工程重点实验室，中国科学院森林生态与管理重点实验室；拥有8个省级重点实验室（工程技术中心），分别为辽宁省陆地生态过程与区域生态安全重点实验室、环境污染生态修复与资源化技术实验室（省部共建）、辽宁省节水农业重点实验室、辽宁省生态公益林重点实验室、辽宁省植物资源与利用重点实验室、辽宁省土壤环境质量与农产品安全重点实验室、辽宁省肥料工程技术中心、辽宁省污染环境生态修复工程技术中心。此外，沈阳生态所建有农产品安全与环境质量检测中心，可进行环境、农业、医药、食品等领域的分析测试、认证和研究工作。

沈阳生态所有8个野外台站和1个树木园，分别为吉林长白山森林生态系统国家野外科学观测研究站（国家站、CERN站）、辽宁沈阳农田生态系统国家野外科学观测研究站（国家站、CERN站）、湖南会同森林生态系统国家野外科学观测研究站（国家站、CERN站）、中国科学院清原森林生态系统观测研究站（院级CERN站）、乌兰敖都荒漠化试验站（国家林业局荒漠化监测中心之一）、额尔古纳森林草原过渡带生态系统研究站、大青沟沙地生态实验站、吉林长白山西坡森林生态系统定位站（国家林业局共建）、沈阳树木园。

截至2015年底，沈阳生态所共有在职职工410人。其中专业技术人员342人，包括正高级专业技术人员77人、副高级专业技术人员101人。共有“万人计划”入选者1人，“千人计划”入选者1人，“青年千人计划”1人，杰青基金获得者2人，优秀青年基金获得者3人（新增1人）；中国科学院“百人计划”入选者12人（新增1人）。

沈阳生态所是1981年国务院学位委员会首次批准的博士学位点，现设有生态学、农业资源与环境2个一级学科博士研究生培养点，微生物学、环境科学2个二级学科博士研究生培养点，生态学、农业资源与环境2个一级学科硕士研究生培养点，微生物学、植物学、森林培育、环境科学4个专业二级学科硕士研究生培养点，并设有生态学、农业资源与环境2个一级学科博士后流动站。共有在学研究生340人（其中硕士生170人、博士生170人），在站博士后24人。

2015年，沈阳生态所共有在研项目365项。其中，承担国家重大科技专项课题2项，主持973计划项目2项，青年973计划项目1项，承担课题7项（新增1项），主持863计划课题2项，主持国家科技基础性工作专项1项，承担课题6项（新增1项），主持国家自然科学基金重点项目8项（新增2项）、面上项目63项（新增21项）、杰青基金项目1项，优秀青年基金项目3项（新增1项）；主持中国科学院战略性先导科技专项项目1项，承担课题7项，承担重点国际合作项目6项，承担院地合作项目26项。

2015年，沈阳生态所成为首批进入特色研究所试点行列的单位，从学科发展计划、推进项目、基础能力建设计划3个方面进行布局，制定了人事制度、经费管理等5个方面改革举措。

2015年，沈阳生态所“一三五”规划实施取得系列进展。突破一“森林生态系统功能维持与调控”初步揭示了温带森林生物多样性格局、动态及关键影响因子，阐明了温带森林生物多样性维持机制在不同空间尺度上的相对重要性；发现老龄林仍具持续固碳潜力；构建了防护林经营理论与技术框架，提出防护林体系效益多样性和系统稳定性学术思想。突破二“新型肥料研制与水土资源高效利用”建立了生态系统物质循环研究的理论框架体系，阐明了不同管理措施下土壤生物对碳氮磷的影响；从土壤酶学角度探明了脲酶和硝化抑制剂的协同增效作用机理；发现水解性氨基酸作为肥料氮素的过渡性贮存库是影响氮素循环的原因。该突破成为院“双百”优秀突破。突破三“辽河流域水土污染治理”阐明辽河流域主要污染物的来源、排放等历史变化规律及成因，构建了辽河流域水源涵养、农村面源污染控制、水生态修复技术和示范体系；首次发现在酸性环境中砷在水铁矿表面更容易以类砷酸铁的形式存在，建立了As（III）在二氧化锰表面的吸附和氧化模型；首次构建了

Cd-PAHs复合污染菜田土壤植物-化学联合的边修复边生产体系。

2015年，沈阳生态所发表SCI论文286篇（包括Ⅰ区43篇、Ⅱ区65篇）；出版专著5部；授权专利26项，其中发明专利18项，国际PCT专利授权1项，实用新型5项；软件登记4项。

2015年，沈阳生态所承担辽宁省“可持续发展实验区”专项并组织评审推荐工作，参与《推进辽宁生态省建设行动计划》编制工作，与本溪市、沈阳市等地方政府在国家可持续发展实验区等方面开展科技合作；与山东省共建农产品安全山东中心；完成“辽阳市双河地区矿山生态环境保护与修复规划”项目；与本钢集团有限公司合作共建“矿山绿色生态技术及资源综合利用协同创新基地”；与锦西天然气化工公司、山东三方集团等开展新型肥料等方面的开发和产业化工作。目前，沈阳生态所投资公司5个，其中控股1个、参股4个；从事科技开发人员10人。

2015年，沈阳生态所承办了第八届全国景观生态学学术研讨会并建立了青年生态学者联盟。举办了2015年稳定性肥料全国示范网络会议、2015年辽宁省土壤学会学术年会、中-芬绿色低碳城镇化技术研究会等。全年共来访80人次，出访86人次。

沈阳生态所设有东北生物标本馆，截至2015年底，馆藏标本56万余份。

沈阳生态所是辽宁省生态学会、辽宁省植物学会、辽宁省土壤学会、沈阳市植物学会的挂靠单位，主办有中文期刊《应用生态学报》、《生态学杂志》及开放获取英文期刊 *Ecological Processes* 等。

（撰稿：丁玮杭　胡志斌　审稿：金昌杰）

沈阳自动化研究所

所　　长： 于海斌

地　　址： 辽宁省沈阳市沈河区南塔街114号

邮政编码： 110016

电　　话： 024-23970012

传　　真： 024-23970013

电子信箱： sia@sia.cn

网　　址： http://www.sia.cn

中国科学院沈阳自动化研究所（以下简称“沈阳自动化所”）成立于1958年11月，成立之初名称为辽宁电子技术研究所，1960年4月更名为中国科学院辽宁分院自动化研究所，1962—1972年的名称为中国科学院东北工业自动化研究所，1972年起定名为中国科学院沈阳自动化研究所。1999年，沈阳自动化所成为首批进入中国科学院“知识创新”工程的试点单位之一。

沈阳自动化所主要从事机器人、智能制造、光电信息技术的研究、开发与应用。沈阳自动化所的定位与目标是：以全面提升科技创新能力和自主持续发展能力，服务小康社会建设为主线，面向建设制造强国和国防安全的国家重大战略需求，以科技创新提高国家综合实力、促进经济社会发展、保障国家安全为出发点，以建设实现“四个一流”为目标，科技自主创新能力显著增强，在先进制造与国家安全领域创新跨越，成为我国先进制造与自动化技术领域具有骨干引领作用的国立科研机构，成为代表中国科技发展水平的国际知名研究所。

沈阳自动化所科研机构设有10个研究室：机器人学研究室、水下机器人研究室、空间自动化技术研究室、光电信息技术研究室、智能检测与装备研究室、装备制造技术研究室、信息服务与智能控制技术研究室、工业控制网络与系统研究室、海洋信息技术装备中心、数字工厂研究室，以及机电产品制造中心1个生产部门，设有综合办公室、科技处、工程项目处、科技促进发展委员会办公室、人事教育处、财务处、条件处、质量管理处等11个管理支撑部门。沈阳自动化所是机器人学国家重点实验室、机器人技术国家工程研究中心、网络化控制系统国家地方联合工程研究中心、中国科学院光电信息处理重点实验室、中国科学院网络化控制系统重点实验室、辽宁省图像理解与视觉计算重点实验室、辽宁省物联网技术研究与应用重点实验室等的依托单位。2015年，国家质检总局批准沈阳自动化所牵头筹建“国家机器人质量监督检验中心（辽宁）”，国家发改委批准沈阳自动化所建设

“国家机器人检测与评定中心（沈阳）”。沈阳自动化所也是国家机器人标准化总体组秘书处单位。沈阳自动化所设有广州分所、中科泛在、义乌中心、扬州中心 4 个分支机构。

截至 2015 年底，沈阳自动化所共有在职职工 1057 人。其中科研人员 784 人，科技支撑人员 90 人，包括中国工程院院士 2 人、研究员及正高级工程技术人员 111 人、副研究员及高级工程技术人员 266 人。共有“千人计划”入选者 3 人，杰青基金获得者 1 人，“百千万人才”工程国家级人选 3 人，“万人计划”入选者 2 人，青年拔尖人才 1 人，中国青年科技奖获得者 2 人；中国科学院“百人计划”入选者 11 人。

沈阳自动化所现有机械制造及其自动化、机械电子工程、控制理论与控制工程等 5 个博士培养点；机械制造及其自动化、机械电子工程等 8 个硕士培养点；设有机械工程和控制科学与工程 2 个一级学科博士后流动站。共有在学研究生 348 人，在站博士后 24 人。

2015 年，沈阳自动化所共有在研项目 806 项（新增 301 项）。包括主持（或承担）863 计划项目 49 项（新增 10 项）；主持（或承担）国家自然科学基金项目 58 项（新增 20 项）；主持（或承担）中国科学院战略性先导科技专项课题 12 项（新增 2 项），主持（或承担）国家科技重大专项项目 19 项（新增 2 项）。

2015 年，沈阳自动化所积极组织完成了机器人与智能制造创新研究院的实施方案和预期重大产出论证，实施方案通过了专家评审和中国科学院院长办公会审议。9 月 23 日，中国科学院、辽宁省政府、沈阳市政府共同签署了《共建中国科学院机器人与智能制造创新研究院协议》。辽宁省政府和沈阳市政府对创新研究院的建设给予了大力指导和支持，连续三年拨付经费支持创新研究院建设。9 月，浑南新园区建设正式开工建设。全年共召开 3 次创新研究院筹建小组工作会议，成立了科技委员会、用户委员会和筹建工作小组办公室，召开了第一次科技委员会会议，部署了创新研究院第一批自主课题。

2015 年，沈阳自动化所顺利通过中国科学院组织的院属单位“十二五”领域验收评估，1 项重大突破和 3 项重点培育进入院优秀行列，1 项管理举措进入院管理亮点行列。

2015 年，沈阳自动化所牵头研究制定的面向过程自动化的工业无线网络 WIA-PA 技术标准被采纳为欧洲标准；“潜龙一号”和“潜龙二号”两台大深度 AUV 赴西南印度洋执行大洋第 40 航次科考任务；新型水下机器人取得多项技术突破并完成海上综合验证试验；吨级大载荷旋翼无人机完成离地试飞；两个航天工程配套项目转入正样阶段；光电信息实现重大技术创新，完成高速验证试验。此外，沈阳自动化所多项科研成果获得国家和省部级科技奖，包括“支持批量定制生产的数字化车间动态管控平台及装备研发与应用”成果荣获国家科技进步奖二等奖；2 项专项项目获得国家科技发明奖二等奖和国家科学技术奖特等奖等。

2015 年，沈阳自动化所新申请专利 246 件，其中发明专利 197 件、实用新型 48 件、PCT 国际申请 1 件。授权专利 140 件，其中发明专利 98 件、实用新型专利 40 件、PCT 国际授权 2 件。软件著作权登记 37 件，形成国家/行业标准 4 项。发表学术论文 400 篇。

2015 年，沈阳自动化所积极与政府、企业开展合作，构建研究与转化平台，提升院地合作工作水平。沈阳自动化所与中航工业航空制造工程研究所、航天科工运载技术研究院等重点领域的骨干企业、科研院所建立了战略合作关系并取得成效，拓宽了资源获取的渠道和成果应用的出口。沈阳自动化所投资的高技术公司继续呈现良好发展态势，现有所投资公司 10 家。

国际合作与交流工作方面，2015 年，沈阳自动化所全年出访立项 145 人次，接待多个国家和地区 66 次来访，吸引到数名具有“千人计划”、中国科学院“百人计划”A 类资格的高级人才。其中，入选国家长期“千人计划”1 名、“青年千人计划”1 名；4 人已成为中国科学院“百人计划”A 类入选者；中国科学院国际人才计划 3 人；院海外评审专家 2 人。此外，沈阳自动化所还获得中英研究与创新合作基金、牛顿基金、海外交叉团队项目、中国科学院与台湾工业技术研究院合作项目及国家基金委国际合作项目等资助。

沈阳自动化所是中国自动化学会机器人专业委员会、辽宁省自动化学会的挂靠单位。沈阳自动化所与中国自动化学会主办《机器人》、《信息与控制》2 个科技类中文核心学术期刊。

（撰稿：田　甜　孙　雷　审稿：梁　波）

海洋研究所

所　　长：孙　松
地　　址：山东省青岛市南海路 7 号
邮政编码：266071
电　　话：0532-82898611
传　　真：0532-82898612
电子信箱：iocas@qdio. ac. cn
网　　址：http://qdio. cas. cn

中国科学院海洋研究所（以下简称“海洋所”）始建于 1950 年，其前身为中国科学院水生生物研究所青岛海洋生物研究室，是新中国成立后建立的第一个从事海洋科学基础研究与应用基础研究和高新技术研发的多学科、综合性科研机构。

海洋所重点在海洋农业科学、可持续发展的理论基础与关键技术、海洋环境与生态系统动力过程、海洋环流与浅海动力过程以及大陆边缘地质演化与资源环境效应等领域开展了许多开创性和奠基性工作。在新的历史发展时期，海洋所坚持“三个面向”和“四个率先”，深入推进实施中国科学院“率先行动”计划暨研究所分类改革，重点布局近海环境、海洋生命和深海大洋三大研究领域，不断强化海洋观测探测和数据中心等技术支撑平台，各项工作均取得显著进展。

海洋所现有国家海洋腐蚀与防护工程技术研究中心、海洋生态养殖技术国家地方联合工程实验室、海洋生物制品开发技术国家地方联合工程研究中心、红球藻种质培育与虾青素制品开发国家地方联合工程研究中心（参与建设），海洋环流与波动、海洋地质与环境、实验海洋生物学、海洋生态与环境科学、海洋腐蚀与生物污损 5 个中国科学院重点实验室，以及海洋生物分类与系统演化实验室；设有胶州湾海洋生态系统国家野外研究站、公共技术服务与管理中心、海洋科学考察船运行管理中心、文献信息中心、海洋生物标本馆 5 个研究支撑单元；中国科学院海洋科学大型仪器区域中心、超级计算中心（青岛）以及农业部贝类产业技术体系研发中心设在海洋所。与国外著名研究所、大学联合建有中美海洋环流与气候环境联合研究中心、中日海洋腐蚀环境共同研究中心等多个国际合作研究机构，与国内联合建有国家级海湾扇贝良种场（青岛）、中国科学院海洋所南通中心以及獐子岛渔业海洋生态养殖联合实验室、烟台东方海洋海珍品良种选育与健康养殖实验室、天津海洋技术研究院及山东海洋牧场工程与技术研究院等。

截至 2015 年底，海洋所共有在职职工 701 人。其中专业技术人员 608 人，包括两院院士 5 人、研究员及正高级专业技术人员 95 人、副研究员及高级专业技术人员 161 人。共有“千人计划”3 人、“万人计划”3 人，杰青基金获得者 7 人，973 计划项目首席科学家 6 人，863 计划专家组成员 1 人；中国科学院“百人计划”入选者 17 人；国务院政府特贴获得者 30 人；山东省突出贡献专家 15 人次、山东省“泰山学者”12 人次；国家自然科学基金委创新团队 2 个；中国科学院创新团队 4 个。年内，海洋所 1 人获批“青年千人计划”，1 人获批“青年拔尖人才”，1 人获国务院政府特殊津贴，4 人获批泰山学者特聘专家，2 人获山东省青年科技奖，2 人分获中国腐蚀与防护最高成就奖及青年人才奖，5 人分获中国科学院优秀教师、朱李月华优秀教师、山东省优秀导师等称号。

海洋所是 1996 年国务院学位委员会首批批准的博士、硕士学位授予单位和中国科学院博士研究生重点培养基地。设有一级学科博士学位授予点 3 个，二级学科博士学位授予点 9 个、硕士学位授予点 10 个和工程硕士学位授予点 3 个，以及海洋科学博士后科研流动站。有博士生导师 102 人，硕士生导师 69 人，在读研究生 514 人（其中硕士生 273 人、博士生 241 人），在站博士后 98 人。

2015 年，海洋所新增科研项目 294 项（包括子课题），科研经费净收入 3.3 亿元。共获省部级奖项 11 项，出版专著 13 部，发表论文 573 篇（SCI 论文 457 篇），授权专利 84 项（发明专利 69 项，实用新型 15 项），重大成果产出和科研竞争力进一步提升。“太平洋西边界流及其气候效应”评述文章在 *Nature* 刊发，在国内外引起广泛关注；中国工程院重大咨询项目“我国腐蚀状况及控制战略研究”正式启动；黑潮变异对中国近海环境的影响研究加深了对中国近海生态系统演变与中国近海生态灾害发生机理的理解；完成仿刺参基因组测序和组装，刺参良种选育与健康养殖取得重要进展，成功构建凡纳滨对虾和裙带菜高密度遗传连锁图谱；获得4个水产新品种。平台建设成效显著，实验海洋生物学重点实验室获评中国科学院A类实验室；数据中心三层架构搭建完成，完成可视化数据平台构建；青岛海洋科学与技术国家实验室建设和南通中心、长江口生态站建设稳步推进。

2015年，“科学号”、“科学三号”和“创新号”组成的海洋科学考察船队，圆满完成了中国科学院“热带西太平洋海洋系统物质能量交换及其影响”专项中西太平洋雅浦海山“深海海洋环境与特殊生态系统”、“马努斯热液——南海冷泉”、“热带西太平洋主流系和暖池综合考察”、“黑潮源区到海山区地质和生态大断面”及973计划项目、国家自然科学基金委航次等38个海上调查任务，在航合计531天，总航程近6万海里；成功进行了深海极端环境探测、深海极端环境下的现场探测与观测、深海现场试验与海底现场培养，使我国深海探测与实验能力跨入世界先进国家行列。“热带西太平洋海洋系统物质能量交换及其影响”专项的实施推动了西太平洋海洋环流与气候的研究，以IOCAS为标志的ENSO预测模式在国际上注册应用、热带西太平洋深海潜标科学研究观测网络成功构建，标志着海洋所在大洋研究方面的突破性进展与国际地位。在“科学号”和海洋专项的带动下，海洋所深海探测与研究平台体系建设研究集体获得2015年度中国科学院杰出科技成就奖。

2015年，海洋所国际交流与合作持续深入：成立了海洋所国际科学咨询委员会并召开会议，根据当前世界海洋研究发展趋势及热点，对中国海洋科学发展及研究所未来发展规划提出战略咨询建议；积极推进与国际一流研究机构的实质性合作，组织科学家赴新西兰开展IOCAS-NIWA第二届深海研讨会；组织科学家赴印度尼西亚调研，促进中印尼海上合作基金申请；与新西兰、墨西哥、澳大利亚、印度尼西亚等科研机构（高校）签订合作协议。2015年，海洋所全年出访240人次，来访100余人次。承担国际合作项目15项，年内新增政府间项目1项，国际人才计划项目4项，俄乌白专项3项，海峡两岸会议资助1项，1人次任国际海洋研究委员会（SCOR）副主席。

2015年，海洋所稳步推进与山东、吉林、辽宁、天津、江苏、浙江等地的院地合作，在海洋农业、海洋生物制品、海洋药物、海洋腐蚀防护、耐盐植物等领域取得重要进展。依托中科院科技服务网络（STS）计划，将烟台等6个市级地方科技部门和蓝色海洋等18家行业龙头企业紧密联系在一起，与山东蓝色海洋科技有限公司在莱州湾合作建设的海洋生态牧场已成为山东“海上粮仓”建设的亮点和示范基地，为山东半岛现代农业良性发展和产业升级奠定了坚实基础。2015年10月19日，国务院副总理汪洋调研海洋生态牧场示范基地，对海洋牧场建设取得的成绩给予了充分肯定，并强调“深耕海洋，发展现代海洋渔业，是我国农业现代化建设的重要战略”。

2015年，海洋所国家、省市科普教育基地成功承办了中国科协青少年高校科学营海洋科学专题营和“感·触科学——前沿科技魅力主题展”活动，被评为“全国学会科普工作优秀单位”，“探秘海洋”科学研究实验获全国优秀案例。

海洋所是中国海洋湖沼学会的挂靠单位。海洋所出版的学术期刊有《中国海洋湖沼学报》（英文）、《海洋与湖沼》、《海洋科学》、《海洋科学集刊》。其中，《海洋与湖沼》（中、英文）分获评“中国国际影响力优秀学术期刊”和“中国最具国际影响力学术期刊”。

（撰稿：刘　洋　王　敏　审稿：王　凡）

青岛生物能源与过程研究所

所　　长：刘会洲

地　　址：山东省青岛市崂山区松岭路189号

邮政编码：266101
电　　话：0532-80662776
传　　真：0532-80662778
电子信箱：office@qibebt.ac.cn
网　　址：http://www.qibebt.cas.cn

中国科学院青岛生物能源与过程研究所（以下简称“青岛能源所”）由中国科学院、山东省人民政府、青岛市人民政府于2006年共同出资建设，2009年7月获中央机构编制委员会办公室批复成立，2009年11月通过验收正式成立。2011年8月，中国科学院与青岛市人民政府签署共建研究所二期协议，全面开启“二期”建设新时期。

青岛能源所的定位是：面向国家和地方在资源、能源与环境领域重大战略需求，面向世界生物能源与过程领域科技前沿，以工业生物技术、绿色化工技术和过程工程技术为主，研究开发生物基能源与材料的产品、工艺或技术，成为引领我国生物能源与生物基材料科技发展的创新研发基地和具有重要国际影响的战略高技术研发机构。

青岛能源所建有中国科学院生物燃料重点实验室、中国科学院生物基材料重点实验室、山东省能源生物遗传资源重点实验室、山东省沼气工业化生产与利用工程实验室、青岛市太阳能与储能技术重点实验室、青岛市单细胞油脂工程实验室等12个省部级平台。

青岛能源所作为山东省国际科技合作基地，与美国波音公司共建了“可持续航空生物燃料联合研究实验室”，与澳大利亚西澳大利亚大学联合成立了“中澳生物质综合利用联合研究中心”并与澳方成立了“中国-澳大利亚能源与矿业联合研究中心暨联盟”，与美国明尼苏达大学联合成立“生物质工程联合研究中心”。此外，青岛能源所还是德国工业生物技术集群、美国生物基化学品与材料联盟的成员单位。

截至2015年底，青岛能源所共有在职职工330人。其中科技人员182人、科技支撑人员122人，包括研究员及正高级工程技术人员44人、副研究员及高级工程技术人员82人；全所进入创新岗位300人。共有“千人计划”入选者4人（新增1人），“青年千人计划”入选者3人，杰青基金获得者3人（新增1人）；中国科学院“百人计划”入选者20人（新增4人），“西部之光”人才入选者0人（新增0人）。

青岛能源所现设有材料科学与工程、化学工程与技术2个专业一级学科博士研究生培养点，生物化学与分子生物学、微生物学2个专业二级学科博士研究生培养点，化学工程、材料工程、生物工程3个专业二级学科专业型硕士研究生培养点，并设有生物学、化学工程与技术2个专业一级学科博士后流动站。共有在学研究生308人（其中硕士生188人、博士生120人），在站博士后72人。

2015年，青岛能源所共有在研项目512项（包括新增项目160项）。其中，973计划在研课题5项；主持863计划课题1项、参与课题14项；国家科技支撑计划项目主持1项、参与课题3项（新增2项）；主持国家自然科学基金面上项目52项（新增13项），国家自然科学基金重大研究计划重点项目主持1项、参加3项（新增1项），主持国家自然科学基金委重大仪器研制项目1项，获国家自然科学基金杰出青年基金2项（新增1项）和优秀青年基金1项；主持中国科学院战略性先导科技专项课题1项，参与课题5项，主持院重点部署项目课题1项，参与课题7项；承担国际合作项目30项（新增12项）；承担院地合作项目（地方政府和企业）201项（新增80项）。

2015年，青岛能源所顺利通过中国科学院组织的院属单位“十二五”领域验收评估，其中，重点培育方向项目“微藻规模化培养与资源化利用关键技术”获评院优秀，国际合作举措获评院亮点工作。

2015年，青岛能源所编制上报《中国科学院“率先行动”计划特色研究所认定申请书》并经中国科学院院长办公会审议通过，青岛能源所获批进入院特色所培育序列；编制上报《中国科学院“率先行动”计划特色研究所培育建设方案》并按该方案全面推进特色研究所建设；同时，积极参与了海洋研究院、洁净能源创新研究院、过程工程创新研究院、先进生物制造创新研究院等建设。

2015 年，青岛能源所产出了一批重要科技成果：发现了纤维小体“家传配方”的编码与控制机制，为“超级纤维小体”和“超级纤维素降解细胞”的人工设计和定制化装配开辟了一个新方向和新思路，为形成合成生物学新工具奠定了良好基础；发展了蛋白质自组装软质纤维状纳米材料，并成功制备了柔性导电薄膜材料，有望以此构建多功能智能复合材料，可广泛应用于光学及电子纳米器件、纳米天线、传感和成像等领域；开发出一系列动力电池聚合物新型聚合物电解质体系，解决了新型近零排放汽车产业的瓶颈问题，并正快速推进其产业化进程。

2015 年，青岛能源所科研人员以第一单位作者在国际高水平期刊发表 237 篇，出版专著 3 部，申请专利 93 项，获得专利授权 29 项。由青岛能源所研发并由青岛琅琊台集团股份有限公司实施的“高产 DHA 海洋微藻的菌株选育及清洁生产示范项目”被山东省人民政府授予山东省科技进步奖二等奖，实现了青岛能源所在省部级科技奖项方面零的突破。

2015 年，青岛能源所整合所内科研力量，积极推进与地方政府、企业、科研机构和大学的交流与合作：制定了《促进科技成果转化、推动产业创新发展的暂行管理办法》，推动科技成果从实验室走向中试及产业化；与河南省中科院转移转化中心共建生物转化分中心；与吉林公主岭市政府共建产业合作联合体。

2015 年，青岛能源所推动 20 余项成果在企业转移转化，争取经费 3313 万。同时，申请获批了青岛市发改委的工程实验室和青岛市储能平台建设项目和储能产业基金等。

2015 年，青岛能源所依托中国科学院国际人才计划引进外籍博士后 3 名，其中 1 名获得国家自然科学基金资助；来自马来西亚、乌克兰的数名外籍科研人员来所短期学习交流；与美国宝洁公司、法国道达尔公司等共签署 10 个国际合作项目协议；举办德国工业生物技术集群-青岛生物技术交流会，共有 100 余位学术界和企业界代表参加会议；共举办 10 次青岛能源所“国际专家高层论坛”，邀请 10 位国际有影响力专家来所交流与合作；全年累计来访 37 人次，出访 48 人次；成立德国工业生物技术集群中国代表处 (CLIB China Representation)，为进一步推动中国企业和科研院所与该集群成员单位在工业生物技术领域的合作搭建了桥梁。

（撰稿：丁　娜　张瑞东　审稿：隋红建）

烟台海岸带研究所

所　　长：孙　松
地　　址：山东省烟台市莱山区春晖路 17 号
邮政编码：264003
电　　话：0535-2109018
传　　真：0535-2109000
电子信箱：yic@yic.ac.cn
网　　址：http://www.yic.cas.cn

中国科学院烟台海岸带研究所（以下简称“烟台海岸带所”）是 2006 年 6 月由中国科学院与山东省、烟台市共同筹建的资源环境领域的国家级研究机构，筹建期名为中国科学院烟台海岸带可持续发展研究所（筹）。2009 年 12 月，烟台海岸带所通过筹建验收成为中国科学院正式序列的研究所。

烟台海岸带所以“认知海岸带规律，支持可持续发展”为使命，面向国家战略需求和世界科技前沿，立足海岸带环境安全、资源利用和可持续发展基础理论与关键技术，瞄准国际海岸带科技前沿和国家重大需求，面向国民经济主战场，积极开展基础性、战略性和前瞻性研究、技术研发与系统应用示范，为海岸带综合管理提供科技支撑，为经济、社会发展做出重要贡献，成为海岸带科技领域不可替代的国家级科研机构。

烟台海岸带所以在黄河三角洲陆海界面过程、生态演变与修复技术，海岸带环境容量与污染控制技术，海岸带盐生植物产业链构建关键技术与集成示范为三个重大突破领域；以海岸带环境微生物学与应用，潮间带功能、演变与保护，海岸带灾害风险与预警，海水资源的生态安全高值利用技术，海岸带陆海信息耦合分析与集成为五个重点培育方向。主要研究领域包括海岸带资源与可持续利用，海岸带环境过程、监测与修复，海岸带生物多样性与生态系统健康，海岸带灾害风险与预警，海岸带信息集成与管理。

烟台海岸带所现有中国科学院海岸带环境过程与生态修复重点实验室、海岸带生物学与生物资源利用重点实验室、海岸带信息集成与综合管理实验室、海岸带灾害与全球变化研究中心、海岸带数据分析与数值模拟研究中心、海岸带发展战略研究与规划中心、山东省海岸带环境过程重点实验室、山东省海岸带环境工程技术研究中心，有中国科学院牟平海岸带环境综合试验站、中国科学院黄河三角洲滨海湿地生态试验站、中国科学院烟台海岸带生物产业技术创新与育成中心。2014 年 9 月，中国海洋工程咨询协会海岸科学与工程分会成立并挂靠烟台海岸带所。

截至 2015 年底，烟台海岸带所共有在所职工 215 人。其中科研人员 162 人、科技支撑人员 25 人；研究员及正高级工程技术人员 27 人、副研究员及高级工程技术人员 36 人。共有“千人计划”创业人才 1 人，“青年千人计划”1 人，“万人计划”1 人，科技部“推进计划”2 人（新增 1 人），“百千万人才”工程国家级人选 3 人，973 计划项目首席及 863 计划重大项目首席科学家、杰青基金获得者 1 人，政府特殊津贴获得者 4 人；中国科学院“百人计划”入选者 12 人；山东省杰出青年科学基金获得者 6 人，山东省“泰山学者”3 人，山东省“有突出贡献的中青年专家”1 人（新增 1 人），烟台市“双百人才”7 人。

烟台海岸带所现有环境科学与工程、海洋科学 2 个一级博士学科培养点，有环境科学、环境工程、海洋化学、海洋生物学 4 个二级博士学科培养点，有环境工程和生物工程 2 个专业硕士培养点，形成了较为完整的研究生培养体系。现有在读研究生 161 人（其中硕士生 76 人、博士生 85 人），在读留学生 1 人。2015 年，烟台海岸带所研究生中获得国家奖学金 3 人，中国科学院院长优秀奖 2 人，朱李月华优秀博士生奖学金 1 人，中国科学院大学必和必拓奖学金 1 人，刘瑞玉海洋科学奖学金 2 人。

2015 年，烟台海岸带所共有在研项目 242 项（新增项目 88 项）。其中，承担国家部委专项课题 16 项（新增 5 项），主持国家自然科学基金 96 项（新增 24 项）；承担中国科学院战略性先导科技专项课题 6 项，主持院重点部署项目 1 项、院科技服务网络计划 1 项；主持国际合作项目 15 项（新增 7 项），院地合作项目 15 项。

2015 年，烟台海岸带所共发表学术论文 471 篇，其中被 SCI 收录 275 篇。SCI 收录论文中，影响因子大于 4 的 42 篇，TOP 期刊 40 篇。全年共申请专利 60 项，其中申请发明专利 58 项；专利授权 34 项，其中发明专利 28 项，软件登记 6 项。无专利转让。

2015 年，烟台海岸带所加强条件能力建设，继续完善“一船两站”架构，中国科学院黄河三角洲滨海湿地生态试验站综合楼配套工程和台站试验区建设完成并投入使用；中国科学院牟平海岸带环境综合试验站建成样品前处理实验室、化学实验室、生物实验室、生物鉴定室与野外设备室五大实验室，建设了海洋生态牧场实时监控系统；近海综合科学考察船“创新一号”（500 吨位）9 月起进入下水调试。

2015 年，烟台海岸带所完善了海岸带云计算基础平台，设计并实施海岸带科技软件云服务体系与功能架构；建立了海岸带科学元数据规范，为数据管理工作奠定基础；完成了海岸带环境与资源专业数据库系统建设，新增海岸带观测监测数据集、莱州湾 GIS 数据集、地波雷达风浪场观测数据集、渤海多参数环境监测数据集等，并更新和配置了 VDB3.0 网站服务，本年度下载量全院排名 13 位；实现多途径收集、集成科学数据；完善了 ARP 系统财务模块的功能扩展以及所门户网站、内部信息网站建设，保障了科研和管理业务的顺利开展。在 2015 年度中国科学院信息化评估中，烟台海岸带所排名第 20 位，连续两年位于全院 A 类研究所行列。

2015 年，烟台海岸带所继续推动所地所企合作，加强区域协同创新：与天津中宝制药有限公司签订《海岸带耐盐植物资源开发项目战略合作协议》、与山东深海生物科技有限公司签订战略合作协议；与广东大众农业科技股份有限公司签订“以生物质炭为核心的多功能土壤调理剂开发”委托开发项目等，全年新增合作项目 15 项。

2015 年，烟台海岸带所深入开展国际合作与交流：成功申报了国家自然科学基金委外国青年访问学者计划1项，中国科学院国际访问学者计划3项、国际博士后计划1项；科研人员37人次出访美国、韩国、德国、澳大利亚、加拿大等国家开展学术访问交流；接待来自美国、德国、澳大利亚、俄罗斯10余个国家和地区的来访专家108人次；与美国路易斯安那州立大学海岸与环境学院；与澳大利亚联邦科学与工业研究组织海洋与大气研究所签署合作协议；共举办第三届国际海岸带生物技术大会、海岸带陆海相互作用与可持续发展国际研讨会、第三届海峡两岸海岸科学与可持续发展学术研讨会暨中国海洋工程咨询协会海岸科学与工程分会年会等6次大中型学术会议。

（撰稿：高丽梅　王德强　审稿：王晓斌）

长春光学精密机械与物理研究所

所　　长：贾　平
地　　址：吉林省长春市东南湖大路3888号
邮政编码：130033
电　　话：0431-86176812
传　　真：0431-85682346
电子信箱：ciomp@ciomp.ac.cn
网　　址：http://www.ciomp.cas.cn

长春光学精密机械与物理研究所（以下简称“长春光机所”）是由长春光学精密机械研究所（前身为始建于1952年的中国科学院仪器馆和始建于1953年的中国科学院机电研究所）与长春物理研究所（前身为始建于1958年的中国科学院吉林分院技术物理所）于1999年整合而成。

长春光机所的定位是以“四个率先”为统领，面向国家重大战略需求和国民经济主战场，坚持以科技创新为核心的“研产学并举”发展道路，聚焦光电技术创新，引领精密仪器与装备领域的成果转移转化，辐射带动相关产业发展，培养高级创新人才，成为国际一流的精密仪器与装备创新研究基地。主要研究领域包括发光学、应用光学、光学工程、精密机械与仪器四大领域。

长春光机所现有发光学及应用国家重点实验室、应用光学国家重点实验室、激光与物质相互作用国家重点实验室、国家光栅制造与应用工程技术研究中心、国家光学机械质量监督检验中心、小卫星技术国家地方联合工程研究中心、中国科学院光学系统先进制造技术重点实验室、中国科学院航空光学成像与测量重点实验室。

截至2015年底，长春光机所共有在职职工2121人。其中科技人员1246人、科技支撑人员212人，包括中国科学院院士3人、研究员及正高级工程技术人员247人、副研究员及副高级工程技术人员634人。共有“千人计划”入选者2人（新增1人），杰青基金获得者3人；中国科学院“百人计划”入选者10人。

长春光机所是1981年被国务院学位委员会批准的首批具有博士、硕士学位授予权的单位之一，现设有凝聚态物理、光学、光学工程、机械电子工程、机械制造及其自动化、电路与系统6个博士研究生培养点；凝聚态物理、光学、光学工程、机械电子工程、机械制造及其自动化、电路与系统、计算机应用技术、测试计量技术与仪器8个硕士研究生培养点；物理学、机械工程、光学工程3个专业一级学科博士后流动站。在学研究生908人（其中硕士生480人、博士生428人），在站博士后24人。

2015年，长春光机所对外新签科研合同额15.3亿元，到款额15.2亿元，在研项目917项（包括新增项目443项）。其中，承担国家重大科技专项课题17项，主持973计划项目1项，主持国家重大科学研究计划项目1项、承担课题6项，承担国家自然科学基金重点项目4项（新增1项）、面上项目61项（新增10项）、杰青基金科学项目2项（新增1项）；承担中国科学院重点部署项目1项；承担科技部重大仪器研制项目1项、国家自然科学基金委重大仪器研制项目1项、财政部重大仪器研制项目2项；承担重点国际合作项目3项（新增3项）；承担院地合作项目9项（新增3项）。

2015年，长春光机所科研工作取得系列重要突破：光栅刻划机实现了最大刻划面积

400mm×500mm、最高刻槽密度6000gr/mm、衍射效率（相对衍射效率）>60%、鬼线强度<10^{-3}、波前像差<λ/3、分辨本领≥700 000的技术指标，光栅衍射效率优于国外同类光栅，杂散光和鬼线强度优于Newport公司同类产品一个数量级；自主研发的我国第一颗商用高分辨率遥感卫星“吉林一号”以一箭四星的方式发射成功，下传图像清晰锐利，层次分明；研制的光学载荷随“天绘一号”03星顺利升空，入轨后，该光学载荷工作正常，成功获取高质量图像数据，其影像清晰，层次分明；研制成功世界首款科学级背照式CMOS芯片GSENSE400BSI，并实现首次航天应用，经在轨验证，性能良好；全年顺利交付航天、航空、测控等各类设备418套（台）。

“十二五”期间，长春光机所较好地完成了“创新2020”规划目标和“一三五”规划任务：研制出直径2.4m世界最大口径单体SiC反射镜；具有国际领先水平；研制的大口径、宽视场、高分辨率航天航空光电侦察载荷达到国际先进水平；研制的世界最高1.5亿分辨率CMOS图像传感器打破国外垄断；基于自主知识产权193nm NA0.75光刻投影物镜关键技术、高精度大尺寸光栅制造设备及技术取得重大突破，填补国内空白。此外，长春光机所根据“率先行动”计划要求，开展了建设“精密仪器与装备创新研究院”的规划方案制定和申报工作。

2015年，长春光机所以第一完成单位获得中国科学院杰出成就奖1项、吉林省自然科学奖一等奖1项、吉林省技术发明奖一等奖1项、吉林省科技进步奖一等奖1项；申请发明专利428项，获授权专利249项，其中专利申请数量居全国科研单位第三位；发表论文1244篇，其中影响因子3.0以上论文104篇。

2015年，长春光机所与吉林省测绘地理信息局、国家测绘地理信息局卫星测绘应用中心、国家基础地理信息中心三家单位共同签订了部省合作协议《吉林民用遥感卫星研制与应用合作协议》；牵头成立了吉林省智能装备与机器人产业发展战略联盟，长春光机所任联盟主席单位；联合10余家单位发起设立“吉林省创新创业服务产业联盟”，并任常务副理事长单位；创办的长光T2T工作室不到一年时间即被认定为吉林省省级众创空间；全年累计举办投融资、项目路演、专题技术培训等5个系列12项创新创业活动，服务47项创客项目，成果转化5项，融资1210万元。

2015年，长春光机所投资企业实现销售收入7.23亿元，净利润1.24亿元，投资回报5022万元。长春高新北区公共技术服务平台正式投入使用。搬入企业16家，新引入企业14家，引入社会资本2600万元。

2015年，长春光机所成功组织微纳光学工程国际会议，邀请了来自美、英、法、德等10个国家的41位国际知名光学专家和国内105位青年科学家参会。张学军研究员当选国际光学工程学会（SPIE）会士（Fellow），是2016年新当选的32名会士中唯一的中国科学家。

长春光机所是中国空间科学学会空间机械专业委员会、中国物理学会发光分会、中国物理学会液晶分会、吉林省光学学会、全国科学院联盟光学与精密机械分会的挂靠单位。长春光机所现主办5种学术刊物，分别为《光学精密工程》、《发光学报》、《液晶与显示》、《中国光学》、*Light*. *Light* 获评“2015中国最具国际影响力学术期刊”，影响因子14.603，在全国光学类期刊中排名第二，跻身世界百强期刊行列。

（撰稿：莫成钢　王书红　审稿：贾　平）

长春应用化学研究所

所　　长：安立佳
地　　址：吉林省长春市人民大街5625号
邮　　编：130022
电　　话：0431-85687300
传　　真：0431-85685653
电子信箱：ciac@ciac.ac.cn
网　　址：http://www.ciac.cas.cn

长春应用化学研究所（简称“长春应化所”）始建于1948年12月，于长春新中国成立后在“伪满大陆科学院”的废址上所建立，时称“东北工业研究所”，后几经更名和改变归属，1978 年 12 月命名为中国科学院长春应用化学研究所。

长春应化所是一所集基础研究、应用研究和高技术创新研究于一体的综合性化学研究所，学科方向为高分子化学与物理、无机化学、分析化学、有机化学和物理化学。长春应化所主要研究领域为资源与环境、先进材料和普惠健康三大领域；稀土、二氧化碳、生物质、水四类资源；先进结构、先进复合、先进功能、先进能源、环境友好五类材料；疾病早期诊断与防治、生物医用高分子两个方向，目标是在应用化学和先进材料等方面不断做出在国家层面不可替代的重要创新贡献，引领和带动我国战略性新兴产业的培育与发展，努力将长春应化所打造成具有鲜明特色与核心竞争优势的国际一流研究机构。

长春应化所目前建有高分子物理与化学国家重点实验室、电分析化学国家重点实验室、稀土资源利用国家重点实验室和中国科学院生态环境高分子材料重点实验室、中国科学院合成橡胶重点实验室、高分子复合材料工程实验室（中国科学院高分子复合材料工程化研发平台）、化学生物学实验室、先进化学电源实验室、绿色化学与过程实验室、现代分析技术工程实验室、稀土与钍清洁分离工程技术中心和国家电化学和光谱研究分析中心等创新基地和科技平台。

截至 2015 年底，长春应化所共有在职职工 921 人。其中科技人员 597 人、科技支撑人员 159 人，包括中国科学院院士 7 人（新增 1 人）、第三世界科学院士 4 人（新增 1 人）、研究员及正高级工程技术人员 132 人、副研究员及高级工程技术人员 219 人。共有“万人计划”4 人（新增 2 人），“千人计划”入选者 2 人，“千人计划”短期项目入选者 1 人，“外专千人计划”入选者 2 人，“青年千人计划”入选者 3 人，“百千万人才”工程入选者 9 人（新增 1 人），杰青基金获得者 23 人（新增 3 人）；中国科学院“百人计划”入选者 40 人（新增 2 人）。

长春应化所是 1981 年国务院学位委员会批准的首批博士、硕士学位授予单位之一，现有化学一级学科博士、硕士研究生培养点和无机化学、分析化学、有机化学、物理化学、高分子化学与物理、应用化学 6 个二级学科博士、硕士研究生培养点，并设有化学学科博士后流动站。共有在学研究生 743 人（其中硕士生 341 人、博士生 402 人），在站博士后 67 人。

2015 年，长春应化所共有在研项目 1025 项（包括新增项目 424 项）。其中，承担国家重大科技专项课题 2 项（新增 1 项），承担（或参加）973 计划项目课题 29 项（新增 4 项）；承担 863 计划项目 11 项（新增 3 项）；主持或承担国家自然科学基金重点项目 16 项（新增 3 项）、面上项目 145 项（新增 44 项）、杰青基金项目 5 项，承担国家自然科学基金重大研究计划重点项目 8 项（新增 3 项）；承担重大仪器研制项目（科技部、国家自然科学基金委、财政部和院）11 项（新增 5 项），承担国际合作项目 32 项，承担院地合作项目 66 项（新增 43 项），承担技术服务项目 96 项（新增 8 项）。

2015 年，长春应化所积极落实“率先行动”计划，成为中国科学院特色所首批试点建设单位，并全面启动实施特色所试点建设工作。同时，长春应化所全面推进“一三五”战略重点，圆满完成“十二五”各项任务。在中国科学院组织的院属单位“十二五”领域验收评估中，“环境友好高分子材料”和“稀土功能材料”均获评院优秀。

2015 年，长春应化所共荣获省部级以上科技成果奖 6 项。其中，由杨秀荣院士等完成的“生物分子识别的分析化学基础研究”成果荣获国家自然科学奖二等奖，该成果创新性地发展了用于生物分子识别的分析材料、方法和仪器，发展了基于多种检测手段的生物芯片技术等，解决了该领域中高灵敏度、高选择性、高通量的系列分析难题，推动了生物分子识别分析化学的发展；新型稀土功能材料基础研究和应用研究集体荣获中国科学院杰出科技成就奖，这是长春应化所首次获得该奖项；张洪杰院士荣获吉林省科学技术奖特殊贡献奖，这是时隔 12 年后长春应化所科学家再次获得此项殊荣；牛利研究员等承担的“石墨烯材料的制备及其应用研究”获吉林省自然科学奖一等奖。

2015 年，长春应化所以第一单位发表 SCI 论文 848 篇。据 2014 年中国科技论文统计结果显示，2014 年长春应化所 SCI 论文被引用篇数位居全国科研机构第2名，表现不俗论文数量位居全国科研机构第1名，并有2篇论文获全国“最具影响力的国际学术论文”。

2015年，长春应化所全年出版专著3部；申请专利216件，授权专利194件；成为中国科学院首批“专利价值分析”试点建设单位和首批“科研机构知识产权管理规范贯标”试点建设单位。

2015年，长春应化所国际合作与交流持续发展，成功主办第十五届国际电分析化学会议、中韩双边高分子材料科学研讨会和生物材料与干细胞骨组织工程国际研讨会3个国际会议。新承担各类国际合作项目32项，选派136人次赴境外参加国际会议、开展合作研究和学术交流；接待108人次国外专家学者来所进行各类学术活动。

2015年，长春应化所所地合作和成果转移转化又获新进展：以吉林省化工新材料重大科技创新基地等为代表的协同创新基地加速发展；年产万吨级聚乳酸树脂生产线已投入生产，在全国率先实现了聚乳酸产能突破万吨；稀土脱硝催化剂中试及产业化技术已完成粉体年产3000吨中试；异戊二烯单体产业化成果被列入中国科学院2016年重点部署项目；锂离子电池三元正极材料成果得到蒋超良省长批示，被纳入吉林省2016年重点推进项目；二氧化碳共聚物的产业化关键技术团队获2015年度中国科学院科技促进发展奖科技贡献奖二等奖。

长春应化所现有以高技术入股成立的公司共24家，其中上市公司2家（中科英华和青岛金王），2015年实现销售收入35.51亿元、利润总额约2.56亿元。

长春应化所是中国化学会分析化学学科委员会和应用化学学科委员会的挂靠单位；编辑出版《分析化学》（月刊）、《应用化学》（月刊）和《化学通讯》（双月刊）。其中，《分析化学》和《应用化学》持续被评为“中国科技核心期刊”；2015年，《分析化学》再次入选“中国百种杰出学术期刊”。

（撰稿：衣　卓　于　洋　审稿：杨小牛）

东北地理与农业生态研究所

所　　长：何兴元
地　　址：吉林省长春市高新技术产业开发区长东北核心区盛北大街4888号
邮政编码：130102
电　　话：0431-85542266
传　　真：0431-85542298
电子信箱：iga@iga.ac.cn
网　　址：http://www.iga.ac.cn

中国科学院东北地理与农业生态研究所（以下简称“东北地理所”）成立于1958年8月18日，其前身是中国科学院长春地理研究所，2002年3月与中国科学院黑龙江农业现代化研究所整合组建成现所，是中国科学院设在东北地区的综合性地理学与农学研究机构。

东北地理所设有湿地生态与环境院重点实验室、黑土区农业生态院重点实验室、遥感与地理信息研究中心、东北区域发展研究中心和大豆分子设计院重点实验室5个基本创新单元；拥有中国科学院湿地生态与环境重点实验室、中国科学院黑土区农业生态重点实验室和中国科学院大豆分子设计育种重点实验室；联合共建黑龙江省黑土生态实验室、吉林省生态恢复与生态系统管理重点实验室、吉林省碱地生态经济工程实验室和吉林省草地畜牧学重点实验室4个省级重点实验室及“大豆分子设计育种”省级工程研究中心；建有三江平原沼泽湿地生态系统观测研究站、海伦农田生态系统观测研究站2个国家重点野外台站，并以三江平原沼泽湿地生态系统观测研究站为核心，建成了覆盖平原沼泽湿地、滨海湿地、滨湖湿地和森林湿地在内的东北湿地野外台站网络。此外，东北地理所还建有中国科学院长春净月潭遥感试验站、大安碱地生态试验站、长岭草地农牧生态研究站、海伦水土保持监测研究站和长春综合农业试验站；设有所属图书馆和标本馆；主要下属单位有中国科学院东北地理与农业生态研究所农业技术中心。

截至2015年底，东北地理所共有在职职工387人。其中专业技术人员315人，包括中国工程院院士1人、研究员及正高级工程技术人员74人、副研究员及高级工程师技术人员79人；973计划项目首席科学家1人，杰青基金获得者1人；中国科学院“百人计划”入选者18人。

东北地理所设有地理学、生态学、环境科学与工程3个一级学科博士培养点，包括自然地理学、人文地理学、地图学与地理信息系统、生态学、环境科学5个博士学位授予专业；设有自然地理学、人文地理学、地图学与地理信息系统、生态学、环境科学、遗传学6个学术型硕士学位授予专业，环境工程、生物工程2个全日制专业硕士学位授予专业，并设有环境科学与工程博士后流动站、地理学博士后流动站，生态学博士后流动站。共有在学研究生195人（其中硕士生80人、博士生115人），在站博士后26人。

2015年，东北地理所共有在研科研项目462项（包括新增目项168项），其中承担科技基础性工作专项项目2项（新增1项）、专题4项、水专项子课题1项；973计划项目1项（新增1项）、课题2项；科技支撑计划课题1项、专题3项；主持国家自然科学基金项目155项（新增30项）；中国科学院战略性先导科技专项子课题/专题15项、重点部署项目2项（新增1项）、课题/专题10项（新增1项），中国科学院野外台站联盟项目1项（新增1项）、平台建设项目1项（新增1项）、样地建设项目1项（新增1项）、创新团队国际合作伙伴计划项目2项，中科院科技服务网络（STS）计划项目3项（新增1项）、课题/专题7项（新增2项），院级科研装备研制项目1项；地方及企业项目136项（新增67项），研究所自选项目39项（新增11项）。

2015年是长春光机所“一三五”规划实施的收官之年，研究所“一三五”规划的突破及培育项目均取得了优异成绩：重大突破“东北主要作物新型种植模式与关键技术”先后被列入吉林省、黑龙江省政府重点示范推广技术和全国重点推广100项技术之一，继2014年获得总后勤部推广特等奖、中国科学院科技促进发展奖一等奖后，又获得了2015年吉林省科技进步奖一等奖；重大突破“东北沼泽湿地碳收支及其对全球变化的响应”项目揭示了气候变化和人类活动叠加影响下沼泽湿地温室气体产生、排放及碳累积的时空变异规律及其环境和生物控制机制，发表SCI论文98篇，其中TOP期刊论文22篇，提交国家咨询报告1份，获得2015年吉林省自然科学奖一等、二等奖各1项。重点培育方向一“大豆重要性状形成机理与分子育种研究”在多年同源基因克隆和VIGS库构建的基础上，收集、创制了大豆种质资源，收集野生大豆资源6000余份，大豆品系7600份，利用有性杂交创制了杂交后代材料13000余份；通过分子设计育种的‘东生77号’获得审定，研究团队获批为吉林省“大豆分子设计育种”省级工程研究中心。重点培育方向二“黑土农田地力提升及其关键技术”研发了肥沃耕层构建、秸秆还田等黑土地力提升关键技术，构建了高生产力黑土农田经营模式，获得黑龙江省自然科学奖一等奖1项、三等奖2项，技术体系示范2.2万亩，推广176万亩。重点培育方向三“苏打盐碱地高效治理关键技术与示范”的耐盐碱水稻育种和示范推广工作获2015年荣获国家科技进步奖二等奖1项、中国科学院科技促进发展奖一等奖1项，盐碱地治理技术辐射推广70万亩，全省推广水稻新品种287万亩。重点培育方向四“退化湿地修复与人工湿地构建”针对湿地面积减小、破碎化、孤岛化，湿地生态功能减退，持水能力降低，生物物种多样性受到威胁等问题，开展湿地退化机制与恢复技术研究，提出了3套湿地恢复模式及7项核心恢复技术，累计推广1040万亩，创经济效益13.31亿元，牛心套保退化苏打盐碱湿地恢复示范区被国家林业局批准为国家湿地公园，同时列入“吉林省湿地恢复与合理利用研究基地”，获2015年吉林省科技进步奖一等奖1项。

2015年，东北地理所“苏打盐碱地大规模以稻治碱改土增粮关键技术创新及应用”项目获国家科技进步奖二等奖1项；获省部级奖励11项，其中“大豆根系活动与土壤相互作用的生态学机制”等6项成果获得省级一等奖；获得其他奖励7项。在SCI、EI期刊发表论文近300篇，其中SCI论文220篇，在PNAS上发表论文1篇；出版专著2部；受理专利69项，其中发明专利69项，授权专利47项，其中发明专利47项。获得省级植物新品种审定4项，软件著作权登记23项；地方标准3项，企业标准4项。

2015年，农作物高光效栽培技术、耐盐碱综合治理技术及高产水稻新品种‘东稻4号’、退化盐碱湿地恢复与合理利用关键技术推广面积稳步扩大；其中，退化盐碱湿地恢复与合理利用关键技术在大安市牛心套保，建立了5万亩示范区，年产值610多万元，累计经济效益6100万元。该技术在吉林省镇赉县、黑龙江省杜蒙县和富锦市、三江国家自然保护区、新疆科克苏湿地等应用，累计推广1040万亩，创经济效益13.31亿元。苏打盐碱地以稻治碱改土增粮关键技术先后在吉林、黑龙江、内蒙古、陕西、河北、新疆、宁夏等省累计推广8647万亩，占其适应区80%以上，累计新增稻谷40.4亿公斤，新增经济效益104.0亿元。长春中科东地农业机械装备有限公司自主研发的2BMZF-2Q型两行免耕播种机2BMZF-2Q型两行免耕播种机通过吉林省农机鉴定部门的推广鉴定，正式进入吉林的农机销售市场；依托“九所联盟”玉米育种联合测试平台成立了中科玉生物技术有限公司-科企联合体。

2015年，东北地理所组织重大国内、国际学术会议5次，分别为东北区域灰霾与地区发展学术研讨会、变化环境下湿地演变机制与适应策略研讨会暨中国生态学学会湿地生态专业委员会2015年年会、第五届中国湖泊论坛、2015年全国植物生物学大会及东北亚资源、环境与区域可持续发展国际会议；组织学术讲座活动23次，接待来所交流访问32次；共出访59人次，接待来访外国专家85人。

东北地理所是中国科学院湿地研究中心、吉林省地理学会、吉林省遥感学会、吉林省环境科学学会环境地学专业委员会、中国生态学会湿地生态专业委员会的挂靠单位。东北地理所主办的学术刊物中《地理科学》、*Chinese Geographical Science*、《湿地科学》均为中国科学引文数据库（CSCD）核心期刊，其中*Chinese Geographical Science*被SCI-E收录。

（撰稿：张文广　殷丽娅　审稿：苏　阳）

上海微系统与信息技术研究所

所　　长：王　曦
地　　址：上海市长宁路865号
邮政编码：200050
电　　话：021-62511070
传　　真：021-62524192
电子信箱：simit@mail.sin.ac.cn
网　　址：http://www.sim.cas.cn

中国科学院上海微系统与信息技术研究所（以下简称“上海微系统所”）原名中国科学院上海冶金研究所，前身是成立于1928年的国立中央研究院工程研究所，是我国最早的工学研究机构之一，新中国成立后隶属中国科学院。2001年8月更为现名。

上海微系统所按照“面向世界科技前沿、面向国家重大需求、面向国民经济主战场”的新时期办院方针，发挥上海微系统所在电子科学与技术、信息与通信工程两大学科的优势，解决宽带无线通信、智能感知微系统、超导量子器件与电路、高端硅基材料等领域的一些重大关键科学和技术难题，实现创新跨越并推广应用，成为信息网络/通信（ICT）领域不可替代、“四个一流”的国立研究机构。确定了三个重大突破分别为智能感知微系统、超导量子器件与电路、高端硅基材料及应用；五个重点培育分别为特种宽带无线通信技术与装备、微纳传感技术与器件、相变存储器及其应用、太赫兹固态技术、类脑芯片与仿生视觉。

上海微系统所现有传感技术联合国家重点实验室/微系统技术重点实验室、信息功能材料国家重点实验室，中国科学院太赫兹固态技术重点实验室、中国科学院无线传感网与通信重点实验室、无线传感网事业部、中国科学院超导电子学卓越创新中心（筹）、中国科学院仿生智能微系统实验室（筹），设有传感技术、信息功能材料、太赫兹固态技术、无线传感网、宽带无线、新能源、超导和仿生8个研究室，在上海、南京、杭州、嘉兴、南通与地方共建了6个分支机构，与中国科技大学共同成立超导量子器件与量子信息联合实验室，与德国于利希研究中心共建超导与生物电子学联合实验室等。

截至2015年底，上海微系统所现有职工635人，其中一线科技和管理人员552人，中国科学院院士2人、美国国家科学院外籍院士1人，研究员及正高级工程技术人员86人。共有“千人计划”入选者7人，“青年千人计划”入选者2人，杰青基金获得者4人，上海市科技领军人才10人。

上海微系统所是国务院学位委员会批准的首批博士、硕士学位授予单位之一，设有电子科学与技术、信息与通信工程两个专业一级学科博士/硕士研究生培养点和材料物理化学专业二级学科博士/硕士研究生培养点，设有电子科学与技术、材料科学与工程2个专业一级学科博士后流动站，微电子学与固体电子学专业被列入中国科学院重点学科。现有在读研究生人（其中硕士生238人、博士生207人），在站博士后39人。

2015年，上海微系统所共有在研项目/课题397项（包括新增项目/课题99项）。其中，主持国家重大科技专项课题6项、参加课题15项（新增1项）；主持973计划项目4项；主持（或承担）国家自然科学基金重点项目5项、面上项目30项（新增8项）、重点项目5项；主持（或承担）中国科学院战略性先导科技专项课题19项，主持（或承担）院重点部署项目5项，主持（或承担）重大仪器研制项目（科技部、国家自然科学基金委、财政部和院）7项，承担重点国际合作项目2项（新增1项），承担国家科技支撑计划项目1项，承担上海张江高科技园区科技创新专项3项。

2015年，上海微系统所“宽带无线传感网”和“MEMS微纳传感器”获评中国科学院“十二五”优秀重大突破项目，在信息网络领域研究所排名第一；特种宽带无线传感网大规模服务于国家战略，实现了“科研、装备并举”；整合第四研究室、第五研究室和上海无线通信中心力量，成立无线传感网事业部，保障军民两用产品的发展；高性能MEMS振动传感器产品性能达到国际先进水平，新的12万g加速度传感器授权并捆绑10年生产，打破国际禁运，是我国唯一应用于该领域的惯性MEMS器件；嵌入式PCRAM芯片在国际上得到首次应用，攻克了我国130纳米、110纳米和40纳米PCRAM量产工艺，是继英特尔、三星之后实现PCRAM芯片量产的第三家单位；发展特种SOI“一条龙”技术，研制成功SOI晶圆材料，为我国航天核心元器件的自主可控奠定坚实基础。

2015年，依托于上海微系统所的中国科学院超导电子学卓越创新中心获中国科学院批准成立，形成了“材料、器件和应用”的一体化创新链；自主研发的高性能超导纳米线单光子探测（SNSPD）器件从近红外波段扩展至可见光波段，532纳米、850纳米、940纳米、1064纳米和1550纳米最高探测效率均达到70%以上，达到国际领先水平。张晓林研究员入选中国科学院脑科学与智能技术卓越创新中心核心骨干。“仿生双目智能机器人”项目获第17届工博会创新奖。2015年，上海微系统所申请授权专利和发表论文数量持续增长，全所申请专利220项，获得专利授权186项；发表论文502篇，其中被SCI收录199篇、EI收录185篇。

以中国科学院上海微系统与信息技术研究所为基础，由上海新微技术研发中心有限公司运营的上海微技术工业研究院自成立以来面向物联网时代的“超越摩尔”（More than Moore）产品，顺应技术趋势，紧跟国家战略，发挥区域优势，全力建设先进8英寸“超越摩尔”研发中试线，对标比利时IMEC等国际领先研发机构，突破一系列产品技术，培育孵化出多家高技术企业，打造具有中国特色的产学研创新模式，成为上海建设具有全球影响力科创中心的一支主力军，被列为“十二五”期间具有引领性和示范性的重大改革“亮点”工作之一。

2015年，上海微系统所主办了中日智慧城市论坛、德国于利希研究中心第六届合作研讨会、国际THz技术及应用研讨会等国际会议。与德国于利希研究中心的合作进一步深化，签署共建“中德功能材料和电子学虚拟联合研究所”协议，通过学者互访、学生交流和共享研究设施等方式，共同推动双方在能源、健康等多领域的交流合作。

（撰稿：张　帆　肖宏广　审核：王　曦）

上海技术物理研究所

所　　长：陆　卫
地　　址：上海市虹口区玉田路 500 号
邮政编码：200083
电　　话：021-25051000
传　　真：021-63248028
电子信箱：sitp@mail. sitp. ac. cn
网　　址：http://www. sitp. ac. cn

中国科学院上海技术物理研究所（以下简称“上海技物所”）始建于 1958 年 10 月，由中国科学院上海分院与复旦大学联合创办，1961 年独立建制。建所初期以半导体研究为主要领域和学科方向，20 世纪 60 年代研究发展方向调整为红外技术，上海技物所成为我国第一个红外技术与物理研究领域的专业研究所。

上海技物所在红外、光电遥感探测技术领域聚焦国家重大需求，坚持为国家重大科技战略做出重大突破性贡献，以“国家任务高于一切”作为共同价值观，逐步发展成为我国红外、光电技术领域的骨干单位和主要研发单位。先后为风云系列气象卫星、载人航天工程、探月工程、海洋卫星、环境卫星、多种试验卫星等研制了红外、光电应用系统有效载荷和航天单机，取得了较好的应用效果和效益，是本领域学科门类齐全，研究实力雄厚的国际知名、国内著名优秀研究所。

上海技物所以红外光电技术研究为定位，围绕“红外、光电探测系统技术，红外焦平面和红外、光电系统核心元部件，红外基础物理理论与应用基础研究”三大领域，设有相应研究部门 14 个，建有红外物理国家重点实验室、传感器国家重点实验室（光传感器专业点）、中国科学院红外成像材料与器件重点实验室、中国科学院红外探测与成像技术重点实验室、中国科学院空间主动光电技术重点实验室以及省部共建现场物证光学探测技术联合实验室，同时由光电工程制造中心、信息中心、精密机械加工工厂、条件保障中心、干涉仪研发平台、软件中心等组成支撑保障体系。上海技物所建有工程管理和质量管理体系，依托相关研究室和平台，在承担重大有关研制工作中形成了“以航天航空遥感探测与成像仪器、装备等红外光电系统技术研究为代表，集元器件、制冷、光学薄膜等光电特种探测器及材料和光学机械加工等核心支撑技术研究，红外物理等基础性前沿前瞻研究和高技术产业为一体”，较为完整的研发技术链和价值发展链，具备了服务国家需求、持续创造价值的发展能力。上海技物所还积极拓展先进医疗、量子通信等新兴交叉学科领域。

截至 2015 年底，上海技物所共有在岗职工 859 人。其中专业技术人员 767 人，包括中国科学院院士 6 人、中国工程院院士 2 人、国际欧亚科学院院士 1 人（兼）；研究员及正高级工程技术人员 151 人、副研究员及高级工程师 188 人。新增国家级专家 3 人次，省部级以上人才计划，荣誉与奖励 42 人次。

上海技物所是国务院学位委员会批准的首批博士、硕士学位授予单位之一，目前共有 3 个学科招收博士，9 个学科招收硕士生，博士生导师 89 名，硕士导师 117 名，2015 年在学研究生人数 365 人，毕业研究生 72 人，招收博士 33 人，硕士 73 人。建有电子科学与技术博士后流动站，在站博士后 14 人。

截至 2015 年底，上海技物所共有在研科研项目 288 项（工程类 66 项，基础预研类 222 项）。年内，完成结题验收 44 项，申请专利 275 项，获专利授权 164 项。发表科技论文 268 篇（SCI 论文 80 篇），软件著作权登记 2 项。

2015 年，上海技物所获国家科技进步奖特等奖 1 项（空间维数技术科学实验）、国家科技进步奖二等奖 1 项（推扫成像型碲镉汞红外焦平面组件关键技术及其航天应用）、中国科学院杰出科技成就奖 1 项（空间激光主动探测技术）。在中国科学院组织的院属单位“十二五”领域验收评估中，上海技物所 1 项成果入选中国科学院“十二五”重大标志性进展，2 项成果被评为院优秀，获评“在航天航空红外光电遥感探测技术领域等方面国内不可替代的地位”。2015 年，上海技物所参加了暗物质粒子探测卫星

"悟空"、新一代"北斗导航"卫星、"遥感二十七号"卫星、"遥感二十九号"卫星等4次卫星型号发射任务，7台（套）姿轨控单机在卫星入轨定位中持续发挥关键作用，实现100%成功和零质量问题的工作目标。

2015年，上海技物所红外物理国家重点实验室在6次获评科技部A类实验室基础上，面向前沿，围绕应用背景部署前瞻创新研究。在新型二维材料在光电探测领域的应用研究中取得重大进展，有关成果发表在*Advanced Materials*上，影响因子17.49。新方法为推进二维材料在光电子器件及电子器件等领域应用提供了新思路。在高性能太赫兹探测方面取得重要进展，采用窄禁带半导体成功实现了0.3—3.0太赫兹的宽波段、高灵敏度、低噪声等效功率和快速响应的太赫兹探测器件，证明了通过光子的波动性产生新型光电效应规律实现高灵敏度太赫兹探测的可行性，为太赫兹探测技术的突破提供了重要技术途径，相关研究结果发表在*Advanced Materials*上。3个院级重点实验室开展面向未来的关键技术研发，开展红外光电探测器、主被动探测与成像等领域的应用技术与基础研究，运行良好。中国科学院红外成像材料与器件重点实验室评估为优秀，中国科学院主动光电技术重点实验室评估良好。年内，大直径碲锌镉单晶生长与大面积衬底制备技术获突破。创新性地解决了大直径石英坩埚封管、大直径材料合成、大直径单晶生长等多项大直径关键技术，实现碲锌镉单晶生长尺寸从直径50毫米提升至120毫米，衬底尺寸从20毫米×30毫米增大到60毫米×60毫米，衬底尺寸、衬底质量与法国、美国水平基本相同。通过创新研究建立了完全自主的激光主动探测技术体系，突破了空间激光光源技术、激光极限信号探测技术、激光光束控制技术、激光空间应用工程化技术等关键技术，实现了国产激光载荷在空间应用上零的突破，所研制载荷产品达到国际先进水平，部分技术指标达到国际领先水平，推动了激光主动探测技术在对地观测、深空探测、量子保密通信、空间目标监测等方向的应用。自主研制成功我国首台红外高光谱成像仪工程样机，综合性能指标处于国际一流水平，具备了开展稳定业务运行的能力。基于该相机所突破的关键技术，将为资源能源调查、矿山开发监测、土地质量管护评价等提供有效手段，能实现对生态环境、城市规划、重大工程和环境事故等进行精细监测。该台高光谱成像仪的研制成功，将有力推动我国高光谱成像技术的发展，产生显著经济和社会效益。

2015年，中国科学院领导和上海市委、市政府领导多次调研上海技物所，明确指示上海技物所要主动担负起国家空天红外技术跨入强国的使命。按照中国科学院研究所分类改革的要求，结合上海市建设具有全球影响力科创中心的战略部署，上海技物所积极向中国科学院提出建设红外技术创新研究院的报告，提出争取以中国科学院创新研究院的模式实施机制体制改革。上海技物所以嘉定园区投入实质运行为切入点，把转方式调结构放在重要位置，带动全局改革，策划两个园区的合力布局，着重按专业化工程制造要求推进红外焦平面研制工程中心和整机总装总调平台建设，力争在红外光电科技领域，突破重大关键核心技术，提出系统解决方案，培养本领域具有国际影响力的专家、国内公认的领军人才。2015年底，上海技物所嘉定园区已完成红外焦平面工艺大楼、光电系统装调大楼和综合实验楼等建设工程，建筑面积约39 000平方米，相关工艺生产设备陆续实施搬迁调试，新园区规模初显，进入试运行状态。另一方面，上海技物所积极对接上海市，主动参与科创中心综合性国家科学中心建设，通过平台建设加强学科深入发展。着力推动量子科学对技术的贡献，提出建立光电技术基础研究"梦平台"设想。

2015年，上海技物所五个院地合作平台成果显著。常州光电技术研究所实现"结温检测技术"成果转化，公司进入实质性营运；共建的"国家半导体照明产品质量监督检验中心"通过总体预验收，累计落实产业化科技项目40余项，实现年度经费收入750万元；无锡物联网中心与上海普天、申腾等国企签署战略合作协议，研发队伍逐步壮大；嘉兴光电工程中心研制国内领先的3D照相馆在工博会上反响强烈；太仓先进技术研究中心孵化2家科技型企业，建成小型光电系统研发实验室，并积极推广区域PACS医疗信息技术。

（撰稿：任　远　审稿：龚海梅）

上海光学精密机械研究所

所　　长：李儒新
地　　址：上海市嘉定区清河路 390 号
邮政编码：201800
电　　话：021-69918000
传　　真：021-69918800
电子信箱：siom@mail.shcnc.ac.cn
网　　址：http://www.siom.cas.cn

中国科学院上海光学精密机械研究所（以下简称“上海光机所”）成立于 1964 年 5 月，其前身是 1964 年由中国科学院长春光学精密机械与物理研究所、中国科学院电子学研究所相关科研人员联合上海市轻工业局长江光学仪器厂、上海市仪表局竞明仪器厂人电组成的中国科学院光学精密机械研究所上海分所。建所后，上海光机所几度易名。1970 年 10 月，定名为中国科学院上海光学精密机械研究所。

上海光机所是我国建立最早、规模最大的激光科学技术专业研究所。经过 50 年的发展，已形成以探索现代光学重大基础及应用基础前沿、发展大型激光工程技术并开拓激光与光电子高技术应用为重点的综合性研究所。上海光机所重点学科领域为强激光技术、强场物理与强光光学、空间激光与时频技术、信息光学、量子光学、激光与光电子器件、光学材料等。

上海光机所发展定位是：以满足国家需求、先进制造与未来能源战略需求为着力点，夯实强激光科学技术、信息光学科学技术、光学与激光材料科学技术等三大优势学科基础，挑战国际激光科学、技术与工程前沿，实现从“相对单纯的激光技术研发”向“为国家重大需求提供系统性解决方案”的创新转变，在先进激光技术与重大工程应用、新型光场的创立及其前沿应用开拓等领域发挥骨干和引领作用。

2015 年，上海光机所通过两委会、所长室主任联席会议、专题研讨会等形式，多层次研讨凝练本所“十三五”规划。同时，上海光机所还积极参与各部委、中国科学院机关、上海市等渠道的“十三五”规划编制，形成了上海光机所“率先行动”计划思路及实施方案、《上海光机所“十三五”发展规划纲要》等，为“十三五”期间的改革发展与科技创新奠定了坚实基础。

上海光机所现设 8 个实验室，分别为强场激光物理国家重点实验室、中国科学院量子光学重点实验室、高功率激光物理联合实验室、空间激光信息技术研究中心、中国科学院强激光材料重点实验室、信息光学与光电技术实验室、高密度光存储技术实验室、高功率激光单元技术研发中心。上海光机所建成了国内仅有、国际为数不多的“神光”系列高功率大型激光装置、超短超强激光系统、激光原子冷却装置、空间全固态激光器研制平台等，并具有各种新型、高性能激光器件、激光与光电子功能材料研制平台，并达到国际先进水平。

截至 2015 年底，上海光机所共有在职职工 890 人。其中科技人员 747 人、科技支撑人员 287 人，包括中国科学院院士 6 人、中国工程院院士 1 人、发展中国家科学院院士 2 人、研究员及正高级工程技术人员 94 人、副研究员及高级工程技术人员 217 人。共有“千人计划”入选者 1 人，“青年千人计划”入选者 3 人（新增 1 人），“万人计划”入选者 1 人，“中青年科技创新领军人才”3 人（新增 2 人），杰青基金获得者 5 人；中国科学院“百人计划”入选者 25 人（新增 4 人）。

上海光机所是 1981 年国务院学位委员会批准的博士、硕士学位授予权单位之一，现设有物理学、光学工程、材料科学与工程 3 个专业一级学科博士研究生培养点，物理学、光学工程、材料科学与工程、科学技术史 4 个一级学科硕士研究生培养点，并设有物理学、光学工程、材料科学与工程 3 个专业一级学科博士后流动站。共有在学研究生 496 人（其中硕士生 243 人、博士生 253 人）、在站博士后 13 人。

2015 年，上海光机所共有在研项目 486 项（包括新增项目 154 项）。其中承担国家重大科技专项课题 68 项（新增 16 项），主持（或承担）973 计划和国家重大科学研究计划项目2 项、承担（或参加）课题 16 项，主持（或承担）

863 计划项目 58 项（新增 26 项），主持（或承担）科技部支撑计划课题 1 项，主持（或承担）科技部国际合作项目 3 项，主持（或承担）国家自然科学基金重点项目 4 项、面上项目 51 项（新增 13 项）、杰青基金项目 2 项（新增 1 项）、国家自然科学基金重大研究计划重点项目 3 项（新增 1 项）、国家基金创新群体 1 项；主持（或承担）院重点部署项目 5 项，承担院重点国际合作项目 2 项；主持国家自然科学基金委重大仪器研制项目 1 项，参加国家自然科学基金委重大仪器研制项目 3，参加科技部重大仪器研制项目 5 项，承担院仪器研制项目 5 项（新增 3 项）；承担上海市科研项目 39 项（新增 10 项）。

2015 年，上海光机所扎实推进“一三五”发展目标，取得创新突破。在突破一聚变点火级激光驱动器关键技术与系统方面，基本完成神光驱动器升级装置研制；承担的以色列国际合作项目在以色列 SOREQ 原子能研究中心启动现场安装调试，激光输出的稳定性指标达到国际先进水平，获以方高度评价；圆满完成神光Ⅲ主机钕玻璃供货任务；全面开展关键单元技术提升与中试集成验证工作。在突破二空间激光及时频信息技术重大应用方面，完成空间冷原子钟、量子星相干激光通信两个分系统正样产品的研制；共完成 21 台（套）航空航天型号研制任务。在突破三极端强场超快科学重要前沿与应用开拓方面研制成功迄今国际最高峰值功率的激光放大系统——5 拍瓦超强超短激光放大系统，为研制 10 拍瓦超强超短激光装置奠定了重要技术基础。相关研究成果作为亮点文章发表于国际光学领域著名期刊 *Optics Letters*，并入选“中国十大科技进展新闻”20 条候选条目。

2015 年，上海光机所“基于稀土纳米上转发光技术的即时检验系统创建及多领域应用”项目荣获 2015 年度国家技术发明奖二等奖（第二完成单位）。全所共申请专利 216 项（发明专利 205 项、国际专利 6 项），获授权专利 148 项（发明专利 128 项、国防专利 5 项、国外专利 5 项）。全所共发表论文 645 篇，其中被 SCI 收录 409 篇，期刊影响因子大于 2 的 187 篇。

2015 年，上海光机所完成南京研究院筹建任务，截至 2015 年底，南京研究院孵化及引进企业总计 23 家，年产值超过 2 亿元；在上海市启动筹建“先进激光应用科创中心”，该中心将以推动传统产业的转型升级和战略性新兴产业的培育为目标，持续产出具有国际先进、国内一流的研发成果，并直接快速地转化为生产力。

2015 年，上海光机所在科技部“国际科技合作基地”评估中获评优秀；2015 年 7 月，中国科学院院长白春礼访问以色列项目合作单位；与爱尔兰、日本、以色列、韩国等的国际科技合作项目进展顺利；相继主办和承办第四届“环太激光损伤-高功率激光光学材料”专题研讨会、美国光学学会专题会议“数字全息与三维成像”会议、第二十四届激光物理国际研讨会；以色列人文科学院院长、诺贝尔奖获得者 Ruth Arnon 率领的代表团，欧洲 ELI 计划核物理中心（ELI-NP）学术委员会主任 Sydney Gales 率领的代表团等重要代表团来上海光机所进行学术交流或合作谈判。

上海光机所是中国光学学会激光专业委员会、中国光学学会光学材料专业委员会、中国硅酸盐协会特种玻璃分会等相关专业学会有的挂靠单位。上海光机所主办有《中国激光》、《光学学报》、《激光与光电子学进展》、*Chinese Optics Letters*（*COL*）、*Photonics Research*（*PR*）、*High Power Laser Science and Engineering*（*HPL*）6 本光学学术期刊。

（撰稿：沈　力　审稿：屈　炜）

上海硅酸盐研究所

名誉所长：严东生
所　　长：宋力昕
地　　址：上海市定西路 1295 号
邮政编码：200050
电　　话：021-52412990
传　　真：021-52413903
电子信箱：siccas@mail. sic. ac. cn
网　　址：http://www. sic. ac. cn

中国科学院上海硅酸盐研究所（简称“上

海硅酸盐所”）前身为1928年成立的国立中央研究院工程研究所窑业组。1959年1月12日从中国科学院冶金陶瓷研究所分出独立建所。1984年改为现名。

上海硅酸盐所是以基础性研究为先导，以高技术创新和应用研究为主体的无机非金属材料综合性研究机构，学科方向是先进无机材料科学与工程，主要研究领域涵盖高性能结构陶瓷、功能陶瓷、透明陶瓷、陶瓷基复合材料、人工晶体、无机涂层、能源材料、生物材料、古陶瓷及先进无机材料性能检测与表征等，是国内该领域科学研究单位中门类最为齐全的研究所。

上海硅酸盐所设有高性能陶瓷和超微结构国家重点实验室、中国科学院特种无机涂层重点实验室（特种无机涂层研究中心）、中国科学院透明光功能无机材料重点实验室（透明陶瓷研究中心、人工晶体研究中心）、中国科学院能量转换材料重点实验室（上海无机能源材料与电源工程技术研究中心）、中国科学院无机功能材料与器件重点实验室、结构陶瓷与复合材料工程研究中心（复合材料研究中心）、生物材料与组织工程研究中心、古陶瓷科学研究国家文物局重点科研基地（古陶瓷与工业陶瓷研究中心）等科研部门；还设有通过国家认证的无机材料分析测试中心、以中试生产为主要任务的中试基地以及信息情报中心等技术支撑部门。中国空间科学学会空间材料专业委员会、上海硅酸盐学会、上海硅酸盐工业协会和上海古陶瓷科学技术研究会挂靠在上海硅酸盐所。

截至2015年底，上海硅酸盐所共有在职职工691人。其中，科技人员564人、科技支撑人员127人，包括中国科学院院士2人、中国工程院院士3人（1人为两院院士）、发展中国家科学院院士4人、研究员及正高级工程技术人员106人、副研究员及高级工程技术人员179人。共有“千人计划”入选者1人，“青年千人计划”入选者1人，中组部直接联系专家6人，杰青基金获得者5人，“百千万人才”工程领军人才1人，“百千万人才”入选者3人，973首席专家1人，863主题专家1人；中国科学院“百人计划”入选者26人；上海市“千人计划”5人、上海市领军人才5人。

上海硅酸盐所是国内首批国务院学位委员会批准的博士、硕士学位授予权单位之一，现设有材料科学与工程、化学2个一级学科研究生培养点；材料物理与化学、材料学和物理化学（含化学物理）3个二级学科博士和硕士招生专业；无机化学、分析化学2个二级学科硕士招生专业；材料工程、化学工程、生物工程3个二级学科专业学位硕士招生专业，并设有材料科学与工程学科博士后流动站。共有在读研究生473人（其中硕士生273人、博士生200人），在站博士后17人。

2015年，上海硅酸盐所共有在研项目485项（新增项目169项），其中，主持（或承担）973计划和重大科学研究计划9项（新增3项），主持（或承担）863计划5项（新增2项），主持（或承担）国家自然科学基金重点项目8项（新增1项）、面上项目62项（新增18项），杰青基金项目2项（新增1项）、国家自然科学基金重大研究计划重点项目3项；主持（或承担）中国科学院战略性先导科技专项课题2项，主持（或承担）院重点部署项目13项（新增2项）、重大仪器研制项目（科技部、国家自然科学基金委、财政部和院）5项（新增1项）；承担重点国际合作项目6项（新增1项）；承担院地合作项目6项（新增3项）。

2015年，上海硅酸盐所科研工作紧密围绕“率先行动”计划和“一三五”规划落实，确定了特色研究所的定位，优化科技布局，扎实推进体制机制改革，创新科研活动组织模式，以重大产出为导向调整资源配置，将战略规划落实到学科建设、园区布局、机构调整、人才建设、项目管理、平台建设等各个环节中，三个重大突破顺利完成，科技成果产出实现新的突破。

2015年，上海硅酸盐所共取得各类科技成果20项，其中“高性能电子陶瓷与器件及其应用团队”获中国科学院科技促进发展奖科技贡献奖一等奖。共申请专利265件，其中发明专利244件，实用新型专利21件，获得批准专利161件，其中发明专利132件。共发表SCI收录论文621篇，EI收录论文663篇，影响因子大于3的论文214篇。根据中国科学技术信息研究所公布的《中国科技论文统计结果（2015）》，2005—2014年，上海硅酸盐所国际论文累计被引用篇数为3501篇，被引用次数为62 499次，排名居全国科研机构第7位。

上海硅酸盐所拥有投资公司10家，分别为上海硅酸盐研究所中试基地、上海西卡思新技术总公司、浙江中科广晟稀土精细陶瓷研发有限公司、宁波韵升光通信技术有限公司、上海纳米技术及应用国家工程研究中心有限公司、上海奇创光电科技有限公司、苏州创元新材料科技有限公司、上海电气钠硫储能技术有限公司、佛山金智节能膜有限公司和上海中科易成新材料技术有限公司，产品主要为各类晶体、陶瓷、膜、复合材料与器件等。从事科技开发的人员有258人，2015年公司总产值为1亿。

2015年，上海硅酸盐所科研人员赴国外参加国际会议、项目合作、技术培训、博士生联合培养等共计188人次；接待来所访问、学术交流、国外学生来所培养、洽谈项目合作等外国专家、学者和代表团140余人次；举办和承办了古陶瓷科学技术国际研讨会、中韩铁电材料研讨会、电子陶瓷材料及应用国际论坛等3次国际会议，执行了5项政府间和院级重要合作项目；与意大利国家核物理研究院、俄罗斯科学院电物理研究所、意大利米兰比可卡大学、日本富山县立大学等签署合作协议5项。

上海硅酸盐所主办有《无机材料学报》，该刊被SCI-E、EI、CA、CSTPCD、CSCD、中国核心期刊数据库、中国学术期刊文摘、中国科技期刊精品数据库、中文科技期刊数据库、中国学术期刊综合评价数据库CAJCED，CJFD等所收录。2015年，《无机材料学报》入选“2015年全国百强科技期刊”和“中国最具国际影响力学术期刊”。此外，上海硅酸盐所与自然出版集团联合创刊合作出版 *npj Computational Materials*（《npj-计算材料学》）。2015年11月25日，首期 *npj Computational Materials* 正式上线出版，目前已发表学术论文7篇。

（撰稿：彭　芳　毛朝梁　审稿：杨建华）

上海有机化学研究所

所　　长：丁奎岭
地　　址：上海市徐汇区零陵路345号
邮　　编：200032
电　　话：021-54925000
传　　真：021-64166128
电子信箱：sioc@mail. sioc. ac. cn
网　　址：http://www. sioc. ac. cn

中国科学院上海有机化学研究所（以下简称“上海有机所”）于1950年5月在前中央研究院化学研究所（建于1928年）、前北平研究院化学研究所与药物研究所的基础上成立，名为中国科学院有机化学研究所。1970年，经中国科学院和上海市革委会批准改为现名。

上海有机所立足基础交叉前沿领域，坚持重大科学问题和国家重大需求导向，发挥有机合成化学的创造性，加强与生命科学、材料科学的交叉与融合，致力于推动我国化学转化方法学、化学生物学、有机新材料创制科学等重点学科领域的发展，在有机化学基础研究、新医药农药和高性能有机材料创制方面实现新的突破，引领有机化学学科前沿的发展，满足国家战略需求，服务国民经济主战场，将上海有机所建设成为国际一流的有机化学研究中心。

上海有机所现有2个国家重点实验室，分别为生命有机化学国家重点实验室、金属有机化学国家重点实验室；3个院重点实验室，分别为中国科学院有机氟化学重点实验室、中国科学院天然产物有机合成化学重点实验室、中国科学院有机功能分子合成与组装化学重点实验室；4个所级实验室，分别为物理有机化学研究室、计算机化学与化学信息学研究室、分析化学研究室和先进推进剂关键材料重点实验室（2015年新成立）。此外，上海有机所还有同国内外大学、企业联合共建的沪港化学合成联合实验室和SIOC-CAS联合文献中心等10多个联合研究中心。

截至2015年底，上海有机所共有在职职工810人。其中科技人员650人，科技支撑人员106人，包括中国科学院院士9人、研究员及正高级工程技术人员85人、副研究员及高级工程技术人员172人。共有“千人计划”入选者18人（2015年新增5人），其中“顶尖千人计划”入选者1人，“短期千人计划”1人，“青年千人计划”16人（新增5人），杰青基金获得者22人；中国科学院“百人计划”32人。

上海有机所是1981年国务院学位委员会批准的首批博士、硕士学位授予单位之一，1998年被批准为化学一级学科博士学位授权单位。现化学一级学科下设有机化学、分析化学、高分子化学与物理、化学生物学4个二级学科研究生培养点；1个细胞生物学二级学科博士培养点；化学工程、材料工程、生物工程3个专业硕士领域培养点，并设有1个化学专业一级学科博士后流动站。共有在学研究生458人（其中硕士生275人、博士生183人），在站博士后22人。

2015年，上海有机所共有在研项目412项（包括新增项目143项）。其中，承担国家重大科技专项课题4项，主持（或承担）973计划和国家重大科学研究计划项目13项（新增2项）、承担（或参加）课题24项（新增6项），主持（或承担）863计划项目5项（新增1项）；主持（或承担）国家自然科学基金重点项目13项（新增6项）、面上项目98项（新增33项）、杰青基金项目4项（新增1项）、国家自然科学基金重大研究计划重点项目1项；主持（或承担）中国科学院战略性先导科技专项课题6项，主持（或承担）院重点部署项目7项（新增1项）；承担院地合作项目4项。

2015年，上海有机所圆满完成了中国科学院组织的院属单位“十二五”领域任务验收，一项重点培育“导向绿色合成的新一代催化转化”获评院优秀，化学生物学等4个研究领域获国际诊断评估优秀领域方向奖励。超高分子量聚乙烯的催化剂技术、大品种抗生素菌种的基因改造技术和绿色新农药创制三个重大突破，继续朝着既定方向顺利推进。同时，上海有机所积极谋划研究所“十三五”规划和“分子合成化学卓越创新中心”的筹建，从构建三位一体高效科研体系、人才队伍建设及资源配置和评价体系等方面，统筹布局，为研究所未来的改革发展未雨绸缪。

2015年，上海有机所围绕“一三五”战略重点开展工作，取得系列重要进展：“高性能聚烯烃材料制备的关键科学、技术与应用”方面，新型聚烯烃催化剂模式装置顺利运行，批量生产的聚烯烃催化剂成功应用于千吨级的生产装置，并完成万吨级间歇式淤浆聚合工程建设；“化学理念指导的抗生素生产菌种遗传改造关键技术研究与应用”方面，阿维菌素某单一活性组分制备的重组菌株与升华拜克合作，顺利完成阿维菌素单一组分作为农用杀虫抗生素药物的申报，有望获得我国农用抗生素的新品种。“绿色农药创制关键技术研究与应用”方面，新型油菜田除草剂品种丙酯草醚和异丙酯草醚原药及其10%乳油制剂获得了农业部颁发的农药正式登记证书，成为我国为数不多的具有自主知识产权的农药创新品种，完成推广面积累计4200万亩。在满足国家战略需求的先进材料研制和生产方面，多个产品成功应用于重点型号。在基础研究方面，在合成生物学领域于*Nature*主刊上发表文章，揭示了小分子硫醇在林可霉素生物合成途径中所扮演的建设性角色。在*Nature*杂志发布的2015全球自然指数*Nature Index*中，上海有机所连续三年位列中国科学院所属研究所第二名，继续保持在相关研究领域的引领地位。

2015年，上海有机所共发表论文688篇，影响因子≥10的论文有65篇，其中在*Nature*发表1篇，在*Angew. Chem. Int. Ed.*发表37篇（其中第一单位34篇），在*J. Am. Chem. Soc.*发表22篇（其中第一单位21篇）和在*Nat. Comu.*发表3篇（其中第一单位3篇）；出版著作和章节合计6项；共申请发明专利83项，授权专利52项，软件著作权登记5项。目前，上海有机所维持有效的发明专利261项，软件著作权累计52项。

2015年，上海有机所学术交流持续活跃，保持多年来的良好态势，来访近250人次，并成功主办第5届上海–香港–明斯特金属有机化学研讨会、NSFC-RSC学术研讨会和第16届四面体亚洲研讨会，参会人员累计1100余人次，其中参会外宾170余人次。参加国际会议、进行合作研究、考察访问等出访118人次。

受中国化学会委托，上海有机所负责编辑出版《化学学报》、《中国化学》和《有机化学》。

（撰稿：黄智静　蔡正骏　审稿：丁奎岭　胡金波）

上海应用物理研究所

所　　长：赵振堂
地　　址：上海市嘉定区嘉罗公路 2019 号（嘉定园区）
上海市浦东新区张衡路 239 号（张江园区）
邮政编码：201800（嘉定园区）
201204（张江园区）
电　　话：021-59553998；021-33933998
传　　真：021-59553021；021-33933021
电子信箱：sinap00@sinap. ac. cn
网　　址：http://www. sinap. cas. cn

中国科学院上海应用物理研究所（以下简称“上海应物所”）成立于 1959 年，原名中国科学院上海原子核研究所，2003 年 6 月经国家批准改为现名。

上海应物所是国立综合性核技术科学研究机构，在核科学技术领域从事面向世界科技前沿和国家战略需求的基础与应用研究，开展原始创新和集成创新，致力于钍基熔盐堆核能系统的研究发展，致力于同步辐射光源和自由电子激光的大科学装置研制、运行与利用，致力于核科技前沿交叉的研究与核技术应用，以期将研究所建成我国独具特色、不可替代和具有国际竞争力的研究机构。上海应物所是国家重大科学基础设施——上海光源（SSRF）的工程承建和运行单位，同时承担中国科学院战略性先导科技专项“未来先进核裂变能——钍基熔盐堆核能系统（TMSR）”、国家重大科技基础设施项目——X 射线自由电子激光试验装置工程，以及 973 计划项目、科技重大研究专项、基金委重大项目等国家重要科研任务。

上海应物所建有中国科学院微观界面物理与探测重点实验室、上海市低温超导高频腔技术重点实验室；拥有两大园区，分别坐落于上海市科技卫星城嘉定区和浦东张江高科技园区，占地面积共 700 余亩。

截至 2015 年底，上海应物所共有在职职工 1141 人。其中科技人员 998 人、科技支撑人员 340 人，包括中国科学院院士 1 人、研究员及正高级工程技术人员 124 人、副研究员及高级工程技术人员 278 人。共有“千人计划”入选者 1 人，“青年千人计划”入选者2 人，杰青基金获得者 5 人，973 计划项目首席科学家 6 人；中国科学院“百人计划”入选者 25 人（新增 2 人）。

上海应物所是 1981 年国务院学位委员会批准的博士、硕士学位授予权单位之一，现设有物理学、核科学与技术 2 个专业一级学科博士研究生培养点及无机化学二级学科博士研究生培养点，粒子物理与原子核物理、光学、核技术及应用、核能科学与工程、无机化学、高分子化学与物理、生物物理学、信号与信息处理、电磁场与微波技术、光学工程 10 个专业二级学科硕士研究生培养点，以及核能与核技术工程、电子与通信工程、光学工程、生物工程 4 个专业学位硕士研究生培养点，并设有物理学、核科学与技术 2 个专业一级学科博士后流动站。共有在学研究生 420 人（其中硕士生 199 人、博士生 221 人），在站博士后 24 人。

2015 年，中国科学院上海应物所共有在研项目 271 项（包括新增项目 71 项）。其中，主持（或承担）973 计划和国家重大科学研究计划项目 3 项、承担（或参加）课题 14 项（新增 1 项），主持（或承担）国家自然科学基金重点项目 1 项、面上项目 60 项（新增 17 项）、杰青基金项目 1 项；主持（或承担）中国科学院战略性先导科技专项课题 28 项，主持（或承担）院重点部署项目 1 项、重大仪器研制项目（科技部、国家自然科学基金委、财政部和院）1 项；承担重点国际合作项目 1 项；“相对论重离子碰撞中的反物质探测和夸克物质的强子谱学与集体性质研究”和“多元、协同生物传感界面的设计、组装及生物分析应用研究”获上海市自然科学奖一等奖。

2015 年，上海应物所顺利通过中国科学院组织的院属单位“十二五”领域验收评估，“上海光源国家重大科学工程”、“突破钍基核能系统核心技术，建成原型系统”入选院“十二五”

重大科技成果及标志性进展。专家评审意见认为，上海应物所面向国家重大需求和国际科技前沿，定位在核科学的基础与应用研究，涉及先进钍基熔盐堆设计和关键技术研发、同步辐射光源和加速器试验平台建造和应用，定位准确、合理。同时认为，上海应物所在自由电子激光、先进钍基熔盐堆关键技术研发方向处于国际领跑，在同步辐射光源及其应用方向处于国际并行地位，是国际国内能源资源、基础交叉前沿、先进材料与制造等领域有重要影响力的研究机构。

2015 年，建立有效的现代科研院所治理结构，完善研究所管理体系和运行机制，上海大科学中心和先进核能创新研究院两大试点工作进展顺利，并积极融入上海科创中心建设，在促进国家科技进步和区域经济社会发展方面取得显著成效。

2015 年，上海光源迎来开放 6 周年，上海光源全年运行 7248 小时，向用户供光 4556.4 小时，用户供光期间开机率达到 98.3%，平均两次故障时间间隔（MTBF）79.9 小时，平均故障时间（MDT）1.38 小时，表征光源运行水平的两大指标均居世界领先水平。实验人员达 27 636 人次，共计 12 647 人。开放 6 年多来，上海光源用户的科学研究成果已发表论文 2500 余篇，其中 SCI 1 区的文章 500 余篇，包括 *Science*、*Nature*、*Cell* 等国际顶级刊物论文 49 篇。2015 年，上海光源在能源、材料和生物领域取得一批有世界影响力的重大成果，一项成果入选欧洲《物理世界》十大突破，一项成果入选美国物理学会标志性进展，一项成果入选中国科学十大进展，一项成果入选中国十大科技进展新闻。此外，还有多家企业利用上海光源进行技术开发，取得了良好的效果和显著的进展。上海光源的稳定高效运行开发，获中国科学院综合运行成果奖励。上海应物所除高效稳定运行、快速实施和推进上海光源二期等后续线站建设之外，被誉为第四代先进光源的 X 射线自由电子激光试验装置的建设进展顺利。上海光源作为核心主体，在依托重大科技设施集群优势，合力打造先进光子科学研究中心，建设具有国际影响力的科技创新基地方面，迈出了改革发展的新步伐。

2015 年，上海应物所钍基熔盐堆先导专项主要材料、关键部件和核心技术的研发取得重大进展，完成 10MW 固态燃料熔盐实验堆工程初步设计及Ⅱ类堆论证，并获国家核安全局批复；不断落实推进与国家能源局、上海市和战略合作企业的合作，成功开展了紧扣专项目标、以美国为主、卓有成效的国际合作，力争达到相关学科和技术的全面国际领先，成为国际上钍基熔盐堆核能领域的领跑者。

2015 年，上海应物所国际合作的深度和层次不断提高，实现了人员交流常态化、交流形式多元化、合作内容实质化。通过举办高水平国际会议，技术输出与设备出口，签订国际协议等，逐步提高上海应物所国际影响力。全年出访 367 人，来访 346 人。重点聚焦大科学装置与核能技术，与美、英、日、澳等国著名研究机构签署合作协议，保持长期、稳定、不断扩展和深化的合作关系。

上海应物所是上海市核学会、中国核学会辐射研究与辐射工艺学分会的挂靠单位。上海应物所主办《核技术》、《核科学与技术》（英文版）、《辐射研究与辐射工艺学报》等学术刊物。

（撰稿：蔡　雨　周　韡　审稿：赵振堂）

上海天文台

台　　长：洪晓瑜
地　　址：上海市徐汇区南丹路 80 号
邮政编码：200030
电　　话：021-64386191
传　　真：021-64384618
电子信箱：shao@shao.ac.cn
网　　址：http://www.shao.ac.cn

中国科学院上海天文台（以下简称“上海天文台”）成立于 1962 年，其前身是 1872 年建立的徐家汇天文台和 1900 年建立的佘山天文台。目前上海天文台包括徐家汇园区和佘山科技园区两个部分，徐家汇为总部，在松江佘山地区建有若干天文观测基地。

上海天文台以天文地球动力学和天体物理学为主要学科方向，同时积极发展现代天文观测技术和时频技术，为天文研究和国家战略需求提供科学和技术支持，坚持中国科学院“三个面向”和“四个率先”的办院方针，积极承担国家和有关部委的重要科研和国家重大需求任务。在科学前沿研究方面，参加了中国科学院先导专项、科技部和国家自然科学基金委等部委的重要课题；在国家战略需求方面，在国家探月工程、国家导航定位等国家重大工程中发挥重要作用。

上海天文台是中国科学院星系宇宙学重点实验室和行星科学重点实验室依托单位，以及射电重点实验室的主要参与单位；是上海导航定位重点实验室的依托单位。上海天文台设有天文地球动力学研究中心、星系和宇宙学研究中心、射电天文科学和技术研究室、光学天文技术研究室、时间频率技术研究室5个研究部门，已建65米天马射电望远镜、25米口径射电望远镜、1.56米口径光学望远镜、60厘米口径卫星激光测距望远镜，甚长基线干涉测量网（VLBI）数据处理中心、全球定位系统等多项现代空间天文观测技术和国际一流的观测基地和资料分析研究中心，是世界上同时拥有这些技术的7个台站之一。上海天文台是中国VLBI网和中国激光测距网的负责单位，此外，还是全国科普教育基地、全国青少年科技基地、上海市青少年教育基地和上海市科普教育基地。

截至2015年底，上海天文台共有在职职工275人。其中科技人员215人、科技支撑人员47人，包括中国科学院院士1人、中国工程院院士1人、研究员及正高级工程技术人员63人、副研究员及高级工程技术人员84人。共有杰青基金获得者4人，中国科学院“百人计划”入选者17人。

上海天文台是1981年国务院学位委员会批准的博士、硕士学位授予权单位之一，现设有天文学1个一级学科博士培养点，天体物理、天体测量与天体力学、天文技术与方法3个专业的二级学科博士培养点；设有天体物理、天体测量与天体力学、天文技术与方法、仪器仪表工程4个专业的二级学科硕士培养点；并设有天文学1个一级学科博士后流动站，天体物理、天体测量与天体力学、天文技术与方法3个专业的二级学科博士后流动站。截至2015年底，上海天文台共有在学研究生154人（其中硕士生65人，博士生89人），在站博士后23人。

2015年，上海天文台共有在研项目797项。其中承担973计划子课题3项，承担863计划项目1项，承担国家科技基础性工作专项1项，承担国家自然科学基金重点项目5项、面上项目47项（新增9项）、杰青基金项目1项、优秀青年科学基金项目2项、青年科学基金项目42项（新增8项）、联合基金项目12项（新增4项）、专项基金2项、国际合作交流项目6项；承担中国科学院战略性先导科技专项课题10项；承担上海市科委项目19项（新增4项）

2015年，上海天文台顺利通过中国科学院组织的院属单位“十二五”领域验收评估，其中，“天文技术：时频技术、射电与VLBI技术、光学/红外（65米项目）”获评院优秀重大突破，“天文地球动力学”获评院优秀重点培育方向。

2015年，根据中国科学院四类机构改革要求，上海天文台作为共建单位与国家天文台、紫金山天文台联合申请共建天文大科学研究中心，经第9次中国科学院院长办公会议审议通过并成立。

2015年，上海天文台在承担的重大项目方面取得系列成果：国家探月工程项目方面，VLBI分系统以准实时模式执行了再入返回试验延拓任务，共对CE-5T1在轨服务舱进行了24次观测，圆满完成了拓展试验VLBI测量任务。首次火星探测工程方面，完成首次火星探测任务实施方案的编报，并通过了评审。采用相位参考方法完成对火星探测器MEX的毫角秒精度位置测量，该结果的获得预示着中国VLBI网具备对深空探测器毫角秒量级甚至更高精度的导航定位能力。星载氢原子钟研制方面，研制的国内首台星载氢原子钟搭载航天五院新一代导航试验卫星于2015年9月30日在西昌卫星发射中心发射升空，该氢钟于2015年11月9日开机后在轨稳定工作，遥测数据正常。上海天马射电望远镜（65米）建设方面，完成X/Ka双频致冷接收机的现场安装和调试工作。基本完成Q波段双波束低温接收机和K波段双波束接收机的研制工作。

参加 L 波段的欧洲 VLBI 网的实时 VLBI（e-VLBI）常规试验获得成功，表明天马望远镜具备了参加 e-VLBI 国际联测的能力。卫星激光测距技术方面，在国际上首先实现超导纳米线单光子探测器对空间目标激光测距试验。完成了纳卫星高反射面积激光反射器研制，建立了反射器远场光斑仿真系统。佘山 SLR 系统稳定运行，完成了国际 SLR 联测等工作，提供了厘米、亚厘米级精度的观测数据。完成的小型 SLR 跟踪望远镜系统及其应用，前景得到项目验收专家组的高度评价，为发展我国小型标准化、低成本、激动性强 SLR 系统提供了基础平台。

2015 年，上海天文台以沈志强研究员为首席科学家的上海天马射电望远镜研究团组利用新建成的天马望远镜对银河系中心黑洞人马座 A* 附近发现的一颗具有射电辐射的磁星进行了观测研究，成功捕捉到其剧烈射电爆发。这颗磁星到银心黑洞的投影距离仅有 0.097 pc，是目前已知的距离银心黑洞最近的脉冲星。对它进行观测研究，对于揭示磁星物理、探测银心黑洞周围物理环境均具有重要意义。该项研究成果已发表于美国《天体物理学报》。上海天文台研究人员对棒旋星系中的核环进行了系统细致的数值模拟研究，为核环的形成机制提供了新的解释。目前，该工作已经发表在国际核心期刊《天体物理杂志》上。上海天文台主持的 973 计划课题“基于 LAMOST 大科学装置的银河系研究及多波段天体证认：星系介质和疏散星团研究”进展良好，编制了后三年任务书和预算书；主持的 863 计划课题“北斗空间信号精度提升关键技术”通过年度检查；组织参加“十三五”大科学装置重点专项方案编制，组织申请了相关政府间科技合作项目。

2015 年，上海天文台积极投入推进我国参加 SKA 的国际合作项目，结合上海建设具有国际影响力的科创中心，多层面深入推进在上海建设 SKA 亚洲科学中心，为我国射电天文科学研究和计算技术的发展提供强大支撑，同时也将为我国科学家优先利用 SKA 数据取得具有国际影响力的创新性研究成果提供基本保障。

2015 年，上海天文台集体和个人获得上级机关和其他有关单位授予的各类荣誉称号共 45 项。其中集体荣誉称号 20 项，个人荣誉称号 25 项。“‘嫦娥三号’和‘玉兔’软着陆的 VLBI 实时精密测定轨和月面定位”获上海科技进步奖一等奖；“高精度 VLBI 引领嫦娥登月”项目获第 17 届工博会特别荣誉奖，北斗团队荣获“2010—2014 年度上海市模范集体”等。

2015 年，上海天文台在国际合作工作方面，中巴合作在两国领导人见证下与巴西国立天文台签署合作协议书，在空间碎片监测和卫星导航领域继续开展深度合作；不断推进国际大规模巡天“斯隆数字化巡天第四阶段项目”观测和科学研究任务；成功举办第四届中美射电天文科学与技术研讨会、“黑洞吸积及活动星系核反馈”等国际会议。全年出访共 209 人次，来访 91 人次。

上海天文台是上海市天文学会的挂靠单位，负责主办《上海天文台年刊》、《天文学进展》、《地球自转参数年报》、《地球自转参数公报》、《原子时公报》等期刊。

（撰稿：朱　洁　王　涛　审稿：洪晓瑜）

上海生命科学研究院

院　　长：李　林
地　　址：上海市岳阳路 320 号
邮政编码：200031
电　　话：021-54920021
传　　真：021-54920078
电子信箱：sibs@sibs.ac.cn
网　　址：http://www.sibs.cas.cn

中国科学院上海生命科学研究院（以下简称“上海生科院”）成立于 1999 年 7 月，是由原中国科学院上海生物化学研究所、上海细胞生物学研究所、上海生理研究所、上海脑研究所、上海药物研究所、上海植物生理研究所、上海昆虫研究所和上海生物工程研究中心 8 个生物学研究机构经结构调整和体制创新组建而成，中国科学院国家基因研究中心、中国科学院上海生命科学研究中心、中国科学院上海实验动物中心、中国科学院上海文献情报中心等也先后整建制并入。“十五”期间，上海生科院先后共建或新建了上海生科院/上海交通大学医学院健康科学研究所、营养科学研究所、上海巴斯德研究所、中国科学院-马普学会计算生物学伙伴研究所。

上海生科院重点研究领域包括：功能基因组、蛋白质组和生物信息学，生物大分子的结构、相互作用及功能，细胞活动的分子网络调控，脑发育与脑功能的分子与细胞机制研究，防治重要疾病的新药研究开发、中药现代化研究及药物研究的理论和方法，植物分子生理和植物与环境的相互作用，生物技术的创新和应用，生物医学转化型研究，现代营养科学研究，病毒学与免疫学研究，计算生物学研究，以及生命科学与其他学科的交叉研究。

上海生科院共有生物化学与细胞生物学研究所、神经科学研究所、上海药物研究所、植物生理生态研究所、健康科学研究所、营养科学研究所、上海巴斯德研究所、计算生物学研究所、上海植物逆境生物学研究中心、中科院-二军大转化医学研究院10个研究机构（上海药物研究所和上海巴斯德研究所为独立法人研究单元），生命科学信息中心、上海实验动物中心2个支撑单元，中科院上海辰山植物科学研究中心、中科院上海临床研究中心、上海工业生物技术研发中心、上海生物医学工程研究中心、中科院湖州应用技术研究和产业化中心5个院地合作共建机构。

生物化学与细胞生物学研究所成立于2000年，前身是中国科学院上海生物化学研究所与中国科学院上海细胞生物学研究所，该所致力于生命科学基础研究，依托分子生物学国家重点实验室、细胞生物学国家重点实验室、国家蛋白质科学研究中心·上海（筹）三大研究集群，主要涵盖基因调控、RNA、表观遗传学，蛋白质科学，细胞信号转导，细胞与干细胞生物学，癌症和其他重大疾病机理等五大研究领域。在国家全面深化改革、创新驱动发展的新时期，该所铭记“献身、求实、团结、奋进”八字所训，贯彻中国科学院“三个面向、四个率先”的办院方针，积极践行“率先行动”计划，全面推进分子细胞科学卓越中心、上海大科学中心、细胞信号网络协同创新中心建设。该所现有75个研究组，分别以固定及客座研究组的形式加入重点实验室。

神经科学研究所成立于1999年11月27日，其主要任务是开展神经科学前沿领域的基础研究，旨在中国建立国际一流的神经科学基础研究的基地。主要研究方向是：分子与细胞神经科学、发育神经科学、系统与认知神经科学以及神经系统疾病等，力争在“神经元类型的鉴定及分化机制”、“基础认知功能的神经环路机制”、“脑疾病的早期诊断指标”3个方面取得突破。该所按研究方向设有4个研究部门、32个研究组。神经科学国家重点实验室、中国科学院脑科学与智能技术卓越创新中心、中国科学院灵长类神经生物学重点实验室依托于神经科学研究所。

上海药物研究所前身是1932年创建的国立北平研究院药物研究所，是以创新药物的基础研究、应用基础和应用开发研究为主的综合性研究机构，主要面向国家生物医药战略需求和国际科技发展前沿，以重大新药创制为主线，发展药物研究的新理论、新方法和新技术，构建与国际接轨的创新药物研发技术体系；培养和引进高水平的药学领域领军人才，全面建设“四个一流”的国际化创新型药物研发机构，在国家药学研究领域中发挥核心、引领、示范和辐射作用，带动我国生物医药战略新兴产业的跨越发展，力求在“创制具有国际影响的重大新药”，“率先实现药物安全性评价与国际规范接轨”，“发展评价先导化合物和靶标成药性的新理论、新方法和新技术”方面取得重大突破。该所设有包括新药研究国家重点实验室在内的4个国家级研究中心、6个研究室、8个研究中心及技术平台和5个支撑服务机构，2014年启动中国科学院药物创新研究院建设。

植物生理生态研究所由原中国科学院上海植物生理研究所与原中国科学院上海昆虫研究所于1999年5月19日整合而成。主要瞄准植物、微生物和昆虫的重要生理过程及其相互作用的科学前沿，面向我国可持续农业和生态环境、生物能源和生物制造的重大战略需求，开展原创性、系统性的基础和应用基础研究，在“作物高产优质的分子生理与遗传基础”、“植物逆境生理和抗性改良生物技术”、“微生物代谢的系统生物学研究及人造生命体系的合成”三个重点研究方向取得突破。该所设有植物分子遗传国家重点实验室、中国科学院合成生物学重点实验室、中国科学院昆虫发育与进化生物学重点实验室、光合作用与环境生物学实验室、中国科学院国家基因中心、国家植物基因研究中心（上海）、上海生科院工业生物技术研究中心和中国科学院上海昆虫博物馆。

健康科学研究所于1999年由上海生科院和上海交通大学医学院（原上海第二医科大学）跨中国科学院与高等医学教育系统创立，冠名健康科学中心，2002年4月开始实体化运作，2005年更名为健康科学研究所。该所坚持以生物医学转化型研究为核心使命，主要聚焦于慢病发生发展机理与精准治疗策略研究、干细胞研究与医学转化等重要领域，重点培育免疫疾病致病机制与干预策略、肿瘤微环境与防治新策略、循环系统发育与损伤修复、疾病组学与大数据四个重点方向。该所现有32个研究组，设有中国科学院干细胞生物学重点实验室，并逐步建成干细胞技术平台（含GMP实验室）、疾病基因遗传学和蛋白质组学分析平台、细胞分析技术平台、疾病模式生物技术平台、生物样本病理分析平台5个开放性技术平台。通过与上海交通大学医学院附属瑞金医院、仁济医院、第二军医大学附属长征医院等10余家医疗机构开展密切合作或共建联合转化研究中心，形成良好的基础研究与临床研究联动体系。

营养科学研究所于2003年12月15日在上海正式成立。定位于“应用导向的基础研究”，重点致力于中国人群营养与代谢遗传特征研究，解析营养与代谢的关键调控节点和网络，深入挖掘慢性代谢性疾病的致病机理，为建立营养相关疾病的防御体系、发展营养干预的新技术、新策略提供理论依据；开展前瞻性的食品安全理论基础研究，发展先进的检测技术与方法，为我国相关政策及标准的制定提供科技支撑，为提升人民健康水平做出贡献。该所设有中国科学院营养与代谢重点实验室、中国科学院食品安全重点实验室（筹）、湖州营养与健康产业创新中心以及转化医学研究中心，同时也是国家食品安全风险评估中心上海生科院分中心的依托单位，目前已建立较为完善的分子细胞研究、营养与代谢基础研究、动物疾病模型研究以及营养分析与食品安全研究等技术平台。

上海巴斯德研究所是根据中国科学院、上海市和法国巴斯德研究所2004年8月30日签署的合作总协议建立的研究机构，于2004年10月11日揭牌，2005年7月开始运行。定位与目标是揭示重大传染病病原体持续感染致病机制、免疫保护机制与免疫病理机制，突破免疫治疗的共性技术瓶颈问题，形成重大传染病的诊断、预防、治疗解决方案。依托巴斯德国际网络，服务于国家、区域、全球传染病防控需求，建成传染病防控领域中特色鲜明的标杆式国际化研究所。上海巴斯德所致力于在病原体持续性感染分子机制及治疗策略、重大传染病中免疫应答与免疫失衡的机理研究、传染性疾病基因工程疫苗及抗体的研发等方面取得重大出破；重点发展虫媒病毒性传染病的分子机制、新型病原体发现的综合鉴定技术及重大传染病小型动物模型的建立、以结构生物学为基础的新型疫苗和抗体设计、重要病原免疫信号网络的关键节点研究、应用影像学等技术研究感染条件下免疫细胞与局部组织之间的实时作用揭示免疫调节的新机制、新原理5个前沿领域。该所设有中国科学院分子病毒与免疫重点实验室。

计算生物学伙伴研究所成立于2005年10月，是中国科学院和德国马普学会合作共建、联合资助、共同管理的一个国际化研究机构。该所致力于理论与实验相结合的计算生物学研究，实现以计算的方法解决生命科学的问题，以简洁优美的数学语言解读生命奥秘；以建立国际一流研究所为目标，通过聚集与培养高端人才团队，整合计算生物学资源，深化国内外交叉合作，凝练重大科学问题，在计算生物学研究前沿取得重大科学突破。该所成立至今，已形成了以中国科学院计算生物学重点实验室、国际科技合作基地和国家引进国外智力示范单位为支撑的研究集群，聚焦于密集型生物数据的全新计算工具及算法的开发，同时借助多层次、高通量的生物数据研究分析复杂生物学问题，形成了“大数据水平的基因表达调控的整合性规律”、“复杂性状形成和调控的大数据基础”、“人口健康的群体遗传学基础”三大研究方向，取得了一批科研成果。

上海生科院（以下数据不含药物所和巴斯德所）共有4个国家重点实验室、8个中国科学院重点实验室、3个中国科学院卓越创新中心、1个国家重大科技基础设施国家蛋白质科学研究上海设施和1个上海市分子男科学重点实验室。国家重点实验室包括分子生物学国家重点实验室、植物分子遗传国家重点实验室、神经科学国家重点实验室、细胞生物学国家重点实验室；中国科学院重点实验室包括干细胞生物学重点实验室、系统生物学重点实验室、营养与代谢重点实验室、合成生物学重点实验室、计算生物学重点实验室、昆虫发育与进化生物学重点实验室、灵长类生物学重点实验室、食品安全重点实验室（筹）。中国科学院卓越创新中心包括脑科学与智能技术卓越创新中心、分子细胞科学卓越创新中心、分子植物科学卓越创新中心。

“十二五”期间，上海生科院在脑科学、细胞科学和植物科学三大领域形成面向世界科技前沿的创新集群，整体水平进入世界先进行列，脑科学与智能技术卓越创新中心、上海大科学中心（国家蛋白质科学研究上海设施为核心之一）成立，分子细胞、分子植物获准筹建卓越创新中心；在新药研制、重大慢病和传染病防控以及农业分子育种等领域形成了面向国家重大需求的应用与转化研究集群，并呈现群体性突破势头，处于国内领先地位，为创新研究院建设奠定扎实基础。

截至2015年底，上海生科院共有在职职工1985人。包括中国科学院院士22人、中国工程院院士2人、中国科学院外籍院士1人、美国国家科学院院士2人、发展中国家科学院院士9人、研究员293人、高级工程师以及高级实验师等副高级专业技术人员350人。

上海生科院是国务院学位委员会批准的博士、硕士学位授予权单位之一，是生物学一级学科博士研究生培养点，设有植物学、动物学、微生物学、神经生物学、遗传学、发育生物学、细胞生物学、生物化学与分子生物学、生物信息学、计算生物学10个二级学科；同时也是基础医学一级学科硕士研究生培养点，设有免疫学二级学科；在工程硕士类别中设生物工程领域硕士专业学位研究生培养点，并设有生物学专业一级学科博士后流动站。共有在学研究生1815人，其中硕士生632人、博士生1183人（含11名留学生）、在站博士后272人。

作为首批入选“海外高层次人才创新创业基地”和“创新人才培养示范基地”的单位之一，上海生科院共有国家“顶尖千人计划”1人，“千人计划”入选者9人（新增1人），外专“千人计划”1人，国家“青年千人计划”40人（新增9人），上海“千人计划”8人（新增1人）；“万人计划”6人（新增2人），其中“百千万工程”领军人才1人，青年拔尖人才5人（新增2人）；“科技部创新人才推进计划”中青年领军人才7人，重点领域创新团队1支；人社部“国家百千万人才工程”入选者16人（新增1人）；中国科学院“百人计划”入选者129人（新增9人）；杰青基金获得者59人（新增9人）；973首席科学家35人；国家自然科学基金委“创新群体”负责人10人；国家外专局-中科院海外创新团队5支。

2015年，上海生科院共有在研项目1040余项（包括新增项目253项）。其中，主持973计划（含重大科学研究计划）项目15项、承担课题27项，主持（或承担）863计划课题5项，主持国家科技支撑计划课题3项，主持（或承担）重大专项22项，主持国家自然科学基金创新研究群体科学基金6项（新增1项为延续资助）、重点项目51项（新增10项）、面上项目284项（新增62项）、重大研究计划项目45项（新增14项）、重大项目2项；主持中国科学院战略性先导科技专项1项，承担项目7项（新增1项），中科院科技服务网络（STS）计划项目4项（新增2项）；承担上海市项目123项（新增32项）。新增的260余项各类项目合同经费达2.53亿元。

2015年，中国科学院分子细胞科学卓越创新中心和中国科学院分子植物科学卓越创新中心获批成立，分别依托上海生科院生物化学与细胞生物学研究所和植物生理生态研究所；由上海生科院负责建设的国家蛋白质科学研究上海设施项目正式通过国家验收，投入正式运行。

2015年，上海生科院顺利通过中国科学院组织的院属单位“十二五”领域验收评估，在上海生科院“一六十”规划中，“神经疾病靶点”、“染色质结构与功能的调控”两个重大突破方向，以及“神经干细胞的分化及转分化”、“非编码 RNA 代谢调控与功能”、“生物大分子的结构与功能”、“植物碳氮代谢和性状改良”、“新型生物技术药物发展”5 个重点培育方向获评院优秀，其中“神经疾病靶点”和“植物碳氮代谢和性状改良”成功入选院“十二五”标志性重大进展。

2015 年，上海生科院在圆满完成“十二五”收官任务的同时全面推进上海生科院“十三五”期间“一三五”规划工作，围绕分子细胞、脑科学、分子植物、人口健康及药物五大重点领域，深入实施研究所分类改革，明确科研重点方向，着力提升科技创新能力，继续构筑创新人才高地，努力优化支撑保障条件，加强管理服务，强化统筹协调，促进各项事业全面发展。

2015 年，上海生科院科研工作取得重要进展，获上海市科技进步奖一等奖 1 项，自然科学奖三等奖 1 项。全院发表 SCI 论文 934 篇（第一署名单位论文 414 篇），在 *Cell*、*Nature*、*Science* 及其系列期刊等高水平杂志上发表论文 113 篇（第一署名单位论文 53 篇）；申请发明专利 121 项，获得发明专利授权 48 项。

2015 年，上海生科院国际合作工作扎实推进，年新立项的 10 个国际合作研究项目获得外部经费资助，合作伙伴来自美国、澳大利亚、英国、比利时等；新增或获准延长资助的国际人才项目 15 个；出访团组 422 批共 503 人次，涉及 38 个国家和地区；接待来访团组 517 批共 775 人次，涉及 34 个国家和地区；巩固和拓展与国外知名大学、出版集团、跨国公司的战略合作伙伴关系：上海生科院与比利时根特大学、上海交通大学共建“真菌毒素研究联合实验室”；院所与 Springer 出版集团、加拿大康考迪亚大学、韩国科学与技术研究院脑科学研究所、赛诺菲公司等签署 5 份合作协议；举办 14 个国际会议及 1 个海峡两岸会议；2015 年时值计算生物学研究所建所 10 周年，中德共建双方高度评价了该所建所以来所取得的成绩。

上海生科院现有 4 个全国性挂靠学会和 6 个地方性挂靠学会。*Cell Research*（《细胞研究》）2014 年度影响因子为 12.413，处于 Q1 水平，在 SCI 最新收录的 184 种国际细胞生物学领域期刊中影响因子排名第 13，继续在亚洲同领域学术期刊中排名第 1；*Molecular Plant*（《分子植物》）2014 年度影响因子为 6.337，处于 Q1 水平，在 SCI 收录的 200 种国际植物科学领域期刊中影响因子排名第 9，继续在亚洲同领域学术期刊中排名第 1；*Journal of Molecular Cell Biology*（《分子细胞生物学报》）2014 年度影响因子为 6.870，处于 Q1 水平；*Acta Biochimica et Biophysica Sinica*（《生物化学与生物物理学报》）2014 年度影响因子为 2.191；*Neuroscience Bulletin*（《神经科学通报》）2014 年度影响因子为 2.509。此外，5 种英文期刊分别与 *Nature* 出版集团（NPG）、Cell Press 出版社、牛津大学出版社（OUP）、施普林格（Springer）等国际知名出版商进行了国际出版合作。

（撰稿：裴　旸　林滨霞　审稿：汤伯伟）

上海药物研究所

所　　长：蒋华良
地　　址：上海浦东张江祖冲之路 555 号
邮政编码：201203
电　　话：021-50806600
传　　真：021-50807088
电子信箱：suoban@simm.ac.cn
网　　址：http://www.simm.cas.cn

中国科学院上海药物研究所（以下简称“上海药物所”）前身是国立北平研究院药物研究所，1932 年由国立北平研究院和北平中法大学合作创建，1933 年迁至上海，1950 年 3 月并入中国科学院有机化学所，为药物化学研究室，1953 年成立中国科学院药物研究所。1970 年改名为上海药物研究所，1978 年为现名。

上海药物所是以创新药物的基础研究、应用基础和应用开发研究为主的综合性研究机构，通过生物学和化学密切合作，阐明生物活性物质的结构、活性及其相互关系；探索药物作用的新机理、新靶点；完成新药临床前综合评价及研究，重点研究治疗肿瘤、心脑血管、神经精神系统、代谢、自身免疫和感染性等6类疾病领域的新药，并加强现代中药的研发。

上海药物所设有4个国家级研究中心，分别为新药研究国家重点实验室、国家新药筛选中心、中药标准化技术国家工程实验室、国家化合物样品库；6个研究室，分别为药物化学研究室、天然药物化学研究室、药理学第一、第二、第三研究室、中国科学院受体结构与功能重点实验室；9个研究中心及技术平台，分别为药物发现与设计中心、药物靶标结构及功能研究中心、化学蛋白质组学研究中心、药效评价研究中心、上海药物代谢研究中心、药物安全评价研究中心、药物释放系统研究中心、中药现代化研究中心、药物质量控制与固体化学研究中心；2个国际科学家工作站，分别为神经药理国际科学家工作站和蛋白质折叠国际科学家工作站；5个支撑服务机构，分别为分析化学研究室、公共技术服务中心、信息中心、实验动物室、期刊联合编辑部。

截至2015年底，上海药物所共有在职职工831人。其中科技人员738人、科技支撑人员65人，包括中国科学院院士3人、中国工程院院士3人、研究员及正高级工程技术人员111人、副研究员及高级工程技术人员132人。共有“万人计划”入选者2人（新增1人），“千人计划”入选者6人（新增1人），“百千万人才”入选者13人（新增1人），杰青基金获得者23人（新增1人），优青8人（新增1人）；中国科学院“百人计划”入选者34人（新增5人）；上海“千人计划”入选者3人（新增1人）；获何梁何利基金科学与技术进步奖等各类人才奖项荣誉近30项。

上海药物所是国务院学位委员会批准的首批博士、硕士学位授予单位之一，现设有药学专业一级学科博士、硕士研究生培养点，其招生专业包括药物化学、药剂学、药物设计学、药理学、药物分析学等，在读研究生445人（其中硕士生206名、博士生239名）；设有化学、药学专业一级学科博士后流动站2个，有在站博士后42人。

2015年，上海药物所共有在研项目459项（包括新增项目116项）。其中，承担国家重大科技专项课题47项（新增4项），主持（或承担）973计划和国家重大科学研究计划项目16项（新增1项），主持（或承担）863计划项目5项，主持（或承担）国家科技支撑计划1项，主持（或承担）国家自然科学基金重点项目7项（新增2项）、面上项目90项（新增21项）、杰青基金项目7项（新增1项）、国家自然科学基金重大研究计划重点项目2项。作为中国科学院战略性先导科技专项的依托单位，上海药物所启动“个性化药物——基于疾病分子分型的普惠新药研发”先导专项，主持（或承担）子课题19项。

2015年，上海药物所围绕中国科学院“率先行动”计划要求和“出新药”战略目标，以筹建药物创新研究院为重点，以中央级事业单位成果处置、收益、使用管理改革试点为抓手，把握上海“建设具有国际影响力的科技创新中心”的机遇，探索建立创新链和产业链相互贯通、政产学研用协同创新、成果知识产权互利共享的新型研究模式，研究所各项事业蓬勃发。

2015年，上海药物所全面推进药物创新研究院建设。2014年11月6日，中国科学院批准了《中国科学院药物创新研究院实施方案》。药物创新研究院打破传统科研院所建制，采取“总部+分部+网络实验室+产业化基地”模式，联合16个中国科学院内研究所新药研发相关力量，与大学、医院、企业、地方政府协同创新。药物创新研究院聚焦疾病领域，逐步调整为更加符合新药研发客观规律的基础研究中心、新药研发中心、技术保障中心；将传统的职能部门设置逐步整合成运营管理部、研究发展部、法务商务部，设立西南、西北分部；以自主部署项目为牵引，探索知识产权分享机制，打造新药大团队；加强宏观调控，集中有限资源投入4825万元自主部署新药项目51项；制定分类评价体系，将新药批件与高级职称评审挂钩；创新成果模式，转让、作价入股投资、自主创办公司并举。一系列改革举措的实施，给研究所注入了新活力。

2015年，上海药物所在中国科学院组织的院属单位“十二五”领域验收评估中获得佳绩，高质量全面完成“十二五”期间的“一三五”目标（100%），成为我国药学研究的标杆与“领头羊”，处于国内领跑、国际并行的地位。“G蛋白偶联受体（GPCR）药靶研究”、“创制具有国际影响的重大新药”、“难治性自身免疫疾病新药研究”获评院优秀，其中“G蛋白偶联受体（GPCR）药靶研究”入选院“十二五”重大科技成果及标志性进展，科技布局与组织模式、人才队伍建设被评为保障措施与重大改革举措“亮点”工作。

2015年，上海药物所新药研究成果丰硕。2015年，上海药物所共有5个1.1类新药获批临床，与恒瑞制药并列化药领域全国第一，成为年度化药领域最具创新能力的药物研发机构。5个新药分别为治疗系统性红斑狼疮候选新药马来酸蒿乙醚胺、抗肿瘤候选新药希明哌瑞和丁二酸复瑞替尼、抗乙肝病毒候选新药异噻氟定（干混悬剂）以及抗肺动脉高压候选新药TPN171。抗老年痴呆1.2类新药甘露寡糖二酸（971）III期临床研究进展顺利，抗肿瘤1.1类新药德立替尼（AL3810）已在国际国内同步开展临床研究。共申请专利141项，共获专利授权71项。知识产权奖励经费位列全院第二。

2015年，上海药物所全年共发表SCI论文515篇，影响因子（IF）总数2472.314，影响因子5以上的论文126篇（其中上海药物所通讯作者59篇）、3以上的论文已达312篇（其中上海药物所通讯作者164篇），在国际顶级期刊*Nature*上发表论文3篇成功解析视紫红质与阻遏蛋白复合物晶体结构，解析$P2Y_1R$嘌呤能受体与及拮抗剂复合物的三维结构，首次报道了TET蛋白对三种DNA甲基化衍生物不同催化活性的分子机制等；出版专著1部；获省部级奖5项。

2015年，上海药物所技术平台体系接轨国际。国家化合物样品库总储量超过177万种，完全对外开放化合物76万个，名列全球公立化合物样品库前茅。中药标准化技术国家工程实验室制定的中药丹参药材和粉末等9个中药标准被《美国药典》采纳；桔梗、钩藤等中药质量标准进入欧洲药典论坛；研制的丹参、灵芝、珍珠、珍珠母、昆布、海藻标准被正式收录入2015版《中国药典》。中国科学院受体结构与功能重点实验室首次考评获“优秀”。

2015年，上海药物所国际合作纵深发展：在研国际合作项目30项，开展合作项目共计7项，国际合作项目到位经费6717万元。其中，与施维雅共建早期评价的实体联合实验室进入第三阶段，共同开展抗肿瘤新药德立替尼的国内外临床研究；加入国际GPCR联盟，成功构建合作网络。全年接待来访团组约40个260人次，共邀请48场中外专家学术报告，组织和承办5场国际学术会议。

2015年，上海药物所实施“三权改革”试点，“科技成果使用、处置和收益管理改革试点”取得实质性进展，全年共有15项新药研发成果成功转让，合同总额达8亿元，是前5年成果转化的总额；与多家知名药企签署战略合作协议，吸引地方政府、医药企业和资本关注。2015年，上海药物所共签署“四技合同”250份。

2015年，上海药物所主办的两本英文学术期刊*Acta Pharmacologica Sinica*（《中国药理学报》，IF2.912）和*Asian Journal of Andrology*（《亚洲男性学杂志》，IF 2.596）获“中国最具国际影响力期刊”称号（清华同方）。上海药物所还主办了以非处方药物为主的科普杂志《家庭用药》，年发行量为140万册。

（撰稿：徐晓萍　孙文晶　审稿：厉　骏）

上海高等研究院

院　　长：封松林
地　　址：上海市浦东新区张江高科技园区海科路99号
邮政编码：201210
电　　话：021-20325000
传　　真：021-20325034
电子信箱：sari@sari.ac.cn
网　　址：http://www.sari.cas.cn

上海高等研究院（以下简称“上海高研院”）由中国科学院与上海市人民政府共建，2010年12月26日正式入驻中国科学院上海浦东科技园，2012 年 11 月 27 日通过验收。

面向国家战略新兴产业、绿色城镇化和可持续发展中面临的瓶颈问题及上海“创新驱动，转型发展”的重大科技需求，上海高研院聚焦空间科技、交叉前沿与先进制造、信息科学与技术、能源与环境、健康科学与技术等领域，定位于开展原始创新研究，为战略新兴产业提供核心技术和集成技术解决方案，探索科技与经济、教育、金融、文化结合的发展模式，成为具有国际竞争力的集研、产、学为一体多学科交叉的科教协同的综合性科教机构。

截至 2015 年底，上海高研院共有在职职工 595 人。其中科技人员 476 人、科技支撑人员 73 人，包括研究员及正高级工程技术人员 76 人、副研究员及高级工程技术人员 115 人。共有“千人计划”入选者 5 人，“百千万人才工程”人选 3 名，杰青基金获得者 4 名，国务院特殊津贴获得者 6 名；科技部“中青年科技创新领军人才”1 名；中国科学院“百人计划”14 名（新增 3 人）、“特聘研究员”7 名、“关键技术人才”1 名、青年创新促进会会员 14 名、“外国专家特聘研究员”5 名、“国际人才计划之国际访问学者”1 名、“台湾青年访问学者”2 名、“创新国际团队”1 个；“上海领军人才”2 名。

上海高研院现设有电子科学与技术、通信与信息工程、化学、化学工程与技术 4 个专业一级学科博士研究生培养点，电子科学与技术、通信与信息工程、化学、化学工程与技术 4 个专业一级学科硕士研究生培养点，以及化学工程、电子与通信工程、生物工程 3 个专业硕士学位培养点。共有在学研究生 375 人（其中硕士生 322 人、博士生 53 人）。

2015 年，上海高研院共有在研项目 376 项（包括新增项目 146 项）。其中，承担国家重大科技专项课题 3 项，主持 973 计划和国家重大科学研究计划项目 1 项、承担（或参加）课题 5 项，承担（或参加）863 计划课题 5 项（新增 3 项），承担国家科技支撑计划项目课题3 项；主持国家自然科学基金重点国际合作研究项目 1 项、新增国家基金委重大研究计划培育项目 1 项、新增国家基金委联合基金项目培育项目 1 项、面上项目 21 项（新增 4 项）、青年基金项目 43 项（新增 10 项）；主持中国科学院战略性先导科技专项课题 12 项，主持院重点部署项目 4 项、院科研装备研制项目 2 项（新增 1 项）；承担重点国际合作项目 2 项；承担上海市科委院地合作专项 17 个（新增 4 项）；承担横向项目 121 项目（新增 54 项）。

2015 年，上海高研院开展了中国科学院组织的院属单位“十二五”任务书验收工作，全面梳理了“一三五”规划完成情况和创新绩效，最终参评的三个重大突破和五个重点培育方向顺利通过验收。其中，重大突破“微小卫星”入选中国科学院“十二五”重大科技成果及标志性进展，获院优秀；两个重点培育方向“三网融合系统示范”和“温室气体与环境工程”获院优秀，为研究所分类改革、科研资源配置和“十三五”规划编制奠定基础。

2015 年，对接中国科学院“率先行动”计划战略和四类机构建设要求，上海高研院参与共建由其他所牵头组建的中科院煤炭高效清洁利用创新研究院、中科院过程科学与技术创新研究院及中科院先进核能创新研究院，并进入特色研究所培育建设阶段。上海高研院首个院级重点实验室中国科学院低碳转化科学与工程重点实验室顺利通过验收。

截至 2015 年底，上海高研院与波音、索尼、上海电气、潞安集团、上海科技大学等国内外知名企业、大学共建了 28 个研发平台/实验室；与上海科技大学、上海微小卫星工程中心共建的碳排放与碳评估中心获得上海市科委院市合作计划项目支持，通过在上海排放源数据、大气观测站数据、移动观测数据、碳卫星监测数据的容和分析，构建天地一体化的碳数据和碳评估研究系统。

2015 年，上海高研院科研工作方面取得系列重要进展。一是中国碳排放核算研究取得重要进展：上海高研院联合哈佛大学、清华大学等 24 所国内外科研机构，在 *Nature* 上发表了题为“中国化石燃料与水泥生产碳排放核算修正”的研究论文，首次核算了基于实测排放因子的中国碳排放总量，结果表明中国 2013 年碳排放总量比先前估计低约 15%，核算的碳排放数值可报告、可测量、可核证，是第一套基于同行评议和实测数据的中国国家碳排放核算清单。*Nature* 出版集团为此召开了专题新闻发布会。二是“二氧化碳甲烷重整制 CO 和 H_2”获第 17 届中国国际工业博览会银奖：完成全球第一个万方级规模的二氧化碳重整中试，初步运行效果良好，催化剂可拓展至水蒸气重整和三重整应用，性能远优于现有水蒸气重整催化剂。本技术已列入国家“十三五”规划，未来有望进一步商业示范应用。三是 863 计划课题“下一代广播电视网无线宽带接入技术研究”顺利通过技术验收：形成《NGB-W 广播信道技术标准草案》并提交广电 NGB-W 工作组；研发 NGB-W 广播 MIMO 调制器、接收机原型样机，在南京和上海浦东科技园构建 NGB-W 试验网和演示环境，将推动我国 NGB-W 相关标准制定、规模应用示范，以及相关成果在物联网、智慧城市、行业专网等领域的应用落地。四是二氧化碳膜分离装置成功完成 1000 小时运转试验：针对现代煤化工过程中高压 CO_2 捕获问题，形成了一系列具自主知识产权的分子筛膜制备与放大、膜组件的设计与优化、模试装置的设计与加工等成套技术及工艺包。研究团队已实现 $50m^3/h$ 的膜分离装置的 1000 小时稳定运转，性能达到国际最新报道水平，与法国道达尔集团合作的膜分离项目获中法创新奖第二名。五是四代核能热功转换技术研发取得阶段性成果：完成自行设计单级氦气透平加工及组装，基本建成国内首套 MW 级氦气闭式布雷顿循环热功转换试验系统，完成 20kW 熔盐换热器试验台调试并进行了熔盐–空气换热器性能测试以及试验结果分析。六是兆瓦级燃气轮机研发已进入示范阶段：在苏州和上海两个分布式能源示范点完成了设备成套、安装和系统联调。七是搭建润滑油分析检测平台及配方体系：建成具备润滑油分析与评价能力的“油品检测实验室”，并通过国家计量认证（CMA）体系评审，获得资质认定证书，未来将与潞安煤基合成油公司共建“太行润滑油研究开发中心”。

2015 年，上海高研院共发表论文 188 篇，其中在包括 *Nature* 等顶尖期刊上发表 SCI 论文 152 篇；共计申请专利 208 件，授权量 58 件，软件著作权登记 18 件，集成电路布图设计 1 件，申请和授权量显著增长。

2015 年，作为中央级事业单位科技成果使用、处置和收益管理改革试点单位，上海高研院针对审批流程、定价机制、激励分配机制、兼职等方面制定了《中国科学院上海高等研究院促进科技成果转化管理办法（试行）》等系列制度；积极探索产业资本合作、社会化产业技术研究院、师徒传承转化、带土移植自主创业、创客帝国等多种成果转化模式，打造多元化转移转化平台，形成创新生态链。加强与地方政府合作，与上海市虹口区人民政府签署战略合作框架协议，以“互联网+健康”为特色共建高附加值、高技术、跨界融合的新型产业孵化基地，为上海建设具有国际竞争力的科技创新中心发挥积极作用；持续深化与上海电气、上海宝钢、上海华谊、山西潞安、精功集团等大企业集团的多模式对接，与潞安集团持续实行实验室一体化和国际化的发展战略，围绕“碳热法制电石新工艺”等重点项目开展联合攻关；持续加强与上海科技大学的科教协同，在低碳转化利用等方面开展学术交流和科研合作。2015 年，上海高研院技术转移或知识产权交易获得的转化收益合同金额为 8450 万元，涉及转移的技术和完成交易的知识产权数 9 项，孵化科技型企业 3 项。

2015 年，上海高研院国际合作取得重要进展：在中国科学院“十二五”验收中获评院国际合作“亮点”工作；积极推进与大型跨国企业和科教机构的合作，认真组织实施重大国际科技合作项目；继续推进壳牌前瞻项目合作，设立“壳牌能源研究与创新卓越奖”，激励能源环境领域中国博士生在创新和科研探索方面的卓越表现；与 NEDO 合作的“节能建筑示范项目”顺利推进，进入建设阶段；与波音公司航空通讯技术联合研究实验室延续开展“地面监测研究”工作并取得良好进展；执行 2015 年度中国科学院国际合作局对外合作重点项目“面向老年人群体的智慧照护系统关键技术研究与应用”及中泰互访项目；与英国能源技术研究所、德国巴斯夫公司、韩国生命工学研究所分别签订合作协议，在能源环境等领域开展联合研发；另签订国际合作备忘录 4 份。2015 年，上海高研院因公出访 12 个国家 58 批次共 107 人次；接待来访 59 批次约 350 人次，全年举办国际会议 4 次。

（撰稿：梁　平　审稿：封松林　孙予罕）

宁波材料技术与工程研究所

所　　长：崔　平
地　　址：浙江省宁波市镇海区中官西路1219号
邮政编码：315201
电　　话：0574-86685115
传　　真：0574-87910728
电子信箱：nimte@nimte.ac.cn
网　　址：http://www.nimte.ac.cn

中国科学院宁波材料技术与工程研究所（以下简称“宁波材料所”）始建于2004年4月，由中国科学院、浙江省、宁波市三方共建，2007年11月通过验收并隆重揭牌，成为中国科学院在浙江省建立的首家直属研究机构。2009年3月，在宁波材料所完成一期共建目标的基础上，共建三方于2009年3月13日再次签署协议，在宁波材料所一期建设的基础上，开展二期建设，建成中国科学院宁波工业技术研究院（简称“宁波工研院”）。2013年，宁波工研院与慈溪市签署协议，共建慈溪生物医学工程研究所。目前，宁波工研院下设材料技术研究所、新能源技术研究所、先进制造技术研究所和生物医学工程研究所四个非法人研究所，形成了“一院四所”的架构格局。

宁波材料所始终坚持“把科技转化为生产力”的使命定位。“十二五”期间，主要部署了四大领域19个研究方向，并重点推进“一三五”规划。2015年，根据中国科学院发展规划局《院“十三五”发展规划编制工作方案》要求，组织了全院各部门参与，在总结“十二五”规划进展的基础上，结合机构分类改革，以“一三五”规划为重点，凝练提出宁波工研院“十三五”期间的总体目标、战略布局和发展重点，为研究所健康发展提供了指导。2015年，经过多方努力，中国科学院大学宁波材料工程学院筹建方案于12月24日正式获得院长办公会议通过，将积极探索学研产深度融合的培养模式。

目前，宁波材料所已建成了碳纤维制备技术国家工程实验室、发改委磁性材料科技创新服务平台、省部共建国家重点实验室培育基地、科技部国际合作基地、国家技术转移示范机构等国家级平台，以及中国科学院磁性材料与器件重点实验室6个省部级科研平台。整个园区建筑面积约14.4万平方米；拥有价值4亿多元设备齐全、相互配套的研发平台。

截至2015年底，宁波材料所共有在职职工902人。其中科技人员670人、科技支撑人员158人，包括中国工程院院士1人、研究员及正高级工程技术人员229人、副研究员及高级工程技术人员105人。共有“千人计划”入选者25人（新增3人），其中“青年千人计划”入选者9人（新增1人），杰青基金获得者1人（新增1人）；中国科学院“百人计划”入选者33人（新增2人）。

宁波材料所现设有化学、材料科学与工程2个专业一级学科博士研究生培养点，机械制造及其自动化二级学科博士点，材料物理与化学、材料加工工程、高分子化学与物理、有机化学、物理化学、机械制造及其自动化6个专业一级（或二级）学科硕士研究生培养点，并设有化学、材料科学与工程2个专业一级学科博士后流动站。共有在学研究生722人（其中硕士生579人、博士生143人），在站博士后96人。

2015年，宁波材料所共有在研项目1170项（包括新增项目479项）。其中，承担国家重大科技专项子课题1项（新增1项），主持（或承担、参加）973计划和国家重大科学研究计划项目（课题）9项（新增1项），主持（或承担、参加）863计划项目8项（新增2项），主持（或承担）国家自然科学基金重点项目1项（新增0项）、面上项目70项（新增18项）、杰青基金项目1项（新增1项）、国家自然科学基金重大研究计划重点项目1项（新增0项）；主持（或承担）中国科学院战略性先导科技专项课题2项，子课题2项，主持（或承担、参加）院重点部署项目8项（新增2项）、承担中科院科技服务网络（STS）计划项目4项（新增1项）、院重大仪器研制项目6项（新增2项）；承担重点国际合作项目11项（新增7项）。

2015年，宁波材料所产出了一批有重要影响的科技成果：成功制备了单节高效率聚合物太阳能电池，单层有机太阳电池突破10%的效率瓶颈；实现呋喃二甲酸百公斤级生产，保持了国内领先水平；固态锂电池在国内首次实现了将容量从2Ah提高到8Ah。2015年，全所发表期刊与各类会议论文610余篇，其中被SCI收录467篇，影响因子大于3的有231篇；申请专利415件，授权专利249件（发明187件）。

2015年，宁波材料所并探索和创立了一些行之有效的所地合作模式：与企业结成战略合作伙伴、有针对性地与企业共建工程技术中心、开展项目合作联合攻关、互派人员挂职、针对企业需求开展技术培训等。2015年，全所全年共实现横向合作项目106项，总合同金额10 464万元；新增与企业委托（合作）开发项目77项，与企业合作组建的技术中心新增16项。成功实现高性能CT闪烁材料与阵列、神经康复机器人、新型碳材料分散技术、新型节能纳米晶材料4项重大产业化项目转移转化，为区域创新驱动、转型发展作出新的贡献。2015年4月28日，浙江省为宁波工研院挂牌“浙江省工业技术研究院”。

2015年，宁波材料所国际合作取得实效：与美国美敦力公司共同组建的“慈溪医工所-美敦力联合研究中心”取得新进展，将联合申请PCT专利，同时还签署了3种医用器械表面涂层技术开发协议；积极邀请和接纳国际同行及跨国公司高层来所访问、交流，全年签署各类合作协议7个；承办了2015宁波新材料发展趋势研讨会、2015中-韩类金刚石薄膜材料技术研讨会、中-非联合研究中心高技术应用专题研讨会、中国（宁波）新材料与产业化国际论坛分论坛会议“2015年先进复合材料工业应用国际论坛”，吸引了来自世界各地大学、科研单位及企业的同行们来到宁波，为宣传科研进展、提高研究所影响力和知名度起到了较好的效果。

（撰稿：夏羽青　陶永怀　审稿：崔　平）

福建物质结构研究所(海西研究院)

所　　长：曹　荣

地　　址：福建省福州市杨桥西路155号（福州市闽侯上街大学城海西高新技术产业园）

邮政编码：350002（350108）

电　　话：0591-63173066

传　　真：0591-63173068

电子信箱：fjirsm@fjirsm.ac.cn

网　　址：http://www.fjirsm.ac.cn

中国科学院福建物质结构研究所（以下简称“福建物构所”）创建于1960年，其前身是中国科学院福建分院1960年的技术物理所、应用化学所、电子学所、数学力所、自动化所、稀有金属和生物物理研究室。1961年，中国科学院将福建分院及的7个研究所（室）调研合并为中国科学院理化研究所，1962年更名为华东物质结构研究所。1973年更为现名。我国著名科学家、教育家卢嘉锡院士（已故）为该所创始人。2010年6月8日，中国科学院与福建省政府、福州市政府签订以福建物构所为依托建设中科院海西研究院协议书。2012年6月8日，中科院海西研究院、厦门市政府、厦门钨业股份有限公司签订共建中科院海西研究院稀土材料研究所协议书。2013年7月4日，中科院海西研究院与泉州市政府签订共建中科院海西研究院装备制造研究所合作协议。至此，海西研究院下设海西福建物质结构研究所、海西材料工程研究所、海西先进制造技术集成研究所、海西厦门稀土材料研究所和海西泉州装备制造研究所等5个研究所和海峡两岸科技合作交流中心。2015年5月19日，海西研究院顺利通过综合验收，首期建设圆满收官。经过几代人的努力，福建物构所逐渐发展成为在国际上具有重要影响力的结构化学、新材料和器件集成于应用的综合研究基地。

福建物构所围绕“三个面向”，深入实施“率先行动”计划，立足“注重原创基础研究，加强变革创新，促进成果转移转化”战略定位，以结构化学、光电晶体材料和催化化学学科优势带动新能源、新材料、激光技术、先进制造等相关领域和学科发展，在基础交叉前沿和先进材料与制造重要研究领域重点开展功能材料结构化学、分子与纳米催化、光电功能材料与激光技术集成、稀土高质利用、半导体照明和新能源材料等方面的研究。

福建物构所现有结构化学国家重点实验室、国家光电子晶体材料工程技术研究中心、纳米催化材料与技术国家地方联合工程实验室等3个国家级创新平台，以及中国科学院光电材料化学与物理重点实验室、中国科学院煤制乙二醇及相关技术重点实验室、中国科学院功能纳米结构设计与组装重点实验室等14个省部级创新平台。福建物构所积极开展国际合作，与国内外优势科研机构建有中丹肿瘤与水解酶研究中心、固态光谱学和光物理国际研究中心、中-法生物矿化与纳米结构联合实验室3个科技研究中心。与龙头骨干企业联合共建绿色化工技术研发中心、厦门市能源新材料工程技术研究中心、中科院海西研究院海源中建新材料工程技术中心等11个工程化研发中心。

截至2015年底，福建物构所共有在职职工777人。其中科技人员654人、科技支撑人员42人，包括中国科学院院士5人、发展中国家科学院院士1人、研究员及正高级工程技术人员91人、副研究员及高级工程技术人员136人，全所进入创新岗位618人。共有“千人计划”入选者2人，“青年千人计划”入选者7人（新增3人），杰青基金获得者18人（新增1人）；中国科学院“百人计划”入选者33人（新增4人），“西部之光”人才入选者2人。

福建物构所是1978年国务院学位委员会批准的博士、硕士学位授予权单位之一，现设有化学一级学科博士培养点和无机化学、物理化学、有机化学、凝聚态物理、材料物理与化学、生物化学与分子生物化学6个博士、硕士培养点；材料工程、生物工程、光学工程、化学工程4个硕士研究生培养点；并设有化学学科、材料科学与工程2个博士后流动站。目前在学研究生共534人，其中硕士生164人，博士生162人，海西联培硕士生187人，外国博士留学生21人，在站博士后56人；研究生导师108人，其中博士生导师59人，硕士生导师49人。

2015年，福建物构所共有在研项目571项（包括新增项目243项）。其中，主持（或承担）973计划项目15项，863计划项目3项，国家科技支撑项目1项（新增），科技部国际合作计划1项，科技部国家重大科学仪器设备开发专项1项；主持（或承担）国家自然科学基金重点项目8项（新增1项）、国家自然科学科学基金重大项目课题1项、国家自然科学基金创新研究群体1项、杰青基金项目7项（新增1项）、国家自然科学基金重大研究计划重点项目6项（新增1项）、国家自然科学基金国际合作与交流项目8项（新增4项）、国家自然科学基金联合基金5项（新增1项）、国家自然科学基金仪器研制项目2项、国家自然科学基金重大研究计划集成项目2项、国家自然科学基金面上项目78项（新增16项）、国家自然科学基金青年基金108项（新增27项）；主持（或承担）中国科学院战略性先导科技专项课题9项，主持（或承担）院重点部署项目2项（新增1项）、院地合作项目10项；主持（或承担）福建省重大科技专项专题9项（新增3项）、福建省自然基金杰青项目6项（新增3项）、福建省科技计划重点项目/引导性项目40项（新增6项）。

“十二五”期间，福建物构所取得了具有重要影响的前沿原创成果，顺利通过2015年中国科学院组织的研究所“十二五”任务书评估验收，高质量全面完成“一三五”目标任务，其中“贵金属高效利用与替代的新型纳米催化材料”被评为院级优秀重大突破。

2015年，福建物构所出版了《固体激光材料物理学》专著，发表第一单位署名的SCI论文357篇，影响因子大于6.0的高水平论文92篇。2015年，福建物构所在自然指数（Nature Index）全国科研机构和高校中排名第28位，在中国科学院全部研究所中排名第6位。据中国科技信息研究所最新发布的中国科技论文统计结果显示，2014年度福建物构所国际论文被引用篇数在全国研究机构中排名第11位。2015年，福建物构所专利产出保持平稳态势，共申请中国专利122件、PCT国际专利3件，获得授权专利79件；有300余件申请在实质审查程序中，基本覆盖了福建物构所无机化学、催化、新能源、新材料以及激光器件技术等主要学科领域。

2015年，福建物构所主持的国家重大科学问题导向项目“贵金属高效利用与替代的纳米催化材料”通过科技部组织的验收。该项目围绕关键科学问题和预期目标，在贵金属纳米催化材料高效利用与替代基础研究、重要煤制大宗化工产品、石油化工加氢和系列精细化学品催化过程中变革性产业化技术开发等方面开展了深入研究，取得的重要创新性研究成果；主持的中国科学院重点部署项目“多功能环保型水性聚氨酯胶粘剂研发与产业化技术”通过验收。该项目开发出水性聚氨酯树脂工程化制备中的大规模高黏稠物料瞬间放热的温控技术、丙酮回收及再利用工艺技术和铁桶装聚酯多元醇电加热熔化真空吸取工艺技术，为年产10万吨水性聚氨酯胶粘剂提供成套技术。

2015年，福建物构所逐步形成了“自主知识产权+人才+共建研发平台”、“专利实施许可+合作中试+新知识产权共享”、“专利实施许可使用”、“人才团队+项目+资本”等多种成果转化模式，借助社会各类优势资源的力量，共同推动“中国牌晶体”、煤制乙二醇技术、锂电池电解液添加剂、半导体照明关键材料、半导体激光器、绿色环保聚氨酯胶等重大创新成果实现产业化，科技成果转移转化工作获中国产学研合作促进奖；结合福建产业需求，综合考虑中国科学院系统在闽合作基础及福建物构所的优势，明确将“福建光电产业技术转移示范”作为STS福建中心2016年的工作主题，组织中国科学院系统光电领域的科技成果在福建落地转化，带动省光电产业发展壮大。2015年2月6日，福建物构所与贵州京宇能源投资有限公司、兴仁县人民政府签订协议，合作开展二代煤制乙二醇中试项目。截至2015年底，福建物构所在节能环保产业、新一代信息技术产业及新材料产业等领域已成立科技企业14家，累计投资超过4亿元，预计5年内可为福建地方经济实现直接产值20亿元以上，带动相关产业新增产值200亿元以上。

2015年，福建物构所全年共有31批61人次国（境）外学者来所短期访问、合作研究、进行国际知名学术期刊的编辑出版公开宣讲活动或来华执行中科院国际访问学者项目等，35批55人次出国（境）参加国际会议、合作研究、境外培训及开展海外招聘活动，出访和来访总人次首次超过百人次。2015年10月23至26日，福建物构所在福州举办第10届中日双边金属原子簇化合物研讨会，经申请获批准拟于2016年11月在福州举办第5届中日双边晶体生长与技术研讨会。

中国化学会和福建物构所联合主办《结构化学》刊物，目前影响因子0.57，已成为我国化学研究的重要学术刊物之一。

（撰稿：王雪萍　叶培华　审稿：曹　荣）

城市环境研究所

所　　长：朱永官
地　　址：福建省厦门市集美大道1799号
邮政编码：361021
电　　话：0592-6190976
传　　真：0592-6190977
电子信箱：xnie@iue.ac.cn
网　　址：http://www.iue.cas.cn

中国科学院城市环境研究所（以下简称“城市环境所”）是中国科学院下属的事业法人单位，是中国科学院资源环境与高技术交叉领域的研究所，是目前国际上唯一的专门从事城市环境综合研究的国立研究机构，是中华人民共和国科学技术部“国际科技合作基地”、“国家级对台科技合作与交流基地”和国际科联“城市健康计划国际项目办公室”落户单位。

城市环境所拥有中国科学院城市环境与健康重点实验室、中国科学院厦门生物产业技术研究开发公共服务平台（国家高新技术产业发展计划项目）、厦门水环境安全与水质保障工程技术研究中心、厦门市危险废物鉴别和处置技术研发公共服务平台、厦门市城市代谢重点实验室、厦门市室内空气与健康重点实验室、中国科学院城市污染物转化重点实验室，为中国科学院城市大气环境研究卓越创新中心的依托单位，“城市污水和固体废弃物处理技术工程化实验研究平台”项目已开工建设。城市环境所的学科方向为环境化学与分析化学、环境经济与环境管理、生态学、环境生物与生物技术、环境工程与环境材料，重点研究领域为城市生态健康与环境安全、城市环境污染控制与资源化技术、城市环境工程与循环经济、城市生态环境规划与管理，研究单元设置为城市生态健康与环境安全研究中心、城市环境污染控制与资源化技术研究中心、城市环境工程与循环经济研究中心、城市生态环境规划与管理研究中心、仪器设备实验中心，以及两个科学观测研究站。2015 年，仪器设备实验中心所内新增仪器 100 多万，宁波站新增仪器 1100 多万。

截至 2015 年底，城市环境所共有在职职工 209 人。其中科技人员 161 人、科技支撑人员 48 人，研究员及正高级工程技术人员 27 人、副研究员及高级工程技术人员 37 人；全所进入创新岗位 172 人。共有“百千万人才”工程入选者 2 人；“青年千人计划”入选者 1 人，杰青基金获得者 3 人（新增 1 人），国家优秀青年科学基金获得者 1 人；中国科学院“百人计划”入选者 11 人（新增 1 人）；福建省杰出青年科学基金获得者 4 人，福建省引进高层次创业创新人才入选者 3 人，厦门市双百计划人才入选者 5 人（新增 1 人）。

城市环境所现设有环境科学与工程、生态学 2 个专业一级学科博士研究生培养点，环境科学与工程、生态学 2 个专业一级学科硕士研究生培养点，并设有环境科学与工程 1 个专业一级学科博士后流动站。共在学研究生 218 人（其中硕士生 96 人、博士生 122 人），在站博士后 18 人。在读外国留学生共 16 名。

2015 年，城市环境研究所共有在研项目 415 项（包括新增项目 110 项）。其中，承担（或参加）国家重大科学研究计划课题 2 项（新增0 项），主持（或承担）863 计划项目 4 项（新增 0 项），承担国家科技支撑计划课题（子课题）11 项（新增 0 项），主持（或承担）国家自然科学基金重点项目 2 项（新增 1 项）、面上项目 51 项（新增 11 项）、杰出青年科学基金项目 1 项（新增 1 项）、优秀青年科学基金项目 1 项（新增 0 项）、青年科学基金 49 项（新增 12 项）；承担国家公益性行业科研专项课题 4 项（新增1 项）；主持（或承担）中国科学院战略性先导科技专项课题 4 项（新增 0 项），主持（或承担）院重点部署项目 2 项（新增 0 项）、院仪器装备研制项目 3 项（新增 0 项）；承担重点国际合作项目 1 项（新增 1 项）；承担院地合作项目 1 项（新增 0 项）。承担地方政府科研项目 130 项（新增 31 项）；承担企事业单位委托等横向项目 98 项（新增 44 项），承担其他项目 33 项（新增 4 项）。

2015 年，城市环境所围绕三个重点突破（流域环境质量演变的城市化效应与风险、城市代谢与废物资源化技术集成、数字城市环境网络）和五个重点培育方向（长三角地区大气复合污染研究、大气环境与健康的模拟研究、城市水质安全新技术研发与系统集成、低成本复合型环境功能材料与集成应用、可持续小城镇规划与生态建设示范），按照中国科学院“率先行动”计划的总体要求并结合研究所自身的实际情况，重点开展针对城市化的生态环境效应开展基础科学研究（科学发现层面）；针对城市污染源头控制与废物资源化开展技术研发、集成与工程示范（技术创新层面）；通过环境物联网的构建与应用为可持续城镇规划、建设与管理提供科技支撑（规划管理层面）。

2015 年，城市环境所发表论文 310 余篇，其中被 SCI 收录 225 篇、EI 收录 168 篇、CSCD 收录 61 篇；申请专利 77 件，其中发明专利 50 件，实用新型专利 26 件，外观设计专利 1 件，授权发明专利 10 件，实用新型专利 12 件。城市环境所与福建省经济和信息化委员会、福建省住房和城乡建设厅、厦门市海沧区人民政府、中国水电顾问集团中南勘测设计研究院、中节能清洁技术发展有限公司、福建福仁康生物科技有限公司等单位签署了战略合作协议，与盛发环保科技（厦门）有限公司共建火电厂废水零排放研发中心，与江苏盐城环保科技城管委会共建“城市环境研究所盐城环保产业研究院”，与福辰科技有限公司（香港）共同设立中科同盛环保技术有限公司。2015 年，城市环境所承担的《美丽厦门环境总体规划》通过专家组评审，受厦门市环保局委托编写的《厦门市“十三五”生态文明建设专项规划》通过专家论证，与福建贝思达环保投资有限公司共同孵化成立中科贝思达（厦门）环保科技股份有限公司，还承担了

《PM2.5 防护口罩》行业联盟标准制定工作。

2015 年，城市环境所因公出访 91 人次，涉及 22 个国家和地区；共接待来自美国、日本、英国、中国台湾等 28 个国家和地区的科研人员共 153 人次；举办重要国际会议 4 次，通过国际人才计划引进访问学者 2 名。城市健康与福祉国际项目办公室工作进展顺利，举办了 2015 年国际城市健康与福祉计划第 7 届科学委员会会议，主持召开了世界社会科学小型研讨会——“城市背景下的大数据”，与“未来地球”中国委员会和中国科学院大气物理研究所共同承办了中国及亚太地区城镇化协同设计国际研讨会。

2015 年，城市环境所仪器设备实验中心在技术装备和技术能力建设方面都取得显著成绩。2015 年平台分析测试中心通过厦门市环保局对中心的管理体系及技术能力的现场评审，成功在厦门市环保局社会化环境检测机构备案。在厦门市科技项目支持下，2014—2015 年平台建立了危险废物鉴别技术中心，成立毒性鉴别实验室和特异性鉴别实验室，并于 2015 年底提交验收。中国科学院厦门生物产业技术研究开发公共服务平台在 2015 年服务了 65 家企业，出了 159 份测试报告，总测试费用收入 178 万元，并多次举办仪器使用研讨培训班，提升地区科研、技术人员仪器设备使用水平。

（撰稿：聂　璇　卢　新　审稿：蔡　澎）

南京地质古生物研究所

所　　长：杨　群
地　　址：江苏省南京市北京东路 39 号
邮政编码：210008
电　　话：025-83282105
传　　真：025-83357026
电子信箱：ngb@nigpas.ac.cn
网　　址：http://www.nigpas.cas.cn

中国科学院南京地质古生物研究所（以下简称“南京古生物所”）成立于 1951 年 5 月 7 日，其前身是前中央研究院地质研究所及前中央地质调查所等机构的古生物室（组），著名地质古生物学家、中国科学院副院长李四光教授为首任所长。

南京古生物所是一个从事古生物学、地层学及相关学科基础研究、应用基础研究和科学传播的综合性研究所，目标是建设成为国际一流的古生物学和地层学研究中心、古生物资料信息中心、古生物标本收藏中心、地质古生物学人才培养及科学传播基地，主要研究领域包括地球生命起源与早期演化，进化古生物学，古生物系统分类学，古生态、古地理、古气候研究，年代地层学，分子古生物学，地球生物学，生物与环境的协同演化，应用古生物学与地层学等。1998 年，南京古生物所成为中国科学院“知识创新”工程首批试点单位之一，2011 年在中国科学院“创新 2020”择优实施部署中再次获得首批整体择优支持。2015 年，南京古生物所积极筹建“生物演化与环境”卓越创新中心，持续推动研究所改革发展。

南京古生物所下设基础研究部（含古植物与孢粉学研究室、古动物学研究室、微体古生物学研究室）、现代古生物学和地层学国家重点实验室、中国科学院资源地层学与古地理学重点实验室 3 个科研机构，拥有图书资料信息中心、公共技术服务中心、科普部以及澄江古生物研究站 4 个支撑部门。

南京古生物所图书馆建于 1953 年，经过 60 多年的藏书建设，目前收藏古生物学与地层学专业图书期刊约 28 万册（期），其中外文期刊近 2500 种，约 20 万册（期），是亚洲最大的古生物学专业图书馆。南京古生物所标本馆是 1928 年在原中央研究院地质研究所标本室的基础上发展起来的，目前馆藏模式标本约 20 万件，不仅是我国最重要的古生物标本馆，也是世界上古生物标本收藏的重要机构。南京古生物所技术支撑平台包括扫描电子显微镜及能谱仪、X 射线断层成像显微镜、激光共聚焦显微镜、大型精密光学显微镜及成像系统、同位素质谱仪、气相色谱-质谱仪、光谱仪、元素分析仪、激光剥蚀机、全自动 DNA 遗传分析仪、化石处理及成像实验室、稳定同位素实验室、地球生物学实验室等国际一流的仪器设备和实验装置。

经过60余年的发展和几代科学家的努力，南京古生物所目前已成为分支学科齐全、科技力量雄厚、技术条件配套、学术成果丰硕、国际交流频繁的地层古生物综合研究中心。国外同行将南京古生物所与英国自然历史博物馆和美国斯密逊博物研究院并称为世界古生物学研究的三大中心。

截至2015年底，南京古生物所有在职职工148人，离退休职工223人。在职职工中有中国科学院院士4人、研究员及正高级工程技术人员40人、副研究员及高级工程技术人员44人。杰青基金获得者6人；中国科学院“百人计划”入选者6人。

南京古生物所是国务院学位委员会首批批准的博士、硕士学位授予权单位之一。现设有古生物学与地层学、地球生物学、地质工程和矿物学、岩石学、矿床学4个专业二级学科硕士研究生培养点，古生物学与地层学、地球生物学和矿物学、岩石学、矿床学3个博士研究生培养点，并设有博士后流动站。共有在学研究生69人（其中硕士生35人、博士生34人），在站博士后10人。

2015年，南京古生物所共有在研项目137项（含新增项目24项）。其中，承担国家重大科技专项课题1项，承担973计划课题4项、参加课题3项，承担国家科技基础性工作专项课题2项；主持国家自然科学基金重大项目1项、重点项目4项（新增2项）、国际合作项目2项（新增2项）、面上项目40项（新增4项）、重大研究计划项目1项、基础科学人才培养基金项目1项、创新研究群体科学基金项目1项、重大科研仪器设备研制专项1项、优秀青年科学基金项目1项、中德科学中心项目1项、青年科学基金项目20项（新增6项）、科普基金项目3项、外国青年学者研究基金项目1项，联合基金2项（新增2项）；承担中国科学院战略性先导科技专项课题11项，主持院重点部署项目1项、参加院重点部署项目1项，承担院科技创新交叉合作团队项目1项，院科研装备研制项目1项（新增1项），院“百人计划”D类入选者项目2项，院青年创新促进会项目5项（新增2项），承担院其他项目3项（新增3项）；承担英国皇家学会牛顿高级基金1项；参加中国地质科学院项目9项（新增1项）；主持江苏省自然科学基金项目6项（新增1项），地方政府委托项目1项；承担大中型企业委托项目6项。

2015年，南京古生物所共发表论文249篇，其中被SCI收录189篇，科普文章36篇，出版图书著作11本，获发明专利授权2项，计算机软件著作登记1项。*PNAS* 刊登了南京古生物所主持完成的瓮安生物群最古老的原始动物化石研究成果，“贵州始杯海绵”是迄今为止全球发现的最古老的可靠海绵化石记录，标本照片被 *Science* 杂志评为“2015年度十佳图片”。通过对中生代早期高纬度大陆沉积序列进行旋回分析，南京古生物所首次发现在晚三叠世–早侏罗世期间，与低纬度大陆气候变化主要受岁差周期驱动相反，高纬度地区气候变化主要受斜率周期驱动，相关研究成果发表在《美国科学院院报》。“中生代中晚期道虎沟生物群和热河生物群中的昆虫化石”研究成果获评2015年江苏省科学技术奖一等奖。现代古生物学和地层学国家重点实验室在科技部组织的评估中连续第四次获得优秀。

2015年，南京古生物所积极开展国际合作：获批中国科学院“国际访问学者计划”7项；主办第七届国际腕足动物大会、中英生物演化与适应双边研讨会及第12届中生代陆地生态系统国际学术研讨会；共有50批118人次先后出访参加国际会议并进行学术交流，接待80批127人次外宾来访；1位外籍专家获2015年江苏友谊奖；目前有20余位专家担任40多个国际学术组织的主席、副主席、选举委员等职。

南京古生物所是中国古生物学会的挂靠单位。南京古生物所主办的定期学术期刊有《古生物学报》、《微体古生物学报》、《地层学杂志》、*Palaeoworld*，不定期系列丛书《中国古生物志》，以及科普期刊《生物进化》和科普网站“化石网”。

（撰稿：陈孝政　顾元达　审稿：詹仁斌）

南京土壤研究所

所　　长：沈仁芳

地　　址：江苏省南京市北京东路 71 号
邮政编码：210008
电　　话：025-86881114
传　　真：025-86881000
电子信箱：iss@ issas. ac. cn
网　　址：http://www. issas. ac. cn

中国科学院南京土壤研究所（以下简称“南京土壤所”）成立于 1953 年，其前身是 1930 年创立的中央地质调查所土壤研究室，是中国现代土壤科学研究的发源地。

南京土壤所的发展目标和定位是面向我国现代农业可持续发展和生态环境建设的重大需求，聚焦耕地资源紧缺、土壤质量退化、环境污染加剧和农业资源利用率低等严峻问题，以土壤资源信息与数字化管理、土壤地力与定向培育、土壤环境与污染修复、土壤-植物营养与肥料高效利用、土壤微生物系统功能与调控、土壤物质循环及其环境效应与调控为研究领域，重点发展高精度数字土壤资源清单及决策支持服务、土壤养分高效与地力提升耦合增效、土壤污染过程与修复等核心理论和关键技术，为我国土壤资源合理利用、粮食安全保障和生态环境保护提供科技支撑和决策依据，建设国际一流的土壤科学研究机构。

南京土壤所目前拥有土壤与农业可持续发展国家重点实验室、土壤养分管理国家工程实验室、中国科学院土壤环境与污染修复重点实验室、农业部耕地保育综合性重点实验室等重要研究平台；设有土壤资源与遥感应用研究室、土壤-植物营养与肥料研究室、土壤化学与环境保护研究室、土壤物理与盐渍土研究室、土壤生物与生化研究室、土壤与环境生物修复研究中心、土壤利用与环境变化研究中心等研究单元；还拥有中国科学院生态系统研究网络土壤分中心、河南封丘农田生态系统国家野外科学观测研究站、江西鹰潭农田生态系统国家野外科学观测研究站、江苏常熟农田生态系统国家野外科学观测研究站、中国科学院三峡工程生态环境湖北秭归实验站。拥有联合国粮农组织的特约图书馆和亚洲最大的土壤标本馆。土壤与环境分析测试中心已获得国家实验室认可和国家计量认证。

截至 2015 年底，南京土壤所共有在职职工 307 人。其中科技人员 213 人，科技支撑人员 64 人，包括中国科学院院士 2 人、研究员及正高级工程技术人员 62 人、副研究员及高级工程技术人员 87 人。共有“千人计划”入选者 1 人；中国科学院“百人计划”入选者 14 人；国家杰出青年科学基金获得者 8 人。

南京土壤所是 1981 年国务院学位委员会批准的博士、硕士学位授予权单位之一。现设有农业资源与环境、环境科学与工程、生态学 3 个专业一级学科博士研究生培养点，土壤学、植物营养学、环境科学等 11 个专业二级学科硕士研究生培养点，并设有农业资源与环境、环境科学与工程 2 个一级学科博士后流动站。现有在学研究生 299 人（其中硕士生 125 人、博士生 174 人），在站博士后 34 人。

2015 年，南京土壤所共承担各类科研项目 369 项（当年新增 77 项）。其中，承担国家重大科技专项课题 1 项；主持 973 计划和国家重大科学研究计划项目 3 项、主持或参加课题 11 项；主持 863 计划项目 1 项；主持国家科技支撑计划项目 1 项、承担课题 9 项；主持国家科技基础性工作专项 2 项；主持国家自然科学基金重点项目 8 项（新增 2 项）、面上项目 66 项（新增 16 项）、杰青基金项目 2 项、国家自然科学基金重大研究计划（含中英重大国际合作研究计划）重点项目 4 项（新增 3 项），国家自然科学基金国际合作交流重点项目 3 项（新增 1 项）；主持中国科学院战略性先导科技专项（B 类）项目 1 项、课题 5 项，重点部署领域项目 8 项（新增 5 项），重点国际合作项目 3 项（新增 2 项）；承担院地合作项目 12 项（新增 4 项）。

2015 年，南京土壤所扎实推进“一三五”规划实施，积极推动落实“率先行动”计划和研究所分类改革，首批“一三五”规划顺利通过验收，其中“土壤地力提升的理论与技术体系”、“土壤-生物系统功能与应用”入选中国科学院“双百”优秀成果。2015 年初，南京土壤所被中国科学院批准成为农业领域首批试点建设的特色研究所，目前已在体制机制改革、科技创新和成果转移转化、人才队伍建设等方面采取了一系列有效措施，取得了阶段性成效。

2015年，南京土壤所科研工作扎实推进，取得了一系列重要成果。例如，在土壤微生物多样性及其碳氮转化功能研究方面，揭示了土壤微生物群落时空演替的影响因素及其维持机制，阐明了稻田系统土壤硝化过程、温室气体排放的微生物学机制；在植物营养抗逆机制与养分高效利用方面，揭示了植物营养抗逆的生理分子调控机制，研发了纳米水基聚合物包膜肥料及钾肥高效施用和替代技术并进行了大面积示范；在土壤环境过程与污染修复原理及应用方面，阐明了土壤中典型有机污染物的化学催化降解机制，集成了基于超积累植物伴矿景天吸取的高效修复综合技术并在湖南等省大面积示范，并建成了我国第一个稀土冶选矿山地下水渗透性反应墙PRB修复技术示范基地。南京土壤所全年共发表科研论文559篇，其中被SCI收录348篇；出版专著10部；52件专利获得授权。

2015年，南京土壤所新获多项科技奖励，其中“绿色高效肥料的创制及其应用”获得中华农业科技奖一等奖，“植物对酸性土壤铝毒及其共存胁迫因子的协同适应机制”获中国土壤学会科学技术奖一等奖，“滨海盐碱地加速治理培育与农业高效利用”获江苏省科技进步奖二等奖，“红壤丘陵区花生连作障碍阻控及高产高效关键技术研究与应用”获江西省科技进步奖二等奖。

2015年，南京土壤所分别与中石化第五建设有限公司、永清环保等知名企业签署了战略合作协议，在新型肥料开发、污染土壤修复、盐碱地改良等领域与地方和企业开展了一系列合作研究与示范。南京土壤所还制订了《中国科学院南京土壤研究所科技成果转移转化管理暂行办法》，确定将成果转化纯收益的60%用于奖励有贡献的科研团队及个人，有效推动了科技成果转移转化工作。

2015年，南京土壤所积极推进国际合作与交流，新争取中国科学院“国际杰出学者”1项，获批“中科院访问学者计划”2项，国际博士后项目1项，主办第12届东亚及东南亚土壤学联合会会议、第三届污染场地政策、环境管理与修复技术国际研讨会、中德地球关键带多尺度水土过程与溶质迁移双边会议、第20届国际土壤与耕作研究大会等重要国际会议，全年学术交流出访64人次，来访及顺访159人次。

南京土壤所是中国土壤学会、江苏省土壤学会和全国土壤质量标准化技术委员会的挂靠单位；主办*Pedosphere*、《土壤学报》、《土壤》3份中英文学术期刊，其中*Pedosphere*是我国唯一的土壤科学英文学术期刊且被收录为SCI源刊。

（撰稿：秦江涛　审稿：蔡　立）

南京地理与湖泊研究所

所　　长：沈　吉
地　　址：江苏省南京市北京东路73号
邮政编码：210008
电　　话：025-86882010；025-86882020；025-86882030
传　　真：025-57714759
电子信箱：niglas@niglas.ac.cn
网　　址：http://www.niglas.ac.cn

中国科学院南京地理与湖泊研究所（以下简称“南京地理所”）的前身系1940年8月在重庆北碚成立的中国地理研究所，1958年更名为中国科学院南京地理研究所，1988年改为现名。中国科学院院士黄秉维、任美锷、周立三曾先后担任过所长。

南京地理所的战略定位是开展自然和人文要素驱动下湖泊-流域系统过程、格局及其相互作用与调控机理研究，为国家湖泊资源合理利用、湖泊环境治理与生态保护及区域可持续发展做出基础性、战略性和前瞻性贡献，努力将研究所建成为国际著名湖泊-流域科学基础研究和高层次人才培养基地；国家湖泊资源利用与环境治理工程技术研究中心；经济发达地区可持续发展科学研究与决策咨询中心。

“十三五”期间，南京地理所将继续围绕湖泊及其流域的生态环境变化格局、过程及机制的科学前沿，面向湖泊流域水资源管理、湖泊流域水环境治理及饮用水源地安全保障等国家重大需求，面向生态环境改善的城乡发展及流域可持续发展地方发展要求，继续深化自然和人文要素驱动下湖泊-流域系统过程、格局及其相互作用与调控机理研究，努力为国家湖泊资源合理利用、湖泊环境治理与生态保护，以及区域可持续发展做出基础性、战略性和前瞻性贡献。在湖泊生态系统演变与全球变化、浅水湖泊流域水质管理与生态系统调控、水环境及生态系统监测（模拟）技术及应用3个方面形成重大突破，重点培育湖泊沉积与气候变化定量重建、湖泊生物群落结构功能与调控、湖泊复合污染的生态效应与防控治理、流域-湖库生态水文过程与模拟和新型城镇化区域的乡村转型及其资源环境的可持续管理5个方向。

南京地理所现设有湖泊与环境国家重点实验室、中国科学院流域地理学重点实验室、湖泊生态与环境工程研究中心、区域发展与规划研究中心、湖泊野外观测与数据中心（含太湖湖泊生态系统国家野外观测研究站、鄱阳湖湖泊湿地观测研究站、抚仙湖高原深水湖泊研究站和湖泊-流域数据集成与模拟中心）。南京地理所现有30万元以上的大型仪器设备100余台（套）。图书馆馆藏图书期刊12万多册，各种地形图63 000多幅，航卫片77 000多张。此外，南京地理所还馆藏地方志4262种44 000多册，其中善本近百种，孤本十余种。

截至2015年底，南京地理所共有在职职工243人。其中科技人员209人、科技支撑人员24人，包括研究员及正高级工程技术人员43人、副研究员及高级工程技术人员73人；全所进入创新岗位233人。共有“青年千人计划”入选者1人；“万人计划”入选者1人（新增1人），杰青基金获得者4人，优秀青年基金获得者1人；中国科学院“百人计划”入选者9人。2015年，南京地理所获“中科院青年科学家奖”1人。

南京地理所是1981年国务院学位委员会批准的自然地理学硕士学位授予权单位之一。现设有地理学、环境科学与工程2个专业一级学科博士研究生培养点，自然地理学、人文地理学、地图学与地理信息系统、环境科学4个专业二级学科博士研究生培养点，自然地理学、人文地理学、地图学与地理信息系统和环境科学4个专业二级学科硕士研究生培养点，以及工程硕士（环境工程、建筑与土木工程领域）全日制专业学位培养点，并设有地理学专业一级学科博士后流动站。共有在学研究生191人（其中硕士生80人、博士生111人、留学生4人），在站博士后16人。

2015年，南京地理所共有在研项目264项（包括新增项目80项）。其中，主持973计划和国家重大科学研究计划项目2项、承担课题5项，承担国家重大科技专项课题4项，主持国家科技支撑计划项目1项、承担课题1项，主持国家科技基础性工作专项1项；承担国家自然科学基金重点项目6（新增1项）、面上项目56项（新增19项）、杰青基金项目2项；主持院重点部署项目1项；承担重点国际合作项目6项；新增中科院科技服务网络（STS）计划项目1项。

2015年，南京地理所主持“湖泊环境底质恶化诊断与治理修复技术及其应用”获环保部科技进步奖一等奖；“蓝藻水华监测预警及湖泊水源地保护关键技术研发及应用”获中国科学院科技促进发展奖二等奖。陈雯研究员和杨桂山研究员等共同撰写的《关于主动参与“一带一路”建设，加快推进我省经济转型升级的对策建议》及杨桂山研究员参与撰写的《我省长江水环境治理研究及对策建议》通过江苏省科协第51期的江苏省科技工作者建议提交给江苏省主要领导，均获得江苏省委书记罗志军的批示。

据统计，2015年南京地理所共发表论文454篇，其中被SCI收录267篇，一区和二区论文84篇；新申请和授权专利80件，其中发明专利60件，实用新型专利20件，软件著作权登记30件，出版专著9部（含英文专著2部）。2015年进所各类经费首次超过2亿元，科研条件不断提升。

2015年，南京地理所在科研支撑平台建设方面迈向新台阶。湖泊与环境国家重点实验室顺利通过科技部评估；实验室大型仪器设备共享服务平台通过CANS组织的认可复评审；中科院流域地理学重点实验室初步建成了流域生态、流域大气与土壤及流域地表多要素遥感3个专业实验室；作为技术单位和呼伦湖国家级保护区管理局共建的呼伦湖湿地生态系统定位观测研究站得到国家林业局批准加入国家陆地生态系统定位观测研究站网；和溧阳市人民政府正式签订协议，共建“天目湖流域生态观测研究站”；湖泊-流域数据集成与模拟中心2015年正式命名为“湖泊-流域科学数据中心”。

南京地理所投资公司2个，分别为南京中科集团股份有限公司和南京中科水治理有限公司，从事科技开发人员数34人，年产值共约2.8亿元，研究所参股效益约2300万元。

2015年，南京地理所深入推进国际合作，派出科学家55批118人次，接待境外来访人员52批79人次。新增科技部中美国际合作项目“气候与人类影响下太湖有害蓝藻风险变化研究”。南京地理所作为核心成员参建的海外科教基地——中-非联合研究中心2015年重点针对非洲坦噶尼喀湖流域水土资源利用和水环境保护问题，在土地覆被/土地利用变化、非洲城市河流水质监测规划方面取得实质进展。南京地理所与兰州大学合作举办了第13届国际古湖沼大会，组织召开了湖泊-流域过程与相互作用及其对极端水文过程的响应国际学术研讨会、第三届全国沉积物环境与污染控制研讨会等大型国际国内学术研讨会。

南京地理所目前是江苏省海洋湖沼学会、江苏省地理学会、江苏省遥感与地理信息系统学会、中国地理学会长江分会、中国第四纪科学研究会全新世分会的挂靠单位，主办《湖泊科学》学术期刊。

（撰稿：胡笑琪　陈亚芬　审稿：沈　吉）

紫金山天文台

台　　长：杨　戟
地　　址：江苏省南京市鼓楼区北京西路2号
邮政编码：210008
联系电话：025-83332000
图文传真：025-83332091
电子信箱：pmoo@pmo.ac.cn
网　　址：http://www.pmo.cas.cn

中国科学院紫金山天文台（以下简称“紫金山天文台”）成立于1950年5月20日，前身是1928年2月成立的国立中央研究院天文研究所。紫金山天文台是我国创建的第一个现代天文学研究机构，被誉为“中国现代天文学的摇篮”。党和国家领导人毛泽东、朱德、邓小平、江泽民和胡锦涛等都曾到紫金山天文台视察。

紫金山天文台是以天体物理和天体力学为主要研究方向的研究所，1999年3月成为中国科学院“知识创新”工程试点单位之一。依据“十二五”发展规划和“创新2020”组织实施方案，紫金山天文台总体发展目标是：到2020年，紫金山天文台进入国际天文研究机构的先进行列，成为满足国家特定需求的核心机构之一。近期，紫金山天文台将努力建成国际先进或国内领先的以暗物质粒子探测为核心的空间天文探测研究基地；以太赫兹探测技术为支撑，面向天文学重大科学问题的南极天文和射电天文研究基地；以人造天体动力学和探测技术为支撑，面向国家战略需求的空间目标和碎片观测研究中心；以近地天体探测研究为基础，面向深空探测的行星科学研究中心。

紫金山天文台设有4个研究部，分别为暗物质和空间天文研究部、南极天文和射电天文研究部、应用天体力学和空间目标与碎片研究部、行星科学和深空探测研究部，共包含17个研究团组和2个研究中心；拥有5个实验室，分别为暗物质和空间天文实验室、毫米波和亚毫米波技术实验室、天文望远镜技术实验室、行星科学与深空探测实验室、天体化学和行星科学实验室。

紫金山天文台建设和运行中国科学院射电天文重点实验室、中国科学院空间目标与碎片观测重点实验室、中国科学院暗物质与空间天文重点实验室、行星科学与深空探测实验室。

紫金山天文台是中国科学院空间目标与碎片观测研究中心、中国科学院南极天文中心（筹）的挂靠单位。

紫金山天文台设有8个野外业务观测基地，分别为德令哈毫米波观测基地、盱眙天文观测站、南极昆仑站天文台、赣榆太阳活动观测站、洪河天文观测站、姚安天文观测站、青岛观象台和紫金山科研科普园区。其中德令哈毫米波观测基地是我国最大的毫米波射电天文观测基地，盱眙观测站是我国唯一的天体力学实测基地，南极昆仑站天文台是我国唯一位于南极的天文观测基地。各野外台站运行 13.7 米毫米波望远镜、1 米近地天体望远镜、多台（套）设备组成的空间目标与碎片观测网、Hα 太阳精细结构望远镜、太阳射电频谱仪、近红外太阳光谱仪等观测设备。

截至 2015 年底，紫金山天文台共有在职职工 326 人。其中科技人员 209 人、科技支撑人员 91 人，包括中国科学院院士 2 人、研究员及正高级工程技术人员 51 人、副研究员及高级工程技术人员 71 人。共有“千人计划”入选者 1 人，“青年千人计划”入选者 3 人，“百千万人才”计划入选者 7 人，杰青基金获得者 13 人；中国科学院“百人计划”入选者 20 人。

紫金山天文台是 1978 年国务院学位委员会批准的首批硕士学位和 1981 年博士学位授予权单位之一。现设有 1 个天文学一级学科博士、硕士研究生培养点，控制工程、电子与通讯 2 个专业一级学科硕士学位工程培养点，天体物理、天体测量和天体力学、天文技术与方法 3 个专业二级学科硕士、博士研究生培养点，并设有天文学博士后流动站。共有在学研究生 154 人（其中硕士生 66 人、博士生 81 人、联合培养硕士 7 人），在站博士后 12 人。

2015 年，紫金山天文台共有在研项目 277 项（包括新增项目 90 项）。其中，主持 973 计划项目 3 项、子项 8 项；主持（或承担）863 计划项目 15 项（新增 6 项）；主持（或承担）国家其他项目 17 项；主持（或承担）国家自然科学基金项目 105 项（新增 23 项），其中重大项目 2 项、重点项目 6 项（新增 1 项）、面上项目 36 项（新增 8 项）、杰出青年基金 1 项，主持（或承担）国家自然科学基金重大科研仪器研制项目 2 项（新增 1 项）；承担中国科学院战略先导科技专项课题 11 项和子课题 10 项，主持（或承担）中国科学院“知识创新”工程重要方向项目 1 项，“百人计划”项目 5 项；承担江苏省自然科学基金 16 项；横向项目 9 项（新增 3 项）。

2015 年，紫金山天文台共发表科技论文 207 篇，其中国际合作论文 73 篇，SCI 论文 144 篇，影响因子 3.0 以上的 105 篇，被引用 186 篇次；申请专利 11 件，其中发明专利 9 件；申请软件著作权 8 件；专利授权数 6 件，其中发明专利 5 件。

2015 年，紫金山天文台取得系列重要科研进展：“暗物质粒子探测卫星”于 12 月 17 日成功发射，并已获得科学数据，入选 2015 年中国和世界航天十大新闻、2015 年度十大科学传播事件，并“入选”习近平总书记新年贺词，作为“只要坚持，梦想总是可以实现的”例证之一；进一步完善“中国南极昆仑站天文台”建设方案和科学目标。组织了第 32 次南极内陆天文科考；空间目标与碎片观测系统设备运行正常，目标管理能力持续增长，圆满完成多项国家任务。相关的地基配套项目通过中科院验收，完成了洪河多目标探测系统升级改造；积极争取国家载人航天任务；973 计划项目“日地空间天气预报的物理基础与模式研究”圆满结题；973 计划项目“利用南极巡天望远镜在超新星宇宙学及太阳系外行星方面的前沿研究”进展顺利；重大仪器专项项目“太赫兹超导阵列成像系统”和基金重大项目“极端台址环境下的天文望远镜关键技术方法研究”通过中期评估。

2015 年，紫金山天文台科研取得多项突破性成果：高能天体物理和太阳物理研究领域在国际专家诊断评估中被评为优秀；“一三五”培育方向二“宇宙中的恒星形成研究与太赫兹技术”在中国科学院组织的院属单位“十二五”任务书验收中被评为优秀；“中国科学院空间目标与碎片观测重点实验室”通过院重点实验室评估并晋升 B 类。日冕物质抛射研究取得重要进展。在日冕物质抛射（CME）的质量演化研究方面，计算了 STEREO 卫星数据中 CME 的质量及演化，分析了引起 CME 质量随时间增加的可能因素及其作用范围；在日冕物质抛射内部的径向速度分布和演化研究方面，详细研究了一个慢速 CME 内部的径向速度的分布和演化。所提出的不同壳层的拉格朗日轨迹，可以提供比传统的方法更有意义的关于 CME 物质传输的信息。发现银心的疑似暗物质信号不是来自于银河系背景模板的选取不当，而应该是真实的物理信号。首次在长短暴中发现巨新星信号，确认长短暴本质上是短暴，起源于致密星并合，并首次得到巨新星的多波段光变曲线；利用快速射电暴、伽玛暴等宇宙暂现源对爱因斯坦广义相对论等效原理进行最精确检验；率先提出利用 Ic 型超亮超新星检验宇宙学模型和限制宇宙学参数。“银河画卷计划”本年度共完成 1065 个巡天单元，巡天计划已完成 40%。利用银河画卷巡天数据在银河系第二象限发现一段银心距最远的分子气体旋臂结构。对图塔蒂斯小行星表面地质特征和自转动力学研究取得了重要成果；近地天体望远镜年度小天体巡天观测数据量首次超过 100 万条；近地天体望远镜小行星光变数据量超过 1 万条。利用阿尔文波非线性阻尼机制解释低日冕阿尔文波强阻尼的观测现象，并提出一种阿尔文波非线性阻尼物理图像——矢量阻尼。通过对新疆阿勒泰地区发现的几块大铁陨石的矿物岩石学和微量元素地球化学研究工作，确定它们是与新疆 28 吨大铁陨石配对的，陨石洒落区长达 430 公里，为当今地球发现的最大陨石雨。NIHAO 星系形成数值模拟取得一系列重要成果。发现了暗物质晕并合与大尺度结构的相关性。

紫金山天文台于 1992 年出资组建南京紫金山天文台星河电子系统工程公司，后更名改制为南京紫金山天文台星河电子有限责任公司。截至 2015 年底，公司职工总数 80 人，其中大专以上科技人员 48 人，大专以上研发人员 20 人。公司具有高级技术职称 6 人，研究员 1 人。2015 年产值：3302.46 万元，利润总额 1244.67 万元。

2015 年，紫金山天文台全年完成出访任务 175 人次（其中中国台湾地区 8 人次），涉及 20 个国家/地区，出访形式主要包括所级协议合作研究（93 人次）和国际会议（78 人次）等，出访国家/地区以美国（62 人次）、德国（23 人次）、瑞士（21 人次）、法国（13 人次）、韩国（11 人次）等为主。出访活动中，国际会议大会报告、分会报告或墙报等 67 人次。全年来访 86 人次（63 团，80 人），涉及 14 个国家/地区，主要是来华开展合作研究、考察访问等。与其他国家/地区人员合作发表论文 73 篇。

2015 年，紫金山天文台重要国际合作项目取得显著进展。“暗物质粒子探测卫星（DAMPE）”成功完成瑞士欧洲核子中心（CERN）束流试验，为卫星的成功发射奠定基础；签订中澳天文联合研究中心（Australia-ChinA ConsortiuM for Astrophysical Research，简称 ACAMAR）合作协议，推动了中澳在射电、光学、红外及南极天文学等方面的合作；与日本、法国合作，开展关于太赫兹超导热电子混频器探测技术、太赫兹超导动态电感探测器（MKIDs）的合作研究。以中国国家航天局的名义参加了联合国外空委科技小组委员会 52 届会议、第三十三届 IADC 会议。此外，2015 年，紫金山天文台执行与国外研究机构和大学签订国际合作协议 12 项（新增 1 项）。国际人才计划项目方面，执行“国际访问学者”3 项，“国际博士后”1 项，“台湾青年访问学者计划”1 项，新立项国际人才计划项目 2 项。主办/承办的国际会议共 4 场，分别是 2015 年南极巡天望远镜国际会议、第三届中德“恒星和行星形成研讨会：多波段大规模巡天带来的全景认识”双边研讨会、第二届中德太阳物理双边学术研讨会——太阳活动的多波段观测和模型和第十六届东亚地区亚毫米波接收机技术研讨会。

2015 年，紫金山天文台共有国际天文联合会（IAU）正式会员 67 人。紫金山天文台以“高校与科普博物馆”的类型加入国际宇航联合会。

紫金山天文台是我国开展天文科学普及的重点单位、全国科普教育基地、全国重点文物保护单位，以紫金山科研科普园区、青岛观象台等重点科普基地为骨干，开展科普宣传，面向社会开放。2015 年共接待青少年和社会公众 26 万人次。

2015 年紫金山天文台仙林园区建设取得重要进展。

紫金山天文台图书馆，历经 80 多年的沧桑砥砺，是我国馆藏资源最为丰富的天文学图书馆，图书馆现有图书和期刊（合订本和单行本）30 余万册，馆藏文献库之丰富，居全国之首，亦为东亚地区最大最全的天文图书馆。

紫金山天文台为中国天文学会的挂靠单位。是《天文学报》（双月刊）和英文刊 *Chinese Astronomy and Astrophysics*（季刊）的承办单位。

（撰稿：徐瑾瑜　朱爱仲　审稿：张丽萍）

苏州纳米技术与纳米仿生研究所

所　　长：杨　辉
地　　址：江苏省苏州市苏州工业园区若水路398号
邮政编码：215123
电　　话：0512-62872509
传　　真：0512-62603079
电子信箱：office@sinano.ac.cn
网　　址：http://www.sinano.cas.cn

中国科学院苏州纳米技术与纳米仿生研究所（以下简称“苏州纳米所”）由中国科学院、江苏省人民政府和苏州市人民政府于2006年共同出资筹建，于2009年7月22日获中央编制委员会办公室批复正式成立，2009年12月9日通过中国科学院、江苏省人民政府、苏州市人民政府组织的筹建工作验收。

苏州纳米所定位于纳米科技的应用基础研究和产业化，在学科布局上坚持“应用需求牵引学科建设，学科建设支撑应用发展”的原则，主要围绕能源、环境、信息、生命与医学等领域开展研发工作；围绕半导体激光器及应用、半导体器件与技术、印刷电子学、胶体化学与界面化学和纳米材料等布局重点学科。

苏州纳米所目前建有8个研究部，分别为纳米器件及相关材料研究部、纳米生物医学研究部、纳米仿生研究部、系统集成与IC设计研究部、国际实验室、学科交叉综合研究部、印刷电子学研究部和先进材料研究部；5个中心，分别为信息与战略研究中心、技术转移中心、工程化中心、技术培训中心和太阳能电池检测分析中心；4个公共服务平台，分别为纳米加工平台、测试分析平台、生化平台和计算平台。

苏州纳米所建有中国科学院纳米器件与应用重点实验室、中国科学院纳米-生物界面重点实验室、省部共建国家重点实验室培育基地——江苏省纳米器件重点实验室3个省部级重点实验室和6个苏州市重点实验室，以及一批与企业和其他机构共建的联合实验室，是中国科学院太阳电池研究中心（筹）依托单位。

截至2015年底，苏州纳米所共有在职职工499人。其中科技人员305人、科技支撑人员140人，包括中国科学院院士2人（均为兼聘）、研究员及正高级工程技术人员80人、副研究员及高级工程技术人员99人；全所进入创新岗位375人。共有“千人计划”入选者10人（新增1人），“青年千人计划”入选者9人（新增1人），杰青基金获得者6人；国家优秀青年科学基金获得者2人（新增2人），“百千万人才”工程入选者1人；中国科学院“百人计划”入选者44人（新增3人）；“江苏省高层次创业创新人才引进计划”入选者29人（新增3人），江苏省“333”高层次人才入选者19人；苏州市“姑苏创新创业领军人才计划”入选者11人（新增2人）；苏州工业园区“金鸡湖双百人才计划”入选者96人（新增7人）。

苏州纳米所现设有电子科学与技术、化学2个一级学科博士研究生培养点，电子科学与技术、化学、生物医学工程3个一级学科硕士研究生培养点；微电子学与固体电子学、物理化学、细胞生物学3个二级学科博士、硕士研究生培养点；生物工程、电子与通信工程、集成电路工程3个专业学位硕士研究生培养点，并设有电子科学与技术、化学2个一级学科博士后流动站，共有在学研究生426人（其中硕士生344人、博士生82人），在站博士后63人。

2015年，苏州纳米所共有在研项目1066项（包括新增项目160项）。其中，承担国家重大科技专项课题5项，承担（或参加）课题16项（新增1项），主持（或承担）863计划项目7项（新增1项）；主持（或承担）国家自然科学基金重点项目7项（新增3项）、面上项目79项（新增19项）、杰青基金项目2项、国家自然科学基金重大研究计划重点项目1项；主持（或承担）中国科学院战略性先导科技专项课题11项，主持（或承担）院重点部署项目4项、重大仪器研制项目（科技部、国家自然科学基金委、财政部和院）15项；承担重点国际合作项目15项（新增4项）；承担院地合作项目15项。

2015年，苏州纳米所获批江苏省印刷电子工程实验室和苏州市热管理技术及应用重点实验室；抓好2011协同创新工作，促进科教融合，与苏州大学共建功能纳米材料与器件联合实验室；与企业合作，推进校企导师互聘和校企协同工作站建设；纳米加工、测试分析和生化平台继续面向社会全方位开放，除完成研究所的科研任务外，积极为国内高校、科研机构和企业提供加工测试服务，累计服务101 026机时，培训人员3022人次，为纳米科研发展和纳米技术相关产业发展提供了强有力的技术支撑。

2015年，苏州纳米所全面推进院地共建重大科技基础设施——纳米真空互联实验站的前期预研建设工作，完成一期基建设计、总体技术方案论证、设备与管道50%的招标采购任务。

2015年，苏州纳米所“十二五”规划任务和二期基建项目顺利通过中国科学院组织的验收，“一三五”规划项目中的“GaN基激光显示技术”入选院优秀重大突破项目，其他两项顺利结题；在四类机构建设中，苏州纳米所以建设特色研究所为重点，积极推进研究所“十三五”规划编制工作，有1位研究员参与了脑科学卓越中心、5位研究员参与了纳米卓越中心的工作。

2015年，苏州纳米所发表学术论文461篇，其中国际刊物发表401篇。申请专利220项，其中国内发明专利187项，国际专利27项。获授权专利134项，其中发明专利118项，国际专利2项。

2015年，苏州纳米所以市场需求和产业发展为导向，努力推进科技成果转移转化。围绕国家战略需求，调整研究所的考评机制，引导科研人员面向产业化开展研究工作；拓展转移转化通道，做实共建技术转移机构，建立工程化中试平台；以专利分类分级管理作为切入点，推进专利价值分析工作，成为国家知识产权局首批专利价值分析试点单位；加强知识产权运营，实现专利所有权转让及许可16件，收入318万元。

2015年，苏州纳米所积极抓好中国科学院苏州产业技术创新与育成中心工作，服务地方经济发展；协助中国科学院相关研究所在苏州建立研发机构并获得地方政府支持；2015年共引进51家公司，5家企业获得总额过2亿元投资，4家企业准备上市；通过佛山行、长春行及苏州行等系列活动，组织逾百名苏州科技系统相关领导及人员与中科院对接，推动中国科学院与苏州在科技成果转化、人才培养、科研机构建设等领域更加深入地合作。

2015年，苏州纳米所积极开展国际交流与合作，全年共有60人次因公出国出访，接待70余人次国外知名学者、访问团队来所访问交流；主办第16届半导体缺陷识别、成像与物理国际会议，承办第1届全国宽禁带半导体学术及应用技术会议和第5届全国柔性与印刷电子研讨会。

（撰稿：曾光强　张明杰　审稿：刘佩华）

苏州生物医学工程技术研究所

所　　长：唐玉国
地　　址：江苏省苏州市高新区科技城科灵路88号
邮政编码：215163
电　　话：0512-69588000
传　　真：0512-69588088
电子信箱：office@sibet. ac. cn
网　　址：http://www. sibet. cas. cn

中国科学院苏州生物医学工程技术研究所（以下简称“苏州医工所”）是中国科学院唯一以医疗仪器为主要研发方向的国立研究机构，由中国科学院、江苏省人民政府、苏州市人民政府三方共同出资建设。2008年8月1日，中国科学院委托长春光学精密机械与物理研究所负责苏州医工所的筹建和管理运行。2012年11月26日，苏州医工所顺利通过验收正式成为中国科学院序列研究所。

苏州医工所定位于“面向生物医学的重大需求，开展先进生物医学仪器、试剂和生物材料等方面的基础性、战略性、前瞻性的研究工作，引领我国生物医学工程技术的发展，建成医疗仪器科技创新与成果转化平台”。重大突破方向包括“生物医学超/高分辨显微光学技术”，“先进体外诊断技术”和“高端专科医学影像技术”。重点培育方向包括“人体健康状态辨识与机能增强技术”，“脑科学仪器技术”，“生物医学超声成像与治疗技术”，“医疗健康大数据技术”和“医疗器械工程化技术”。

截至2015年底，苏州医工所共设有6个管理部门和6个研究室。6个管理部门分别为综合管理处、科研管理处、成果转化处、资产财务处、人事教育处、战略规划处；6个研究室分别为医用光学技术研究室（江苏省医用光学重点实验室）、医学检验技术研究室（中国科学院生物医学检验技术重点实验室）、医学影像技术研究室、医用电子技术研究室、医用声学技术研究室、康复工程技术研究室，其中包括精密机械技术和医用微纳技术2个工程技术支撑平台。

科研条件建设方面，苏州医工所一期基建总建筑面积6.9万平方米已投入使用。二期基建总建筑面积0.9万平方米已经竣工验收，部分投入使用。研究所科研装备投入已达2亿元。

截至2015年底，苏州医工所共有在职职工258人。其中科技人员223人，科技支撑35人，包括研究员及正高级工程技术人员27人、副研究员及高级工程技术人员38人；全所进入创新岗位223人。共有“千人计划”入选者1人，中国科学院“百人计划”入选者15人。

苏州医工所现设有光学工程、生物物理学2个博士研究生培养点，光学工程、生物医学工程、仪器仪表工程、生物物理学等5个专业一级（或二级）学科硕士研究生培养点，共有在学研究生145人（其中硕士生117人、博士生28人）。

2015年，苏州医工所新承担国家、院、省市及横向项目共计59项，其中863计划4项、国家自然科学基金10项；中国科学院项目15项；江苏省、苏州市项目共16项；横向项目13项；申请专利224项（其中，发明专利133项、实用新型86项、外观设计5项），申请软件著作权16项；新授权专利144项（其中，发明专利59项、实用新型81项、外观设计4项）；新登记软件著作权10项；发表高水平论文156篇，其中被SCI收录54篇、EI收录30篇。

2015年，苏州医工所面向所内外征集成果转化项目120余项，设立项目公司10家。与天津东丽区人民政府签署全面合作协议。与吉林省亮达医疗器械有限公司、长春先盈医疗科技有限公司、南京济朗生物科技有限公司等单位成立联合研发中心。苏州医工所以中国科学院单位为主导，整合国内基础类机构、工程类机构、临床医院、风险投资、产业公司、知识产权机构等优势资源，牵头组建中国科学院先进医疗器械产业孵化联盟；以苏州医工所为支撑平台，苏州国科医疗科技发展有限公司获批江苏省产业技术研究院生物医学工程技术研究所；全面完成先进医疗器械工程化中心建设，组织架构搭建完毕，人员、设备全部到位；获批高新区创新创业领军人才项目4项。

2015年，苏州医工所积极联合国际一流高校院所，通过引进、合作等方式部署基础及应用基础的研究。目前已与剑桥大学电子学部建立全面合作关系，成立了“中科-剑桥纳米生物传感及系统创新中心”；与牛津大学在检验生物医学方向开展合作；与帝国理工在电子工程方向开展合作；与德国慕尼黑工业大学在脑科学方向开展合作；与巴黎高等师范学校在纳米打印方向开展合作；与白俄罗斯国家科学院开展多方面合作。全年组织了30余次的学术交流，接待外国专家60余人次。此外，苏州医工所于2015年9月成功举办了第二届生物医学工程苏州国际学术会议，会议邀请了美国国家科学院院士、英国皇家科学院院士、中国科学院院士等30多位专家和学者做主题报告。

（撰稿：赵　鹏　肖心通　审稿：袁艳明）

合肥物质科学研究院

院　　长：匡光力
地　　址：安徽省合肥市蜀山区蜀山湖路350号
邮政编码：230031
电　　话：0551-65591295
传　　真：0551-65591270

网　　址：http://www.hf.cas.cn（中文）
http://english.hf.cas.cn（英文）

中国科学院合肥物质科学研究院（以下简称“合肥研究院”）坐落在合肥市西郊风景秀丽的蜀山湖畔科学岛上，面积约2.65平方公里。合肥研究院正式成立于2003年5月，由科学岛上原有的4个研究所（安徽光机所、等离子体所、固体物理所、合肥智能机械所）与原合肥分院合并组成，成立后又陆续建立中国科学院强磁场科学中心、先进制造技术研究所、技术生物与农业工程研究所、医学物理技术中心、中科院核能安全技术研究所、应用技术研究所6个非法人研究单位，与地方政府共建了安徽循环经济工程院、皖江新兴产业发展中心、淮南新能源中心、中科院合肥技术创新工程院、合肥离子医学中心，与安徽省科协共建并负责管理合肥现代科技馆。

合肥研究院还拥有1个国家工程中心，17个省部级重点实验室/工程中心，以及全超导托卡马克实验装置（EAST）、稳态强磁场实验装置2个国家重大科技基础设施，牵头建立了合肥战略能源和物质科学大型仪器区域中心。

合肥研究院定位面向世界科学前沿、面向国家战略需求和我国产业技术发展需要，着力于核聚变、环境监测与治理、强磁场等已具优势基础的研究领域的发展；着力于推进光电空天技术、新型功能材料、高端医疗、现代农业等高新技术创新及其转移转化。合肥研究院目标建设并依托大科学装置集群，开展基础性研究和高新技术研发，将科学岛建成著名的综合科学研究中心。

合肥研究院在2014年进入中国科学院“率先行动”计划四类机构试点、依托筹建合肥大科学中心的工作基础上，2015年完成了岗位设置、人员遴选，组建了第一届科技委员会、用户委员会，基本完成中心筹建任务。此外，固体所、智能所、强磁场中心等单元有一批骨干分别入选中科院纳米卓越中心、脑科学卓越中心；智能所、应用技术所、技术生物所、先进制造所正在联合申报中科院现代农业特色研究所；安光所与中科院大气物理所筹备联合申请中科院大气科学创新研究院。

截至2015年底，合肥研究院共有在职职工2497人，其中科技人员2072人、科技支撑人员252人，包括中国工程院院士4人、研究员及正高级工程技术人员304人、副研究员及高级工程技术人员648人。拥有“千人计划”入选者10人（新增2人），“青年千人计划”入选者7人（新增3人），“百千万人才”工程国家级人选6人（新增0人），“万人计划”入选者4人（新增1人），国家杰出/优秀青年科学基金获得者6人（新增1人）；中国科学院“百人计划”入选者50人（新增4人），院创新国际团队3个（新增2个）。2015年3月，合肥研究院入选科技部“国家创新人才培养示范基地”。

合肥研究院现设有等离子体物理、凝聚态物理、光学、大气物理学与大气环境、生物物理学、材料物理与化学、核能科学与工程7个博士研究生培养点；等离子体物理、凝聚态物理、光学、大气物理学与大气环境、生物物理学、材料物理与化学、核能科学与工程、精密仪器及机械、制冷与低温工程、电子科学与技术、检测技术与自动化装置、计算机应用技术、核技术及应用13个学术型硕士培养点；仪器仪表工程、材料工程、动力工程、电子与通信工程、控制工程、计算机技术、核能与核技术工程、环境工程、生物工程、化学工程10个专业型硕士培养点，并设有等离子物理、凝聚态物理、光学、大气科学、核科学与技术5个博士后流动站。截至2015年底，共有在学研究生1486人（其中硕士生741人、博士生745人），在站博士后60余人。

2015年，合肥研究院争取和承担重大科研项目能力进一步增强，共有在研项目808项（新增项目412项）。其中，承担国家重大科技专项课题2项（新增0项），主持（或承担）973计划和国家重大科学研究计划项目4项（新增0项）、承担（或参加）课题18项（新增0项）；主持（或承担）863计划项目27项（新增12项）、国家科技支撑计划项目4项（新增1项）；主持（或承担）国家自然科学基金项目614项（新增168项），其中重点项目7项（新增3项），重大研究计划集成项目1项、重点支持项目3项（新增2项），杰青基金项目1项

（新增1项），国家重大科研仪器研制项目1项（新增1项），联合基金重点支持项目5项（新增2项），创新研究群体项目1项（新增0项），优秀青年基金项目3项（新增0项），面上项目246项（新增61项），青年基金304项（新增83项）；主持（或承担）中国科学院战略性先导科技专项项目3项（新增0项）、课题及子课题19项（新增0项）、主持（或承担）院重点部署项目9项（新增0项）；主持（或承担）安徽省重大科技专项项目4项（新增4项），安徽省科技攻关计划项目2项（新增0项）；承担院地合作项目29项（新增8项STS项目）。

2015年，合肥研究院制定形成《研究院"十三五"科技发展规划纲要（2016—2020年）》，进一步确立了四个重大突破方向和五个重点培育方向。2015年，合肥研究院又取得了一批具有国内领先和国际先进水平的重要科研进展。国家重大科技基础设施"托卡马克核聚变实验装置辅助加热系统"项目顺利通过国家验收；国际热核聚变实验堆（ITER）计划中国首个采购包——纵场线圈（TF）导体竣工，验证了我国大型超导导体研制和工业化生产能力已进入国际一流水平；水冷磁体创造两项世界纪录：一号水冷磁体创造了32毫米室温孔径下最高场强记录，三号水冷磁体创造了200毫米室温孔径下最高磁场强记录；大气环境探测卫星载荷初样鉴定件研制进入新阶段，参与完成整星实验，各项性能优异；建成强流氘氚聚变中子源（HINEG）成功产生氘氚核聚变中子，主要实验参数指标达到国内领先和国际先进水平；"工业排放重金属监测技术"取得重要进展，研发的相关监测仪通过安徽省科技成果鉴定，综合性能指标达到国际先进水平；发现两种Au_{38}金属纳米粒子的同分异构现象，在国际上首次实验证实了纳米粒子中同分异构现象。合肥研究院科研团队还研制完成了国际上首套"外场大气气溶胶红外光解离谱仪"，研制出国内唯一经药监局批准可用于无创糖尿病检测的"糖尿病无创检测仪"，研发出"风光互补"自主式水面机器人填补国内相关领域成果空白，研制成"智能先锋3号"无人驾驶汽车实现了在复杂城区交通环境下的无人驾驶试验等。

中国科技信息研究所2015年10月发布的数据显示，2014年度合肥研究院以第一署名机构发表SCI收录论文和EI收录论文数均位列全国科研机构第三名。2015年，合肥研究院以第一单位发表科技论文1068篇，其中被SCI收录865篇、EI收录612篇；出版科技科普专著1本。专利申请量486件（含国外专利申请9件），同比去年增长16%，其中，发明专利申请428件，同比去年增长15%；授权专利量282件，同比去年增长29.4%，其中授权发明专利238件，同比去年增长35.2%；软件著作权87件。

2015年，合肥研究院6项成果（人）获国家、省、会等科学技术奖励。"大气细颗粒物在线监测关键技术及产业化"获国家科技进步奖二等奖；"4600兆伏安聚变电源系统设计及其高功率四象限变流单元"获安徽省科技进步奖一等奖；"强流氘氚聚变中子源加速器用350KV大功率高压直流开关电源"获中国电源学会科技进步奖一等奖；"高灵敏半导体纳米结构气体传感器及其对有机污染物的快速检测"获中国分析测试协会青年奖；俄籍外国专家叶甫盖尼·维利霍夫获国家国际科技合作奖；美籍外国专家亚历山大·冈察洛夫获中国政府"友谊奖"。

合肥研究院2015年加快推进中国科学院合肥技术创新工程院、合肥离子医学中心等创新平台以及超导回旋质子加速器治疗装置等重大合作项目的建设。负责承担的"淮北科技增粮县域技术集成与示范"等STS预研项目年度进展顺利，得到中国科学院和地方的高度认可。2015年，合肥研究院直接获得各类科技合作经费1.96亿元。共有20余项发明专利、专有技术、软件著作权实现了转移转化，有15项专利技术作价入股成立9家新公司，知识产权作价金额4055万元。截至2015年底，推动累计1100余项的中科院科技成果在安徽、河南两省转移转化，为企业年新增销售收入达400亿元，利税超50亿元。

合肥研究院目前有参股企业36家，2015年度营业收入达3.5亿元，比上一年增长9.3%，上缴税收2750万元，比上一年增长12.8%，企业中研究院在编人员近200人。

2015年，合肥研究院国际合作发展态势稳定良好。共计出访567人次，来访392人次，出访国别以欧美科研实力强国为主；主办、承办11个高端国际会议，共约400人次参会；申请获批国际合作类项目11项；获批外专千人短期项目1人、安徽省百人培育项目2人。依托东方超环和稳态强磁场两大科学装置开展了更深入的国际合作，与俄、美、法、日、韩、丹麦等国多家单位进一步推进合作进程。等离子体所与俄罗斯联合核所（JINR）合作正式成立“中俄超导质子联合研究中心”并落户合肥，共同开展超导回旋质子癌症治疗装置的研发及产业化。引进的外专千人、国际著名高压实验研究专家尤金·格列戈良茨与固体所围绕氢元素的高压科学问题开展合作研究，取得一系列重要成果。

合肥研究院目前主办4种科技期刊。2015年，英文期刊 *Plasma Science and Technology*（SCI影响因子0.579）出版12期；中文科技期刊《量子电子学报》出版6期，《大气与环境光学学报》出版6期,《模式识别与人工智能》出版12期。

（撰稿：王　锐　程　艳　审稿：匡光力）

武汉岩土力学研究所

所　　长：李海波
地　　址：湖北省武汉市武昌小洪山2号
邮政编码：430071
电　　话：027-87199251
传　　真：027-87197386
电子信箱：irsm@whrsm.ac.cn
网　　址：http://www.whrsm.ac.cn

中国科学院武汉岩土力学研究所（以下简称“武汉岩土所”）创建于1958年，是专门从事岩土力学与工程应用基础研究、以工程应用背景为特征的综合性研究机构。

“十二五”期间，武汉岩土所高质量完成了“一三五”规划的相关科研工作，“十三五”期间，根据中国科学院“率先行动”计划部署，武汉岩土所着眼于特色研究所建设，定位于岩土力学与工程学科的应用基础研究，致力于重大工程安全与灾害控制、深部资源及能源高效安全开发、废弃物地质处置和资源循环利用方面的基础性、战略性、前瞻性工作，在国家城镇化发展和基础设施建设、资源与能源开发中发挥重要作用，引领我国岩土力学与工程学科发展，成为国际知名的研究机构。

武汉岩土所下设岩土力学与工程国家重点实验室、湖北省环境岩土工程重点实验室、能源与废弃物地下储存研究中心、湖北省节能环保产业环境岩土工程技术创新基地、固体废弃物分析测试中心、湖北省固体废弃物安全处置与生态高值化利用工程技术研究中心、中国岩土工程研究中心、武汉岩土工程检测中心、岩土力学与工程实验测试中心等研究、开发与支撑平台，以及武汉中科岩土投资有限责任公司、武汉中岩科技有限公司、武汉中科岩土工程有限责任公司、武汉中力岩土工程有限公司和武汉中科科创工程检测有限公司等产业转化平台。研究所拥有MTS刚性试验机、岩石温度-应力-渗流耦合三轴流变仪、岩石多尺度宏细观试验机、硬岩伺服高压真三轴实验机、大型粗粒土动静试验系统、静/动态空心圆柱扭剪实验系统、土体真三轴实验系统、V8网络化多功能电法仪、声纳测腔仪、地形微变远程监测系统、车载式静力触探仪、剑桥式自钻旁压仪、岩体应力和变形分布式光纤测试系统等各类重要科研仪器百余台（套），总价值超过亿元，为开展前沿科学研究与高技术研发提供了设备保障。

截至2015年底，武汉岩土所现有在岗职工341人，其中中国工程院院士1人，研究员48人，副研究员及高级工程技术人员96人。共有“千人计划”入选者1人，“青年千人计划”入选者2人（新增1人），“中青年科技创新领军人才”2人，杰青基金获得者6人（新增1人），“百千万人才”工程国家级人选8人（新增1人）；中国科学院“百人计划”入选者13人，1人被院聘为“外国专家特聘研究员”。2015年，武汉岩土所引进具有博士学位的科研骨干7人，1人入选国家“百千万人才”工程并获得“有突出贡献中青年专家”荣誉称号，3人入选中国科学院青年创新促进会，4人入选中国科学院特聘研究员，1 人入选湖北省优秀青年骨干人才。

武汉岩土所是国务院学位委员会批准的首批博士、硕士学位授予单位之一，现设有工程力学和岩土工程二级学科博士研究生、硕士研究生培养点，防灾减灾工程及防护工程二级学科硕士研究生培养点，建筑与土木工程专业硕士研究生培养点，并设有土木工程一级学科博士后流动站。在学研究生 219 人（其中硕士生 90 人、博士生 129 人），在站博士后 26 人。

2015 年，武汉岩土所在研项目 458 项（新增项目 247 项）。其中，主持 973 计划项目 1 项、课题 7 项，国家科技支撑计划课题 3 项，国家科技基础性工作专项项目课题 1 项，国家自然科学基金杰青项目 1 项（新增 1 项）、优秀青年科学基金项目 1 项、重点项目 7 项、重大研究计划集成项目课题 1 项、重大国际（地区）合作与交流项目 1 项、重大科研仪器研制项目 1 项、面上项目 71 项（新增 12 项）、青年项目 49 项（新增 13 项）；中国科学院重点部署项目 1 项、战略性先导科技专项课题 3 项、中科院科技服务网络（STS）计划 1 项（新增 1 项）、重大科研装备研制项目 1 项。新增 100 万级以上重大工程项目 16 项，涉及水利、矿山、交通、能源、建筑等领域。科研经费到款 16416 万元，其中纵向课题进款 8852 万元，横向课题进款 7564 万元。

2015 年，武汉岩土所顺利完成中国科学院组织的院属单位“十二五”领域验收评估，其中，深部岩体工程安全性分析与动态调控理论等 2 个突破被评为院优秀突破。2015 年，武汉岩土所科研工作取得重要进展，参与完成并获得国家科技进步奖二等奖 1 项，省部级科技进步奖一等奖 4 项、二等奖 2 项，行业协会/学会科技奖励 5 项。全所全年共有 382 篇论文被 SCI、EI、ISTP 3 大检索收录，其中被 SCI 收录 100 篇，平均影响因子 1.62，其中发表于影响因子 2 以上期刊的论文 43 篇（占 34.4%），发表于岩土领域权威核心期刊 51 篇（占 40.8%），国际合作论文 30 篇（占 24%）；申报专利 56 项，其中发明专利 40 项；获得专利授权 90 项，其中发明专利 54 项；软件著作权授权 32 项；出版中英文专著 5 部（英文专著 2 部）；5 部标准/规范予以实施（国家标准 2 部）。

2015 年，武汉岩土所继续加强与行业内相关单位沟通协作力度，与多家单位建立了长期、全面、深度的战略合作，共同打造岩土力学与工程产业链，形成科研、产业联盟；与南通汇能电力科技有限公司开展技术合作交流，签订合作协议；与江苏省科技厅、江苏省生产力促进中心接洽，联合组织召开第五届江苏科洽会（武汉）推介会，并于 10 月参展第五届江苏科洽会，与宜兴市政府协商，达成在国家高新技术开发区-中国宜兴市环保科技工业园共同筹建中科宜兴固体废弃物处置与资源化研究所暨中国科学院武汉岩土力学研究所宜兴分所的合作计划。

2015 年，武汉岩土所积极开展国际交流与合作，全年共派出人员 100 人次，其中出国参加本学科领域国际学术会议 68 人次，32 人次在有关研究机构开展合作研究；接待来访学者 20 人次。承办第 12 届国际非连续变形分析大会（ICADD-12），承办 2015 年中国页岩气（CSG）开采国际会议，联合承办 2015 国际地质工程论坛；全年举办“岩土力学与工程前沿论坛”20 余场。

武汉岩土所是中国岩石力学与工程学会支撑单位之一，也是其下属的地下工程分会、地面岩石工程专业委员会、岩石动力学专业委员会、中国力学学会岩土力学专业委员会和中科院自然科学期刊编辑研究会武汉分会的挂靠单位。武汉岩土所主办的《岩土力学》和承办的《岩石力学与工程学报》均为国内中文核心期刊，同时被 EI 数据库收录。与中国岩石力学与工程学会联合主办的《岩石力学与岩土工程学报》（英文版）是国内本学科领域第一家英文版学报。

（撰稿：艾东海　曾妍焱　审稿：李海波）

武汉物理与数学研究所

所　　长：刘买利
地　　址：湖北省武汉市武昌区小洪山西30号
邮政编码：430071
电　　话：027-87199543
传　　真：027-87198238

电子信箱：wipm@wipm.ac.cn
网　　址：http://www.wipm.ac.cn

武汉物理与数学研究所（以下简称“武汉物数所”）坐落在著名的武汉东湖之滨和风景秀丽的珞珈山西麓，由原武汉物理所（始建于1958年）和武汉数学物理与计算技术研究所（始建于1957年）于1996年合并而成。经过半个多世纪的发展，武汉物数所现已建成为以核磁共振波谱学、原子与分子物理和数学物理研究为主，积极开展原子频标等高技术研发，同时致力于高技术成果转移转化的综合型国立研究所。

近年来，武汉物数所围绕国家需求和核心科学问题，发挥磁共振波谱及与生命科学交叉、原子分子与光物理、原子频标与精密测量物理、数学物理等多学科综合优势，开展基础性、战略性和前瞻性研究，大力推进高新技术创新与转移转化，全面支撑国民经济和社会可持续发展，力争建成为不可替代的国家战略科技力量和国际一流的研发机构。

通过实施“率先行动”计划，武汉物数所的优势学科得到了进一步加强，在生命波谱分析、原子频标和精密测量物理技术等领域形成了一定的优势和特色。在此基础上，武汉物数所制定了“十三五”和“一三五”规划，务实推进研究所“四类机构”改革，积极筹划建设“精密测量物理卓越中心”和生命波谱分析交叉中心”。

武汉物数所是波谱与原子分子物理国家重点实验室、国家大型科学仪器中心·武汉磁共振中心、中国科学院生物磁共振分析重点实验室、中国科学院原子频标重点实验室、湖北省波谱探测工程中心、中国科学院冷原子物理中心（武汉）的依托单位，是武汉光电国家实验室的组建单位之一。武汉物数所辖磁共振基础研究部、磁共振应用研究部、原子分子光物理研究部、原子频率标准研究部、理论与交叉研究部、数学物理与应用研究部、精密测量物理研究部、脑科学研究中心、高技术创新与发展中心等9个研究单元，同时还设立了磁共振技术中心、原子频标与激光技术中心等2个技术支撑中心。研究所拥有850MHz超导高分辨核磁共振谱仪、7T/20 cm小动物磁共振成像仪、10m喷泉式高精度原子干涉仪等价值50万元以上的大型科研仪器设备128台（套），总价值超过2亿元，为开展前沿科学研究与高技术研发提供了装备保障。

武汉物数所是1986年国务院学位委员会批准的博士、硕士学位授予权单位之一。现有物理、化学2个一级学科博士学位培养点，应用数学1个二级学科博士学位培养点，原子分子物理、无线电物理、光学、理论物理、精密测量物理、分析化学、物理化学、应用数学、基础数学9个二级学科学术型硕士学位培养点，电子与通信工程、生物工程2个工程硕士学位培养点，并设有数学、物理学2个博士后流动站。现有在籍研究生293人（其中硕士生126人、博士生217人），共有在站博士后28人。

截至2015年底，武汉物数所共有在职职工461人，其中科技人员270人（正高级人员57人、副高级人员115人），包括中国科学院院士1人，杰青基金获得者6人，973计划首席科学家4人，“百千万人才”工程国家级人选4人，“青年千人计划”入选者3人，“万人计划”青年拔尖人才入选者2人，“中青年科技创新领军人才”入选者2人；中国科学院“百人计划”入选者20人；湖北省“百人计划”入选者2人；中国科学院“引进杰出技术人才”2人、“现有关键技术人才”2人，美国霍华德·休斯首届国际青年科学家奖获得者1人，享受国务院政府特殊津贴和院省有突出贡献的专家16人，中国第二代卫星导航系统重大专项特聘专家1人，总装惯性技术专家指导组特聘专家1人。另有1个国家创新群体、3个中科院-国家外专局国际创新团队、2个中科院科技创新“交叉与合作团队”。

2015年，武汉物数所共有在研项目284项（新增89项）。其中，主持973计划（含国家重大科学研究计划）项目3项、承担课题10项（新增1项），主持863计划项目6项（新增3项）、国家重大科学（科研）仪器研制/开发项目6项；主持或承担国家自然科学基金创新研究群体项目1项，杰青基金项目2项、重点项目6项（新增2项）、重大国际合作研究项目2项，面上项目60项（新增17项）；承担中国第二代卫星导航系统重大专项4项（新增1项），国家重大工程型号项目6项（新增2项）；承担中国科学院战略性先导科技专项课题 1 项，院重点部署项目（课题）2 项。

2015 年，武汉物数所“高性能星载铷原子钟原子信号增强与稳定关键技术”获国家技术发明奖二等奖，同时，在精密测量物理、原子频标研究与应用、肺部磁共振成像仪研制、量子体系研究、钙调蛋白研究等方面取得重要进展：实现了微观粒子等效原理迄今为止最精确的实验检验；成功研制甚高精度星载铷原子钟，达到目前国际顶尖水平；研制出不确定度和稳定度 E-17 的钙离子光频标，达到国际先进水平；获得国内首幅人体（病患）肺部超极化 129Xe 气体 MRI 图像，“点亮”肺部成果入选湖北省 2015 年度“十大科技事件”。武汉物数所 2015 年共发表科技论文 280 篇，其中被 SCI 收录 231 篇（JCR Top 15% 以上论文占 46.3%）；共获发明专利授权 21 件，申请发明专利 29 件。

2015 年，武汉物数所高技术产业发展势头良好，所投资控股企业全年销售收入 1.36 亿元，税后净利润 2065 万元；超导核磁共振波谱仪产业化工作进展顺利，正式启动与英国牛津仪器的实质合作，完成了超导磁体匀场线圈的国产化；瞄准中国特色人群代谢物分子表型数据库、中草药材 NMR 指纹图谱数据库、中国脑功能计划和高效药物筛选评估等未来热点领域和方向，定制化开发系列产品和服务，引领并拓展行业应用；产业化平台建设稳步推进，中科创新公司完成超声波自动检测设备 UT 研发中心一期建设，新增 8200 平方米研发大楼、9600 平方米超声波大型成套设备生产厂房，整体进驻新产业园区。

2015 年，武汉物数所共与 18 个国家和地区的研究机构开展了合作与交流，累计出访 77 人次，接待来访 105 人次。“基于原子分子的精密测量物理”国际创新团队通过试运行评估，正式启动运行；成功举办了第四届和第五届国际磁共振波谱学前沿研讨会、“王天眷讲坛”第八讲暨磁共振专题国际交流系列报告会。

武汉物数所是中国化学会的理事单位和团体会员，全国波谱学专业委员会的挂靠单位，湖北省暨武汉物理学会副理事长单位，湖北省晶体学会的挂靠单位。武汉物数所主办《数学物理学报》（中、英文版）和《波谱学杂志》均为我国自然科学的核心刊物，其中《数学物理学报》英文版为 SCIE 收录期刊。2015 年，《数学物理学报》（英文版）入选“中国最具国际影响力学术期刊”。

（撰稿：陈新晓　罗　芳　审稿：刘买利）

武汉病毒研究所

所　　长：陈新文
地　　址：湖北省武汉市武昌区小洪山中区 44 号
邮政编码：430071
电　　话：027-87199162
传　　真：027-87198072
电子信箱：office@wh.iov.cn
网　　址：http://www.whiov.ac.cn

中国科学院武汉病毒研究所（以下简称“武汉病毒所”）坐落于武汉市风景秀丽的东湖之滨，始建于 1956 年，前身是武汉微生物研究室和湖北省微生物研究所，是我国专业从事病毒学基础研究及相关技术应用的综合性研究机构。

武汉病毒所依托高等级生物安全实验室团簇平台，重点开展病毒学、农业与环境微生物学及新兴生物技术等方面的基础和应用研究，着力突破重大传染病预防与控制、农业与环境微生物、生物安全的前沿科学问题，服务于我国人口健康、农业可持续发展和国家生物安全的战略需求。

武汉病毒所设有分子病毒学研究中心、分析微生物学与纳米生物学研究中心、微生物菌毒种资源与应用中心、病毒病理研究中心、新发传染病研究中心等 5 个科学研究中心；建有病毒学国家重点实验室（联合）、中国科学院农业与环境微生物学重点实验室、中国科学院新发与烈性传染病病原学与生物安全重点实验室、中-荷-法无脊椎动物病毒学联合开放实验室和所级公共技术服务中心；拥有我国最完整、最具特色的生物安全团簇平台，包括 1 个 4 级生物安全实验室，2 个 BSL-3/ABS-3 实验室，17 个 BSL-2 实验室，10 个 BSL-1 实验室；拥有亚洲最大的病毒资源保藏库——中国病毒资源与生物信息中心，保藏有各类病毒1300余株，是我国首批“全国青少年走进科学世界科技活动示范基地”。

截至2015年底，武汉病毒所共有在职职工255人。其中科技人员182人、科技支撑人员43人，包括研究员及正高级工程技术人员36人、副研究员及高级工程技术人员51人。共有杰青基金获得者5人（新增1人），“万人计划”百千万工程领军人才1人，“百千万人才”工程国家级人选3人，“万人计划”青年拔尖人才1人，“百千万人才”工程1人（新增1人）；科技部创新人才推进计划“中青年科技领军人才”1人（新增1人），享受国务院政府特殊津贴6人；中国科学院“百人计划”入选者14人，院“特聘研究员”6人，院青年创新促进会会员9人、优秀会员1人。

武汉病毒所现拥有生物学专业一级学科博士研究生培养点，微生物学、生物化学与分子生物学、免疫学、生物工程等4个专业一级（或二级）学科硕士研究生培养点，并设有生物学专业一级学科博士后流动站。在学研究生265人（其中硕士生118人、博士生147人）、在站博士后23人。

2015年，武汉病毒所共有在研项目256项（新增项目80项）。其中，承担国家重大科技专项课题13项，主持973计划和国家重大科学研究计划项目1项、承担课题21项（新增4项），主持（或承担）863计划项目5项，主持国家科技基础性工作专项1项；主持（或承担）国家自然科学基金重点项目2项（新增1项）、面上项目51项（新增14项）、杰青基金项目2项、国家自然科学基金重大研究计划重点项目2项（新增1项）；主持（或承担）中国科学院战略性先导科技专项课题1项，承担院重点部署项目5项、重大仪器研制项目（科技部、国家自然科学基金委、财政部和院）1项；承担重点国际合作项目4项（新增3项）；承担院地合作项目45项（新增22项）。

2015年，武汉病毒所顺利通过中国科学院组织的院属单位“十二五”规划验收，并获院“百优”突破，被认为在病毒学领域具有重要影响力，是不可或缺的科研机构。

2015年，武汉病毒所紧密围绕“率先行动”计划的组织实施，认真谋划部署研究所分类改革。“中国科学院生物安全大科学研究中心”于2015年7月获批立项，9月实施方案通过专家组论证。同时，根据研究所“一三五”规划，在埃博拉病毒分子进化、炎症反应性疾病及治疗性疫苗研究、蛋白纳米自组装及超灵敏免疫分析、乙型脑炎病毒入侵机制、人类单纯疱疹病毒致病机制和疫苗研制、胰腺癌中原朊蛋白（Pro-PrP）形成机制、HIV传播耐药研究等方面取得重要进展，发表SCI收录学术论文146篇，申请发明专利14件，获授权发明专利10件；以第一完成单位获得2015年度湖北省自然科学奖一等奖1项、湖北省技术发明奖一等奖1项、中国科学院科技发展奖二等奖1项。

2015年，武汉病毒所深入加强与地方政府、企事业单位等的广泛合作：与中国疾病预防控制中心合作共建新发传染病与生物安全联合研究中心，与深圳出入境检验检疫局、武汉生物技术研究院建立全面合作关系；与先正达（中国）公司、武汉生物制品所、武汉博沃生物公司、厦门成坤生物公司、武汉海特公司、四川百利公司、上海药明康德公司等，在微生物杀虫技术、新型疫苗研制、新型药物筛选等方面开展广泛合作。武汉病毒所参股企业江西新龙生物科技股份有限公司2015年成功在“新三板”挂牌上市；合作项目核心产品广谱杆状病毒杀虫剂持续在全国推广应用，成为国内年生产量和应用面积最大的昆虫病毒生物农药。

2015年，武汉病毒所在研国际合作项目共7项（其中新增1项）。正式签订欧盟H2020，欧洲病毒资源库走向全球协议；因公出访33人次，接待来访、顺访专家46人次；策划与*Nature*集团共同举办大型国际学术会议——病毒感染与免疫应答国际研讨会，并获中国科学院批复；通过科技部2015年度国际科技合作基地评估，并获“优秀”。

武汉病毒所作为湖北省暨武汉微生物学会和中国免疫学会青年工作委员会的挂靠单位，每年坚持开展学术交流、科普宣传、科技咨询、科技服务、科技开发、举荐人才、维护科技工作者的合法权益等活动。武汉病毒所编辑出版的国际英文期刊*Virologica Sinica*正式被SCI收录，成为中国病毒学领域第一个被SCI收录的期刊。2015年，*Virologica Sinica* 继2013年、2014年后，再次入选“2015中国最具国际影响力学术期刊”。

（撰稿：刘　汝　韩照菊　审稿：何长才）

测量与地球物理研究所

副 所 长：王　勇（主持工作）
地　　址：湖北省武汉市武昌区徐东大街340号
邮政编码：430077
电　　话：027-68881355
传　　真：027-68881355
电子信箱：bgs@whigg.ac.cn
网　　址：http://www.whigg.cas.cn

中国科学院测量与地球物理研究所（以下简称“测地所”）的前身为中国科学院地理研究所（南京）大地测量室，1957年成立中国科学院测量制图研究室，1958年迁至武汉，1959年改为测量制图研究所，1961年调整为测量与地球物理研究所，1970年划归地震局领导，1978年由中国科学院批准恢复重建。

测地所是中国大地测量领域最早的研究机构，也是中国科学院唯一从事大地测量学研究的研究所。多年来，研究所致力于大地测量学、地球物理学与环境科学等相关重要科学问题研究，面向地球系统科学圈层相互作用过程及动力学机制的重大科学问题，针对国家航空航天、军事和基础测绘、灾害监测、资源勘探等方面的重大战略需求，面向国民经济主战场，开展与大地测量相关的重大理论研究，突破核心技术瓶颈，在国内相关领域起骨干和引领作用，具有不可替代性。

测地所设有大地测量与地球动力学国家重点实验室、湖北省环境与灾害监测评估重点实验室、大地测量与地球物理观测技术实验室、计算与勘探地球物理研究中心、武汉大地测量国家野外科学观测研究站、中国科学院江汉平原小港湿地生态站（三峡监测重点站）、国际GNSS监测评估系统分析中心、国家卫星定位系统工程技术研究中心（简称GPS工程中心，合建，国家级）、河南省中国科学院科技成果转移转化中心生态环境分中心（合建）等研究机构；拥有国际上先进的绝对重力仪、超导重力仪、相对重力仪、人卫激光测距仪、全球定位系统接收机、地基InSAR、激光跟踪仪、北斗接收机、惯性导航系统、地震仪、高精度数控中心、便携式地物光谱仪、荧光光谱仪、水质垂直剖面自动监测系统、液相色谱仪、超级计算机等科研仪器设备。

截至2015年底，测地所共有在职职工163人（新进职工7人）。其中，科技人员117人，包括中国科学院院士1人、研究员31人、副研究员及高级工程师42人。共有“千人计划”入选者3人、“百千万人才”工程国家级人选4人、科技部“创新人才推进计划”中青年科技创新领军人才2人，杰青基金获得者4人；中国科学院“百人计划”入选者6人；湖北省重大人才工程“高端人才引领培养计划”首批培养人选1人，湖北省新世纪高层次人才工程人选1人。2015年，测地所1人入选中国科学院先进工作者（新增）。

测地所设有大地测量学与测量工程、固体地球物理学、自然地理学3个博士学位培养点和3个硕士学位培养点，1个测绘工程专业硕士学位培养点，设有测绘科学与技术博士后流动站。截至2015年底，测地所共有在学研究生132人（其中，硕士生67人、博士生65人），在站博士后2人。2015年，测地所录取硕士生23人、博士生18人；毕业硕士生17人、博士生9人。

2015年，测地所不断开拓创新、奋发进取，项目争取有新突破。全年共有在研项目160余项（包括新增项目及课题70余项）。其中，承担国家重大科技基础设施建设项目2项，主持973计划项目1项、课题3项，财政部国家重大科研装备研制专项1项，863计划课题2项，国家科技支撑计划课题2项，国家重大科学仪器设备开发专项1项，中国科学院国家外专局创新团队国际合作伙伴计划项目1项，中国科学院创新交叉团队项目1项；主持国家自然科学基金创新研究群体项目1项，国家自然科学基金重点项目2项、面上项目36项（新增12项），国家自然科学基金重大项目课题1项（新增），国家自然科学基金联合基金重点项目1项（新增），国家自然科学基金国际合作交流项目1项，国家自然科学基金优秀青年科学基金项目2项，国家自然科学基金青年科学基金18项（新增5项）；另有国家相关部委、地方、企业项目等多项。

2015年，测地所在做好“十二五”总结验收的基础上，认真做好“十三五”规划编制工作；根据中国科学院分类改革方案，结合实际，努力推进特色研究所申建工作；结合国家科技体制改革，密切关注国家重点研发计划，凝练目标，明确举措与责任；深入推进平台建设，完成大地测量与地球动力学国家重点实验室评估工作，承建的国际GNSS监测评估系统分析中心成为全球第二家向IGS提交多系统DCB产品的机构；加强重大项目组织实施，主持承担973计划项目、国家重大科学仪器设备开发专项、基金委创新研究群体等重大项目进展良好；推进学科交叉，强化技术创新与集成，推动现代大地测量关键技术与仪器设备研发工作。

2015年，测地所发表论文200余篇，其中被SCI收录89篇，出版专著1部，专利授权4项，软件著作权登记1项；获湖北省科学技术进步奖一等奖1项（主持）、湖北省科学技术进步奖二等奖1项（参加），中国大禹水利科学技术奖一等奖1项（参加），民进中央2015年度参政议政成果奖一等奖1项。

2015年，测地所积极开展院地合作工作，与武汉市工科院、湖北省武穴市、河南省测绘工程院等签署战略合作协议，组队参加武汉光博会、长沙科交会、江苏产学研洽谈会、中国科学院专家进海安等成果转移、推介活动，组织专家与相关企业、地方进行良好对接；获湖北省大型科学仪器协作共用单位、机组二等奖；组织参加2015中国科学院公众科学日、全国科技活动周、求真科学营等活动。

2015年，测地所加强国际合作与交流，提高合作层次，全年因公出访25团组、57人次；举办中亚构造与西太平洋地球动力学国际学术研讨会、基金委海峡两岸合作项目进展会、现代大地测量与地球物理学研讨会等；进行分类管理，确保国际合作“走得出去”、“请得进来”，有力提升了研究所的学术地位和影响力。

测地所是国家首批甲级测绘资格单位、国家环保部规划环境影响评价推荐单位、全国科普教育基地、全国青少年走进科学世界科技活动示范基地、湖北省科普教育基地、湖北省文明单位之一，是湖北省地球物理学会、湖北省天文学会、湖北省自然资源研究会的挂靠单位。测地所联合主办学术刊物《大地测量与地球动力学》，协办学术刊物《地理空间信息》。

（撰稿：熊小敏　程方升　审稿：冯　灿）

水生生物研究所

名誉所长：刘建康
所　　长：赵进东
地　　址：湖北省武汉市武昌区东湖南路7号
邮政编码：430072
电　　话：027-68780789
传　　真：027-68780123
电子信箱：qlwu@ihb.ac.cn
网　　址：http://www.ihb.ac.cn

中国科学院水生生物研究所（以下简称”水生所”）是从事内陆水体生命过程、生态环境保护与生物资源利用研究的综合性学术研究机构，其前身是1930年1月在南京成立的国立中央研究院自然历史博物馆，1934年7月更名为中央研究院动植物研究所，1944年5月又分建成动物研究所和植物研究所。中国科学院成立后，于1950年2月将原中央研究院动物所的主体、植物研究所和山东大学的藻类学研究部分以及北平研究院的部分研究人员合并组成了中国科学院水生生物研究所（上海），1954年9月由上海迁至武汉。2001年水生所进入中国科学院“知识创新”工程试点序列。2011年水生所整体进入中国科学院“创新2020”试点工程。2015年水生所正式进入特色研究所。

水生所作为我国唯一从事内陆水体生命过程、生态环境保护与生物资源利用研究的综合性学术研究机构，面向国家在水环境保护、渔业可持续发展和微藻生物能源利用方面的重大战略需求，针对相关领域的基础性、战略性和前瞻性关键科技问题，着力重大理论创新和核心技术突破，强化创新价值链的延伸，发挥在水生态环境、现代渔业及水生生物资源保护和可持续利用等领域不可替代的作用。

水生所结合特色研究所建设目标在继续保持现有的环境工程（水体）、生态学（淡水）、遗传学（鱼类）、动物学（水生）、植物学（藻类）、水产学等6个主学科优势地位的基础上，进一步以水生态系统服务功能、生态经济、宏观政策与管理为主线设立“流域生态健康与规划”新领域，围绕江河湖库生态系统服务、流域产业结构和生态健康、重大水利工程生态效应、生态保护政策等问题开展研究。

水生所设有水生生物多样性与资源保护研究中心、淡水生态学研究中心、鱼类生物学及渔业生物技术研究中心、水环境工程研究中心、水生生物分子与细胞生物学研究中心和藻类生物学及应用研究中心；共有60个学科组；公共技术研发与服务部下设分析测试中心、斑马鱼资源中心、淡水藻种库；拥有淡水生态与生物技术国家重点实验室、国家淡水渔业工程技术研究中心（武汉）、东湖湖泊生态系统开放试验站、中国科学院水生生物多样性与保护重点实验室、中国科学院藻类生物学重点实验室、湖北省水体生态工程技术研究中心、武汉市水环境工程研究中心；拥有亚洲最大的淡水鱼类博物馆、白鱀豚馆以及中国最大的淡水藻种库；有50万元以上大型仪器114台（套），总价值1.34亿元。

截至2015年底，水生所共有在职职工355人。其中科研人员183人、科技支撑人员110人，包括中国科学院院士6人、发展中国家科学院院士3人（新增1人）、研究员及正高职称人员68人、副研究员及高级工程技术人员79人。共有“千人计划”、“青年千人计划”入选者各1人；“万人计划”领军人才1人；“百千万人才”工程人选6人（新增1人）；杰青基金获得者10人（新增1人），优秀青年基金获得者2人；中国科学院“百人计划”入选者23人（新增1人）。

水生所是国务院学位委员会批准的首批博士、硕士学位授予权单位，设有水生生物学、遗传学、环境科学、海洋生物学等4个二级学科博士研究生培养点；动物学、水生生物学、遗传学、环境科学、环境工程学、水产养殖等6个二级学科硕士研究生培养点；生物工程、环境工程等2个工程硕士研究生培养点；设有生物学、环境科学与工程等2个专业博士后流动站。共有在学研究生515人（其中硕士生249人、博士生266人、在读外籍研究生15人），在站博士后46人。

2015年，水生所共有在研项目873项（新增192项）。其中，承担国家重大科技专项课题20项，主持（或承担）973计划和国家重大科学研究计划项目1项、承担（或参加）课题15项，主持（或承担）863计划项目6项，主持（或承担）国家科技基础性工作专项4项；主持（或承担）国家自然科学基金重点项目14项（新增2项）、面上项目81项（新增31项）、杰青基金项目2项（新增1项）；主持（或承担）中国科学院战略性先导科技专项课题13项，主持（或承担）院重点部署项目4项、承担重点国际合作项目2项；承担院地合作项目6项。

2015年11月，水生所召开特色研究所服务项目启动会，“我国重点受污染湖库水环境改善与生态修复工程示范”、“支撑长江经济带可持续发展的生态环境保护战略对策研究”、“南水北调东线调水后沿线湖群的生态系统重建和生态风险研究”、“能源和药用微藻资源生物学及产业化”等5个特色所服务项目正式启动。

2015年，水生所共发表论文542篇，其中被SCI收录359篇（其中JCR学科分类前30%的论文197篇，占54.9%）、EI收录76篇、CSCD收录107篇；共申请专利57项，其中49项为发明专利，8项为实用新型；获得授权专利20项，其中17项为发明专利（含1项美国发明专利），3项为实用新型；有6项行业标准正式颁布实施。

由水生所牵头合作完成的草鱼基因组序列草图的绘制，相关研究成果发表于2015年5月4日《自然·遗传学》杂志。该研究将为鱼类重要经济性状相关基因的发掘和养殖品种的遗传改良提供关键技术支撑，也将为鱼类基因组演化、性别决定及分化机制等理论研究奠定重要基础。

2015 年，水生所对低氧信号传导途径的调控研究首次阐明了甲基化转移酶 Set7/9 对低氧诱导因子 HIF-1a 和 HIF-2a 进行甲基化调控，发现肿瘤抑制基因 EAF2 在低氧条件下受 HIF-1a 调控，并与 HIF-1a 结合抑制 HIF-1a 基因的转录，与 Smad3 结合抑制 TGF-β 信号通路，主要结果发表于 *Nucleic Acids Research* 等杂志上。

2015 年，水生所对鱼类先天性免疫机制研究取得系列进展，发现斑马鱼中的 IRF10 通过其 IAD 和 DBD 结构域对 IFN 起负调控作用，而 IRF4 则对 IFN 起正调控作用；MAVS 与其剪接异构体 MAVS_ tv2 功能相反，后者可抑制 IRF7 对 IFN 的诱导；发现虹鳟的抗菌肽（CAMP）对宿主细胞没有毒性，其抗菌活性是由其带正电荷的 N 端介导，中部重复 motif 进一步提高抗菌和免疫调节活性，相关结果发表在 *Journal of Immunology* 等期刊上。

2015 年，由水生所解绶启、薛敏、戈贤平、韩冬、朱晓鸣等完成的成果“鲫鱼的营养学及饲料技术研究与应用”获得湖北省科技进步奖一等奖、武汉市科技进步奖一等奖；由水生所吴振斌、贺锋、周巧红、徐栋、肖恩荣等完成的成果“水污染治理与水体修复生态工程关键技术研发与推广”获得湖北省科技成果推广奖一等奖。

在产学研方面，2015 年，水生所继续推进淮安中心、扬州分中心等平台中心建设，为地方、企业发展服务，加强转移转化平台建设，共建国家淡水渔业工程技术中心分中心，促进渔业科技成果转移转化。与武汉市水产科学研究所共建国家淡水渔业工程技术研究中心鲌鳜鳡分中心，与安徽华亿农牧科技发展有限公司等单位共建国家淡水渔业工程中心安徽分中心，参加湖北产业技术创新与育成中心生态技术工程中心建设，促进生态技术成果转移转化和产业化；在江苏、湖北、安徽等地建立各级各类院士工作站，组建院士研发团队，促进成果转化；根据学科特点选派湖北省科技特派员，为湖北渔业科技企业研发服务。

2015 年，水生所共承担 1 项国际项目，主办国际会议 3 次；全年出访人员 88 人次，来访人员 168 人次；获批国家留学基金委项目 1 项；与国外联合发表文章 52 篇，新签署国际科技合作协议 3 项；推荐的 3 名外国专家获中国科学院外国专家特聘研究员计划资助。

水生所是中国海洋湖沼（动物）学会鱼类学分会、中国动物学会原生动物学会、中国水产学会鱼病研究会、湖北省海洋湖沼学会、湖北省动物学会、武汉动物学会、中国环境科学学会环境生物学专业委员会 7 个学会和武汉白鱀豚保护基金会的挂靠单位。水生所负责出版科技期刊《水生生物学报》。

（撰稿：吴青丽　孙　慧　审稿：徐旭东）

武汉植物园

主　　任：张全发
地　　址：湖北省武汉市磨山
邮政编码：430074
电　　话：027-87510126
传　　真：027-87510251
电子信箱：wbgoffice@wbgcas. cn
网　　址：http://www. wbgcas. cn

中国科学院武汉植物园（以下简称“武汉植物园”）筹建于 1956 年，成立于 1958 年 11 月，1963 年改名为中国科学院中南分院华南植物所武汉植物园，1972 年划归湖北省后改名为湖北省植物研究所，1978 年回归中国科学院更名为中国科学院武汉植物研究所，2003 年再次更名为中国科学院武汉植物园。

武汉植物园的发展定位是：收集保护亚热带和暖温带战略植物资源；拓展资源保护与可持续利用、湿地恢复与大型工程生态安全两大优势领域，引领我国特色农业种质创新与产业发展、水生植物与水环境健康和大型工程区生态修复技术的研究，成为国际同领域具有强大竞争力和重要影响的研究机构；进一步提升科普开放能力，成为世界知名的生物多样性与环境教育基地；服务国家生物产业、生态安全及全民素质教育的战略需求，建成世界一流植物园。

武汉植物园下设4个研究中心，分别为生物多样性研究中心、资源植物研究中心、水生植物研究中心、流域生态研究中心；拥有中国科学院植物种质创新与特色农业重点实验室、中国科学院水生植物与流域生态重点实验室、湖北省湿地演化与生态恢复重点实验室等3个省部级重点实验室；建有1个国家种质资源圃、1个省级成果转化中心和1个院级分中心、1个部级生态监测站、6个迁地保护基地、4个所级野外台站的网络支撑平台；完成光谷园区一期基础设施建设与实验温室主体建设。

截至2015年底，武汉植物园共有在职职工273人。其中科技人员151人、植物园功能人员43人、管理人员27人、科技支撑人员13人、重点实验室2人、科技副职2人、辅助岗位2人、公司人员21人、离岗及其他12人，包括研究员及正高级工程技术人员27人、副研究员及高级工程技术人员67人，共有中国科学院“百人计划”入选者13人。

武汉植物园设有生物学、生态学2个一级学科博士培养点，植物学、生态学、园林植物与观赏园艺3个学术型硕士培养点和生物工程、环境工程2个专业学位硕士培养点，设有生物学、生态学2个一级学科博士后流动站。截至2015年12月31日，共有在读研究生179人，其中硕士生110人（含留学生32人），博士生69人（含留学生3人），在站博士后11人（含3名外籍人员）。

2015年，武汉植物园共有在研项目288项（包括新增项目62项）。其中，承担973计划4项，承担863计划项目3项，主持（或承担）国家科技基础性专项8项（新增5项），承担国家科技支撑计划4项，承担国家重大科技专项2项，承担国家公益性行业性专项2项（新增1项），承担农业部948计划项目2项，承担国家科技基础条件平台1项，主持国家自然科学基金重点项目2项国家基金面上项目等96项（新增19项），主持（或承担）国务院三建委项目5项（新增1项），承担国家其他项目4项（新增2项）；主持中国科学院重要方向项目1项，主持（或承担）院重点部署4项，主持院国际杰出学者和国际访问学者计划5项（新增3项），承担院台站网络建设项目4项，主持院地合作1项，主持院中国科学院国际合作局项目1项，主持院海外科教基地项目11项（新增1项），主持（或承担）院科技服务网络计划3项（新增1项），主持院青年创新促进会项目10项（新增2项），主持院人才引进项目5项，承担院战略性先导科技专项8项（新增B类1项），主持（或承担）院其他任务7项（新增2项）。

2015年，武汉植物园顺利完成“十二五”规划的主要目标和任务，认真谋划“十三五”创新发展。在实施推进科研平台建设、植物资源收集保育、科普开放、人才队伍建设、合作与交流等方面取得了新的进展。

2015年，武汉植物园发表论文187篇，其中被SCI收录164篇（116篇TOP 30%，包括49篇TOP 10%）、CSCD收录21篇；著作5部；获授权发明专利10件，申请发明专利24件；获湖北省技术发明奖一等奖1项，湖北省科技进步奖二等奖1项。

2015年，武汉植物园结合自身科技优势、以企业为载体，不断推进科技创新促进经济社会发展，目前主要聚焦经济植物、生态恢复、园林景观等领域，依托创新平台与政府、企业、地方部门开展技术推广、成果转移转化：与中国石油化工股份有限公司、湖南福来格生物技术有限公司等企业签订合同书及项目合作协议书38项，合同金额达676.9万元，转让“利用耐镉真菌在镉污染土壤中进行生态修复的方法”专利至湖北楚莠源生态农业有限公司，转让金额为30万元；与佛山中国科学院产业技术研究院签订了“淫羊藿新品种的品种实施许可合同”，合同额为30万元；与重庆三磊田甜农业开发有限公司签订了“红昇”猕猴桃新品种在中国区域内独占许可权转让合同书，独占许可金额500万元。

2015年，武汉植物园积极响应国家“走出去”战略，聚焦重点突破方向，不断推进国际化进程，科研合作水平显著提升，国际科技影响力不断加强。商务部援建“中-非联合研究中心/肯尼亚JKUAT植物园”基础设施项目稳步推进。中非科技合作全方面深化，与肯尼亚国家博物馆联合编撰《肯尼亚植物志》工作正式启动，与埃塞俄比亚（生物多样性研究所、Embo大学)、马达加斯加(塔那那列佛大学)和埃及(Benha 大学)等国家的相关科研机构签署双边合作协议。在重点发展中非科教合作的同时,武汉植物园与美国、澳大利亚、新西兰、法国、日本等国在生物多样性保护与可持续利用、生态环境修复与治理等方面的合作继续稳步推动。2015年,共有36批次,66人次因公出境,共接待22批次42人次公务来访。

2015年,武汉植物园全年引种722号,其中已经初步鉴定400号,新增物种157个。入园游客全年超75万人次。

武汉植物园是湖北省暨武汉市植物学会、中国园艺学会猕猴桃分会的挂靠单位。武汉植物园主办的学术期刊《植物科学学报》(原名《武汉植物学研究》)是中国自然科学核心期刊。

(撰稿:邓小丽 班小泉 审稿:罗志强)

南海海洋研究所

所　　长:张　偲
地　　址:广东省广州市海珠区新港西路164号
邮政编码:510301
电　　话:020-84452227
传　　真:020-84451672
电子信箱:webmaster@scsio.ac.cn
网　　址:http://www.scsio.cas.cn

中国科学院南海海洋研究所(以下简称“南海海洋所”)成立于1959年1月,是综合性海洋研究机构。

南海海洋所使命定位为“立足南海、跨越深蓝”,围绕“创新2020”奋斗目标,贯彻落实中国科学院“率先行动”计划,重点研究热带海洋水圈-地圈-生物圈圈层结构及其相互作用特征与演变规律,探讨其对资源形成和环境变化的控制和影响,发展具有南海特色的热带海洋资源与环境过程理论体系和应用技术,力争建成国际水平的热带海洋科学研究、人才培养、成果转移转化三高地,从而为发展我国海洋经济和维护海洋权益做出基础性、战略性和前瞻性贡献。

南海海洋所拥有热带海洋环境国家重点实验室、中国科学院边缘海地质重点实验室、中国科学院热带海洋生物资源与生态重点实验室、中国科学院海洋微生物研究中心和中国科学院中国-斯里兰卡联合科教中心,以及广东省海洋药物重点实验室、广东省应用海洋生物学重点实验室;设有物理海洋、海洋生物、海洋地质、海洋生态4个研究室及海洋环境工程中心,以及海洋科考船队、海洋信息服务中心、仪器设备公共服务中心、海洋环境检测中心和海洋生物标本馆等;还建有海南热带海洋生物实验站(国家野外试验站和中国生态系统研究网络“CERN”站)、大亚湾海洋生物综合实验站(国家野外试验站、中科院开放站和中国生态系统研究网络“CERN”重点站)、湛江海洋经济动物实验站、汕头海洋植物实验站和西沙深海海洋环境观测研究站、南沙深海海洋环境观测研究站;拥有“实验1”(共建)、“实验2”和“实验3”号三艘科考船。

截至2015年底,南海海洋所共有在职职工627人,其中管理人员41人,专业技术人员494人,包括中国工程院院士1人,正高级专业技术人员102人,副高级专业技术人员144人;共有博士生导师78人,硕士生导师135人;共有“千人计划”入选者1人,“青年千人计划”入选者2人,“万人计划”入选者1人,“百千万人才”工程人选4人,中青年科技创新领军人才5人,杰青基金获得者9人(新增1人),973计划和国家重大科学研究计划项目首席科学家4人;中国科学院“百人计划”入选者28人(新增1人),院“创新国际团队”1个(新增1个),院科技创新“交叉与合作团队”1个,海外特聘研究员1人。

南海海洋所是国务院学位委员会批准的博士(1993年)、硕士(1970年)学位授予权单位之一,现设有海洋科学、环境科学与工程2个一级学科博士研究生培养点,物理海洋学、海洋生物学、海洋地质、海洋化学、环境科学等5个二级学科硕士研究生培养点,环境工程、生物工程和地质工程3个专业学位硕士研究生培养点,并设有海洋科学一级学科博士后流动站。共有在学研究生 337 人（其中硕士生 180 人、博士生 157 人），在站博士后 28 人。

2015 年，南海海洋所在研纵向课题 675 项（新增 230 项）。其中，主持在研 973 计划项目和国家重大科学研究计划项目 3 项、课题 2 项；主持在研 863 计划项目课题 3 项、国家科技基础性工作专项 1 项、国家农业产业技术体系建设专项 1 项、国家海洋公益专项 2 项；主持在研国家自然科学基金重点项目 6 项（新增 1 项）；主持在研国家基金创新研究群体项目 1 项（新增 1 项）；主持在研国家广东联合基金项目 3 项（新增 1 项）；主持在研杰青基金项目 3 项（新增 1 项）；主持在研国家优秀青年科学基金 4 项（新增 1 项）；主持国家自然科学基金重大研究计划重点项目 5 项；主持在研面上项目 109 项（新增 22 项）；主持在研国家青年基金项目 154 项（新增 26 项），主持广东省自然科学杰出青年基金 3 项。主持在研中国科学院重点部署项目 2 项（新增 1 项），中国科学院装备研制项目 2 项（新增 1 项）；主持在研中国科学院“百人计划”项目 9 项（新增 5 项）；新增“万人计划”1 项、中国科学院国际创新团队项目 1 项、中国科学院科技服务网络计划 1 项。

2015 年，南海海洋所全面完成“十二五”的“一三五”规划任务和战略目标，“三个突破”、“五个重点培育方向”圆满通过验收，各项目均取得重要成果，完成或超额完成考核指标；积极谋划“十三五”规划，完成新的“一三六”规划的制订；着力推进各项改革创新工作，联合 23 家院内外相关单位，协同攻关，组织 DJ 专项策划、申报和论证 A 类先导专项；进一步整合院内能源、资源、生态、生物等领域相关力量，按照创新研究院的模式，在中国科学院的指导下，拟适时组建南海生态环境工程创新研究院，为研究所分类改革工作明确了方向。

2015 年 3 月 26 日，在习近平主席和西里塞纳总统的见证下，中国科学院院长白春礼与斯里兰卡城市发展与供排水部部长哈奇姆在人民大会堂签署了进一步强化共建海洋科学科研教育中心的合作协议，顺利完成“中-斯海洋科学联合科教中心”的筹建，获批成立“中科院中国-斯里兰卡海洋科学联合科教中心”；广州南沙新园区的基建工作进展顺利；在国家级项目立项、将帅人才引进与培养、科技成果奖励、院地合作、国际交流等方面取得显著成绩，综合实力显著提升。

2015 年，南海海洋所全年共发表论文 549 篇，第一单位署名南海海洋所的论文 336 篇，其中被 SCI 收录 321 篇，出版《内孤立波数值模式及其在南海区域的应用》、《台风灾害评估与应急管理》专著 2 部；向国家知识产权局申请专利 81 项，其中发明专利 77 项；授权中国专利 52 项，其中发明专利 49 项，实用新型专利 4 项；31 项自主开发软件成功完成登记，1 项商标注册成功。

2015 年，南海海洋所马氏珠母贝“南科 1 号”和牡蛎“华南 1 号”两个水产新品种通过审定。一种含有海洋贝类活性肽的化妆品及其制备方法和应用获得广东省专利金奖；南海西北部环流及其天气系统相互作用观测研究获得海洋科学技术奖二等奖；南海北部典型河口海湾生态系统对环境变化的响应与反馈机制获得广州市科学技术奖一等奖。

2015 年，南海海洋所积极促进地方社会经济发展，为政府科学决策提供咨询服务和技术支撑，开展技术服务项目 98 项，合同经费 6511 万元，比 2014 年增加 2402 万元。广东省海洋药物重点实验室评估获优秀，获得 450 万元运行经费的资助。新签订技术服务合同 98 项，合同总金额 6511.08 万元。针对地方和企业需求，南海海洋所重点组织和参与多场次的洽谈会、对接会，与北海市人民政府、北海海洋科技创业园管委会、广东汕尾市科技局，汕尾市海洋产业研究院、江苏大丰港经济开发区管委会等洽谈与合作，在海洋工程技术咨询、技术服务领域积极为社会发展和地方经济建设服务，为政府科学决策提供科技支撑。

2015 年，南海海洋所主办了印度洋-南海海洋生态环境遥感与台风科学国际研讨会，先后派出 107 批 228 人次科技人员赴美国、德国、澳大利亚等 25 个国家（地区）参加国际会议、培训、开展合作研究和组织涉外航次。接待来自美国、德国、英国、澳大利亚、匈牙利等 20 个国家80批113人次境外专家的来访；科技人员出访及境外专家来访人数与去年基本持平；加强与东盟国家科研单位的合作，分别与马来西亚理科大学、柬埔寨渔业局、缅甸海事大学和泰国朱拉隆功大学签订国际合作备忘录；获批中国科学院国际人才计划4项；来自澳大利亚詹姆斯库克大学、澳大利亚南十字星大学、澳大利亚昆士兰大学和俄罗斯南森国际环境遥感中心4位学者按计划到所开展工作。

南海海洋所是中国海洋学会热带海洋分会、中国海洋学会海洋物理分会、广东海洋湖沼学会、广东海洋学会的依托单位。南海海洋所主办学术刊物《热带海洋学报》（核心期刊）。

（撰稿：徐晓璐　陈　忠　审稿：张　偲）

华南植物园

主　　任：任　海
地　　址：广东省广州市天河区兴科路 723号
邮政编码：510650
电　　话：020-37252711
传　　真：020-37252831
电子信箱：bgs@scib. ac. cn
网　　址：http://www. scib. ac. cn

中国科学院华南植物园（以下简称“华南植物园”）位于广州市天河区，占地约5000亩，是我国面积最大的南亚热带植物园，保育热带、亚热带植物14600余种。华南植物园前身为国立中山大学农林植物研究所，由著名植物学家陈焕镛院士于1929年创建，1954年改隶中国科学院后更名为华南植物研究所，2003年更名为中国科学院华南植物园。

华南植物园立足华南，面向国家重大需求和学科发展前沿，致力于国家乃至全球的热带亚热带植物的科学研究、物种保护和植物资源开发利用，通过5—10年的努力，在植物科学、生态与环境科学、植物遗传育种和农林及经济植物产业升级、生态工程技术集成等方面进行基础性、前瞻性和战略性研究，发展成为高水平科技机构和世界植物园的引领者之一。中国科学院启动实施“率先行动”计划和研究所分类改革后，华南植物园围绕特色研究所建设定位，积极进取，锐意改革，着力推进特色研究所申报和建设的各项改革创新工作，确保“率先行动”计划和“一三五”目标的实现。

华南植物园现有植物资源保护与可持续利用、退化生态系统植被恢复与管理、华南农业植物分子分析与遗传改良3个院级重点实验室；拥有鼎湖山森林生态站和鹤山森林生态站2个国家野外科学观测研究站，以及小良热带海岸带退化生态系统恢复与重建野外生态站。此外，华南植物园还有广东省应用植物学和数字植物园2个省级重点实验室、1个广东省工程技术研究中心，有馆藏标本100多万份的植物标本馆及专业书刊20万册的大型图书馆，拥有全省最多大型植物研究实验器材和科研设备的公共实验室，以及计算机信息网络中心、华南植物鉴定中心等支撑系统。华南植物园下辖的鼎湖山国家级自然保护区建于1956年，占地面积17000余亩，就地保护植物2400多种，为我国第一个自然保护区，也是中国科学院唯一的自然保护区。

截至2015年底，华南植物园共有在职职工442人。其中科技人员198人、科技支撑人员203人，包括研究员及正高级工程技术人员61人、副研究员及高级工程技术人员79人。共有“千人计划”入选者1人，杰青基金获得者4人（新增1人）；中国科学院“百人计划”入选者13人。

2015年，华南植物园是1993年国务院学位委员会批准的博士、硕士学位授予权单位之一，现设有生物学、生态学2个专业一级学科博士研究生培养点；生物学、生态学、林学3个专业一级学科硕士研究生培养点，以及生物工程专业学位硕士研究生培养点；并设有生物学、生态学等2个专业一级学科博士后流动站，共有在学研究生333人（其中硕士生190人、博士生143人），在站博士后32人。

2015年，华南植物园共有在研项目499项（新增项目198项）。其中，承担国家重大科技专项课题2项，承担（或参加）973计划和国家重大科学研究计划项目课题10项（新增1项），主持（或参加）国家科技基础性工作专项8项（新增2项），主持（或承担）国家自然科学基金重大项目（课题）1项，主持（或承担）国家自然科学基金重点项目2项（新增1项）、面上项目95项（新增22项）、杰青基金项目1项；主持（或承担）中国科学院重点部署项目4项（新增2项），承担重点国际合作项目1项（新增1项）。

2015年，华南植物园科研工作取得系列重要进展如下。

南方特色果蔬贮运保鲜关键技术及应用 针对南方特色果蔬采后迅速后熟、衰老、腐败和品质极易劣变等特点和贮运损耗大的实际情况，华南植物园研发和集成了10余项具有自主知识产权的控制果蔬腐烂和保持品质的绿色保鲜关键技术。包括一种柑橘果实酸腐病防治技术、多项绿色安全果实采后腐烂防治技术、高效果蔬贮运的品质控制技术、多种果蔬贮运保鲜的综合技术。部分成果已获国家发明专利12件和美国发明专利1件，获2015年中国科学院科技促进发展奖和第九届大北农科技奖创意奖。

气候与土地覆盖对产水量作用的全球模式 华南植物园在多年个例研究基础上，阐述了“气候与土地覆盖对产水量作用的全球模式”，并用全球已发表的2600多个研究进行检验。模式指出已在世界各地广泛开展近1个世纪的“对比试验”实际上存在严重的设计缺陷、对其结果的解释也存在严重的“预先假定”问题；模式得出森林与产水量关系存在负作用、无作用和正作用的结论，并精确给出了控制这3个作用的气候与流域特征参数的临界值。理论上，研究阐明气候和流域性质对产水量的影响机理，结束了100多年有关“森林与产水量关系”的争论。

拟南芥染色质重塑因子BRM参与主根根冠干细胞微环境维持的研究 华南植物园研究发现拟南芥BRM缺失导致拟南芥主根变短，主根根冠干细胞微环境破坏；主根中生长素运输蛋白基因PINs表达降低，从而影响其主根生长素分布，过表达生长素途径关键转录因子PLT2可部分回复brm短根表型。结果表明BRM通过直接结合于生长素运输蛋白PINs染色质区，调节PINs的表达，影响生长素在主根中分布，从而影响PLTs的表达，进而影响主根根冠干细胞微环境的维持。

鼎湖山国家自然保护区木本植物DNA条形码研究 华南植物园通过构建鼎湖山531种木本植物条形码数据库，分析了五个常用的条形码片段及其片段组合的物种识别能力。基于对实验成本、片段扩增成功率及物种分辨综合权衡考虑，推荐rbcL与ITS2的组合作为亚热带森林植物的DNA条形码片段。研究发现，条形码能将90%以上的样品鉴定到正确的属内，对热带或亚热带生物多样性调查具有重要意义。

高度专性共生体系基因流研究 为理解具相同地理分布的高度专性共生的宿主和传粉昆虫的基因流特征，华南植物园对榕小蜂进行种群遗传研究，并与以往宿主榕树的相关研究结果进行比较。结果表明传粉蜂与宿主榕树在基因流动中存在着对称和非对称性，同时在高度散布的共生体系中，地理隔离引起的扩散限制会被适应性分离进一步强化。

2015年，华南植物园发表SCI论文302篇，其中TOP 30论文171篇，占总数57%；TOP 10论文86篇，占总数28%；IF>10论文2篇；5<IF<10论文45篇，占总数15%；获大北农科技奖创意奖、中国科学院科技促进发展奖科技贡献奖二等奖、广州市科学技术奖一等奖各1项，广东省科学技术奖一等奖2项；授权专利27项，申请专利52项；出版著作8部（卷、册）；获得新品种20个，其中获新品种授权6个、省级审定4个、国际登录10个；获国家基金-广东联合基金、中科院科技服务网络（STS）计划项目、中国科学院重点部署项目各1项，广东省应用型研发项目2项。广东省杰青答辩通过2项，珠江科技新星专项答辩通过3项。

2015年，华南植物园结合自身科技优势，以龙头企业为载体，立足粤北孵化基地，辐射到西部（贵州）、中原（河南）、华南（广东、广西、海南）、华东（江苏、福建）、西北（陕西、宁夏），已初步完善从科技创新到促进经济社会发展的宏观布局。

2015年，华南植物园聚焦特色农业、经济植物、生态恢复、园林工程等领域，依托创新平台与政府、企业、地方部门开展技术推广、成果转化合作，推动了“佛山市顺德区中国科学院华南植物园经济植物育成中心”、“贵州中科院华南植物园经济植物育成中心”、“林冠模拟N沉降和降雨对森林生态系统结构和功能的影响”野外平台等一批基础基地的建设。其中，“贵州育成中心”项目建设中，华南植物园积极协调各级支持资金2.8亿元，有力支援了中心的建设。

华南植物园控股的广东中科琪琳股份有限公司连续13年被广东省工商局评定为“守合同、重信用”企业，其年营业额逐年增长，2015年达到1.2亿元。在广州市园林绿化行业诚信评价体系保持前10。

2015年华南植物园共有96人次出国（出境）参加学术会议或开展合作研究，海外来访者达184人次。

2015年5月22日，华南植物园与秘鲁圣马可斯大学《中国科学院华南植物园-秘鲁圣马可斯大学分子系统与进化实验室》协议书在秘鲁总统府签署，正在秘鲁访问的李克强总理和秘鲁总统乌马拉一起见证了签字仪式，联合实验室正式启动。5月24—29日，华南植物园黄宏文研究员带队首次访问玻利维亚大学和科研机构，拓展双方的科技合作与人员交流。9月，中国科学院领导在华南植物园陪同下访问哥伦比亚，与哥伦比亚植物园联盟主席Alberto Gomez及波哥大植物园主任举行合作交流会谈。

2015年，华南植物园与玻利维亚圣安德烈斯大学、越南科学院生态与生物资源研究所、德国乌兹堡大学分别签署合作协议。

2015年11月9—24日，发展中国家科技培训项目“生物多样性保护与管理研讨班”在华南植物园举办。此次培训班学员来自哥伦比亚、秘鲁、厄瓜多尔、玻利维亚、斯里兰卡、泰国、越南、印度尼西亚、马来西亚等9个国家共20人。

2015年年度华南植物园聘用外籍专家5名，正在执行在中科院PIFI计划等5人，新获批5项国际人才计划，在读国际学生7名，全园国际合作论文数占全园总论文数38%，人才队伍逐步国际化。

华南植物园是广东省植物学会、广东省植物生理学会的挂靠单位。据《中国学术期刊影响因子年报》统计，华南植物园主办的《热带亚热带植物学报》年度影响因子为0.859，总被引频次为1856次，网上下载量达3.82万次。

（撰稿：周　飞　范德权　审稿：张福生）

广州能源研究所

所　　长：马隆龙
地　　址：广东省广州市天河区五山能源路2号
邮政编码：510640
电　　话：020-87057639
传　　真：020-87057677
电子信箱：web@ms.giec.ac.cn
网　　址：http://www.giec.cas.cn

中国科学院广州能源研究所（以下简称“广州能源所”）成立于1978年，其前身为1973年成立的广东省地热研究室。1998年4月原中国科学院广州人造卫星观测站并入广州能源所。2001年，广州能源所成为中国科学院“知识创新”工程试点单位之一，2015年，广州能源所进入中国科学院清洁能源特色研究所培育阶段。

广州能源所为中国科学院高新技术研究与发展基地型研究所，主要从事清洁能源工程科学领域的高技术研究，并以后续能源中的新能源与可再生能源为主要研究方向，兼顾发展节能与能源环境技术，发挥能源战略的重要支撑作用，形成一主两翼一支撑的格局。

广州能源所建有国家可再生能源综合技术国际研发中心、中国科学院可再生能源重点实验室、中国科学院天然气水合物重点实验室、广东省新能源和可再生能源研究开发与应用重点实验室、广东省可再生能源综合技术国际科技合作示范基地、广东省生物质能工程技术研究开发中心、广东省太阳能光热先端材料工程技术研究中心、广东省城镇矿山清洁利用工程技术研究中心、广东省数据中心节能工程技术研究中心、广东省分布式储能与智能微电网工程技术研究中心、广东省低碳经济技术研究中心，作为依托单位与其他单位共建的中国科学院广州天然气水合物研究中心、广东省新能源生产力促进中心、广东省清洁发展机制（CDM）技术研究服务中心、广州市新能源工程技术研究中心、广东省低碳发展促进会等，是国家“生物质能源产业技术创新战略联盟”理事长单位。广州市分布式储能及微电网技术重点实验室获批准成立。广州能源所科研单元包括22个团队，研究范围涵盖生物质能、海洋能、太阳能、地热能、天然气水合物、能源材料与储能、节能环保等等，建有提供文献情报服务的图书馆，以及所级公共仪器分析测试平台，拥有大型仪器设备30多台（套）。

截至2015年底，广州能源所共有在职职工393人。其中科技人员284人、科技支撑人员52人，包括中国工程院院士1人、研究员及正高级工程技术人员47人、副研究员及高级工程技术人员99人；全所进入创新岗位129人。共有“万人计划”科技创新领军人才1人，“百千万人才”国家级人选3人，杰青基金获得者1人，享受国务院政府特殊津贴7人，中国科学院“百人计划”入选者9人，“广东省领军人才”1人。

广州能源所是1978年国务院学位委员会批准的硕士学位授予单位之一，2004年获得博士学位授予权，现设有工程热物理与动力工程和化学工程与技术两个一级学科博士研究生培养点，环境工程、材料物理与化学和海洋地质等3个专业二级学科硕士研究生培养点，并设有动力工程及工程热物理专业一级学科博士后流动站。共有在学研究生178人（其中硕士生101人、博士生77人），在站博士后7人。

2015年，广州能源所共有在研项目477项（包括新增项目181项）。其中，主持973计划项目2项、承担课题6项，承担863计划项目/课题13项，承担国家支撑计划课题14项；承担国家自然科学基金重点项目4项（新增2项）、面上项目40项（新增10项）、杰青基金项目1项；承担中国科学院重点部署项目2项、国家重大仪器研制项目1项；承担国际合作项目39项（新增11项）；承担地方科技项目119项（新增69项）。

2015年，广州能源所根据“一二四”规划的任务和目标，围绕2个重大突破和4个培育方向，部署了10个示范建设任务、25个核心技术攻关任务、8个应用基础研究任务，均进展顺利，并通过了中国科学院对研究所应用基础研究任务署了10个示范验收。

2015年，广州能源所取得一系列科研成果。“一种采用固体酸催化剂和活塞流反应器连续生产生物柴油的方法”获广东省专利金奖，“纺织印染工业园区“三废”综合治理技术及应用”获广东省科技进步奖二等奖，“餐厨垃圾油气肥绿色联产关键技术及产业化应用”获中国科学院科技促进发展奖二等奖，“鹰式波浪能发电装置研究开发与示范”获海洋科学技术奖二等奖。广州能源所全年发表论文427篇，其中被SCI收录213篇、EI收录36篇，核心期刊论文92篇，会议论文80篇，论著3部；全年申请国内专利196件，包括发明162件，实用新型34件，PCT申请8件，2件国际专利进入国家阶段，2件国外（美国、澳大利亚）专利授权；国内专利获授权108件（其中发明75件），维护有效专利804件，办理软件版权登记14件。

2015年，广州能源所加大与地方政府、企业等的合作力度，促进院地合作和成果转移转化：联合企业申报地方政府产业引导、创新人才、成果转化类项目的经费资助，立项11项，到位经费288.6万；实施专利技术转移5项，收益155.5万元；申报广东省、佛山市科技计划项目5项，支持项目1项，支持经费100万元，并成功申报获批广东省新型研发机构；国家发展和改革委员会工程咨询资质在新能源、生态建设和环境工程两个专业涵盖的服务范围整体成功升级为乙级。截至2015年底，广州能源所产业化公司共17家，其中研究所直接持股的企业为14家，通过广州中科环能科技有限公司参股的二级企业为3家，研究所拥有的所有者权益共计4062.25万元（不含天地科技市值6000多万股票）。

2015年，广州能源所新争取国际合作项目11项，经费957.5万元。依托科技部的援外项目资助，广州能源所与巴基斯坦费萨拉巴德农业大学展开合作，在旁遮普省援建一座100kW规模的生物质气化发电示范工程，现已完成部分设备安装调试，准备运往巴基斯坦。该项目具有标杆和示范效应，对于加强我国与巴方在可再生能源领域技术创新与合作，以及我国的新能源与可再生能源技术与装备向发展中国家输出都会产生积极的影响。2015 年，广州能源所共接待国外来访的专家学者 36 批 125 人次，出访 49 批 86 人次。成功申请中国科学院国际访问学者 1 人，国际博士后 1 人，聘请 6 位客座研究员，来访专家作重要学术报告 18 个，有 2 人获得院公派留学项目；主办第六届中泰可再生能源研讨会，承办中国沼气学会学术年会暨中德沼气论坛、第八届东盟与中日韩（10+3）生物质能源论坛。

广州能源所是中国可再生能源学会生物质能专业委员会、天然气水合物专业委员会以及广东省太阳能学会的挂靠单位。广州能源所主办有学术期刊《新能源进展》，2015 年按时、保质完成第 3 卷共 6 期出版任务，并在中国知网、万方数据优先出版，荣获科学出版社“期刊出版质量优秀奖”、第五届“广东省特色期刊”荣誉称号；内部发行的《能量转换利用研究动态》出版共 6 期。

（撰稿：谢舜源　姜　洋　审稿：夏　萍）

广州地球化学研究所

所　　长：徐义刚
地　　址：广东省广州市天河区科华街 511 号
邮政编码：510640
电　　话：020-85290702
传　　真：020-85290130
电子信箱：xuwenxin@gig.ac.cn
网　　址：http://www.gig.ac.cn

中国科学院广州地球化学研究所（以下简称“广州地化所”），建立于 1993 年，其前身是 1987 年由中国科学院地球化学研究所整建制搬迁部分学科、研究室和学术带头人，与原中国科学院广州地质新技术研究所合并成立的中国科学院地球化学研究所广州分部。1994 年经中央编制委批准使用现名。2002 年与原中国科学院长沙大地构造研究所异地整合，整合后的广州地化所整体进入中国科学院“知识创新”工程二期试点序列，2011 年进入中国科学院“创新 2020”整体择优支持研究所行列。

广州地化所的定位与战略目标是：坚持面向国家重大需求、面向世界科技前沿、面向国民经济主战场，致力于推动有机地球化学、元素和同位素地球化学、环境科学、油气与矿产资源等重点学科的发展，着力提升研究所的综合创新能力，在“资源与固体地球科学”和“环境科学与工程”两大领域开展基础性、战略性、前瞻性研究，解决国家和地方经济社会可持续发展所面临的资源和环境等重大科技问题。主要研究方向包括地幔柱与化学地球动力学、高压矿物学与矿物表界面物理化学、成矿规律与油气成藏动力学、海洋地质与边缘海演化、有机污染机理与生态效应、环境污染治理与防控技术等。

广州地化所现有有机地球化学和同位素地球化学 2 个国家重点实验室，边缘海地质和矿物学与成矿学 2 个中国科学院重点实验室，资源环境利用与保护、矿物物理与矿物材料研究开发 2 个广东省重点实验室，以及国家大型科学仪器中心-广州质谱中心，并与香港大学地球科学系联合建立了化学地球动力学联合实验室，2007 年中国科学院批准建立“中国科学院珠江三角洲环境污染与控制研究中心”，2012 年与兰卡斯特大学环境中心和城市环境所联合组建了“国际环境研究与创新中心”，并建有“地学与资源科普教育基地”。

截至 2015 年底，广州地化所共有在职职工 336 人，其中科技人员 165 人、科技支撑人员 86 人，包括中国科学院院士 1 人、俄罗斯科学院外籍院士 1 人、研究员及正高级工程技术人员 56 人、副研究员及高级工程技术人员 93 人。共有 973 计划顾问与咨询委员会委员 1 人、国家级重大项目首席科学家 3 人、广东省“南粤百杰”入选者 3 名、中组部青年拔尖人才 1 名、科技部创新人才推进计划中青年科技创新领军人才 4 人、“百千万工程”国家级人选 7 名、杰青基金获得者 18 名、优秀青年基金获得者 5 名、中国科学院“百人计划”入选者 25 名、广东省杰出青年科学基金获得者3名。

2015年，广州地化所共有在研项目507项，新增187项，其中包括青年科学基金17项、面上项目26项、重大项目课题2项、重点项目1项、杰青基金项目1项、创新群体1项、优秀青年基金项目1项、重大研究计划1项。

广州地化所现有地球化学、矿物学、岩石学、矿床学、构造地质学、环境科学和环境工程5个专业二级学科博士培养点，地球化学、矿物学、岩石学、矿床学、环境科学、第四纪地质、构造地质学、海洋地质、环境工程、地图学与地理信息系统和人文地理学9个专业二级学科学术型硕士培养点，并设有环境工程、地质学工程两个专业二级学科全日制工程硕士培养点，设有地质学和环境科学与工程两个一级学科博士后科研流动站，共有在学研究生525人，在站博士后60人。

2015年，广州地化所高质量完成了“一三五”规划创新目标，在中国科学院组织的院属单位“十二五”领域验收评估中取得优异成绩。其中，“地幔柱构造与成矿”获评重大突破类优秀，“矿物学与实验岩石学”和“珠三角流域化学品污染与管控”获评重点培育类优秀，“科研-技术一体化”被评为保障措施与重大改革举措亮点工作。广州地化所积极参与中国科学院“率先行动”计划“四类机构”改革，以“广州分部”形式参与中国科学院地球科学创新研究院建设。

2015年，广州地化所共发表研究论文684篇，其中国际SCI论文407篇、国内SCI论文53篇；申请专利27件，包括美国专利2件、国内发明专利18件、实用新型7件，比上年增加8件，授权专利21件，申请登记软件著作权2件。

2015年，广州地化所谢先德院士与美国亚利桑那大学杨和雄博士、中南大学谷湘平教授等发现的新矿物-李璞硅锰石（Lipuite）获国际矿物学会批准。该新矿物以中国科学院地球化学研究所已故的李璞先生姓名命名“李璞硅锰石”(lipuite)，经国际矿物学会新矿物委员会（IMA-CNMNC）投票表决正式批准，批准号为2014—085，成为国际矿物协会批准的第5000种天然矿物。

2015年，广州地化所获批修购专项1项，新购置免税仪器设备21台（套），已发展成为一个拥有420台（套）大中型仪器设备的实验技术平台。2015年，广州地化所大部分仪器设备满负荷运转，总运行165241个机时，平均运行机时约3220小时/台，平均共享机时约1523小时/台，共享率为42%。

广州地化所研发的高负荷地下渗滤污水处理复合技术得到较好推广，2015年利用该技术建设的环境治理工程项目115个，污水处理量为22950吨/天。

2015年，广州地化所国际合作与交流稳步发展，既注重与欧美发达国家的交流，又积极与东南亚、南亚国家开展合作。2015年出访和来访均超过150人次，其中合作研究70批77人次，考察访问32批79人次；举办第十三届国际气体地球化学会议、中英土壤可持续发展研讨会2个国际会议；与马来西亚的马来亚大学签订了谅解备忘录，达成了开展科技合作的共同意向；在研和新增国际合作项目共11项。

广州地化所主办有地学核心刊物《地球化学》和《大地构造与成矿学》。

（撰稿：徐文新　陈　一　审稿：张海祥）

广州生物医药与健康研究院

院　　长：裴端卿
地　　址：广东省广州科学城开源大道190号
邮政编码：510530
电　　话：020-32015300
传　　真：020-32015299
电子信箱：wang_ jiongkun@gibh. ac. cn
网　　址：http://www. gibh. cas. cn

中国科学院广州生物医药与健康研究院（以下简称“广州生物院”）由中国科学院、广东省人民政府和广州市人民政府三方共建，2003年7月签订共建协议，2006年3月获中央机构编制委员会办公室批准成立，是隶属于中国科学院的具有独立法人资格的科学研究机构。

广州生物院的定位是以满足人类健康需求和探索生命科学前沿为导向，致力于疾病机制和生命过程机理研究，为人类健康和疾病防治提供创新与集成的解决方案，推动我国生物医药与健康产业创新发展，成为国家健康安全体系中的重要组成部分。广州生物院的建设目标是建成在健康和生物医药领域具有自主创新和国际竞争能力的研究机构，成为吸引、培养和造就具有国际先进水平的中国生物医药业领军人才的平台，成为疾病的发生和致病机理的研究及生物医药核心技术的研发平台，成为面向国内外生物医药业的社会化服务并带动地区相关产业发展的平台。广州生物院以“源头创新-产品技术开发-产业化”为价值链，主要研究领域包括干细胞与再生医学、化学生物学、感染与免疫学、公共健康学、科研装备研制。

广州生物院设有华南干细胞与再生医学研究所、化学生物学研究所、感染与免疫研究所和公共健康研究所4个二级非法人研究单元，并建有呼吸疾病国家重点实验室（共建）、中国科学院再生生物学重点实验室（广东省干细胞与再生医学重点实验室）、粤港干细胞及再生医学研究中心（共建）、干细胞与再生医学联合实验室（共建）、药物研发中心、中科院广州生物院-广州医科大学干细胞转化医学中心（共建）等核心研发平台，以及公用仪器中心、实验动物中心、信息情报中心等公共支撑中心，同时牵头建设广州生命科学大型仪器区域中心、中科院超级计算广州分中心。

截至2015年底，广州生物院共有在职职工355人（含在站博士后15人），包括科技人员292人、行政管理人员32人、工勤人员16人，其中研究员及正高级工程技术人员34人、副研究员及高级工程技术人员25人。共有“千人计划”入选者4人（新增0人），国家重大新药创制科技重大专项总体专家组成员1人（新增0人）、973计划首席科学家6人（新增0人），杰青基金获得者3人（新增0人），享受政府特殊津贴专家3人（新增0人），高端外国专家项目3人（新增0人）；中国科学院“百人计划”入选者18人（新增1人），院外籍青年科学家3人（此项目已取消），院外国专家特聘研究员计划3人（此项目已取消），院卓越青年科学家项目1人（新增0人）；广东省领军人才4人（新增0人），广东省南粤百杰3人（新增0人），广州十大优秀留学人员2人（新增0人）。

广州生物院现有生物学一级学科博士培养点、基础医学一级学科硕士培养点，以及药物化学二级学科博士培养点，生物工程、化学工程两个工程硕士专业学位培养点，共计4个博士招生专业、10个硕士招生专业，并设有生物学专业一级学科博士后流动站。目前，广州生物院共有在学研究生268人（其中硕士生130人、博士生138人），在站博士后15人。

截至2015年底，广州生物院共有在研项目301项（包括新增项目109项）。其中，承担国家重大科技专项课题3项（新增0项），主持973计划和国家重大科学研究计划项目6项（新增1项）、承担课题18项（新增6项），承担863计划项目7项（新增2项）；承担国家自然科学基金面上项目33项（新增10项），青年科学基金项目35项（新增11项）；承担中国科学院战略性先导科技专项课题1项、子课题9项，承担院重点部署项目4项（新增0项），承担院重大科研装备研制项目1项（新增0项）；承担院地合作项目2项（新增0项）；承担各类国际合作项目22项（新增6项）；承担地方性项目120项目（新增67项）；承担横向项目32项（新增19项）。

2015年，广州生物院全年共发表论文123篇（第一作者单位66篇），其中被SCI收录116篇（第一作者单位61篇），刊物影响因子大于20的2篇；新增国内发明40件、实用新型5件、PCT7件、国际专利2件，新增授权国内发明34件、实用新型4件、外观设计1件、国际专利7件。

2015年，广州生物院“十二五”任务书顺利通过验收，重大突破方向“治疗性功能细胞获取的关键技术”入选中国科学院优秀重大突破，“大动物基因修饰技术研究及基因修饰动物模型的建立”获得2014年度广州市科学技术奖一等奖，“猪基因突变技术创新及基因修饰猪模型的建立”获得2015年广东省科学技术奖一等奖，“间质-上皮细胞转换与细胞命运调控研究”获得黄家驷生物医学工程奖二等奖。

“十二五”期间，广州生物院“一三五”规划实施取得显著进展：在干细胞与再生医学研究方面，开发了全新的iPS细胞诱导因子、实现了Yamanaka因子中“双刃剑”c-Myc“去莠存良”的代谢优化、发现了重编程中细胞重塑的关键作用和调节机制；利用干细胞技术阐明丙戊酸诱发Alpers-Huttenlocher综合征肝毒性的机理；建立了世界首个基因敲除狗模型、首个热带爪蛙高效基因定点敲进技术、首个转基因TDP-43西藏小型猪模型。在药物研发方面，完成高难度天然产物分子的全合成，该研究成果发表在《自然·通讯》上；在铜催化不对称C-O偶联反应研究中取得重要进展，该研究成果发表在国际权威杂志《德国应用化学》上；通过有机小分子催化构建手性季碳中心研究中取得系列新进展，相关成果以封面论文的形式发表在国际权威杂志《先进合成与催化》上；在肿瘤miRNA选择性治疗中取得重要进展，该研究为开发高效、低副作用的肿瘤治疗提供了理论依据和潜在的理想靶标分子。在疫苗研究方面，构建了无抗性筛选标记的稳定自主发光的分枝杆菌；研发出提升病毒载体艾滋病疫苗的新技术；在流感病毒M2离子通道致病机理研究中获得新发现；发现疟疾感染有利于艾滋病病毒储存库的清除。

2015年，广州生物院新促成重要转移转化项目3项，包括“新型抗肺癌药物120067”项目的相关专利技术转让给江苏奥赛康药业有限公司，合同金额1亿；“新型抗结核菌1.1类新药TB47”项目的相关知识产权转让给广州艾格生物科技有限公司，合同金额2000万；“iCD1培养基产品技术”，以技术入股形式与杭州百通成立新公司，占股30%。南海产业中心申报国家级孵化器工作取得了突破，在2015年国家级孵化器评审工作中以95.5分的成绩成为广东的第一名。

2015年，广州生物院积极推进国际合作与交流：与新西兰奥克兰大学莫利斯·威尔金斯中心签约共建了生物医药联合中心，并获得了科技部授予的“中新生物医药与健康国际联合研究中心”称号；与英国伯明翰大学共建转化医学研究联合中心。举办了第八届广州国际干细胞与再生医学论坛，同时与香港科技园合作举办的同主题香港卫星会议在香港科技园举行，香港特别行政区行政长官梁振英出席；秉承《广州-奥克兰-洛杉矶三城经济联盟合作备忘录》的精神，联合新西兰奥克兰大学、美国加州大学洛杉矶分校举办学术研讨会，促进三城的国际学术合作；全年出访89人次，接待来访104人次。

广州生物院是中国细胞生物学会再生细胞生物学分会的挂靠单位，与Biomed出版社合作出版期刊*Cell Regeneration*.

（撰稿：王炯坤　韩青海　审稿：陈广浩）

深圳先进技术研究院

院　　长：樊建平
地　　址：深圳市南山区西丽深圳大学城学苑大道1068号
邮　　编：518055
电　　话：0755-86392288
传　　真：0755-86392299
电子信箱：info@siat.ac.cn
网　　址：http://www.siat.ac.cn

中国科学院深圳先进技术研究院（以下简称“深圳先进院”）由中国科学院、深圳市人民政府及香港中文大学共同建立，旨在提升粤港地区及我国先进制造业和现代服务业的自主创新能力，推动我国自主知识产权新工业的建立。2006年2月24日，中国科学院、深圳市人民政府以及香港中文大学在深圳签署共建先进技术研究院、先进集成技术研究所《备忘录》，成为深圳先进院筹建的起点。2006年7月17日，深圳先进院进驻蛇口南山医疗器械产业园，标志着深圳先进院进入运营阶段。2006年9月22日，共建三方在深圳签署共建先进技术研究院、先进集成技术研究所《协议书》，西丽新园区奠基仪式也于同日举行。2009年7月22日，深圳先进院获中央机构编制委员会批准正式纳入中国科学院序列。同年12月17日，共建三方在深圳西丽先进院新园区对建设项目验收。经过8年的发展，深圳先进院目前已初步构建了以科研为主的集科研、教育、产业、资本为一体的微型协同创新微创新体系。

深圳先进院现有6个研究所，分别为先进集成技术研究所、生物医学与健康工程研究所、先进计算与数字工程研究所、生物医药与技术研究所、广州中国科学院先进技术研究所（筹）、中国科学院深圳先进院-麻省理工学院麦戈文联合脑认知与脑疾病研究所（筹）；1所特色学院，即深圳先进技术学院；设立1支天使基金（中科育成）和3支风投基金（中科明石、中科道富、中科昂森），并建设深圳蛇口机器人、深圳龙岗低成本健康、深圳李朗云计算与物联网、上海嘉定电动汽车4个特色产业育成基地，以及深圳创新设计研究院、深圳北斗应用技术研究院、中科创客学院、济宁中科先进技术研究院、天津中科先进技术研究院等专业创新平台。

截至2015年底，深圳先进院共有1986人（含学生），其中员工1142（含南沙所），中高级职称722人，海外经历人才432名。2015年，深圳先进院新引进“千人计划”专家3人（目前在院工作达18人），中国科学院“百人计划”3人，广东省领军人才3人（全省20人），深圳市“鹏城学者”特聘教授1人；年度新入选中国科学院特聘研究员13人，国务院特殊津贴专家1人，国家自然科学基金委优青2人，中国科学院技术支撑人才1人，广东省特支计划“南粤百杰”3人（占全省的20%）、领军人才2人、青年拔尖人才9人，省优青4人。新增“孔雀计划”技术创新项目13项。新获批深圳市孔雀人才58人次，深圳市高层次人才12人次，累计270人次，位居全市第一。另外，深圳先进院依托广东省“珠江人才计划”和深圳市“孔雀计划”，在无线充电、合成生物、机器人等领域瞄准国际科学前沿，引进5支创新团队（其中脑科学团队和串并联机器人团队同时入选广东省创新团队和深圳市孔雀团队）。全院各类创新团队累计达到19支（含省市双入选团队3支），省团队数量居广东省第一，市团队数量占深圳市总数的1/5。全年共获批人才类项目经费合同额达1.41亿元。

2015年，深圳先进院全年共培养学生1252人，自2006年以来累计培养学生（含国际留学生）近5000人。目前在读学生共844人，近50人次获得中国科学院院长奖学金、朱李月华奖学金、广州教育基地奖、创新创业大赛金奖/银奖等奖励，6人获得研究生国家奖学金，2人获得中国科学院大学“优秀学生标兵”称号，7人获得中国科学院大学“优秀学生干部”称号，2人获得中国科学院大学“优秀毕业生”称号，31名学生获得中国科学院“优秀学生”称号，就业率（含继续深造）高达100%。

2015年，深圳先进院新增纵向科研项目475项，总额42054万元（同比增长16%），其中国家级项目11257万，中国科学院项目2002万，广东省项目10056万（同比增长217%），深圳市项目18739万（同比增长24%）。国自然获批82项，合同总额全省排名第三；获批国家重大科研装备研制项目1项（全国共5项）。

2015年，深圳先进院新增重点实验室、工程中心、公共技术平台共5个（累计57个）；新增与企业共建联合实验室4个（累计28个）。改建实验场地1000平方米，新增实验室11个，完成实验室改造提升工程20项。非人灵长类动物实验室通过《实验动物使用许可证》扩项，新增使用许可普通环境（猴）面积1160平方米，取得II级《国家重点保护野生动物驯养繁殖许可证》。全年完成科研设备、试剂耗材、实验动物等各类采购共计8717万元（累计科研仪器设备总价值超过4亿元）。科研仪器设备按学科领域划分为9个专业设备共享平台，其中6个加入广东省、深圳市各级设备共享服务平台网，入网设备341台（套）；平台服务对象包括深圳大学、南方科技大学、华大基因等企事业单位30家；中科院仪器设备共享网总使用机时为26321小时（同比增长30%），总共享时间为8822小时；顺利完成中科院仪器设备共享管理系统V3.0数据更新。分析测试中心建有8个共享实验室，完善分析测试中心网站英文版（http://iac.siat.ac.cn）。

2015年，深圳先进院在科研上取得突出进展：低成本“海云工程”配套设备全国中标量约占全部份额的20%，服务全国农村人口超过

5000万以上；获批国家重大科研仪器设备研制专项项目——“基于超声辐射力的深部脑刺激与神经调控仪器研制”，该项目是广东省和深圳市首次牵头承担“国家重大科研仪器设备研制专项”（8077万元，部委推荐类）重大项目；作为主要完成单位参与的“基于影像导航和机器人技术的智能骨科手术体系建立及临床应用”和“角膜病诊治的关键技术及临床应用”项目均获国家科技进步二等奖；作为第一完成单位的“基于剪切波的定量超声弹性成像技术与应用”项目获广东省科学技术奖技术发明类一等奖。

2015年，深圳先进院继续推进二期工程建设，按计划实施两个标段。截至2015年底，一标段完成全部施工（10月底），先后进行了室内精装修工程、电梯安装、高低压配电工程、室外道路及管网工程、VRV空调采购安装、弱电设备采购安装及消防系统安装工程施工并通过了电梯、供电、规划、人防、节能、防雷专项验收及竣工初验，目前正在进行消防验收及竣工核验申报工作，预计2016年投入使用。二标段于2015年4月获得国家发改委及中科院条财局科研批复，2015年9月获得中科院条财局初步设计及概算批复，2015年11月获得市规土委方案设计审查批复，目前正处于施工图设计阶段，预计2016年9月开工建设。

2015年，深圳先进院新增专利申请651件，顺利结题项目319项，获广东省科学技术奖技术发明类一等奖1项。新增发表论文931篇，在*Science*子刊发表论文2篇，*PNAS*发表1篇，其中SCI论文472篇（同比增长10.5%），JCR一区论文271篇（同比增长22.7%），论文质量显著提升。

2015年，深圳先进院实施了横向项目到账业绩的亿元工程，横向到款金额达到10 218万元，同比增长53%；资产增值6278万元，实现了翻番。其中新增立项工业委托合同88个，合同额7900万元（其中招标合同超千万），新建10个联合实验室，到款超4560万（比去年增长38%）；新增以企业为主体申报产学研合作项目219项，获批75项，留院合同额4582万元，到账金额4500万，同比增长37%。全年新建企业联合实验室10个，大力提高项目交付能力，有效支撑了横向业绩的提升，持股140余家企业，其中一二级持股企业达87家。2015年，深圳先进院获批中国科学院科技促进发展奖科技贡献奖和中国产学研合作创新奖，以及广州分院院地合作先进单位。在已建济宁先进院、创新院、北斗院中科创客学院取得良好业绩的同时，深圳先进院成立天津先进技术研究院有限公司并投入运营，与珠海签订了共建新型科研机构的战略合作协议。

2015年，深圳先进院与IEEE国际组织的合作翻开新篇章。深圳先进院欧勇盛研究员和夏泽洋副研究员担任IEEE国际机器人与自动化协会广东分会首届分会联合主席，须成忠教授因其在引领并行和分布式系统资源管理领域发展方面的杰出贡献当选IEEE Fellow。深圳先进院获批成立大陆首个IEEE UFFC（超声波、铁电与频率控制学会）学生分会并与IEEE总部签订关于学术交流、产业合作的合作备忘录，举办了第15届IEEE/ACM集群、云计算与网格计算国际会议、国际磁共振快速成像、射频与应用研讨会、情感神经环路国际学术研讨会、智能汽车与信息技术国际研讨会、2015年深圳国际BT领袖峰会和生物/生命健康产业展览会暨合成生物学与产业应用论坛等9场国际会议，海外交流继续扩大和加深，国际学术影响力进一步提升。深圳先进院全年接受自美国、韩国、英国、欧盟等世界各国的大学、科研机构、政府部门、企业科技代表团及中国港澳台代表团的来访，来访批次达36次，人数超500人，科研人员出访国外参加科技学术交流213批次，总数达256人。

2015年，深圳先进院主办的学术期刊《集成技术》发行6期，累计22期；年度合计出版7600余册，稿源数量和质量均有较大提升，刊物下载数、被引用次数、国际关注度和机构用户稳步提升。

（撰稿：丁宁宁　吴　琼　审稿：毕亚雷）

亚热带农业生态研究所

所　　长：吴金水

地　　址：湖南省长沙市芙蓉区远大二路 644 号
邮政编码：410125
电　　话：0731-84615204
传　　真：0731-84612685
电子信箱：csiam@isa.ac.cn
网　　址：http://www.isa.ac.cn

中国科学院亚热带农业生态研究所（以下简称“亚热带生态所”）创建于 1978 年，其前身为中国科学院长沙农业现代化研究所，2003 年 10 月改为现名。

亚热带生态所主要学科方向为亚热带复合农业生态系统生态学，下设区域农业生态、畜禽健康养殖、作物耐逆境分子生态等三个研究中心，作为依托单位拥有中国科学院亚热带农业生态过程重点实验室、农业生态工程湖南省重点实验室、湖南省畜禽健康养殖工程技术研究中心和广西石漠化治理工程技术研究中心，建有桃源农业生态系统观测研究站、环江喀斯特生态系统观测研究站、洞庭湖湿地生态系统观测研究站、长沙农业环境观测研究站。

截至 2015 年底，亚热带生态所有在职职工 225 人，其中科研人员 147 人、科技支撑人员 54 人，包括中国工程院院士 1 人、研究员及正高级工程技术人员 31 人、副研究员及高级工程技术人员 54 人。共有杰青基金获者 1 人，国家自然科学基金优秀青年科学基金获得者 1 人，“百千万人才”工程 1、2 层次人选 2 人；中国科学院“百人计划”入选者 9 人，“西部之光”人才入选者 20 人，院“卢嘉锡青年人才奖”1 人；湖南省百人计划 1 人，湖南光召科技奖 1 人，湖湘英才计划 1 人。

亚热带生态所现拥有生态学博士学位授予点；有生态学、畜牧学以及环境工程学硕士学位授予点；有生态学专业学科博士后流动站。2015 年亚热带生态所共有在学研究生 153 人（其中硕士生 70 人、博士生 83 人，包括 2 名 CAS-TWAS 博士生，1 名尼日利亚政府奖学金资助博士生），在站博士后 10 人。

2015 年，亚热带生态所共有科研在研项目 316 项（新增 90 项，合同经费 9135 万元），其中牵头组织国家科技支撑计划项目 2 项，课题 7 个（新增 2 个）；主持 973 计划课题 4 个（新增 1 个）；主持国家自然科学基金重点项目 3 项，优秀青年基金项目 1 项（首次获得），重点仪器设备研制项目 1 项（首次获得），国际（地区）合作项目 4 项（新增 2 项），面上和青年基金项目 86 项（新增 16 项）；中科院科技服务网络（STS）计划 8 项（新增 2 项）；承担湖南省科技重大专项项目 1 项（新增），中央驻湘机构创新平台项目 1 项。

2015 年，亚热带生态所围绕“一二三”规划，狠抓科技成果产出，获得 2 项获奖成果，其中“亚热带稻田土壤碳氮循环关键过程的微生物作用机理研究”成果获得湖南省自然科学奖一等奖，“芽孢杆菌的选育与产品研制及在养殖业中的应用”成果获得湖南省科技进步奖二等奖。此外，“功能性氨基酸及微量元素螯合物技术创新及产业化应用”通过成果鉴定。

2015 年，亚热带生态所共发表科研论文 244 篇，其中被 SCI 收录论文 167 篇；出版中文专著 2 部；申请发明专利 32 项，授权发明专利 25 项（其中国际专利 1 项，在美国、俄罗斯等国家授权）；受理实用新型专利 2 项，授权 6 项。

2015 年，亚热带生态所重点实验室和台站装备向高水准的系统集成方向迈进，新建流域污染源防控研究平台、畜禽细胞结构与营养生理功能调控研究平台和作物逆境分子生态研究平台等 3 个技术条件平台。

2015 年，亚热带生态所院地合作取得了新突破：与广西木论天然食品有限公司、湖南希望种业科技股份有限公司、湖南南山牧业有限公司、湖南澄源检测有限公司等企业新签订科技合作协议 4 项；与武汉天门市、桃源县政府、广西科学院等签署科技合作框架协议；与广西环江县、江苏海安县等地方县（市）开展合作，在饲料添加剂研发、养殖排泄物和生活污水治理方面取得了较好的社会效益；牵头发起并与湖南农业大学共建湘江流域生态农业协同创新中心；与中国科学院生态环境中心、华中农业大学、广西师范大学、湖南农业大学等签署了联合开展科技合作研究、科技示范推广服务和共建教育教学实习基地协议。

2015年，亚热带生态所与千叶大学园艺学院签订合作协议；组织召开了第三届亚热带区域农业可持续发展国际研讨会和第二届动物营养与环境国际会议；新批准国际访问学者项目2项、国际博士后项目1项、台湾青年访问学者项目1项。

2015年，亚热带生态所园区建设工作取得了重要进展，完成了自来水管网改造工程、园区基础设施改造二期工程和红园路人行道、路基整治工程等。

亚热带生态所是湖南省生态学会、湖南省土壤学会、湖南省动物营养与生态环境学会挂靠单位，主办有期刊《农业现代化研究》。

（撰稿：文再坤　陈　冲　审稿：吴金水）

成都生物研究所

所　　长：赵新全
地　　址：四川省成都市人民南路四段九号
邮政编码：610041
电　　话：028-82890289
传　　真：028-82890288
电子信箱：swsb@cib.ac.cn
网　　址：http://www.cib.cas.cn

中国科学院成都生物研究所（以下简称“成都生物所”）成立于1958年，当时定名为中国科学院四川分院农业生物研究所，1962年9月更名为中国科学院西南生物研究所，1971年1月更名为四川省生物研究所，1978年启用现名。

成都生物所的定位与目标是：立足西南，长期坚持生态环境保护与生物资源利用研究，注重现代农业与生命科学的融合，着力解决作物育种、高效生物农药研发与农产品安全检测、农业生态环境保护与污染治理、生物多样性保护与生物资源高效持续利用等领域的重大科学问题，为区域生态保护、生物资源资源利用提供科学基础、技术支撑、实用产品和决策依据，实现区域农业高效、安全、可持续生产，将研究所建成特色鲜明、具有引领示范作用的科技成果产出与转移转化基地、科技创新人才聚集与培养基地。

成都生物所的主要研究领域及学科方向为天然药物与人口健康、生态保护与环境治理、工业生物技术及现代农业等。

成都生物所设有生态研究中心、应用与环境微生物研究中心、农业生物技术研究中心、天然药物与转化医学重点实验室和两栖爬行动物研究室等5个所级研究机构，是国家天然药物工程技术研究中心、中国科学院山地生态恢复与生物资源利用重点实验室、中国科学院环境与应用微生物重点实验室、中国科学院四川转化医学研究医院的依托单位。

成都生物所两栖爬行动物、植物标本馆是全国青少年科技教育基地、全国青少年走进科学世界科技活动示范基地、四川省及成都市科普教育基地；馆藏两栖爬行动物标本10万余号，模式标本近660号，标本的种类、数量、各种文献等居国内领先地位；馆藏植物标本逾30万份。成都生物所公共实验技术中心拥有600兆核磁共振波谱仪、流式细胞分选仪等价值约9000万元的各类先进科研仪器设备，并对社会开放。成都生物所科技信息情报中心馆藏以生物资源和生物技术的研究与开发为主的中外文文献21万册，拥有包括5台服务器在内的专门进行机构知识产出数据建设与服务、科技信息情报数据存储与服务、生物领域科研成果发布与传播的电子机房。成都生物所还建立了中国科学院茂县山地生态系统定位研究站、中国科学院成都平原农业生态站、中国科学院若尔盖高寒湿地生态站和中国科学院马尔康小麦夏繁基地等研究站（点）。

截至2015年底，成都生物所共有在职职工334人。其中科技人员214人、科技支撑人员70人，包括中国科学院院士1人、研究员及正高级工程技术人员58人、副研究员及高级工程技术人员110人。共有中国科学院“百人计划”入选者14人，“西部之光”人才入选者101人（新增8人）。

成都生物所是1981年国务院学位委员会第一批批准的动物学硕士学位授予权单位、2000年国务院学位委员会第八批批准的植物学博士学位授予权单位，现设有植物学、动物学、微生物学、生态学、环境科学、药物化学、药理学等7个专业博士研究生培养点，植物学、动物学、微生物学、生态学、环境科学、药物化学、药理学、病理学与病理生理学、生物工程、制药工程等10个专业硕士研究生培养点，共有在学研究生 315 人（其中硕士生 168 人、博士生 147 人），设有生物学博士后流动站，有在站博士后20人。

2015年，成都生物研究所共有在研项目260项（包括新增项目188项）。其中，承担国家重大科技专项课题1项，主持（或承担）973计划课题3项，主持（或承担）国家科技支撑计划项目课题2项（新增1项），主持（或承担）国家科技基础性工作专项项目1项（新增1项），主持（或承担）国家自然科学基金国际合作重点项目1项（新增1项）、面上项目76项（新增10项）；主持（或承担）中国科学院战略性先导科技专项子课题5项；主持（或承担）院重点部署项目2项（新增1项），主持（或承担）院科研装备研制项目2项（新增1项），主持（或承担）中科院科技服务网络（STS）计划项目1项（新增1项）。

2015年，成都生物所大力推进“一三五”规划的组织实施，加强学科凝练、体制机制创新以及人才队伍和创新平台建设，成立了“十三五”规划编制工作小组，开展了多次、多层面的战略研讨会，广泛征求意见，编制了研究所“十三五”发展规划。

2015年，成都生物所科研工作取得系列进展：“公路对高寒湿地野生动物生态影响评估技术研究”课题通过对若尔盖湿地区域公路对野生动物的影响分析，首次确定了公路对高寒湿地野生动物影响的距离，揭示了公路对导致两栖类动物死亡数量、空间分布特点、公路结构对死亡率的影响方式等，并确定了公路对两栖动物影响的敏感区域特征，该成果在国道213线郎川路（花湖段）的建设中得到应用，达到国内领先水平。通过对紫薯酒原料种类、配比及料液比等工艺参数的系统性研究，研制出的“河套唯饮紫薯酒”符合国家相关标准，成果达到国内领先水平。“微生物源生物农药研究”研制了新奥霉素12%母药和4%水剂产品，建立了产品质量检测体系，制定了产品质量标准，新奥霉素等生物制剂推广示范面积达14万亩。“浮萍废水处理资源化研究”筛选出能够高效促进淀粉生产的植物调节剂——“烯效唑”，浮萍最大淀粉含量达其干重的50%以上。“生物燃料前体己酸的生物合成研究”提出乳酸氧化耦合脂肪酸β氧化逆循环，己酸积累浓度达23 g/L。与西藏农牧科学院、华大基因共同绘制了青稞基因组草图。制订了苍耳子和吴茱萸的2015版药典标准。“高黏度薯类原料高效乙醇转化技术体系”获得中国科学院科技促进发展奖一等奖，“有机废弃物厌氧发酵制备生物燃气技术装备及应用”获得广东省科学技术奖一等奖。

2015年，成都生物所共发表论文288篇，其中被SCI收录206篇；出版专著3部，其中主编1部、参编2部；授权专利35件，其中发明专利33件、实用新型专利2件；申请专利31件，其中发明专利30件、实用新型专利1件；农作物品种权授权1件；农作物品种审定4个。

科技促进发展方面，2015年，成都生物所入选了四川省全面深化改革试点区首批科技体制改革试点单位；与企业加强合作，2015年共签订技术合同金额1235万元；中科院科技服务网络（STS）计划项目“四川高效生态农牧业技术研发与示范”在绵阳落地实施；与四川省阿坝州签署战略合作框架协议共同建设川西北生态经济示范区；与成都市食品药品检验研究院签署战略合作协议并共建“食品药品安全检测与研究联合实验室”；与河南省济源白云实业有限公司签订技术许可合同；与成都大美种业公司等签订“中科麦47”、“川育25”等联合推广协议。

成都生物所现有参股公司3家，从事科技开发人员20余人，年产值20多亿元，利税3亿余元。

国际合作及其成效方面，2015年，成都生物所新增国际合作项目35项，合同经费850万元；新引进国际访问学者1名、国际博士后2名；长期在国际组织任职人员1名；派出4名研究人员分别前往美国、俄罗斯等国家进行长期出访；派出28个团组39人次短期出访10余个国家或地区，接待美、英、日等国家或地区24批63人次；与哈佛大学、莫斯大学、国际山地综合发展中心等机构签署重要国际科技合作协议9项；承办了冈仁波齐环境评价与发展跨边界国际合作项目学术指导委员会、中澳双边“CAS-CSIRO作物分子设计与应用”学术研讨会、生态系统温室气体排放监测发展中国家科技培训班等多个国际会议和培训班。

由成都生物所主办的《应用与环境生物学报》是中国精品科技期刊、中国核心学术期刊和中国国际影响力优秀学术期刊。成都生物所主办的英文学报 *Asian Herpetological Research* 是亚洲地区唯一的两栖爬行动物学 SCI 英文学术期刊，该刊2015 年 SCI 影响因子为 0.536。

（撰稿：舒　服　审稿：刘刚君）

成都山地灾害与环境研究所

所　　长：邓　伟
地　　址：四川省成都市人民南路四段九号
邮政编码：610041
电　　话：028-85228816
传　　真：028-85222258
电子信箱：sdb@imde. ac. cn
网　　址：http://www. imde. ac. cn

中国科学院·水利部成都山地灾害与环境研究所（以下简称“成都山地所”）由 1965 年成立的中国科学院地理研究所西南地理研究室发展而来，1966 年 2 月改为中国科学院地理研究所西南分所，1978 年更名为中国科学院成都地理研究所，1989 年实现中国科学院和水利部双重领导并采用现名，2002 年 4 月进入中国科学院“知识创新”工程，2015 年 4 月进入中国科学院“率先行动”计划特色研究所建设首批试点。

成都山地所的基本定位与发展方向是以“认知山地科学规律，服务国家持续发展”为使命，在山区减灾、山地环境保育、山区可持续发展研究方面为国家做出重大贡献；引领泥石流研究，发展高山生态学，提升山区发展战略研究；在重大山地灾害减灾理论与关键技术、高山生态保育与屏障建设支撑技术体系、流域水土保持与山区面源污染防控技术取得突破，在山区可持续发展战略研究凸显国家影响力。在国内同类研究机构中居于骨干引领地位，进入国际一流的山地科学研究机构。

成都山地所设有中国科学院山地灾害与地表过程重点实验室、中国科学院山地表生过程与生态调控重点实验室、山区发展研究中心和数字山地与遥感应用中心四大研究单元，设有四川省山区减灾工程技术研究中心和综合测试与模拟试验中心两大关键支撑平台；建有中国科学院东川泥石流观测研究站、中国科学院贡嘎山高山生态系统观测试验站、中国科学院盐亭紫色土农业生态试验站等 3 个国家重点野外台站和其他 5 个所级台站；与西南交通大学等共建国家工程实验室 1 个，与四川省测绘信息地理局等共建部级工程技术研究中心 1 个，建有 1 个 480 平方米的科技展馆。

截至 2015 年底，成都山地所共有在职职工 276 人。其中科技人员 156 人、科技管理人员 41 人，科技支撑人员 55 人，包括中国科学院院士 1 人、研究员及正高级工程技术人员 42 人、副研究员及高级工程技术人员 77 人。共有“百千万人才”工程国家级人选 2 人，杰青基金获得者 2 人；中国科学院“百人计划”入选者 6 人（其中 3 人同时入选四川省青年百人计划），“西部之光”人才入选者 75 人（新增 5 人）；四川省学术技术带头人 7 人（新增 1 人），四川省有突出贡献优秀专家 7 人（新增 3 人）。

成都山地所是 1981 年国务院学位委员会批准的博士、硕士学位授予权单位之一，现设有自然地理学、人文地理学、生态学、岩土工程和土壤学等 5 个博士培养点，自然地理学、人文地理学、地图学与地理信息系统、生态学、岩土工程、防灾减灾工程及防护工程、土壤学、建筑与土木工程和环境工程等 9 个硕士培养点，并设有地理学博士后流动站，共有在学研究生 222 人（其中硕士生 91 人、博士生 131 人）、在站博士后 17 人。

2015 年，成都山地所共有在研项目 482 项（包括新增项目 171 项）。其中，主持国家重点基础研究发展计划（973）1 项、承担课题 6 项，主持国家科技支撑项目 1 项、承担课题 6 项，主持部委行业专项 8 项，主持国家自然科学基金重点项目 1 项（新增 1 项）、面上项目 36 项（新增

10项)、国家优秀青年科学基金1项(新增1项)、青年基金48项(新增13);承担中国科学院战略性先导科技专项子课题5项、院重点部署项目课题3项、中科院科技服务网络(STS)计划项目2项(新增2项)、西部之光项目29项(新增8项),承担国际合作重点项目9项(新增1项);承担院地合作项目125项(新增78项),部署研究所“一三五”方向项目31项(新增5项)。

2015年,成都山地所贯彻落实中国科学院“率先行动”计划,首批进入特色研究所建设试点,在研究所定位、发展目标凝练、组织架构、队伍建设、体制机制、资源保障等方面做了积极的探索。同时,圆满完成“十二五”规划任务,“一三五”规划全部通过验收,其中重大突破“重大泥石流减灾关键技术与示范”被评为中国科学家院优秀突破。

2015年,成都山地所全年发表论文219篇,其中,SCI/SSCI检索论文107篇、EI/ISTP 23篇,CSCD 83篇;获四川省科技进步奖二等奖3项、三等奖1项,新疆维吾尔自治区科技进步奖二等奖1项,中国科学院科技促进发展奖二等奖1项,教育部科技进步奖二等奖1项,中国公路学会科技进步奖二等奖1项;参编行业及地方标准2项;出版科技专著6部,地图集1部,科普专著1部;新获得授权专利37项、软件著作权18项,1项发明专利成功转化;6篇咨询建议被院采纳,1篇获四川省省长批示,1篇获得国家领导人批示。

2015年,成都山地所坚持发展“科学-技术-工程-用户”一体化的特色学科体系建设,以科学带动技术创新并形成示范,以技术服务于工程建设,积极构建科技服务网络,进一步稳固与川、渝、藏、滇等的合作,先后与四川省阿坝州、四川省国防科工办、武警警种学院、中铁二院、中石化销售华南公司等签署合作协议,定期会商,主动了解对方需求,推动科技成果服务国家和地方经济社会发展。

2015年,成都山地所继续实施“走出去”战略,深化国际科技合作,中尼联合地理研究中心工作取得实质性进展,中意联合实验室筹备工作稳步推进,国家级国际合作基地“山地减灾国际联合研究中心”申报顺利;全年办理出访117人次(含访台12人次),接待来访40人次(含台来访4人次),接待了南亚国家联盟中高级官员参访团,成功主办了“山地论坛2015——山地表生过程与环境变化国际研讨会”;新签署与日本土木研究所、国际山地综合发展中心、丹麦VIA大学学院签署国际科技合作协议,并代表国际山地中心中国委员会签署了《国际山地中心中委会——国际山地中心伙伴关系协议》。

2015年,成都山地所牵头的4.25尼泊尔特大地震科技援助工作取得圆满成功,工作成效得到了尼泊尔副总理兼内政部长Bamdev Gautam、尼信息和通信部部长Minendra Rijal、中国驻尼大使吴春太、西藏自治区党委书记陈全国和中国武警部队首长的充分肯定和高度赞赏。

成都山地所是中国地理学会山地分会、四川省地理学会、中国水土保持学会泥石流滑坡专业委员会、中国自然资源学会山地资源研究专业委员会、中国生态学学会生态水文专业委员会、中国土壤学会土壤地质分专业委员会、国际数字地球学会中国国家委员会数字山地专业委员会等的挂靠单位,设有中国地理学会西南代表处。成都山地所出版英文双月刊*Journal of Mountain Science*(SCIE扩展版)和自然科学核心期刊《山地学报》。其中,《山地学报》入选全国首批A类学术期刊名录,*Journal of Mountain Science*连续三年入选“中国最具国际影响力学术期刊”。

(撰稿:蔡长江　张　坚　审稿:罗晓梅)

光电技术研究所

副 所 长:刘恩海(主持工作)
地　　址:四川省成都市人民南路四段9号
邮政编码:610041
电　　话:028-85100341;028-85100168;028-85100112
传　　真:028-85100268
电子信箱:ioesb@ioe.ac.cn
网　　址:http://www.ioe.ac.cn

中国科学院光电技术研究所（以下简称“光电所”）筹建于1969年，1970年6月起在成都大邑县雾山乡动工兴建，初名中国人民解放军1019所。1973年4月中国科学院长春光学精密机械与物理研究所进行人员分迁，1973年7月正式投入科研试制工作，1975年12月更为现名。

光电所以“探索科学真理，追求技术极致，报效祖国人民”为使命，以国家安全和国民经济发展的战略需求为牵引，面向世界光电科技前沿和国民经济建设主战场，系统开展光束控制、天文目标观测、亚波长技术、超高精度光学光刻系统、空间光电精密测量、轻量化光学、先进光学制造与检测等光电领域应用基础性、前瞻性、战略性高技术研究与系统集成创新研究，成为不可替代的国家战略科技力量和国际著名研究所。按照“率先行动”计划的要求，光电所以“光波的操控”为研究核心，“光波的能量传输、信息获取和信息转移”为研究主线，积极申报中国科学院光电工程与技术创新研究院。

光电所现有1个国家重点实验室、2个院级重点实验室、9个重点学科研究室，建有精密机械制造、先进光学制造、轻量化镜坯与新材料、光学工程总体装配、计量与检测等5个研制中心，以及1个技术保障中心——科技信息与情报中心，并投资创建了以产品与服务市场化、科技成果转移转化与产业化为宗旨的四川科奥达技术有限公司。

截至2015年底，光电所共有在职职工1166人。其中科技人员618人、科技支撑人员412人。现有中国工程院院士2人、研究员及正高级工程技术人员70人、副研究员及高级工程技术人员322人。目前有杰青基金获得者1人；中国科学院“百人计划”入选者1人，“西部之光”人才入选者90人（新增9人）。

光电所于1981年开始研究生招生培养工作，现设有光学工程、信息与通信工程（下设二级学科信号与信息处理）、测试计量技术及仪器3个博士学位培养点，光学工程、精密仪器及机械、测试计量技术及仪器、信号与信息处理、检测技术及自动化装置和计算机应用技术6个学术型硕士学位培养点（涵盖5个一级学科），光学工程、仪器仪表工程、电子与通信工程、控制工程、计算机技术5个全日制专业硕士学位培养点，光学工程博士后流动站，共有在读研究生365人（其中硕士生201人、博士生164人），在站博士后7人。

2015年，光电所共有在研项目271项。其中，承担国家重大科技专项课题7项，主持973计划和国家重大科学研究计划2项、承担课题6项（新增3项），主持863计划项目95项（新增48项）；主持国家自然科学基金重点项目1项，面上项目10项（新增2项）、青年基金16项（新增5项）；承担中国科学院战略先导科技专项课题2项，主持院重点部署项目2项，承担3项；主持科技部重大仪器专项1项，承担3项；主持财政部重大仪器专项1项，承担1项；承担国家自然基金委重大仪器专项1项；承担地方政府支持项目5项；其他各类课题123项。

2015年，光电所高质量全面完成“十二五”时期“一三五”规划目标，顺利完成中国科学院组织的院属单位“十二五”领域验收评估，其中一个研究方向被评为院标志性成果，三个研究方向被评为院优秀。

2015年11月，按照干部任期的有关规定，光电所完成了所领导班子届中调整，调整后，刘恩海任法定代表人、副所长（主持工作），杨虎任党委书记，魏全忠、许冰、饶长辉、谭多财、罗先刚任副所长。

在“十二五”收官之年，光电所按照中央部署和中国科学院的要求，全面完成养老保险启动和调整等各项综合管理工作。

2015年，光电所紧紧围绕重大科研产出和学科建设，在若干领域建设和完善科研技术平台，全所新增激光直写设备、数控高速铣削中心、离子束溅射镀膜机等50万元以上设备48台（套）。

2015年，光电所在相关优势领域取得了一系列具有重大显示度的成果：研制成功4米蜂窝夹心结构轻质主镜镜坯，其为我国口径最大的单块整体式轻量化主镜镜坯，也是全世界公开报道的口径最大的低膨胀玻璃质蜂窝夹芯结构轻质主镜镜坯；超衍射光学、人工电磁材料辐射调控技术、亚波长吸波材料等研究方向列入科技部

“十二五”颠覆性技术研发专项；超分辨光刻实现32纳米线宽分辨力，光刻线条质量与国际同行相比具有显著优势，“突破衍射极限的光学光刻技术”于2015年1月被科技部高技术中心评为十大最具备变革潜质的前沿技术之一；研制成功7波段太阳层析成像系统，在国际上首次获得太阳大气可见至近红外7波段同时层析高分辨力图像，为太阳风暴的监测与预警提供科学依据；研制成功国际首台集量子通信、大视场天文观测、相干激光通信功能于一体的量子激光通信星地捕获跟瞄发射系统，其量子光保偏、通光效率等处于国际先进水平，可用于量子科学卫星“星地空间量子密钥分发及量子纠缠实验”，为未来量子通讯网奠定基础；研制成功小型长寿命星敏感器成功应用于二代导航二期第一颗试验卫星，国内首次在同步轨道应用，可广泛应用于航天器高精度姿态测量；研制成功图像实时清晰化技术，提出SBBD图像复原方法，图像复原质量优于目前国内外所报道的经典图像复原方法，处于国际先进水平；研发的核级水下高分辨率耐辐射摄像系统成功应用于国内各大核电基地，其各项技术指标在国内外同类产品中处于领先地位，在市场应用中打破国外垄断，填补了国内空白；成功研制新一代单场超大面积光刻机（650毫米×650毫米），各项技术指标达到国际先进水平，并成功颁布《接近/接触式紫外光刻机》生产技术标准；牵头国家重大科学仪器设备开发专项，研制自适应光学高分辨力活体成像仪，已交付复旦大学、四川大学等医学单位临床试验，在细胞分辨尺度研究眼底及血管疾病早期形成机制、视觉感知机制、视觉生理病理学机制，建立适合中国人群的相关疾病诊断标准，探索我国高端临床仪器自主研发的道路。

2015年，光电所发表学术论文291篇，其中被SCI收录99篇；申请发明专利176件，授权发明专利145件。2015年光电所获得省部级进步奖及突出贡献奖4项。光电所第六研究室被予以“四川省青年文明号”命名表彰。

四川科奥达技术有限公司目前控股子公司4家，持股公司7家，下设4个职能部门、8个事业部、1个进出口部。现有员工近700人，工程师以上技术人员200余人，其中研究员、高级工程师近70人。2015年企业销售收入7044万元，利润255万元，税收总额725万元。在科技成果转移转化方面，光电所建立健全科研成果转化与产业化体制机制，即企业提出技术需求；科研单位专职业务部门按照需求开展研发工作，提供持续的技术支持；成果转化中介机构搭建供需双方的沟通桥梁，提出打通实验室到市场的各个环节的方案。在产学研方面，光电所通过改造科奥达公司内部组织和管理，建立适应产业发展的组织构架和制度体系，制定产业发展战略；按照加工、产业和服务，建立分类管理的公司运行体制和机制；依托研究所的技术、人才、平台等既有优势，积极争取国家、地方、企业和社会资源，共谋产业发展。

2015年，光电所外事来访35批57人次，出访（含港、澳、台地区）18批46人次。其中，参加国际学术会议18人次，引进设备预验收13人次、科技合作13人次，外派2名访问学者到国外研究机构学习深造。光电所还与美国研究团队开展TMT纳导星系统设计合作研究；承办了2015年中国光学学会学术大会，来自大学、科研院所的1200余名专家、业内人士参会，共设立了生物医学光子学、红外与光电器件、先进激光技术应用等17个专题讨论分会场，涵盖光学及光电工程领域近100个子专题。

光电所是四川省光学学会、中国光学学会光学制造技术专委会、中国光学学会情报专委会的挂靠单位。光电所主办的中文核心期刊和中文科技核心期刊《光电工程》是中国科学引文数据库来源刊物，为中国光学学会的一级学会刊物，2011年曾入选第二届中国300种精品科技期刊。

（撰稿：冯振宇　审稿：刘恩海）

重庆绿色智能技术研究院

院　长：袁家虎
地　址：重庆市北碚区方正大道266号
邮　编：400714
电　话：023-65935555
传　真：023-65935000

电子信箱：yzxx@cigit. ac. cn
网　　址：http://www. cigit. cas. cn

2011 年 3 月，中国科学院与重庆市人民政府在北京签署《共建中国科学院重庆绿色智能技术研究院协议》，正式启动中国科学院重庆绿色智能技术研究院（以下简称“重庆研究院”）的筹建工作。2011 年 11 月，国务院三峡办加入共建，三方签署《共建中国科学院重庆绿色智能技术研究院协议》；2012 年 7 月，重庆研究院获中央编制委员会办公室批准正式设立；2013 年 11 月，《中国科学院重庆绿色智能技术研究院中长期发展规划》通过中国科学院院长办公会审议。2014 年 10 月 9 日，正式通过中国科学院、国务院三峡办和重庆市人民政府的三方验收。

自建设以来，重庆研究院按照“地方党委政府满意、合作企业满意、老百姓满意和科技界同行认同”的检验标准，坚持“面向重庆及西部区域经济社会发展重大需求，面向世界科学技术发展前沿，以加快发展战略性新兴产业和提升传统产业为主线”的定位思路，秉承“创新为魂、市场为本”的核心价值理念，旨在将重庆研究院建成为区域科技协同创新卓越平台、重大成果集成创新基地、杰出人才创新创业和培育基地、战略性新兴产业育成基地。

重庆研究院设立了战略咨询委员会，旨在发挥国内外著名院士专家对研究院在学科建设、人才培养、科学研究、成果转化等方面的参谋咨询作用，促进研究院又好又快发展；设有综合办公室、人事教育处、科技处、产业处、资产财务处 5 个职能部门及科研公共服务平台。

重庆研究院在电子信息、智能制造、生态环境 3 个领域展开科研布局，下设电子信息技术研究所、智能制造技术研究所、三峡生态环境研究所。截至 2015 年底，重庆研究院共设立 22 个研究中心，其中，电子信息技术研究所面向重庆和西部电子信息产业发展需求，以突破智能感知与控制等核心技术为目标，共设立大数据挖掘及应用中心、自动推理与认知研究中心、高性能计算应用研究中心、北斗导航工程中心、智能多媒体技术研究中心、量子信息技术研究中心等 6 个研究中心；智能制造技术研究所面向重庆和西部装备制造业发展重点及技术需求，共设立表面功能材料及工程研发中心、微纳制造与系统集成研究中心、集成光电技术研究中心、智能装备与仪器仪表研究中心、智能工业设计工程中心、机器人与 3D 打印技术创新中心、太赫兹技术研究中心、精准医疗单分子诊断技术研究中心等 8 个研究中心；三峡生态环境研究所面向三峡库区生态环境建设与保护重大需求、重庆高速工业化、快速城镇化发展所产生的污染和排放治理需求以及大气环境治理等，共设立生态过程与重建研究中心、环境与健康研究中心、环境微生物与生态研究中心、水污染过程与治理研究中心、膜技术及应用工程中心、水质生物转化研究中心、环境友好化学过程研究中心、大气环境研究中心等 8 个研究中心。重庆研究院已成功组建了中国科学院水库水环境重点实验室、国务院三峡办三峡工程生态环境监测系统在线监测中心、自动推理与认知重庆市重点实验室、重庆市三峡库区水质保障工程技术研究中心和跨尺度制造技术重庆市重点实验室等重要科研创新平台。

截至 2015 年底，重庆研究院共有在职职工 340 人。其中科技人员 266 人、科技支撑人员 42 人。研究员及正高级工程技术人员 32 人、副研究员及高级工程技术人才 54 人。共有包括中国科学院院士 1 人，“千人计划”入选者 3 人（新增 1 人），杰青基金获得者 1 人（新增1 人）；中国科学院“百人计划”入选者 12 人（新增 5 人），“西部之光”人才入选者 39 人（新增 8 人）。

重庆研究院现设有环境科学与工程、光学工程等 2 个专业一级学科博士研究生培养点，环境科学与工程、生态学、光学工程、材料科学与工程和计算机科学与技术等 5 个专业一级学科硕士研究生培养点，共有在学研究生 101 人（其中，硕士生 70 人、博士生 31 人）。2015 年，重庆研究院首次招收了 4 名国际留学生。

2015 年，重庆研究院在研项目 459 项（新增 138 项）。其中主持国家重大科技专项课题 1 项、参加 1 项（新增 1 项）；主持 973 计划课题 1 项（新增 1 项）；主持 863 计划课题 1 项、参加 2 项（新增 2 项）；主持国家科技支撑计划课题 2 项（新增 1 项）；参加国家科技基础性工作专项1项；参加国家基金重点项目1项；主持国家基金面上项目18项（新增8项）；主持国家杰出青年基金1项（新增1项）；参加中国科学院先导专项1项；主持中国科学院重点部署项目1项、参加2项（新增1项）。全年共发表论文110篇，其中被EI收录19篇、SCI收录70篇；共申请专利177项，其中发明专利112项。全年授权专利101项，软件著作权12项。

在科研方面，2015年，重庆研究院围绕"绿色三峡"、"3D打印技术"两个重大突破，以及"石墨烯材料与应用"、"大规模自适应智能视觉分析系统"、"自动推理中的计算理论及应用技术"、"神经肌-械耦合系统理论及应用"四个重点培育科研主方向，组织实施了系列科研项目，突破了石墨烯规模化制备、智能人脸识别系统、3D打印技术、超滤膜材料工业化生产、手术机器人等关键技术，取得了重要进展：

信息技术领域 重庆研究院在零误差计算的理论与应用方面取得突破，提出了可充分保证计算结果无误差的浮点计算方法，并成功将其应用于多变元因式分解理论和算法分析；针对3D打印中已有自适应分层算法不能有效保留模型特征的问题，提出了一种新的识别和保留模型特征的自适应分层算法；在GHZ悖论研究中取得突破，该方法可以推广到更高维的量子系统；首次提出利用4能级双型原子与光学腔相互作用制备单光子的方法，能有效提高单光子产生效率；首次提出基于微米级寝沫透镜实现显著增强半导体量子点发光率的方法，将量子点单光子出光效率提高60倍，单光子发光率增强了200倍；提出了跨场景人脸识别理论，进一步提高了人证比对准确率。开发了多模多频GNSS高精度OEM板卡、北斗双天线测向板卡、超宽带室内定位系统，并已开始试用。

智能制造领域 重庆研究院实现了大面积石墨烯薄膜制备产业化研究进展，推出了第一代石墨烯手机。开发出可应用于纤维复合的、水相中分散稳定性好、尺寸在400—2000纳米的石墨烯微片。开发出石墨烯-T400碳纤维复合材料，其界面剪切强度增加了60%—210%。以石墨烯、钙钛矿、二硫化钼等新型纳米材料为核心，发展具有高效光电转换效率的光电器件及系统。初步建立了压电式耗散能量收集与转化的开发平台，开发出第一代人体耗散机械能收集的原型器件。结合化学计量学算法的SERS光谱技术，实现不同产地黄连的快速鉴别。实现基于跨尺度双金属协同共振增强拉曼信号，达到了最低检出限为0.5ppm的检测精度。基于SERS纳米生物传感技术的水体农药在线监测设备研制及应用，已研制完成系统样机对部分农药分子探测灵敏度达到μg/L级，探测时间低于15min。成功开发"华鹊"模块化微创腹腔镜手术机器人等系列产品，系统有望应用于消化外科微创肿瘤切除术，包括肿瘤组织判别、抓取、切除、烧灼等手术操作。在分子动力学模拟太赫兹谱、单碱基变异DNA核苷酸链段太赫兹波谱检测技术等方面取得进展。开发出高精度金属3D打印系列化装备、桌面型3D打印机、高效低速仿生水下机器人，与企业合作开发了极薄煤层采运支护一体机、悬臂式掘进机远程监控系统、智能化养蜂旅居产销一体车等产品。

生态环境领域 重庆研究院提出了污泥-赤泥联合超临界水氧化研究思路，进一步提升污染物超临界水氧化处理效率；构建了区域大气复合污染综合观测研究体系，解析了大气重污染过程的成因，为地方相关部门应对典型重污染事件提供了决策依据。揭示了库区典型小流域总氮输移规律，解析了三峡库区水体重要污染物DEHP的毒理机制。开发三峡库区垃圾渗滤液处置效果毒性验证检测技术，对垃圾渗滤液的处理工艺改进具有重要意义。

2015年，重庆研究院在成果产业化方面亦取得系列进展：新转化人脸识别、3D打印、紫外LED曝光灯等项目，获社会投资近1.4亿元；院属高新技术企业重庆墨希科技有限公司开发了石墨烯手机、高灵敏度传感石墨烯电子皮肤、柔性电子书等，全年实现综合收入7000万元；重庆云丛科技有限公司采用动态人脸识别技术，针对机场、火车站、边检站、海关、企事业单位等特殊卡口"人、证、票"合一验证需求设计实现快速自助通关，已在新疆、山东、重庆等地边检站及企事业单位实现应用；针对金融证券保险系统，开发了在线开户、自助发卡、在线支付认证、移动信贷、移动保险等产品，已在重庆银行、海通证券、杭州银行等30余家金融单位上线运行。重庆研究院还围绕理顺公司主体，开展了规范管理办法、引入战略股东、公司清退、股权激励等工作，全年引入战略股东新成立6家公司。截至2015年底，重庆研究院持有股权的全资公司和参控股公司累计20家，总注册资本金11.6亿元，其中重庆研究院股权值为2.7亿元。

2015年，重庆研究院充分整合自身在相关领域的优势资源，深化院地合作，开启产业园区建设新模式，助推机器人、生态环保等产业的集聚发展。联合重庆地方相关政府部门，基于重庆研究院建设国家机器人检测与评定中心（重庆）、重庆两江机器人培训及应用中心（学院）和中国科学院重庆机器人育成中心等项目已经全面启动，总投资12.6亿元人民币，涵盖“标准检测评定、人才教育培训、成果孵化转让”三大功能平台，以及机器人系统集成及本体制造领域，预计年产值近45亿元人民币。

围绕解决三峡库区生态环境这一重大课题，2015年，重庆研究院联合重庆市大足区人民政府、四川中新房科技有限公司合作共建大足环保产业基地，总投资约6亿元，现已成立了7家下属全资子公司，并已划定了示范地块，加速打造新型城乡综合生态文明建设运营模式。

2015年，重庆研究院搭建成果转化平台成效明显，获批第六批国家技术转移示范机构；成立了智慧城市技术研发中心、德阳中科装备表面功能再制造技术中心、德阳中科先进制造数字化设计服务中心等3个联合工程中心。

在国际合作方面，重庆研究院通过学术访问交流、聘用和引进国外科学家、开展实质性技术合作项目、建立合作研究实体等方式致力打造区域国际合作与交流的纽带和平台，与美国密歇根大学、美国哈佛大学、美国IBM研究中心等20余家海内外顶尖大学和科研单位建立合作关系。2015年，重庆研究院召开了“中国科学院中斯联合科教中心第一届理事会暨学术委员会”第一次会议，共同推进在斯里兰卡的成果转化和人才培养，迈开了重庆研究院国际合作“走出去”战略的第一步。

（撰稿：唐祖全　关媛媛　审稿：韦方强）

昆明动物研究所

所　　长：姚永刚
地　　址：云南省昆明市教场东路32号
邮政编码：650223
电　　话：0871-65130513
传　　真：0871-65130513
电子信箱：zhanggq@mail. kiz. ac. cn
网　　址：http://www. kiz. cas. cn

中国科学院昆明动物研究所（以下简称“昆明动物所”）直属于中国科学院，成立于1959年4月，是我国生物多样性演化、保护与可持续利用领域的综合性研究机构，其前身为昆虫研究所紫胶站，1963年改名为中国科学院西南动物研究所，1970年划归云南省后改名为云南省动物研究所，1978年重归中国科学院，恢复原所名。

昆明动物所现有研究团队36个；有遗传资源与进化国家重点实验室、中国科学院和云南省动物模型与人类疾病机理重点实验室、中国科学院与云南省共建的“动物生殖生物学重点实验室”和“畜禽分子生物学重点实验室”；中国科学院-德国马普青年科学家小组2个；中国科学院-英国东安格里亚大学生态学与环境保护中心、与香港中文大学联合共建“生物资源与疾病分子机理联合实验室”、非法人研究单元“中国科学院昆明灵长类研究中心”；中国科学院生命条形码南方中心；中国科学院-云南省人民政府西南生物多样性实验室；昆明国家生物产业基地实验动物中心；中国科学院昆明生物多样性大型仪器区域中心等联合共建的研究平台；无量山黑冠长臂猿监测站和昭通大山包野生动物野外观测站2个野外台站。

中国科学院与云南省合作共建的“昆明动物博物馆”，馆藏各类动物标本76万余号，是我国热带、亚热带动物种类、数量收藏最多的标本馆。图书馆有中、外文科技藏书3.8万册，中外文科技期刊16万余册。200万以上大型仪器装备总值4000余万元。

截至2015年底，昆明动物所共有在职职工442人。其中科技人员166人、科技支撑人员231人，包括中国科学院院士1人、发展中国家科学院院士1人、研究员及正高级工程技术人员34人、副研究员及高级工程技术、高级实验技术人员58人。共有“千人计划”入选者5人，“青年千人计划”入选者4人（新增1人），杰青基金获得者10人；中国科学院“百人计划”入选者20人（新增1人），“西部之光”人才入选者100人（新增8人），青年创新促进会会员17人（新增3人），青年创新促进会优秀会员1人（新增1人）。

昆明动物所是1980年国务院学位委员会批准的博士、硕士学位授予权单位之一，现设有动物学、遗传学、细胞生物学、神经生物学等4个专业二级学科博士研究生培养点，动物学、遗传学、细胞生物学、神经生物学、生物化学与分子生物学、生物工程等6个专业二级学科硕士研究生培养点和基础医学一级学科硕士研究生培养点，并设有生物学等1个专业一级学科博士后流动站，共有在学研究生335人（其中硕士生164人、博士生171人），在站博士后23人。

2015年，昆明动物所共有在研项目510项（新增104项）。其中，主持973计划项目2项、主持课题12项（新增1项），863计划课题1项，国家科技基础性工作专项3项；主持国家自然科学基金创新群体1项，重点项目1项，NSFC-云南省联合基金重点项目10项（新增2项），重大研究计划6项（新增1项），国际合作与交流项目4项（新增2项），杰青基金项目3项，优秀青年基金项目3项，面上项目61项（新增9项），青年项目42项（新增7项）；主持中国科学院战略性先导科技专项1项、项目3项、课题18项（新增1项），院前沿科学重大突破择优支持1项，院重点部署项目6项（新增1项），中科院科技服务网络（STS）计划项目2项（新增1项）；主持云南省科技厅重大项目1项，重点项目12项（新增2项），面上项目23项（新增8项）。

2015年，在中国科学院组织的“十二五”验收工作中，昆明动物所重大突破二“基因组进化”和培育方向四“疾病动物模型和新药研究领域”被评为院优秀。在四类机构建设方面，昆明动物所组织推进“中国科学院动物进化与遗传前沿交叉卓越创新中心”建设，参与“脑科学与智能技术卓越中心”、“生物安全大学科中心”和“创新药物研究院”的建设。在重大科学设施和平台建设方面，“模式动物表型与遗传”国家重大科技基础设施项目获批立项。

昆明动物所围绕研究所“十三五”规划，确定立足于我国及东南亚丰富的生物多样性资源，瞄准“遗传、发育和进化交叉统一”的重大科学前沿，面向动物基因资源的发掘利用和疾病动物模型创制的国家重大需求的目标定位，凝练了“动物复杂性状的进化解析与调控”、“灵长类动物模型与重大疾病机理”、“家养动物及其野生近缘种基因资源发掘”等3个重点突破方向。

2015年，昆明动物所在多个研究方向均取得了重要进展。在动物复杂性状的进化机制方向，获得了蝴蝶高质量基因组，并首次在蝴蝶中实现了CRISPR/Cas9基因编辑，通过基因组分析揭示了藏鸡高原适应的潜在遗传机制，破译了首个“现代蛙类”——高山倭蛙的基因组；在疾病机理解析方向，发现自噬参与帕金森疾病的发生并发现褪黑素具有预防作用，揭示了A-T病人小脑神经元退行性病变的表观遗传调控新机制；在家养动物起源方向，采用丰富的家犬基因组数据，首次揭示了家犬扩散到世界各地的迁徙路线，建立了第一个犬类SNP数据库；在基因资源挖掘方向，通过对大豆基因组学的比较研究，阐明了大豆在人工选择下进化的基因组变化模式，找到了一批大豆重要性状基因；在肽类分子探针与候选药物方向，揭示了蜈蚣毒素通过激活离子通道诱导疼痛的分子机制，以抗菌肽为探针发现了动脉粥样硬化新机制与药物靶点，并应邀为*Chemical Review*撰写长篇综述，全面总结了两栖动物皮肤分泌物中神经毒、抗氧化多肽、凝集素、皮肤修复肽等的研究进展。上述研究成果发表于*Nature Biotechnology*、*Immunity*、*Cell Stem Cell*、*Nature communication*、*PNAS*等国际一流期刊，并被多家杂志和媒体进行亮点报道。

2015年，昆明动物所发表论文290篇，其中被 SCI 收录 231 篇，包括发表在 *Chemical Reviews*、*Nature Biotechnology*、*Cell Stem Cell*、*Immunity* 等五年影响因子（IF）> 20 的国际著名期刊论文 5 篇，IF>9 的期刊论文 21 篇，5<IF≤9 的期刊论文 70 篇。申请专利 16 项（受理），获授权 13 项，签署新药转让合同 1 份，签署专利实施许可合同 1 项，新增院地合作专项 3 项、技术服务和技术咨询项目 11 项。登记软件著作权 4 项。

2015 年，昆明动物所共派出 111 人次出访 24 个国家和地区进行交流合作；接待国外来访学者 55 人次；在研的国际合作项目 11 项，新获中国科学院国际人才交流计划 4 项；与斯里兰卡卢胡纳大学、肯尼亚国家博物馆和尼日利亚伊巴丹大学签订了合作备忘录；推进实施国际生命条形码和“国际两栖爬行类生命条形码计划（Cold Code）”项目，积极参与“中非中心”、“东南亚中心”和“中斯中心”建设。

昆明动物所是云南省动物学会、云南省细胞与生物学会、云南省免疫学会的挂靠单位，负责编辑出版动物学核心刊物《动物学研究》，该刊物入选“2015 中国国际影响力学术期刊”和“2015 中国百强报刊”。

（撰稿：黄加元　杨　茜　审稿：沈　华）

昆明植物研究所

所　　长：孙　航
地　　址：云南省昆明市蓝黑路 132 号
邮　　编：650201
电　　话：0871-65223080
传　　真：0871-65223094
电子信箱：kibpub@mail. kib. ac. cn
网　　址：http://www. kib. cas. cn

中国科学院昆明植物研究所（以下简称“昆明植物所”）前身是静生生物调查所和云南省教育厅于 1938 年 7 月合作成立的云南农林植物研究所。1950 年 4 月转属中国科学院，更名为中国科学院植物分类研究所昆明工作站。1953 年 3 月更名为中国科学院植物研究所昆明工作站。1959 年 4 月，经国家科委批准，正式成立中国科学院昆明植物研究所。

昆明植物所以“原本山川 极命草木”为所训，旨在认识植物、利用植物、造福于民。办所方针为立足中国西南，辐射东南亚和喜马拉雅，在植物学、植物化学及植物资源发掘、利用与保育等领域取得重要突破，为我国生态文明建设、生物多样性保护、生物资源的持续利用和产业发展做出重要贡献。根据中国科学院“率先行动”计划总体部署，2015 年 4 月，经中国科学院院长办公会审议批准，昆明植物所成为中国科学院特色研究所首批试点单位。

昆明植物所现有国家重点实验室 1 个，国家大科学装置 1 个，国家工程实验室 1 个，省部级重点实验室 3 个；研究系统设置“三室一库”，即植物化学与西部植物资源持续利用国家重点实验室、中国科学院东亚植物多样性与生物地理学重点实验室、云南省野生资源植物研发重点实验室和中国西南野生生物种质资源库；设有昆明植物园和丽江高山植物园，与世界农用林业中心共建“山地生态系统研究中心”（ICRAF 东亚和中亚区域办公室）；与浙江省海盐县共建“海盐工程技术中心”；中国科学院青藏高原研究所昆明部在此挂靠。

昆明植物所设有公共技术服务中心，是中国科学院昆明生物多样性大型仪器区域中心重要组成单元；设有科技信息中心，承担中国科学院超级计算环境昆明分中心和昆明储存分中心的运维工作。植物标本馆（KUN）馆藏标本 140 余万份，是全国第二大植物标本馆。

截至 2015 年底，昆明植物所共有在职职工 550 人。其中中国科学院院士 2 人、高级专业技术人员 183 人。共有“百千万人才”工程国家级人选 7 人，“外专千人计划”入选者 1 人，“青年千人计划”入选者 4 人（新增 1 人），杰青基金获得者 10 人（新增 2 人），优秀青年基金获得者 3 人（新增 1 人），享受国务院颁发政府特殊津贴人员 12 人（新增 1 人），中青年科技创新领军人才 2 人；中国科学院“百人计划”入选者 26 人（新增 4 人），院“创新团队国际合作伙伴”1 个，院创新交叉团队 1 个，院青年创新促进会会员21人（新增4人），“西部之光”入选者111人（新增8人）；云南省科技创新领军人才1人，云南省高端科技人才引进计划入选者14人（新增2人），云南省引进海外高层次人才14人（新增3人），云南省“云岭学者”入选者1人（新增1人），云南省创新团队3个，云南省中青年学术和技术带头人后备人才41人（新增3人）。

昆明植物所是1979年国务院学位委员会批准的博士、硕士学位授予权单位之一，现有生物学、药学2个一级学科博士研究生培养点，生物学、药学、中药学3个一级学科硕士研究生培养点，并设有生物学和药学2个一级学科博士后流动站，其中博士研究生197人（含留学博士生18人），在读硕士研究生215人（含与云南大学联合培养20人），在站人数27人（含外籍4人）。

2015年，昆明植物所共获立项资助82项，新增国家各级财政科技投入任务总经费6142.97万元。承担国家部委及地方在研的主要科技计划项目（课题）共有58项（包括新增项目12项）。其中，承担国家重大科技专项课题4项（在研），主持国家重大科学研究计划项目1项（在研），承担（或参加）973计划项目3项（在研），承担863计划1项（在研），承担（或参加）国家科技支撑计划项目2项（在研），承担科技基础性工作专项重点项目2项和课题1项（在研）；新增国家自然科学基金（NSFC）重大项目1项，承担NSFC重大国际合作研究项目4项（新增1项），承担NSFC重点项目2项（在研），承担NSFC-云南省联合基金重点项目15项（新增3项），承担杰青基金项目3项（新增2项），承担国家优秀青年科学基金项目3项（新增1项）；承担中国科学院重点部署项目课题2项（在研），承担院知识创新工程重要方向项目1项（在研），承担院创新团队国际合作伙伴计划项目1项（在研），院西部行动计划项目1项（在研），承担院科技服务网络计划课题1项（在研），承担院海外科教基地建设计划课题1项（在研），新增中国科学院药物创新研究院重点部署项目1项，新增中国科学院A类先导专项子课题1项。

2015年，昆明植物所三个重大突破取得了如下进展：iFlora研究计划完成植物DNA条形码达1825属7438种23392份约90000余个；中国西南野生生物种质资源库保藏我国野生植物种子达到9129种67869份，备存国外种子增至1197份，来源45个国家；完成了《中国维管植物科属词典》和《中国维管植物科属志》编撰，《中国鹅膏科真菌图志》正式出版。在新药创制研发方面，抗抑郁症药物奥生乐赛特入选《中国制造2025》重点领域技术路线图；基于天然FG的低出血倾向抗血栓药物研发方面也已取得积极进展，其1.1类新药LFG研发项目已基本完成临床前药学和药效药理学研究。在植物种质资源与产业发展领域，探索了虾青素工程番茄含量稳定在干重2毫克/克以上的育种和种植条件，研究所针对东南亚生物多样性保护及利用热点问题提出建议；在全基因组水平上开展了多倍化事件发生后DNA甲基化变异与基因组短期效应关系的研究；《青藏高原特色植物种子》出版。

2015年度，昆明植物所共申请专利76项，获授权35项。获云南省科学技术奖项3项。其中获自然科学奖一等奖1项、获中国科学院科技促进发展奖科技贡献奖二等奖1项、获中华医学科技奖进步奖一等奖1项。2015年共发表SCI论文519篇，其中第一作者单位发表SCI论文259篇，领域前15%的有143篇，领域前30%的为225篇；CSCD文章共有160篇；出版专著、译著6卷册。中国科学院东亚植物多样性与生物地理学重点实验室在中国科学院2015年度生命领域35家院重点实验室评估中获得A类评价；云南省野生资源植物研发重点实验室正式获批成立。

2015年，昆明植物所进一步完善技术合同管理，推动科技成果转移转合同5份，技术咨询合同1份，技术服务合同19份，新增技术合同金额1575.1万元；年度到位经费2508.8万元。与北京明宏科贸有限责任公司（植物医生品牌）合作共建的“扶荔宫”温室群主题温室顺利完成布展。

2015年，昆明植物所争取国家自然科学基金委员会国际合作与交流项目4项，自主开展的国际合作与交流项目共14项，其中涉及经费的合作项目有9项，学术交流项目5项，合作内容包括与国外合作单位共建联合研究中心、开展人才联合培养、信息与技术互换等。举办国际会议6项。共聘任17位外国学者在研究所进行全职科研、技术或项目管理工作；获得中国科学院国际人才交流项目7项、第三世界妇女科学组织联合培养项目2项。

昆明植物所是中国植物学会民族植物学分会和云南省植物学会的挂靠单位。云南吴征镒科学基金会暨吴征镒研究中心于2015年6月正式揭牌成立。昆明植物所主办的学术期刊有《植物分类与资源学报》（中文）、《应用天然产物》（*Natural Products & Bioprospecting*）和《真菌多样性》（*Fungal Diversity*）。其中《真菌多样性》的SCI影响因子（IF=6.938）位居SCI收录的国际菌物学类期刊的第二名。

（撰稿：葛　蕾　朱卫东　审稿：王雨华）

西双版纳热带植物园

主　　任：陈　进
地　　址：云南省西双版纳州勐腊县勐仑镇
邮政编码：666303
电　　话：0691-8715071
传　　真：0691-8715070
电子信箱：office@xtbg.org.cn
网　　址：http://www.xtbg.ac.cn

中国科学院西双版纳热带植物园（以下简称“版纳植物园”）系我国著名植物学家蔡希陶教授领导下于1959年1月创建，1970年7月更名为云南省热带植物研究所。1978年3月更名为中科院云南热带植物研究所。1987年1月中科院云南热带植物研究所的植物群落室与昆明分院生态室合并成立昆明生态研究所，其余部分划归昆明植物所所辖的西双版纳热带植物园。1996年9月经中央编制办批准，中国科学院昆明植物研究所所辖的版纳植物园与昆明生态研究所合并为独立的研究机构——中国科学院西双版纳热带植物园，沿用现名。版纳植物园于2011年7月荣膺国家5A级旅游景区，2013年6月成为中国植物园联盟理事长单位。

版纳植物园立足中国热带，面向我国西南地区和东南亚国家，开展以森林生态学、资源植物学和保护生物学为主要研究方向的科学研究、物种保存和科普教育，促进生物多样性保护和可持续发展。

版纳植物园设有热带森林生态学和热带植物资源可持续利用两个院级重点实验室、综合保护中心。建有西双版纳热带雨林生态系统和哀牢山森林生态系统两个国家级野外台站、所级公共技术服务中心、标本与种质保存中心、元江干热河谷生态站等支撑系统；标本与种质保存中心现有植物标本正号152939号20余万份，种子数1335种8427份。

截至2015年底，版纳植物园共有在职职工375人（含项目聘用人员36人）。其中科技人员275人、物种保存和科普教育人员87人，包括研究员及正高级工程技术人员38人、副研究员及高级工程技术人员65人。现有“千人计划”入选者1人，杰青基金获得者1人，享受国务院政府特殊津贴10人（新增1人）；中国科学院“百人计划”入选者8人，“西部之光”人才入选者63人（新增8人），院青年创新促进会会员8人（新增2人）；“云岭学者”1人，“云南省中青年学术和技术带头人”2人（新增1人），“云南省中青年学术和技术带头人后备人才”8人（新增2人），云南省高端科技人才3人（新增2人），云南省百名海外引进高层次人才3人。

版纳植物园现设有生态学专业一级学科博士、硕士研究生培养点，植物学专业二级学科博士、硕士研究生培养点，并设有生物学专业一级学科博士后流动站，共有在学研究生225人（其中，硕士生126人、博士生99人），在站博士后10人。

2015年，版纳植物园共有在研项目282项（包括新增项目70项）。其中，承担国家重大科学研究计划项目课题1项，主持（或承担）国家科技基础性工作专项2项；主持（或承担）国家基金-云南省联合基金重点项目7项（新增2项）、国家自然科学基金重大研究计划项目2项（新增1项）、面上项目32项（新增5项）；主持（或承担）中国科学院战略性先导科技专项课题6项，主持（或承担）院重点部署项目3项（新增2项）；承担重点国际合作项目2项；承担院地合作项目10项（新增3项）。

2015年是版纳植物园“一三五”的收官之年，一些重大成果已经显现：近五年在SCI期刊发表的热带森林生态学研究论文占全国的25%，居全国各机构之首；重大突破二在云南和东南亚地区推广种植星油藤近10万亩，获授权核心技术专利10项，开发上市产品20余个；重大突破三在西双版纳建立了11500亩综合试验示范基地，推广建设10万余亩，并带动了全省范围内的环境友好型橡胶园的建设。五个重点培育方向取得重要进展：在全国植物学研究单位中，率先组织全球变化研究团队研究森林生态系统对全球变化响应；收集重要药用植物63种，建立规范种植基地50余亩，培育苗木6010株，形成“传统民族医学-药物收集栽培-活性物质筛选-药效机理研究-临床研究”为一体的队伍体系；率先发起西双版纳植物“零灭绝”计划和本土物种全覆盖保护计划，并通过中国植物园联盟在全国8个地区试点推广；获云南省自然科学奖二等奖1项，团队成员入选云南省“植物与环境互作分子机制”创新团队；在全国植物园率先开展环境教育研究和专业人才培养，并开展环境教育培训。

2015年，版纳植物园共发表论文291篇，其中SCI（SSCI）刊物论文205篇（第一署名单位111篇），累计影响因子599.1，属于Q1的论文116篇（第一署名单位69篇）。苏涛副研究员等发现距今约260万年保存完好的桃核化石，极大地推进了桃的演化历史研究。Richard Corlett研究员在*Trends in Ecology & Evolution*上评估了人类世概念对生态学和保护生物学研究的影响。方真研究员设计并发明了一项装置，可连续、快速、大规模地水解木材，并获美国专利。2015年出版专著2部；7项国内专利获得授权，其中国内发明5项，实用新型1项，美国专利1项。

2015年，版纳植物园举办国际会议和培训班5次。其中边界地区生物多样性保护会议闭幕期间，英国威廉王子出席会议并发表了主题演讲；全年来园进行学术交流、培训、合作研究的外国科学家140人次，出访102人次；XTBG Seminar举行中英文专题学术报告46场。

2015年，版纳植物园科学探索营和自然体验营成为重要科普品牌。“稀有濒危植物保护”大型科普活动获“云南省科普场馆对外开放科普活动组织奖”，《雨林好声音》被评为中国科学院网络化科学传播平台优秀作品。“成长中的望天树”、“科普教育进乡村学校”等系列科普活动，受到地方的欢迎。2015年再获“全国文明单位”殊荣。全年入园人数达74.82万人次，创历史新高。

2015年，版纳植物园物种收集保存与科学观测进展良好，园区景观提升成效明显，共引种1017种次，已定名植物551种，新增植物392种；物种保育种号达13835个。

2015年，版纳植物园三个野外台站的修缮项目顺利实施，“3H工程”流动公寓一期主体工程与科研及辅助用房投入使用，东南亚生物多样性研究中心装修工程投入使用奠定了东南亚生物多样性研究中心缅甸分中心的基本工作条件，景东亚热带植物园正式启动项目建设工作。

2015年，中国植物园联盟各项工作全面推进，年内举办“环境教育研究与实践”、“园林园艺与景观建设”、“植物园管理高级研修班”以及“植物分类与鉴定”培训班。联盟主持的本土植物全覆盖保护（试点）计划、植物园建设的规范与标准、公众科普与环境教育及能力建设等重点工作取得阶段性成效。

2015年，全国政协副主席刘晓峰、科技部副部长侯建国、国家旅游局局长李金早、云南省省长陈豪等领导来园视察；中国佛教协会副会长、第十一世班禅额尔德尼·确吉杰布，英国剑桥公爵威廉王子等来园访问。

版纳植物园是云南省生态学会的挂靠单位。

（撰稿：玉最东　杨　振　审稿：胡华斌）

地球化学研究所

所　　长：胡瑞忠

地　　址：贵州省贵阳市观山湖区林城西路99号

邮政编码：550081
电　　话：0851-85891217
传　　真：0851-85895095
电子信箱：huruizhong@vip. gyig. ac. cn
网　　址：http://www. gyig. ac. cn

地球化学研究所（以下简称“地化所”）成立于1966年2月，主体由中国科学院地质研究所的相关人员从北京搬迁至贵阳组建。

地化所现有矿床地球化学国家重点实验室、环境地球化学国家重点实验室、中国科学院地球内部物质高温高压实验室、月球与行星科学研究中心和矿产资源综合利用工程研究中心5个研究机构。

截至2015年底，地化所共有在职职工369人，其中研究员70人，正高级工程师3人，科技人员中具博士学位人员占72%。共有中国科学院院士2人，国家973计划项目首席科学家4人；“千人计划”入选者4人，“万人计划”2人，“百千万人才”工程人选3人，杰青基金获得者6人，中国青年科技奖获得者2人；中国科学院“百人计划”入选者23人，院“关键技术人才”1人，“西部之光”人才入选者78人，院青年创新促进会会员9人；“全国优秀科技工作者”7人。

地化所是我国首批博士、硕士学位授权单位，也是我国首批博士后流动站建站单位，现有地质学（含地球化学、矿物学岩石学矿床学）、环境科学与工程（含环境科学、环境工程）、地球物理学（含固体地球物学）3个一级学科的博士和硕士培养点，以及地质工程、环境工程两个全日制专业学位硕士培养点；设有地质学、环境科学与工程两个博士后流动站。截至2015年底，共有在读研究生334人（其中，硕士生153人、博士生181人），在站博士后46人。

2015年，地化所共有在研项目500项（新增项目129项）。其中包括973计划项目2项、课题7项，863计划项目课题1项，国家重大研究计划1项，国家基金重大项目1项，科技惠民计划项目1项，国家科技支撑计划项目课题2项，国家自然科学基金项目99项；中国科学院战略先导专项子课题10项等。2015年，地化所新增的主要项目除国家自然科学基金项目34项外，主要包括重点实验室运维2项；中国科学院人才项目18项，中国科学院项目8项；国外委托项目1项；其他科研机构委托39项；横向项目13项（来自企业2项）；地方政府项目17项；水利部公益项目1项；973计划课题1项；科技支撑计划1项；科技部国际合作1项；基本科研费支持项目26项（其中人才引进26项）。

2015年，地化所牢牢把握研究所战略定位，全面推进“率先行动”计划和“一三五”规划的实施，加强基础研究、注重原始创新、增强竞争力和可持续发展能力；加强应用和集成创新研究，形成“基础研究-技术研发-成果示范”为一体的创新价值链，提升解决国家和地方重大需求问题的能力；力争在“华南陆块陆内成矿作用”、“深部矿产资源预测”、“喀斯特地区生态环境”三个方面取得重大突破；明确“下一代战略性矿产资源成矿规律”、“地球化学基础理论、方法和技术”、“环境和气候变化的地球化学记录”、“高原河流、湖库水资源与水环境”和“地球与行星演化”五个重点培育方向；实现了以PI制为主体的科研组织形式向以解决资源环境领域重大科技问题为主线的团队科研组织形式的转变；初步建立了以重大成果产出为目标的科技评价体系。

2015年，地化所在华南大面积低温成矿作用和地幔柱成矿作用、深部矿产资源预测示范、喀斯特和重金属生态环境过程与治理技术等的研究中取得重大突破；在下一代战略矿产资源成矿规律、环境和气候变化的地球化学记录、高原梯级河流和深水型湖库水环境、地球内部物质与月球和行星演化、地球化学基础理论和新技术新方法等的研究中，取得重要进展；加强矿产资源增储、石漠化治理、重金属污染治理等方面的研究，产生很好的经济和社会效益。

2015年，地化所共发表论文366篇，其中SCI论文186篇，CSCD论文及其他180篇；出版专著1部；新申请发明专利18项；授权发明专利13项；与地勘单位合作，黄智龙研究员关于“云南羊拉矿区深部和外围铜矿成矿规律及增储研究”及“云南省鹤庆县北衙外围矿区芹河矿段金铅多金属矿勘探”均获得2015年度中国有色金属工业科学技术奖二等奖。2015 年，地化所矿床地球化学国家重点实验室和环境地球化学国家重点实验室参加了科技部组织的 5 年一次的国家重点实验室评估，均获得良好成绩。

2015 年 6 月，地化所和贵州省政府联合共建的中国科学院贵州省矿产资源综合利用工程技术研究中心于投入使用，资源综合利用中心的建立提升了解决贵州矿产资源高效清洁综合利用的科技支撑能力。

2015 年，为了进一步加强产学研结合，地化所与中国地质调查局发展研究中心签署战略合作框架协议，双方希望提高地调局发展研究中心在月球与行星地质空间数据获取、管理与处理和矿产资源评价等方面的能力，促进地化所的应用基础研究和人才培养，推动科研成果的转移转化。

2015 年，地化所在已有技术平台的基础上，加强了有特色的测试和实验平台建设，如低含量 PGE 和 Re-Os 同位素分析平台、高温高压实验模拟平台、非传统同位素分析平台、计算地球化学研究平台、月球（行星）表面环境与资源利用研究平台等，按世界一流水平，建设起了崭新的实验研究系统。

2015 年，地化所国际科技合作活跃，共派出科研人员 94 人次前往英国、加拿大、美国等 20 余个国家和地区进行学术交流与合作研究；邀请来自澳大利亚、美国、法国等国家和地区的 40 余位国外专家到所访问及合作研究。

2015 年，地化所成功主持或共同主持了第七届全国成矿理论与找矿方法学术讨论会、中国矿物岩石地球化学学会第十五届学术年会、中美地球关键带科学研讨会、中德科学中心第十八次联委会、中国古生物学会孢粉学分会第九届二次学术年会、2015 年汞污染防治与履行国际汞公约国际学术研讨会等会议，并积极参加各类国际学术活动，科技人员在国际学术界的地位明显提升。刘丛强研究员担任国际 SCI 期刊 *Chemical Geology* 编委，胡瑞忠研究员担任国际矿床成因协会中国国家委员会副主席、国际经济地质学会会士和国际 SCI 期刊 *Mineralium Deposita* 副主编，冯新斌研究员担任国际 SCI 期刊 *Environmental Toxicology and Chemistry*、*Journal of Environmental Sciences* 编委和亚太地区环境地球化学与健康执行委员会委员，刘再华研究员担任国际水文地质学家协会地下水与气候变化委员会共同主席和国际 SCI 期刊 *Journal of Cave and Karst Sciences* 编委。

地化所是中国矿物岩石地球化学学会的挂靠单位，主办有 *Chinese Journal of Geochemistry*、《矿物学报》、《矿物岩石地球化学通报》和《地球与环境》四种学术刊物。

（撰稿：黄万才　陈娟弘　审稿：胡瑞忠）

西安光学精密机械研究所

所　　长：赵　卫
地　　址：陕西省西安市高新区新型工业园信息大道 17 号
邮政编码：710119
电　　话：029-88887711；029-88887717
传　　真：029-88887711
电子信箱：office@opt.ac.cn
网　　址：http://www.opt.ac.cn

中国科学院西安光学精密机械研究所（以下简称“西安光机所”）于 1962 年 3 月由中国科学院所属原子能研究所大部、陕西分院光学研究所、机械研究所、自动化研究所合并组建而成。

西安光机所研究领域包括空间光学、光电工程、基础光学，主要研究方向包括高分辨可见光空间信息获取和光学遥感技术研究、干涉光谱成像理论与技术研究、高速光电信息获取与处理技术研究、瞬态光学与光子学理论与技术研究，设有瞬态光学与光子技术国家重点实验室、中国科学院超快诊断技术重点实验室、中国科学院光谱成像技术重点实验室等研究室与技术支撑系统。2014 年，西安光机所与英国南威尔士大学共同成立（中英）微纳光子学联合研究中心。

截至 2015 年底，西安光机所共有在职职工 881 人。其中科技人员 681 人、科技服务人员 155 人，包括中国科学院院士 1 人、国际欧亚科学院院士 1 人，研究员及正高级工程技术人员 94 人、副研究员及高级工程技术人员 209 人。共有“千人计划”创新类入选者 5 人（新增 1 人），创业类“千人计划”5 人（新增 1 人）、“青年千人计划”入选者 2（新增 1 人），杰青基金获得者 2 人（新增 1 人），国家优秀青年科学基金获得者 1 人（新增），“百千万人才”工程入选者 4 人（新增 1 人）；中国科学院“百人计划”入选者 14 人，“西部之光”人才入选者 43 人（新增 14 人）。国家杰出青年科学姚保利研究员获日本高速成像奖（Japan High-Speed-Imaging Award）。李学龙研究员当选美国计算机协会杰出科学家。所内 2 位外籍专家 Brent Little 博士和 Roy Davidson 获陕西省 2015 年度三秦友谊奖。周祚峰、赵惠获评陕西“青年科技新星”，2015 年西安光机所获批成为陕西省创新人才培养示范基地。

西安光机所是 1981 年国务院学位委员会批准的博士、硕士学位授予权单位之一，现设有物理学（光学、等离子体物理专业）、光学工程、电子科学与技术（物理电子学、微电子学与固体电子学专业）、信息与通信工程（通信与信息系统、信号与信息处理专业）一级学科博士及硕士培养点；另有材料科学与工程（材料物理与化学专业）、控制科学与工程（控制理论与控制工程专业）一级学科硕士培养点以及光学工程、电子与通信工程、控制工程、材料工程硕士专业学位培养点，设有物理学（光学专业）、光学工程博士后流动站。2015 年共有在学研究生 458 人（其中硕士生 233 人、博士生 225 人），在站博士后 13 人。

2015 年，西安光机所共有在研项目 561 项（新增 289 项）。其中，承担国家重大科技专项课题 22 项（新增 11 项），承担（或参加）973 计划和国家重大科学研究计划 4 项，主持（或承担）863 计划项目 54 项（新增 33 项）；主持（或承担）国家自然科学基金重点项目 8 项（新增 2 项）、面上项目 37 项（新增 2 项）、杰青金项目 2 项（新增 1 项）；承担中国科学院战略性先导科技专项课题 1 项，主持（或承担）院重点部署项目 7 项（新增 1 项），科技部、国家自然科学基金委、财政部和院重大仪器研制项目 12 项；承担重点国际合作项目 2 项（新增1 项），承担院地合作项目 1 项（新增 1 项）。

2015 年，西安光机所继续推进“创新 2020”及“一三五”规划，贯彻“创新驱动发展”和“人才强所”战略，本着“特色、优势、不可替代”的发展思路，在光子学理论和光子技术应用研究方面，追求“高的空间、时间、光谱分辨与灵敏探测”和“快的信息获取、传输、交换、利用”学科特色，部署并形成了从理论、材料、器件到集成应用的完整学科链，加强前瞻性研究和新学科建设，强化重点学科专业化发展，强化了创新与前沿技术研究，支撑与推进光电技术与工程的创新发展与突破，2020 年实现向光子技术与光子工程的转变。

2015 年，西安光机所科研创新取得新的进展，突破了一批器件方法技术，实现 6 款自主芯片研发，性能达到国际先进水平，部分芯片已开始迈向国际市场；超分辨率成像技术达到国际同类最好水平；研究所以多项技术突破，推动了多项重大工程应用，取得了系列重大标志性成果。在中国科学院组织的院属单位“十二五”领域验收评估中，一项重大突破被列入院“十二五”重大标志性成果，一项培育入选院 100 个优秀培育方向；另有被列入院重大标志性成果的其他单位四项成果，西安光机所均有参与。

2015 年，西安光机所全年发表论文 529 篇，被 SCI 收录 239 篇、EI 收录 409 篇，热点论文 1 篇，高被引论文 6 篇；申请专利 243 项，其中发明专利 141 项，实用新型专利 101 项，PCT1 件；授权 209 项，其中发明专利 107 项，PCT1 件，实用新型 100 件，外观设计 1 项，软件受理 10 项，软件著作权登记 21 项，国家特等奖 1 项。

西安光机所以创新驱动发展，不断创新突破科技体制机制，引导科技创新面向国民经济主战场服务，通过系列创新举措与实践，形成了“人才+技术+资本+服务”四位一体的科技成果产业化及服务模式，建设了“众创空间+创业苗圃+孵化器+加速器（产业基地）”的全链条孵化体系，构建了首家“研究机构+天使基金+孵化器+创业培训”的科技创新创业生态环境，初步形成了“人才聚集-资金投入-企业规模化发展-反哺科研”的良性价值链，打通科技成果产业化的“接力棒”体系，为破解“科技与经济两张皮”难题、践行创新驱动发展国家战略提供了有益的探索和实践。截至2015年底，西安光机所已孵化培育80家高科技企业，吸引社会投资7亿元，实现产值12亿元，纳税7000多万元，创造就业3500多人；引进高端团队10个，新孵化高科技企业30家；1家企业挂牌“新三板”，另有5家企业完成股改，将于2016年挂牌上市；初步形成了面向“中国制造2025”国家战略的光子制造产业集群、面向“互联网+”国家战略的光子信息产业集群和面向民生健康领域的生物光子产业集群。2015年1月，西安光机所被科技部评为国家技术转移示范机构。

2015年12月，中国科学院与陕西省签署合作协议。中国科学院依托西安光机所，联合中国科学院其他研究所以及地方科研院校，与陕西省共同筹建中国科学院光子信息与光子工程制造创新研究院。2015年12月底，西安光机所与陕西科技控股集团签署组建陕西光电子集成电路先导技术研究院有限责任公司协议书。

2015年2月15日，中共中央总书记习近平来西安光机所视察，习近平察看了研究所科技成果转移转化所取得的数十项技术与产品，察看了研究所“十一五”以来圆满完成国家重大任务所取得的10多项重要成果，充分肯定了西安光机所是科技创新的生力军和骨干力量，并对西安光机所科技创新创业的理念和做法给予高度评价：“看了西安光机所后，我反复强调的创新驱动发展有了依据”。习近平还强调核心技术靠化缘是要不来的。

2015年12月初，时任陕西省委书记赵正永再次来所视察，认为西安光机所认真贯彻了习近平总书记视察时的讲话精神与要求，进步很大，进展很快，真正发挥了国家级科研院所在全省科技创新中的领头羊作用和示范作用；12月底，国家科技部部长万钢视察时评价，西安光机所把自身发展与国家需求结合起来，与创新驱动发展结合起来，这是极具竞争力的模式。时任陕西省省长娄勤俭连续两年在省政府工作报告中提出“要积极复制西安光机所科技创新机制”。

2015年，科技部党组书记王志刚、科技部副部长曹健林、时任陕西省委副书记胡和平、陕西省常务副省长姚引良、陕西省副省长张道宏、中国科协副主席陈章良、国防科工局副局长张克俭等领导以及在陕全国人大代表调研团、香港全国人大代表调研团、各地政府部门及企业均来西安光机所调研。

2015年，西安光机所党委认真开展“三严三实”专题教育活动，分别开展了修身、律己、用权三个专题的集中学习研讨，所党委重点围绕贯彻落实习近平总书记系列讲话精神和推进“四个率先”计划的要求开展集中学习，全年共组织中心组集体学习9次，紧密结合研究所科研管理工作，把“三严三实”要求落实到行动上，突出问题导向，求真务实，得到群众认可。

2015年，西安光机所全年来访外宾6批8人，出访12批24人次，承担的国际合作伙伴计划“阿秒诊断物理与关键技术研究团队”正式立项，一项国际访问学者计划获批。

西安光机所是中国光学学会所属高速摄影与光子学专业委员会、纤维光学和集成光学专业委员会、陕西省光学学会的挂靠单位，编辑出版国家一级学术期刊《光子学报》。

（撰稿：张岗峰　陈桂萍　审稿：马彩文）

国家授时中心

主　　任：张首刚
地　　址：陕西省西安市临潼区书院东路3号
邮政编码：710600
电　　话：029-83890326
传　　真：029-83890196
电子信箱：office@ntsc.ac.cn
网　　址：http://www.ntsc.ac.cn

中国科学院国家授时中心（以下简称“国家授时中心”）成立于1966年，当时命名为中国科学院陕西天文台，2001年3月27日，经中央编制办批准改为现名。

国家授时中心是开展时间频率科学研究、时频高技术研发、时间服务和卫星导航研发的研究所，承担着我国标准时间频率的产生、保持和发播任务。国家授时中心的科研工作定位是：立足时间频率与卫星导航领域，瞄准国家（定位、导航与授时）体系建设的重大任务需求和国家授时服务需求，围绕基础交叉前沿和空间海洋两个研发领域，着力开展时间基准保持技术、量子频标、守时理论与方法、时间频率测量与传递、授时方法与技术、卫星精密测定轨、导航定位、用户终端的基础应用研究、技术攻关、系统集成及应用开发与服务，发展成为特色鲜明的先进科研机构。

国家授时中心拥有时间频率基准、精密导航定位与定时技术 2 个院重点实验室。主要研究单元有量子频标研究室、守时理论与方法研究室、高精度时间传递与精密测定轨研究室、时间频率测量与控制研究室、授时方法与技术研究室、时间用户系统研究室、导航与通信研究室、时间频率基准实验室和授时部；主要下属单位有授时部。

国家授时中心所拥有的长短波授时系统是国家不可或缺的基础性技术工程和社会公益设施，被列为由国家财政部专项运行维护费支持的国家重大科技基础设施之一。短波授时台（BPM），每天 24 小时连续不断地以 4 个频率交替发播标准时频信号，覆盖半径超过 3000km，授时精度毫秒量级；长波授时台（BPL），每天 24 小时发播高精度长波时频信号，覆盖我国中部大部分地区和近海海域，授时精度为微秒量级。

截至 2015 年底，国家授时中心在职职工 420 人，其中科技人员 251 人、科技支撑人员 164 人，包括研究员及正高级工程技术人员 18 人、副研究员及高级工程技术人员 49 人。共有杰青基金获得者 1 人，“百千万人才”工程国家级人选 1 人，国家青年拔尖人才 1 人；中国科学院“百人计划”入选者 5 人，“西部之光”人才入选者 35 人（新增 12 人）。

国家授时中心是 1982 年国务院学位委员会批准的博士、硕士学位授予权单位之一，现有天体测量与天体力学、测试计量技术及仪器、通信与信息系统 3 个专业二级学科博士研究生培养点；天体测量与天体力学、测试计量技术及仪器、通信与信息系统、仪器仪表工程、电子与通信工程等 5 个专业二级学科硕士研究生培养点；设有 1 个天文学专业一级学科博士后流动站。共有在学研究生 145 人（其中硕士生 71 人、博士生 74 人），在站博士后 1 人。

2015 年，国家授时中心有在研项目 100 余项，其中承担国家自然科学基金委重大仪器研究项目 1 项，国家自然科学基金重大研究计划重点项目 1 项，培育项目 2 项，国家自然科学基金面上项目 9 项（新增 1 项）；中国科学院国防创新基金 2 项（新增 1 项），院装备研制项目 2 项（新增 1 项），院修缮购置专项 6 项（新增 6 项）；与成都天奥电子股份有限公司联合承担科技部国家重大科学仪器设备开发专项 1 项，以及卫星导航重大专项建设及关键技术攻关任务多项。

2015 年，国家授时中心按照中国科学院“率先行动”计划和全面深化改革工作的要求，围绕“创新 2020”规划纲要，制定中心“十三五”规划及“一三五”科技发展目标，研讨研究所四类机构改革方案，积极探索体制机构改革举措。国家授时中心“十三五”规划中，以国家标准时间性能提升、天地综合授时服务体系、卫星导航增强与新技术试验验证为重大突破；重点培育空间时频技术、国家 PNT 体系技术研究、激光时间频率传递、多手段融合精密测定轨方法及应用、高性能时间频率仪器研制。2015 年 6 月，国家授时中心参加中国科学院组织的院属单位“十二五”任务验收之“基础交叉前沿”领域验收中“一三五”完成目标任务，取得了有影响的成果，开展了基础研究、应用研究、技术攻关，对国家时空基准建设具有重大意义，三个重大突破、五个重点培育均通过验收，其中重点培育方向“GNSS 兼容互操作”获院优秀。

2015 年，国家授时中心在确保常规授时发播工作的同时又多次执行重大授时保障任务，任务期间实现了零阻断。在守时工作方面，根据国际权度局公布的数据，中心所保持的独立原子时 TA（NTSC）中长期稳定度指标综合评定排名在全球第四（共 74 个实验室），所保持的地方协调世界时 UTC（NTSC）与国际协调世界时 UTC 的偏差小于 20ns，是北斗卫星导航系统、长河二号系统等系统的溯源基准；对国际原子时 TAI 计算贡献的5.8%权重，排在全球守时实验室的第4位。建立的转发式卫星导航试验系统和导航信号监测评估系统初步完成，开展相关科研实验，并向有关部门提供相关测量或实验数据。计算机网络授时服务系统、时间科普网站等向社会提供有关服务，网络授时系统年服务227多亿人次。

2015年，国家授时中心共发表学术论文87篇，专著1部；申请专利14项，授权专利11项（其中发明4项，实用新型7项）；软件著作权登记64件；取得时间频率校准和测试实验室认可证书及载人航天工程科研生产资格证书。

2015年，国家授时中心积极推动科研成果转化和产业化。由企业投资2000万元在河南商丘建立的BPC低频时码发播台发播运行连续可靠，全年发播低频时码信号超过7755小时，合作企业的终端产品开发已逐渐形成完整的产业链；承担了各种军民用户系统时间同步方案设计和技术研发工作，在时间间隔测量仪器、精密频率测量仪器、定时定位设备、信号发生器、长短波接收机、精密原子钟等方面取得了显著成果。国家授时中心现有控股企业骊天物业发展有限责任公司；参股企业西安爱乐电子科技有限责任公司。

2015年，国家授时中心与国际权度局、法国巴黎天文台、德国TimeTench公司等重要时频与卫星导航研究单位开展了多方面合作；代表国家参与国际时间频率协调工作；参加北斗全球卫星导航系统国际委员会（ICG）互操作研讨会及工作组A（WG-A）中间会议等；参加ICG多边协调，中美、中欧、中俄双边协调，以及多边主导战略等国际合作活动，形成国家授时中心国际合作的新局面。参加各类国际学术活动26次，全年出访44人次，国外专家来访21人次。

国家授时中心是国际电信联盟（ITU）科学业务组ITU-R7A国内对口工作组单位、北斗导航国际合作研究中心副主任单位、中国天文学会时间专业委员会负责单位、中国GPS技术应用协会授时与时间专业委员会负责单位、陕西省天文学会的挂靠单位、中国卫星导航定位协会常务理事单位，编辑出版的刊物有《时间频率学报》、《时间频率公报》。

（撰稿：邬维国　宫勇敏　审稿：李孝辉）

地球环境研究所

所　　长：周卫健
地　　址：陕西省西安市雁塔区雁翔路97号
邮政编码：710061
电　　话：029-62336233
传　　真：029-62336234
电子信箱：suoban@ieecas.cn
网　　址：http://www.ieexa.cas.cn

中国科学院地球环境研究所（以下简称“地球环境所”）成立于1999年，是在1985年建立的中国科学院黄土与第四纪地质研究室基础上升格而成的。

地球环境所是从事地球科学基础研究的研究机构，定位于区域和全球不同时间尺度气候和环境变化过程、规律、机制、趋势与对策研究，旨在发展亚洲季风-干旱环境变化理论，探索气溶胶与同位素等环境示踪新方法，在国际地球环境科学前沿做出创新性科学贡献，为我国西部经济社会可持续发展和生态环境修复提供基础性、战略性和前瞻性科学建议，将研究所建设成为国际一流的大陆环境变化科学研究中心和高水平人才培养基地。

地球环境所现拥有1个黄土与第四纪地质国家重点实验室、1个中国科学院气溶胶化学与物理重点实验室、1个陕西省加速器质谱技术及应用重点实验室和1个陕西省环境保护大气细粒子重点实验室，有古环境研究室、现代环境研究室、粉尘与环境研究室、生态环境研究室和加速器质谱中心5个研究单元，同时有共建的3个中外联合研究中心，分别为中瑞树轮研究中心、中美加速器质谱中心和中美气溶胶实验室。

地球环境所拥有先进的高精度实验设施及装置。3MV加速器质谱仪（AMS）是长寿命放射性核素高灵敏度分析测量的一个重要工具，在地球科学、考古学、生命科学、材料科学等基础研究和应用研究中得到广泛应用，并为经济社会发展和国防安全提供科学服务。

截至2015年底，地球环境所共有在职职工117人。其中科技人员70人、科技支撑人员26人，包括中国科学院院士2人、发展中国家科学院院士1人、研究员及正高级工程技术人员31人、副研究员及高级工程技术人员28人。共有“千人计划”入选者4人（新增1人），其中，长期项目入选者1人，短期项目入选者2人，“青年千人计划”入选者1人（新增），杰青基金获得者8人（新增1人）；中国科学院“百人计划”入选者13人，“西部之光”人才入选者31人（新增4人）。地球环境所安芷生院士荣获2015年度中国科学院杰出科技成就奖。

地球环境所现有地质学、环境科学与工程专业一级学科博士研究生培养点，地质学、环境科学与工程专业一级学科硕士研究生培养点，并设有环境工程专业硕士培养点，同时拥有地质学专业一级学科博士后流动站，共有在学研究生114人（其中硕士生58人、博士生56人）、在站博士后14人。

2015年，地球环境所在研项目有164项（新增61项）。主持国家重大科学研究计划项目1项、承担课题4项，主持国家科技基础性工作专项2项；主持国家自然科学基金重点项目3项、面上项目35项（新增12项）、杰青基金项目3项（新增1项）、优秀青年基金项目1项（新增1项）、重大项目1项（承担课题3项）、重大研究计划培育项目1项（新增1项）；主持中国科学院战略性先导科技专项课题4项，主持院重点部署项目3项，院仪器研制项目1项；主持国家自然科学基金委重点国际合作项目1项，中国科学院重点国际合作项目2项（新增1项）；承担院地合作项目2项（新增2项）。

2015年，地球环境所组织科研和管理骨干认真学习《“率先行动”计划暨全面深化改革纲要》等文件，并就研究所改革开展多次专题研讨，深入分析自身学科特色、区域特色、管理体制方面的特色与优势以及当前存在的问题，明确战略定位，凝练关键科学问题和核心共性技术问题，着力推进主要服务项目，探索体制机制改革举措。地球环境所将推进特色研究所建设作为未来五年工作重点，强化问题导向，完成了“十三五”规划编制工作。

2015年，地球环境所党建工作实现新突破：5月经中国科学院党组批准，地球环境所党委和纪委成立，并通过全所党员大会，选举产生了第一届党委和纪委委员。在党委领导下，地球环境所八个党支部成为工作在科研和管理一线的战斗堡垒。

2015年，地球环境所黄土与第四纪地质国家重点实验室连续第七次被评为优秀实验室。

2015年地球环境所公开发表各类研究论文384篇，其中SCI收录237篇（第一著作单位114篇），包括*Nature*、*PNAS*、*Nature Geoscience*、*Nature Climate Change*、*Nature Communications*、*Chemical Reviews*、*Bulletin of the American Meteorological Society*、*Annual Review of Earth and Planetary Sciences* 10篇；授权实用新型专利8项。

2015年3月，地球环境所蔡演军研究员等以 *Variability of stalagmite-inferred Indian monsoon precipitation over the past 252 000 yr* 为题，在 *PNAS* 发表研究论文。这一研究成果对认识和理解东亚季风区石笋 $\delta^{18}O$ 记录，调和石笋 $\delta^{18}O$ 记录和海洋和黄土等亚洲季风记录的矛盾具有重要意义。

2015年4月，地球环境所晏宏研究员等以 *Dynamics of the intertropical convergence zone over the western Pacific during the Little Ice Age* 为题，在 *Nature Geoscience* 以Article的形式发表最新研究成果，用热带辐合带收缩来解释亚洲夏季风和澳大利亚夏季风在最近的小冰期中（约公元1400—1850年）同步撤退的现象。

2015年8月，*Scientific Reports* 刊发了地球环境所谭亮成副研究员关于陕南地区大鱼洞洞穴题词揭示历史气候变化信息的论文。这是国内外首次发现洞穴题词中可记录重要的气候变化信息。这篇论文被选为当周亮点文章，美国地球物理学会会讯Eos、美国地球化学学会会讯 *Geochemical News*、英国剑桥大学等都迅速对这一研究做了专题报道。该研究成果同时也引起了国际著名媒体的广泛关注，如《美国新闻周刊》（*Newsweek*）、《纽约时报》（*The New York Times*）、《英国独立报》（*The Independent*）、《英国每日邮报》（*Daily Mail*）等都做了评论报道。

2015年9月，地球环境所所陈怡平研究员在 *Nature Geoscience* 撰文指出在黄土高原继续实施退耕还林还草工程面临的粮食供应、植被退化和水资源平衡等问题，并对未来的黄土高原植被恢复原则提出相关建议。

在开展基础研究的同时，地球环境所面向国家和地方需求，以大气 PM2.5 治理为突破口，积极向陕西省委汇报主动除霾新思路，获得陕西省支持，在陕西省开展大型太阳能城市空气清洁综合系统的工程示范。2015 年，地球环境所通过中国科学院学部工作局向国务院提交了《我国大气 PM2.5 污染现状与控制对策》的咨询报告，获张高丽副总理、刘延东副总理批示。

2015 年，地球环境所成功举办 UMN-CAS 第二届双边论坛和第十二届全国气溶胶会议暨第十三届海峡两岸气溶胶技术研讨会；全年出访 70 人次，来访 113 人次（含港澳台）。地球环境所客座教授 John Kutzbach 获得 2015 年中国科学院国际科技合作奖。

地球环境所主办并在国内外公开发行核心期刊《地球环境学报》。

（撰稿：白　洁　于学峰　审稿：刘晓东）

近代物理研究所

所　　长：肖国青
地　　址：甘肃省兰州市城关区南昌路 509 号
邮政编码：730000
电　　话：0931-4969220
传　　真：0931-4969800
电子信箱：office@impcas. ac. cn
网　　址：http://www. impcas. ac. cn

中国科学院近代物理研究所（以下简称“近代物理所”）是根据 1956 年周总理指示设立的原子核科学研究基地，前身为 1957 年成立的中国科学院兰州物理研究室，1962 年正式使用现名。

近代物理所的定位是开展重离子科学与技术、加速器驱动的先进核能系统研究，在“十三五”期间，建成国际一流的重离子科学与技术、加速器驱动的先进核能技术研究基地；中长期发展目标是打造国际先进核裂变能技术研发中心，形成在国际上有重大影响的重离子科学研究基地。近代物理所主要研究方向有：放射性束物理、重离子核物理、强子物理、核天体物理、高离化态原子分子和团簇物理、高能量密度物理、重离子惯性约束核聚变能源前期研究、重离子治癌研究、重离子辐照材料研究、辐照生物效应研究、核辐射探测器研制、先进加速器物理与技术研究、强流超导直线加速器、重金属散裂靶、核能源相关抗强辐照新材料、次临界反应堆、先进核燃料制备等。

近代物理所建有兰州重离子加速器国家实验室、甘肃省重离子束辐射生物医学重点实验室、中科院重离子束辐射生物医学重点实验室、中科院高精度核谱学重点实验室等，并作为共建单位参与兰州资源环境科学大型仪器区域中心建设。除重离子加速器及其配套终端外，还拥有 320kV 高电荷态综合研究平台、大功率电子加速器等重要科研设施及装置。目前，研究所有 47 个研究室（组）。

截至 2015 年底，近代物理所共有在职职工 891 人。其中科技人员 789 人，包括中国科学院院士 2 人、中国工程院院士 1 人、研究员及正高级工程技术人员 80 人、副研究员及高级工程技术人员 229 人。共有“青年千人计划”入选者 1 人（新增），杰青基金获得者 8 人（新增 1 人）；中国科学院“百人计划”入选者 23 人（新增 3 人），“西部之光”人才入选者 103 人（新增 10 人）。

近代物理所是国务院学位委员会批准的博士、硕士学位授予权单位之一，现设有物理学、核科学与技术 2 个一级学科和生物物理学二级学科博士研究生培养点，材料学、控制理论与控制工程 2 个二级学科硕士研究生培养点，材料工程、生物工程、控制工程和核能与核技术工程 4 个专业硕士培养点，并设有物理学和核科学与技术 2 个一级学科博士后流动站。共有在学研究生 309 人（其中硕士生 143 人、博士生 166 人），在站博士后 15 人（其中外籍博士后 8 人）。

2015 年，近代物理所共有在研项目 420 项（新增 127 项）。其中，承担国家重大科技专项课题 1 项，主持 973 计划项目 1 项、承担课题

12 项（新增 2 项）、国家科技支撑计划 1 项（新增），主持 ITER 计划专项 1 项，主持国家自然科学基金重大研究计划集成项目 2 项，重点支持项目 1 项、国家自然科学基金重大项目课题 2 项（新增 2 项）、国家自然科学基金重点项目 3 项（新增 2 项）、国家自然科学基金面上项目 52 项（新增 14 项）、国家自然科学基金创新研究群体项目 1 项、国家自然科学基金优秀青年科学基金项目 1 项、国家自然科学基金国际合作重点项目 2 项、国家自然科学基金联合基金重点支持项目 7 项（新增 2 项）；主持中国科学院战略性先导科技专项课题 35 项，承担院重点部署项目 1 项、课题 1 项；主持国家自然科学基金委重大仪器研制项目 1 项，承担科技部重大仪器开发专项课题 2 项，主持院科研装备研制项目 1 项（新增）；承担国际合作项目 3 项（新增 3 项）；承担院地合作项目 5 项（新增 1 项）。

2015 年，近代物理所圆满完成了“十二五”规划各项任务，其中 ADS 关键技术及预研、重离子束应用和先进离子加速器关键技术被评为全院“百优”，“科技布局与组织模式”被遴选为院“亮点”工作。国家“十二五”重大科技基础设施“加速器驱动嬗变研究装置”和“强流重离子加速器”等两个项目建议书已获国家发改委批复。

2015 年，在重离子科学基础前沿研究方面，近代物理所实现了双 ToF 等时性质量测量技术，发现在 Sc 同位素中子数等于 32 的新幻数依然存在；首次合成了^{215,216}U 两种滴线区新核素；首次在星体能区测量了^{12}C（^{12}C，n）^{23}Mg 反应几率，为寻找宇宙中第一代恒星的灰烬提供了重要实验数据。近代物理所为暗物质粒子探测卫星研制的“塑闪阵列探测器”运行正常，成功传回在轨探测数据。在面向国家需求研究方面，近代物理所 ADS 战略先导专项获得突破性进展，ADS 超导质子直线加速器注入器 II 低能段原型样机成功实现能量 5MeV、最大流强 4mA 的连续波质子束加速，达到目前国际上连续束运行的超导直线加速器最高束流功率，使我国首次实现由多个 HWR 超导腔与超导螺线管组成的加速单元稳定加速离子束；创新提出优于四代核能系统的“加速器驱动先进核能系统（ADANES）”概念和方案。在重离子加速器运行及研究方面，近代物理所兰州重离子研究装置（HIRFL）全年开机运行时间 7536 小时，为 148 项实验和 7 项机器研究提供了 5459.5 小时束流；超导 ECR 离子源再次产生一批连续束高电荷态离子束流强度的最高世界纪录；重离子冷却储存环（CSRe）首次进行了随机冷却调试实验，成功实现了对$^{12}C^{6+}$（380MeV/u）束流的纵向和横向冷却。

2015 年，近代物理所产业化工作稳步推进：完成国产首台医用重离子加速器——武威医用重离子加速器的安装并成功调试出束，开始兰州示范装置安装；完善医疗器械质量管理体系、标准、检测方案和临床试验方案，进行医用重离子加速器关键设备注册检测；医用重离子加速器获颁“国家重点新产品证书”。推广种植甜高粱 36.22 万亩，建成甜高粱循环经济产业示范线；辐照选育出作物突变材料 200 余份。所控股或参股的 6 家公司销售收入共 1.2 亿元，净利润 2899 万元。全所共 175 人从事科技开发。

截至 2015 年底，近代物理所科研人员出国（境）参加国际会议、访问以及合作研究 289 人次，接待来所交流访问和合作研究的外籍专家 167 人次，招聘外籍员工 4 名；执行中国科学院“国际人才项目”13 人次，获批国际人才计划 10 项，国家公派项目获批 4 人次，院公派出国留学项目 12 人次，执行 1 项国家外专局“引进国外技术、管理人才”项目，10 项高端外国专家项目；分别与乌克兰和匈牙利相关研究所签订了6 项开展国际科技合作备忘录；成功举办了 5 次国际会议或专题讨论会。

近代物理所是甘肃省物理学会、甘肃省核学会的挂靠单位，编辑出版期刊《原子核物理评论》、《高能物理与核物理》的核物理部分以及《中国科学院近代物理研究所和兰州重离子加速器国家实验室年报》（英文版）。

（撰稿：李嘉懿　尹经敏　审稿：肖国青）

兰州化学物理研究所

所　　长：夏春谷

地　　址：甘肃省兰州市天水中路18号
邮政编码：730000
电　　话：0931-4968009；0931-4968286
传　　真：0931-8277088
电子信箱：office@licp.cas.cn
网　　址：http://www.licp.cas.cn

中国科学院兰州化学物理研究所（以下简称“兰州化物所”）始建于1958年6月，其前身是中国科学院石油研究所兰州分所，1962年6月启用现名。

兰州化物所战略定位是建成西部资源与能源化学和新材料高技术创新研究基地，主要开展资源与能源、新材料、生态与健康等领域的基础研究、应用研究和战略高技术研究，力争将研究所建成特色鲜明、国内不可替代并具有可持续发展能力的国立研究机构。

兰州化物所拥有2个国家重点实验室，分别为羰基合成与选择氧化国家重点实验室、固体润滑国家重点实验室；1个国家工程中心，即精细石油化工中间体国家工程研究中心（甘肃省污染物减排与环境控制工程实验室）；1个中国科学院与甘肃省共建重点实验室，即中国科学院西北特色植物资源化学重点实验室（甘肃省天然药物重点实验室、甘肃省特色植物资源高值化利用工程研究中心和甘肃省中药提取分离行业技术中心）；4个所级科研单元，分别为先进润滑与防护材料研究发展中心、绿色化学研究发展中心、环境材料与生态化学研究发展中心、清洁能源化学与材料实验室。兰州化物所在白银市建立了白银中试基地，与青岛市人民政府、崂山区人民政府联合共建了“兰州化物所青岛研发中心”，与苏州市工业园区共建了“兰州化物所苏州研究院”。2015年，“特色药用植物资源高值化利用国家地方联合工程研究中心”获国家发改委批复建设。

截至2015年底，兰州化物所共有在职职工581人。其中科技人员479人，包括中国科学院院士1人、中国工程院院士1人、研究员及正高级工程技术人员102人（含项目岗位）、副研究员及高级工程技术人员183人（含项目岗位）。共有首批“万人计划”入选者3人、“千人计划”入选者5人（包括“青年千人计划”入选者4人和“外专千人计划”入选者1人），杰青基金获得者6人；中国科学院“百人计划”入选者26人（新增3人），“西部之光”人才入选者46人（新增11人）。

兰州化物所是1981年国务院学位委员会批准的首批硕士学位授予权单位之一，1986年成为博士学位授予单位，2012年成为化学一级学科（博士）培养点，现设有物理化学、分析化学、有机化学、材料学等4个博（硕）士研究生培养点，工业催化、材料工程、化学工程、制药工程等4个硕士研究生培养点，并设有化学学科博士后流动站。共有在学研究生331人（其中硕士生144人、博士生187人），在站博士后16人。

2015年，兰州化物所共有在研项目330项（包括新增项目125项）。其中，承担国家重大科技专项课题2项，主持973计划项目1项、承担（或参加）课题10项（新增1项），主持（或承担）863计划课题3项（新增1项）；主持（或承担）国家自然科学基金重点项目4项、面上项目71项（新增21项）、国家杰出青年科学基金项目1项、国家优秀青年科学基金4项（新增2项）；主持（或承担）中国科学院战略性先导科技专项课题2项，主持院重点部署项目1项、国家自然科学基金委重大仪器研制项目1项；承担院地合作项目34项（新增18项）；承担重点国际合作项目4项；承担中央组织部“万人计划”3项、“青年千人计划”1项。

2015年，兰州化物所全面总结“十二五”工作进展和成绩，积极谋划“十三五”改革创新发展，研讨制定和上报“十三五”规划，深入贯彻实施“率先行动”计划，多方调研、制订实施方案，多次组织研讨、凝练完善申请书，参加了中国科学院特色所申报答辩（制造业/能源），并参与建设了中国科学院药物创新研究院。

2015年，兰州化物所在材料表面界面行为与功能调控、原子经济反应导向的催化基础、催化新材料创制与应用、清洁能源材料与技术、分离分析新材料新方法等领域取得新突破，相关成果刊登在 *Nat Commun*、*JACS*、*Advanced Materials*、*Angew Chem Int Ed* 等杂志上。其中，工程材料表面的润湿及其调控获2015年国家自然科学奖二等奖。应用研究方面，兰州化物所建成了国际上首套全流程甲醇合成DMMn的1万吨/年规模工业试验装置，并与3家企业达成协议，1套5万吨/年工业示范装置已开建；发展了多种高性能润滑材料和技术，成功应用于嫦娥三号着陆器和月球车、多种卫星机构、探月国旗展示机构、长征六号火箭等，替代国外产品，填补国内空白；建设了年加工4500吨玉米蛋白粉示范生产线，研发了锁阳、枸杞、栀红等3个保健食品，完成了2项资源药临床前研究等。

2015年，兰州化物所共发表科技论文778篇，其中国外论文615篇，国内论文163篇，影响因子大于5的135篇；出版专著1部；共申请专利134件，授权专利57件。“工程材料表面的润湿及其调控”获国家自然科学二等奖。此外，兰州化物所还获得甘肃省技术发明一等奖1项、吉林省科技进步奖一等奖1项、江苏省科学技术奖一等奖1项、甘肃省自然科学奖二等奖1项，中国腐蚀与防护学会科技进步奖一等奖1项，中国产学研合作创新成果奖二等奖1项。

2015年，兰州化物所在凹凸棒黏土高值化利用方面开发创制了具有三维网络结构的粒状吸附剂产品，建成年产3000吨凹土复合吸附剂生产线，开发出具有自主知识产权的纳米无机凝胶产品，建成年产10 000吨生产线；研发的镍电解液铜离子净化及铜渣直付技术，解决了困扰金川公司30多年技术瓶颈，增加直接经济效益2058万元/年，减少镍精矿消耗7500吨，折合金属镍价值3.45亿元；研发的中压法羰基铁粉/镍粉生产技术，形成了具有自主知识产权的节能型制备新技术，建成世界唯一一条2000吨/年工业装置；与企业合作设计开发出PVD装备-工艺-器（部）件一体化集成专机和性能测试专用设备，技术成果在多个企业获得应用。截至2015年底，兰州化物所共有6家投资公司，2015年实现营业收入33 253.39万元，上缴国家税收300多万元，从事科技开发人员112人。

2015年，兰州化物所与沙特科技院、日本学术振兴会、比利时索尔维集团、马来西亚W黏土公司等开展了实质性科技合作；多人、多个团组获院国际合作人才计划资助，2个会议获院国际会议资助；主办或承办了多个国际学术会议；所内40多位科技骨干赴国外参加国际学术会议，30多位国外专家应邀来所访问交流。

兰州化物所是甘肃省化学会的挂靠单位，负责编辑出版《摩擦学学报》、《分子催化》、《分析测试技术与仪器》3种学术期刊。

（撰稿：张长春　张慧玲　审稿：夏春谷）

寒区旱区环境与工程研究所

所　　长：马　巍
地　　址：甘肃省兰州市东岗西路320号
邮政编码：730000
电　　话：0931-4967549
传　　真：0931-8273894
电子信箱：zhangjg@lzb.ac.cn
网　　址：http://www.careeri.cas.cn

中国科学院寒区旱区环境与工程研究所（以下简称“寒旱所”）是1999年6月在中国科学院“知识创新”工程试点工作中，由1958年成立的原兰州冰川冻土研究所、兰州沙漠研究和1959年成立的原兰州高原大气物理研究所整合而成，是2007年进入中国科学院综合配套改革试点的单位，是中国科学院首批进入“创新2020”的单位。

寒旱所是我国专门从事干旱沙漠、高寒、极地环境与工程研究的国家级研究机构，是“西北资源环境与可持续发展研究基地”的核心组成部分。寒旱所瞄准21世纪国家发展的战略目标和学科发展的国际前沿，针对国家“一带一路”重大决策和西北地区生态环境建设面临的重大科学问题开展西北地区特殊自然条件下环境与工程的基础性、战略性和前瞻性研究，为国家解决西北地区在资源、环境、重大工程和社会经济等领域的重大问题提供科学依据，为西部地区可持续发展提供技术支撑。

寒旱所目前设有包括冻土与寒区工程研究室、冰冻圈与全球变化研究室、沙漠与沙漠化研究室等在内的7个研究室。并设有冻土工程国家重点实验室、冰冻圈科学国家重点实验室2个国家重点实验室；中国科学院沙漠与沙漠化重点实验室等在内的3个院重点实验室和甘肃省黑河生态水文与流域科学重点实验室等在内的4个省级重点实验室。寒旱所建有野外站16个，其中国家级野外台站5个，中国科学院生态网络站3个，中国科学院特殊环境站3个，院地合作重点站一个。并建有包括甘肃省风沙灾害防治工程技术研究中心在内的四个工程技术研究中心等。研究所科研支持平台涵盖了寒旱区科学大数据中心、所级公共技术服务中心、兰州资源环境科学大型仪器区域中心、编辑图书室、标本室、寒旱区科技创新馆等多个部门或展室。

截至2015年底，寒旱所共有在编职工613人，其中科技人员340人，科技支撑人员214人，包括中国科学院院士4人、研究员及正高级工程技术人员99人、副研究员及高级工程技术人员140人。共有杰青基金获得者11人，国家自然科学基金委优秀青年基金获得者4人，973计划项目首席科学家8人，国家自然科学基金委“创新群体”2个，“百千万人才”工程入选者10人；中国科学院“百人计划”入选者31人，“西部之光”人才入选者93人；获全国优秀百篇博士论文获得者6人，中国科学院优秀百篇博士论文获得者12人。

寒旱所现设有自然地理学、人文地理学、地图与地理信息系统、大气物理学与大气环境、生态学和岩土工程、气象学7个专业一级学科博士研究生培养点，自然地理学、人文地理学、地图与地理信息系统、气象学、大气物理学与大气环境、生态学、岩土工程、环境工程、生物工程、环境工程、寒区工程与环境、防灾减灾工程及防护工程12个专业一级（或二级）学科硕士研究生培养点，并设有地理学、大气科学2个专业一级学科博士后流动站。截至2015年底，共有在读研究生470人（其中硕士生190人、博士生280人），在站博士后98人。

截至2015年底，寒旱所共有在研项目1000余项（包括新增项目230余项）。其中，主持973计划项目9项，主持国家自然科学基金项目729项。2015年申报国家自然科学基金各类项目中共有67项获得资助，资助总额达5672万元。其中，青年基金31项，面上项目22项，重大研究计划培育项目7项等。

2015年，寒旱所顺利通过中国科学院组织的院属单位“十二五”领域验收评估，三个重大突破中“高亚洲冰冻圈变化与影响”、“荒漠-绿洲水热过程研究与生态恢复技术师范”获评院优秀。五个重点培育方向中“寒旱区重大工程的科学问题和关键技术与示范”、“寒旱区生态修复的技术体系与优化模式”获评院优秀。同时，寒旱所进一步明确了“以探索寒区旱区陆地表层系统的过程、尺度、格局及其相互关系为基础，开展环境与全球变化及区域可持续发展研究”的战略定位，围绕寒旱区国家生态文明建设工程和社会经济发展面临的重大需求，瞄准国际科学前沿，发挥学科综合优势，凝聚国内外相关领域杰出人才，开展寒旱区环境与工程相关的理论和技术研究与实践，为区域社会经济可持续发展提供科技支撑，建成具有寒旱区持续性科技创新能力的国际化特色研究所。寒旱所在“十三五”规划的基础上，制定新的三个突破和五个培育：突破1-寒旱区自然灾害防治与重大工程安全保障、突破2-丝绸之路经济带的水资源综合利用与生态建设、突破3-沙区典型地表过程与调控机理、培育1-冰冻圈变化及其影响与适应、培育2-寒区旱区陆面过程及其气候环境效应、培育3-高寒森林草地生态水文研究、培育4-寒旱区极端环境生物资源利用、培育5-寒旱区多源遥感与信息集成与服务。

寒旱所扎实推进“率先行动”计划，成立了寒旱所分类改革领导小组及研究所分类改革执行委员会。2015年，寒旱所在生态文明组以第一的身份，整体进入特色研究所序列，并于2015年10月11日召开了2015—2018年着力推进的主要服务项目启动会，部署了5个中科院科技服务网络（STS）计划项目及2个青年STS项目。

2015年，寒旱所多项成果获省内外科学技术奖励。其中，获国家科技进步奖二等奖一项、教育部自然科学奖二等奖一项、甘肃省自然科学奖一等奖一项、甘肃省科技进步奖一等奖三项、中国铁道学会科学技术奖特等奖一项、中国公路学会科学技术奖特等奖一项等。

2015年，寒旱所全年共授权专利72项，其中发明专利25项，实用新型专利47项，授权计算机软件著作权5项。

据不完全统计，2015年，寒旱所共发表论文620篇，其中SCI 188余篇、SCIE 122余篇、EI15篇、会议论文10篇；共出版专（译）著6部。

2015年，寒旱所积极加强国际交流与合作，促进与国外同行的学术交流，提高本所学术研究水平，拓展对外争取资金的渠道，已与20多个国家和地区的科研机构和高等院校以及国际组织建立了合作交流关系，开展了合作研究；进一步加强与美国、俄罗斯、德国、法国、意大利、比利时、澳大利亚、加拿大、日本、西班牙、瑞士等20多个国家的有效合作；来访人次达160人次左右，出访人次达130人左右。

寒旱所是中国科学院减灾中心西北分中心、中国气象学会大气物理专业委员会雷电物理监测与防护分会、中国地理学会冰川冻土分会、中国地理学会沙漠分会、联合国环境规划署（UNEP）“国际沙漠化治理研究与培训中心”等单位的挂靠单位，负责编辑出版《寒旱区科学》（英文版）、《冰川冻土》、《高原气象》、《中国沙漠》等学术期刊。其中，《冰川冻土》期刊连续两次入选“中国最具国际影响力学术期刊”。

（撰稿：陈治理　审稿：张景光）

青海盐湖研究所

副 所 长：段东平（主持工作）
地　　址：青海省西宁市新宁路18号
邮政编码：810008
电　　话：0971-6303490
传　　真：0971-6306002
电子信箱：wangyy@isl.ac.cn
网　　址：http://www.isl.ac.cn

中国科学院青海盐湖研究所（以下简称“青海盐湖所”）建立于1965年，是以中国科学院西北化学研究所为基础，与北京化学研究所、兰州地质研究所等单位的盐湖专业组合并搬迁组建而成。1966年6月，经国家科委（现科技部）批准，与在西宁毗邻组建的化工部盐湖化工综合利用研究所合并，隶属中国科学院。

青海盐湖所是资源环境类的公益性研究所，2002年成为中国科学院“知识创新”工程试点单位之一，是我国唯一专门从事盐湖资源环境科学应用基础研究、盐湖资源综合开发利用、培养盐湖科研高级人才的国家级科研机构，致力于攻克制约我国盐湖资源综合开发利用的关键技术，为盐湖资源的可持续发展提供科学基础，使我国盐湖科技走在世界前列。

青海盐湖所设有中国科学院盐湖资源与化学重点实验室、盐湖地质与环境实验室、盐湖资源综合利用工程研究中心、中国科学院盐湖资源综合高效利用重点实验室、盐湖数据中心等五个研究平台，盐湖化学分析测试中心、盐湖资源环境信息中心和青海中科盐湖科技创新有限公司三个支撑平台。

青海盐湖所设有科技成果展览室和图书阅览室，有以下大型仪器设备：场发射扫描电子显微镜、电感耦合等离子体质谱仪、低真空扫描电子显微镜、气体稳定同位素质谱仪、气相色谱质谱联用仪、激光粒度分析仪、傅立叶变换红外光谱仪、X-射线衍射仪、X-射线荧光光谱仪、原子吸收光谱仪、全谱直读等离子体光谱仪、热电离同位素质谱仪、元素分析仪、X-射线单晶衍射仪、释光测年仪、同步热分析仪、原子荧光光谱仪、比表面仪、离子色谱仪。

截至2015年底，青海盐湖所共有在职职工247人。其中科技人员169人、科技支撑人员31人，研究员及正高级工程技术人员26人、副研究员及高级工程技术人员61人。共有中国科学院“百人计划”入选者5人，“西部之光”人才入选者24人（新增6人）。

青海盐湖所是1981年国务院学位委员会批准的硕士学位授予权单位之一，1997年国务院学位委员会批准的博士学位授予权单位之一，现设有化学、地质学两个一级学科博士研究生培养点，化学、地质学、化学工程与技术三个一级学科学术型硕士研究生培养点，化学工程、材料工程和地质工程三个全日制专业学位硕士培养点。

共有在学研究生 113 人（其中硕士生 76 人、博士生 37 人）；设有化学、地质学两个专业一级学科博士后流动站，博士后出站 2 人、进站 1 人，在站博士后 2 人。

2015 年，青海盐湖所继续鼓励科研人员申请各类国家项目和地方政府项目，并与企业积极开展合作。截至 2015 年 12 月底，获批国家自然科学基金获批 13 项，其中面上基金 3 项、青年基金 6 项、联合基金获批 4 项；向青海省科技厅申请获批项目 18 项；在研究所自主部署项目方面，共申请青年引导基金项目 15 项，资助 A 类项目 3 项，B 类项目 12 项，总经费 195 万元。

2015 年正值青海盐湖所建所 50 周年。2015 年 7 月 8 日，青海盐湖所隆重举办纪念建所 50 周年所庆活动，全国政协副主席、民建中央常务副主席、青海盐湖所老领导马培华和青海省委副书记、省长郝鹏等领导亲临纪念大会。纪念活动期间，青海盐湖所重建了科技展览室；举办了院士专家学者学术报告、中青年博士座谈会；发行了新书《中国科学院盐湖研究六十年》；捐赠专利许可权 50 项；颁发了第七届柳大纲优秀青年科技奖；向在所工作 30 年以上的人员颁发了荣誉证书；举行了院士雕像揭幕仪式；举办了纪念建所 50 周年文艺演出；编撰了青海盐湖所发展史、大事记等活动，全面回顾、总结和宣传建所 50 年来青海盐湖所艰苦奋斗、开拓创新的光辉历程与展望未来发展前景。

2015 年，青海盐湖所组织全所科研人员对本所“一三五”规划进行调整和凝练，确立了新的战略定位、三个重大突破和五个重点培育项目。

在科研产出方面，青海盐湖所 2015 年申请发明专利 81 项，授权 38 项，发表 SCI 论文 36 篇，EI 论文 8 篇，中文核心期刊论文 44 篇，总共获得奖励及资助费用 64.5 万元。

2015 年，青海盐湖所全年到位争取经费收入 9952.76 万元，其中，中国科学院拨基本支出经费 4146.57 万元；院拨科研项目经费 2288.2 万元；国家自然科学基金项目经费 727.4 万元；青海省地方政府项目经费 1114 万元；973 计划科研项目经费 27 万元；科技部国家基础专项经费 131 万元；与企业、高校及其他科研院所合作项目经费 900.51 万元；对外测试等技术服务支出 182.16 万元；经营收入 190.24 万元；投资收益等其他收入 199.24 万元。

2015 年，青海盐湖所鼓励和加快国际交流与合作，科研人员先后出访美国、德国、日本、老挝、伊朗、澳大利亚等多个国家，出访团组 12 个、22 人次，公派到美国留学 2 人。

2015 年，青海盐湖所组织“盐湖科技论坛”5 期，至 2015 年 12 月份已邀请所内外科研人员、政府科研主管部门专家等作了 5 场 9 个精彩报告。

青海盐湖所是青海省化学会的挂靠单位，也是青海省锂产业技术创新战略联盟和青海省镁产业技术创新战略联盟理事长单位和秘书处设置地。青海盐湖所编辑出版科技期刊《盐湖研究》。

（撰稿：党小刚　赵昌林　审稿：王永晏）

西北高原生物研究所

所　　长： 张怀刚
地　　址： 青海省西宁市新宁路 23 号
邮政编码： 810008
电　　话： 0971-6143530
传　　真： 0971-6143282
电子信箱： nwipb@nwipb.cas.cn
网　　址： http://www.nwipb.cas.cn

中国科学院西北高原生物研究所（以下简称“西北高原所”）成立于 1962 年，是以从事青藏高原生物科学研究（包括基础理论、应用基础和应用开发研究）为主的公益性综合研究所，其前身是中国科学院青海分院生物研究所。

西北高原所的战略定位是：针对青藏高原生态环境和区域经济社会持续发展面临的重要问题，开展生态环境保护与建设、生物资源持续高效利用研究，为青藏高原生态安全和区域经济社会持续发展提供科学依据和技术支撑，推动区域经济社会持续发展；根据国家和地方中长期科技发展规划，围绕国际前沿科学问题和青藏高原生物资源与生态环境重大战略需求，开展高原生态、特色生物资源、高原生态农业三个重点领域方向基础性和前瞻性的战略研究以及应用研究。

西北高原所现有区域可持续发展、藏药现代化、高原生物适应进化机制与分子育种、青藏高原生物资源持续利用、高寒草地对全球变化的响应5个学科团组。

西北高原所现有3个研究中心，分别为高原生态学研究中心、特色生物资源研究中心、高原生态农业研究中心；4个野外台站，分别为中国科学院海北高寒草甸生态系统实验站、三江源草地生态系统观测研究站、海东生态农业实验站和武威绿洲现代生态农业试验站；2个中国科学院重点实验室，分别为中国科学院高原生物适应与进化重点实验室、中国科学院藏药研究重点实验室；5个省级重点实验室，分别为青海省寒区区域恢复生态学重点实验室、青海省青藏高原特色生物资源研究重点实验室、青海省藏药药理学和安全性评价研究重点实验室、青海省作物分子育种重点实验室和青海省藏药研究重点实验室；1个创新中心，即中科院西北高原生物所湖州高原生物资源产业化创新中心；3个支撑机构，分别为青藏高原生物标本馆、所级公共技术服务中心、信息与学报编辑室。

截至2015年底，西北高原所共有在职职工193人。其中科技人员134人、科技支撑人员37人，包括中国科学院院士1人、研究员及正高级工程技术人员33人、副研究员及高级工程技术人员55人。共有中国科学院“百人计划”入选者4人，“西部之光”人才入选者29人（新增2人）。

西北高原所是1991年、1981年国务院学位委员会批准的博士、硕士学位授予权单位之一，现设有生态学、生物学2个一级学科博士研究生培养点，生态学、植物学、动物学、中药学4个专业硕士研究生培养点。设有生物学、生态学一级学科博士后流动站，共有在学研究生150人（其中硕士生82人、博士生68人），在站博士后8人。

2015年，西北高原所共有在研项目248项（包括新增项目93项）。其中，参加973计划项目课题2项；主持（或承担）科技支撑计划项目3项；主持（或承担）国家“星火计划”项目4项（新增3项）；主持国家自然科学基金面上项目27项（新增8项）；主持（或承担）中国科学院战略性先导科技专项课题2项，主持院重点部署项目2项；承担院地合作项目41项（新增16项），主持地方科技计划项目112项（新增47项）。

2015年5月，西北高原所完成了中国科学院研究所“十二五”任务书验收自评报告；6月18日参加中国科学院组织的统一验收会，西北高原所“区域可持续发展——高寒草地生态系统可持续管理技术”、“高原生物适应进化机制与分子育种”、“青藏高原生物资源持续利用”和“高寒草地对全球气候变化的响应”方向达到国际并行和国内领跑水平，“藏药现代化——重金属安全性评价技术”方向达到国际并行和国内并行水平，“资源配置与科技支撑条件”被评为亮点改革举措。

2015年，西北高原所研究制定了“十三五”发展规划。“十三五”期间西北高原所主要面向国家生态文明建设，聚焦生态与环境研发领域，针对青藏高原生态安全屏障功能衰退的严峻形势，开展脆弱生态保护、退化生态系统恢复、高寒生物资源可持续利用、特色作物与牧草新品种培育等关键技术创新与集成示范，探索高原生态与环境保护新路，支撑区域生态工程建设，成为国家生态文明建设重要部分，设置2个突破方向和4个培育方向。

按照中国科学院“率先行动”计划组织实施方案，西北高原所积极推进研究所分类改革：组织特色研究所建设，以生态文明建设为研究所服务国家目标和社会公众利益的主要领域组织特色研究所建设，经专家组评议，进入特色研究所培育阶段；参与中国科学院药物创新研究院（筹）西北分部建设，特色生物资源中心整体进入药物创新研究院；积极参与种子创新研究院建设工作。

2015年，西北高原所登记成果20项，发表研究论文230篇，其中SCI（E）123篇、CSCD79篇；出版专著3部；制定国标1项，地标5项；申请专利124项，授权22项。

在院地合作方面，2015年，西北高原所所级公共技术服务中心出具检测报告887份，检测样品5582份（其中所外3815份，所内1767份）。2015年，西北高原所与青海茂源药业有限公司签订产业化合同，负责企业唐古特大黄SOP规程，建立唐古特大黄药材商品检测规范，开展唐古特大黄产地加工和质量保证体系研究，制定药材产地加工操作标准等；与海南藏族自治州人民政府签订科技合作协议书；协助青海绿豪农业科技开发有限责任公司研发新产品1项；与青海瑶池生物科技有限公司合作开发莓类浆果标准化生产技术集成与产业化等项目；与甘肃寿鹿山药业有限公司合作开发1个项目。

2015年，西北高原所获准青海省外专局项目7项，日本-亚洲青少年科学技术交流项目2项；申报2016年青海省外专局重点项目1项；全年派出因公出国人员6批7人次，其中长期出国1人次。接待外籍来访人员11批33人次，组织进行了外籍学者学术报告共5场12个，签订国际合作协议2项。

《兽类学报》是由西北高原所和中国动物学会兽类学分会主办的兽类（哺乳动物）学综合性学术刊物，也是我国唯一报道野生哺乳动物的基础理论研究及其应用基础研究成果和信息的学术性刊物，为促进我国同国际兽类学界的学术交流与合作起到了平台作用。

（撰稿：王文娟　杨勇刚　审稿：王　萍）

新疆理化技术研究所

所　　长：李　晓
地　　址：新疆维吾尔自治区乌鲁木齐市北京南路40号附1号
邮政编码：830011
电　　话：0991-3835823
传　　真：0991-3838957
电子信箱：lhszhb@ms.xjb.ac.cn
网　　址：http://www.xjb.ac.cn

中国科学院新疆理化技术研究所（以下简称“新疆理化所”）于2002年3月28日在原中国科学院新疆物理研究所和中国科学院新疆化学研究所（均于1961年成立）的基础上整合成立。

新疆理化所的定位为：围绕国家“一带一路”发展战略，依托丝绸之路经济带核心区优势，面向新疆区域经济发展、中亚科技合作和国家航天与海洋需求，加强维药现代化学科建设，推进维吾尔医药的现代化、标准化、产业化、国际化；加强电子元器件累积辐射效应学科建设，为各类元器件抗累积辐射效应加固和可靠应用提供稳定的服务能力；加强敏感材料与器件学科建设，为我国航天、海洋工程中极端环境探测装备所需的温度传感器提供共性技术支撑，保持优势学科不可替代的地位；加强维哈柯文信息处理学科建设，为新疆长治久安及“一带一路”核心区的信息化建设提供技术支撑。同时，强化中国科学院向西开放“桥头堡”作用，强化与中亚等国家交流与合作，强化院内合作和学科交叉，培育新的增长点。将研究所建成国内特色鲜明和中亚有影响力的研究机构。

新疆理化所设有资源化学、材料物理与化学、多语种信息技术、环境科学与技术4个研究室，建设了维吾尔药活性筛选技术平台、药用植物组培与生物育种平台、特种热压敏研发平台、辐射效应评估技术平台、光电功能材料研发平台、多语种软件测试平台，以及大型仪器分析测试中心、辐照中心、信息情报中心3个技术支撑平台。

新疆理化所现有中国科学院干旱区植物资源化学重点实验室、中国科学院特殊环境功能材料与器件重点实验室、民族药关键技术及工艺国家地方联合工程研究中心，省部共建新疆特有药用资源利用国家重点实验室培育基地以及新疆植物资源化学重点实验室、新疆电子信息材料与器件重点实验室、民族语音语言信息处理实验室3个省级重点实验室和新疆精细化工工程技术中心；与中亚地区及我国东部有关研究机构共建了中亚地区可食植物功能成分联合实验室；与新疆公安消防总队成立了火灾科学与消防工程合作实验室。

截至2015年底，新疆理化所共有在职职工240人。其中科技人员181人、科技支撑人员30人，包括研究员及正高级工程技术人员42人、副研究员及高级工程技术人员77人。共有“青年千人计划”入选者 17 人（新增 3 人），杰青基金获得者 2 人，“百千万人才”工程候选人 2 名；中国科学院“百人计划”入选者15 人，“西部之光”人才入选者 143 人（新增 12 人）；新疆维吾尔自治区高层次人才计划 23 人（新增 4 人）。

新疆理化所是 1987 年国务院学位委员会批准的硕士学位授予权单位之一，2004 年经中国科学院批准增列博士培养点，现设有化学、电子科学与技术两个专业一级学科博士研究生培养点，有机化学、无机化学、物理化学、材料物理与化学、微电子学与固体电子学、物理电子学、计算机应用技术 7 个二级学科博士培养点；有机化学、无机化学、物理化学、材料物理与化学、微电子学与固体电子学、物理电子学、药物化学、计算机应用技术、计算机技术、材料工程等 10 个专业二级学科硕士研究生培养点，并设有化学、电子科学与技术 2 个专业一级学科博士后流动站，共有在学研究生 244 人（其中硕士生 117 人、博士生 127 人），在站博士后 20 人。

2015 年，新疆理化所共有在研项目 681 项（新增项目 128 项）。其中，承担 973 计划项目 1 项、承担（或参加）课题 2 项，承担 863 计划项目 1 项、承担（或参加）课题 5 项（新增 1 项），承担国家自然科学基金面上项目 22 项（新增 5 项）、国家杰出青年科学基金项目 2 项、国家自然科学基金国际合作重点项目 1 项、国家自然科学基金-新疆联合基金 15 项（新增1 项）；承担中国科学院战略性先导科技专项课题 2 项，承担（或参加）院重点部署课题 4 项，承担院科研装备研制项目 9 项（新增 2 项），承担院地合作项目 12 项（新增 3 项）；承担新疆维吾尔自治区重大专项项目 2 项、承担（或参加）课题 7 项。

2015 年，新疆理化所“一二四”规划均完成了各项任务指标。在中国科学院组织的院属单位“十二五”领域验收评估中，新疆理化所“星用光电成像器件辐射损伤及抗辐射加固技术”和“感知边疆网络集成技术”两个重点培育方向获评院优秀，其参与完成的由信息工程研究所牵头的重点突破项目获院重大科技成果及标志性进展。

按照中国科学院“率先行动”计划要求，新疆理化所结合自身实际，申请了特色研究所，经过全院遴选，目前部分学科已经进入特色研究所培育阶段，个别学科已进入中科院药物创新研究院。

2015 年，新疆理化所申请国内发明专利 75 项、国外发明专利 1 项，授权国内发明专利 57 项；发布地方标准 9 项、国家标准 9 项；申报并获批准软件著作权 15 项；发表各类科技论文 150 篇，其中被 SCI 收录 113 篇。

2015 年，新疆理化所材料物理与化学研究室“航天海洋测温 NTC 热敏电阻器的研制及应用团队”获 2015 年度中国科学院科技促进发展奖科技贡献奖二等奖。“18 种新疆特色药用植物化学成分与生物活性研究”等两项成果获 2015 年度新疆维吾尔自治区科技进步奖一等奖。

2015 年，新疆理化所按照中国科学院“走出去”发展战略和研究所发展的实际需要，全年出访人员 48 人次，来访 47 人次，国际合作项目立项 20 项；在土耳其安塔利亚联合举办了第十一届天然化合物化学国际研讨会暨丝绸之路医药产业发展战略高峰论坛，在乌鲁木齐举办了第一届海峡两岸光电功能材料设计制备前沿研讨会暨新疆青年学术论坛。

2015 年，新疆理化所中亚药物研发中心建设取得新进展，中心颁布了系列管理制度，各项科研合作工作有序进行，在乌兹别克斯坦塔什干拟建的中心成型工艺中试平台、专家公寓等已完成设计、规划等前期手续，2016 年春将开工建设。

2015 年，新疆理化所面向区域经济社会发展需求，与企业合作更加深入，新疆首个中药五类新药“棉花花总黄酮片”、“棉花花总黄酮”药物临床试验批件成功转让新疆维吾尔药业有限责任公司，目前正在上海曙光医院进行一期临床试验；针对新疆油田与化工工业废水处理的需求，并得到中科院科技服务网络（STS）计划项目支持；第八届中国科学院-新疆科技合作洽谈会上展出了新疆理化所 15 项科研成果和 5 个科技平台，拓展了成果转移转化的渠道和方式。

新疆理化所是物理、化学、自动化、生物化学、核学会等省级学会理事长挂靠单位。

（撰稿：池景慧　冯　涛　审稿：崔旺诚）

新疆生态与地理研究所

所　　长：陈　曦
地　　址：新疆维吾尔自治区乌鲁木齐市北京南路818号
邮政编码：830011
电　　话：0991-7885307；0991-7885507
传　　真：0991-7885300
电子信箱：hpjiang@ms. xjb. ac. cn；
xjgi @ms. xjb. ac. cn
网　　址：http://www. egi. ac. cn

中国科学院新疆生态与地理研究所（以下简称“新疆生态所”）成立于1998年7月7日，由中国科学院新疆生物土壤沙漠研究所（1961年成立）和中国科学院新疆地理研究所（1965年成立）合并而成。

新疆生态所建有荒漠与绿洲国家重点实验室、中国科学院干旱区生物地理与生物资源重点实验室；国家荒漠-绿洲生态建设工程技术研究中心，中国科学院与新疆维吾尔自治区政府共建的中国科学院新疆矿产资源研究中心；与美国加州大学河滨分校、美国内华达大学共建了国际干旱区生态研究中心，日本静岗大学共建了中日干旱区生态研究中心，与德国国防大学、澳大利亚科工组织、中亚五国以及毛利坦尼亚、卢旺达共建了干旱区水与生态研究中心，联合中国科学院9个研究所和中亚国家9个研究机构共同了中国科学院中亚生态与环境研究中心。

新疆生态所现有10个野外台站，即新疆阜康荒漠生态系统国家野外科学观测研究站、新疆阿克苏农田生态系统国家野外科学观测研究站、新疆策勒荒漠草地生态系统国家野外科学观测研究站（上述3个为国家野外观测站）、中国科学院吐鲁番沙漠（植物园）研究站、中国科学院塔克拉玛干沙漠特殊环境研究站、巴音布鲁克草原生态站、莫索湾沙漠研究站、木垒野生动物生态监测实验站、天山积雪雪崩研究站、伊犁河流域生态系统研究站。另有文献信息中心、标本馆等科研支撑平台。

截至2015年底，新疆生态所共有在职职工488人。其中科技人员451人，科技支撑人员121人，研究员及正高级工程技术人员86人、副研究员及高级工程技术人员78人。共有“千人计划”入选者2人，“千人计划”新疆项目入选者11人（新增3人）；中国科学院“百人计划”入选者18人（新增2人）。

新疆生态所是1983年国务院学位委员会批准的博士、硕士学位授予权单位之一，现设有地理学、生态学、地质资源与地质工程等三个专业一级学科博士研究生培养点，有自然地理学、人文地理学、地图学与地理信息系统、植物学、生态学、地球探测与信息技术等6个二级学科博士研究生培养点，有自然地理学、人文地理学、地图学与地理信息系统、植物学、生态学、环境科学、水土保持与荒漠化防治、地球探测与信息技术、环境工程、测绘工程、生物工程等11个专业一级（或二级）学科硕士研究生培养点，并设有地理学、生物学、生态学等三个专业一级学科博士后流动站。共有在学研究生412人（其中硕士生212人、博士生200人），在站博士后54人（其中联合培养10人）。

2015年，新疆生态所共有在研项目418项（包括新增项目114项）。其中，主持（或承担）973计划项目（课题）5项，主持（或承担）863计划项目1项，主持（或承担）国家科技支撑计划课题4项（新增1项），主持（或承担）国家科技基础性工作专项4项（新增2项），主持（或承担）国家自然科学基金重点项目118项（新增35项）、面上项目52项（新增11项）、国家自然科学基金青年科学基金项目43项（新增16项），国家自然科学基金联合基金项目15项（新增5项）；主持（或承担）国家其他科技课题（专题）18项；主持（或承担）中国科学院战略性先导科技专项课题1项、专题6项，主持（或承担）院重点部署项目1项、承担重点国际合作项目6项（新增2项），承担院地合作项目6项。

2015年，新疆生态所完成了“一三五”规划任务，进入特色研究所建设阶段。新疆生态所将面向国际干旱区科技前沿，面向国家西部大开发和丝绸之路经济带建设重大需求，面向新疆社会稳定与长治久安主战场，围绕新疆和中亚区域资源开发的生态修复、环境治理和生物多样性保育等重大问题，重点开展中亚生态环境监测与评估、新疆水资源利用与生态安全、新疆和中亚矿产探测与环境治理等研究，发展干旱区生态修复理论，实现重大技术创新和技术集成示范与产业化突破，在亚洲中部干旱区生态修复领域发挥不可替代的骨干和引领作用。

2015 年，新疆生态所在中亚干旱区盐碱土碳循环研究上引起国际广泛关注，证实了盐碱土 CO_2 真实吸收和传输通道，发现干旱区地下咸水中存在 1000PgC 的巨大活动无机碳库，揭示了干旱区地下无机碳汇形成机制，对国际学术权威关于“干旱区无机碳在全球现代碳循环中可以忽略不计”的观点提出了挑战。荒漠植物高效光合作用研究，揭示了荒漠植物高效光合过程、快速水分响应机制和地-气界面碳交换开关效应，证实了 1—6m 土层是荒漠区地下有机碳库的主体，被国际同行评价为“发现了一个新的光合作用过程”，得到了国际同行高度认可和评价。自主研发干旱区生态系统模型，解决了已有生态模型无法模拟荒漠生态系统碳循环的难题，阐明了亚欧内陆干旱区碳动态与全球变化存在互馈效应，被生态模型权威期刊主编评价为“解决了干旱区生态系统模拟的关键”，并发现了被长期忽略的中亚碳库，其数量是澳洲的两倍，与欧洲相当，填补了 IPCC 在中亚研究的空白。中亚生态系统碳循环研究，为破解全球“碳失汇”难题提供了重要依据，促进了全球碳循环的研究，为我国和中亚国家应对全球气候变化、保障生态安全提供了科技支撑，对植物抗逆新品种培育和干旱区农业发展具有重要意义。相关研究成果被 *Science* 期刊专题评论，认为其发现了碳循环中的隐匿环节，为该领域研究提供了新的方向。

2015 年，新疆生态所共有 2 项科技成果通过鉴定。“干旱荒漠区植物资源迁地保育研究及其生态建设应用”为应对全球气候变化和维护国家生物安全提供战略植物资源储备。“西北干旱区水资源形成、转化与未来趋势研究”提出了应对气候变化的水资源管理对策。

2015 年，新疆生态所发表论文 802 篇，其中 SCI 论文 310 篇；出版学术专著 14 部；申请专利 33 项，授权专利 32 项；获自治区科技进步奖 3 项，其一等奖 2 项，二等奖 1 项。

2015 年，新疆生态所加强产学研方面的工作，安排部署了“中亚生态环境变化对丝绸之路经济带影响”、“塔里木河流域县级以下水资源利用与生态安全”、“新疆典型区盐碱地治理与农牧民增收关键技术与示范”、“天山重要生物资源保育与遗传资源挖掘”、“新疆典型区地下水安全和生态屏障建设技术研发与示范”等与地方经济发展和生态环境安全紧密相关的 5 个主要服务项目，同时开展了中科院科技服务网络（STS）计划项目“新疆和田地区嵌入式发展战略研究”的研究，旨在对新疆社会稳定和长治久安提供科技支撑。

2015 年，新疆生态所继续推进科技成果转移转化，梭梭肉苁蓉人工种植技术、果树双层覆膜越冬技术、无灌溉造林技术在塔城地区库鲁斯台草原生态修复应用、盐碱地改良技术、生物地膜技术都取得了良好的推广和示范效果，促进了当地农牧民增收。

2015 年，中国科学院发展中国家科教合作拓展工程“中国科学院中亚生态与环境研究中心建设”项目分别在哈萨克斯坦、吉尔吉斯斯坦和塔吉克斯坦成立独立法人的分中心。中国科学院对外合作重点项目“近 3500 年以来中亚干旱区核心地带环境演变与文化演替关系的重建”建立了古人类活动遗迹中国新疆和俄罗斯阿勒泰山区 GIS 数据库。科技部国际科技合作重点项目“中国-阿拉伯联盟荒漠化防治技术合作研究”完成了毛里塔尼亚首都圈不同时期荒漠化趋势研究报告，促成了研究所作为技术方参与横跨非洲中部的“非洲绿色长城”建设规划工作。科技部国际合作重点项目“西北转基因棉区生物安全评估及避难所建立”对新疆转基因抗性管理提供了新的技术思路和途径。联合国开发计划署（UNDP）“促进中亚地区综合减防灾与适应气候变化项目”在哈萨克斯坦和吉尔吉斯斯坦建立了“减灾防灾与气候变化适应”（DDR/CCA）研究中心，构建了中亚区域 DDR/CCA 政策、人员和信息交流平台。

2015 年，新疆生态所共引进 7 位外国专家，包括1位国家“千人计划”资助者、3位中国科学院“国际访问学者”计划资助者、2位中国科学院“国际博士后”计划资助者和1位科技部“亚非拉青年科学家”计划资助者。

2015年，新疆生态所与德国大众汽车中国投资有限公司、日本国家地球科学与灾害防治研究所、埃塞俄比亚Oromia区域州农业和乡村发展局、哈萨克斯坦科教部科学委员会经济研究所和哈萨克斯坦赛福林农业技术大学等单位签署了合作协议。

2015年，新疆生态所共举办了7次国际和双边学术会议；国际交流与合作总量为150批357人次，其中派遣出访84批184人次，接待来访66批173人次。

2015年，新疆生态所管开云研究员当选国际茶花协会主席，这是首位担任该职位的亚洲人。他的当选将进一步推动我国茶花事业的发展。

新疆生态所是新疆土壤肥料学会、新疆地理学会、新疆植物学会、新疆科学探险协会、新疆自然资源学会的挂靠单位；承办的英文期刊有《干旱区科学》(*Journal of Arid Land*)，是新疆第一个SCI学术期刊；中文期刊有《干旱区研究》和《干旱区地理》，以及同名在国内发行的维文版期刊；拥有国家甲级水文水资源调查评价资质证书、国家乙级环评资格证书、国家乙级测绘资质证书、国家乙级旅游规划设计资质证书、乙级土地定级估价证书、农林行业（营造林）乙级工程设计证书。

（撰稿：张向军　蒋慧萍　审稿：陈　曦）

学校及公共支撑单位

中国科学院大学

校　　长：丁仲礼
地　　址：北京市石景山区玉泉路 19 号（甲）
邮政编码：100049
电　　话：010-88256030
传　　真：010-88256006
电子信箱：leader@ucas.ac.cn
网　　址：http://www.ucas.ac.cn

中国科学院大学（以下简称“国科大”）是国家教育部正式批准成立的一所以研究生教育为主的科教融合、独具特色的新型高等学校。国科大的前身是中国科学院研究生院，成立于 1978 年，是经党中央、国务院批准创办的新中国第一所研究生院，培养了我国的第一个理学博士、第一个工学博士、第一个女博士、第一个双学位博士。

国科大坚持“科教融合”的办学方针，与中国科学院所属科研机构在管理体制、师资队伍、培养体系、科研工作等方面高度融合。基于中国科学院各研究所的高水平科研优势和高层次人才资源，国科大形成了由京内 4 个校区、京外 5 个教育基地和分布全国的 117 个研究所组成的“大学校”。经教育部批准，国科大从 2014 年起招收本科生，形成了覆盖本科、硕士、博士三个阶段的完整高等教育体系。

国科大拥有完备的学科体系，共有博士学位授权一级学科点 40 个，分布在哲学、教育学、理学、工学、农学、医学、管理学 7 个学科门类；硕士学位授权一级学科 54 个，分布在哲学、经济学、法学、教育学、文学、理学、工学、农学、医学、管理学 10 个学科门类，覆盖了 55 个一级学科。此外，国科大还拥有工程、工商管理、金融、应用统计、应用心理、翻译、农业、药学、工程管理、公共管理 10 类专业学位授权点，其中工程硕士专业学位授权领域 22 个。另外，中国科学院各研究所还拥有 177 个博士后流动站。

2015 年，国科大研究生指导教师共计 14 469 名，其中博士生导师 6912 名；中国科学院院士 270 人、中国工程院院士 50 人；“千人计划”入选者 281 人，杰青基金获得者 751 人，“长江学者奖励计划”入选者 27 人。这些人才分布在中国科学院各研究所的 5 个国家实验室、84 个国家重点实验室、185 个中国科学院重点实验室、42 个国家工程研究中心（实验室），以及众多国家级前沿科研项目，为学生培养提供了宏大的科研实践平台。

国科大的教师队伍由岗位教师和授课教师组成。2015 年，国科大从中国科学院各研究所科研人员中聘请岗位教师 2477 人。授课教师中，有校部直属院系授课教师 444 人，研究所授课教师 1487 人，外聘授课教师 347 人。

2015 年，国科大全日制研究生毕业 9366 人（其中硕士生 4312 人、博士生 5054 人），其中来华留学研究生毕业 99 人；授予工程硕士专业学位 1870 人，授予工商管理硕士（MBA）专业学位 158 人。

2015 年，国科大招收全日制研究生 13 793 人（其中硕士生 7594 人、博士生 6199 人），其中，招收来华留学研究生 362 人；共有在职工程硕士专业学位研究生 512 人（其中工程硕士 468 人、工商管理硕士 44 人），非计划在职研究生同等学力 60 人（其中硕士生 59 人、博士生 1 人），录取本科生 334 人。

2015 年，国科大共有在校研究生 44 464 人（其中硕士生 22 173 人、博士生 22 291 人）；在校本科生 665 人；在校留学生研究生 1063 人（其中硕士生 235 人、博士生 749 人、进修生 79 人）。在职人员攻读研究生学位 2728 人（其中工程硕士 2660 人，工商管理硕士 68 人）。

2015年，国科大校部有在职职工839人。其中教学科研人员440人，包括中国科学院院士2人、教授151人、副教授183人；管理支撑人员387人。共有杰青基金项目获得者5人，“优秀青年科学基金”获得者1人，“千人计划”入选者3人，“青年千人计划”4人，中国科学院“百人计划”入选者31人；设有物理学等10个专业一级学科博士后流动站，有在站博士后115人。

2015年，国科大校部共有在研项目1267项（包括新增项目377项）。其中，主持国家重大科技专项课题1项、专题3项，主持973计划专项1项、课题5项、子课题12项，主持863计划专题1项，子课题3项，主持国家科技支撑项目课题1项，主持国家公益性行业专项课题6项，主持科技部国际合作项目1项；主持杰青基金项目3项，国家自然科学基金重点项目10项（新增2项），国家自然科学基金面上项目131项（新增43项），国家自然科学基金青年基金78项（新增27项），国家自然科学基金重点国际合作项目1项；主持中国科学院战略性先导科技专项项目1项、子课题9项（新增1项），院海外创新团队项目2项；主持国家社会科学基金重点项目1项（新增1项），国家社会科学基金一般项目14项（新增1项），教育部人文社科基金新增2项。

2015年，国科大入选“国家基础学科拔尖学生培养试验计划”。国科大与美国Kavli基金会共同成立“中国科学院卡弗里理论科学研究所”。

2015年，国科大分别与波兰弗罗兹瓦夫大学、加拿大渥太华大学、加州大学圣塔芭芭拉分校、加州大学伯克利分校、加州大学圣塔克鲁兹分校、美国哥伦比亚大学、德国波恩大学签署合作备忘录，与韩国科学技术联合大学院大学签署合作协议，与沙特阿卜杜拉国王科技大学续签联合培养项目协议；成功申请“中科院国际杰出学者项目”2项、“中科院国际访问学者”3项和“中国科学院国际博士后”2项。

2015年，国科大共有131名学生被国家高水平大学公派研究生项目录取；共资助450余名博士生赴境外参加国际会议，有148名学生入选中国科学院研究生国际合作培养计划；10名学生赴英国阿伯丁大学参加第十一届国际学生论坛；7名学生入选国科大-格里菲斯大学联合培养博士生项目；26名学生获得2015年国科大-必和必拓奖学金，20名博士生入选国科大-香港城市大学联合培养博士生项目。

（撰稿：沈　伟　张怡然　审稿：高随祥）

中国科学技术大学

校　　长：万立骏
地　　址：安徽省合肥市金寨路96号
邮政编码：230026
电　　话：0551-63602184
传　　真：0551-63631760
电子信箱：tzliu@ustc.edu.cn
网　　址：http://www.ustc.edu.cn

中国科学技术大学（以下简称“中国科大”）于1958年9月创建于北京，1970年迁至安徽合肥，是中国科学院所属的一所以前沿科学和高新技术为主、兼有特色管理和人文学科的综合性全国重点大学。

中国科大现有15个学院、30个系，设有研究生院，以及苏州研究院、上海研究院、中国科大先进技术研究院，有数学、物理学、力学、天文学、生物科学、化学共6个国家理科基础科学研究和教学人才培养基地和1个国家生命科学与技术人才培养基地，8个一级学科国家重点学科、4个二级学科国家重点学科、2个国家重点培育学科、18个安徽省一级学科重点学科。中国科大建有国家同步辐射实验室、合肥微尺度物质科学国家实验室（筹）、稳态强磁场科学中心、火灾科学国家重点实验室、核探测与核电子学国家重点实验室、语音及语言信息处理国家工程实验室、国家高性能计算中心（合肥）、安徽蒙城地球物理国家野外科学观测研究站等国家级科研机构和52个院省部级重点科研机构。

中国科大图书馆藏书243.14万册，已建成国内一流水平的校园计算机网络和若干高水平科研、教学公共实验中心。

截至2015年底，中国科大共有本科生7398人，博士研究生3472人，硕士研究生11 014人。2015年，中国科大累计授予博士学位752人，普通硕士学位816人，专业硕士学位1293人，学士学位1723人。2015届毕业生年终就业率为96.2%，其中本科生为94.5%，出国率为31.6%，国内外深造率为76.1%。

2015年4月30日，《中国科学技术大学综合改革方案》通过国家教育体制改革领导小组办公室备案。方案明确了加快现代大学制度建设、深化人才强校主战略、创新人才培养体系、健全卓越科技创新体系、以科研的国际化带动人才培养的国际化、建设“活力”校园、打造民生工程等7个方面共38项改革核心任务。

2015年7月30日，量子信息与量子科技前沿卓越创新中心（上海）、中国科学院-阿里巴巴量子计算实验室揭牌，并纳入中国科学院与上海市深化战略合作的重要内容。12月6日，中共中央政治局委员、国务院副总理刘延东视察卓越创新中心，听取实用化量子通信技术发展、“京沪干线”和量子科学实验卫星项目建设进展的工作汇报，并给予充分肯定。

2015年10月14日，中国科学院院长白春礼与安徽省省长李锦斌就推进院省合作举行会谈，明确院省共同争取把合肥大科学中心纳入国家科学中心建设规划；以先进技术研究院为抓手，打造技术创新平台，催生变革性技术，培育战略性新兴产业，服务国家和区域需求，形成完整的创新链和产业链，打通科技成果向现实生产力转化通道，目前已建设重大战略性科技创新平台10家、各类联合实验室（研发中心）36家，孵化创新企业136家，注册资金累计6.8亿元，销售收入达到3.07亿元。

2015年，中国科大各项工作稳步推进，实现了全面发展。

在人才培养方面，中国科大坚持因材施教理念，启动通修课类课程分层教学试点；加强创新创业类课程建设，邀请有影响的企业家和创业者到课堂开展互动教学；加强大规模在线课程（MOOC）建设，启动14门校内MOOC课程项目。在教学管理方面推行“全过程精细化闭环管理”理念，实现“教、学、管”联动育人；继续推进学生学业指导中心建设，构建“闭环式”管理体系，全年共为600多名学生提供了量身定制的指导。

在招生方面，中国科大调整招生工作思路，创新招生录取方式，生源质量继续保持全国高校前列。2015年，中国科大通过少年班、创新试点班、自主招生、三位一体等多种形式选拔录取一批优秀学生，自主测试类招生人数达到总人数的39%。中国科大构建了多元化、立体化的研究生招生宣传体系，2015年推免生数量和质量得到同步提升，共接收推免生1670人，科学学位研究生接收推免生比例达到80.5%，其中绝大部分来自“985工程”、“211工程”高校；继续实施“博士生质量工程”，巩固业已成熟的研究生高水平学术讲座、研究生暑期学校、研究生学术论坛三大品牌项目，探索实施研究生“双学位”项目和“主-辅修”项目，研究生发表论文的质量明显提升，2015年共有16篇论文发表在*Science*、*Nature*及其子刊上，超过了2013与2014年的总和。

在研究生教育方面，2015年，中国科学院金属研究所研究生教育归口中国科大管理。至此，学校与合肥物质研究院、沈阳金属研究所实现了研究生教育“统一招生、统一教学培养、统一管理、统一学位授予”，及“导师、学科、平台”三位一体的深度融合。

在专业学位教育方面，中国科大实现了新跨越：“苏州独墅湖科教创新区-中国科学技术大学工程硕士研究生联合培养基地”获批成为全国示范性工程硕士培养基地；与中国科学院长春光学精密机械与物理研究所共建国家示范性微电子学院。

在师资队伍建设方面，2015年，中国科大充分利用国家、中国科学院和有关部委的高层次人才项目和政策，队伍建设成效显著。新增两院院士4人、发展中国家科学院院士1人、杰青基金获得者7人、“万人计划”入选者6人、青年拔尖人才9人、“千人计划”入选者2人、“青年千人计划”入选者33人、“国家优青”入选者16人、中国科学院“百人计划”入选者3人。截至2015年底，中国科大共有两院院士50人、

"长江学者"40人、"国家杰青"入选者106人、"万人计划"入选者15人、青年拔尖人才13人、"千人计划"入选者42人、"青年千人计划"入选者119人、中国科学院"百人计划"入选者144人，高层次人才占固定教师总数的29%。中国科大继续加强"三位一体"的青年教师培养体系，引进的"青年千人计划"入选者中，有6人入选国家杰青占全国入选总数的35%，居全国高校第一；13人入选国家优青，5人成为973计划课题负责人，4人成为青年973首席科学家；13人入选中国科学院首批"卓越青年科学家"。2015年，中国科大通过公派留学项目、"青年骨干教师出国研修计划"等，共派出38名青年教师出国研修；开设聘期制选聘固定教职通道，目前，聘期制科研人员规模达到700多人，已成为学校科研产出的生力军和后备人才的资源库。

在学科建设方面，根据ESI的统计数据(2005年1月1日至2015年8月31日)，中国科大有10个学科进入ESI世界前1%学科领域，4个学科进入ESI世界前1‰学科领域，7个学科论文篇均被引次数超过本领域世界平均水平。泰晤士高等教育的学科专业世界排行榜中，中国科大生命科学排名世界第95位（全国第1），自然科学专业世界第78位（全国第3），工程技术专业世界第64位（全国第4）。

在平台建设方面，中国科大国家同步辐射实验室合肥光源重大维修改造项目顺利通过验收，合肥微尺度物质科学国家实验室取得一系列国际领先的创新成果；自行设计、自主研制集成的国际先进大型反场箍缩磁约束聚变实验装置KTX(科大一环）正式竣工；由火灾科学国家重点实验室联合国际知名机构共建的"大尺度火灾国际联合研究中心"，通过科技部认定，成为学校首个国家级国际联合研究中心。目前，中国科大共有2个国家实验室、2个重大科技基础设施、7个国家级科研机构、17个中国科学院重点科研机构和54个省市及所系联合实验室。

在科学研究方面，暗物质粒子探测卫星"悟空"成功发射，中国科大研制的核心载荷BGO量能器在轨工作正常；量子科学实验卫星的研制工作进展顺利，预计将于2016年发射；量子保密通信"京沪干线"项目进入全面建设阶段，预计2016年建成开通。2015年，中国科大共获批各类纵向科研项目580项、获批经费8.4亿元，签订横向合同204项、总经费2.1亿元。截至2015年12月15日，到校科研经费14.5亿元，比去年增长19.8%。国家自然科学基金获批直接经费3.09亿元，居全国第8位；面上基金项目和青年基金项目资助率分别为47.56%和48.85%，均居国内主要高校首位；新增1个国家自然科学基金委创新研究群体，总数达到14个，名列全国高校第三位。

2015年，中国科大作为第一署名单位发表SCI论文2562篇，比上一年增长20.2%；2016年3月汤森路透公布的数据统计，2005年1月至2015年12月，中国科大共发表SCI/SSCI论文31 659篇，篇均被引12.54次，居国内高校第一，超过世界平均值的11.84次。"多光子纠缠及干涉度量"获国家自然科学奖一等奖，此外还获国家自然科学奖二等奖2项、国家科技进步奖二等奖1项，省部级科技奖一等奖6项、中国分析测试协会特等奖1项；2人获得何梁何利科技进步奖，1人获得联合国教科文组织世界杰出女科学家成就奖。"多自由度量子隐形传态"被英国物理学会评为国际物理学十大突破之首，"纳米尺度量子精密测量"入选中国高校十大科技进展，量子通信、高温超导和纳米材料两项成果入选中国科学院"十二五"标志性重大进展。

在国际交流方面，2015年，中国科大通过参加一流大学建设研讨会、东亚研究型大学年会等国际名校俱乐部活动，积极拓展国际交流渠道，继续加强与世界一流大学、著名科研机构的实质性合作，共签署19项校际合作协议；充分利用"中国科学院国际人才计划"(16项)、国家外国专家局外国文教专家项目(57项)、安徽省外专局引智项目(2项)等，推进学校引智工作快速发展；251名本科生参加海外一流高校或研究机构的学习交流项目，人数比2014年增长了24.9%；通过国家建设高水平大学公派研究生项目，有115名研究生赴国外进行联合培养和攻读博士学位；资助320多名研究生参加境内外国际会议与访学交流，共有700余人次研究生参加国外和港澳台国际学术交流；教师参加境外学术交流1334人次，海外专家来访1290余人次；通过中国科学院-第三世界科学院（CAS-TWAS）院长奖学金、中国政府奖学金（CSC）等项目，积极推进留学生培养工作，在校留学生数从2014年的203人上升到361人。

2015年，中国科大有参股控股企业26家，提供就业岗位约8000个，年度参控股企业总销售收入108.90亿元，利税总额16.67亿元，其中缴纳各类税金5.15亿元。

中国科大是中国物理学会同步辐射专业委员会、中国自动化学会仿真专业委员会等24个学会的挂靠单位，主办的学术刊物有《中国科学技术大学学报》、《火灾科学学报》、《低温物理学报》、《化学物理学报》、《实验力学》、*Cellular & Molecular Immunology*、《研究生教育研究》等。

（撰稿：刘天卓　牟　玲　审稿：陈晓剑）

文献情报中心

主　　任：黄向阳
地　　址：北京市中关村北四环西路33号
邮政编码：100190
电　　话：010-82626684
传　　真：010-82626600
电子信箱：office@mail.las.ac.cn
网　　址：http://www.las.ac.cn

中国科学院文献情报中心（以下简称“文献中心”）为中国科学院直属事业法人单位，负责全院文献情报服务的组织、管理和协调，负责全院科技文献资源保障体系建设，负责全院公共文献信息服务的建设和管理，下设中国科学院兰州文献中心、中国科学院成都文献中心和中国科学院武汉文献中心3个二级事业法人单位，负责相应领域战略情报研究和科技信息服务，协同组织所在区域的科技信息服务工作。

文献中心立足中国科学院、面向全国，主要为自然科学、边缘交叉科学和高技术领域的科技自主创新提供文献信息保障、战略情报研究服务、公共信息服务平台支撑和科学交流与传播服务，同时通过国家科技文献平台和开展共建共享为国家创新体系其他领域的科研机构提供信息服务。

截至2015年底，文献中心共有在编职工597人，其中专业技术人员515人，正高级专业技术人员58人，副高级专业技术人员140人。

文献中心现设有图书情报与档案管理一级学科博士学位授予点与一级学科博士培养点，设有图书馆学、情报学博士后流动站，共有在学研究生166人（其中硕士生101人、博士生65人），在站博士后7名。

2015年，文献中心顺利通过中国科学院组织的院属单位“十二五”规划验收评估，其中“重大突破综合化数字知识资源保障能力，建立支持科技创新全谱段需求的集成综合知识基础设施”和“重点培育国家科技信息政策与咨询的战略服务能力”被评为院优秀。同时，文献中心顺利完成领导班子换届，全面启动“十三五”规划调研和编制工作。

2015年，文献中心持续保障科研文献需求的高水平满足率，在资源保障与建设新模式探索方面取得实质性进展。截至2015年底，文献中心共完成引进数据库171个，全院相关研究所可共享的外文期刊18 248种，外文图书105 446卷/册，外文工具书31 044卷/册，外文会议录40 757卷/册，外文学位论文543 086篇，外文行业报告1 677 811篇，中文图书353 854种（套）/382 461册，中文期刊16 918种，中文学位论文2 789 057篇；全院全文数据库和二次文摘数据库的使用量分别为5067万余次和1582万次；开放科技课件采集与服务系统已采集96个机构、2216门课程、49 108个开放课件，覆盖理学、工学、农学、医学、社会科学五大领域；开放知识资源登记系统规模快速增长，全年新遴选登记资源6.2万余条，资源总量已达15万余条，基本覆盖全院重要学科领域的各类开放知识资源；开放资源元数据集成系统（OpenARE）已集成开放资源总量20万条，累积浏览量已达54.89余万次，累积全文下载量17.47万篇次；全院已有114家研究所建成机构知识库，累计收集各类科研成果数量已达69.4万份，访问量11 018.35万次，下载量1382.54万篇次。

2015 年，文献中心情报服务呈现战略情报、学科情报、产业情报多元发展态势。文献中心加大对国家战略问题、科技体制改革和科技发展的深度支撑，政务信息工作总分全院排名第一，报送《中国科学院专报信息》中有 7 份报告获国家领导人批示；公开出版《国际科学技术前沿报告 2015》、《科学结构地图 2015》、《技术交叉结构》、《国际科技战略与政策年度观察 2015》、《中国基础研究国际竞争力蓝皮书 2015》、《地球科学资助战略与发展态势》和《新材料前沿发展报告》等情报成果；与汤森路透合作共建的新兴技术未来分析联合研究中心共同研制发布《2015 研究前沿》；成都文献情报中心与四川省社会科学院共建“中华智库研究中心”，联合发布《中华智库影响力报告（2015)》；学科馆员深入研究所一线，为所领导、科技处、重点实验室、课题组、重大课题或科学家提供情报分析报告、课题跟踪、专题调研报告等共计 211 份，高质量的知识服务赢得了研究所层面认可；全国科学院联盟文献情报共享服务向区域战略和产业情报方向发展，编制《产业技术情报》24 期；新增联合共建“黑龙江省战略情报研究中心”，为江西、贵州、黑龙江、北京、山东、河北等省科院完成《井巷设备产业规划与战略研究》、《油页岩深加工产业技术分析报告》、《生物质气站安全技术研究现状分析报告》、《电动汽车关键共性技术分析报告》《火山区域生态学科发展情报调研报告》等分析报告；面向地方政府或企业完成《国际铝产业现状与发展趋势调研报告》、《山东六地市科技产出及影响力分析系列报告》、《工业机器人产业研究报告》、《甘肃省节能环保产业发展规划》、《宁夏回族自治区固原市彭阳县国家可持续发展实验区建设规划》、《基于先进情报分析方法的电网技术前沿研究》等分析报告。

2015 年，文献中心在夯实基础服务同时，持续深化院所协同服务，全年共接待读者 296 352人次，借出图书 104 322 册，上机读者 11 718人次；通过各种方式解答读者咨询 39 711 人次；文献传递服务总体传递数量 12 万篇，完成查新、引证检索、专题服务项目 8010 项；学科馆员累计开展培训 841 场次，服务用户 3.1 万余人次，提供各类咨询服务 5.9 万人次；群组知识平台建设项目（四期）共组织全院 82 个研究所参与，建设平台 184 个，资源总量超过 33.4 万；研究所情报可持续能力建设项目（四期）共组织全院 76 个研究所参与；研究所文献资源保障规划建设项目共组织全院 34 个研究所参与；面向中国科学院大学开展信息素质教育，为研究生开设课程 31 门，完成 885 个学时教学任务，选课人数 2301 人。

2015 年，文献中心信息服务支撑能力显著提升，系列服务系统和工具投入使用。中国科学家在线 iAuthor 顺利投入应用，入驻机构 3000 余家，注册用户 3.4 万人，ORCID 获取人数 2.9 万人，覆盖中国科学院全部研究所，并扩展到全国千所高校和科研机构。开放获取期刊论文一站式发现平台（GoOA）论文数量增长超过 430G，访问总量超过 10 万人次。中国科学引文数据库服务效果稳步提升。科技决策知识服务平台开始提供服务，支撑科技态势跟踪分析、科技前沿遴选、技术可转移性分析、优秀科研人才发现、科技竞争力评估等方面决策需求。网络科技自动监测服务云平台服务成果显著，支持了 50 多个团体用户对 174 个领域的监测服务。全院图书馆统一自动化系统新增研究所 17 家，书目数据量已达 150 万余条、印本馆藏数据 346 万余条、读者数据 12 万人。iSwitch 科研论文数据交换中心正式投入服务运营，可有效提升中科院科研成果的国际影响力。

2015 年，文献中心持续发挥国家平台核心力量作用，牵头承担国家科技图书文献中心“十三五”规划预研与编制工作；规模化实现了国家数字科技文献资源的长期可靠保存，引领全国图书馆界签署并发布《数字文献资源长期保存共同声明》，表达我国图书馆界对加快实现数字文献资源的国家长期保存的共同强烈愿望，对我国科研、教育、创新的信息环境可持续发展具有重要意义；作为中国主要的具有可靠法律保障的数字科技文献保存机构，实现对 16 种重要科技文献数据库的长期保存，覆盖电子期刊 16 933 种、电子图书 74 622 种、实验室指南 34 000 种、预印本 999 619 种。其中，已经实现本地化保存的外文电子期刊数量已超过全部外文电子期刊数量的50%，外文电子图书数量的覆盖率则达到近95%，为中国科学院和国家科技创新提供了重要的战略性保障。国家“十二五”科技支撑计划项目开放性的科技知识组织体系（STKOS）相关课题成功结题。

2015年，文献中心积极推动我国科技期刊发展，参与国家层面的科技期刊发展政策研究，完成了五部委《关于准确把握科技期刊在学术评价中作用的若干意见》的研究、文件起草与发布；完成了中国科协委托的任务《深化学术评价导向改革，提升我国科技期刊质量与影响力》，作为研究报告拟呈交国务院；深度参与中国科学院“率先行动”计划和各级科技期刊“十三五”规划的制订；成功完成《中国数学文摘》改为《智库理论与实践》的申报工作；举办“新型智库建设2015首届学术研讨会”；英文刊《中国文献情报》改名为《数据与情报科学学科》获国家新闻出版总局批复；承办的17种期刊继续保持良好发展势头，质量稳步提升。

2015年，文献中心积极推动科学传播工作，全年共组织和承接各类科学文化传播活动240余场，到馆受众超过6万人次，各类专题巡展观众超过100万人次，产生了良好的科学文化传播效果和影响；承办“中国科学院2015科技创新成就展”，先后完成在中国科技馆（北京）、南京、南宁、广州等地的巡展，社会公众参观络绎不绝，累计观众超过50万人次，产生了良好的社会效益。截至2015年12月31日，院士文库与412位院士建立起有效联系，其中300位院士资源已不同程度到馆，并建成院士个人主页，院士文库网站正式上线。

文献中心是中国科学院档案馆、中国科学院现代化研究中心、全国科学技术名词审定委员会事务中心、中国图书馆学会专业图书馆分会、中国科学院自然科学期刊编辑研究会、中国科学院科学传播研究中心的挂靠单位。文献中心主办的期刊有《图书情报工作》、《现代图书情报工作》、《化学进展》、《电子政务》、《中国生物工程杂志》、《高科技与产业化》、《科学观察》、《数据与情报科学学科（英文刊）》、《中国科技期刊研究》、《黄金科学技术》、《世界科技研究与发展》、《天然气地球科学》、《地球科学进展》、《天然产物研究与开发》、《遥感技术与应用》、《长江流域资源与环境》和《智库理论与实践》共17种。

（撰稿：刘峻明　吕秋培　审稿：黄向阳）

计算机网络信息中心

主　　任：廖方宇

地　　址：北京市海淀区中关村南四街4号

编　　码：100190

电　　话：010-58812020

传　　真：010-58812020

电子信箱：support@cnic.cn

网　　址：http://www.cnic.cn

中国科学院计算机网络信息中心（以下简称“网络中心”）成立于1995年3月，是中国科学院信息化持续建设、运行与服务的支撑单位，先进网络与高端应用技术的研发基地，国内外先进科技网络的重要组成部分。

网络中心以开展计算机网络及信息技术研究，促进科技发展、计算机网络技术研究、大数据技术研究、大规模科学计算技术研究及科研信息化技术研究、管理信息化与网络科普技术研究、互联网、云计算、物联网技术研究、“中国科技网”运行与管理、相关技术开发与服务、相关研究生教育、继续教育、专业培训与学术交流、《科研信息化技术与应用》出版等为宗旨和业务范围，结合中国科学院信息化应用的需要，组织其他重点项目的建设。网络中心主要围绕先进网络基础设施建设、高效能超级计算机基础设施建设、海量数据应用环境、管理信息化应用支撑环境推动信息化支撑环境的发展；围绕创新信息化增值服务、创新知识服务推动信息化服务的发展；围绕互联网技术研究与创新、先进计算技术的研究创新推动技术创新和引领领域发展。

网络中心现有6个业务部门和1个支撑部门，业务部门包括中国科技网网络中心、科学数据中心、超级计算中心、ARP运行支持中心、网络科普教育中心和e-Science应用推进总体组；

支撑部门为整体运维支撑中心。同时，网络中心设有国有资产管理公司北京中科北龙科技有限责任公司，负责对网络中心直接投资的全资、控股、参股企业经营性国有资产行使出资人权利，并承担相应国有资产的保值增值责任，下设北龙中网（北京）科技有限责任公司等 6 个科技公司。

截至 2015 年底，网络中心共有在职职工 468 人。其中科技人员 87 人、科技支撑人员 342 人，管理人员 39 人，研究员及正高级工程技术人员 21 人、副研究员及高级工程技术人员 143 人。共有中国科学院“百人计划”入选者 2 人（2015 年新增 1 人）。

网络中心是 2012 年国务院学位委员会批准的博士学位授予权单位之一，现设有计算机科学与技术等 1 个专业一级学科博士研究生培养点，计算机科学与技术等 1 个专业一级学科硕士研究生培养点，现有在学研究生 179 人（其中硕士生 139 人、博士生 40 人）。

2015 年，网络中心共有在研项目 259 项（包括新增项目 87 项）。其中 973 计划项目 2 项，863 计划项目 7 项（新增 3 项），国家自然科学基金项目 25 项（新增 7 项），国家支撑计划项目 6 项（新增 2 项），国家科技基础条件平台 2 项目项，国际合作项目 1 项，国家发改委项目（课题）6 项（新增 1 项），财政部修购专项项目 2 项（新增 2 项），国家其他项目（课题）7 项（新 1 增项）；中国科学院先导专项课题 4 项（新增 1 项），院信息化专项项目 30 项（新增 3 项），院其他项目 48 项（新增 21 项）；与地方和单位合作项目 92 项（新增 52 项），所级项目 27 项（新增 15 项）。

2015 年，网络中心认真完成研究所“十二五”规划各项工作，通过了中国科学院对网络中心“一三五”规划的验收考核；转变产品与服务模式，进入云时代。

在网络基础设施方面，中国科技网加强互联互通能力建设，开通了上海至南京的 1G 通道，开通跨省、城域专线 10 条；开通国家（广州）交换中心 10G 通道，开通国家（上海）交换中心与联通互联。超算方面，实现千万亿次计算能力的稳定运行。“元”一期系统优化、稳定并改进，全年平均整理利用率为 76.1%，11 月份达到 90.7%，处于饱和状态，计算题目涉及广泛。中国科学院数据云存储环境运行服务总容量达 52PB。建成“一主一备+12 分中心”的分布式、可扩展存储系统。云计算投入 300 台服务器，虚拟机 5000+的计算服务能力，提供公有云和私有云解决方案。

在网络应用服务方面，中国科技网完成“十二五”科技云科研信息化应用推进工程，建成以“科技云服务门户”为统一的服务与发布平台，科技云用户使用科技网通信证账号实现单点登录，全门户通行。e-Science 应用推进不仅在生态和生物多样性研究方面取得关键技术的进展，在材料计算科学、视频数据存储与分析处理技术、红外触发相机图像自动处理技术等方面取得重大进展，突破关键技术。

在科研管理信息化方面，ARPV2.4 所级版全面支持了国家事业单位人员薪酬体系、社保体系的变更，支持中国科学院先导专项中期评议等重大项目过程管理、支撑了无形资产管理等重大管理变革。开启 ARP 移动应用新体验，新版移动公文在院机关正式发布，投入应用。

在网络科学普及方面，网络中心推出“2015 年科技创新年度巡展”网络展，深入推动中国科学院科研成果和资源以有影响力的方式传播，新增前沿专题 12 期、集成原创视频 30 部，发布优秀科普文章 1000 多篇，年访问量超过 7000 万，原创资源在第三方平台累计访问量超过了 4.8 亿，获“全国科普教育基地”（传媒基地）称号；中国科学院继续教育网于 10 月上线试运行，共汇集 1934 个培训项目，共享 654 个学习资源。

2015 年，网络中心签订横向收入合同 606 份，较 2014 年增长 13%。为持续地推动软件创新优化与硬件平台优势的结合，2015 年 4 月，英特尔与网络中心合作成立英特尔并行计算中心。10 月，网络中心与 NVIDIA 公司成立 GPU 研究中心。网络中心获中国科学院北京分院第五届技术转移工作组织奖及创业奖。

2015 年，网络中心举办国际会议 2 次，包括 2015 年理论与高性能计算化学研讨会、首届大数据分析论坛等；全年出访人员共计 101 人次，较 2014 年减少 25%；全年来访人员共计 35 人次，其中包括 2013 年诺贝尔化学奖得主 Martin Karplus 教授等国际顶级科技专家。在国际组织任职方面，网络中心南凯研究员继续担任环太平洋网格应用与中间件联盟（PRAGMA）指导委员会委员，黎建辉正高级工程师继续担任国际科技数据委员会（CODATA）执行委员会委员。南凯研究员自 2015 年 8 月起担任亚太地区高速网络（APAN）中国大陆区主席，有助于在推动亚太地区下一代互联网发展和开展相关交流合作方面发挥更大作用。

网络中心是国际科学数据委员会（CODATA）中国委员会秘书处、中科院科学数据库办公室的挂靠单位，编辑和出版《科研信息化技术与应用》。《中国科学数据》（*China Scientific Data*）是国家网络连续型出版物的首批试点刊物，于 2015 年 8 月获批，由中国科学院主管、网络中心主办。作为目前中国唯一的专门面向多学科领域科学数据出版的学术期刊，该刊致力于科学数据的开放、共享和引用，推进科学数据的长期保存与数据资产管理，探索科学数据工作的有效评价机制，推动数据科学的发展。

（撰稿：王恩海　张玉红　审稿：韩　华）

其他机构

中国科学报社

社　　长：陈　鹏
地　　址：北京市海淀区中关村南一条乙3号
邮政编码：100190
电　　话：010-62580800
传　　真：010-62580899
电子信箱：bangongshi@stimes.cn
网　　址：http://www.csd.cas.cn

中国科学报社成立于1959年1月，是中国科学院所属唯一经国家新闻出版广电总局批准的新闻媒体单位，具有主办报纸和期刊的特许出版权和发行权、记者和记者站的管理权、广告经营权和新闻类网站的主办权等。

中国科学报社现有媒体包括两报（《中国科学报》、《医学科学报》）、两刊（《科学新闻》、《科学新生活》）、一网（科学网），以及微博、微信等新媒体。

中国科学报社主要媒体《中国科学报》前身是1959年1月1日正式出版的《科学报》，1989年更名为《中国科学报》，1999年1月1日更名为《科学时报》，2012年1月1日复名为《中国科学报》。《中国科学报》由中国科学院、中国工程院、国家自然科学基金委员会和中国科学技术协会四家单位共同主办。目前，《中国科学报》出版刊期为一周五刊，周一至周四每刊8版、周五2版，彩色印刷，面向全国发行。

截至2015年底，中国科学报社共有在职职工143人，其中采编人员为99人。职工中67人具有研究生及以上学历；21人具有高级职称，71人具有中级及以下职称。中国科学报社在全国20个省（市、区）建有记者站，与国内近百所高校建立了紧密的合作关系。

2015年，《中国科学报》注重加强新闻产品策划性，围绕科技界热点话题，结合中国科学院“率先行动”计划开展专题报道。在2015年3月的全国“两会”报道中分设了“科技热话题”、“履职故事”、“点睛”（消息）等栏目；围绕科技体制改革，讨论了新常态下的企业创新和“众创”时代下的科技人员创业的话题；重点策划推出了《向科学进军有了火车头》等“走近历史画卷——重温中科院学部60年变迁”系列报道和《为祖国绘制科技蓝图》、《为科学凝聚血肉筋骨》、《为社会献智力谋布局》等“触摸峥嵘岁月”特别报道，以及李克强总理视察中国科学院、科协年会、天津爆炸事故、长江沉船事故、Weyl费米子、清华北大论文抢发事件等关注与深度报道，取得较好的传播效果与影响力。

2014年，中国科学报社联合中国医学科学院，共同打造了一份离医生最近的报纸——《医学科学报》。该报集各种传播手段于一身，整合优质医疗资源，是中国科学报社由“信息提供者”拓展为“服务提供者”的一次全新探索。2015年，中国科学报社继续深推进改革创新，深化多方合作，与美国的*Cell*杂志社形成战略性合作伙伴，在医学领域产生不俗的影响。

2015年，《科学新闻》策划推出了国际工程科技大会特刊、北京院士工作站5周年特刊等，既探索了新的办刊模式，又形成了自身的独特风格。

2015年，科学网的用户数量和信息发布量继续保持增长，专题《梁家有方三院士：梁思成、梁思永、梁思礼》、访谈《专访：科普真的很重要——访中国首位卡尔·萨根奖得主郑永春》等获广泛好评，被多家媒体转载。此外，科学网还先后上线了科普频道、大学频道、国际频道，与《中国科学报》相关版面形成有效互动。

2015年，中国科学报社重视新媒体建设，形成有效传播。“中国科学报”官方微博、微信在继续推广报社新闻产品的同时，扩展传播内容，以报纸最擅长的科技领域为主线，快速传播科学、教育、文化新闻，同时配合报社活动进行网上推广，成为报社通过新媒体手段拓展影响力的重要平台。“科学网”官方微博、微信2015年粉丝数快速增长，发展速度与同类媒体相比处于领先位置。《中国科学报》周末版主办的“科学周末”微信、《医学科学报》主办的“医问医答”微信号取得了不俗的成果，定期推送不同方面有价值的科学信息，向公众普及科学知识、倡导科学方法、传播科学思想、弘扬科学精神。

2015年，中国科学报社加深加强与《人民日报》、央视等强势媒体的深度合作，积极探索形成了多平台联动传播的全新宣传模式，社会反响良好；与*Cell*杂志合作，策划了特刊、评选等活动；与中国科技战略发展研究院等多家机构联合成立了一个新平台——创新中国智库，在国内众多智库平台中具有综合性强的优势，创新中国智库专家团队应浙江省科技厅之邀，于2015年11月27日赴杭州开展“浙江省科技十三五规划”决策咨询调研活动，为当地科技“十三五“规划的制定建言献策。

2015年，中国科学报社年度盛典“科学之夜”中，除继续推出“两院院士评选中国、世界十大科技进展新闻”、“中国科学年度新闻人物评选”等传统品牌活动外，还与世界著名的*Cell*杂志合作，联合评选了“细胞出版社2015中国年度论文/机构”，并于年度盛典中发布，社会反响强烈。此外，中国科学报社创新中国论坛、干细胞技术媒体沙龙、善思读书会等活动的成功举行，使得中国科学报社在科教界的影响力得到了进一步提升。

2015年，中国科学报社继续推动社属企业投资体系建设，正常运行北京科学网科技有限责任公司。

2015年，中国科学报社按照《中国科学报社党的群众路线教育实践活动整改方案》和《中国科学报社党的群众路线教育实践活动制度建设计划》，进一步修订完善了报社制度体系，理顺各项工作流程；开办员工食堂，为员工提供便捷用餐条件；完善员工培训机制，为80后、90后的年轻人在报社这个平台上迅速提高自己的工作能力提供有利条件，使年轻员工获得更多、更好的成长成才的机会，为报社未来发展打下坚实基础。

（撰稿：保婷婷　张　帅　审稿：刘峰松）

行政管理局

局　　长：顾　全
地　　址：北京市海淀区中关村南三街15号
邮政编码：100086
电　　话：010-62571850
传　　真：010-62560929
电子信箱：office@caseab.ac.cn
网　　址：http://www.ab.cas.cn

一、基本情况介绍

中国科学院行政管理局（简称“行管局”）成立于1955年，前身为中国科学院管理局，作为中国科学院机关职能部门之一，负责院机关和京区科研单位后勤保障工作。1991年，经院部机构改革，行管局成为直属事业单位，实行差额预算管理。

按照中国科学院党组对行管局在新时期的工作定位和要求，行管局紧密围绕院后勤支撑体系规划，除负责京区传统的科研后勤工作外，还承担着院后勤联盟建设、京区“3H工程”建设、中关村东区改造、中国科学院附属实验学校建设等历史新任务，在支撑科研院所科技创新、解决科技人员后顾之忧以及促进所地融合协同发展等方面发挥了重要作用。目前，行管局已基本形成了科技物业、基础教育、生活服务、科学文化传播和科技成果转化五大服务保障领域。

按照“双轮驱动”发展战略和“事企分开、分级负责、区别绩效、分类考核”管理运行体制，行管局现有7个综合管理部门、3个业务管理部门、1个直属中心，以及1个局本级国有全资控股公司统领的8家国有独资控股公司和4家全民所有制企业。截至 2015 年底，行管局共有在职员工 2246 人，其中管理人员 76 人。

二、领导班子和人才队伍建设

2015 年，行管局顺利完成党政领导班子考核换届。新一届领导班子继续秉承“一心为人民，全力谋发展”的指导思想，以打造“学习型、创新型、实干型、服务型、清廉型”的班子为目标，认真学习贯彻党的《廉洁自律准则》和《纪律处分条例》，坚决反对“四风”，狠抓“三严三实”专题教育，带领全局党员干部认真学、作表率、比实效、争先进；不断加强政治理论和业务知识学习，充分发挥领导班子团结协作、务实高效的作用，切实提升班子整体的凝聚力和战斗力。

2015 年，行管局继续以“人才、人气、人心”战略为抓手，深入推进人才系统工程，认定各类人才 383 人，核定进入事编动态管理岗位 388 人，投入人才队伍建设经费 387 万元，加大人才引进和新员工培训力度。2015 年，全局共招聘新员工 618 人，考取中级以上专业技术职称 41 人次，取得继续教育本科及以上学历 25 人次。

三、经济运行和产业发展

（一）经济运行保持健康稳定态势

2015 年，行管局“十二五”经济发展完成再造，圆满收官，提前实现了资产总量翻番、经济收入总量翻番，职工收入翻番的任期工作目标。截至 2015 年底，资产总量达 30.4 亿元，货币资金和净资产规模继续保持良性增长。

（二）后勤服务保障不断取得新的突破

1. 科技物业。2015 年，北京科住物业管理有限公司位列全国物业百强第 46 位，在管物业项目 105 个，服务面积 550 万平方米，覆盖国内 15 个城市，院内项目占 70%。拥有国优项目 1 个、市优五星项目 4 个和四星项目 2 个。该企业顺利入选中央国家机关和北京市市级行政事业单位物业服务、车辆租赁定点服务政府采购单位，荣膺北京市租车行业良好企业，积极推进中央国家机关住宅小区物业费、供暖费改革，全力配合做好院京区老旧小区综合整治工作。

2. 学前和基础教育。2015 年，北京中科启元教育科技投资有限公司以院“3H 工程”作为重点保障任务，狠抓学前教育品质和品牌建设，进一步拓展多元化业务领域；拥有直营幼儿园 25 所，2015 年中国科学院院内职工子女在园人数达 1925 人；中国科学院附属实验学校持续较快发展，已形成了从小学到高中 12 年学制的完整学校，完善了中国科学院从幼儿到研究生教育的育人链条。目前，学校在校学生 2074 人，教学班级 73 个，在职教师 246 人。

四、全力推进京区“3H 工程”

（一）Housing 工程

中关村青年人才公寓工程进入尾期，计划在 2016 年春节后办理入住手续；中关村北二条人才公寓二次结构基本完工，计划在 2016 年下半年办理入住手续；科学园南里人才公寓项目已取得施工许可证，已完成护坡桩、旋喷桩、冠梁等施工建设。

（二）Home 工程

2015 年，行管局共解决京区科研骨干子女入学 323 名，就近入园保障率近 100%。中国科学院附属玉泉小学正式挂牌，中国科学院高能物理研究所和中国科学院大学几百名科研骨干联名要求解决的跨区择校问题得以妥善解决。海淀区实验四小为中国科学院提供全方位的保证，解决了多年来香山地区单位科研骨干子女入学的问题。中国科学院附属实验学校提升办学质量，在科研人员中赢得了良好口碑。中科启元学校对补充解决非户口片区的京区科技人员子女入学问题发挥了积极作用。

（三）Health 工程

中国科学院中关村医院正式挂牌，在聘请北京市三甲医院名医定期出诊会诊、挂号转诊北京市三甲医院两个绿色通道创建上迈出了新的步伐，合作机制不断完善，健康管理服务项目正式启动，就诊绿色通道即将开通，开展了健康教育讲座进院所和医务人员继续教育活动，完成了重点工作的医疗保障。

五、中关村东区改造和科研园区基础设施改善

2015 年，行管局作为中关村东区改造建设

主体单位，在院所、市区、群众中开展多层面的协调工作；完成入户调查登记，发布《致居民的第二封信》，完成规划指标及概念性规划方案公示、调整相关工作；启动并积极推进公房承租人和面积确认工作，完成承租公房面积测绘工作，协调推进交通影响评价、环境影响评价相关工作。

2015 年，行管局积极组织实施修缮购置专项，完成投资 2349 万元用于给排水等地下管网及道路系统改造、供暖节能改造项目修购专项，完成投资 800 多万元对科研区和生活区进行了涉及电气暖、房屋、道路等方面共 129 项大中修和基础设施维修改造，进一步提升了广大科技人员的居住环境和生活品质。

六、党建、党群与创新文化建设

2015 年，行管局深入学习贯彻习近平总书记系列重要讲话和党的十八届三、四、五中全会精神，认真落实全面从严治党各项要求和党风廉政建设“两个责任”，深入开展“三严三实”专题教育，加强基层党组织建设，提高党建工作科学化水平。组织参加中国科学院基层党组织书记集中轮训 4 次，努力提高党务干部政治意识、组织意识、法治意识。进一步加大党务后备干部队伍培养力度，不断优化党员队伍结构，努力营造和谐奋进、风清气正的“生态”环境，为全局事业的健康顺利推进保驾护航。

2015 年，行管局召开四届六次职工代表大会。在“职工小家”创建中，北京科住物业管理有限公司分工会获得院考评小组的一致好评；加大对职工工作和生活关心、关怀力度，青年职工培养以及对生活困难职工帮扶力度；组织民主党派成员和归侨侨眷交流座谈活动；充分发挥老同志的经验、智力优势和正能量作用，支持和鼓励他们为局事业发展献计献策。

2015 年，在中国科学院第六届暨京区第十四届职工田径运动会上，行管局代表团获得京区团体总分第 4 名的历史佳绩。同时，行管局还承担了运动会引导员队伍和红旗方阵女队的组织训练任务和京外代表团的车辆保障服务，得到了组委会和各参赛单位的一致好评。

七、纪检、监察和审计

2015 年，行管局切实抓好党纪党规学习，抓好党风廉政建设责任制的贯彻执行；进一步落实廉政责任，认真抓好领导干部收入申报、重大事项报告、廉政、诫勉谈话、述职述廉等制度的贯彻执行；积极构建纪检、监察、审计有机结合的工作机制，扎实推进惩防体系及廉洁从业风险防控体系建设，做到工作流程清晰、职责任务明确，可操作、可检查、可追溯；健全纪监审专兼职队伍，完善工作机制，加强纪监审干部教育培训，提升纪监审干部的理论水平和工作能力。

2015 年，行管局继续加强对控股公司一把手及分支负责人的任期经济责任审计，对 9 家企业进行了基层领导干部任期经济责任审计，涉及审计收入 4.16 亿元，审计支出 3.6 亿元，提出审计建议 14 条。

2015 年，行管局严肃查处违反中央“八项规定”精神和中国科学院党组“12 项要求”的违规违纪行为，坚持“一案双查”，强化责任追究。2015 年，行管局纪委及时回复中国科学院交办信访件 7 起，对有关问题进行局内通报 1 次，并对 2 名干部进行违纪处理。

八、公共事务管理和协调

2015 年，行管局积极配合北京市委、市政府和中国科学院，圆满完成了纪念中国人民抗日战争暨世界反法西斯战争胜利 70 周年阅兵、APEC 会议、党和国家领导人来中国科学院视察等重要活动的综合保障任务，积极做好红楼项目回迁户群访等难点问题的矛盾化解及社会稳定工作，获得了有关单位的肯定和表扬。

（撰稿：蒙　俊　翟秋翌　审稿：肖建春）

青岛疗养院

院　　长：万述鉴
地　　址：山东省青岛市南区珠海路 1 号
邮政编码：266071
电　　话：0532-85967888

传　　真：0532-85968780
电子信箱：swan@public. qd. sd. cn
网　　址：http://www. zylhotel. com

中国科学院青岛疗养院（以下简称“青岛疗养院”）始建于1956年，原址有青岛栖霞路12号、15号两处院落，郭沫若先生曾来休养过，时称中国科学院青岛休养所，隶属中国科学院海洋研究所代管。“文化大革命”前后，中国科学院海洋研究所将栖霞路12号改为海洋所同位素实验室及职工宿舍使用，休养所停办。1978年5月18日，邓小平同志亲自圈阅了中国科学院《关于恢复中国科学院青岛疗养所和建立庐山疗养所的请示》（〔78〕科发计字0713号文），遂改为中国科学院直属事业单位。1983年改称中国科学院青岛疗养院。继之，中国科学院批准在青岛选址、征地（辛家庄）扩建新院，但几经波折，功亏一篑，1988年在即将开工建设之际，遭遇国家政策性全面压缩基建项目，终以“缓建”告结。

1992年，青岛市政府土地管理局以青土管字（1992）第49号文《关于收回科学院青岛疗养院征而未用土地的通知》拟“收回”新址土地。面对危局，时任青岛疗养院的副院长万述鉴抓住机遇，锐意进取，在中国科学院没有任何资金投入的情况下，果断提出“自行集资扩建新的疗养院”意见。1993年，中国科学院正式批复了《关于集资扩建中国科学院青岛疗养院协议书》。1999年5月，青岛疗养院新址竣工并投入使用。同年，根据中国科学院领导指示，将栖霞路15号旧址全部移交中国科学院海洋研究所管理使用。

新建青岛疗养院位于青岛市东部政治、经济、文化、商贸中心地带，园区占地100亩，康复中心楼高15层，建筑面积15000平方米，绿化面积达19 000平方米；拥有海景山景标准间、商务间、普通套房、豪华套房等277套，客房硬件设施在青岛三星级酒店中名列首位，有会议室、餐厅、无柱多功能厅、商务中心等服务设施，还有能停放百余辆机动车的大型停车场及中心花园及灯光网球场，是一座闹中取静的田园式三星级涉外宾馆，是我国广大科技工作者温馨的家园，也是中国科学院后勤单位对外服务的窗口。

青岛疗养院与致远楼宾馆为一个单位两块牌子，设八部一室（总经理办公室、人事部、前厅部、客房部、餐饮部、财务部、保安部、工程部、营销部）。截至2015年底，青岛疗养院有事业编在职职工6人，合同制员工40余人，其中中级技术职称4人、高级技术工人5人、中级技术工人12人。

青岛疗养院的经营方针是“自力更生、艰苦奋斗、创新创业”，既为中国科学院服务，又面向社会赢利。为迎接2008青岛奥帆赛，青岛疗养院曾自筹资金1000万元停业装修，2007年6月全新投入使用。2007年，青岛疗养院获山东省卫生厅颁发的“餐饮业卫生信誉度A级单位”称号并保持至今，2009年获青岛市卫生局卫生监管局颁发的“公共场所卫生信誉度A级单位”称号，2015年通过了审核继续保持；并由青岛市财政局授予2015—2016年财政部党政机关会议定点饭店资质。

针对住房与就餐、会议建筑面积不匹配的问题，2013年，青岛疗养院自筹资金申报加建610平方米会议室的建设规划，业经中国科学院、青岛市规划局、建委等有关部门审查批准，2015年扩建工程施工，当年7月竣工投入使用。

2015年青岛市酒店业销售市场坍缩，青岛疗养院因扩建工程施工停业，在短短的6个月经营时间里积极开拓社会市场，广揽客源、联系各地旅行社及会议公司520多家，与32家网络订房公司签订合作协议，成功接待了中国原子能科学研究院会议、国家认监委会议、劳动保障部培训等大中型会议及中科院工会多批疗休养团，为参会、疗养的科技人员提供全方位的优质服务，获得了主办单位的好评。

2015年，青岛疗养院依据青岛季节性用工明显的特点招聘实习生及短期工，多途径解决招聘难、费用高的问题，全面压缩费用成本，全年实现了营业收入576万元，上交国家税金71万元。

（撰稿：张建华　李　霞　审稿：万述鉴）

庐山疗养院

院　　长：张纪文
地　　址：江西省庐山芦林 52 号
邮政编码：332900
电　　话：0792-8282529；0792-8281940
传　　真：0792-8281412
电子信箱：hanpokoubinguan@sina. com
网　　址：http://www. hpkbg. com

中国科学院庐山疗养院（以下简称“庐山疗养院”）成立于1978 年，是我国著名地质学家李四光创办的我国第一个地质研究所的旧址，当时主要服务于中国科学院长期从事野外、海上考察，常年与毒品、辐射物质接触的科技人员，恢复他们身体健康，使他们以更大的热情和积极性投身生产和科研。庐山疗养院的宗旨是“为中国科学院科技提供服务，以中国科学院研究支撑服务为目的”。

为了满足更多的科研人员能从繁重的工作中得到片刻的休息，也为了提供更好的疗养环境，1986 年，庐山疗养院扩建了两栋疗养楼一栋理疗楼。至此，庐山疗养院已初具规模，建筑面积达 8694 平方米，拥有 180 张床位以及报告厅、餐厅、锅炉房等相关设施。

2005 年，经中国科学院院长办公会研究决定，将庐山疗养院定位为中科院科技骨干疗休养基地及小型学术会议中心（见《人教字［2005］30 号》）。

多年来，科技工作者科研任务繁重，超负荷工作，身体每况愈下，英年早逝的现象经常发生，引起社会的广泛关注。城市里的空气越来越让人担忧，目前已发展到雾霾中毒，莫名的低烧、胸闷、咳嗽和浑身无力时常困扰着大家。党中央、国务院高度重视这项工作，1987 年 7 月，党中央、邀请全国科技界各领域 14 位中年科技专家到北戴河休息，首开休假制度先河；2001 年，经党中央批准，每年暑期邀请各行业、各领域、各层次的人才和专家休假，10 几年来从未中断过；中组部已正式建立专家疗养休假制度。

庐山疗养院园区面积为 20 000 平方米，有四栋别墅疗养楼，拥有观景套房、豪华标间、豪华单间、普通标间等 150 套，设有宴会厅、小餐厅、贵宾厅、各式包厢，还配有大、小会议室数间等其他配套设施。庐山疗养院坐落在环境优美的芦林湖畔，与著名的含鄱口景区相邻，是游览五老峰、三叠泉、三宝树、毛主席旧居景点的好住处，并且是到含鄱口观日出、观鄱阳湖的最佳住处。庐山疗养院内布局独特，为花园式庭院格局，环境典雅、舒适、宁静、空气清新，院内有天然矿泉水，经国家有关部门鉴定，该矿泉水含有 10 多种对人体有益的微量元素，尤其对心脑血管病人有显著疗效。从 1979 年 3 月开始，环境优美、空气清新的庐山疗养所迎来送往了一批又一批的科研人员。他们中有掌握核心技术的院士，有跨世纪的青年科学家，有学术带头人，有长期生活在环境艰苦的高山地区进行考察的科研人员，有长期接触有毒有害物质的技术工人。他们中有的身体受到一定的损害，有的身体处于亚健康状况。他们在疗养院生活一段时间后，感觉身心得到了很好的恢复，庐山疗养院为保障祖国科学事业的发展做出了贡献。

近年来，庐山疗养院认真贯彻习近平总书记“中国科学院要牢记责任，率先实现科学技术跨越发展，率先建成国家创新人才高地，率先建成国家高水平科技智库，率先建设国际一流科研机构”的要求和中国科学院全面深化改革的“率先行动”计划，深入实施“创新 2020”和“一三五”规划，充分利用庐山疗养院的疗、休养资源，在中国科学院已开展的巡诊、义诊、讲座的平台上，积极组织身体处于亚健康状态的科技、管理和支撑骨干疗休养，使庐山疗养院在“率先行动”计划和“3H 工程”中能够真正发挥更大的作用。这些工作将是庐山疗养院当前和今后一个时期的核心任务。

截至 2015 年底，庐山疗养院共有在职职工 24 人，其中管理岗位 8 人，技术岗位 2 人，工人 14 人；设有办公室、营销部、客房部、餐饮部、后勤部等管理机构。

2015 年，庐山疗养院围绕年初制定的工作目标，以市场为导向、细化管理为手段，稳抓经营和管理，克服各种不利因素，顺利地完成任务指标，全年共接待客人6557人次，其中来自中国科学院的客人占总人次的64%，各网站客人占总人次的24%，其他客人占总人次的12%，每批疗养团和会议对庐山疗养院周到、细致的服务感到十分满意，在离开疗养院时纷纷留下热情洋溢的感言。2015年，庐山疗养院预算收入208.68万元，预算执行率为100%，实现经营收入242.45万元。

（撰稿：曹俊升　刘　莉　审稿：梅庐溪）

院直接投资的全资及控股企业

中国科学院国有资产经营有限责任公司

董 事 长：吴乐斌（法定代表人）
总 经 理：索继栓
地　　址：北京市海淀区北四环西路9号银谷大厦702
邮政编码：100190
电　　话：010-62800118
传　　真：010-62800120
电子信箱：casholdings@rose.cashq.ac.cn
网　　址：http://www.casholdings.com.cn

一、基本情况介绍

经国务院批准，中国科学院国有资产经营有限责任公司（以下简称“国科控股”）于2002年4月12日注册成立，代表唯一出资人——中国科学院统一管理院、所两级的经营性国有资产。国科控股统一负责对院属全资、控股、参股企业有关经营性国有资产依法行使出资人权利，承担相应的保值增值责任；根据《中国科学院章程》，对中国科学院所属事业单位占用的经营性国有资产的营运行使监管权；受中国科学院委托，代管中国科学院青岛疗养院、庐山疗养院和科技促进经济基金委员会；负责中国科学院联想学院日常组织管理工作。

国科控股第五届董事会由5人组成，吴乐斌任董事长；第五届监事会由5人组成，张平任监事会主席；经营班子由7人组成，索继栓任总经理；中共中国科学院企业党组由5人组成，吴乐斌任党组书记。截至2015年底，国科控股本部共有在册员工43人，设有综合管理部、财务与稽核部、股权管理部、资产营运部、资产监管部、企业发展部及中共中国科学院企业党组办公室等7个部门。

截至2015年底，国科控股注册资本51亿元，资产总额224亿元，净资产213亿元。国科控股持股企业共34家（不包括3家以公司制形式设立的股权投资基金），其中全资和控股企业22家（表11）。

表11　国科控股持股企业及股权比例情况（截至2015年底）

序号		公司名称	成立日期	股权比例/%
全资及控股企业	1	联想控股股份有限公司	1984年11月9日	29.05
	2	中科实业集团（控股）有限公司	1993年6月8日	67.50
	3	东方科学仪器进出口集团有限公司	1983年10月22日	48.01
	4	中国科技出版传媒集团有限公司	2005年6月21日	100.00
	5	中国科技产业投资管理有限公司	1987年10月17日	43.08
	6	北京中科科仪股份有限公司	2000年12月28日	50.68
	7	北京中科院软件中心有限公司	2001年9月17日	65.25
	8	中科院建筑设计研究院有限公司	2001年10月24日	51.00
	9	北京中科资源有限公司	2001年12月7日	45.92
	10	中国科学院沈阳计算技术研究所有限公司	2001年6月25日	60.00

续表

序号		公司名称	成立日期	股权比例/%
全资及控股企业	11	中国科学院沈阳科学仪器股份有限公司	2001年4月18日	48.79
	12	中科院南京天文仪器有限公司	2001年11月28日	60.00
	13	中科院广州化学有限公司	2001年12月21日	55.30
	14	中科院广州电子技术有限公司	2001年12月30日	87.92
	15	中国科学院成都有机化学有限公司	2001年6月8日	65.00
	16	中科院成都信息技术股份有限公司	2001年6月26日	47.88
	17	中科院科技服务有限公司	2002年12月25日	65.00
	18	上海碧科清洁能源技术有限公司	2009年1月21日	45.33
	19	深圳中科院知识产权投资有限公司	2009年2月3日	85.70
	20	国科嘉和（北京）投资管理有限公司	2011年8月24日	41.00
	21	国科健康生物科技有限公司	2015年4月2日	34.00
	22	中科院创新孵化投资有限责任公司	2015年10月15日	100.00
参股企业	23	北京中科普惠科技发展有限公司	2002年12月2日	25.00
	24	北京东方阳光国梦科技服务有限公司	2002年1月28日	30.00
	25	北京中科创嘉人力资源咨询有限公司	2002年7月3日	30.00
	26	北京中科院国际学术交流中心有限公司	2001年12月18日	20.00
	27	北京中科国金工程管理咨询有限公司	2002年6月25日	5.99
	28	北京中生可利检验医学技术有限责任公司	2006年10月13日	33.33
	29	沈阳高精数控智能技术股份有限公司	2005年1月28日	27.10
	30	长春国科彩晶光电有限公司	2004年11月1日	35.00
	31	中国技术交易所有限公司	2009年8月8日	10.71
	32	中国科技出版传媒股份有限公司	1999年4月15日	0.9
	33	北京中科纳新印刷技术有限公司	2009年11月20日	6.67
	34	天津海光先进技术投资有限公司	2014年10月24日	10.00

2015年，国科控股认真贯彻落实率先行动”计划，启动实施《“联动创新”纲要》，积极探索、紧抓机遇，进一步整合资源，助推企业创新发展。

2015年中国科学院全院纳入统计范围院所投资企业营业收入达到3723亿元，同比增长8.0%；利润总额80亿元，同比减少40.2%；资产总额4412亿元，同比增长10.2%；院经营性国有资产权益332亿元，同比增长18.6%。其中，国科控股持股企业实现营业收入3225亿元，同比增长7%；利润总额39亿元，同比降低59%；资产总额3339亿元，同比增长6%；国科控股权益229亿元，同比增长18%。

“十二五”期间，中国科学院院所投资企业累计实现营业收入1.5万亿元、利润总额573亿元、上缴税金总额438亿元，分别是“十一五”

期间的1.7倍、2.0倍和2.4倍；累计R&D投入312亿元，取得专利授权3.6万件，分别是“十一五”期间的2.3倍和1.8倍。截至2015年底，院所投资企业中共有23家上市公司（含主板、中小板和创业板及港交所）和8家新三板挂牌公司。

二、2015年全院企业经营情况

2015年，纳入统计范围院所投资企业营业收入3685亿元，同比增长6.9%；资产总额4319亿元，同比增长6.7%；利润总额99亿元，同比减少40.1%；净利润总额78亿元，同比增长1.7%；上缴税金159亿元，同比增长88.1%；中国科学院经营性国有资产权益324亿元，同比增长15.6%。其中，国科控股持股企业实现营业收入3229亿元，同比增长7%；资产总额3290亿元，同比增长5%；利润总额68亿元，同比减少47%；净利润总额54亿元，同比增长14.2%；上缴税金139亿元，同比增长135.4%；国科控股权益191亿元，同比增长20%。

“十二五”期间，院所投资企业累计实现营业收入1.5万亿元、利润总额573亿元、上缴税金总额438亿元，分别是“十一五”期间的1.7倍、2.0倍和2.4倍；累计R&D投入312亿元、取得专利授权3.6万件，分别是“十一五”期间的2.3倍和1.8倍。截至2015年底，院所投资企业中共有23家上市公司（含主板、中小板和创业板及港交所）和8家新三板挂牌公司。

三、企业发展情况

（一）整合资源，助推企业创新发展

1. 推动企业资产证券化，控股企业上市获得突破

在国科控股积极推动下，2015年6月29日，联想控股率先成功在香港上市，股票代号为“03396.HK”，募集资金净额151.7亿港元，实现了控股企业上市零的突破；此外，科学出版、成都信息、东方集成等企业上市取得积极进展。国科控股亦积极与新三板股转公司开展对接交流，为企业登陆新三板构建通道。

2. 积极推进新产业布局，稳步开展战略性直接投资

上海碧科北美新气体产业链项目取得实质进展，并以近6倍溢价引入战略投资人英国庄信万丰公司（JM），实现了核心管理层持股，在优化股权结构、增强资金实力的同时，进一步加强了公司技术和商业化能力。

支持中科集团环保产业板块的绵阳产业园建设、出版集团所属中科印刷产权整合、北京科仪海外并购、成都有机产业化转型发展以及中科资源电购电商业务体制机制创新、科技服务业务及战略性业务布局等，推动企业主业发展及产业布局调整。

稳步开展战略性直接投资。在量子通信、医疗健康领域先后投资安徽量子通信有限公司、国科健康管理股份有限公司，并配合先进医疗器械产业孵化联盟建设投资苏州中科医疗器械产业发展有限公司，进一步优化产业布局，抢占发展先机。

3. 搭建地方合作平台，促进地方产业结构升级

分别与江西省科学院、抚州市政府签署三方科技合作协议，与辽宁省国资签署战略合作协议，促成国科控股、广州化学、中科曙光、国科健康、佳沃集团等多家企业与地方签署创新创业教育培训、共建科技园、共建转化医学研究院、发展猕猴桃产业等协议，进一步加强科技资源、资本、地方产业融合，促进地方创新发展和产业结构升级。

（二）紧抓机遇，推进投融资平台建设

1. 完善建设投资平台，引领资本向战略性新兴产业聚集

稳妥推进基金投资业务，2015年新增基金投资7支，新增认缴出资8亿元。截至2015年底，国科控股已投资27支基金，基金总规模超过900亿元，基金已投资金额超过390亿元，投资项目327项，其中上市企业33家，国科控股间接持有上市企业的市值合计12.14亿元，是投资成本5.89倍，获得了良好回报。

筹建“联动创新母基金”，推动科技促进经济基金委员会转制，探索设立海峡两岸创意产业基金，引领社会优质资本向战略性新兴产业聚集，同时为形成国科控股全方位、多层次、专业

化、市场化投资服务体系打下了基础。

2. 积极建设融资平台，支持企业运营发展

国科控股分别与招商银行、北京银行、浦发银行签署战略合作协议，在授信贷款、债券承销、国际业务、并购金融等开展全面合作。目前国科控股共取得近300亿元综合授信额度。国科控股2015年获准发行30亿债务融资工具，年内已完成发行首期10亿元，开启了多渠道、低成本融资的良好探索。

截至2015年底，国科控股向企业提供的委托贷款余额合计达4.5亿元，有效解决了企业融资难和融资成本高问题，展现了良好的集团化财务支撑能力，支持企业运营发展。

（三）积极探索，强化“三链”联动

1. 大力推进两链嫁接联盟建设，各联盟已进入实质运作阶段

2015年，国科控股大力推进两链嫁接联盟建设，年内共组建智能制造与机器人、特种新型精细化学品、先进晶体材料高端装备制造、先进医疗器械产业孵化、绿色城市产业联盟等5家联盟。截至2015年底，国科控股已推动组建6家联盟，总计含26家企业、43家研究所及2家风险投资机构和3家临床医院，涵盖高端装备制造、新一代信息技术、新材料、节能环保和生命健康等新兴产业领域。

2015年5月4日，国科控股发布实施联盟管理暂行办法，进一步规范联盟建设。截至2015年底，各联盟已启动实施首批总计19项合作研发项目，包括先进计算联盟“地球系统数值模拟装置”预研及原型系统建设、智能制造与机器人联盟“轻量一体化关节机器人”项目等。

2. 启动“中国科学院联动创新论坛”，探索建设科技产业智库

2015年11月28日，首届“中国科学院联动创新论坛”开幕，300多名嘉宾、16家新闻媒体出席论坛，并在首届论坛上设立了“绿色城市”专题论坛，旨在聚焦创新链、产业链、资本链“三链”联动，凝聚科技界、产业界、金融界领军人才，打造思想碰撞、战略谋划、合作交流的高端平台。

组织实施战略性新兴产业沙龙，2015年成功举办了健康医疗、互联网+、量子通信产业、绿色城市产业、科技银行等多期沙龙；借鉴成熟的大型投资公司信息搜集经验，分别与美国、加拿大及瑞士相关机构签署信息合作协议，建立海外信息网络，搜集国际上包括战略性新兴产业在内的行业信息，为科技产业智库建设奠定了基础。

3. 筹备组建科技银行和科技投资保险公司，探索建设科技金融体系

成立科技银行筹备工作组，与监管机构等开展了多轮沟通和交流，积极寻找、遴选合作伙伴，确定合作伙伴并签署合作协议；调研科技投资保险运作，与监管部门、保险机构和投资机构等沟通交流，并深入考察全球科技投资保险最发达的以色列，寻找发掘合作伙伴，积极推动组建科技投资保险公司。

4. 建设“投资人超市”，打造“三链”联动的新型孵化器

投资设立中科院创新孵化投资有限责任公司，进一步统筹、激活中国科学院创新资源要素，吸纳和整合优质社会资源，创新体制机制，营造科技创业的优良“创新生态环境”，推进建设“投资人超市”。

国科控股与欧美同学会等7家单位发起设立科技“双创”联盟，促进科技与经济的深度融合，服务“大众创业，万众创新”的社会需求；与德国史太白、英国英中商会等国外技术转移机构开展合作，探索构建全球科技孵化协作网，打造“三链”联动的新型孵化器。

5. 中科院联想学院开放办学，走出国门，走进地方

中科院联想学院与加拿大UBC大学合作组织院所企业高管国际培训班，顺应国家鼓励和支持企业“走出去”政策，扩大企业国际视野，加快企业国际化发展；与江西省科学院合作设立“中国科学院联想学院江西分院”，以“培养创新创业人才，推进科技成果转移转化”为宗旨，在江西省共同合作开展创新创业教育培训工作。

（四）加强党建，保障企业持续发展

1. 持续推进中央巡视意见整改，稳步开展企业专项巡视

持续推进企业开展巡视反馈意见整改，已完成中央巡视组反馈8个问题中的6个“对号销

账”，目前正积极推进解决剩余问题；同时将整改措施制度化、流程化和常态化，努力把整改工作作为健全制度、严格管控、防范风险、全面提升企业管理水平的助推器。

稳步开展企业巡视工作，会同院有关部门，结合企业实际，研究制定《企业专项巡视工作方案》和巡视材料，年内完成2家企业的专项巡视工作。

2. 深化党的群众路线教育实践活动，开展“三严三实”专题教育

国科控股本部和各控股企业严格按照中央和中国科学院党组要求，结合企业实际，认真安排、强化措施，组织开展了一系列集中学习教育，并将专题教育与经营工作有机融合，直面问题，边学边改，真抓实干，努力将教育成效转化为推进中国科学院“四个率先”和国科控股“联动创新”纲要顺利实施的强大动力，为实现国科控股企业健康持续发展提供坚强有力保障。

3. 深入贯彻落实“两个责任”，推进企业党风廉政建设

国科控股本部和各控股企业严格按照中央和中国科学院党组要求，结合企业实际，制定了《中国科学院企业党风廉政建设责任制实施细则》，组织层层签订了个性化的责任书，并建立了企业领导人员谈话制度，为有效落实主体责任和监督责任夯实了基础。

（撰稿：王文杰　刘尚贤　审稿：张　勇）

联想控股股份有限公司

董 事 长：柳传志
总　　裁：朱立南
地　　址：北京市海淀区融科咨询中心B座18层
邮政编码：100086
电　　话：010-62509088
传　　真：010-62509168
电子信箱：qiantai@legendholdings.com.cn
网　　址：http://www.legendholdings.com.cn

联想控股股份有限公司（以下简称“联想控股”）于1984年由中国科学院计算技术研究所投资，柳传志等11名科研人员创办。联想控股以产业报国为己任，从单一IT行业起步，致力于成为一家值得信赖并受人尊重，在多个行业拥有领先企业，在世界范围内具有影响力的国际化投资控股公司。经过30多年的发展，联想控股构建起“投资+实业”的创新商业模式，现已成为中国最大的多元化投资控股公司之一。截至2015年12月31日，联想控股综合营业额约3098亿元，综合总资产约3062亿元，联想控股总人数约为97 000人。

2015年，联想控股创造了近9万余个就业岗位。在产业布局方面，联想控股重点发展IT、金融服务、现代服务、农业与食品、房地产以及化工与能源材料产业，并通过不断提升企业经营管理水平，增加企业价值，打造行业内领先企业，为国家经济社会发展贡献力量。

自联想控股明确上市的中期战略目标后，联想控股着手在拓展业务和筹备上市的两条战线上同时作战，一方面通过不断构建投资组合，满足市场对上市企业资产和盈利指标的要求，另一方面通过梳理公司历史问题和业务发展脉络，让业务模式符合监管机构对上市的要求。两条战线分头挺进，同时又相互交织，紧密咬合。通过4年多的不懈努力，控股终于在2015年6月29日实现在香港整体上市，共向全球投资者融资港币146.27亿元，这对于联想控股来说是一个里程碑。按照上市当日开盘价计算，中国科学院所占股份的市值达到人民币233亿元，与中国科学院在联想控股创业之初的投入相比，实现增值11.6万倍。

在推动实现上市的过程中，联想控股认为有必要滚动制定新一期的战略规划，以更好地指导未来工作，从而实现企业愿景。经过反复的复盘与研究，2015年初，联想控股正式确定了公司战略规划2.0版本，明确了公司战略投资和财务投资“双轮驱动”的业务模式。战略实施了一年，两个“轮子”都取得了很好的成绩。

在战略投资领域，2015年拉卡拉完成了新一轮的增资，市场估值超过百亿。佳沃集团与鑫荣懋进行了战略合并，成为国内最大的水果全产

业链企业，合并后一方面有利于农业板块长期价值提升，同时，也可为提高中国水果产业的水平和中国人的生活品质，做出更大的贡献。拜博医疗门店数量今年也快速增长，公司业绩实现了翻倍。联想集团业绩出现下滑，这里面既有全球经济增长放缓、个人电脑和平板电脑市场持续下滑等外因影响，也有整合消化去年收购的两大业务等内因作用，但是，联想集团今年的个人电脑业务、平板电脑业务的市场份额还都创了新高，并购的企业级业务和手机业务也都实现了销量增长，不利因素已经见底，未来业绩有望改善。

2015 年，虽然联想控股二级市场情况不佳，但在公司全体同仁的共同努力下，控股的财务投资依然逆势取得了一定的成绩与收获：君联资本先后成功入股 66 家企业，总投资金额 31 亿元人民币，被投企业中有 2 家成功上市，4 家在新三板挂牌。弘毅投资先后投资 5 家企业，另有 8 家被投企业在 2015 年成功退出。联想之星完成了市场化改制，由联想控股孵化器投资部，整体改制为联想之星投资管理公司，年内考察评估项目 5000 余个，完成 45 个项目投资，总决策金额 1.56 亿元，50 个在投项目获得后续融资，估值快速增长，其中 Face++、燃石科技、住百家等已经成为业内领先的创新企业。更为重要的是，联想之星多年来在推动高科技产业成果转化、支持创新创业方面，开创的创业培训与投资相互支持的业务模式，得到了李克强总理的认可，他在考察联想之星时高度评价，“这里不仅创造财富，而且培养创造财富的人。你们不仅为他们提供了资金，而且提供了很好的经验、方法论，对创业者会有很大的帮助。你们不仅贡献了物质财富，还强调商业诚信，为社会增加了精神财富”。李克强总理还说“创业创新是全社会的事，你们不仅把自己的企业做成功了，而且能帮助更多的人创业创新，你们办了件大好事！”

下一步，联想控股力争在中国科学院领导的关心与支持下，在上市后继续实现稳步发展，为公司的未来打下坚实的基础，为股东带来更好更长期的稳定回报！

（撰稿：李 昊 审稿：居劲松）

中科实业集团（控股）有限公司

董 事 长：张国宏
总 经 理：方建华
地　　址：北京海淀区苏州街 3 号大恒科技大厦南座 15 层
邮政编码：100080
电　　话：010-82569888
传　　真：010-82569875
电子信箱：bot@csh.com.cn
网　　址：http://www.csh.com.cn

一、基本情况介绍

中科实业集团（控股）有限公司（以下简称“中科集团”）原名中科实业集团公司，成立于 1993 年，由中国科学院将 30 余家院管企业资产及院投 7500 万元现金整合创办，是中国科学院“一院两制”办院方针指导下设立的大型高科技企业集团。1997 年底，中科实业集团公司更名为中科实业集团（控股）公司。2008 年 6 月 6 日，中科实业集团（控股）公司完成整体改制，名称变更为中科实业集团（控股）有限公司，成立了首届股东会、董事会、监事会。

经过 20 多年发展，中科集团从产业布局分散、经营管理良莠不齐的企业，到清理整顿，到战略转型，经历了探索发展实业和跨越式成长阶段，积极开辟新领域，投资新项目。目前中科集团在新材料、能源环保、光通讯等领域拥有 10 余家具有相当规模的大型高技术企业。

2015 年，中科集团实现营业收入 42.91 亿元。截至 2015 年底，中科集团总资产约 86.68 亿元，员工总数总人数 5915 人（注：持股企业人员口径）。

二、企业发展情况

2015 年，中科集团继续秉承“安全、发展、富裕”的经营理念，遵循稳中求进的总思路，坚持“突出主导产业，大力发展环保产业”的经营方针，克服各种不利因素影响，整体经营有序、发展稳定、业绩良好。中科集团党委、董事会、经营班子顺利完成换届，同时，在企业管理、技术创新、经营成效等方面取得较大突破和进展。

（一）管理情况

1. 落实联动创新，积极探索商业模式

2015 年，中科集团积极落实中科院“率先行动”和国科控股《“联动创新”纲要》要求，牵头完成中国科学院绿色城市产业联盟（以下简称“联盟”）组建的相关工作；承办国科控股“绿色城市产业投资”沙龙；编制《联盟企业名录》、《联盟组建方案》，并获得中国科学院批复；与国科控股联合举办了中国科学院“联动创新”系列论坛开幕式暨首届论坛——绿色城市环境保护论坛，并得到了中国科学院院长白春礼及各地方市级领导的支持，论坛上中国科学院绿色城市产业联盟正式授牌。

2015 年，中科集团组织联盟成员单位赴山东省滨州市、江西省上饶市、山西省运城市等地开展项目对接会，在各地反响强烈。联盟成员除牵头单位中科集团外，共吸纳了中国科学院过程工程研究所、大连化学物理研究所、中科院建筑设计研究院有限公司共 16 家成员单位。

2. 启动标准化建设，加强战略监控管理

2015 年是中科集团管理提升年，也是实施环保产业五年战略规划的第一年，中科集团针对即将成立的环保公司，开展了组织治理与标准化咨询项目，设计成果初步呈现。在集团和板块两个层面实施动态研究，加强战略监控管理，研究制定了环保板块股权重组的初步方案，同时研究探索其他节能环保领域如土壤修复、光伏电站、生物质能等领域的市场机会和投资可行性。

3. 保障资金通道，开展多元化融投资业务

2015 年，中科集团在资金管理渠道及多层次融资保障体系建设方面取得良好进展，一方面完善了以发行债券为主、非金融企业债务等其他融资手段为辅的融资模式，完成中期票据发行、兑付、超短融注册发行及银行授信；另一方面不断完善现金流管理体系，在保证集团各企业的资金使用的基础上，中科集团积极开展银行理财、信托投资、金融衍生品的投资，同时公司积极探索私募股权投资项目的研究和实践，并实现了突破。

4. 加强内部管理，完善内部控制制度建设

2015 年，中科集团总部及各子公司严格执行内部审计制度，包括绩效认定、内控评价、财务审计、离任经济责任审计、工程项目审计等。重点关注资金管理、工程管理、采购和招标管理等环节，针对发现的问题下发审计整改通知，监督及时整改，并及时跟踪落实情况，推动内控工作提升。

5. 注重“外引内培”，推进人才梯队建设

人才队伍建设方面，2015 年，中科集团从外部引进了具有台湾环保领域先进管理经验及专业技术的高管、具有多年工程建设和管理经验的项目经理以及多名高技术人才，进一步强化了专业化人才队伍；同时，注重内部人才梯队建设，大力提拔优秀的青年骨干。

培训方面，2015 年中科集团针对中高层管理人员成功举办“中科集团培训学院”首期管理干部培训班，各子公司采取了“青年骨干职业化塑造训练营”、网络平台教育培训、生产技能考试等多种形式的培训手段。

6. 承担社会责任，积极开展社会公益活动

中科集团 2013 年捐资设立环保发展基金及环保奖学金，至今连续三年开展环保奖学金评选工作，2015 年该奖学金评出 15 名获奖学生；中科集团协同各成员企业积极开展公益活动，先后组织关爱打工子弟学校、“吾心为爱”及“冬季送温暖、衣旧暖人心”活动，为青海、河北等贫困山区募捐书籍或物资，组织“幸福工程——救助贫困母亲行动”捐款活动，为贫困地区募集善款 28730 元，组织“文明行动 接力承诺”签名承诺活动，传承公益理念，践行大爱无疆。

7. 以党建工作为抓手，促进企业文化建设

中科集团党委以支持、服务、保障企业经营工作为目标，在组织建设与作风建设方面，集团党委按照从严治党的标准，严格落实“三会”制度。在思想建设和文化建设方面，集团党委以加强“领导班子建设”、“企业文化建设”和“青年工作”为主线，开展“中科梦之声”中科集团第八届职工演唱比赛、“对话青年”系列交流分享会、“展现最好的自己”演讲系列活动等

多项品牌工作。

8. 妥善安置维稳，处理好代管离退休人员的生活待遇问题

受中国科学院、国科控股委托，中科集团代管离退休人员共计 337 人。2015 年，在老同志多次上访提出待遇问题的情况下，公司一方面通过座谈会、访谈等方式听取老同志的诉求，积极做好思想工作、化解矛盾；另一方面在认真调研的基础上，向国科控股提交了《关于增加中科集团原事业编制 2007 年底以前退休人员生活补贴的请示》，2015 年 11 月国科控股已形成专门报告上报中国科学院。

（二）技术创新、经营管理及其成效

1. 新材料板块推进技术创新，积极开拓市场

北京中科三环高技术股份有限公司一方面加强自主研发和技术创新力度，积极开拓新能源汽车用钕铁硼磁材在国内外的市场空间；另一方面与日立金属强强合作，增强公司国际竞争力。北京中科用通科技股份有限公司在研发、技改方面，完成重点项目“有轨电车轻型扣件系统”的市场转化，实现了从零部件供应商向系统供应商的过渡；在拓展市场方面，不断寻找新的利润增长点，探索借助有轨电车建设高峰提升产品销量和产量。

2. 环保板块技术引进与自主研发相结合，提升核心竞争力

在组织管理方面，中科集团通过实施组织与标准化治理，加强管控手段，深挖运营和建设项目效益，加速开发和引进技术，提升市场竞争力。在技术创新方面，中科集团一方面实施战略引进，将丹麦伟伦炉排炉技术打造为环保板块具有国际先进水平的核心技术，并实现设备国内生产，提高了设备配置水平及环保板块核心竞争力；另一方面坚持自主研发，并积极应用于环保板块各项目公司，以垃圾渗滤液系统高效脱氮技术为例，其在项目公司建设、运营及环保指标提升方面已显现出初步成效。

2015 年环保板块获得污泥干化装置研发、焚烧炉进料装置研发等 4 项实用新型专利的授权，完成“国科控股创新引导基金——污泥热干化成套技术装备开发与工程示范项目”试运行，项目验收后被评级为“优秀”。

3. 其他持控股企业发展情况良好

上海中科股份有限公司全力推动主营产业规模发展，对非主业参、控股企业所持股权择机依法合规减持或退出。北京中关村科学城建设股份有限公司项目的施工、招投标、建设工作顺利实施。中国大恒（集团）有限公司、成都地奥集团、深圳科技工业园有限公司、上海尼赛拉传感器有限公司、中科基业（北京）投资股份有限公司、中科政平数控科技（北京）有限公司、北京中科工程管理总公司等公司经营情况正常。

2016 年，中科集团将把握“创新、协调、绿色、开放、共享”的五大发展理念带来的新机遇、新挑战，在技术、管理、商业模式等各方面积极开展创新研究和实践探索，谋求新材料领域新的商业机会，提升环保领域核心竞争力，进一步完善多层次融资保障体系，同时筹建绿色城市基金，助力产业扩张。公司全体将脚踏实地，真抓实干，抓住机遇，不断创新，谋求突破，以更加自信的姿态、更加有力的步伐，向新的目标前进。

（撰稿：赵　威　薄　婷　审稿：秦　怡）

东方科学仪器进出口集团有限公司

董 事 长：王　戈
总　　裁：魏　伟
地　　址：北京市海淀区阜成路 67 号银都大厦十四层
邮政编码：100142
电　　话：010-68725599
传　　真：010-68726610
电子信箱：osic@osic.com.cn
网　　址：http://www.osic.com.cn

东方科学仪器进出口集团有限公司（以下简称“东方科仪”，英文简称 OSIC）成立于 1980 年，是由中国科学院控股的大型专业综合性集团企业。经过 35 年的经营发展，公司由单纯的代理进出口贸易发展成为集进出口代理和招

标业务、高科技产品出口和项目承包业务、科技租赁业务、国内代理分销和运营业务、医疗器械和医疗健康服务、科技风险股权投资和资本运营业务等大型综合性科技服务集团公司。截至2015年底，公司所属控股、参股企业25家，共有员工865人，其中大专以上学历者约占90%。

东方科仪的定位是："以人为本，追求卓越。立足中国科学院，面向国内国际两个市场，把公司建设成为"一业为主，相关多元"的综合性科贸控股企业集团，并成为中国科技综合服务领域的领导者"。

2015年，东方科仪围绕"夯实主营、强化内控、推动创新、团队建设"的工作方针和年度重点工作，从核心主营业务、内控建设和风险控制、市场拓展和创新业务、战略管理和资本运营、团队建设和企业文化、党建和群众工作6个方面布局重点工作。通过全体员工的共同努力，集团各业务板块运营整体有序，业务创新及结构调整初显成效，多项业绩指标达到了历史最高水平。2015年，东方科仪完成进出口总额近8亿美元，销售总额超过68亿元人民币。

面对2015年国内经济增长乏力和进出口市场整体下浮较大等不利因素，东方科仪通过高效、周到的服务继续稳固主营业务的发展，进出口总额创历史新高。为进一步延伸进出口业务服务范围，集团招标业务在原有业务区域的基础上，成立了广州办事处，形成了在华东、华中、西南和华南的布局，从而更大范围地实现了向客户提供从招标到外贸代理的一条龙服务。在内贸和代理领域，旗下东方集成公司和五洲东方公司继续在行业内保持领先地位。

东方科仪紧密围绕国家重点支持和发展的行业，前瞻性布局生命科学和医疗健康领域，旗下的国科恒泰医疗设备公司搭建了医用高值耗材物流和综合服务平台。2015年，国科恒泰进一步加强了风险控制，夯实管理基础，提高库存管理能力，拓展业务范围，丰富产品线。销售收入与净利润获得了成倍的增长。

为了提高服务水平、拓展服务领域，在国科控股创新基金的支持下，利用互联网的现代化工具，东方科仪积极践行"互联网+"，在2015年建立了O-Science招标及进出口业务综合服务平台。平台的上线使得业务信息更透明，服务更高效，管理更科学，解决了客户日常工作的痛点，为主营及相关业务提供更好的增值延伸服务。同时，集团利用自身优势，积极探索跨境电商和小额高频产品基础服务平台的建设，拓展公司新的业务模式。凭借在进口、招标、代理、物流、投资等方面较高的专业能力，和对实验室行业的深刻理解，成立了第三方实验室电商平台-虫洞公司，平台的成立标志着集团实验室领域的重大业务模式创新，也是东方科仪利用互联网平台的又一重大突破。

东方科仪积极推动"联动创新"，助力"科技一带一路"，依托集团丰富的国际贸易及商务服务经验、充分利用海外渠道优势，协助筹建中国科学院曼谷创新中心。曼谷创新中心的建成将成为中科院有关院所以及国科系企业走出去的重要桥头堡，将有力推动科学院的技术和院属企业的技术成果转化向东盟国家的输出，也是东方科仪践行国科控股联动创新的重要举措之一。

2015年，东方科仪在投资领域也取得了长足进步，旗下的东方瑞泰投资公司，注重内部运营和风控机制建设工作，加强已投资项目投后管理工作，完成了8个项目的投资，其中两个项目登陆了新三版资本市场，项目估值显示投资项目已经取得了较高的回报。

为进一步增强公司防范经营风险的能力，提升公司管理水平，提高公司经营活动的效率性和效果性、资产的安全性、经营信息和财务报告的可靠性，2015年，东方科仪启动了集团总部及部分控股公司的内控建设工作，通过梳理管理和业务流程，查找风险防控点，从而进一步完善和补充各项规章制度，明确风险管理应对措施，完善公司内部控制，提升公司的风险管理水平。

2015年，东方科仪党委结合"三严三实"活动的开展，通过领导班子范围的中心组学习和中层以上领导干部范围的中心组扩大学习活动扎实提高党性修养和政治理论水平。集团党委还采取自主学习、参观考察、座谈交流等形式将理论学习同解决实际问题有机结合起来，真正将学习成果转化为改进工作、促进发展的思路和举措。公司党委根据不同岗位、不同工作职责性质，进一步明确了各自不同的岗位职责和工作要求，同

40 名中层以上领导干部签订个性化的廉政建设责任书，使反腐倡廉体系建设的各项责任得到进一步落实。在党委的统领导下，各基层党支部也结合科研服务型企业的自身特色积极探索适应企业发展要求的基层党组织运作模式，通过红歌、诗朗诵、历史知识竞赛、公司文化建设知识问答等不同方式建立独具特色的党建活动。

2015 年，东方科仪党委加强了对群团工作的指导与帮助，支持群团组织通过各种形式的活动促进团队建设，增强集体凝聚力，营造和谐氛围。围绕“创建合格职工之家”工作积极健全和完善工会工作机制，集团总部工会在首次验收第一名的基础上，再次以协作五片第一名的好成绩通过了创建“合格职工之家”的复验。2015 年，党建带团建，指导青年工作也取得一定成效。公司团委围绕着企业中心工作，以促进团员青年成长成才，激发团员青年爱国爱党、敬业爱岗为主题积极开展一系列丰富多彩的活动。

2015 年，东方科仪通过积极的战略转型举措及创新业务发展布局，实现了企业高质量、高速度的发展，良好的经营业绩与效率带给股东突出的实际贡献，被国科控股授予首届“联动创新贡献奖-创新发展奖”第一名。

（撰稿：张　洪　金长琳　审稿：王　戈）

中国科技出版传媒集团有限公司

董 事 长：索继栓
总　　裁：林　鹏
地　　址：北京市东城区东黄城根北街 16 号
邮政编码：100717
电　　话：010-64002238
传　　真：010-64002238
电子信箱：cspmg@mail. sciencep. com
网　　址：http://www. cspmg. cn

中国科技出版传媒集团有限公司（以下简称“出版集团”）是我国最大的综合性科技出版机构，经国务院批准于 2011 年 7 月 19 日变更成立，是国家三大出版传媒集团之一。出版集团依托原中国科学出版集团组建而成，旗下拥有科学出版社、龙门书局、中国科学杂志社、科学世界杂志社等著名出版品牌。出版集团的主要业务包括组织所属单位出版物的出版、发行、印刷、复制、进出口相关业务；经营、管理所属单位的经营性国有资产（含国有股权）。出版集团成员单位包括中国科技出版传媒股份有限公司（科学出版社）、北京中科印刷有限公司（以下简称“中科印刷”）、北京中科希望软件股份有限公司等 4 家控股、参股企业，其中，科学出版社是集团核心企业。截至 2015 年底，集团员工人数约 2300 人。

2015 年，出版集团及主要持股企业继续保持良好运营态势，综合实力再上新台阶。截至 2015 年底，出版集团合并总资产为 34.79 亿元，同比增长 21.7%；营业总收入 18.34 亿元，同比增长 19.9%；净利润 2.6 亿，同比增 11.6%，较好地实现了国有资产的保值增值。

2015 年，出版集团出版业务稳健发展。其中，出版新书 4432 种，期刊 284 种，出版实现销售收入 15.2 亿元。出版集团印刷业务也实现稳步发展，全年累计完成销售收入 2.02 亿元。

2015 年，在中国科学院和国科控股领导的协调推动下，科学出版社上市工作进展顺利。按时完成了股份公司年报、中报等合规证明材料收集与申报工作，配合完成了证监会信息披露专项检查工作，对证监会初审会提出的二次反馈意见的回复材料业已提交证监会。当前，股份公司上市工作进入最后冲刺阶段，有望 2016 年实现上市目标。

作为科技专业出版的国家队，出版集团核心企业科学出版社坚决贯彻“专业化、精品化”的出版理念，大力推动精品力作的出版，2015 年重大项目建设再获佳绩。科学出版社“中国科技类学术期刊国际传播平台”项目获得国家文化产业发展专项资金支持；《中国古脊椎动物志》等 3 个项目获得 2015 年度国家出版基金资助。“中国科技知识服务平台”等两个项目入选国家新闻出版改革发展项目库。94 个项目获得国家科技学术著作出版基金资助，总数均稳居全国科技出版单位之首。

2015 年，科学出版社再获多项重要出版荣誉。《空间数据挖掘理论与应用》获第五届中华优秀出版物奖；*Plants of China* 获第五届中华优秀出版物提名奖。科学出版社被国家新闻出版广电总局授予“专业数字内容资源知识服务模式试点单位”称号，被国家版权局评为“全国版权示范单位”，被北京市授予“首都文明单位”称号，科学出版社工会也被中华全国总工会授予“全国模范职工之家”称号，是中国科学院2015年唯一一家获此荣誉的单位。

科学出版社是推动中国科技出版“走出去”的国家队。2015年，科学出版社输出版权178项，再次入围“国家文化出口重点企业”。在中国文化“走出去”效果评估中心等机构2015年发布的《中国图书世界馆藏影响力调查报告》中，科学出版社荣获“2014年中国图书世界馆藏影响力出版100强”称号，在国外图书馆系统的入藏品种排名位居全国出版单位之首。

科技期刊是科学出版社出版业务的重要优势。2015年，科学出版社瞄准国际一流期刊，加大自主创刊力度。科学出版社创办的20多种期刊多是英文版学术重点期刊。由中国科学院院长白春礼担任主编、各学科知名学者担任副主编的《国家科学评论》（*National Science Review*）是中国第一份战略性、导向性英文版综述类学术期刊，创刊出版一年就被SCI收录，成为国内从创刊到被SCI收录时间最短的英文期刊之一；《能源化学》影响因子在国内化学类期刊中位列第一。《中国科学·材料》（英文）创刊出版以来影响力迅速提升。“十二五”期间，科学出版社已有23种期刊入选“科技期刊国际影响力提升计划”，是入选品种最多的出版单位。

2015年，出版集团以科技知识服务为方向，以“数字科学”工程为抓手，加快了转型升级融合发展步伐。为了加快推进数字出版业务发展，科学出版社专门新设了数字教育发展部、线上业务拓展部、专业出版数字业务部，完善了数字转型升级的整体业务架构设计。一批数字化平台建成上线，期刊国际化传播平台已建成发布、中国科技期刊开放获取平台二期（COAJ）开发完成、中国科技期刊网正式上线，科学文库完成了V4.0版升级，数字教育综合服务平台已实现营收，期刊集群建设稳步推进，中科医学资源库平台一期正式上线，数字化图书、期刊和专业数据库等三大集成发布平台初具规模。

2015年，出版集团加强领导班子和人才队伍建设，有力地推动了生产经营各项工作。配合院人事局、企业党组和国科控股做好集团董事会、监事会、经营班子和党组换届考核工作。科学出版社继续推进出版骨干人才队伍建设，4位同志入选第三批“科学百人”，7位同志入选第二批“青年编辑成长基金”，7位编辑被聘为各分社的首席策划，17位编辑被评选为第二批编辑选题策划奖获得者。完成了中国科学院编辑出版系列高评委会组成人员的换届调整报备，组织开展了2015年度中国科学院编辑出版系列高级专业技术职务任职资格评审工作。

2015年，出版集团积极推动持股企业深化改革。中科印刷股权社会化工作稳步推进，完成了专项审计报告，并在12月份将所有应交接资产及相关事项入账，标志着此次重组事项的基本完成。

出版集团将继续积极配合中国科学院“率先行动”计划的总体部署和国科控股“联动创新”纲要实施，深入实施资源集聚战略、出版数字化战略、产业链一体化战略、企业国际化战略和队伍专业化战略等五大战略，加快推动集团的转型升级和健康发展，为成为具有行业领导力、核心竞争力、国际竞争力的国家大型骨干出版集团夯实基础。

（撰稿：王贻社　孙红磊　审稿：林　鹏）

中国科技产业投资管理有限公司

董 事 长：王　津
总 经 理：孙　华
地　　址：北京市海淀区北四环西路58号
理想国际大厦1606室
邮政编码：100080
电　　话：010-82607629
传　　真：010-62137930转802
电子信箱：casim@casim.cn
网　　址：http://www.casim.cn

中国科技产业投资管理有限公司（以下简称“国科投资”）的前身是1987年设立的国家经济贸易委员会、中国科学院科技促进经济发展基金会，1993年名称变更为中国科技促进经济投资公司，2006年1月改制为有限责任公司，并更名为中国科技产业投资管理有限公司。中国科学院国有资产经营有限责任公司是国科投资第一大股东，国务院国有资产监督管理委员会、星星集团有限公司和北京国科才俊咨询有限公司为参股股东。国科投资设置投资分析部、证券投资部、投资银行部、投后管理部、投资者关系管理部5个业务部门及财务部、综合部2个支持部门。

截至2015年底，国科投资共有在册员工35人，其中，具有博士学位的4人、硕士学位的16人；高级专业技术职称13人、中级专业技术职称8人；员工平均年龄36岁。

国科投资主要从事私募股权基金管理业务。公司目前管理了国科瑞华、国科瑞祺、国科瑞孚和国科瑞华二期四支私募股权投资基金，并受托管理了中国科学院大学教育基金会部分资产。

2015年，在董事会和经营班子的领导下，国科投资按照“聚焦高增长领域，投资高成长企业；加强投后管理，做好退出工作”的工作方针开展工作，全体员工团结一心、抓住机遇、攻坚克难，较为圆满地完成了年度各项重点工作。尤其是2015年11月，由国科投资担任基金管理人的北京国科瑞华战略性新兴产业基金（国科瑞华二期）在北京设立，基金认缴总额为28亿元人民币，既为国科投资再次创业开了个好局，也为国科投资未来10年的市场地位奠定了基础。

2015年，国科投资坚持走专业化道路，坚决摒弃机会主义，投资方向进一步向高增长行业和优势领域聚焦，较为出色地完成了年初制定的投资计划，各业务组在人员配备、投资方向、项目来源及组内组间沟通协作上亦取得了长足进步。由国科投资出资设立的国科杯“我要创业”大赛成功举办了第二届比赛，进一步扩大了国科投资在国科大和相关研究所的影响力。随着国科投资管理的基金投资的企业相继上市，特别是中科创达成为创业板的明星股，国科投资在业内形成了良好的投资口碑，获得了领先的中国金融数据及商业信息服务提供商——投中集团评选的“投中2015年度中国最佳高端制造产业投资机构TOP 10”的奖项；国科投资总经理孙华也获得了“投中2015年度中国最佳高端制造产业投资人物TOP 10”的荣誉。

2015年，国科投资在公司股东和董事会的大力支持下，修订了公司《工资与福利制度》，员工薪酬基本达到本土PE机构中高水平，进一步提高了对优秀人才吸引力。通过引进优秀投资人才和科学系统地自主培养年轻分析员，国科投资逐步完善公司的人力资源结构、防止人才断层，逐渐形成了一支更加专业化、国际化、足够勤奋且充满正能量的员工队伍。

（撰稿：王红姝　审稿：孙　华）

北京中科科仪股份有限公司

董 事 长：张永明
总 经 理：陈　静
地　　址：北京市海淀区中关村北二条13号
邮政编码：100190
电　　话：010-82548182
传　　真：010-62564613
电子信箱：zcb@kyky.com.cn
网　　址：http://www.kyky.com.cn

北京中科科仪股份有限公司（以下简称“中科科仪”）始建于1958年，其前身是主要服务于中国科学院和国家重大工程的中国科学院北京科学仪器研制中心（原中国科学院科学仪器厂），曾在“两弹一星”、“正负电子对撞机”的研制和核工业的发展中做出了卓著贡献，并成功研制出我国第一台扫描电子显微镜、第一台商品化氦质谱检漏仪、第一台涡轮分子泵和第一台通过国家级鉴定的射频心脏消融仪。2000年12月28日，原北京科学仪器研制中心实现整体转改制，成立北京中科科仪技术发展有限责任公司，成为一家集科学仪器研制、开发、生产和经营为一体的综合性高新技术企业。在此基础上，2011

年12月16日，该企业完成股份制改造，整体变更为北京中科科仪股份有限公司，以公司治理结构完善、主营业务突出的现代高科技企业形象，进入了全新的历史发展时期。中科科仪下辖控股子公司成都中科唯实仪器有限责任公司和北京中科科美真空技术有限责任公司整体运营良好。截至2015年12月31日，员工总数为511人。

2015年，在中科科仪“凝聚共识，锐意改革，创新驱动，健康发展”的总体经营工作指导方针指引下，全体科仪人爱岗敬业、团结协作、改革创新、奋发努力，各项工作取得新进展。2015年度公司实现营业收入3.12亿，净利润3329万元。

2015年，中科科仪各销售公司根据区域特点，精耕细作，深挖市场，巩固传统行业，开拓新的客户，加强回款，提升市场份额。北京销售公司针对核心销售区域深耕细作，稳固传统客户，把握OEM客户和科研院所类客户需求，科研院所合同额较去年同期增长30%，传统客户领域得到稳固，新客户开发取得新突破；上海销售公司积极发挥本地化优势，深入挖掘新行业市场，取得了较好成绩，很好地控制了应收风险，并培养了一支新的有活力的年轻的销售队伍，为上海销售公司的发展注入了新动力，年轻的业务人员已经迅速成为主力。深圳销售公司加大新客户开发力度，解决了大客户长期应收的问题。

2015年，中科科仪子公司经营业绩取得突破。成都唯实子公司本部各项指标完成较好，收入、利润增长率均达到20%以上，超额完成年度预算目标。唯实参股公司成都瑞拓公司于2015年上半年启动了新三板上市筹备工作；科美子公司完成了和原科仪真空工程部的整合，进行了股东同比例增资，公司的整体资本实力有所增强，制订了在2016年新三板挂牌的计划。

2015年，中科科仪着力推进技术创新，持续加大研发投入，比去年同期增长11%，积极争取科技专项及政府资助、奖励资金等外部科技经费资源的支持；申请发明专利7项、软件著作权登记1项；组织5项到期企业标准的修订，制定3项企业标准。中科科仪研发工作取得了多项进展：国家02科技重大专项“磁浮分子泵系列产品开发与产业化”项目完成了磁悬浮分子泵转产工作，解决了磁悬浮分子泵控制器在特定应用环境工作稳定性问题，CXF3000泵样机顺利通过了350Hz运行考核和性能测试，目前该项目已全面启动项目技术验收的准备工作；国家重大科学仪器设备专项“新型深紫外全固态激光源及前沿装备开发（1）”项目子任务“深紫外激光光发射电子显微镜工程化”，项目取得重要进展，开始小批试制，完成了第二台PEEM工程化样机的交付，为公司在前沿高端科研装备研制方面开辟了新的平台；国家重大科学仪器设备专项“场发射枪扫描电子显微镜开发和应用”项目，顺利完成项目中期现场验收检查，项目进展获得项目组织管理部门和专家组充分认可。8000F型场枪扫描电镜还得了BCEIA金奖，场枪电镜产品在技术性能、稳定性方面，得到市场的进一步认可，也充分说明创新驱动在电镜发展中的引领作用。

2015年，中科科仪坚持统筹协调发展，内部管理显著增强。中科科仪以深入推进公司中长期战略发展规划为重点，促进业务战略细化和落实，研究制订了2016—2018年战略规划，并细化了五项战略突破目标，规范控股子公司的治理机制，进一步建立和完善对子公司的年度预算、决算、战略规划、对外投资等重大事项的决策管理制度、“三重一大”重要事项披露制度、派驻董事监事管理制度；将自身一些相对成熟的管理理念引入子公司，同时通过加强总公司和子公司的业务协同，支持子公司的业务拓展，在市场上形成合力；进行薪酬制度改革，聘请外部专业咨询机构，全面梳理诊断了原薪酬体系中存在的问题，并在此基础上，建立了新的薪酬体系并制订了新的《薪酬管理制度》，通过了公司职代会审议和董事会的批准，7月起开始正式实施。优化后的薪酬体系更加系统化和具有导向性，明确了员工在各职位发展通道中能力等级发生变化后的薪酬调整规则，进一步激发了员工活力。

中科科仪始终将人才视作科仪发展的决定性因素，2015年公司在岗员工平均年龄37岁，本科以上学历员工占员工总数的61%，中级技术职称及以上人员占员工总数的43%，人员结构不断优化，人均效益稳步提升，中青年员工已经成为公司员工队伍的中坚力量。中科科仪坚持

“高要求，多渠道，多角度”的原则，扩展招聘渠道，健全招聘测评体系，引进公司发展所需的各类人才。与此同时，中科科仪继续注重骨干及年轻后备队伍的培养及锻炼，注重个人职业发展与规划，赋予他们更重要的岗位及职责，不断给他们提供历练及发展的平台，使他们的个人发展与公司发展高度一致。

2015 年，中科科仪圆满完成了党委、纪委换届选举工作，数位青年骨干被选进两委班子，为今后公司党委工作的开展打下了新的基础；深入开展了“三严三实”专题教育，进一步巩固和扩大教育成果，在中层管理干部中广泛开展“三严三实”专题教育，范围涵盖非党员领导干部，进一步加强干部队伍建设和作风建设；全面贯彻落实党风廉政建设“两个责任”，组织签订党风廉政个性化责任书，全面落实党风廉政建设目标责任制；建立健全惩防体系，构建反腐倡廉长效机制；以内部审计为抓手，建立健全内部管理机制，规范和提升公司管理，从根源上确保党风廉政建设责任制的落实；继续大力开展“精益改善、挖潜增效”活动，以 QC 活动为抓手，推动公司精益化管理的深入实施，为促进公司健康发展提供有力保证。全年共完成了 39 个 QC 课题，近半数员工踊跃参与活动，党员占 50% 以上，充分发挥了各党支部的战斗堡垒作用和党员的先锋模范作用。

（撰稿：郭晓玲　李宇慧　审稿：陈　静）

北京中科院软件中心有限公司

董 事 长： 奉旭辉

地　　址： 北京市海淀区中关村南四街四号4号楼南楼

邮政编码： 100190

电　　话： 010-62587492

传　　真： 010-62649248

电子信箱： office@sec. ac. cn

网　　址： http://www. sec. ac. cn

北京中科院软件中心有限公司（以下简称“软件中心”）成立于 1986 年，前身为中国科学院北京软件工程研制中心，是国内最早引入软件工程的机构之一。2001 年 9 月在中国科学院“知识创新”工程中作为应用型研究机构成为首批转制单位。

软件中心是中国软件行业协会副理事长单位、中国电子商务协会副理事长单位、国家高技术产业化示范工程单位。软件中心主要业务涉及行业信息化、系统集成、IT 运维服务、嵌入式软件、互联网和移动互联网的应用服务等领域，科技成果和软件产品已广泛运用于轨道交通、数字出版、数字科技馆、医疗健康、信息安全、智能家居、互联网基础服务等众多行业及领域。软件中心下设市场发展部、系统集成部、政府行业事业部、IT 服务部、应用服务部等业务部门，另设有综合部、财务部、物业经营服务部等管理和支撑部门，旗下拥有中科三方网络技术有限公司、北京凯思昊鹏软件工程技术有限公司、北京思元软件有限公司等控股参股公司。

软件中心长期承担国家“核高基”重大专项、863 计划、国家科技支撑计划等多项国家级科研课题，拥有一大批自主知识产权和专利，获得了 10 余项国家和省部级科技进步奖，在市场及业务拓展、人才储备、产品及项目资源等多个层面拥有深厚的积淀。软件中心拥有国家高新技术企业资质、ISO 质量管理体系和信息安全管理体系认证、“双软”企业认证，计算机信息系统集成资质；已登记 185 项软件著作权、20 项注册商标，拥有 3 项授权发明专利。

截至 2015 年底，软件中心职工总数为 370 人，其中硕士研究生占比 35%。2015 年，软件中心全体员工围绕“夯实基础、深入行业、聚集业务、快速发展”的总体工作思路和年初制定的各项指标，团结协作、开拓进取，各项工作取得突破性进展。公司保持快速发展态势，整体营业收入突破亿元、净利润同比较快增长，整体业绩指标达到了公司历史最好水平。

2015 年是软件中心中长期战略制定完成并进入实施的开局之年。软件中心紧扣“产品可复制、组织可裂变，客户可持续，资源可整合”的发展思路，在公司战略规划的指引下，一方面全面巩固现有的市场、客户、技术和人力资源，积极进行市场调研，跟踪主要客户的发展规划，在相关行业内进行深度开发；另一方面通过拓展新市场、组织创新、联合协作等方式积极开展工作，进一步提升了公司在市场、人才、技术、文化方面的建设能力。

2015年，软件中心积极参与到智慧城市、绿色城市和相关行业的信息化建设中，在轨道交通板块，顺利承接并完成北京地铁4号线多个项目的实施和运维，并成功中标青岛和石家庄地铁项目，在轨道交通方面的行业经验和技术能力得到不断积累，所涉及的业务已从行业外围逐步深入到核心业务层面；在文化产业板块，软件中心数字出版业务已全面切入出版社信息化工作，成功入围国家新闻出版广电总局数字出版司“知识服务与运营技术支持单位”推荐名录。在顺利完成昌平区数字科技馆的收尾工作后，软件中心中标北京天文馆新媒体展览和平谷区数字科普馆的建设项目，项目的积极推进获得客户一致好评；随着智慧城市的建设，软件中心继续以建立社区服务体系建设为主导，提供面向个人的公共服务，并积极探索“互联网+”、大数据在智慧医疗方面的实际应用和新的商业模式。

2015年，软件中心持续加大平台建设，进一步发挥技术创新在企业发展中的重要作用，知识管理工作得到有效推进：颁布了《知识管理试行条例》，完成公司历年项目文档的收集和整理；完成ISO27001的改版，并顺利通过ISO9001和ISO27001的复审工作，借助ISO体系使公司在项目、工作流程等管理过程中更加规范化。软件中心还加大研发力度，积极探索行业相关技术，不断完善现有的开发框架，在项目中对新技术和新开发工具进行探索和应用。软件中心技术人员在轨道交通核心刊物《城市轨道交通AFC》期刊发表多篇技术论文。

2015年，软件中心坚持统筹协调发展，内部管理显著增强。软件中心以深入推进公司中长期战略发展规划为重点，扎实抓好各项工作的细化落实，全面预算管理深入推进，在指导公司经营发展、业务决策、配置资源等方面发挥了重要作用；进一步加强对业务发展的过程监控，对业务开展存在难度的板块重点关注，动态掌控经营全局，确保了公司全年预算计划得以落实；加强财务精细化管理，强化公司资金管理，及时准确的财务数据和管控为公司经营决策提供了有力支撑，逐步建立起了面向业务的财务管理体系。

2015年，软件中心强化人力资源管理，积极引进高端人才，优化现有人才队伍，建立骨干人才梯队，畅通内部培养外部引进相结合的人才渠道，已形成公开、公平、培养、选拔的用人机制和人才内部适度竞争的格局。

2015年，软件中心党委围绕中心，服务大局，以“三严三实”为行动指南，积极落实党风廉政建设“两个责任”，认真执行中央“八项规定”精神和中国科学院党组“12项要求”，着力构建作风建设的长效机制；充分发挥党支部的战斗堡垒和党员先锋模范作用，积极开展评优活动。软件中心始终坚持构建和谐企业环境，积极推进企业文化建设，搭建交流与沟通的平台，积极开展丰富多彩的文体活动，公司内部和谐向上的企业文化初步形成，公司凝聚力和集体荣誉感得到进一步加强，为公司创造了良好的发展环境。

（撰稿：李　静　张文卉　审稿：奉旭辉）

中科院建筑设计研究院有限公司

董 事 长：王全新
总 经 理：王全新（代行）
地　　址：北京市海淀区中关村北一街4号
邮政编码：100190
电　　话：010-62565107
传　　真：010-62550658
电子信箱：liuchg@adcas. cn
网　　址：http:// www. adcas. cn

中科院建筑设计研究院有限公司（以下简称“中科设计”）前身为成立于1951年的中国科学院北京建筑设计研究院，是直属于中国科学院的唯一一家建筑设计及研究机构。2001年整体转制为公司，更名为中科建筑设计研究院有限责任公司，2008年2月启用现名，是中科院国有资产经营管理有限责任公司的控股企业。

中科设计在北京总部设有建筑、结构、机电、热力、惠中等24个工作室，并在广东、浙江、四川、河南、上海、陕西、江苏、安徽、重庆、福建、天津共11个省市设有分公司。截至2015年底，中科设计共有员工近800人，其中，高级以上职称126人，各专业国家一级注册人员87人。公司拥有建筑行业建筑工程甲级、市政公用行业（热力）甲级、城乡规划编制乙级资质以及对外承包工程资格，致力于提供建筑行业全专业设计总承包业务，能够实现全过程、全专业的设计服务，包括城市规划、建筑设计、市政热力设计、园林景观设计、光环境设计、室内设计、智能化系统设计、节能减排咨询、绿色建筑等。

作为国家级的建筑设计院，中科设计擅长大型科研、教育、文化、居住、办公、医疗、体育类建筑设计，完成了多项国家级大型项目的建筑设计工作，创作设计了一批具有社会影响力的建筑精品。其中，科研、教育类作品如中科院文献情报中心（中国国家科学图书馆）、北京正负电子对撞机工程、国家天文台、LAMOST天文望远镜项目、中国科学院大学怀柔校区、北京林业大学学研中心等，文化类作品如泰国中国文化中心、中国驻埃塞俄比亚大使馆、中国驻贝宁大使馆、中国驻巴西圣保罗总领事馆、北京基督教丰台教堂和朝阳教堂等，办公类作品如国家开发银行北京总部、中国人民银行重点库、天津于家堡金融区、京东商城北京总部基地等，居住类作品如郑州隆福国际、郑州金印现代城、北京及上海万科城市花园等。

作为国内最权威的科研及实验室建筑设计研究机构，中科设计是国家《科研建筑设计规范》、《科学实验室建筑设计规范》、《科研建筑工程规划面积指标》的主编单位，并主编国家建筑标准设计图集《实验室建筑设备》及《建筑设计资料集》的科研建筑部分。中科设计北京市高新技术企业、北京市设计创新中心，还是中国科学院绿色城市产业联盟的发起单位，被中国勘察设计协会评为首批“全国建筑设计行业诚信单位”，被中国建筑学会评为“当代中国建筑设计百家名院”，被住建部中国建筑文化中心评为“中国最具影响力建筑设计机构”，被地产界评为“北京地产十佳建筑设计机构”，获万科集团最佳设计合作伙伴奖。

中科设计成立64年来成绩斐然，建筑创作水平在国内名列前茅，曾先后获得国家级奖励10余项，省部级奖励70余项。“十二五”期间，中科设计的主要获奖项目有：中国科学院LAMOST天文望远镜项目，2011年北京市第十五届优秀建筑设计公共建筑二等奖；中国农业大学生命科学楼项目，2011年北京市第十五届优秀建筑设计公共建筑三等奖；中国科学院研究生院新园区规划设计项目，2011年度北京市优秀城乡规划设计三等奖；广州市亚运城岭南水乡民俗主体建筑工程项目，2012年北京市第十六届优秀工程设计奖公共建筑三等奖；郑州隆福国际项目，2012年北京市第十六届优秀工程设计奖居住建筑三等奖；中国科学院学术会堂夜景照明工程项目，2012年中国照明协会第七届中照照明奖照明工程设计三等奖；遥感卫星地面站科研楼项目，2013年全国优秀工程勘察设计行业奖公共建筑三等奖、北京市第十七届优秀工程设计奖公共建筑二等奖；郑州金印现代城项目，2013全国人居经典建筑规划设计方案竞赛建筑、环境双金奖；曼谷文化中心项目，2015年度全国优秀工程勘察设计行业奖公共建筑奖一等奖、北京市第十八届优秀工程设计奖公共建筑奖一等奖；国家开发银行项目，2015年度全国优秀工程勘察设计行业奖公共建筑奖一等奖、北京市第十八届优秀工程设计奖公共建筑奖一等奖；北京林业大学学研中心项目，2015年北京市第十八届优秀工程设计奖公共建筑二等奖。

60多年来，中科设计始终热心投入各项社会公益事业：在革命老区江西兴国县捐资建设“中科兴国希望小学”；汶川地震后，派专家到灾区做建筑安全鉴定，为灾后重建提供科学依据，并设计了北川抗震纪念园、央企办公区、10几所学校及医院等项目；在2008—2009年，参与奥运会残奥会环境建设工作及北京市对口援建新疆和田地区设计工作，受到北京市的表彰；2011年，中科设计在成立60周年之际，出资设立了“中科设计志愿者基金”，面向全国高校，倡导“奉献、友爱、互助、进步”的青年志愿者精神，培养志愿者队伍。志愿者基金至今已经陆续资助了中国科学院大学、清华大学、天津大学等8所高校的在校学生，开展了“爱心行动”科院学子创新型支教、“关爱农民工子女圆梦逐梦行动”、“心心幼儿园关爱活动”等公益活动。

中科设计特别注重国际学术交流与合作设计，依托中国科学院的专业科研院所，先后与美国Perkins Eastman建筑设计事务所、英国BDP建筑设计事务所、法国安东尼·贝叙建筑设计公司、西班牙BIY建筑师事务所、美国科万尼国际集团、太平洋咨询株式会社签订了长期合作协议。

中科设计秉承“尽责、规范、协作、发展”的院训，精心设计，诚信守约，追求精品，锐意创新，凭借自身的实力和优势为客户提供无边界的服务，实现“客户满意、员工满意、股东满意、社会满意”的企业使命。

（撰稿：谢 琨 刘晨光 审稿：辛力军 周 湧）

北京中科资源有限公司

董 事 长：张 平
总 裁：薛 岸
地 址：北京市海淀区中关村南三街6号
邮政编码：100190
电 话：010-82648225
传 真：010-62545879
电子信箱：deptzh@zkzy.com.cn
网 址：http://www.zkzy.com.cn

北京中科资源有限公司（以下简称“中科资源”）是中国科学院控股的国有企业，注册资本9200万元，成立于2001年12月7日，是由原中国科学院科技物资中心整体转制设立的有限责任公司。2015年底，公司总资产近4亿元，净资产3.7亿元，实现营业收入13.2亿元，利润总额8757.3万元。

中科资源的前身曾为中国科技事业发展做出贡献，一直承担着中国科学院所属机构的科研、生产、开发、基建所需的各类物资材料器材和进口物资设备的采购、仓储和供应业务，最早可追溯到1949年11月中国科学院成立之初的办公厅器材处，20世纪50年代为保障和实施国家12年科技规划任务的需求，升格为中国科学院器材局；70—90年代先后更名为中国科学院技术条件与进出口局、中国科学院物资局、中国科学院技术条件局、中国科学院科技物资中心；2001年整体转制为企业。

中科资源以“实现共赢发展，创新现代生活”为核心价值观，以“促进科技成果商品化，彻底打通科技创新价值链的最后一公里；实现科技服务产业化，优质高效便捷服务科技创新最后一百米；推动科技产品市场化，追求智能健康生活惠及千家万户零距离”为愿景，以“成为贸工技推动的民用科技产品开发营销商，成为科研与办公耗材的专业供应与服务商，成为独具特色和有一定影响力的现代商贸服务集团公司”为目标，矢志不渝地践行“让科技成就你我”的伟大使命。

中科资源主营业务涉及技术开发、技术服务；货物进出口、技术进出口、代理进出口；批发预包装食品；销售保健食品；销售家用电器、金属材料、日用品、机械设备、五金交电、电子产品；普通货运；出租商业用房。

中科资源拥有中科资源（天津）贸易有限公司、喀斯玛（北京）科技有限公司、云南中科本草科技有限公司、北京中科喀斯玛孵化器科技有限公司4家控股企业，北京恒源小额贷款有限公司、南京中科电机有限公司、新疆中科传感有限责任公司、北京中科新视界科技有限公司4家参股企业。中科资源设综合管理部、战略与投资管理部、人力资源部、资产财务部4个职能部门；室内环境事业部、平台运营事业部2个业务单元；物业建设管理中心、信息管理中心2个支撑服务单元。截至2015年底，中科资源共有在职职工人数262人。

2015年，中科资源以创新发展为主题，以建设无店铺销售体系为抓手，通过“建平台、创产品、树品牌”统筹原有业务并拓展新的业务领域。

电购电商业务作为公司的核心业务，以国际高端品牌家居、厨房产品在电视购物及电子商务无店铺渠道销售为核心，凭借节目制作、品牌运营和强大的销售渠道致力于成为专业的无店铺销售渠道的平台运营商。旗下拥有专业的商品开发、厂商代表和节目策划制作、电子商务运营团队，同时还与拥有广电背景和牌照的电视购物公司及国内主流电子商务平台建立战略合作伙伴关系，主要运营品牌包括韩国惠人、美国康宁、德国双立人、德国 WMF、德国米技、韩国奥库、韩国 HAPPYCALL 等。2015 年，中科资源顺应电子商务发展，积极拓宽渠道，电商渠道占比由 2014 年的 25% 提升至 32%，创造了“双 11”当天销售收入近亿元的新纪录，位列“天猫”小家电品类第 5 名。同时，中科资源加大新品牌培育力度，通过优化产品和渠道结构，创建推广中科国际品牌馆，使非原汁机占比提升至 40%，实现了除原汁机外的三款产品销售收入过亿元。

喀斯玛・科苑商城由中国科学院条件保障与财务局、监察审计局指导，中科资源负责承建，是一个以生化试剂及耗材采购为主的垂直型 B2B 第三方电子商务交易平台，以服务科技创新为根本，充分利用社会资源和市场化机制，致力于打造科学家自己的平台，为中国科学院乃至国家科技创新服务。2015 年，喀斯玛・科苑商城通过对院内市场精耕细作和院外市场的全面策划、营销，同时注意强化供应商管理，以央视为主要载体加大宣传力度，交易额达到 1.82 亿元，同比增长 1.64 倍，品牌影响力显著提升。

室内环境业务是中科资源的核心业务之一，主要涵盖室内温度、湿度、洁净度、检测及相关智能互联产品研发、生产、销售，室内环境控制系统集成和解决方案。中科资源依托中国科学院雄厚的技术优势，开发研制出“惠爱家”家用和车载系列空气净化器。2015 年，自有品牌惠爱家净化器、多口智能充电器通过天猫、苏宁、亚马逊等电商平台和自建官方销售服务网站等渠道实现销售收入近 300 万元，“惠爱家”品牌也得到了较好的宣传和推广，赢得了消费者的初步认可。

健康食品板块作为中科资源新的业务增长点，2015 年完成了对云南中科本草科技有限公司的股权收购，为公司实现战略业务布局奠定坚实基础。通过国内外展会呈现、大赛活动及赞助冠名、网络及平面媒体的报道推广等，中科资源完成了曼歇坝咖啡庄园及产品品牌初期建设和市场推广，平台融合也初见雏形，逐步完善了第三方平台和自有平台建设，构建起运营、客服和物流团队，14 家店铺开店运营，惠爱家净化器、多口充电器、曼歇坝咖啡线上推广有声有色，销售流程日趋顺畅，截至 2015 年底实现销售收入近 400 万元。

中科院科技产品销售网络于 2015 年举办了 20 周年庆典。未来，中科资源还将借助互联网平台“国科网城”进行企业宣传和产品展示、销售，给中国科学院内中小型科技企业为主的网络成员单位带来机遇，促进中小企业不断发展壮大并通过网络走向世界，同时向全社会集中展示中国科学院在民用高科技产业及产品方面取得的卓越成绩。

（撰稿：王　艺　魏　楠　审稿：张　平）

中国科学院沈阳计算技术研究所有限公司

董 事 长： 郭锐锋
地　　址： 辽宁省沈阳市浑南新区南屏东路 16 号
邮政编码： 110168
电　　话： 024-24696180
传　　真： 024-24696179
电子信箱： pengxt@sict.ac.cn
网　　址： http://www.sict.ac.cn

中国科学院沈阳计算技术研究所有限公司（以下简称“沈阳计算”）创建于 1958 年 8 月，原为中国科学院沈阳计算技术研究所，2001 年 6 月整体转制为高新技术企业。沈阳计算以计算机科学及相关技术为主要研究方向，以技术创新和产业化为目标，主营业务涉及数控与智能制造、电力信息化、融合通信、安监环保、智慧城市和智慧物流等领域，为用户和行业提供整体解决方案、产品与技术服务。

沈阳计算拥有三个国家级创新平台，分别为高档数控国家工程研究中心、数控控制总线技术国家地方联合工程实验室、开放式数控系统支撑技术创新平台；四个省级研究中心，分别为辽宁省IP通信工程技术研究中心、辽宁省环境污染监控工程技术研究中心、辽宁中科计算智能电网云计算专业技术创新平台、辽宁省中科院沈阳计算技术研究所工程技术研究中心；此外还与中国科学技术大学共建了联合网络与通信实验室。

沈阳计算是全国机械电气系统标准化技术委员会安全控制系统分技术委员会、中科院数控技术创新联盟、《小型微型计算机系统》核心期刊、辽宁省计算机学会等机构的依托单位，中国科学院大学的博士、硕士培养单位，设有国家级博士后工作站。截至2015年12月31日，沈阳计算本部在职员工312人，其中研发及工程技术人员249人；设有系统与软件事业部、智能控制与装备事业部、系统集成部、研发中心、信息技术实验室等业务部门。

2015年，沈阳计算把握发展机遇，克服装备制造业市场需求持续低迷、电力行业传统业务趋近饱和以及垄断加剧等不利市场因素，努力化解冲击，各项工作仍取得了较好的进展。沈阳计算着重开展了发展战略的梳理、业务方向的聚焦和模式探索、优势资源的整合、技术创新与产品规划、组织机构调整、人才队伍建设等方面工作，实现了公司创新业务的快速增长和传统主营业务的稳中有升，保障了公司的健康有序发展。

在电力信息化业务板块，沈阳计算调整电力市场策略改变主攻方向，拓宽产品应用范围和市场区域，抓新技术和新产品，营收实现持续反弹，成为第四家受国网认可的调度管理类系统供应商。

在数控与智能制造业务板块，沈阳计算针对国家装备制造业转型升级的需求，整合优势资源，开拓市场，重点发展自动线体、数字车间等业务，与子公司业务有机衔接，共同延展产业链。

在创新业务板块，沈阳计算抓住机遇，统筹建设，重点打造IT与通信业务集群，收入同比增长42%。围绕智慧城市主题，在智慧安监、智慧环保、智慧物流+、融合通信平台及移动应用系统等方面取得了跨越式进展。

2015年，沈阳计算共立项科技项目15项，验收科技项目13项；申请专利41件，其中发明专利38件、实用新型3件；获专利授权14件，软件著作权8项；获武器装备科研生产许可证。"大型供电企业综合信息安全平台建设及关键技术研究"获辽宁省科技进步奖一等奖、"供热机组以热定电关键技术研究及工程应用"获辽宁省科技进步奖二等奖、"特大型电网企业运营监测（控）平台的开发与应用"获辽宁省科技进步奖三等奖、"基于国产软硬件平台的系列化数控系统"获沈阳市科技进步奖一等奖。2015年沈阳计算顺利完成了国家重大专项的检查验收工作，"01"专项课题、"04"专项课题、国家科技支撑计划课题均完成了结题阶段性验收。

2015年，沈阳计算党委在党风廉政建设和反腐倡廉工作中做了大量卓有成效的工作，重点开展了"三严三实"专题教育工作，精心组织，成立由党委委员组成的专题教育工作领导小组，制订方案、查摆问题、认真整改，取得了显著成效；认真落实党风廉政建设责任制，制定了《党风廉政建设责任制实施细则》，签订个性化廉政建设责任书21份，强化了公司班子成员和部门领导干部的廉洁从业意识，有利的预防和遏制了腐败的发生；党委加强党的组织建设，定期召开党委会、中心组学习、民主生活会，坚持"三会一课"制度，有效推动了公司党建工作的深入开展，提升党建工作水平。

（撰稿：彭晓彤　聂　林　审稿：郭锐锋）

中国科学院沈阳科学仪器股份有限公司

董 事 长：雷震霖
总 经 理：李昌龙
地　　址：辽宁省沈阳市浑南新区新源街1号
邮政编码：110179
电　　话：024-23826801
传　　真：024-23826800
电子信箱：sales@sky.ac.cn
网　　址：http://www.sky.ac.cn

中国科学院沈阳科学仪器股份有限公司

（以下简称“沈阳科仪”）创建于1958年，前身为中国科学院沈阳科学仪器研制中心，2001年4月整体转制为沈阳中科仪技术发展有限责任公司，2002年12月更名为中国科学院沈阳科学仪器研制中心有限公司，2011年12月整体变更设立为股份有限公司并启用现名。2014年7月，沈阳科仪在全国中小企业股份转让系统正式挂牌。

沈阳科仪以“引领真空技术、支撑科技创新、促进产业发展”为使命，以“与所有利益相关者共同创造、共同分享、共同发展。让员工能够受人尊重和体面地生活”为愿景，以“真诚待人、敬重客户、勇于担当、乐于奉献”为核心价值观，面向工业与科研领域，以真空应用产品、真空获得产品、高端装备及工业化产品、技术服务为主要产品和业务，是我国集成电路装备和高档科学仪器的研制、生产基地。沈阳科仪由5个业务及研发部门、8个管理职能部门组成。截至2015年底，沈阳科仪员工总数为334人，其中高级职称人员96人、本科以上学历161人，逐步建成了一支综合素质高、创新能力强的科技人才队伍。

沈阳科仪聚焦重点地区、重点客户，持续凝练战略目标，打造核心技术，强化高真空、超高真空、超洁净真空技术品牌。沈阳科仪坚定走模块化、标准化、产业化、市场化道路，本年度重点关注“创新链与产业链”联盟项目及重大科技基础设施项目。

2015年2月，中科院先进光电晶体材料高端装备技术创新与产业化联盟正式成立。该联盟在中国科学院的顶层策划和宏观管理下，在国科控股的指导和建设下，目前运转良好。2015年10月，该联盟建设任务书获国科控股批准，120kg蓝宝石晶体生长装备研发阶段已结束，目前正在进行产业化验证。

沈阳科仪与上海应用物理所等8家国内科研单位在国家重大基础设施方面签订了战略合作协议，累计金额2000余万元，后期将对上述项目持续跟踪。

在人才梯队建设方面，沈阳科仪从公司高层、部门主管领导和人力资源部三个层面对公司102名部门评价前70%的年轻员工进行职业规划面谈和引导，并建立相关电子档案。2015年8月，沈阳科仪成立网络培训学院，面向骨干员工建立E-learning培训平台，计划人均8.7学时，实际（含自选）14学时，平均达成率为160%。

2015年，沈阳科仪经反复讨论、修改和凝练，提出公司价值观、使命和愿景，并组织召开全体职工大会，由董事长、公司高管作报告，广泛宣传企业文化，还成立了企业文化推进小组，负责公司今后企业文化建设的推进工作。

沈阳科仪十分重视技术创新工作，2015年顺利完成了国家02科技重大专项验收、国家863计划项目验收、国家重大科学仪器设备开发专项项目中期验收，申报的04国家科技重大专项获得批准。全年完成纵向课题立项8项，申请经费到款2178万元。

2015年，沈阳科仪围绕战略目标，划小核算单元，引入竞争机制，对业务部门和销售部门用现金流、利润、收入进行考核，实行独立核算。通过完善制度流程，使得账物相符，统一管理平台，沈阳科仪要求公司所有设计部门全年优先使用账外及库存积压物资，多种手段，多管齐下。截至2015年12月底，累计消耗库存积压物资总计约807万元。

2015年，沈阳科仪持续推进ERP项目建设，涵盖了企业的全部核心业务，目前已完成系统培训、模拟测试、流程设计；OA系统上线一年来，运行平稳，系统涵盖表单流程145项，在提高效率、数据存储、降低管理成本等方面发挥了显著作用；沈阳科仪网站更新改版，新建客户沟通平台，实现电子商务功能，丰富了销售渠道。

按照中央和中国科学院党组的要求，沈阳科仪在公司部门助理以上管理干部中开展了“三严三实”教育，查摆发现不严不实表现和问题，逐条落实整改；将“三严三实”教育和党风廉政教育有机结合，从中国科学院内近几年发生的各类违法违纪案件中教育警示党员干部，层层签订党风廉政责任书。

离退休管理方面，沈阳科仪始终关心离退休人员的生活待遇，解决离退休人员的实际生活困难，始终做到在政治上尊重老同志，思想上关心老同志，生活上照顾老同志。沈阳科仪党委、工会定期看望离退休老员工，并多次组织离退休员工体检、旅游。

（撰稿：孙俏俏　白　璐　审稿：李昌龙）

中科院南京天文仪器有限公司

董 事 长：王　永
总 经 理：王进步
地　　址：江苏省南京市玄武区花园路 6-10 号
邮政编码：210042
电　　话：025-85482007
电子信箱：office@nairc. ac. cn
网　　址：http://www. nairc. com

中科院南京天文仪器有限公司（以下简称“南京天仪”，英文简称 NAIRC）是中国科学院直属的科技型企业，其前身是组建于 1958 年 12 月的中国科学院南京天文仪器厂，1991 年 10 月更名为中国科学院南京天文仪器研制中心，2001 年 11 月实行整体转制，2013 年 1 月启用现名。

南京天仪科研方向为天文技术与方法、光机电一体化仪器设备的设计与制造，主营业务为天文仪器、人造卫星观测与跟踪设备、大型激光雷达、大型平行光管、大口径标准镜、大口径光学镜面加工、高精密转台等。南京天仪在大口径非球面光学加工及大型光学仪器设备的研制方面居国内领先地位。

南京天仪注册资本 3856 万元，资产 2.4 亿元，占地 240 亩，总建筑面积 9 万平方米，下设耐尔思、天富 2 个全资或控股子公司和研发、销售、生产、管理等 7 个部门。南京天仪是中国科学院研究生院“天体物理”、“天文技术与方法”学科研究生培养单位，设有江苏省光电仪器设计与制造工程技术研究中心、中国科学院南京光学技术研究中心、江苏省企业院士工作站等技术创新平台。截至 2015 年底，南京天仪共有在职职工 221 人，其中科技人员 64 人，包括中国工程院院士 1 人、副高级以上专业技术人员 26 人。

2015 年，南京天仪实施新的战略发展规划，以“谋划未来，加快发展，注重效益，扩大规模”为指导思想，进一步落实发展战略规划，明确目标，开拓市场，强化生产管理，加强队伍建设，完善内部管理，全面超额完成了全年经营目标，各项工作取得良好进展。

2015 年，南京天仪加大新品开发力度，项目研发有新突破：研制成功蓝宝石双面研磨抛光机；研制成功的微型光电阵现已出样机，在进一步完善状态，为进一步产业化奠定了坚实基础；研制的“低温平行光管”、“星敏感器”等项目均有突破，得到客户高度好评；全年专利获批 10 项，其中发明 7 项、实用新型 3 项，软件著作权 1 项。新专利集中在大精专仪器设备领域，均已在公司的主打产品上成功实施，获得了较好的经济效益；全年共承担各类政府科技计划项目 10 项。

面对严峻的国内外经济形势，南京天仪本着“优势互补、资源共享、协同创新、共同发展”的原则，积极寻找战略同盟，先后与中国科学院南京天文光学技术研究所、中国科学院云南天文台、中国科学院紫金山天文台、中国科学院苏州生物医学工程技术研究所等多家单位签订战略合作协议，建立长期、稳定的合作关系，还积极申请加入中国科学院先进医疗器械产业孵化联盟，实施创新链与产业链有效嫁接，推动研究成果转移转化。

在努力提高经济效益的同时，南京天仪始终坚持开展献爱心活动，设定红山子弟学校为永久赞助对象，定期为孩子们捐助各类图书，使学生们接受良好教育；积极响应南京市慈善总会“慈善一日捐”活动，为社区捐款。南京天仪还积极参与天文科普活动，2015 年再次被命名为“江苏省科普教基地”，全国科技活动周期间，南京天仪组织了天文观测活动，耐尔思天文台开放 11 个晚上，共接待了 600 多人。

（撰稿：朱　慧　丁丽媛　审稿：王　永）

中科院广州化学有限公司

董 事 长：胡美龙
总 经 理：吕满庚

地　　址：广东省广州市天河区兴科路368号
邮政编码：510650
电　　话：020-85231230
传　　真：020-85231119
电子信箱：bgs@gic.ac.cn
网　　址：http://www.gic.ac.cn

中科院广州化学有限公司（以下简称“广州化学”）前身为成立于1958年10月的中国科学院广州化学研究所，2001年12月，该研究所整体转制为由中国科学院直接控股的有限责任公司。

经过转制10余年的发展，广州化学已经成为集科研、研究生教育、化工新材料产品生产与销售、检验检测认证（权威的第三方检测服务）以及化工行业高新技术服务于一体的国家高新技术企业，为国家知识产权试点单位。广州化学目前已经形成了四大业务板块，分别为化工产品板块、化灌工程板块、检测检验及认证板块、技术创新与技术服务板块；拥有6家全资或控股子公司，分别为中科院广州化灌工程有限公司（国家高新技术企业）、广州中科检测技术服务有限公司（以下简称“中科检测”）、嘉兴中科检测技术服务有限公司、重庆中科检测技术服务有限公司、湛江中科技术服务有限公司、海南中科翔新材料科技有限公司（以下简称“海南中科翔”）。

广州化学的主要业务领域涉及建材化学品、胶粘剂、电子化学品、有机新材料以及化学灌浆和防水材料等产品的研发、生产和销售，建筑、水利、交通、矿山、电力、地质灾害治理、文物保护等领域的化灌工程施工，以及化学化工产品成分分析、二噁英检测、环境监测、材料性能测试、环境可靠性测试、危废鉴定、再生资源鉴定等测试技术服务及咨询服务等。

广州化学本部位于广州市天河区，毗邻华南植物园，园区面积为27万平方米（400亩），在广东省韶关南雄精细化工园投资建设的材料生产基地面积为6.67万平方米（100亩）。广州化学设有财务部、南雄材料生产基地（以下简称“南雄基地”）、营销中心、采购部、科技发展部、技术服务部、研发技术一部、研发技术二部、研发技术三部、研发技术四部、研发技术五部、综合办公室、人力资源部、物业管理部、网络信息中心等经营管理机构，现有2个部级研究院（中科院广州新型特种精细化学品研究院、中科院韶关精细化工与有机新材料研究院），2个省部级重点实验室（中国科学院纤维素化学重点实验室、广东省电子有机聚合物材料重点实验室）、3个省级重点工程中心（广东省化学灌浆工程技术研究中心、广东省建材功能精细化学品工程技术研究中心、广东省触显器件电子材料工程技术研究中心），1个广州市工程中心（广州市电子信息聚合物工程中心），1个广州市重点实验室（广州市绿色建材化学品重点实验室），1个广州市研究院（广州市中科广化绿色建筑材料研究院），1个院士工作站（广东省中科化灌工程与材料院士工作站），2个市级育成中心（中科院广州化学所韶关技术创新与育成中心、中国科学院佛山功能高分子材料中心）。

截至2015年底，广州化学共有员工138人，其中研究员13人、副研究员及高级工程师8人。作为国家化学学科重要的高级人才培养基地，广州化学有博士生导师9人，硕士生导师15人，现有2个博士生招生专业（有机化学、高分子化学与物理）和5个硕士生招生专业（有机化学、高分子化学与物理、应用化学、化学工程、材料工程），共有在读研究生90人，其中博士研究生31人、硕士研究生59人；2015年毕业博士研究生6人、硕士研究生12人，就业率94%。2015年广州化学研究生获国家奖学金2人，中国科学院大学三好标兵等校级奖励14人。2015年底获批博士后工作站。广州化学负责主编的专业学术期刊《广州化学》和《纤维素科学与技术》在国内外公开发行。

2015年，广州化学实现营业收入2.03亿元，利润总额1827万，净利润1538万元，净利润较上年增加16.54%，归属于母公司所有者的净利润1431万元，比上年增加30.27%，公司经营总体稳健。

2015年，广州化学共承担在研纵向项目68项，其中新增26项，新增纵向项目经费约2064.04万元；申请并获得国家自然科学基金1项；发表科技论文52篇，其中SCI收录35篇；

申请国家发明专利60项，获得授权发明专利76项，获得中国专利优秀奖1项，广东省专利金奖1项，广东省科学技术奖三等奖1项，广州市科学技术奖三等奖1项，佛山市科学技术奖2项，佛山市禅城区科学技术奖三等奖1项；签订各类横向技术合作合同5个，合同额1138.5万元，到款1128.5万元；2015年，广州化学继续深化院地合作，积极推进与广东省、海南省、浙江省和重庆市等地方的科技合作。

2015年，广州化学积极面对外部严峻的经济环境，坚决贯彻公司中长期发展战略，坚定推进公司各项改革，提升创新和盈利能力，通过在化工产品板块、化灌工程板块、检测检验及认证板块、技术创新及技术服务板块四大板块合理调配经营资源，不断调整优化，实现四大板块的协同发展。化工产品板块，通过整合内部科技资源，提升创新能力，完成了产品结构的调整及优化，产品盈利能力得到大幅上升。通过创新营销模式，以合作成立营销公司、委托代理平台、尝试“互联网+”等方式建立多元化的营销模式。子公司海南中科翔新材料科技有限公司已形成规模生产和销售，南雄材料生产基地运转良好。化灌工程板块，积极创新业务拓展方式，建立多元化的市场营销体系，多渠道寻求新增长点。并通过加强内部管理，加强例会管理、信息化建设、资质拓展、加大创新激励等手段提升公司软硬条件。检验检测及认证板块，通过院地合作、成立子公司、设立办事处等多种方式实现在重庆等地的快速扩张及区域布局。并通过完善市场营销体系，加强资质建设（成功扩项CMA/CMF、CNAS)，扩大业务范围，实现了营业收入的大幅增长。技术创新与技术服务板块，通过整合内部资源、联合院内外优势单位，大大增强了对产品板块的技术创新服务能力，并提升了政府及社会各类项目的争取力度。并通过进一步规范基础科研设施建设和科技人才队伍培养，大大提升了为国家和地方的科技服务的能力。

2015年，广州化学自主产业化的产品获得多个奖项：一种水性砂浆改性剂及其制备方法与应用获得了第17届中国专利奖；新型高效节能陶瓷助剂研制关键技术及应用获得了广州市科学技术奖二等奖；获得佛山市科技进步奖二等奖、三等奖各一项。

2015年，广州化学统一规划，全面建设并提升本部和控股及全资子公司创新能力：中科院广州化灌工程有限公司、广州中科检测技术服务有限公司、海南中科翔新材料科技有限公司3家子公司顺利通过2015年高新技术企业认定。广州化学公司本部顺利通过“广东省经信委2015年省战略性新兴产业培育企业复审”。

2015年，广州化学积极落实中国科学院“四个率先”战略和国科控股“联动创新”战略，围绕水泥建材、陶瓷建材、电子触显、机械制造四个产业链的技术创新及转型升级对新型特种精细化学品的需求，部署创新链，并联合中国科学院相关单位在精细化学品领域的技术创新优势单位，组建中科院新型特种精细化学品技术创新与产业化联盟，开展技术创新，结合资本链，推动成果产业化。

2015年，依托于广州化学的中科院新型特种精细化学品技术创新与产业化联盟成立。该联盟面向产业的技术需求，聚集中科院创新资源，开展技术创新和成果的产业化转化，实现“两链嫁接”，为广州化学的发展迎来了新的机遇也带来了新的挑战。

2015年，广州化学大力推进企业文化建设，不断完善园区内的体育设施建设，开展形式多样的职工文体娱乐活动，丰富职工文体生活。

2016年，广州化学将继续坚持“以人为本，和谐共赢”的核心理念，发扬“协同、创新、进取、求精”的企业精神，积极推进技术创新和产业化联盟建设，积极推进南雄材料生产基地设备改造和二期工程建设，在公司经营上努力探索多元化合作模式为实现广州化学的二次腾飞不断努力。

（撰稿：申智慧　臧　丹　审稿：胡美龙）

中科院广州电子技术有限公司

董 事 长：李耀棠

总 经 理：陈　斌

地　　址：广东省广州市先烈中路100号大

院 23 栋
邮政编码：510070
电　　话：020-87682806
传　　真：020-87683247
电子信箱：bgs@gic. ac. cn
网　　址：http://www. giet. ac. cn;
http://www. caset. ac. cn

中科院广州电子技术有限公司（以下简称“广州电子”）创建于 1970 年，前身为广东省 701 研究所，1978 年划归中国科学院，更名为中国科学院广州电子技术研究所，2001 年 12 月整体改制为有限责任公司，更为现名。

广州电子是国有控股有限责任公司，设有 6 个事业部、1 个销售部和 4 个职能部门，分别为 3D 打印事业部、电子产品事业部、智能光电产品事业部、工业控制与系统集成事业部、电子信息事业部、多媒体应用事业部、销售部、综合办公室、企业发展部、资产财务部和后勤服务中心，主要产品和业务有 3D 打印机及服务、多媒体核心版、分子泵电源、光纤感温传感系统、系统集成等。

截至 2015 年 12 月 31 日，广州电子共有在职职工 281 人（含子公司），其中科技人员 167 人，包括研究员 5 人、副研究员 1 人、高级工程师 17 人。

广州电子是华南地区知名 3D 打印机制造企业，拥有两个省级科研平台，即广东省 3D 打印技术及装备工程研究中心和广东省增材制造工程实验室，先后承担了多项省、市 3D 打印科研项目。2014 年，在广州电子的倡议下，广东省 3D 打印产业创新联盟成立，广州电子董事长李耀棠任理事长。

2015 年，广州电子完成营业业务收入 8426 万元，同比增长 5%，利润总额 391 万元，同比下降 3.5%。全年获得授权的发明专利 1 件、软件产品登记 3 件。

广州电子通过了 ISO9001 质量体系认证，并获得高新技术企业认定，现具有计算机信息系统集成三级资质证书、广东省安全技术防范设计施工维修资格证、软件企业认定证书、信用等级“AAA”证书、“重合同守信用”证书。

广州电子现有投资企业 2 个，其中持股企业 1 个、控股企业 1 个。广州晶体科技有限公司（以下简称“广晶科技”）成立于 2001 年 7 月，广州电子持股比例为 49%，主要从事人造金刚石工具开发及生产，产品有锯片、磨轮、钻头、树脂砂轮四个系列，广泛用于石材、陶瓷、玻璃、宝玉石、硬质合金加工。2015 年，广晶科技营业收入 1935.7 万元，同比下降 1.4%，净利润 63.97 万元，同比增长 3197.4%。广州智诚科技有限公司（以下简称“智诚科技”）成立于 1998 年，是广州电子全资控股子公司，主要从事计算机网络信息系统工程监理、技术设计咨询、技术服务业务。2015 年，智诚科技营业收入 507.84 万元，同比增长 17.8%，净利润 16.58 万元，同比增长 43.4%。2015 年，广州电子通过挂牌交易的方式完成了智诚科技股权结构的清理，智诚科技已成为广州电子全资子公司，并办理了工商变更登记。

（撰稿：陈　晖　审稿：李耀棠）

中国科学院成都有机化学有限公司

董 事 长：熊成东
总 经 理：倪宏志
地　　址：四川省成都市人民南路四段 9 号
邮政编码：610041
电　　话：028-85222143
传　　真：028-85223978
电子信箱：bgs@cioc. ac. cn
网　　址：http://www. cioc. ac. cn

中国科学院成都有机化学有限公司（以下简称“成都有机”）前身为成立于 1958 年的中国科学院成都有机化学研究所，由其于 2001 年整体转制而来。成都有机致力于精细化工和新材料行业的成果转化及规模产业化，并提供有特色的产品和技术服务，已发展成为集研究开发、工程化验证、产品生产经营等为一体的综合性高新技术企业。

成都有机拥有 863 计划成果产业化基地、手性药物国家工程研究中心、四川省节能及清洁生产催化工程技术研究中心、不对称合成与手性技术四川省重点实验室、四川省企业技术中心、中国科学院成都分院分析测试中心等国家和省部级技术研发和服务平台，具有较强的技术创新和成果产业化能力。成都有机现设有综合管理部、企业发展部、研发中心、财务部、市场营销部、催化剂产品事业部、纳米碳材料产品事业部、有机中间体产品事业部、新产品事业部等 9 个部门，还在东部沿海地区建立了 3 个分中心（常州分中心、嘉兴分中心和台州分中心）。成都有机拥有 4 家全资或控股高新技术企业，分别为成都丽凯手性技术有限公司、成都中科普瑞净化设备有限公司、成都中科能源环保有限公司、成都中科高分子材料股份有限公司。

2015 年，成都有机实现营业收入 17 629 万元，同比增长 26%。自 2011 年以来，公司营业收入已实现连续 5 年增长。

成都有机拥有一支高素质的员工队伍。截至 2015 年底，成都有机共有员工 335 人，其中具有高级职称研发人员 100 余人，具有硕士以上学位研发人员 80 余人，获国务院政府特殊津贴 40 余人，四川省学术技术带头人 9 人，四川省突出贡献优秀专家 4 人，四川省“千人计划” 2 人，四川省技术创新团队 2 个，四川省青年科技奖 2 个。

2015 年是成都有机实现三年（2014—2016）发展规划目标的关键之年，公司以“夯实产业基础、保证重点产品发展”为经营工作主线，以打造公司核心主导产业为目标，以公司自主培育的技术型产品为切入点，快速提升公司经营业绩，在公司重点产品的产能扩大、新产品的自主研发及产业化、公司产业园区平台建设及生产项目环评安评工作等方面开展了成效显著的工作，公司的经营业绩得到大幅提升。

2015 年，成都有机实现营业收入 17 629 万元，完成年度预算的 110%，同比增长 26%。2015 年，成都有机本部营业收入首次过 1 亿，单个产品销售收入首次突破 4000 万元，实验室小产品销售收入首次突破 1000 万元。

成都有机围绕企业产业方向，强化技术链、资金链和产业链的联动创新，在加强研发资源整合、自主研发管理以及重大产业项目推进上，取得了显著的成效，公司自主研发项目投入各类经费 730 万元，占公司本部营业收入的 6.8%。通过公司自主研发活动，成都有机在碳纳米管材料、有机中间体及石墨烯等产品的开发和中试上取得了突破性的进展，并进行后续新产品的开发培育。2015 年，成都有机通过技术创新驱动产业发展，使公司产品收入占到公司营业收入的 80%以上。

成都有机还承担多项国家科技支撑计划、863 计划、973 计划和国家产业化示范工程等重大科技项目，并通过与地方政府和企业开展院地合作，推动技术成果转化，促进地方经济发展。2015 年，成都有机“疏水缔合聚合物水包水、油包水乳液的制备及在油气开采中的应用”项目获中国石油和化学工业联合会科技进步奖一等奖并在山东胜利油田得到了很好的应用推广，“10 万立方米/年三聚氰胺泡沫产业化关键技术及应用”项目和“手性药物中间体（S）-2-羟基-4-N-邻苯二甲酰氨基丁酸的中试新技术开发”项目获科技成果鉴定。2015 年，成都有机新申请发明专利 18 件，获授权的发明专利 6 件，历年来累计申请专利 499 件（其中发明专利 476 件），授权专利 211 件（其中发明专利 191 件）。

2015 年，成都有机在公司大邑产业园区进行了产品扩能项目生产厂房及配套设施的建设，并结合园区基本建设，加强园区及生产项目的环评安评工作。

成都有机不断完善对人才的管理和培养，积极推进人才队伍建设。2015 年，成都有机共获得各类人才项目 10 项，获得人才项目专项经费 908 万元。由成都有机 3 名海外留学归来的研发领军人物领衔，8 名高级研究人员参与的研发创新人才团队入选四川省“千人计划”创新团队”；2 人入选 2015 年度中国科学院“西部之光”人才培养项目；获 2015 年度成都市留学人员科技活动项目择优资助-优秀类和启动类各 1 项；2 名优秀青年研发人员获得第十三届四川省青年科技奖；入选成都高新区创新创业人才奖 1 项。

2015 年，成都有机通过以企业文化展厅建设为窗口，以执行力建设、制度建设和团队精神为核心，以企业文化活动为抓手，打造企业和谐发展的良好氛围，并以“精细化管理”为主题，通过强化员工培训和现场管理，提升公司生产经营和管理服务的效率。

成都有机积极承担社会责任和义务，参与和开展对四川省贫困地区贫困户精准扶贫活动。2015年，成都有机结合“扶贫日”积极组织开展“奉献一份爱心 点燃一盏希望”的主题公募活动，公司及员工个人共捐款23 600元，定向帮扶四川省广元市利州区龙池村发展食用菌产业。

（撰稿：陈　勇　张东丽　审稿：王公应）

中科院成都信息技术股份有限公司

董 事 长： 王晓宇
总 经 理： 付忠良
注册地址： 四川省成都高新区天晖路360号晶科1号大厦
办公地址： 四川省成都市人民南路四段9号
邮政编码： 610041
电　　话： 028-85135151
传　　真： 028-85229357
电子信箱： bgs@casit.com.cn
网　　址： http://www.casit.com.cn

中科院成都信息技术股份有限公司（以下简称“成都信息”）是由创立于1958年的中国科学院成都计算机应用研究所于2001年6月整体转制而来，是由中国科学院控股的高科技企业。1958年成立时，命名为中科院四川分院数学所；1960年更名为中科院四川分院计算所；1962年更名为西南电子所计算站；1968年更名为总字821部队西南计算站；1971年更名为四川省计算站；1978年更名为中科院成都计算站；1981年更名为中科院成都计算机应用研究所；2001年6月，整体转制为四川中科院信息技术有限公司；2005年1月更名为中科院成都信息技术有限公司；2013年4月整体更为现名。

成都信息是中国软件行业协会理事单位、四川省计算机学会理事长单位，公司以高速机器视觉、智能分析技术为核心，为政府、烟草、油气、特种印刷等行业提供信息化整体解决方案、智能化工程和相关产品与技术服务。在计算机软件工程、办公自动化、工业计算机应用等领域具有较高的创新水平和突出的应用特色。成都信息以“服务客户、成就员工、回报股东、贡献社会”为使命，以科技创新为动力，聚焦行业信息化建设，努力成为我国软件产业内有突出贡献、受人尊敬的高科技股份企业（集团）。

截至2015年底，成都信息共有员工387人，其中博士占2.6%，硕士占21.7%，本科占63.1%，平均年龄33.1岁。成都信息下设工业计算机应用事业部、图像视觉事业部、办公自动化事业部、软件与通信事业部、油气信息化事业部、智能工程事业部等业务部门，另设有公司办公室（保密办公室）、人力资源部、市场部、企业管理部、财务管理部、审计部、研发中心、自动推理实验室、物业管理中心等管理与支撑部门，拥有全资子公司成都中科信息技术有限公司和控股子公司成都中科石油工程技术股份有限公司。成都信息还拥有计算机软件与理论、软件工程博士学位授予点，计算机软件与理论、计算机应用技术、计算机技术、软件工程、应用数学硕士学位授予点和计算机科学与技术博士后科研流动站。

成都信息主要面向政府、烟草、特种印刷、石油行业提供信息化整体解决方案，产品线不断丰富，业务规模逐步扩大，盈利能力不断提升，内部管理日益完善，经营实力持续增强。2015年，成都信息在数字会议业务领域，抓住表决市场的旺盛需求，成功占据全国省级人代会表决市场的15%，取得表决器销售新突破；新产品“计票通”在南昌、北京、天津、武汉等地的153个社区使用获得好评，基层直选系统市场影响力快速提升。在烟草农、工、商传统行业市场，多个重大项目顺利实施并得到用户好评；运维服务水平和质量持续提升，新产品成功应用，广泛开展战略合作，新业务市场拓展成绩突出。基于机器视觉技术的印钞检测产品市场业务稳定，新产品研制相继取得成果；新行业市场拓展顺利推进。油气信息化系统及设备在行业内推广顺利，市场地位进一步稳固。

2015年，成都信息新技术和新产品研发成果丰硕。移动应用技术在烟草、人大、医疗多个领域得到推广，GIS 数字管网监控系统成功应用，智能医疗及医学虚拟仿真技术和产品升级，基于 CasitMark 平台的干部推荐系统通过验收，新一代选举系统关键技术攻关取得新进展；塔机电控样机通过第三方测试；视频刑侦系统趋于成熟；手机背光板质检产品、卡清分机、玻璃检测新产品进入市场推广。成都信息共获授权专利 5 项，其中发明专利 3 项，实用新型专利 1 项，外观设计专利 1 项，；获授权软件著作权 4 件，软件产品认证登记 4 件。

2015 年，成都信息进一步加强内控体系建设，完善公司和事业部两级管控的模式，完善对大额采购的管控，公司综合信息管理平台系统正式投入使用，各业务流程得到优化，信息交流更及时、更准确，管理水平和效率得到大幅提升；顺利通过了“质量-环境-职业健康安全”三标体系的第三方年度审核，通过高新技术企业资质重新认定并取得新资质证书。

2015 年，成都信息继续加大培训投入，开展了管理、技能、安全、资格认证、专业技术等多方面的培训，人才队伍综合素质和专业技能不断提升。技术骨干有 1 人进入四川省学术技术带头人后备人选，2 人进入中国科学院“西部之光”人才培养计划。成都信息电子会议选举项目组获由人力资源社会保障部和中国科学院联合评定的“中国科学院先进集体”称号。

2015 年，成都信息全年争取到中国科学院“西部之光”项目、国科控股基金项目、四川省科技支撑计划、四川省经信委重点技术创新项目等共计 12 项；发表学术论文 49 篇，其中被 SCI 收录 5 篇、EI 收录 22 篇。

（撰稿：吴琳琳　尹邦明　审稿：付忠良）

中科院科技服务有限公司

董 事 长：赵红岩（法定代表人）
总 经 理：冯桂强
地　　址：北京市西城区三里河路 52 号
邮政编码：100864
电　　话：010-62578611、68597915
传　　真：010-62578665
电子信箱：zkfwwx@126. com
网　　址：http://www. zkfw. com. cn

中科院科技服务有限公司（简称“中科服务”）是 2002 年 12 月 25 日由中国科学院机关服务中心（局）整体转制而成的现代服务企业，主要以中国科学院机关后勤服务、餐饮经营、物业服务、宾馆接待等为主营业务，设有综合部、财务部、资产经营部三个职能部门，下设机关服务事业部、餐饮分公司、物业分公司 3 个业务单元及 1 家控股公司（北京博思园客座公寓有限公司）。截至 2015 年底，中科服务共有职工 435 人。

2015 年，中科服务按程序完成了党政领导班子换届及届中调整工作。新、老领导班子在董事会的正确指导下，紧密围绕“积极整改、理清政策、稳定队伍”的年度工作思路，带领各级干部员工共同努力，全面完成了 2015 年度经营预算目标，努力推动公司经营难题的解决，并持续推进规范管理工作。

2015 年，中科服务继续严格执行“三重一大”决策程序，认真执行各项规章制度及《权限管理办法》，做到决策依规、透明；继续坚持企务公开、党务公开，加强宣传和沟通，提高职工、党员的知情度，维护好公司和谐稳定的发展环境；协助董事会做好战略研讨、调整以及战略落地工作；继续做好 ISO9001 质量体系落实工作，提升标准化水平及服务质量；加强全面预算管理，积极推进内控体系建设，主动防范潜在经营风险；继续加强三级绩效考核工作，努力发挥绩效导向作用；根据公司战略发展需求，加强人才队伍建设，进一步关注员工利益；高度重视并做好安全生产工作，确保公司安全有序运行；继续加强公司及各单位层级的反腐倡廉宣传教育，进一步提高了干部员工廉洁从业的意识和自觉性；2015 年，中科服务和各单位大幅压缩业务招待费用支出，年度内未发生违法违纪事件。

2015 年，中科服务机关服务事业部较好地完成了中国科学院重大活动服务保障工作以及日常服务支撑工作，较好地完成了院机关搬迁配合工作，年度综合考评分数比上年度有一定提升。餐饮分公司经营收入、利润总额均创历史新高，牵头组织了公司第二届厨艺大赛，选派人员参加北京分院组织的首届厨艺烹饪大赛，中国科学院数学与系统科学研究院、电子研究所、院机关、光电研究院职工餐厅分获一、二、三等奖和优秀奖；成功拓展了声学研究所、中物院计算中心两个项目；在认真落实ISO9001质量管理体系的基础上，着手试点HACCP、ISO14001、ISO22000等体系标准认证，努力提升经营管理的规范化水平。物业分公司积极配合中国科学院机关老旧小区改造工作，努力促进自管住宅、一招等项目服务质量的提升，服务对象满意度较高。客座公寓严格遵守行业安全规范，结合经营实际，动态关注市场客源变化，规范并稳定服务标准，完善服务效果，增加经营收入，较好地完成了2015年度预算指标。

结合公司层面及各业务单元存在的问题与不足，中科服务确定了2016年度“依法整改，规范经营，内控落地，队伍建设”的工作思路，及“抓重点，补短板，重落实”的工作原则，在做好公司经营管理目标分解落实的指导工作的同时，将工作重点放在解决好重点工作、严重短板方面，积极推进、落实公司“人才强企”发展战略，重点推进内控体系建设落地工作，继续做好各项经营管理工作，积极拓展新的业务模式，促进公司的持续健康发展。

（撰稿：武文洋　审稿：邓　月）

上海碧科清洁能源技术有限公司

董 事 长：索继栓
总 经 理：张小莽
地　　址：上海市浦东新区浦建路76号由由国际广场2301-2303
邮政编码：200127
电　　话：021-61060100
传　　真：021-61060086
电子信箱：contact@cecc-tech.com
网　　址：http://www.cecc-tech.com

上海碧科清洁能源技术有限公司（以下简称“上海碧科”）是一家成立于2009年1月的合资公司，注册资本1.84亿元，控股股东中国科学院国有资产经营有限责任公司（以下简称“国科控股”）持有公司45%的股权。上海碧科是一家专注于清洁能源产业链开发、具有自主知识产权创新技术和工程化能力的技术商业化公司。

上海碧科设有催化技术、工程开发、业务拓展与项目开发等部门和内控与财务、人事行政管理等支持部门，实施项目驱动的矩阵式管理机制。截至2015年12月底，上海碧科员工总数为37人，平均年龄37岁，男女性别比例1.18∶1，大学以上学历人才占较大比重，其中，博士学历5人、硕士学历16人、大学本科学历13人。

2015年，在公司董事会领导和管理层的努力下，上海碧科致力打造和发展以甲醇为纽带、连接北美西海岸天然气资源和中国沿海石化产品市场的“甲醇产业链”在2015年获进一步的发展，产业链的上游天然气制甲醇和下游甲醇制烯烃项目以及相关的甲醇承购和投融资运作有效实现创新链、产业链、资本链的联动，与国科控股“三链联动、九项举措、发展七大产业”战略有机地融为一体。

项目开发方面，上海碧科搭建的跨太平洋天然气-烯烃产业链架构多种优势逐渐突显。通过收购北美泛太平洋能源公司的大连西中岛石化工业园区发展有限公司所持股份，上海碧科得以为北美的天然气制甲醇项目开发提供更集中、更高效的全方位支援。北美天然气制甲醇项目开发在环评许可申请、政府和社会支持、天然气供应与管道搭建、甲醇承购等方面取得实质稳健进展。上海碧科通过针对各项目场址量身定做的环评许可申请以及政府公共关系工作方法与策略，结合国际领先的天然气制甲醇工艺技术许可商所提供的甲醇技术、经验丰富的跨国工程技术服务商所提供的工程造价成本估算，共同确保了项目开发工作的有序、平稳、按时推进；在与北美西北部多家主要供气公司和管道公司展开了多轮谈判后，直接通往各项目场址的天然气管道支线的建设许可也陆续获得政府相关机构的审批许可，共同保障了各场址所需的天然气原料供应；另外，在下游中国市场东部沿海地区的四大甲醇枢纽地区展开了高效的市场开发与拓展工作，收到多家包括知名国有企业在内的大型甲醇买家的承购意向。

创新技术研发方面，上海碧科历经数年的技术积累与实验室、工业装置小试的实践验证，公司自主开发、拥有自主知识产权的甲醇产业链核心技术 C-MTX 成功完成了万吨级工业装置中试并通过了由中国石油和化学工业联合会组织的科技成果鉴定，标志着 C-MTX 技术已经是成熟的工业化技术，处于国际先进水平。

投融资运作方面，上海碧科在集团公司引入战略投资人和北美子公司引入项目投资人的相关工作均有实际进展。

战略投资人方面，上海碧科与全球引领石化公司和大型能源公司为主的投资人展开了深入商谈；项目投资人方面，上海碧科与美国国家能源部以及能源基金公司为主的投资人所展开的谈判已分别进入到最终尽职调查以及深入细致的谈判阶段。

2016 年，上海碧科将在董事会的指导下，继续紧紧围绕控股单位“整合资源、建设平台、三链联动”的行动主题，发挥自身优势，实现跨越式盈利年的经营目标，针对 C-MTX 技术开展相应的技术商业化市场工作；优化公司股权结构，完成集团公司战略投资者引入，整合双方/多方资源优势，提高企业商业化能力和工程技术创新能力；充分调动管理层和员工的工作热情和积极性，群策群力，在更宽阔的道路上更大步的前进！

（撰稿：连　明　审稿：张小莽）

深圳中科院知识产权投资有限公司

董 事 长： 陈晓峰
总 经 理： 李　K
地　　址： 广东省深圳市南山区粤兴三道二号虚拟大学园产业化基地 A701 室
邮政编码： 518057
电　　话： 0755-86180100
传　　真： 0755-86180400
电子信箱： info@caship.ac.cn
网　　址： http://www.caship.ac.cn

深圳中科院知识产权投资有限公司（以下简称“深圳 IP”）成立于 2009 年 2 月，由中国科学院国有资产管理经营有限责任公司投资在深圳注册成立。深圳 IP 依托中国科学院研究院所和重大研发项目的知识产权全流程服务，成为中国科学院知识产权创造、应用、保护和运营管理的服务平台；通过建立与社会有机结合的知识产权运营模式，促进科技创新成果的知识产权化和高效的转移转化，成为知识产权运营价值链的专业化、市场化的系统服务商和系统集成商。

深圳 IP 下设运营部、信息部、市场部、财务部与综合部 5 个部门，在南京、西安设立两个办事处。截至 2015 年底，深圳 IP 共有在职职工 29 名，其中硕士及以上学历 7 名、本科 21 名、大专 1 名，具备知识产权、理工、法律、管理等行业背景。

深圳 IP 的主营业务为知识产权全流程服务、专利许可与转让、专利投资运营、待上市企业知识产权尽职调查与无形资产包装等，通过承接院所、院控股/持股企业和社会企业委托的知识产权服务，从前端的专利调研入手，通过深入的专利分析与规划，优化专利质量，实现后续专利许可、转让、拍卖等专利交易。截至 2015 年底，深圳 IP 服务中国科学院研究院所近 50 家，服务中国科学院参股、持股企业 20 余家，并与数百家社会企业对接，实现知识产权服务与运营，共许可/转让院属专利近 150 项。

2015 年，深圳 IP 积极参与构建中国科学院产业化联盟——中科院智能制造与机器人技术创新与产业化联盟、中科院先进计算技术创新与产业化联盟、中科院新型特种精细化学品技术创新与产业化联盟、中科院先进光电晶体材料高端装备技术创新与产业化联盟、中科院先进医疗器械产业孵化联盟、中科院 LED 芯片基础材料制备技术创新与产业化联盟。

深圳 IP 在深圳先进院全民低成本健康项目、北京理化所大型低温制冷系统项目、微电子所

02专项、沈阳新松机器人项目、苏州医工所超分辨显微项目、北京地质所深部资源探测核心装备研发项目、天津工生所氨基酸项目、长春光机所新型角度传感器项目、西安光机所超快激光精细加工项目等重大项目中取得了突破性进展。

深圳IP进一步建设并完善了中国科学院知识产权全流程服务与运营云平台——专利智能检索平台、专题数据库平台、智能分析和预警平台、知识产权管理体系标准及管理平台、交易平台、投资平台、培训平台以及中科院知识产权专员与企业交流平台，并已在中国科学院广州生物医药与健康研究院、中国科学院天津工业生物技术研究所等院所投入试点使用。

深圳IP相继获得国家技术转移示范机构、国家首批知识产权分析评议服务示范创建机构、国家向国外申请专利资助第三方检索机构、国家科技部火炬计划深圳市科技服务体系建设成员单位、国家专利运营试点企业、第二批全国知识产权服务品牌机构、南山区高层次创新型人才实训基地等荣誉称号。

2015年，深圳IP共主办、承办知识产权各类培训10余场，对研究院所及企业的知识产权工作人员就知识产权运营、专利布局与规划策略、专利侵权分析与回避设计、商标基础、PCT专利申请、科技创新与知识产权管理等内容进行了培训与交流。

深圳IP坚持党支部与工会活动相结合，多方联合，共建公司“敬、静、净、竞”的企业文化，依托内部报刊《CASIP风采》，通过文化宣传、交流培训、文体活动、公益活动、节日庆典等一系列方式推进企业文化落地，将通过企业文化建设增强团队凝聚力，发挥创新精神，实现员工价值升华与企业蓬勃发展的有机统一。

（撰稿：李棱梅　审稿：李　K）

国科嘉和（北京）投资管理有限公司

董事长：王　琪

总经理：王　琪

地　　址：北京市东城区东直门南大街11号中汇广场B座18层1803室

邮政编码：100007

电　　话：010-57636588

传　　真：010-57636599

电子信箱：bp@cashcapital.cn

网　　址：http://www.cashcapital.cn

国科嘉和（北京）投资管理有限公司（简称“国科嘉和”）成立于2011年8月，是由中国科学院国有资产管理经营有限责任公司作为发起人设立的投资管理公司，主要通过管理私募股权投资基金的方式促进中小高技术企业的产业化发展，以及科研成果的转移转化工作。

过去10多年，中国多层次资本市场体系正逐步完善，创业投资相关的政策法规也在逐步健全，为创业投资机构的发展创造了良好的条件。正是在这种大的历史背景下，中国科学院国有资产管理经营有限责任公司作为主要发起人联合国内知名大型企业集团、政府基金等有限合伙人，发起设立国科鼎鑫基金，国科嘉和为国科鼎鑫基金的执行事务合伙人，管理人。截至2015年底，国科嘉和共有员工16人。

国科嘉和通过发展创业投资，立足中国科学院有效开展资源整合和资本营运，实现资本和技术的高效结合，推动产业升级换代，促进院内外高技术企业的社会化、规模化发展，对国家创新体系的建设和落实中国科学院的战略定位具有重要的意义。

国科嘉和受国科鼎鑫基金委托负责管理基金日常运作和投资管理，重点聚焦四个行业，分别为电子信息、新能源、节能减排、生命科学，偏重于早期的企业项目。国科嘉和每一笔投资规模为500万—5000万元，单个项目的累计投资总额不超过10 000万元，不追求控股，持股通常在10%到35%，投资的地理区域面向全国。

（撰稿：蒋占娟　审稿：王　戈）

2015年底院设非法人单元列表

序号	院设非法人单元名称	依托单位	主管部门
1	中国科学院档案馆	文献情报中心	办公厅
2	中国科学院科技战略咨询研究院	科技政策与管理研究所	学部工作局
3	中国科学院量子信息与量子科技前沿卓越创新中心	中国科学技术大学	前沿科学与教育局
4	中国科学院青藏高原地球科学卓越创新中心	青藏高原研究所	前沿科学与教育局
5	中国科学院脑科学卓越创新中心	上海生命科学研究院（委托神经科学研究所管理）	前沿科学与教育局
6	中国科学院粒子物理前沿卓越创新中心	高能物理研究所	前沿科学与教育局
7	中国科学院纳米科学卓越创新中心	国家纳米科学中心	前沿科学与教育局
8	中国科学院分子植物科学卓越创新中心	上海生命科学研究院（委托植物生理生态研究所管理）	前沿科学与教育局
9	中国科学院分子细胞科学卓越创新中心	上海生命科学研究院（委托生物化学与细胞生物学研究所管理）	前沿科学与教育局
10	中国科学院城市大气环境研究卓越创新中心	城市环境研究所	前沿科学与教育局
11	中国科学院超导电子学卓越创新中心	上海微系统与信息技术研究所	前沿科学与教育局
12	中国科学院数学科学科教融合卓越创新中心	数学与系统科学研究院	前沿科学与教育局
13	中国科学院凝聚态物理科教融合卓越创新中心	物理研究所	前沿科学与教育局
14	中国科学院分子科学科教融合卓越创新中心	化学研究所	前沿科学与教育局
15	中国科学院生物大分子科教融合卓越创新中心	生物物理研究所	前沿科学与教育局
16	中国科学院生态环境科学科教融合卓越创新中心	生态环境研究中心	前沿科学与教育局
17	中国科学院半导体材料与光电子器件科教融合卓越创新中心	半导体研究所	前沿科学与教育局
18	中国科学院大科学装置理论物理研究中心	高能物理研究所	前沿科学与教育局
19	中国科学院上海临床研究中心	上海生命科学研究院	前沿科学与教育局
20	中国科学院上海超导中心	上海微系统与信息技术研究所	前沿科学与教育局

续表

序号	院设非法人单元名称	依托单位	主管部门
21	中国科学院上海植物逆境生物学研究中心	上海生命科学研究院	前沿科学与教育局
22	中国科学院广州天然气水合物研究中心	广州能源研究所	前沿科学与教育局
23	中国科学院第二军医大学转化医学研究院	上海生命科学研究院	前沿科学与教育局
24	中国科学院气候变化研究中心	大气物理研究所	前沿科学与教育局
25	中国科学院分子科学中心	化学研究所	前沿科学与教育局
26	中国科学院卡弗里理论物理研究所	理论物理研究所	前沿科学与教育局
27	中国科学院北京生命科学研究院	动物研究所	前沿科学与教育局
28	中国科学院北京转化医学研究院	生物物理研究所	前沿科学与教育局
29	中国科学院四川转化医学研究医院	成都生物研究所	前沿科学与教育局
30	中国科学院生物与化学交叉研究中心	上海有机化学研究所、上海药物研究所	前沿科学与教育局
31	中国科学院先进轨道交通力学研究中心	力学研究所	前沿科学与教育局
32	中国科学院国家数学与交叉科学中心	数学与系统科学研究院	前沿科学与教育局
33	中国科学院政府行政管理系统分析研究中心	数学与系统科学研究院	前沿科学与教育局
34	中国科学院珠江三角洲环境污染与控制研究中心	广州地球化学研究所	前沿科学与教育局
35	中国科学院资源环境科学数据中心	地理科学与资源研究所	前沿科学与教育局
36	中国科学院预测科学研究中心	数学与系统科学研究院	前沿科学与教育局
37	中国科学院虚拟经济与数据科学研究中心	中国科学院大学	前沿科学与教育局
38	中国科学院晨兴数学中心	数学与系统科学研究院	前沿科学与教育局
39	中国科学院减灾中心	大气物理研究所	前沿科学与教育局
40	中国科学院蛋白质科学中心	北京中心依托生物物理研究所；上海中心依托上海生命科学研究院	前沿科学与教育局
41	中国科学院量子技术与应用研究中心	中国科学技术大学	前沿科学与教育局
42	中国科学院湿地研究中心	东北地理与农业生态研究所	前沿科学与教育局
43	中国科学院强磁场科学中心	合肥物质科学研究院	前沿科学与教育局
44	中国科学院新疆矿产资源研究中心	新疆生态与地理研究所	前沿科学与教育局
45	中国科学院磁约束等离子体物理理论研究中心	合肥物质科学研究院	前沿科学与教育局
46	中国科学院北京纳米能源与系统研究所	国家纳米科学中心	前沿科学与教育局
47	中国科学院流感研究与预警中心	微生物研究所	前沿科学与教育局

续表

序号	院设非法人单元名称	依托单位	主管部门
48	中国科学院阿里巴巴量子计算实验室	中国科学技术大学	前沿科学与教育局
49	中国科学院02专项光刻机关键部件研发任务管理办公室	光电研究院	重大科技任务局
50	中国科学院月球与深空探测总体部	国家天文台	重大科技任务局
51	中国科学院北方粳稻分子育种联合研究中心	遗传与发育生物学研究所	重大科技任务局
52	中国科学院加速器驱动次临界嬗变系统研究中心	近代物理研究所	重大科技任务局
53	中国科学院低阶煤利用先导专项管理中心	山西煤炭化学研究所	重大科技任务局
54	中国科学院钍基熔盐核能系统研究中心	上海应用物理研究所	重大科技任务局
55	中国科学院空间目标与碎片观测研究中心	紫金山天文台	重大科技任务局
56	中国科学院空间环境研究预报中心	国家空间科学中心	重大科技任务局
57	中国科学院空间科学与应用总体部	空间应用工程与技术中心	重大科技任务局
58	中国科学院核能安全技术研究所	合肥物质科学研究院	重大科技任务局
59	中国科学院浮空器系统研究发展中心	光电研究院	重大科技任务局
60	中国科学院微小卫星工程中心	上海高等研究院	重大科技任务局
61	中国科学院新一代信息技术先导研究中心	信息工程研究所	重大科技任务局
62	中国科学院通用芯片与基础软件研究中心	上海高等研究院	重大科技任务局
63	中国科学院上海产业技术创新与育成中心	上海高等研究院	科技促进发展局
64	中国科学院上海技术转移中心	上海分院	科技促进发展局
65	中国科学院上海辰山植物科学研究中心	上海生命科学研究院	科技促进发展局
66	中国科学院上海浦东科技园	上海分院	科技促进发展局
67	中国科学院山东综合技术转化中心	沈阳分院	科技促进发展局
68	中国科学院广州生物医药产业技术创新与育成中心	广州生物医药与健康研究院	科技促进发展局
69	中国科学院广州产业技术创新与育成中心	广州分院	科技促进发展局
70	中国科学院广州技术转移中心	广州分院	科技促进发展局
71	中国科学院天津产业技术创新与育成中心	天津工业生物技术研究所	科技促进发展局
72	中国科学院云计算产业技术创新与育成中心	广州分院	科技促进发展局
73	中国科学院内蒙古草业研究中心	植物研究所	科技促进发展局
74	中国科学院长春技术转移中心	长春分院	科技促进发展局
75	中国科学院北京技术转移中心	北京分院（筹）	科技促进发展局
76	中国科学院电子设计自动化软件中心	微电子研究所	科技促进发展局

续表

序号	院设非法人单元名称	依托单位	主管部门
77	中国科学院电动汽车研发中心	深圳先进技术研究院	科技促进发展局
78	中国科学院兰州技术转移中心	兰州分院	科技促进发展局
79	中国科学院半导体照明研发中心	半导体研究所	科技促进发展局
80	中国科学院宁波产业技术创新与育成中心	宁波材料技术与工程研究所	科技促进发展局
81	中国科学院台州应用技术研发与产业化中心	上海分院	科技促进发展局
82	中国科学院地理信息与文化科技产业基地	地理科学与资源研究所	科技促进发展局
83	中国科学院扬州应用技术研发与产业化中心	南京分院	科技促进发展局
84	中国科学院成都技术转移中心	成都分院	科技促进发展局
85	中国科学院合肥技术创新工程院	合肥物质科学研究院	科技促进发展局
86	中国科学院苏州生物医学工程与生物医药产业化基地	苏州生物医学工程技术研究所	科技促进发展局
87	中国科学院苏州产业技术创新与育成中心	苏州纳米技术与纳米仿生研究所	科技促进发展局
88	中国科学院佛山产业技术创新与育成中心	广州分院	科技促进发展局
89	中国科学院沈阳技术转移中心	沈阳分院	科技促进发展局
90	中国科学院青岛产业技术创新与育成中心	青岛生物能源与过程研究所	科技促进发展局
91	中国科学院昆明灵长类研究中心	昆明动物研究所	科技促进发展局
92	中国科学院知识产权研究与培训中心	科技政策与管理科学研究所	科技促进发展局
93	中国科学院知识产权信息服务中心	文献情报中心	科技促进发展局
94	中国科学院物联网研究发展中心	微电子研究所	科技促进发展局
95	中国科学院河南产业技术创新与育成中心	合肥物质科学研究院	科技促进发展局
96	中国科学院南京高新技术研发及产业化中心	南京分院	科技促进发展局
97	中国科学院贵州现代资源技术研究与成果转化中心	昆明分院	科技促进发展局
98	中国科学院哈尔滨产业技术创新与育成中心	长春分院	科技促进发展局
99	中国科学院重庆产业技术创新与育成中心	重庆绿色智能技术研究院	科技促进发展局
100	中国科学院泰州应用技术研发及产业化中心	南京分院	科技促进发展局
101	中国科学院唐山高新技术研究与转化中心	北京分院（筹）	科技促进发展局
102	中国科学院烟台海岸带生物产业技术创新与育成中心	烟台海岸带研究所	科技促进发展局

续表

序号	院设非法人单元名称	依托单位	主管部门
103	中国科学院海西育成中心	福建物质结构研究所	科技促进发展局
104	中国科学院能源动力研究中心	工程热物理研究所	科技促进发展局
105	中国科学院常州先进制造技术研发与产业化中心	南京分院	科技促进发展局
106	中国科学院银川科技创新与产业育成中心	西安分院	科技促进发展局
107	中国科学院清洁能源技术发展中心	上海高等研究院	科技促进发展局
108	中国科学院深圳现代产业技术创新和育成中心	深圳先进技术研究院	科技促进发展局
109	中国科学院厦门产业技术创新与育成中心	城市环境研究所	科技促进发展局
110	中国科学院湖北产业技术创新与育成中心	武汉分院	科技促进发展局
111	中国科学院湖州应用技术研究与产业化中心	上海分院	科技促进发展局
112	中国科学院湖南技术转移中心	武汉分院	科技促进发展局
113	中国科学院新农村信息化研究中心	合肥物质科学研究院	科技促进发展局
114	中国科学院嘉兴应用技术研究与转化中心	上海分院	科技促进发展局
115	中国科学院西北生物农业中心	西安分院	科技促进发展局
116	中国科学院农业政策研究中心	地理科学与资源研究所	发展规划局
117	中国科学院可持续发展研究中心	地理科学与资源研究所	发展规划局
118	中国科学院水资源研究中心	地理科学与资源研究所	发展规划局
119	中国科学院上海交叉学科研究中心	上海分院	发展规划局
120	中国科学院中国现代化研究中心	文献情报中心	发展规划局
121	中国科学院文化遗产科技认知研究中心	自然科学史研究所	发展规划局
122	中国科学院自然与社会交叉科学研究中心	科技政策与管理科学研究所	发展规划局
123	中国科学院创新发展研究中心	科技政策与管理科学研究所	发展规划局
124	中国科学院战略研究中心	科技政策与管理科学研究所	发展规划局
125	中国科学院管理创新与评估研究中心	科技政策与管理科学研究所	发展规划局
126	中国科学院科学传播研究中心	文献情报中心	科学传播局
127	中国科学院科学新闻中心	计算机网络信息中心	科学传播局
128	中国科学院合肥大科学中心	合肥物质科学研究院	条件保障与财务局
129	中国科学院上海大科学中心	上海应用物理研究所	条件保障与财务局
130	中国科学院天文大科学研究中心	国家天文台	条件保障与财务局
131	中国科学院计算科学应用研究中心	计算机网络信息中心	条件保障与财务局

(G-3175. 0101)

ISBN 978-7-03-050464-7

9 787030 504647 >